永磁无刷直流电机技术

第2版

谭建成　邵晓强　编著

机械工业出版社

永磁无刷直流电机被认为是21世纪最有发展前途和广泛应用前景的电子控制电机。

本书着重对永磁无刷直流电机与控制技术的主要问题进行较深入的研究分析和介绍，包括无刷直流电动机与永磁同步电动机的结构和性能比较；无刷直流电机数学模型；计及绕组电感的特性与参数计算方法；分数槽集中绕组和多相绕组；不同相数绕组连接和导通方式的分析与比较；气隙磁通密度的计算；反电动势波形和反电动势计算；霍尔传感器位置分布规律分析和确定方法；无刷直流电机设计要素的选择；主要尺寸基本关系式考虑电感影响的修正；由黏性阻尼系数确定电机主要尺寸的方法；整数槽和分数槽绕组无刷直流电机的电枢反应；转矩波动及其抑制方法；齿槽转矩及其削弱方法；无刷直流电机基本控制技术；无传感器控制技术；低成本正弦波控制技术；单相无刷直流电机与控制等。本书同时综合介绍国内外无刷直流电机与控制技术最新进展动态和研究成果。每章后附有相关参考文献，便于读者跟踪和进一步深入研究。

本书遵循理论研究与实用技术相结合的编写原则，可供即将从事或正在从事与无刷直流电机有关的研究开发、设计、生产、控制和应用的科技人员、管理人员，以及大专院校教师、学生和研究生参考。

图书在版编目（CIP）数据

永磁无刷直流电机技术/谭建成，邵晓强编著. —2版. —北京：机械工业出版社，2018.6（2024.11重印）

ISBN 978-7-111-59986-9

Ⅰ.①永… Ⅱ.①谭… ②邵… Ⅲ.①永磁式电机-无刷电机-直流电机
Ⅳ.①TM351

中国版本图书馆CIP数据核字（2018）第104849号

机械工业出版社（北京市百万庄大街22号 邮政编码100037）
策划编辑：罗 莉 责任编辑：罗 莉 责任校对：刘志文 佟瑞鑫
封面设计：鞠 杨 责任印制：刘 媛
涿州市般润文化传播有限公司印刷
2024年11月第2版第7次印刷
184mm×260mm · 24.5印张 · 599千字
标准书号：ISBN 978-7-111-59986-9
定价：99.00元

电话服务
客服电话：010-88361066
010-88379833
010-68326294

网络服务
机 工 官 网：www.cmpbook.com
机 工 官 博：weibo.com/cmp1952
金 书 网：www.golden-book.com
机工教育服务网：www.cmpedu.com

第2版前言

本书自2011年出版以来，承蒙广大读者厚爱，先后重印了7次。在此，编者对各位读者的认可表示由衷感谢。由机械工业出版社提议，现修订再版。

本次修订，除了将个别排印有误之处更正外，增补了一些内容。例如，在第5章和第7章增补了多相绕组连接方式拓扑结构探讨；多相封闭形绕组不足的分析；九相封闭形绕组与九相三丫两种连接方式机械特性的比较；多相封闭形绕组无环流条件；三相电机改换为三角形接法的霍尔传感器定位；适用于各类无刷直流电机确定霍尔传感器安放位置的通用方法；从单相到11相几种绕组拓扑结构的霍尔传感器安放位置实例等。

本次修订，特邀西安微电机研究所副总工程师、西安伺服电机有限公司总经理邵晓强研究员级高级工程师为第11章增补了两个永磁无刷直流电机电磁设计计算实例，供读者参考，希望对读者的电机设计工作有所帮助。

在本次修订工作中，机械工业出版社罗莉副编审对编者给予了鼓励和支持，进行了十分细致的编辑工作，在此深表谢意。

编者学识有限，不一定能完全满足读者的期望，有错漏和不当之处，敬请读者和同行给予批评指正。谢谢。

编　者

2018年3月

第1版前言

无刷直流电机被认为是21世纪最有发展前途和广泛应用前景的电子控制电机，在航天航空系统、国防军事装备、科学仪器、工业自动化装备、交通运输、医疗器械、计算机信息外围设备、办公自动化设备、家电民用消费产品中有越来越广泛的应用。目前国内从事无刷直流电机开发、生产、控制、应用人员众多，许多高校研究生论文围绕无刷直流电机与控制的热点开展研究。国内外科技刊物和学术会议有大量相关论文发表。

本书着重对永磁无刷直流电机与控制技术的主要问题进行较深入的研究分析和介绍，包括无刷直流电动机（BLDC）与永磁同步电动机（PMSM）的结构和性能比较；无刷直流电机数学模型、等效电路、特性与参数；分数槽集中绕组和多相绕组；不同相数绕组连接和导通方式的分析比较；气隙磁通密度的分析计算；反电动势波形和反电动势计算；霍尔传感器位置分布规律分析和确定方法；无刷直流电机设计要素的选择和主要尺寸的确定；整数槽和分数槽绕组无刷直流电机的电枢反应；转矩波动及其抑制方法；齿槽转矩及其削弱方法；无刷直流电机基本控制技术；无传感器控制技术；低成本正弦波控制技术；单相无刷直流电机与控制等。

本书作者是国内最早从事无刷直流电机与控制技术的首批科技工作者之一，本书是作者30多年从事无刷直流电机研究开发实践的体会与总结，其中也介绍了作者在无刷直流电机技术领域，例如简化数学模型和计及电感的数学模型、特性与参数计算方法、主要尺寸基本关系式考虑电感影响的修正、由黏性阻尼系数 D 确定电机主要尺寸的方法、分数槽集中绕组槽极数组合与选择应用、霍尔传感器位置确定方法、定子大小齿结构、绕组切换调速和直接驱动等方面的研究心得和成果。同时本书也综合介绍国内外无刷直流电机与控制技术最新进展动态和研究成果。每章后附有相关参考文献，便于读者跟踪和进一步深入研究。在此，对所参考引用的国内外文献资料的学者表示衷心的感谢。

本书遵循理论研究与实用技术相结合原则编写，预期对即将从事或正在从事无刷直流电机开发、生产、控制、应用人员的工作将有具体帮助。

本书编写面向已具有电机学与电子技术基础知识，对无刷直流电机技术有需求的读者。本书可供从事无刷直流电机研究开发、设计、生产、控制、应用的科技人员及管理人员，大专院校教师、本科生和研究生参考。

本书作者对曾经服务过的西安微电机研究所、中国电器科学研究院和一些企业公司所提供的研究实践机会和条件，有关领导和同事的支持和帮助表示诚挚的谢意；感谢孙流芳编审的鼓励和机械工业出版社在本书出版过程中给予的支持。

作者学识水平有限，错漏和不当之处敬请读者和同行给予批评指正。联系电子邮箱：tanjc04@ sina. com。

谭建成
于广州

目 录

第1章 绪论

1.1 无刷直流电动机是最具发展前途的机电一体化电机

无刷直流电动机是随着半导体电子技术发展而出现的新型机电一体化电机，它是现代电子技术（包括电力电子、微电子技术）、控制理论和电机技术相结合的产物。

众所周知，直流电动机具有优越的调速性能，主要表现在控制性能好、调速范围宽、起动转矩大、低速性能好、运行平稳、效率高，应用场合从工业到民用极其广泛。在普通的直流电动机中，直流电的电能是通过电刷和换向器进入电枢绕组，与定子磁场相互作用产生转矩的。由于存在电接触部件——电刷和换向器，结果产生了一系列致命的缺陷：

1）机械换向产生的换向火花引起换向器和电刷磨损、电磁干扰、噪声大，寿命短；

2）结构复杂，可靠性差，故障多，需要经常维护；

3）由于换向器存在，限制了转子转动惯量的进一步下降，影响了动态特性。

在许多应用场合下，它是系统不可靠的重要来源。虽然直流电动机是电机发展历史上最先出现的，但它的应用范围因此受到限制，使后来者且运行可靠的交流电机得到发展，取而代之广泛应用。

交流电机的历史超过百年。但是，无刷直流电动机历史只有几十年。1955 年美国 D. Harrison 等人首次申请了用晶体管换相电路代替机械电刷的专利，这是无刷直流电动机的雏形。在 1962 年，T. G. Wilson 和 P. H. Trickey 提出“固态换相直流电机”（DC Machine with Solid State Commutation）专利，这标志着现代无刷电动机的真正诞生。从 20 世纪 60 年代初开始，无刷直流电动机进入到应用阶段。因其较高的可靠性，无刷直流电动机最先在宇航技术中得到应用。1964 年，它被美国国家航空航天局（NASA）使用，用于卫星姿态控制、太阳电池板的跟踪控制、卫星上泵的驱动等。在 1978 年，当时的联邦德国 Mannesmann 公司的 Indramat 分部的 MAC 经典无刷直流电动机及其驱动器在汉诺威贸易展览会正式推出，是电子换相的无刷直流电动机真正进入实用阶段的标志。国际上对无刷直流电动机进行了深入的研究，从研制方波无刷电机基础上发展到正弦波无刷电机——新一代的永磁同步电动机（PMSM）。随着永磁新材料、微电子技术、自动控制技术以及电力电子技术特别是大功率开关器件的发展，无刷电动机得到了长足的发展。50 余年来，它逐步推广到其他军事装备、工业、民用控制系统以及家庭电器领域中，现在已成为最具发展前途的电机产品。

据报道，2007 年在北美的消费类电动机总销量为 180 亿美元，比 2002 年的 140 亿美元有所上升，年增长率达 5%。电动机总销量在很大程度上受到汽车和其他消费类产品应用的影响。电动机总销量中大部分是有刷直流电动机（74 亿美元），其次是交流感应电动机（50 亿美元），第三位是无刷直流电动机（41 亿美元），其他类别包括交流/直流电动机、步进电动机等。可见无刷直流电动机应用日益增长已占相当份额，参见图 1-1。

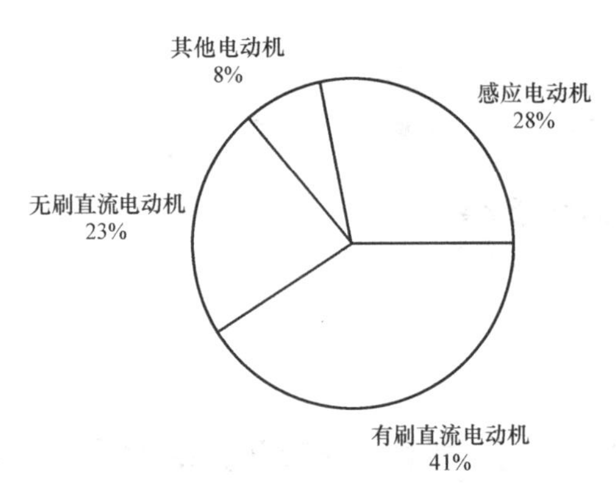

图 1-1　2007 年在北美销售各种消费类电动机的比例

无刷直流电动机由电动机和电子驱动器两部分组成。图 1-2 是无刷直流电动机基本结构框图。电动机部分的结构和经典的交流永磁同步电动机相似，其定子上有多相绕组，转子上镶有永久磁铁。但由于运行原理的需要，还需要有转子位置传感器。转子位置传感器的作用是检测出转子磁场轴线和定子相绕组轴线的相对位置，决定每一时刻相绕组的通电状态，即决定电子驱动器的功率开关器件的通/断状态，接通/断开电动机相应的相绕组。因此，无刷直流电动机本质上是由电子逆变器驱动的有位置传感器反馈控制的交流同步电动机。图 1-3 和图 1-4 是小型内转子和外转子的无刷直流电

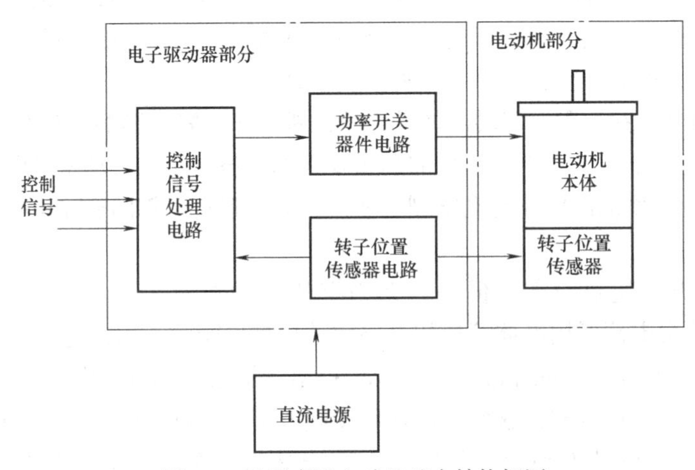

图 1-2　无刷直流电动机基本结构框图

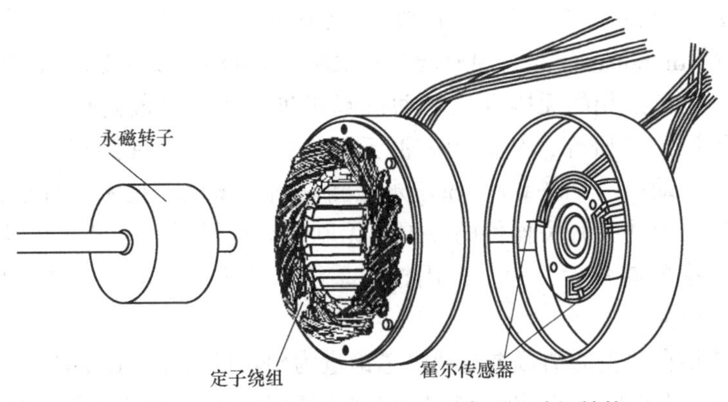

图 1-3　一种小型内转子的无刷直流电动机结构

动机典型结构，它们的电子驱动器与电动机分离。图1-5是一种内置转速传感器和控制电路板成一体的无刷直流电动机。

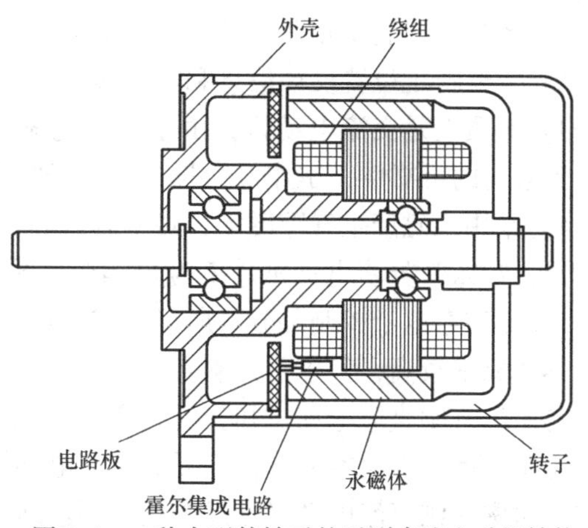

图1-4　一种小型外转子的无刷直流电动机结构

从另一角度看，无刷直流电动机可看成是一个定转子倒置的直流电动机。普通直流电动机的电枢绕组在转子上，永磁体则在定子上。有刷直流电动机的所谓换向，实际上是其相绕组的换向过程，它是借助于电刷和换向器来完成的。而无刷直流电动机的相绕组的换相过程则是借助于位置传感器和电子逆变器的功率开关来完成的。无刷直流电动机以电子换相代替了普通直流电动机的机械换向，从而提高了可靠性。无刷直流电动机具有有刷直流电动机相似的线性机械特性和线性转矩-电流特性，因而被称为无刷直流电动机（Brushless DC Motor）或电子换相电动机（Electronically Commutated Motor，ECM）。

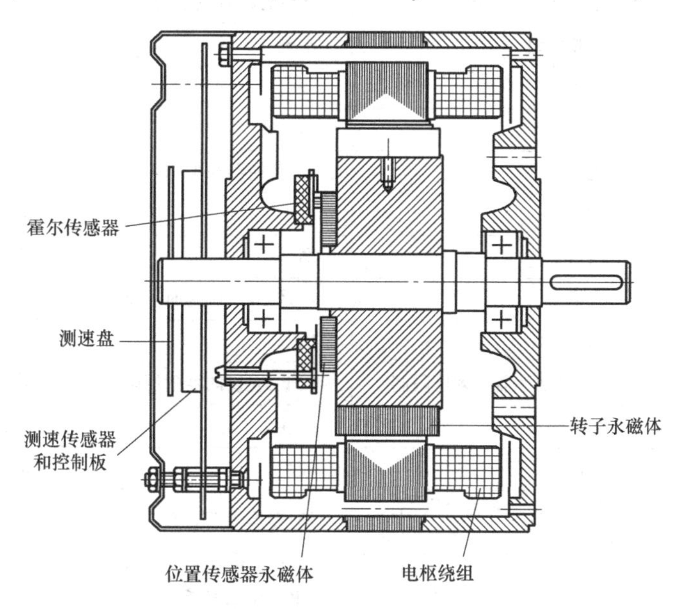

图1-5　一种内置转速传感器和控制电路板的无刷直流电动机

作为机电一体化电机产品，无刷直流电动机与配套的控制器是一个有机的整体，两者应当同步设计，才能确保最佳的性能和最佳的成本。因此作为无刷直流电动机用户，最佳采购方式是电机供应商和控制器供应商来自同一家公司。从制造商角度看，同时精通电机和电力电子控制两种技术的公司取得成功的机会要高得多。

1.2　无刷直流电动机的技术优势

与普通有刷直流电动机和感应（异步）电动机比较，无刷直流电动机的关键技术特征是：

1）经电子控制换相获得类似直流电动机的运行特性，有较好的可控性、宽调速范围。

2）需要转子位置反馈信息和电子多相逆变驱动器。

3）本质上是交流电动机，由于没有电刷和换向器的火花、磨损问题，可工作于高速，可得到较高的可靠性，工作寿命长，无须经常维护。

4）采用永磁产生气隙磁场，功率因数高，转子的损耗和发热低，有较高的效率。有资料对比，7.5kW 异步电动机效率为 86.4%，同容量的无刷直流电动机效率可达 92.4%。

5）必须有电子控制部分，所以总成本比有刷直流电动机高。

尽管成本较高，但永磁无刷直流电动机性能有明显的优势，表 1-1 给出永磁无刷直流电动机与永磁有刷直流电动机和交流感应电动机的比较。近年，经业者的努力，随着永磁材料和电力半导体器件成本的降低，无刷直流电动机市场已不断扩展，在许多电机应用领域的竞争中，永磁无刷直流电动机已经并正在不断地取代永磁有刷直流电动机和交流感应电动机，获得越来越广泛的应用。

表 1-1　永磁无刷直流电动机与永磁有刷直流电动机和交流感应电动机的比较

	永磁无刷直流电动机	永磁有刷直流电动机	交流感应电动机
定子	多相绕组	永磁	多相绕组
转子	永磁	绕组	线绕组或笼型绕组
转子位置传感器	需要	不需要	不需要
电滑动接触火花	无	有，换向器与电刷	无，或可能有集电环
EMC 干扰	较低	高	低
可闻噪声	较低	高	低
电子控制器	必需	不是必需，调速时需要	不是必需，调速时需要
使用电源	DC	DC	AC
使用电压范围	高，受功率器件耐压限制	较低，受换向器耐压限制	高
机械特性	接近线性	线性	非线性
起动转矩倍数	较高	较高	较低
高速范围	高，受转子离心力限制，已有每分钟为数十万转的产品	低，受换向器离心力限制	高，受转子离心力限制
效率	高，转子几乎没有损耗	较低，换向器与电刷摩擦损耗，电刷压降损耗	低，转子有损耗
转子转动惯量	较小，响应快速	大	较小
功率密度	高，定子绕组容易散热	较低，转子绕组不容易散热	较低，转子有损耗发热
转矩波动	大	小	小
可控性	好	好	差
寿命和可靠性	较高，主要由轴承决定	低，电刷换向器脆弱环节	高
安全性	较高	低	高
维护	不必经常维护	需要定期清洁或更换电刷	不必经常维护
使用温度范围	较低，受到永磁材料限制	较低	较高
成本	高，必须有永磁材料和控制器	较高，必须有永磁材料和换向器	低

有刷直流电动机有优异的控制性能，但其换向器与电刷是致命的缺陷。无刷直流电动机以电子换相取代有刷直流电动机的机械换向又保留有刷直流电动机的基本特性。原来使用有刷直流电动机的许多应用场合，逐步被无刷直流电动机所取代，包括航空航天和军事装备中的控制系统、工业自动化系统、信息处理和计算机系统，医疗设备，以至民用的音响影像产品。

交流感应电动机在家用和工业驱动中占据的绝对地位正在受到无刷直流电动机的挑战。如新一代的空调器、洗衣机、电冰箱、吸尘器以至电风扇出现采用无刷直流电动机的趋势。工业变速驱动中变压变频（VVVF）控制的交流感应电动机逐渐被永磁无刷直流电动机矢量控制所取代，变频器被无刷控制器所取代。新一代电梯曳引机控制系统就是一个明显的例子。仪器设备中采用的小型交流风机大量被尺寸更小、效率更高的无刷直流风机所取代。

在数字运动控制系统中，步进电动机由于可直接数字控制和开环控制曾经得到长足发展。今天它只能在一些要求不高的小功率系统中应用。而在要求高精度、高速度、高可靠性数控系统中，采用永磁无刷直流电动机的闭环交流伺服系统已经成为主流。

但应当指出，无刷直流电动机也有不足之处，主要是：

1）需要电子控制器才能够工作，增加了技术复杂性和制作成本；

2）需要位置传感器，增加了结构复杂性和成本，降低了可靠性；

3）转子永磁材料限制了电机使用环境温度，不适用于高温场合；

4）有较明显转矩波动，限制了电机在高性能伺服系统、低速度纹波系统中的应用。

无刷直流电动机的主要缺点是成本较高。这主要不是因为电机本身，其实与有刷直流电动机或感应电动机相比，无刷直流电动机的结构还是比较简单的。在某些应用中，无刷直流电动机成本较高是由于它需要驱动电路。对于那些电机只作动力源而不需要调节转速的应用场合，驱动电路成了额外的成本负担。对于单速应用，感应电动机是最合适的。但是无刷直流电动机有更高的效率和更小的尺寸、更快速的响应和可以软起动等优点，它为许多行业提供一种更具吸引力的选择，逐步被接受。

对于调速控制系统或位置控制系统来说，不管采用哪种电机，电子驱动器总是需要的，这时采用无刷直流电动机可能是性价比更高的解决方案。例如，与电子变频器驱动异步电机相比，改换以无刷直流电动机及其驱动器可提供更便宜、更精确、调速范围更宽的控制。因此，从磁盘驱动器到数控机床，已全部采用了无刷直流电动机技术。

随着相关技术和自身技术进步，无刷直流电动机这些存在的问题已得到重视，并正在获得改善。例如，新技术的采用，找到了许多抑制齿槽转矩和换相转矩波动的方法；开发了无位置传感器控制技术和转矩波动小的正弦波驱动技术；电子控制器成本大幅度降低等。本书对这些问题将有专门章节给予详细介绍。

1.3 21世纪是永磁无刷直流电动机广泛推广应用的世纪

永磁无刷直流电动机按驱动电流方式可分为方波驱动和正弦波驱动，后者又称为同步型永磁交流伺服电动机，主要用于伺服控制。20世纪80年代才进入实用阶段的同步型永磁交流伺服电动机是可与直流伺服电机性能匹敌的新型伺服电动机。据国际电机会议专家分析，交流伺服电动机正以每年15%的增速取代直流伺服电动机，交流伺服电动机将会占据首位，其前景是极其美好的。因此，国际上有电机专家断言，21 世纪是永磁无刷直流电动机广泛推广应用的世纪。特别是在小型电动机领域，无刷直流电动机将占据主导地位。

现在，由于市场需要的增长，面向 3A（工业自动化、办公自动化、家居自动化），永磁无刷直流电动机的功率覆盖范围早已突破微电机功率界限，从毫瓦级到数十千瓦，主要应用领域包括：

1. 在计算机外围设备、办公自动化设备、数码电子消费品中的应用

从数量上说，这是无刷直流电动机应用最多的领域，已占据了无可取代的地位。例如在数字打印机、软盘驱动器、硬盘驱动器、CD-ROM 和 DVD-ROM 等光盘驱动器、传真机、复印机、磁带记录仪、电影摄影机、高保真度录音机和电唱机的主轴和附属运动的控制等。

单相无刷直流风机也在计算机外围设备和办公自动化设备以及其他自动化仪器设备中获得广泛应用，大量挤占了原来交流风机的市场。

2. 在工业驱动，伺服控制中的应用

同步型永磁交流伺服电动机的伺服控制器部分，除开关器件脉宽调制（PWM）功率电路外，还包括专用集成电路或者微处理器对电机速度、电流环进行控制、进行各种失常情况的保护和故障自诊断。这种新型电机的典型应用，有火炮，雷达等军事装备控制，数控机床、组合机床的伺服控制，机器人关节伺服控制等。

20 世纪 90 年代以来，在高精度的机床数控设备进给伺服控制中相当多地采用了同步型永磁交流伺服电机，取代宽调速的直流伺服电动机的势头强劲。近年来，在新一代数控机床的进给伺服控制中采用永磁交流直线伺服电动机，采用同步型永磁交流伺服电动机代替变频感应电动机作为机床的主轴直接驱动电动机，以提高数控机床快速性和加工效率，也已成为新的研究和应用热点。在军用和工业用机器人和机械手的驱动中，无刷直流电动机的应用相当广泛。据国际机器人联盟（IFR）估计，截至 2015 年全球约有 150 万以上的工业机器人用于工业流水线作业，未来三年将会超过 230 万台，服务领域用机器人将达到 15000 万台。机器人已经成为无刷直流电动机的主要应用领域之一。大功率无刷直流电动机（一般采用晶闸管作为功率器件，习惯上称为无换向器电机）在低速、恶劣环境和有一定调速性能要求的场合有着广泛的应用前景，如钢厂的轧钢机、水泥窑传动设备、抽水蓄能机组等。

近年出现的最新一代电梯无齿轮曳引机，是以同步型永磁交流伺服电动机为动力，磁场定向矢量控制和快速电流跟踪控制的电梯驱动装置，它和有齿轮传动的直流曳引机、以感应电动机变频驱动的交流曳引机相比，有更优异控制性能，并具有高效率、低噪声、小体积、轻重量等优点，迅速被国际知名电梯公司重视，纷纷开发出自己的无齿轮曳引机电梯，推向高端市场。无齿轮直接驱动的无刷曳引机引起电梯革命性的变革，出现了小机房和无机房电梯。

此外，同步型永磁交流伺服电动机在纺织机械、印刷机械、包装机械、冶金机械、邮政机械、自动化流水生产线、各种专用设备中均有广泛的应用。

3. 在汽车产业中的应用

据美国市场调查分析，在每辆豪华轿车中，需永磁电机 59 个，一般轿车中也需 20~30 个。另一方面，汽车节能日渐受到重视，现代汽车要求所使用的电机改善性能和提高效率，采用扁平盘式结构，以减小空间，提高出力，消除火花干扰，降低噪声，延长寿命，便于集中控制，这正是无刷直流电动机的特长。预计汽车用的有刷直流电动机将不断被永磁无刷直流电动机所替代。

在电动汽车、电动摩托车、电动自行车等交通工具中的无刷直流电动机将作为主动力的驱动电动机。以环保为目的的电动汽车中，其牵引驱动电动机以永磁无刷直流电动机最有发展前途。其中，内置式永磁无刷电动机也称为混合式永磁磁阻电动机，该电机在永磁转矩的基础上叠加了磁阻转矩，磁阻转矩的存在有助于提高电动机的过载能力和功率密度，而且易于弱磁调速，扩大恒功率范围运行，适合用作电动汽车高效、高密度、宽调速牵引驱动电动机。它们已在日本和美国大汽车公司的新车型设计中采用。

随着技术的不断提高，新能源电动汽车的未来前景十分广阔。新能源汽车替代燃油汽车已经是世界各国的普遍共识，世界各国政府对于新能源汽车的支持，是出于对环境和能源问题的终极考虑。据统计，2016 年中国新能源汽车产销量超过 50 万辆，保有量突破 100 万辆，这两者在全球的占比均达到了 50%，标志着中国新能源汽车已进入成长期。预计再过 5 年左右时间，中国新能源汽车产业将会进入高速成长期。根据《电动汽车充电基础设施发展指南（2015-2020 年）》以及《十三五国家战略性新兴产业发展规划》提出的到 2020 年实现新能源汽车当年产销 200 万辆以上，累计产销超过 500 万辆的目标来看，未来新能源车整体市场有望实现年均 50%的增速。

驱动电机系统是新能源车三大核心部件之一。电机驱动控制系统是新能源汽车车辆行驶中的主要执行结构，其驱动特性决定了汽车行驶的主要性能指标，它是电动汽车的重要部件。从电机类型看，2016 年我国新能源汽车驱动电机的装机量中，永磁同步电机依旧是主流，装机量超过 45 万台，占比 76%；交流异步电机装机量超过 14 万台，占比 23%。

永磁同步电机体积小、质量小、功率密度大、可靠性高、调速精度高、响应速度快，但最大功率较低，且成本较高。由于永磁同步电机具有高的功率密度，其工作效率最高可达 97%，能够为车辆输出最大的动力及加速度，因此主要用在对能量体积比要求最高的新能源乘用车上。交流异步电机价格低、运行可靠，但其功率密度低、控制复杂、调速范围小是固有限制，但价格优势使得其在新能源客车中使用较为广泛。

全球著名的新能源汽车巨头特斯拉（TESLA）一直采用感应电机驱动。但是，异步感应电机产生单位转矩需要的电流较多，因此耗电较大，而且高效区窄，恒转矩区功率低，进而制约了汽车的性能。和特斯拉的驱动系统不同，以比亚迪为代表的中国电动汽车厂商一直采用稀土永磁同步电机。虽然这种电机结构较复杂、控制系统更复杂且成本高。但是它具备高效区宽、节能性、小体积、轻量化等方面的优点。而随着比亚迪、精进电动等国内电动汽车企业这种电机的技术进步和量产，稀土永磁同步电机的造价将降低到和三相感应电机相接近的价位区间。最近有报道，特斯拉开始在中国采购钕铁硼磁体，目的是用于其电动汽车的驱动电机。这意味着特斯拉开始放弃原先的高速异步感应电机加减速器的驱动系统方案，开始采用目前新能源汽车领域许多国家公司最广泛应用的稀土永磁直驱电机技术路线。

1998~2002 年期间，美国国家自然科学基金会（NSF）资助美国国家电力电子中心研发车辆电子动力驱动系统、电子伺服控制系统。线控（X-by-wire）的汽车电子伺服系统在未来将是十分重要的技术，该技术可将车辆中各种独立的系统（如转向、制动、悬挂等系统）集成到一起由计算机调控，使汽车的操纵性、安全性以及总体结构大大改善。目前，电子动力转向盘和线控制动已经在一些欧洲车型上被采用。汽车电子伺服技术是具有革命性的技术，随着这个技术的使用，许多传统的机械部件将会在未来的汽车上消失，而越来越多的车用伺服电机将出现在未来的汽车上。

全球最大的汽车零部件企业——美国德尔福汽车系统公司预计，在未来的3~5年内，全世界的汽车将逐步采用电子伺服驱动系统，如电子动力转向盘和线控制动伺服驱动系统。目前，美国德尔福汽车系统公司正在全球范围内寻找年产300万台以上的电子动力转向盘的无刷伺服电动机合作伙伴。

长期以来，驾驶员一直是通过控制手中的转向盘来使汽车转向，该系统传统的是一个液压驱动的转向系统。电动转向控制系统是德尔福的新技术，电动转向系统（EPSS）是全电子的、独立于发动机的转向系统。该系统不同于传统液压泵转向系统，它由电子电动机（无刷电动机）驱动，革除了传统的液压泵、软管、驱动带或滑轮之类的附件，因此电动转向系统成为更加高效的环保系统。这一系统能使某些车型的燃油经济性提高5%。

4. 在医疗设备领域中的应用

例如，高速离心机、牙科和手术用高速器具、红外激光调制器用作热像仪、测温仪器等中都采用无刷直流电动机。国外已有用于制作植入人体内的人工心脏驱动的小型血泵的无刷直流电动机。

5. 在家用电器中的应用

目前，以变频空调器、变频冰箱、变频洗衣机为代表的变频家用电器逐步进入我国消费市场。而且变频家用电器正在由“交流变频”向俗称的“直流变频”转变，已是明显的发展趋势。这种转变实际上就是变频家电用变频空调压缩机、变频冰箱压缩机、空调用室内外风机、空气清新换气扇、变频洗衣机所用的电动机，过去是单相感应电动机或VVVF装置供电的感应电动机，现已被永磁无刷直流电动机及其控制器所取代。这种由“交流变频”向“直流变频”的转变使变频家用电器在节能高效、低噪声、舒适性、智能化等方面都有新的提高。1998年至今我国变频空调器发展迅速，我国空调器开始了直流化进程。直流无刷电动机在较大的转速范围内可以获得较高的效率，更适合家用电器的需要，日本的变频空调器的全直流化早已批量生产。我国的变频压缩机厂家已开始采用无刷直流电动机来代替三相交流感应电动机，将出现以永磁无刷直流电动机驱动压缩机和室内外风机的所谓全直流化空调器，它将更节能、更舒适。

6. 在无人机的应用

近年无人机市场蒸蒸日上，无人机的相关产业链迎来了新的发展机遇。其中，无刷直流电机是无人机重要的组成部分之一，它的性能优劣直接关系到无人机飞行性能的好坏。无人机的崛起让这些原本从事其他用途的电机制造企业看到了发展前景，开始借此机会转战无人机电机市场。

据CEA（美国消费电子协会）的预计，2015年的全球消费类无人机年度市场总额将首次超过64亿美元，利润为1.3亿美元，同比增长超过了50%。根据CEA的预估，未来无人机的市场总额将会持续上涨，在2024年甚至会增至115亿美元以上。据美国权威研究机构BI Intelligence最新报道，2015~2020年期间，预计消费级无人机市场年增长率为19%。

国内无人机市场呈现快速发展趋势。中国的无人机产品早已获得世界市场的认可，著名的深圳大疆创新科技有限公司就占据了全球无人机市场的40%销售份额，是全球的无人机制作企业的领导者。甚至在最近美国的CES（国际消费性电子展览会）上展出的无人机品牌，约有超过一半是来自中国的。工信部发布的《关于促进和规范民用无人机制造业发展的指导意见》显示，民用无人机产业持续快速发展，展望到2020年，民用无人机产业产值达到600亿元，年均增速40%以上；到2025年，民用无人机产业产值达到1800亿元，年均增速25%以上。

无人机最早是从航空模型基础发展过来的，航模原属于消费类产品。航模应用的特点要求其动力系统更轻、更强、更高效。当代航模用无刷直流电机基本上属于高速高功率密度类型，转速10000r/min以上为多数，有些高达50000r/min，此时对应旋转频率达1700Hz，工业用无刷直流电机一般不会到这样高的旋转频率。要求使用优质、低损耗的硅钢片和精密的高速轴承、精良的机械加工、良好的转子动态平衡。与之相适应的，它的速度控制器（俗称为“电调”）采用低通态漏源电阻（RDS）、贴片式、高频特性好的MOSFET，多片并联技术得到低开关损耗；采用先进的RISC精简指令集结构的AVR单片机，完全胜任了从接收机信号转换，到无刷电动机无传感器控制起动、升速、换相、PWM调速、制动、系统保护等控制功能，其PWM频率设计为8~16kc，是一个轻巧的、智能的控制器。在2000年左右由德国人设计一种叫Torquemax的无刷直流电动机，并成功用于模型飞机直接驱动。它是外转子结构，转子上有14极的钕铁硼永磁，内定子有12个槽，这是一种较好的分数槽绕组的槽/极数组合。接着他们创办了TORCMAN公司，生产TM系列的直接驱动用无刷电动机。此后，有其他公司跟进和模仿，都是基于这样的结构原理。其中，以捷克的MODEL MOTORS公司的AXI系列比较成功，在许多国家的航模网上可定购。随后我国的深圳、珠海等地的航模专业公司模仿生产类似产品，开拓国内外航模市场。

近年来，在消费级无人机迅猛发展的同时，专业级无人机市场也获得了快速增长。无人机从消费级市场正转向专业级市场（专业级包括工业级和军工级等更高端的无人机）。当前，专业级无人机应用范围不断扩张，涵盖了电力、森林防火、农业植保、警用公务、消防、监测、巡检以及测绘和救援等诸多领域。

专业级无人机至少需要用到4~6台无刷直流电机，用来驱动无人机的旋翼，电机驱动控制器则用来控制无人机的速度与方向。电机控制系统对无人机的稳定性至关重要。因此，近年来具备高可靠、高性能和长寿命的无人机专用无刷直流电机市场发展迅速。专业级无人机的电机系统要更精准可靠，这也是无人机电机领域的电机制造企业需要努力的方向。

此外，在特殊环境条件下，如潮湿、真空、有害物质的场所，为提高系统的可靠性，采用无刷直流电动机。其中，军用和航天领域是无刷直流电动机最先得到应用的领域。

1.4 推动无刷直流电动机技术和市场蓬勃发展的主要因素

（1）永磁无刷直流电动机自身性能的明显优势，在许多竞争领域中，永磁无刷直流电动机已不断地取代有刷直流电动机和感应电动机，并获得越来越广泛的应用。

（2）新型的高性能永磁材料技术的进步、电力半导体器件和专用控制集成电路的进展、新控制策略的出现，促进永磁无刷直流电动机自身技术的进步。

1）高性能永磁材料技术进展的促进。

现代无刷直流电动机都是以永磁体励磁的，因此，永磁材料的进步对电动机影响很大。过去的铝镍钴永磁材料已逐步被铁氧体永磁、稀土类永磁材料所取代。特别是20世纪80年代高磁能积的钕铁硼永磁材料的出现和改进，极大地推动了永磁电机的发展。它具有高的性价比，随着其性能的提高和应用问题的解决，特别是价格的下降，将迅速在无刷直流电动机得到大量应用，使无刷直流电动机在进一步减少了电机的用铜量、减小体积重量、提高功率密度、提高效率、改善性能方面有了明显的进展。钕铁硼永磁材料使无齿槽结构的无刷直流电动机能够实现，它具有消除齿槽效应、低转矩波动、低噪声、运行平稳、低电磁干扰等特点。近年黏结型、注塑型铁氧体永磁和钕铁硼永磁材料的出现，使无刷直流电动机在兼顾不同价格、性能层次有了更多的选择。

2）电力半导体器件进展的促进。

无刷直流电动机的原理构思早已提出，但直到20世纪60年代电力半导体器件出现才使其进入实用阶段。电力电子技术为电机控制驱动器主电路提供最重要的电力半导体开关器件。随着电力半导体器件的迅猛发展，从小功率晶体管，到大功率晶体管（GTR）、金属氧化物半导体场效应晶体管（MOSFET）、绝缘栅双极型晶体管（IGBT）等新型开关器件，以及对功率开关器件门极（或基极、栅极）驱动技术的进展，特别是近年崭新的功率模块、智能功率模块（IPM）的出现，完全改变了无刷直流电动机驱动器的面貌，减小了驱动器体积、重量，提高了运行可靠性和改善了可控性，更大大地扩大了无刷直流电动机的功率和速度范围。

3）专用控制集成电路进展的促进。

随着微电子技术的发展，各国半导体厂商不断地推出无刷直流电动机专用控制集成电路，解决了电动机和电子电路结合问题，也有利于控制器的小型化和可靠性的提高。特别是随着专用控制集成电路的批量生产，价格大幅度下降，解决了妨碍无刷直流电动机向民用领域发展的高价格问题，使无刷直流电动机的应用更方便、更容易推广普及。随着电动机应用技术越来越复杂，系统设计者正在通过利用电动机控制集成电路寻求开发工作的简化。使用电动机控制集成化的一个重要因素是使应用者容易获得最佳的硬件和软件解决方案，人们可用最少的开发时间，就能迅速地将其最终产品推向市场销售。各国电子元件制造商（如美国的国家半导体公司、摩托罗拉公司、德州仪器公司、飞兆公司、国际整流器公司，日本的东芝公司、三洋公司、松下公司、日立公司、三菱公司，还有德国、英国、法国、荷兰、意大利等国家的公司）瞄准无刷直流电动机这一巨大市场，十分重视无刷直流电动机专用控制集成电路芯片的开发和生产。

（3）各行各业对节能、调速控制要求日益迫切，特别是在工业驱动和家用电器驱动领域，节能高效是环保要求，效能指标已逐步成为市场准入条件，甚至被接纳为国家标准、国际标准，致使整机设计者不得不采纳、应用有较高效率的无刷直流电动机。

1.5　无刷直流电动机技术发展动向

综观近年世界无刷直流电动机技术发展，呈现下列发展动向：

1）产品向专用化、多样化方向发展。

几乎所有的无刷直流电动机产品都是为特定用途设计制造的。试图生产一种通用系列无刷直流电动机来适应千变万化的应用市场需求是不可能的。各厂商设计制造各种特殊结构、特定用途的无刷直流电动机，在设计、结构和工艺新技术方面不断地革新，以适应不同整机市场的需求。例如：

适应不同性能参数永磁材料，瓦型、环型表面粘接结构和各种不同设计嵌入式内磁体结构等新的转子磁路结构出现。出现各种外转子、轴向气隙（平面电动机）、无齿槽结构电机、直线无刷直流电动机等。

无论是采用铁氧体永磁或稀土永磁材料的永磁无刷直流电动机，常见的永磁转子结构是表面粘贴式（以下简称为表贴式）永磁（SPM）结构。近年，日本各知名家电厂商在新一代变频空调压缩机的永磁无刷直流电动机中，分别采用了各自的专利转子结构，嵌入式永磁（IPM）转子结构已成为主流。IPM 转子结构的电动机可得到较高的效率，增强转子抗高速离心力能力。

2）通过结构和工艺革新，以生产自动化、规模化，使产品向低成本、低价格方向发展。

由于电子换相电路的成本高于机械换向器，因而使无刷直流电动机的成本及售价增加，无刷直流电动机的价格是限制其应用扩展到民用产品领域的主要因素。针对国内外汽车行业、家电行业及办公自动化领域对低成本无刷直流电动机需求量越来越大的现状，所研制的新型永磁无刷直流电动机目的，在于提供一种结构简单、制作容易、性能可靠、控制方便、成本低廉的无刷直流电动机，以便适用于工业控制，特别是各类民用产品的领域。

在结构和工艺上革新的例子：分割型定子铁心结构和连续绕线工艺方法的采用，对于节距 $y=1$ 分数槽设计、用专用绕线机直接绕制定子线圈，外转子结构的电机比较方便；但对于内转子结构的电机，特别是定子内径小的小功率电机，就要困难得多了。为此，一些分割型定子铁心结构的构思提出来了。这种分割型定子铁心结构工艺技术使永磁无刷直流电动机实现高效率、大批量、自动化生产，日本有多家厂商效法，推出自己专利的定子铁心分割方案。这一技术已开始引起国内个别厂商关注，并进行探索试验。

目前，在信息技术（IT）领域，例如软盘、硬盘、数字盘（DVD）和 CD 主轴驱动器使用的无刷直流电动机，由于市场竞争、大规模生产，价格已经相当低了。

3）在电机设计方面，过去，无刷直流电动机大多采用整数槽设计。近年，分数槽技术在永磁无刷直流电动机的应用日益增多。

无刷直流电动机采用分数槽技术有如下一些好处：

① 对于多极的无刷直流电动机可采用较少的定子槽数，有利于槽满率的提高，进而提高电动机性能；同时，较少数目的元件数，可简化嵌线工艺和接线，有助于降低成本。

② 增加绕组的短（长）距和分布效应，改善反电动势波形的正弦性。

③ 有可能得到线圈节距 $y=1$ 的设计（集中绕组），每个线圈只绕在一个齿上，缩短了线圈周长和绕组端部伸出长度，减低用铜量；各个线圈端部没有重叠，不必设相间绝缘。

④ 有可能使用专用绕线机，直接将线圈绕在齿上，以取代传统嵌线工艺，提高工效。

⑤ 提高电动机性能；槽满率的提高，线圈周长和绕组端部伸出长度的缩短，使电动机绕组电阻减小，铜损耗随之也减低，进而提高电动机效率和降低温升。

⑥ 降低齿槽反应转矩，有利于减少振动和噪声。

总之，分数槽技术的应用有利于无刷电动机的节能、节材、小型化、轻量化、省工、生产自动化，从而可降低产品成本，增强产品竞争力。

现在 TI 的产品占据全球 DSP 市场最大份额，它的 2000 系列是用于工业控制尤其是电机领域控制的。其中用得比较多的是 TMS320F2407、TMS320F2812、TMS320F28335。2407 是

16位的DSP核，2812为32位的DSP核，主频最大可达150M。2407和2812属较早的产品，因此应用也较为成熟。目前TI的283系列DSP市场份额最大，28335为浮点型的32位DSP，性能比2812高许多。

4）性能更加优越的DSP（数字信号处理器）电机控制器的应用增多。

就系统的控制器而言，因运动控制系统是快速系统，特别是交流电机高性能的控制需要实时快速处理多种信号，为进一步提高控制系统的综合性能，近几年国外一些大型厂商纷纷推出较MCU（单片微控制器）性能更加优越的DSP芯片电机控制器，如ADI公司的ADMC3xx系列，TI公司的TMS320C24系列及Motorola公司的DSP56F8xx系列。这些都是由一个以DSP为基础的内核，配以电机控制所需的外围功能电路，集成在单一芯片内，使价格大大降低、体积缩小、结构紧凑、使用便捷、可靠性提高。目前DSP的最大速度可达20~40MIPS（百万条指令/s）以上，指令执行时间或完成一次动作的时间快达几十纳秒，它和普通的MCU相比，运算及处理能力增强10~50倍，确保系统有更优越的控制性能。

美国Microchip Technology（微芯科技）公司2004年宣布其6款dsPIC16位数字信号控制器（DSC）现已投入量产。新器件的运算速度可达20和30MIPS，配备自编程闪速存储器，并能在工业级温度和扩展级温度范围内工作。这些卓越的性能特性使六款全新数字信号控制器成为需要更高精确度、更快转速或无传感器控制的电机控制应用领域的理想解决方案。

Microchip Technology 2016年宣布为永磁同步电机（PMSM）的无传感器磁场定向控制（FOC）提供免费源代码，并推出了封装小巧、价格更低的dsPIC33FJ12MC及dsPIC33FJ12GP数字信号控制器（DSC）系列。40 MIPS的dsPIC33FJ12MC系列有助于实现性能卓越、低噪声和高功效的电机控制，并以较低价格为无传感器FOC提供所需的数字信号处理（DSP）能力。dsPIC33FJ12GP系列是全球体积最小、价格最低的数字信号控制器。封装尺寸只有6×6mm。

5）无位置传感器控制技术逐步完善。

按照无刷直流电动机工作原理，必须有转子磁极位置信号来决定电子开关的换相。目前，大多数采用安装位置传感器（例如霍尔元件）方法来得到这些信号。它存在必须占用电机一些空间、安装位置对准、需较多引出线、影响可靠性等缺点。在某些场合，如压缩机内有高温、高压环境，不允许安放霍尔元件。为此，20世纪80年代以来，微机控制技术的快速进展，出现了各种称为无位置传感器控制技术的方法，是当代无刷直流电动机控制研究热点之一，它从电子电路以软件方法获得转子磁极位置信号，实现电子换相。在诸多方法中，以反电动势法较成功。它检测不励磁相绕组的反电动势过零点，经过运算后，决定换相时刻。这也是硬件软件化的一个成功例子。各大半导体厂商为适应无位置传感器控制，开发了专用集成电路、MCU、DSP，使这一技术得到越来越多的推广应用。采用DSP实现无位置传感器控制成为研究的热点，低成本DSP无位置传感器无刷直流电动机已成为无刷直流电动机的重要发展方向。

6）正弦波控制方式更被关注。

如前所述，无刷直流电动机的电子换相控制模式分为两大类：方波驱动和正弦波驱动。就其位置传感器和控制电路而言，方波驱动相对简单、价廉而得到广泛应用，是目前绝大多数无刷直流电动机的驱动方式；正弦波驱动需要高分辨率位置传感器，如旋转变压器、光电编码器，控制电路相对复杂，成本较高。正弦波驱动是借助高分辨率位置传感器作用，以强制提供正弦波相电流为特征的无刷直流电动机电子换相方法。与方波驱动相比，它具有低转矩波动、平滑的运动、小的可闻噪声和容易利用超前角技术实现弱磁控制、拓宽调速范围等优点。过去它主要用于军用、工业用较高要求的伺服系统。高速 MCU 和 DSP 的普及应用和价格大幅度降低，使性能优异的正弦波电流控制方式在价格方面的限制得到缓解，更受关注。例如，西门子公司早期开发的1F5 系列方波电流控制方式的无刷直流电动机现在已经停止生产，代之以正弦波电流控制方式的1F6 系列无刷直流电动机。随后，西门子公司又推出 IFT6、IFS6、IFT7、IFK7 等系列产品。

近年出现的新一代或称简易位置传感器正弦波换相控制技术，不需要高分辨率位置传感器，特别是支持这种控制技术的新一代无刷直流电动机正弦波控制芯片的问世，大大促进了无刷直流电动机控制正弦化趋向的形成，使它们在计算机外围设备、办公自动化设备、甚至家用电器的小功率无刷直流电动机驱动控制中开始得到应用。这种控制芯片的例子是：ST Microelectronics 公司的 L7250 电动机驱动微控制器，朗讯科技微电子集团（Lucent Technologies Microelectronics Group）2001 年研制出的 VC2010 和 VC2100 高端硬磁盘驱动器（HDD）电动机控制器集成电路，东芝公司的 TMP88CS43 可编程电动机驱动微控制器等。

随着 DSP 的应用推广，目前更多是以 DSP 为主控芯片搭建硬件控制系统，采用低分辨率的开关型霍尔位置传感器实现电机的简易正弦波控制和矢量控制两种高性能正弦波驱动控制方案。

无刷直流电动机在计算机外围设备、办公自动化设备、白色和黑色家用电器中应用日益增多，人们对它们的噪声要求也越来越苛刻。无传感器或只需简易位置传感器，以低转矩波动、平滑运动、小可闻噪声、成本适中而见长的新一代正弦化无刷直流电动机及其驱动器将得到越来越广泛的应用，有良好的发展前景。

1.6 小结

早在 20 世纪 70 年代初开始，无刷直流电动机在我国一些国家研究所、个别高等院校、军工单位开始跟踪这一新技术，开展了开发研究，当时主要解决宇航、导弹、卫星和其他军用装备的急需。到 20 世纪 80 年代，为工业用途，特别是数控机床、工业机器人开发研制永磁同步伺服电动机及其伺服驱动器。总的来说，它停留在数量少、成本高、市场窄的状态。

改革开放以来，出口和内需的带动，特别是三资企业的进入、民营企业飞速发展，我国无刷直流电动机生产有了很大改观。目前，在我国发展无刷直流电动机已有了较好的技术基础和物质基础，存在国内外较大市场需求，随着世界经济一体化趋势的到来，我国的无刷直流电动机产业充满发展机会，前景一片光明。

参考文献

[1] 张琛. 直流无刷电动机原理及应用 [M]. 2 版. 北京：机械工业出版社，2004.
[2] 李钟明，刘卫国. 稀土永磁电机 [M]. 北京：国防工业出版社，1999.
[3] 叶金虎. 现代无刷直流永磁电动机的原理和设计 [M]. 北京：科学出版社，2007.
[4] 刘刚，等. 永磁无刷直流电动机控制技术与应用 [M]. 北京：机械工业出版社，2009.

[5]　夏长亮. 无刷直流电机控制系统［M］. 北京：科学出版社，2009.

[6]　莫会成. 永磁无刷电动机系统发展现状［C］. 第八届全国永磁电机学术交流会，2007.

[7]　袁海林，施进浩. 永磁无刷电动机的发展应用和对策［C］. 第四届中国小电机技术研讨会，1999.

[8]　龚春雨，施进浩. 无刷直流电动机的发展现状和质量特点［J］. 微特电机，2006（8）.

[9]　王宗培，陈敏祥. 运控电机之无刷直流电动机［J］. 微电机，2009（12）.

第2章 方波驱动与正弦波驱动的原理和比较

2.1 无刷直流电动机（BLDC）与永磁同步电动机（PMSM）

有资料报道，当今全球各种电动机消耗的电能占世界能源消耗的65%。随着对环境问题的关注，采用高效率电驱动被提到日程。因此，取代传统的感应电动机的永磁直流电动机最近获得业内极大的关注。这是因为永磁直流电动机有更高的效率和更高功率密度。

现代电机与控制技术以电流驱动模式的不同将永磁无刷直流电动机分为两大类：方波驱动电机和正弦波驱动电机。前者称为无刷直流电动机（BLDC）或电子换相直流电动机（Electronically Commutated Motor，ECM），后者曾有人称为无刷交流电动机（BLAC），现在已常常称为永磁同步电动机（PMSM）。

表面看来，BLDC和PMSM的基本结构是相同的：它们的电动机都是永磁电动机，转子由永磁体组成基本结构，定子安放有多相交流绕组；都是由永久磁铁（PM）转子和定子的交流电流相互作用产生电机的转矩；在绕组中的驱动电流必须与转子位置反馈同步。转子位置反馈信号可以来自转子位置传感器，或者像在一些无传感器控制方式那样通过检测电机相绕组的反电动势（EMF）等方法得到。虽然在永磁同步电动机和无刷直流电动机的基本架构相同，但它们在实际的设计细节上的不同是由它们如何驱动决定的。

这两种电机的主要区别在于它们的控制器电流驱动方式不同：无刷直流电动机是方波（或梯形波）电流驱动，而PMSM是一种正弦波电流驱动，使得永磁同步电动机在电气和机械两方面都更加安静，而且它几乎没有转矩脉动。这意味着这两种电动机有不同的运行特性和设计要求。因此，两者在电动机的气隙磁场波形、反电动势波形、驱动电流波形、转子位置传感器，以及驱动器中的电流环电路结构、速度反馈信息的获得和控制算法等方面都有明显的区别，它们的转矩产生原理也有很大的不同。

2.2 方波驱动和正弦波驱动的转矩产生原理

图2-1给出理想情况下，两种电流驱动模式的磁通密度分布、相反电动势、相电流和电磁转矩波形。

无刷直流电动机（BLDC）采用方波电流驱动模式。对于常见的三相桥式6状态工作方式，在360°（电气角）的一个电气周期时间内，可均分为6个区间，或者说，三相绕组导通状态分为6个状态。三相绕组端A、B、C连接到由6个大功率开关器件组成的三相桥式逆变器3个桥臂上。绕组为丫接法时，这6个状态中任一个状态都有两个绕组串联导电，一相为正向导通，一相为反向导通，而另一个绕组端对应的功率开关器件桥臂上下两器件均不导通。这样，观察任意一相绕组，它在一个电气周期内，有120°是正向导通，然后60°为不导通，再有120°为反向导通，最后60°是不导通的。

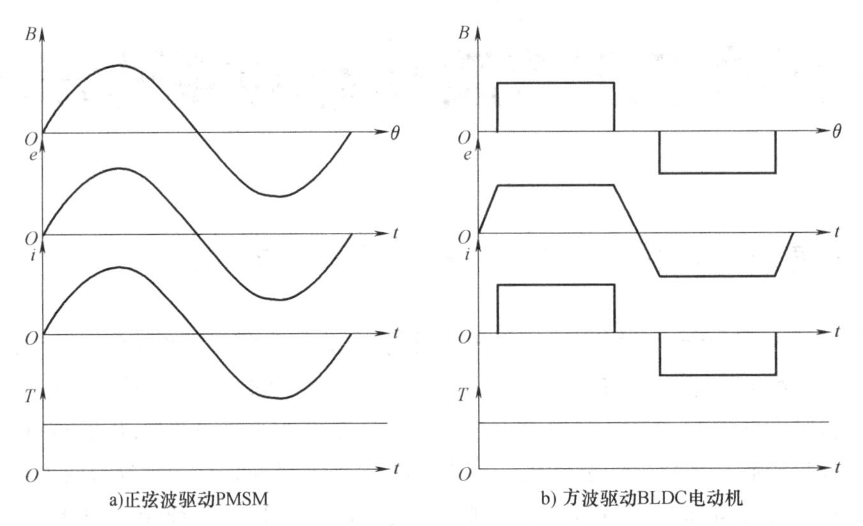

图 2-1　理想情况下两种电流驱动模式的磁通密度分布、相反电动势、相电流和电磁转矩波形

首先讨论一相绕组在120°正向导通范围内产生的转矩。当电机转子恒速转动，电流指令为恒值的稳态情况下，由控制器电流环作用强迫该相电流为某一恒值。在理想情况下，无刷直流电机设计气隙磁通密度分布使每相绕组的反电动势波形为有平坦顶部的梯形波，其平顶宽度应尽可能地接近120°。在转子位置传感器作用下，使该相电流导通120°范围和同相绕组反电动势波形平坦部分120°范围在相位上是完全重合的，如图2-1b所示。这样，在120°范围内，该相电流产生的电磁功率和电磁转矩均为恒值。由于每相绕组正向导通和反向导通的对称性，以及三相绕组的对称性，总合成电磁转矩为恒值，与转角位置无关。

在一相绕组正向导通120°范围内，输入相电流 I 为恒值，它的一相绕组反电动势 E 为恒值，转子角速度为 Ω 时，一相绕组产生的电磁转矩为 T_{ep} 由下式表示：

$$T_{ep}=\frac{EI}{\Omega}$$

考虑在一个电气周期内该相还反向导通120°，以及三相电磁转矩的叠加，则在一个360°内的总电磁转矩 T 为

$$T=\frac{3(2\times120^\circ)}{360^\circ}\frac{EI}{\Omega}=2\frac{EI}{\Omega}$$

在上述理想情况下，方波驱动永磁无刷直流电动机有线性的转矩-电流特性，理论上转子在不同转角时都没有转矩波动产生。但是，在实际的永磁无刷直流电动机，由于每相反电动势梯形波平顶部分的宽度很难达到120°，平顶部分也不可能做到绝对的平坦无纹波，加上齿槽效应的存在和换相过渡过程电感作用等原因，电流波形也与理想方波有较大差距，转矩波动实际上必然存在。

按正弦波驱动模式工作的永磁同步电动机（PMSM）则完全不同。电动机气隙磁通密度分布设计和绕组设计使每相绕组的反电动势波形为正弦波。正弦波的相电流是由控制器强制

产生的，这是通过转子位置传感器检测出转子相对于定子的绝对位置，由伺服驱动器的电流环实现的，并且可以按需要控制相电流与该相反电动势之间的相位关系。它的反电动势和相电流频率由转子转速决定。当相电流与该相反电动势同相时（见图2-1a），三相绕组A、B、C相的反电动势和相电流可表示为

$$
\begin{aligned}
e_A &= E\sin\theta \\
e_B &= E\sin(\theta-120°) \\
e_C &= E\sin(\theta-240°) \\
i_A &= I\sin\theta \\
i_B &= I\sin(\theta-120°) \\
i_C &= I\sin(\theta-240°)
\end{aligned}
$$

式中，E和I分别为一相反电动势和相电流的幅值；θ为转子转角。这里，它的每相绕组正向导通180°，然后反向导通180°。

电机的电磁功率P和电磁转矩T的关系为

$$
T=\frac{P}{\Omega}=\frac{e_Ai_A+e_Bi_B+e_Ci_C}{\Omega}=1.5\frac{EI}{\Omega}
$$

上式表明，正弦波驱动的永磁同步电动机具有线性的转矩-电流特性。式中，瞬态电磁转矩T与转角θ无关，理论上转矩波动为零。在实际的永磁同步电动机中，转矩波动一般比较小。

2.3　无刷直流电动机与永磁同步电动机的结构和性能比较

1. 在电动机结构与设计方面

这两种电动机的基本结构相同，有永磁转子和与交流电动机类似的定子结构。但永磁同步电动机要求有一个正弦的反电动势波形，所以在设计上有不同的考虑。它的转子设计努力获得正弦的气隙磁通密度分布波形。而无刷直流电机需要有梯形反电动势波，所以转子通常按等气隙磁通密度设计。绕组设计方面进行同样目的的配合。此外，BLDC控制希望有一个低电感的绕组，减低负载时引起的转速下降，所以通常采用磁片表贴式转子结构。内置式永磁（IPM）转子电动机不太适合无刷直流电动机控制，因为它的电感偏高。IPM结构常常用于永磁同步电动机，和表面安装转子结构相比，可使电动机增加约15%的转矩。

2. 转矩波动

两种电动机性能最引人关注的是在转矩平稳性上的差异。运行时的转矩波动由许多不同因素造成，首先是齿槽转矩的存在。已研究出多种卓有成效的齿槽转矩最小化设计措施。例如定子斜槽或转子磁极斜极可使齿槽转矩降低到额定转矩的1%~2%以下。原则上，永磁同步电动机和无刷直流电动机的齿槽转矩没有太大区别。

其他原因的转矩波动本质上是独立于齿槽转矩的，没有齿槽转矩时也可能存在。如前所述，由于永磁同步电动机和无刷直流电动机相电流波形的不同，为了产生恒定转矩，永磁同步电动机需要正弦波电流，而无刷直流电动机需要矩形波电流。但是，永磁同步电动机需要的正弦波电流是可能实现的，而无刷直流电动机需要的矩形波电流是难以做到的。因为无刷

直流电动机绕组存在一定的电感，它妨碍了电流的快速变化。无刷直流电动机的实际电流上升需要经历一段时间，电流从其最大值回到零也需要一定的时间。因此，在绕组换相过程中，输入到无刷直流电动机的相电流是接近梯形的而不是矩形的。每相反电动势梯形波平顶部分的宽度很难达到120°。正是这种偏离导致无刷直流电机存在换相转矩波动。在永磁同步电动机中驱动器换相转矩波动几乎是没有的，它的转矩纹波主要是电流纹波造成的。

在高速运行时，这些转矩纹波影响将由转子的惯性过滤去掉，但在低速运行时，它们严重影响系统的性能，特别是在位置伺服系统的准确性和重复性方面的性能会恶化。

应当指出，除了电流波形偏离期望的矩形外，实际电流在参考值附近存在高频振荡，它取决于滞环电流控制器滞带的大小或三角波比较控制器的开关频率。这种高频电流振荡的影响是产生高频转矩振荡，其幅度将低于由电流换相所产生的转矩波动。这种高频转矩振荡也存在于永磁同步电动机中。实际上，这些转矩振荡较小和频率足够高，它们很容易由转子的惯性而衰减。不过，由相电流换相产生的转矩波动远远大于电流控制器产生的这种高频转矩振荡。

3. 功率密度和转矩转动惯量比

在一些像机器人技术和航空航天器高性能应用中，希望规定输出功率的电动机有尽可能小的体积和重量，即希望有较高的功率密度。功率密度受限于电动机的散热性能，而这又取决于定子表面积。在永磁电动机中，最主要的损耗是定子的铜损耗、铁心的涡流和磁滞损耗，转子损耗假设可忽略不计。因此，对于给定机壳大小，有低损耗的电动机将有高的功率密度。

假设永磁同步电机和无刷直流电动机的定子铁心涡流和磁滞损耗是相同的。这样，它们的功率密度的比较取决于铜损耗。下面对比两种电动机输出功率是基于铜损耗相等条件。在永磁同步电动机中，采用滞环比较器或PWM电流控制器得到低谐波含量的正弦波电流，绕组铜损耗基本上是由电流的基波部分决定的。设每相峰值电流是I_{p1}，电流有效值（RMS）是$I_{p1}/\sqrt{2}$，那么三相绕组铜损耗是$3(I_{p1}/\sqrt{2})^2R_a$，其中R_a是相电阻。

在无刷直流电动机中，它的电流是梯形波，设每相峰值电流是I_{p2}，由于三相六状态总只是两相通电工作，绕组铜损耗是$2I_{p2}^2R_a$，其中R_a是相电阻。由铜损耗相等的设定条件，即

$$3(I_{p1}/\sqrt{2})^2R_a=2I_{p2}^2R_a$$

于是可得到

$$I_{p1}/I_{p2}=2/\sqrt{3}=1.15$$

由上面分析，在无刷直流电机中，每相反电动势为E_{p2}，转速为Ω，电磁转矩表示为$T_{ebl}=2E_{p2}I_{p2}/\Omega$；在永磁同步电动机中，每相反电动势为$E_{p1}$，转速为$\Omega$，电磁转矩表示为$T_{epm}=1.5E_{p1}I_{p1}/\Omega$。由于反电动势幅值是由直流母线电压决定的，取$E_{p1}=E_{p2}$，可得到

$$T_{ebl}/T_{epm}=2/\sqrt{3}=1.15$$

转换为两者输出电磁功率之比也是1.15。

上述粗略分析结果显示，无刷直流电动机比相同机壳尺寸的永磁同步电动机能够多提供15%的功率。即其功率密度约大15%。实际上，考虑到无刷直流电动机的铁损耗比永磁同步电动机要稍大些，输出功率的增加达不到15%。

当电动机用于要求快速响应的伺服系统时，系统期望电动机有较小的转矩转动惯量比。

因为无刷直流电动机的功率输出可能增加 15%，如果它们具有相同的额定速度，也就有可能获得 15%的电磁转矩的增加。当它们的转子转动惯量相等时，则无刷直流电动机的转矩转动惯量比可以高出 15%。

如果两种电动机都是在恒转矩模式下运行，无刷直流电动机比永磁同步电动机的每单位峰值电流产生的转矩要高。由于这个原因，当使用场合对重量或空间有严格限制时，无刷直流电动机应当是首选。

4. 在传感器方面

在图 2-2 和图 2-3 分别给出两种不同电流驱动模式的速度伺服系统框图。

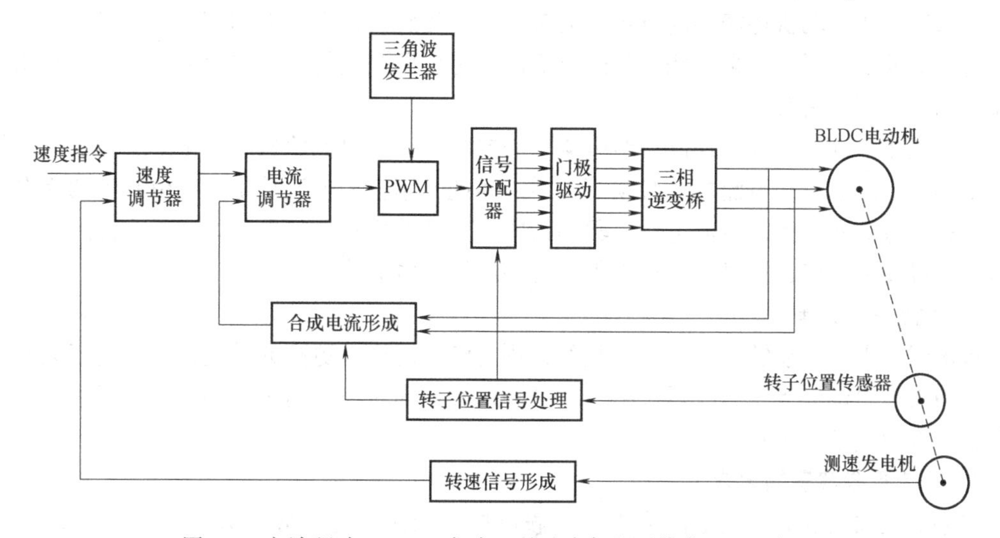

图 2-2　方波驱动（BLDC 方式）的速度伺服系统典型原理框图

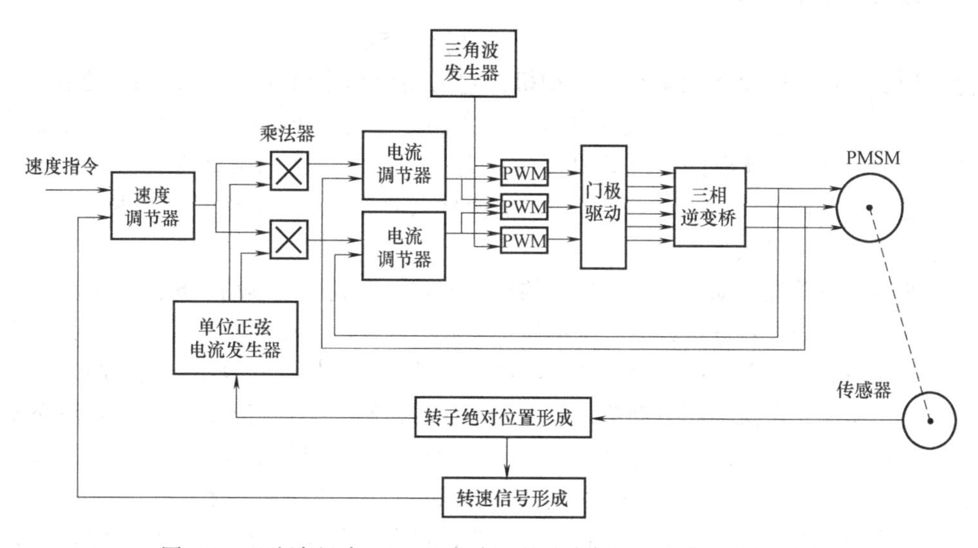

图 2-3　正弦波驱动（BLAC 方式）的速度伺服系统典型原理框图

两种电动机运行均需要转子位置反馈信息，永磁同步电动机正常运行要求正弦波电流，无刷直流电动机要求的电流是矩形波，这导致它们在转子位置传感器选择上的很大差异。无刷直流电动机中的矩形电流导通模式只需要检测电流换相点。因此，只需要每 60°电角度检测转子位置一次。此外，在任何时间只有两相通电，它只需要低分辨率转子位置传感器，例如霍尔传感器，它的结构简单，成本较低。

但是，在永磁同步电动机每相电流需要正弦波，所有三相都同时通电，连续转子位置检测是必需的。它需要采用高分辨率转子位置传感器，常见的是10bit以上的绝对型光电编码器，或如图2-3所示的解算器（旋转变压器）与R/D转换器（旋转变压器/数字转换器）的组合，成本比三个霍尔集成电路要高得多。

如果在位置伺服系统中，角位置编码器既可用作位置反馈，同时也可以用于换相的目的，这样无刷直流电动机转子位置传感器的简单并没有带来什么好处。然而，对于速度伺服系统，永磁同步电动机还需要高分辨率的转子位置传感器，而在无刷直流电动机中，有低分辨率传感器就足够了。如果换相引起的转矩波动是可以接受的话，在速度伺服系统采用无刷直流电动机显得更为合适。

对于三相电动机，为了控制绕组电流，需要得到三相电流信息。通常采用两个电流传感器就足够了，因为三相电流之和必须等于零。因此，第三相电流总是可以由其他两相电流推导出。在一些简易型无刷直流电动机驱动器中，为节约成本，只采用一个电流传感器，检测的是直流母线的电流，通过计算可以得到三相绕组的电流值。

5. 运行速度范围

永磁同步电动机能够比有相同参数的无刷直流电动机有更高的转速，这是由于无刷直流电动机当其反电动势等于直流母线电压时已经达到最高转速。而永磁同步电动机可实施弱磁控制，所以速度范围更宽。

6. 对逆变器容量的要求

如果逆变器的连续额定电流为I_p，并假设控制最大反电动势为E_p。当驱动永磁同步电动机时，最大可能输出功率是

$$3(E_p/\sqrt{2})(I_p/\sqrt{2})=1.5E_pI_p$$

如果这个逆变器也用来驱动无刷直流电动机，它的输出功率将是$2E_pI_p$，两者之比为4/3=1.33。因此，对于给定的连续电流和电压的逆变器，理论上可以驱动更大功率的无刷直流电动机，其额定功率比永磁同步电动机可能提高33%。但由于无刷直流电动机铁损耗的增加将减少这个百分数。反过来说，当被驱动的两种电动机输出功率相同时，驱动无刷直流电动机的逆变器容量将可减小33%。

综上所述，正弦波驱动是一种高性能的控制方式，电流是连续的，理论上可获得与转角无关的均匀输出转矩，良好设计的系统可做到3%以下的低纹波转矩。因此它有优良的低速平稳性，同时也大大改善了中高速大转矩的特性，铁心中附加损耗较小。从控制角度说，可在一定范围内调整相电流和相电动势相位，实现弱磁控制，拓宽高速范围。正弦波交流伺服电动机具有较高的控制精度。其控制精度是由电动机同安装于轴上的位置传感器及解码电路来决定的。对于采用标准的2500线编码器的电动机而言，由于驱动器内部采用了四倍频技术，其脉冲当量为360°/10000=0.036°。对于带无刷旋转变压器的正弦波交流伺服电动机的控制精度，由于位置信号是连接的正弦量，原则上位置分辨率由解码芯片的位数决定。如果解码芯片为14bit的R/D转换器（旋转变压器/数字转换器），驱动器每接收$2^{14}=16384$个脉冲，电动机转一圈，即其脉冲当量为360°/16384=0.02197″。

正弦波交流伺服电动机低速运转平稳。正弦波交流伺服电动机由矢量控制技术产生

三相正弦波交流电流。三相正弦波交流电流与三相绕组中的三相正弦波反电动势产生光滑平稳的电磁转矩，使得正弦波交流伺服电动机具有宽广的调速范围，例如从 30min 转一周到 3000r/min。

但是，为满足正弦波驱动要求，伺服电动机在磁场正弦分布上有较严格的要求，甚至定子绕组需要采用专门设计，这样就会增加工艺复杂性；必须使用高分辨率绝对型转子位置传感器，驱动器中的电流环结构更加复杂，都使得正弦波驱动的交流伺服系统成本更高。

对比相对简单的梯形波 BLDC 电动机控制，PMSM 的复杂正弦波形控制算法使控制器开发成本增高，需要一个更加强大（更昂贵）的处理器。最近 IR、Microchip、Freescale、ST-Micro 等国际知名厂商相继推出电动机控制开发平台，该算法已经开发，有望在不久的将来以较低成本就能够使用于平稳转矩、低噪声、节能的永磁同步电动机中。

近年出现了低成本正弦波驱动技术方案，值得关注，详见第 14 章。

实际上，上述两种驱动模式的电动机和驱动器都在速度伺服和位置伺服系统中得到满意的应用。图 2-2 和图 2-3 分别给出方波驱动和正弦波驱动两种驱动模式速度伺服系统典型原理框图。

参考文献［1］研究了同一台永磁无刷直流电机在两种驱动方式下性能的对比，电动机的参数：槽数为 24，极数为 4，转动惯量为 $4.985\times10^{-6}\text{kg}\cdot\text{m}^2$，绕组自感为 0.411mH，绕组互感为 0.375mH，绕组电阻为 0.4317Ω，反电动势系数为 0.03862V · s/rad。直流电源电压设为 27V，正弦波驱动时三角波载波信号频率为 3000Hz，负载转矩为 $T_L=0.37\text{N}\cdot\text{m}$。通过仿真结果得到：在电枢电流有效值相等的条件下，方波驱动的电磁转矩大于正弦波驱动的电磁转矩，方波驱动的平均电磁转矩是正弦波驱动的平均电磁转矩的 1.176 倍；方波驱动的稳态电磁转矩脉动系数为 10.5%，正弦波驱动的稳态电磁转矩脉动系数为 3.37%；两种驱动方式在同样的负载情况下，方波驱动时电动机的转速（4600r/min）高于正弦波驱动（3960r/min），即方波驱动电动机输出功率更大。因此认为，在对电动机运行平稳性要求不高、对出力要求高时，宜采用控制简单的方波驱动，若对电动机有高的稳速精度要求，宜采用控制复杂的正弦波驱动。

2.4　小结

与正弦波驱动相比较，方波驱动有如下优点：

1）转子位置传感器结构较简单，成本低；

2）位置信号仅需做逻辑处理，电流环结构较简单，伺服驱动器总体成本较低；

3）伺服电动机有较高材料利用率，在相等有效材料情况下，方波工作方式的电动机输出转矩约可增加 15%。

方波驱动主要缺点是：

1）转矩波动大；

2）高速工作时，矩形电流波会发生较大的畸变，会引起转矩的下降；

3）定子磁场非连续旋转，定子铁心附加损耗增加。

但是，良好设计和控制的方波驱动无刷伺服电动机的转矩波动可以达到有刷直流伺服电动机的水平。转矩纹波可以用高增益速度闭环控制来抑制，获得良好的低速性能，使伺服系统的调速比也可达 1∶10000。它有良好的性能/价格比，对于有直流伺服系统调整经验的人，比较容易接受这种方波驱动的伺服系统。所以这种驱动方式的伺服电动机和伺服驱动器仍是工业机器人、数控机床、各种自动机械一种理想的驱动元件之一。

总而言之，一般性能的速度调节系统和低分辨率的位置伺服系统可以采用无刷直流电动机，而高性能的速度伺服和像机器人位置伺服应用宜采用永磁同步电动机。成本较低是无刷直流电动机相对永磁同步电动机的一个主要优势。

参考文献

[1] 罗玲，刘卫国，马瑞卿，等. 永磁无刷电机方波和正弦波驱动的转矩研究 [J]. 测控技术，2008 (11).

[2] 曹荣昌，黄娟. 方波正弦波无刷直流电机及永磁同步电机结构性能分析 [J]. 电机技术，2003 (1).

[3] Pillay P，Krishnan R. Application Characteristics of Permanent Magnet Synchronous and Brushless dc Motors for Servo Drives [J]. IEEE Trans. Industry Applications，1991，27 (5).

[4] 王宗培，韩光鲜，程智，等. 无刷直流电动机的方波与正弦波驱动 [J]. 微电机，2002 (6).

[5] 谭建成. 无刷直流电动机控制的新趋势——正弦化 [C]. 第七届中国小电机技术研讨会论文集，2002.

第 3 章 无刷直流电动机的绕组连接与导通方式及其选择

永磁无刷直流电机本质上是交流电机，它的定子上安放有多相交流绕组。由于它的运行机理和普通交流电动机不同，其绕组相数可以有多种选择，原则上可从单相，2，3，4，5，6，7，…到十多相。

无刷直流电机各相绕组之间的连接方式常见的为星形绕组和封闭绕组两种。星形绕组是将每相绕组的尾连接在一起（称为绕组的中点），再将每相绕组的头连接到电子换相开关。封闭绕组是将一相绕组的尾连接到下一相绕组的头，全部绕组首尾连接形成封闭回路，再将每个连接点连接到电子换相开关。但由于电机运转时在封闭绕组中可能存在谐波电流环流，使损耗增加，电机效率降低，因此无刷电机大多数采用星形绕组接法。

在电子驱动器中，连接电机绕组的电子换相电路典型拓扑结构可分为半波单极性电路和全波双极性电路两大类。半波单极性电路又称为非桥式电路，电机每相绕组的通电和关断由各自一个电子开关的开闭控制，电机绕组只有单方向电流流过，每相独立供电操作和结构简单，与双极性电路相比电子开关数减少一半，控制电路成本较低。但绕组利用率低，效率不高，电机单位体积输出转矩和功率较低，所以实际应用得也不多。局限用于小功率电机的驱动。

全波双极性电路又称为桥式电路，每相绕组都可能流过正反双向电流。电路结构上它又可分为 H 桥式电路和全桥式电路。H 桥式电路中，每相绕组由 4 个电子开关组成的 H 桥电路驱动，如图 3-1 所示。全桥式电路中，每相绕组由两个电子开关组成的半个 H 桥电路驱动，如图 3-5 所示。显然，对于同一个 m 相的电机，H 桥式电路的电子开关数是全桥式电路的一倍，所以通常都是采用全桥式电路。两相绕组电机比较特殊，只能采用 H 桥式电路，两相绕组分别由两个 H 桥电路驱动（共 8 个电子开关），和常用的三相电机（共 6 个电子开关）相比，电子开关数较多，转矩波动较大，没有特别的优点，所以比较少用。下面，我们主要是讨论全桥式电路（或简称为桥式电路）驱动的星形绕组电机。

无刷直流电动机电子换相电路还有其他的拓扑结构，参见第 12 章 12.10 节。

多相绕组由它们的各相绕组导通方式的不同，得到不同的性能。多相方波永磁无刷直流电机借助于转子位置传感器，根据转子磁场位置，确定其定子多相绕组的通电状态。对于全桥式电路驱动，m 相定子绕组在任意时刻处于通电状态的相数可选择为 m、$m-1$、$m-2$、$m-3$、…。但是为了能够提高绕组利用率，下面只讨论同时通电相数选择为 m、$m-1$ 的情况。例如，选择为 $m-1$ 时，即总有一相绕组处于断电状态。在一个工作周期内，每相绕组正向导通 $180°(m-1)/m$ 电角度，断电 $180°/m$ 电角度，然后反向导通 $180°(m-1)/m$ 电角度，再断电 $180°/m$ 电角度。各相绕组之间相位差为 $180°/m$ 电角度。即一个工作周期划分为 $2m$ 个状态。这样，我们可以用正向导通角度作为绕组不同导通方式的标志。有时也以一个状态下同时通电相数作为绕组不同导通方式的标志。

例如，常用的三相绕组中，$m=3$。当同时通电相数为 $m-1=2$ 时，在一个工作周期内，每相绕组正向导通 $180°(m-1)/m=120°$ 电角度，断电 $180°/m=60°$ 电角度，然后反向导通 $180°(m-1)/m=120°$ 电角度，再断电 $180°/m=60°$ 电角度。即一个工作周期划分为 $2m=6$ 个状态。我们称之为三相 120°导通方式，或有文献称之为两两导通方式，或称之为三相 6 状态方式。三相电机也可以采用 180°导通方式，同时通电相数选择为 $m=3$。

对于非桥式电路驱动，m 相定子绕组在任意时刻处于通电状态的相数不可能选择为 m，最大同时通电相数较少，绕组利用率较低。

分析表明，相数 m 的增加，有利于降低换相引起的转矩波动。但是，随之逆变桥的开关数要增加，控制器成本成为相数增加的主要制约因素。所以在本章中，我们只讨论五相以下常见绕组连接与导通方式，并就绕组的相数、导通角、连接方式进行比较分析，给出正确选择的意见。

3.1 常见绕组连接与导通方式

3.1.1 两相绕组电机连接与导通方式

两相绕组电机比较特殊，只能采用 H 桥式电路（见图 3-1），和常用的三相电机全桥式电路相比，开关数较多，转矩波动较大，没有特别的优点，所以比较少用。两相绕组之间没有直接连接，常见连接与导通方式有 3 种，见表 3-1～表 3-4。表中的导通方式中，A 表示绕组 A 正向导通，A * 表示绕组 A 反向导通，如此类推。

表 3-1 两相绕组常见连接与导通方式

序号	逆变桥	状态数	状态角/(°)	每个状态通电相数	每相正向导通角度/(°)	相绕组间相位差/(°)	位置传感器数	逆变桥开关数
1	H 桥	4	90	1	90	90	2	8
2		4	90	2	180	90	2	8
3		8	45	1,2	135	90	2	8

表 3-2 两相绕组 H 桥式 90° 导通方式（序号 1）

状态	1	2	3	4
IA	+		−	
IB		+		−
状态名	A	B	A *	B *

表 3-3 两相绕组 H 桥式 180° 导通方式（序号 2）

状态	1	2	3	4
IA	+	+	−	−
IB	−	+	+	−
状态名	AB *	AB	A * B	A * B *

表 3-4 两相绕组 H 桥式 135°导通方式（序号 3）

状态	1	2	3	4	5	6	7	8
IA	+	+	+		−	−	−	
IB	−		+	+	+		−	−
状态名	AB *	A	AB	B	A * B	A *	A * B *	B *

3.1.2　四相绕组电机连接与导通方式

四相绕组星形连接可采用全桥式和非桥式换相电路（见图3-2~图3-4），常见导通方式见表3-5~表3-11。

表3-5~表3-11所示的导通方式中，IA表示A相绕组电流，+号表示相绕组经上桥臂开关接通至电源正极，相电流正向导通；-号表示相绕组经下桥臂开关接通至电源负极，相电流反向导通；如此类推。全桥式导通方式的状态名以分数表示，分子表示正向导通的相绕组；分母表示反向导通的相绕组；如此类推。

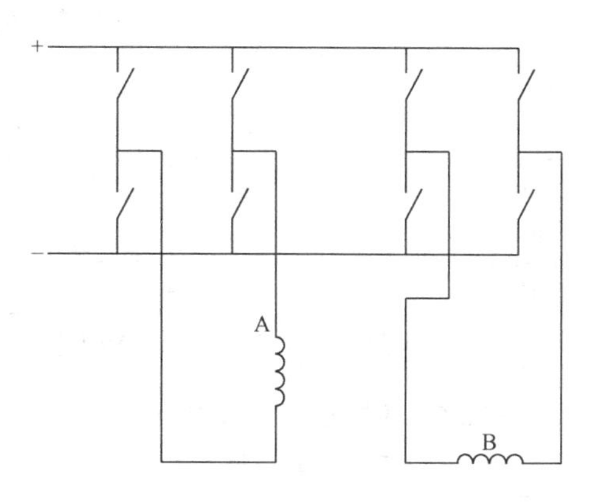

图3-1　两相绕组H桥式电路

注意到，全桥式135°导通方式（序号3）虽然有较多的状态数，但是每个状态通电相数出现两种情况，即2相和4相交替，会产生明显的转矩波动，一般不宜采用。非桥式135°导通方式（序号6）也是这样情况。另外，半桥式180°导通方式（序号2）和半桥式90°导通方式（序号1）相比，虽然绕组利用率高，但是每相绕组180°导通情况下，通常存在空载电流大、转矩波动明显的问题，也不宜采用。因此，在其他相数绕组电机的导通方式选择上，凡是遇到不同状态下出现两种通电相数，以及每相绕组180°导通的类似情况，都同样建议不采用。

四相绕组导通方式较好的选择是桥式90°导通方式（序号1）和非桥式90°导通方式（序号4）。

表3-5　四相绕组常见连接与导通方式（以星形绕组为例）

序号	逆变桥	状态数	状态角/(°)	每个状态通电相数	每相正向导通角度/(°)	相绕组间相位差/(°)	位置传感器数	逆变桥开关数
1	全桥	4	90	2	90	90	2	8
2		4	90	4	180	90	2	8
3		8	45	2,4	135	90	2	8
4	非桥	4	90	1	90	90	2	4
5		4	90	2	180	90	2	4
6		8	45	1,2	135	90	2	4

表3-6　四相绕组全桥式90°导通方式（序号1）

状态	1	2	3	4
IA	+		-	
IB		+		-
IC	-		+	
ID		-		+
状态名	A/C	B/D	C/A	D/B

表3-7　四相绕组全桥式180°导通方式（序号2）

状态	1	2	3	4
IA	+	+	-	-
IB	-	+	+	-
IC	-	-	+	+
ID	+	-	-	+
状态名	DA/BC	AB/CD	BC/DA	CD/AB

表 3-8　四相绕组全桥式 135°导通方式（序号 3）

状态	1	2	3	4	5	6	7	8
IA	+	+	+		−	−	−	
IB	−		+	+	+		−	−
IC	−	−	−		+	+	+	
ID	+		−	−	−		+	+
状态名	DA/BC	A/C	AB/CD	B/D	BC/DA	C/A	CD/AB	D/B

表 3-9　四相绕组星形联结非桥式 90°导通方式（序号 4）

状态	1	2	3	4
IA	+			
IB		+		
IC			+	
ID				+
状态名	A	B	C	D

表 3-10　四相绕组星形联结非桥式 180°导通方式（序号 5）

状态	1	2	3	4
IA	+	+		
IB		+	+	
IC			+	+
ID	+			+
状态名	DA	AB	BC	CD

表 3-11　四相绕组星形联结非桥式 135°导通方式（序号 6）

状态	1	2	3	4	5	6	7	8
IA	+	+	+					
IB			+	+	+			
IC					+	+	+	
ID	+						+	+
状态名	DA	A	AB	B	BC	C	CD	D

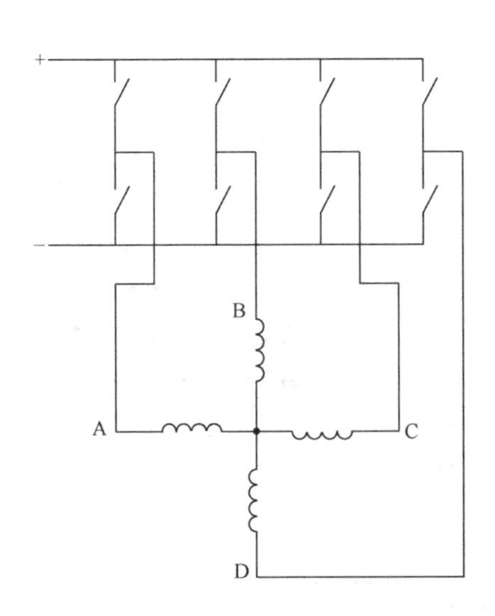

图 3-2　四相绕组星形联结电机全桥式电路

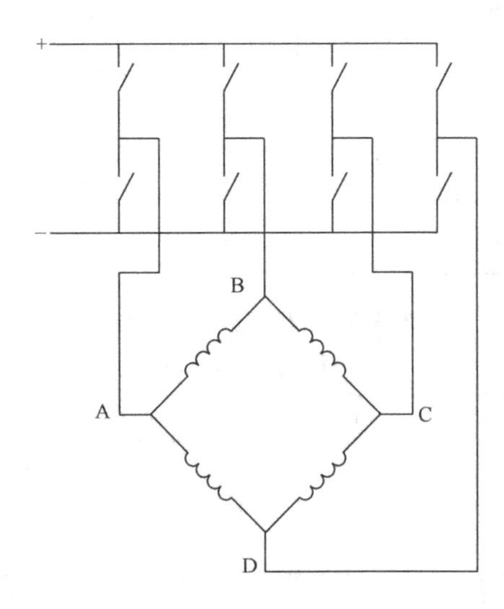

图 3-3　四相绕组封闭式连接电机全桥式电路

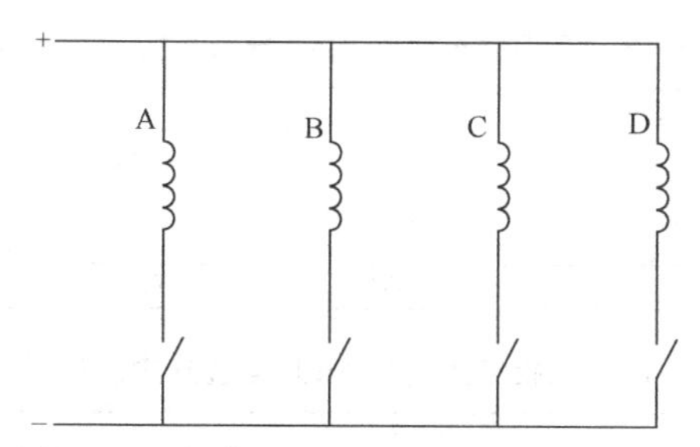

图 3-4　四相绕组星形联结电机非桥式电路

3.1.3　三相绕组电机连接与导通方式

三相绕组可采用全桥式和非桥式换相电路，常见导通方式见表 3-12～表 3-16。

三相绕组导通方式较好的选择是全桥式 120°导通方式（序号 1）和非桥式 120°导通方式（序号 3）。三相绕组封闭式（三角形）联结很少采用。

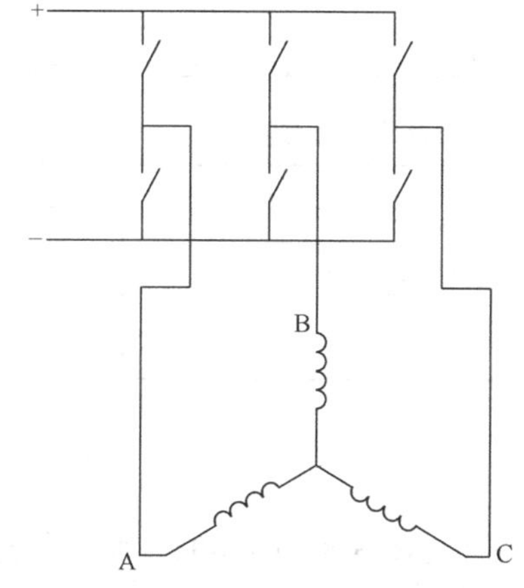

图 3-5　三相绕组星形联结电机全桥式电路

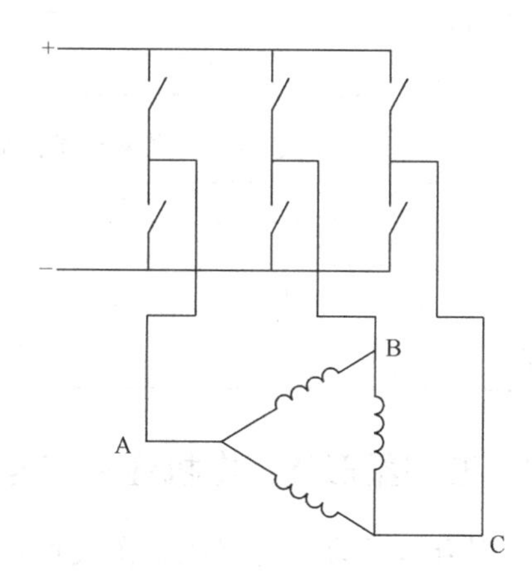

图 3-6　三相绕组封闭式连接电机全桥式电路

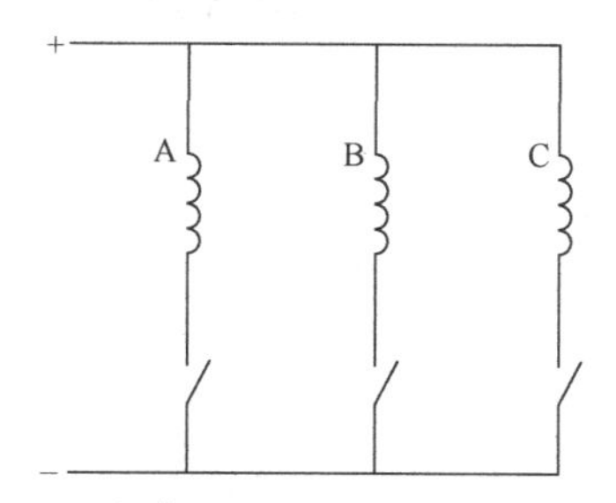

图 3-7　三相绕组星形联结电机非桥式电路

表 3-12　三相绕组连接常见导通方式（以星形联结为例）

序号	逆变桥	状态数	状态角/(°)	每个状态通电相数	每相正向导通角度/(°)	相绕组间相位差/(°)	位置传感器数	逆变桥开关数
1	全桥	6	60	2	120	120	3	6
2		6	60	3	180	120	3	6
3	非桥	3	120	1	120	120	3	3
4		6	180	2	180	120	3	3

表 3-13　三相绕组桥式 120°导通方式（序号 1）

状态	1	2	3	4	5	6
IA	+	+		−	−	
IB	−		+	+		−
IC		−	−		+	+
状态名	A/B	A/C	B/C	B/A	C/A	C/B

表 3-14　三相绕组桥式 180°导通方式（序号 2）

状态	1	2	3	4	5	6
IA	+	+	+	−	−	−
IB	−	−	+	+	+	−
IC	+	−	−	−	+	+
状态名	CA/B	A/BC	AB/C	B/CA	BC/A	C/AB

表 3-15　三相绕组星形联结非桥式 120°导通方式（序号 3）

状态	1	2	3
IA	+		
IB		+	
IC			+
状态名	A	B	C

表 3-16　三相绕组星形联结非桥式 180°导通方式（序号 4）

状态	1	2	3	4	5	6
IA	+	+	+			
IB			+	+	+	
IC	+				+	+
状态名	CA	A	AB	B	BC	C

3.1.4　五相星形绕组电机连接与导通方式

五相绕组星形联结可采用全桥式和非桥式换相电路（见图 3-8、图 3-9），常见导通方式见表 3-17～表 3-23。

五相绕组导通方式较好的选择是全桥式 144°导通方式（序号 2）和非桥式 144°导通方式（序号 5）。

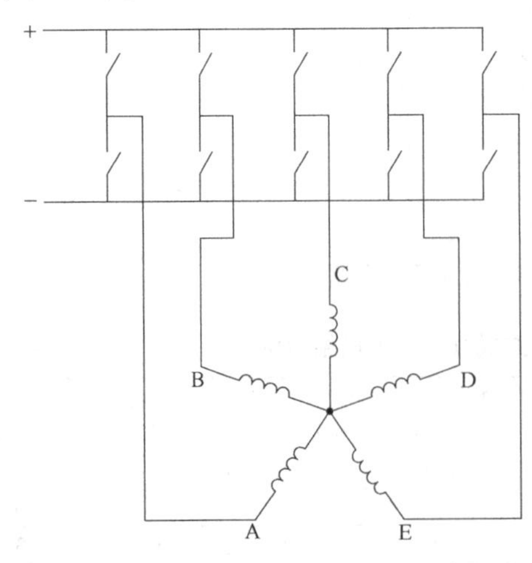

图 3-8　五相绕组星形联结电机半桥式电路

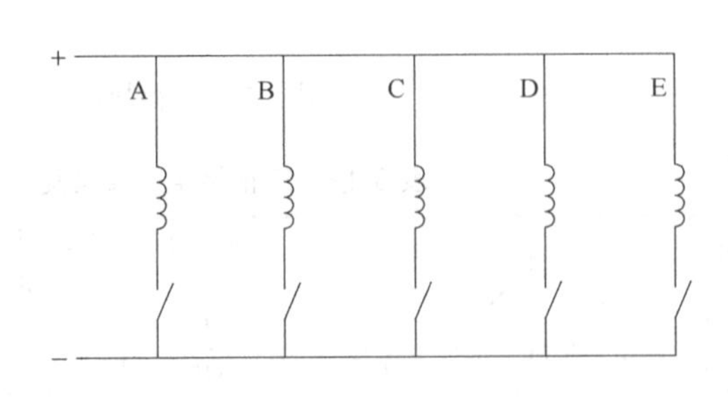

图 3-9　五相绕组星形联结电机非桥式电路

表 3-17　五相绕组星形联结常见导通方式

序号	逆变桥	状态数	状态角/(°)	每个状态通电相数	每相正向导通角度/(°)	相绕组间相位差/(°)	位置传感器数	逆变桥开关数
1	全桥	10	36	3	108	72	5	10
2		10	36	4	144	72	5	10
3		10	36	5	180	72	5	10
4	非桥	5	72	1	72	72	5	5
5		5	72	2	144	72	5	5
6		10	36	1,2	108	72	5	5

表 3-18　五相星形联结全桥式 108°导通方式（序号 1）

状态	1	2	3	4	5	6	7	8	9	10
IA	+	+	+			−	−	−		
IB			+	+	+			−	−	−
IC	−	−			+	+	+			−
ID		−	−	−			+	+	+	
IE	+			−	−	−			+	+
状态名	EA/C	A/CD	AB/D	B/DE	BC/E	C/EA	CD/A	D/AB	DE/B	E/BC

表 3-19　五相星形联结全桥式 144°导通方式（序号 2）

状态	1	2	3	4	5	6	7	8	9	10
IA	+	+	+	+		−	−	−	−	
IB	−		+	+	+	+		−	−	−
IC	−	−	−		+	+	+	+		−
ID		−	−	−	−		+	+	+	+
IE	+	+		−	−	−	−		+	+
状态名	EA/BC	EA/CD	AB/CD	AB/DE	BC/DE	BC/EA	CD/EA	CD/AB	DE/AB	DE/BC

表 3-20　五相星形联结全桥式 180°导通方式（序号 3）

状态	1	2	3	4	5	6	7	8	9	10
IA	+	+	+	+	+	−	−	−	−	−
IB	−	−	+	+	+	+	+	−	−	−
IC	−	−	−	−	+	+	+	+	+	−
ID	+	−	−	−	−	−	+	+	+	+
IE	+	+	+	−	−	−	−	−	+	+
状态名	DEA/BC	EA/BCD	EAB/CD	AB/CDE	ABC/DE	BC/DEA	BCD/EA	CD/EAB	CDE/AB	DE/ABC

表 3-21　五相星形联结非桥式 72°导通方式（序号 4）

状态	1	2	3	4	5
IA	+				
IB		+			
IC			+		
ID				+	
IE					+
状态名	A	B	C	D	E

表 3-22　五相星形联结非桥式 144°导通方式（序号 5）

状态	1	2	3	4	5
IA	+	+			
IB		+	+		
IC			+	+	
ID				+	+
IE	+				+
状态名	EA	AB	BC	CD	DE

表 3-23　五相星形联结非桥式 108°导通方式（序号 6）

状态	1	2	3	4	5	6	7	8	9	10
IA	+	+	+							
IB			+	+	+					
IC					+	+	+			
ID							+	+	+	
IE	+								+	+
状态名	EA	A	AB	B	BC	C	CD	D	DE	E

3.1.5　小结

1）除了两相绕组由两个 H 桥电路驱动外，全桥电路驱动是性价比较好的选择，通常被其他相数绕组所采用。

2）按无刷直流电动机方式运行时，在电机的导通方式选择方面，每相绕组 180°导通方式通常存在空载电流大、转矩波动明显的问题，不宜采用。

3）凡是遇到不同状态下同时通电相数出现两种情况，会产生明显的转矩波动，建议不采用。

4）全桥电路驱动的 m 相定子绕组宜选取一个状态角内通电相数为 $m-1$ 的导通方式。

综上所述，推荐采用的二、三、四、五相绕组导通方式见表 3-24。

表 3-24　二、三、四、五相绕组推荐采用的导通方式

序号	逆变桥	相数	状态数	状态角/(°)	每个状态通电相数	每相正向导通角度/(°)	相绕组间相位差/(°)	位置传感器数	逆变桥开关数	绕组连接方式
1	H 桥	2	4	90	1	90	90	2	8	
2	全桥	3	6	60	2	120	120	3	6	星形
3		4	4	90	2	90	90	2	8	星形
4		5	10	36	4	144	72	5	10	星形
5	非桥	3	3	120	1	120	120	3	3	星形
6		4	4	90	1	90	90	2	4	星形
7		5	5	72	2	144	72	5	5	星形

3.2　两相、三相和四相不同绕组联结和导通方式的分析比较

由第 4 章 4.1.5 节重要参数——黏性阻尼系数 D 分析可知，D 可用作比较不同电机设计方案优劣的一个参数。无刷直流电动机黏性阻尼系数 D 可以表示为

$$D=K_{\mathrm{D}}C$$

式中，黏性阻尼系数 D 的系数 K_{D}（比较判据）和 C 表示为

$$K_{\mathrm{D}}=\frac{K_{\mathrm{eff}}^{2}K_{\mathrm{w}}^{2}K_{\mathrm{e}}^{2}}{mK_{\mathrm{r}}}$$

$$C=\frac{K_{\mathrm{s}}A_{\mathrm{s}}ZBm^{2}D_{\mathrm{a}}^{2}L\times10^{-8}}{4\rho K_{\mathrm{L}}}$$

对于一台无刷直流电机，磁路设计确定后，它的定子铁心主要尺寸 D_a 和 L 已确定，如果我们研究的目标是对不同相数、不同绕组连接和导通方式进行选择比较的话，全部有效槽截面 K_sA_sZ 和元件平均半匝长系数 K_L 可以近似认为是相等的，这样上式中的 C 可以近似认为是相等的。那么，不同绕组形式的比较可由单一系数 K_D 作为比较判据来进行。其关键点在于它们的相数 m、反电动势的波形系数 K_{eff}、相绕组的绕组系数 K_w 和等效绕组的两个系数 K_e 与 K_r 的区别。

下面的比较分析均基于电机反电动势波形函数 $f(\theta)$ 为正弦情况下进行。为了便于对不同的相数、绕组连接和导通方式的比较，再忽略功率开关的电压降，利用比较判据 K_D 进行分析比较。

在第 4 章 4.1.6 节进行了必要的分析计算，并在表 4-3 所示的两相、三相和四相几种绕组连接导通方式的计算表中给出了系数 K_D 列，比较表 4-3 中的系数 K_D 可以得到如下对不同相数和导通方式选择有实用指导意义的结论：

1）表中显示，桥式电路明显优于非桥式电路。

2）在几种桥式电路比较中，三相优于两相和四相。最好的工作方式是表中的序号 6 的三相桥式 6 状态星形丫接法和序号 7 的三相桥式 6 状态三角形接法。与两相和四相的绕组比较，不但它的 K_D 指标最高，而且状态数较多、开关数较少、电流波动较小、转矩波动较低。序号 1 的两相桥式 4 状态，序号 4 和 5 的四相桥式的 K_D 是一样的，只有 0.332，但状态数较少，转矩波动较大，没有突出优点。

3）序号 7 的三相桥式 6 状态△接法，理论上与丫接法有相同的结果。但实际上考虑到气隙磁场 3 次谐波的存在，在封闭绕组内形成 3 次谐波环流，造成附加损耗的增加，这一点已为实践所证实，一般不采用，详见 3.4 节分析。所以，三相桥式 6 状态星形丫接法是首先应当推荐使用的。事实上，现代无刷直流电动机绝大多数采用这种工作方式。

4）在非桥式电路比较中，三相也是优于四相的。

5）序号 3 的三相非桥式与桥式 6 状态相比，虽然 K_D 较低，但使用开关数最少，这是一个明显的优点。它可用于要求简化线路结构的场合。它与桥式接法电路比较，还有一个优点是可靠性比较高，因为桥式电路存在上下桥臂开关直通短路的危险。但必须指出，上述分析是忽略了开关的等效电阻下进行的。如果设计的无刷直流电动机功率比较大，又使用低电压电源，当功率开关等效电阻与电机绕组等效电阻数值上相当时，非桥式接法只有一个管压降比之桥式接法有两个管压降可能更加有利。此时，应具体计算分析。

6）从序号 8 给出 m 足够大的结果，它相当于一个有 m 片换向片的有刷直流电机。它的比较判据 K_D 为 0.405。从这个比较结果表明，从力能指标角度看，无刷直流电机采用丫接法 6 状态方式理论上完全可以达到有刷直流电机的水平。但需要指出，这个结论是在忽略电感情况下分析的结果。由于电机绕组电感的存在，将使无刷直流电机力能指标比不计电感时有所降低，参见 4.4 节分析。而绕组电感对有刷直流电机力能指标的影响通常可以忽略。

3.3　绕组利用率和最佳导通角的分析

对比有刷直流电动机，从直观上看，人们会认为利用率高的绕组形式更好。在一些无刷直流电动机的文献中，也曾经流行过这样一个观点：认为提高绕组利用率可以提高电机的力能指标。所谓绕组利用率，是指电机运行任一瞬间，通电工作的绕组数与全部绕组数之比。也就是说，同时导通工作的绕组越多，绕组利用率越高，则电机的单位体积出力越大，效率越高。这个观点是不确切的，让我们从两个方面来分析这个问题。

3.3.1 桥式电路封闭绕组与星形绕组

首先，从不同的绕组形式和导通方式来看，依照上述观点，封闭式绕组桥式全波换相电路有高的绕组利用率，因此曾有文献推荐采用三相△接法桥式导通的方式，称这种绕组形式的电机全部绕组有效工作，绕组利用率高，因此它是最经济和重量轻的电动机[2]。我们在上面已经进行过详细分析，以阻尼系数 D 作为不同绕组形式导通方式的比较判据，尽管△接法的绕组利用率是 100%，可是它的 K_D 实际上和丫接法是相同的。但由于电机内部存在电流环流，不是最佳的绕组型式。我们推荐的最佳绕组形式是三相丫接法桥式 6 状态的工作方式，虽然它的绕组利用率仅为 67%。

3.3.2 非桥式 *m* 相无刷直流电动机最佳导通角的分析

其次，我们以非桥式 m 相无刷直流电动机为例，讨论增大每相绕组导通角来提高绕组利用率的问题。

在单向通电的非桥式换相电路中，它具有换相开关少、电路简单、成本低以及可靠性高的特点，这种换相方式（例如 $m=3$ 或 4）特别是在较小功率无刷直流电机中得到应用。如果每相绕组依平均导通角 $2\pi/m$（电角度，下同）工作，在任一时刻，仅有一相在工作，绕组利用率只有 $1/m$。人们自然从直观出发，提高每相导通角，这样在任一时间，都会有多于一相以上的绕组在工作，它的绕组利用率提高了[3-5]。这种增大导通角以提高绕组利用率想法，是否果真能提高电机的出力和效率呢？让我们进一步分析，下面利用简化模型等效电路，讨论每相导通角变化对机械特性的影响，然后分析应用到三相和四相绕组两种常用情况。

在 m 相非桥式换相电路运行时，每相绕组依次通电工作，为了避免死点和负转矩的产生，每相绕组的导通角 α 应满足下面的条件：

$$\frac{2\pi}{m} \leqslant \alpha \leqslant \pi$$

允许的最小导通角 $\alpha_{\min}=2\pi/m$。

对于任意一相绕组，在该相导通角区间内，仿照第 4 章 4.1 节简化模型的分析方法，设它的等效电路是等效反电动势 E 和等效电阻 R 的串联，反电动势系数为 K。再设反电动势波形函数为 $f(\alpha)=\cos\alpha$，状态角为 α。考虑到 m 相绕组的共同作用，可以得到平均电流 I_{av} 和平均转矩 T_{av} 为

$$I_{av}=\frac{\alpha}{\alpha_{\min}}\left(I_s-\frac{2\sin(\alpha/2)}{\alpha}\frac{K\Omega}{R}\right)$$

$$T_{av}=\frac{\alpha}{\alpha_{\min}}\left(\frac{2\sin(\alpha/2)}{\alpha}KI_s-\frac{\alpha+\sin\alpha}{2\alpha}\frac{K^2\Omega}{R}\right)$$

在 $\Omega=0$ 时，计算堵转状态下的堵转电磁转矩 T_s 为

$$T_s=\frac{2\sin(\alpha/2)}{\alpha_{\min}}KI_s$$

在理想空载点，$T_{av}=0$，由 T_{av} 表达式，得到空载转速 Ω_0 为

$$\Omega_0=\frac{U}{K}\frac{4\sin(\alpha/2)}{\alpha+\sin\alpha}$$

由 I_{av} 表达式，可得理想空载时的平均电流不为零，它的值是

$$I_{av0}=\frac{\alpha I_s}{\alpha_{min}}\left[1-\frac{8\sin^2\alpha/2}{\alpha(\alpha+\sin\alpha)}\right]$$

我们用黏性阻尼系数 D 来表征电机机械特性的硬度，有

$$D=\frac{T_s}{\Omega_0}=\frac{\alpha+\sin\alpha}{2\alpha_{min}}\frac{K^2}{R}$$

为对比方便起见，用标幺值表示。对于 Ω_0 和 D 取 $\alpha=\alpha_{min}$ 时的值为基值，分别以 Ω_{0b} 和 D_b 表示。而理想空载时的平均电流取 I_s 为基值。这样它们的标幺值表示为

$$\overline{\Omega}_0=\frac{\Omega_0}{\Omega_{0b}}$$

$$\overline{I}_{av0}=\frac{I_{av0}}{I_s}$$

$$\overline{D}=\frac{D}{D_b}$$

至此，我们得到 m 相无刷直流电机的几个有关的公式。下面，考察一下在三相和四相无刷直流电动机，其导通角在规定的范围内变化时，它的 Ω_0、I_{av0} 和 D 的变化情况。

对于三相电机，以 $m=3$、$\alpha_{min}=2\pi/3$ 代入上面有关各式，得到 $\alpha=2\pi/3\sim\pi$ 的计算结果，见表 3-25。

表 3-25　半桥式三相无刷直流电动机不同导通角的性能变化

α								
	rad	2.094	2.269	2.444	2.618	2.793	2.967	3.142
	(°)	120	130	140	150	160	170	180
$\overline{\Omega}_0$		1	1.021	1.041	1.059	1.074	1.084	1.088
$\overline{D}$		1	1.025	1.043	1.053	1.059	1.06	1.06
$\overline{I}_{av0}$		0.032	0.050	0.074	0.107	0.152	0.210	0.284

由表 3-25 可以清楚地看出，对于三相无刷直流电动机，随着导通角 α 从 120°增大到 180°，空载转速 Ω_0 和阻尼系数 D 只稍有增加，但是理想空载时的平均电流却大大增加了。增大的倍数是 0.284/0.032 = 8.84。在 180°时理想空载平均电流竟达到一相堵转电流的 0.284 倍。从而使电机的效率大大下降了。

图 3-10 是某三相绕组无刷直流电动机，导通角 α 分别为 120°、135°和 180°时实测的机械特性曲线，图中给出转矩-转速和转矩-电流特性。它进一步证实了上述分析的结果。从图 3-10 可见，空载电流在 180°时明显增大了。由试验数据，进一步计算得到这三种情况下的最高效率 η_{max} 见表 3-26。

表 3-26　三相无刷直流电动机导通角 α 与最高效率 η_{max}

α	120°	135°	180°
η_{max}(%)	46.7	45.5	31.1

此外，随着导通角的增大，电流的波动明显增大，图 3-11 是 180°时电流波动的示波图。电流的波动自然引起转矩波动的明显增加。

对于较大功率的三相无刷直流电动机，为了得到较好的技术指标，应当采用逻辑电路来处理位置传感器的信号，以便得到最佳导通角 120°。尽管其绕组利用率仅为 1/3。

上述理论分析和试验结果均表明，增大每相导通角的方法是不可取的，最佳导通角是不发生死点的最小导通角 $\alpha_{min}=2\pi/m$。但在实际电机设计中，由于工艺分散性及考虑到温度、电源电压变化等因素，很难准确满足最佳导通角条件。可以采用逻辑门信号处理方法，获得每相导通角 α_{min} 的最佳工作状态。图 3-12 给出的是半桥式三相无刷直流电动机最佳导通角逻辑电路。输入 X、Y、Z 是由三相转子位置传感器来的信号，它的导通角大于 120°，经逻辑处理后的三相信号 A、B、C 用来驱动换相开关，每相导通角变为 120°。它们满足下面的关系式：

$$A=X\overline{Z}$$

$$B=Y\overline{X}$$

$$C=Z\overline{Y}$$

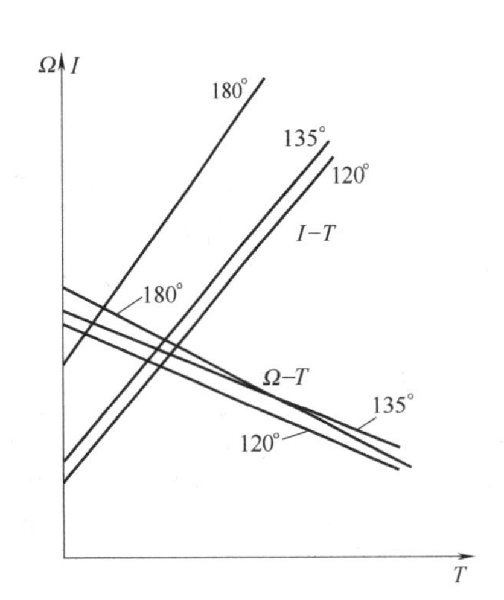

图 3-10　半桥式三相无刷电动机不同导通角试验机械特性曲线

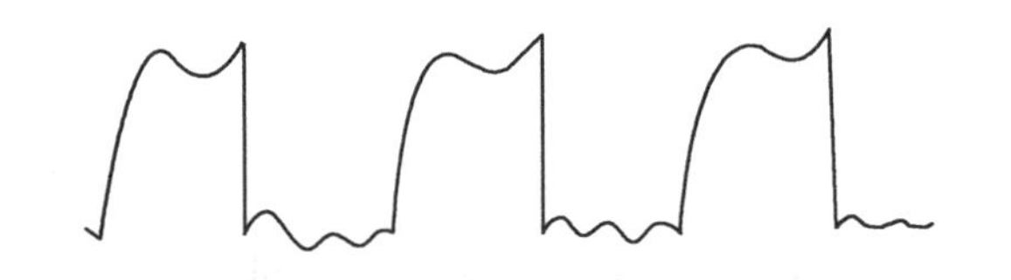

图 3-11　导通角为 180°时的空载电流示波图

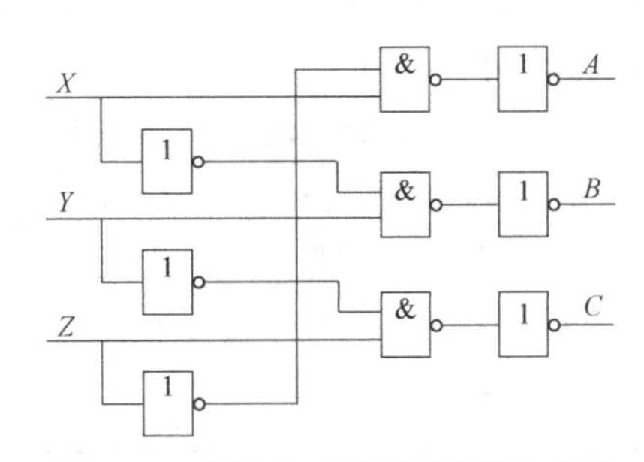

图 3-12　半桥式三相无刷直流电动机最佳导通角逻辑电路

同样，对于四相电机，以 $m=4$、$\alpha_{min}=\pi/2$ 代入上面各有关公式，得到 $\alpha=\pi/2\sim\pi$ 的计算结果，见表 3-27。

表 3-27　半桥式四相无刷直流电动机在不同导通角时的性能变化

α	rad	1.571	1.745	2.094	2.444	2.793	3.142
	(°)	90	100	120	140	160	180
$\overline{\Omega}_0$		1	1.020	1.064	1.107	1.142	1.157
$\overline{D}$		1	1.062	1.151	1.200	1.219	1.222
$\overline{I}_{av0}$		0.009	0.016	0.043	0.099	0.202	0.379

由表 3-27 可以清楚地看出，对于四相无刷直流电动机，随着导通角 α 从 90°增大到 180°，空载转速 Ω_0 和阻尼系数 D 只稍有增加，而理想空载时的平均电流却大大增加了，增大的倍数是 0.379/0.009=42。在 180°时理想空载平均电流竟达到一相堵转电流的 0.379 倍。从而使电机的效率大大下降了。

对于较大功率的四相霍尔无刷直流电动机，欲得到较好的技术指标，同样也应当采用逻辑电路来处理霍尔传感器的信号，以便得到最佳导通角 90°，尽管此时的绕组利用率仅为 25%。

3.3.3　小结

由上述分析，可以得到下述结论：

1）对于无刷直流电动机，以绕组利用率的高低来评价不同绕组形式或导通方式优劣的观点是不确切的。

2）每相绕组导通角不是越大越好，三相和四相非桥式换相方式无刷直流电动机的最佳导通角分别是 120°和 90°。可采用逻辑电路实现最佳导通角控制。这个结论对桥式换相电路也成立，参见本章 3.5 节分析。

3）从分析过程中可以看到，随着每相绕组导角通 α 增大，空载转速 Ω_0 和表征机械特性硬度的阻尼系数 D 有所增大，但理想空载平均电流 I_{av0} 也随之出现不希望有的迅速增长，造成电机得不偿失，电流和转矩波动恶化。过去的文献中都没有引入理想空载平均电流这一概念，因而对导通角的选择未能得到正确的结论。由于无刷直流电动机的反电动势实际上不是恒值的，它引起了电流波动和转矩波动，这是无刷直流电动机区别于有刷直流电动机的重要特点，而理想空载电流这一概念正是反映了无刷直流电动机的这一本质。

3.4　桥式换相的三相绕组△接法和丫接法的分析与选用

对于三相交流电动机，理论上，它的三个相绕组的连接可以设计为星形（丫）或三角形（△）两种接法。但现代的三相无刷直流电动机产品中，其绕组绝大多数采用丫接法，而采用△接法的很少。另一方面，在较小功率的永磁有刷直流电动机中，最简单的三槽式电动机，其运行原理上和三相无刷直流电动机类同，但它们却基本上采用△接法。

从工艺角度看，丫接法的三相绕组有一个公共点，需要多一个焊接点。另外，从下面 28BL01 无刷直流电动机例子可见，相对来说，丫接法的绕组匝数较少，线径比较粗，有时需要用双股线或多股线。而△接法绕组匝数较多，线径比较细，有可能改用单股线，制造比较方便。从有利于工艺操作这个角度看，期望尽可能采用△接法。另外，对于高速或大功率电机，每个线圈的匝数很少，采用相对匝数较多的△接法，有利于增加匝数和线规选择的灵活性。而对于三槽式有刷直流电动机来说，绕组大多数采用机绕，△接法比丫接法要容易实施得多。

鉴于此，下面对丫和△两种绕组接法进行分析，探讨在什么条件下可以采用△接法。在下面分析中，我们采用无刷直流电动机简化模型，即不考虑电感的作用和电子开关的影响，并以下标丫表示丫接法参数，以下标△表示△接法参数。下面分析是按常用的三相全波 6 状态桥式驱动方式进行的。

3.4.1　三相无刷直流电动机Y和△两种绕组接法及其转换关系

Y接法：设一相绕组的相电动势 E_{pY}、相电阻 R_{pY}、相电流 I_{pY}；等效电路是两相绕组串联：其等效电动势 E_{Y}、电阻 R_{Y}、电流 I_{Y}。在只考虑电动势的基波条件下，有

$$E_{Y}=2\cos30° \quad E_{pY}=\sqrt{3}E_{pY}$$

又

$$R_{Y}=2R_{pY},\ I_{Y}=I_{pY}$$

设一相绕组的匝数为 N_{Y}，线径为 d_{Y}，所占槽面积为 S，又 K_e、K_s、J_{Y}、K_r 分别是与相电动势、槽满率、电流密度、电阻有关的系数。有

$$E_{pY}=K_eN_{Y}$$

$$S_{Y}=K_sN_{Y}d^2{}_{Y}$$

$$I_{Y}=J_{Y}\frac{\pi}{4}d^2{}_{Y}$$

$$R_{pY}=\frac{K_rN_{Y}}{d^2{}_{Y}}=\frac{K_rK_sN^2_{Y}}{S_{Y}},\ R_{Y}=\frac{2K_rK_sN^2_{Y}}{S_{Y}}$$

△接法：设一相绕组的相电动势 $E_{p\triangle}$、相电阻 $R_{p\triangle}$、相电流 $I_{p\triangle}$；等效电路是三相绕组串并联：其等效电动势 $E_{\triangle}$、电阻 $R_{\triangle}$、电流 $I_{\triangle}$。在只考虑电动势的基波条件下，有

$$E_{\triangle}=E_{p\triangle}$$

又

$$R_{\triangle}=\frac{2}{3}R_{p\triangle},\ I_{\triangle}=\frac{3}{2}I_{p\triangle}$$

设一相绕组的匝数为 $N_{\triangle}$，线径为 $d_{\triangle}$，所占槽面积为 $S_{\triangle}$，K_e、K_s、$J_{\triangle}$、K_r 分别是与相电动势、槽满率、电流密度、电阻有关的系数，有

$$E_{\triangle}=E_{p\triangle}=K_eN_{\triangle}$$

$$S_{\triangle}=K_sN_{\triangle}d^2{}_{\triangle}$$

$$I_{\triangle}=\frac{3}{2}I_{p\triangle}=\frac{3}{2}J_{\triangle}\frac{\pi}{4}d^2_{\triangle}$$

$$R_{p\triangle}=\frac{K_rN_{\triangle}}{d^2_{\triangle}}=\frac{K_rK_sN^2_{\triangle}}{S_{\triangle}},\ R_{\triangle}=\frac{2K_rK_sN^2_{\triangle}}{3S_{\triangle}}$$

我们期望两种接法有相同特性，即 $E_{Y}=E_{\triangle}$，$I_{Y}=I_{\triangle}$，得匝数关系：

$$N_{\triangle}=\sqrt{3}N_{Y} \tag{3-1}$$

电流密度关系：

$$\frac{3}{2}J_{\triangle}d^2{}_{\triangle}=J_{Y}d^2{}_{Y}$$

取两种接法有相同槽面积，$S_{\triangle}=S_{Y}$，相同的槽满率 K_s，此时，

$$R_{\triangle}=\frac{2K_rK_sN^2_{\triangle}}{3S_{\triangle}}=\frac{2K_rK_s\times3N^2_{Y}}{3S_{Y}}=2R_{pY}=R_{Y}$$

上式说明，两种绕组的等效电阻也是相同的，从而说明电动机有相同的外特性。此时，

$$R_{p\triangle}=\frac{3}{2}R_{\triangle}=\frac{3}{2}\times 2R_{pY}=3R_{pY} \quad (3\text{-}2)$$

又由 $S_{\triangle}=S_{Y}$，有 $N_{\triangle}d^2_{\triangle}=N_{Y}d^2_{Y}$，得到，

$$\frac{d^2_{\triangle}}{d^2_{Y}}=\frac{N_{Y}}{N_{\triangle}}=\frac{1}{\sqrt{3}}$$

即

$$\frac{d_{\triangle}}{d_{Y}}=\frac{1}{\sqrt[4]{3}}=0.76 \quad (3\text{-}3)$$

得

$$\frac{J_{\triangle}}{J_{Y}}=\frac{2}{3}\frac{d^2_{Y}}{d^2_{\triangle}}=\frac{2}{3}\sqrt{3}=\frac{2}{\sqrt{3}}=1.155$$

从绕组铜损耗角度分析：

在一个电子换相周期内 6 个状态中，两种接法的相绕组电流变化不同，见表 3-28。

表 3-28　一个周期内一相绕组电流变化

		AB	AC	BC	BA	CA	CB	合计
Y接法	I_{pY}	1	1	0	−1	−1	0	$\Sigma I^2_{pY}=4I^2_{pY}$
	I^2_{pY}	1	1	0	1	1	0	
△接法	$I_{p\triangle}$	1	0.5	−0.5	−1	−0.5	0.5	$\Sigma I^2_{p\triangle}=3I^2_{p\triangle}$
	$I^2_{p\triangle}$	1	0.25	0.25	1	0.25	0.25	

两种接法三相绕组的平均铜损耗计算如下：

$$P_{Y}=\frac{3}{6}R_{pY}\Sigma I^2_{pY}=2I^2_{pY}R_{pY}=I^2_{Y}R_{Y}$$

$$P_{\triangle}=\frac{3}{6}R_{p\triangle}\Sigma I^2_{p\triangle}=\frac{3}{2}I^2_{p\triangle}R_{p\triangle}=I^2_{\triangle}R_{\triangle}$$

得

$$P_{Y}=P_{\triangle}$$

分析表明，两种绕组接法的绕组平均铜损耗也是相同的。

3.4.2　同一台电机采用三角形与星形接法的比较

按上面的理论分析，在只考虑反电动势基波条件下，一台三相无刷直流电动机设计时，其绕组可以设计为Y接法也可以设计为△接法，都能得到相同的外特性，它们的铜损耗也是相等的。上面的式（3-1）~式（3-3）给出两种接法绕组变换时其每相串联匝数和线径的关系，即△接法的每相串联匝数较多，是Y接法的 1.732 倍；△接法的每相电阻是Y接法的 3 倍；△接法的线径较小，是Y接法的 0.76 倍。

如果从另外一个角度考察这个问题：将一台三相无刷直流电动机，三相绕组分别连接为三角形和星形接法，使用同一台控制器运行，分别测量和比较它们的特性和参数。表 3-29 给出这样的一个实例的两种接法下的实测数据。

从表 3-29 可以发现，理论分析与实测结果相符合。它们的端电阻（或电感）之比为 3，反电动势系数（或转矩系数）之比接近 1.732。这样，同一台三相无刷电动机改换为两种不同接法，可以得到两条不同特性，三角形接法的转速较高。但需要指出，两种接法的位置传

感器角度位置也需要作调整。另外，由于输出功率改变，发热情况也有不同。

值得注意的是，表 3-29 中，三角形接法的空载电流明显大于星形接法，这个问题在下一节分析。

表 3-29 同一台电机采用三角形与星形接法实测数据比较

绕组接法	星形接法	三角形接法	计算比值	理论分析比值
工作电压/V	24	24		
端电阻/Ω	0.69	0.23	3	3
效率(%)	86	85		
空载转速/(r/min)	5450	9550	1.75	1.73
空载电流/A	0.217	0.554		
堵转转矩/mN·m	1455	2406		
反电动势系数/mV/(r/min)	4.384	2.495	1.76	1.73
转矩系数/mN·m/A	41.86	23.83	1.76	1.73
端电感/μH	220	76	2.89	3
机械时间常数/ms	5	5		
转子转动惯量/g·cm^2	130	130		

3.4.3 3 次谐波环流和采用三角形接法条件

上面的分析是只考虑反电动势基波条件下的结果。实际上，每相绕组的反电动势存在若干奇数次谐波。其中，三相绕组反电动势的 3 次和 3 次倍数的谐波是同相的，当绕组按△接法时，它们在闭合的三相绕组回路内将会产生环流，形成了额外的损耗和转矩波动。基于这一点考虑，大多数三相无刷直流电动机产品，其绕组采用丫接法，△接法的应用较少。

而三相绕组的反电动势基波和其他谐波的相差是 120°，只要三相绕组是完全对称的，它们在闭合回路中合成的反电动势将为零，不会产生环流。所以关键问题在于如何降低反电动势的 3 次和 3 次倍数谐波。相绕组反电动势波形的谐波取决于气隙磁通密度分布和绕组布置。前者可以通过选择永磁极弧宽度和形状获得气隙磁通密度接近正弦波分布。后者的作用常以它的绕组系数表达。电机绕组系数由分布系数 K_d 和短距系数 K_p 组成。对于三相分数槽集中绕组无刷直流电动机的分布系数 K_d 为

$$K_{d\gamma}=\frac{\sin\gamma q\alpha/2}{q\sin\gamma\alpha/2}$$

由分数槽绕组研究，当单元电机 Z_0 为偶数时，其分布系数相当于 $q=Z_0/6$ 的一对极整数槽电机的分布系数。对应的槽数 $Z=6q=Z_0$，槽距角 $\alpha=360°/Z_0$，得到 $q\alpha/2=30°$。当单元电机 Z_0 为奇数时，其分布系数相当于 $q=Z_0/3$ 的一对极整数槽电机的分布系数。对应的槽数 $Z=6q=2Z_0$，槽距角 $\alpha=360°/Z=180°/Z_0$，同样得到 $q\alpha/2=30°$。三次谐波 $\gamma=3$ 分布系数 K_{d3} 的分子为 $\sin3q\alpha/2=\sin90°=1$。它和 q 的取值无关。所以，对于任何的 q 取值，3 次谐波分布系数 K_d 不可能为 0。

再看短距系数 K_p。对于三相分数槽集中绕组，槽距角 $\alpha=360°p/Z=60°/q$，短距系数为

$$K_{p\gamma}=\sin\gamma\alpha/2=\sin30°\gamma/q$$

若期望3次谐波短距系数 K_{p3} 为0，应满足：$30°×3/q=0°$，$180°$，$360°$，…的条件。由此，实际可选择的是 $q=1/2$ 和 $1/4$。

例如，一台两极分数槽无刷直流电机，槽数 $Z=3$，极数 $2p=2$，$q=1/2$。每相只有一个线圈，分布系数为1，只需要考虑短距系数：此时，槽距角 $\alpha=120°$，

基波绕组系数 $K_{W1}=\sin\dfrac{\alpha}{2}=\sin60°=0.866$；

3次谐波绕组系数 $K_{W3}=\sin\dfrac{3\alpha}{2}=\sin180°=0$。

有代表性的几种分数槽电机的绕组系数见表3-30。

表3-30　几种常见分数槽电机双层绕组的绕组系数

q	1/2	1/4	2/5	2/7	3/8
$Z/(2p)$(例)	3/2,6/4,9/6,12/8	6/8,9/12	12/10	12/14	9/8,18/16
基波绕组系数	0.866	0.866	0.933		0.945
3次谐波绕组系数	0	0	0.5		0.577

上面分析表明，对于 $q=1/2$ 或 $1/4$ 的分数槽集中绕组电机，由于3次谐波绕组系数为0，所以可以采用三角形接法。同样，凡是采用120°短距绕组或240°长距绕组的整数槽无刷直流电动机，由于3次谐波绕组系数为0，选择Y接法或△接法将可以得到相同的结果。

顺便指出，小功率三槽式永磁有刷直流电动机，其运行原理上和三相 $Z/(2p)=3/2(q=1/2)$ 无刷直流电动机相似，没有3次谐波环流问题，所以它可以采用三角形接法。

3.4.4　应用实例

下面列举几个集中绕组的分数槽高速无刷直流电机实例，考察将其绕组设计为Y或△两种接法的效果。

【实例3-1】　28BLDF1无刷直流电动机，分数槽绕组 $Z/(2p)=9/6$，$q=1/2$，两种绕组接法的实际例子。

Y接法方案：

一个线圈的匝数为 $N_Y=4$，线径 $d_Y=0.60\text{mm}$，双股，实测绕组电阻 $R_i=35\text{m}\Omega$。

△接法方案：

一个线圈的匝数为 $N_\triangle=\sqrt{3}×4=6.93$，取 $N_\triangle=7$。线径 $d_\triangle=0.76×0.60\text{mm}=0.456\text{mm}$，取线规为0.45mm，双股。实测绕组电阻 $R_i=33\text{m}\Omega$。

该电动机采用上述两种绕组接法方案，其空载和负载实测数据分别见表3-31和表3-32。

表3-31　28BLDF1无刷直流电动机Y和△两种绕组接法样机空载试验数据

绕组接法	电压/V	空载电流/A	空载转速/(r/min)
Y接法	8	1.8	27620
△接法	8	1.9	27200

表3-32　28BLDF1无刷直流电动机Y和△两种绕组接法样机负载试验数据

绕组接法	电压/V	负载电流/A	负载转速/(r/min)
Y接法	8	14.6	22140
△接法	8	14.6	22040

对比上述试验结果，两种绕组接法方案的性能基本上是相同的。

正如表中给出的，对于 $q=1/2$ 的分数槽无刷直流电机，由于 3 次谐波绕组系数等于零，即没有 3 次和 3 次倍数的谐波在闭合的三相绕组内形成环流而产生额外的损耗问题。所以，绕组设计时可依据实际需要选择Y接法或△接法，两种情况下，电机性能是一样的。

【实例 3-2】 28BL01 无刷直流电动机，分数槽绕组电机 $Z/(2p)=12/14$，$q=2/7$，将其绕组设计为Y或△两种接法。

△接法方案：

一个线圈的匝数为 $N_{\triangle}=40$，线径 $d_{\triangle}=0.50\text{mm}$，单股，实测绕组电阻 $R_i=82\text{m}\Omega$。

改为Y接法方案：

一个线圈的匝数为 $N_{Y}=\dfrac{40}{\sqrt{3}}=23.1$，取 $N_{Y}=24$

线径 $d_{Y}=0.50/0.76\text{mm}=0.66\text{mm}$，此线径太粗，改为双股线：线径 $d_{Y}=0.66/\sqrt{2}\text{mm}=0.467\text{mm}$，取线规为 0.45mm，双股。实测绕组电阻 $R_i=108\text{m}\Omega$。

该电动机采用上述两种绕组接法方案，其空载数据见表 3-33。

表 3-33　28BL01 无刷直流电动机Y和△两种绕组接法样机空载试验数据

绕组接法	电压/V	空载电流/A	空载转速/(r/min)
△接法	9.6	0.7	10390
Y接法	9.6	0.6	10060

这个例子，由于磁体设计时采取不等气隙措施，使气隙磁通密度分布接近正弦波，电动势的 3 次谐波少，从而两种绕组接法方案得到相近的性能。

【实例 3-3】 28BLB01 无刷直流电动机，分数槽绕组电机：$Z/(2p)=9/8$，$q=3/8$。其绕组设计为Y或△两种接法。

Y接法方案：

一个线圈的匝数为 $N_{Y}=7$，线径 $d_{Y}=0.45\text{mm}$，双股，实测绕组电阻 $R_i=74\text{m}\Omega$。

△接法方案：

一个线圈的匝数为 $N_{\triangle}=\sqrt{3}\times7=12.12$，取 $N_{\triangle}=12$。线径 $d_{\triangle}=0.76\times0.45\text{mm}=0.342\text{mm}$，双股。改为单股，$d_{\triangle}=\sqrt{2}\times0.342\text{mm}=0.484\text{mm}$，取线规为 0.50mm，实测绕组电阻 $R_i=67\text{m}\Omega$。

该电动机采用上述两种绕组接法方案，其空载和负载实测数据见表 3-34 和表 3-35。

表 3-34　28BLB01 无刷直流电动机Y和△两种绕组接法样机空载试验数据

绕组接法	电压/V	空载电流/A	空载转速/(r/min)
Y接法	12	1.00	26400
△接法	12	1.15	27140

表 3-35　28BLB01 无刷直流电动机Y和△两种绕组接法样机负载试验数据

绕组接法	电压/V	负载电流/A	负载转速/(r/min)
Y接法	12	16.3	19800
△接法	12	18.6	20550

尽管由于匝数取整、线径取线规都对△接法有利，但对比两种绕组接法方案的空载数

据，△接法空载转速是丫接法的1.03倍，而电流增大了，达1.15倍。对比两种绕组接法方案使用同一个风叶的负载数据，△接法负载转速是丫接法的1.038倍，而负载电流是1.117倍。从在这个例子可见，丫接法优于△接法。

3.4.5　小结

由上面的分析和实际例子验证得出如下结论：

1）一般而言，三相无刷直流电动机绕组按△接法时，反电动势的3次和3次倍数的谐波在闭合的三相绕组内将会产生环流，形成了额外的损耗和温升。丫接法电机不存在这个问题，性能较好，首先推荐选用。

2）对于$q=1/2$或$1/4$的分数槽集中绕组无刷直流电机，以及采用120°短距绕组或240°长距绕组的整数槽无刷直流电动机，它们的3次谐波绕组系数为0，在绕组设计时，可以选择为丫接法或△接法。当它们之间的绕组匝数、线径转换关系应符合本章给出的关系式时，两种绕组接法下的性能是相同的。

3）采取设计措施，改善气隙磁通密度分布正弦波程度，使相绕组反电动势的3次和3次倍数的谐波含量较低时，也可以选择△接法。

4）小功率三槽式永磁有刷直流电动机基本上采用三角形接法的理由得到了解释。

3.5　在相同铜损耗条件下几种不同相数、不同导通角电机转矩的比较

为了进一步评估比较不同相数和导通角电机的性能，引用参考文献［10］的研究结果。该文献以有限元分析法为工具，分析比较了两相、三相和五相无刷电机的转矩。它们都有4极转子，表面贴装磁铁（铁氧体材料$B_r=0.4T$），极弧角为90°，径向磁化，转子外径为26.5mm，它们的绕组均为$q=1$。以120°导通角三相电机作为比较参考基准，评估两相和五相电机不同导通角激励下的性能。所有电机的铁和铜用量是保持相同的，改变的是线圈匝数和槽宽。它们在不同导通角下，改变相电流幅值，以维持电流有效值相同。例如导通角为120°时，幅值设为1，则180°为0.818，144°为0.912。目的是在相同铜损耗条件下进行分析对比。

以120°导通角三相电机为比较基准，分析比较结果归纳见表3-36，由该表可见：

1）三相电机在导通角为180°情况下，由于电流幅值降低，总开关损耗减少。它的峰值转矩增加到1.11倍，平均转矩增加到1.06倍。但是稳态转矩波动增加到2.3倍。

2）两相电机在导通角为180°情况下，转矩波动频率下降。由于电流幅值降低，总开关损耗减少。峰值转矩增加到1.19倍，平均转矩增加到1.18倍。但是稳态转矩波动增加到1.64倍。

3）五相电机在导通角为144°情况下，峰值转矩和平均转矩都增加到1.12倍，而且稳态转矩波动降低到0.72倍。

4）五相电机在导通角为180°情况下，峰值电流降低1.22倍，平均转矩增加到1.11倍，峰值转矩增加到1.14倍，但是稳态转矩波动增加到1.25倍。

从上述结果可见，所比较的5种情况表明，无论是两相、三相或五相电机，将导通角增大到180°，虽然电机的平均转矩有可能增加，但是转矩波动将会明显增大，是不可取的。

与传统的三相（导通角为 120°）相比较，五相（导通角为 144°）是一种较为有利的选择，它的峰值转矩和平均转矩都增加，而转矩波动明显降低。当然，这是以较高功率器件成本和更高的开关损耗为代价的。

表 3-36 在相同铜损耗下几种电机稳态转矩的分析比较结果

相数	每相导通角度 /(°)	平均稳态转矩 T_{av}/(N·m)	峰值转矩 T_{max}/(N·m)	转矩波动量 (%)
3	120	0.1146	0.1258	25.68
3	180	0.1212	0.1400	58.12
2	180	0.1349	0.1500	42.16
5	144	0.1283	0.1406	18.39
5	180	0.1271	0.1429	32.08

参考文献

[1] 刘新正，赵小春. 两相无刷直流电动机及其系统仿真 [J]. 微电机，2006 (4).
[2] Brushless DC motors [J]. OEM design, 1977 (6).
[3] 王宗培，陈敏祥. 二相四绕组小容量无刷直流电动机稳态运行的分析模型 [J]. 电工技术学报，1997 (4).
[4] 曹荣昌. 无刷直流电机绕组通电方法分析 [J]. 微特电机，2001 (3).
[5] 丁志刚，严迪群. 高性能低成本两相无刷直流电动机 [J]. 微电机，2005 (2).
[6] 张琛. 直流无刷电动机原理及应用 [M]. 北京：机械工业出版社，1996.
[7] 叶金虎. 现代无刷直流永磁电动机的原理和设计 [M]. 北京：科学出版社，2007.
[8] 韩光鲜，王宗培，等. 无刷直流电动机定子绕组的星形和三角形联接 [J]. 微特电机，2003 (1).
[9] 曹春. 无刷直流电动机绕组接法的比较分析 [J]. 微特电机，2008 (2).
[10] Shailesh Waikar. Evaluation Of Multiphase Brushless Permanent Magnet (BPM) Motors Using Finite Element Method (FEM) and Experiments [C]. APEC'98, 1998.

第4章 无刷直流电动机数学模型、特性和参数

在本章，讨论无刷直流电机数学模型、基本特性和主要参数，阐述了电机各个物理量之间的函数关系。这里给出的定量关系，可作为电磁设计计算和研究分析的基础。同时，为电机设计方案选择提供一种依据。

首先讨论忽略绕组电感的简化模型和基本特性，然后，讨论计及绕组电感的模型和基本特性，并给出它们之间的关系。提供可用于工程设计和分析研究的无刷直流电机基本特性和主要参数简洁计算方法。

4.1 无刷直流电动机简化模型和基本特性

在本节中，由若干基本假设条件，基于无刷直流电机简化模型和基本等效电路，分析得到关于无刷直流电动机机械特性的通用公式和主要参数。然后，分别分析各种绕组工作方式下的特性与参数。并提出以阻尼系数 D 作为它们的比较判据。主要目的是对各种绕组工作方式进行比较，它也是讨论计及绕组电感的模型和基本特性计算的基础。

这里的简化模型是忽略了绕组电感的模型，给出的基本特性计算公式可直接用于低电感的（例如无槽结构的）或工作于低速的无刷直流电机计算，它们的绕组时间常数比换相周期小许多的情况。

4.1.1 基本假设和简化模型基本等效电路

为了方便定量分析，又能够突出问题的主要方面，作如下基本假设：

1）不考虑绕组电感和互感，不考虑电流变化的过渡过程。

实际上电感的存在影响到电流波形的上升边沿和下降边沿，以及换相时刻的感应脉冲，它们对电机的平均转矩影响是第二位的。因为在一个状态角前后时刻对应的电流上升边沿和下降边沿瞬间转矩/电流系数是较低的。对于工作在低速的电机，当这个电时间常数比一个状态角要小许多时，电流变化的过渡过程可以忽略。

2）不考虑电枢反应对气隙磁场的影响。

3）不考虑转子的感应电流效应。

4）功率开关用其等效电路代替。

5）不考虑转子的转速波动。

现代无刷电机驱动功率桥大多采用 MOSFET 或 IGBT，它们导通时管压降 u_g 的伏安特性

可以近似以下式表示：

$$u_g = N(\Delta U + iR_g)$$

式中，ΔU 为一个管压降的恒定部分；R_g 为等效电阻；N 为串联的开关数，非桥式半波电路取 $N=1$，桥式全波电路取 $N=2$。

对无刷直流电机特性的研究可以按从特殊到一般，也可以从一般到特殊进行，这里我们按后一思路，抽象为对一个状态下的基本等效电路的分析，得到表征无刷电机基本特性的统一公式和主要参数，然后推导得出几种常用的绕组连接、导通方式的参数计算。

无论无刷电机采用什么样的结构、什么样的绕组形式，在一个工作周期内总是可以划分为若干个对称的状态角，我们只考察它的一个状态角内的一个等效电路就有足够的代表性了。这样，我们可以将各种不同结构、不同绕组形式无刷电机的运行特性研究抽象为对于一个状态角下的基本等效电路的研究。在这个简化模型的基本等效电路中电机的多相绕组可简化为一个等效电阻 R_{eq} 和一个等效反电动势 E_{eq} 的串联，它以等效电压 U 供电，如图 4-1 所示。这里考虑了功率开关及其等效电路，当外电源施加直流母线电压为 u，等效供电电压 U 和等效电阻 R_{eq} 表示为

$$U = u - N\Delta U$$

$$R_{eq} = r_m + Nr_g$$

式中，r_m 为绕组的电阻。

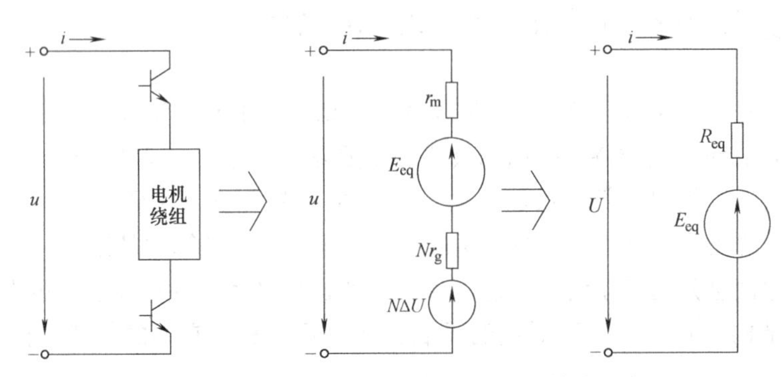

图 4-1　一个状态角下简化模型的基本等效电路

4.1.2　无刷直流电动机机械特性的统一表达式

由基本等效电路图 4-1，一个状态角 θ_z 内的电压平衡方程式为

$$U = E_{eq} + iR_{eq}$$

考虑到无刷电机可能有不同的反电动势波形，将等效电路的反电动势 E_{eq} 以函数形式表示，如图 4-2 所示，在状态角 θ_z 内，有

$$E_{eq} = E_m f(\theta)$$

$$E_m = K_{eq}\Omega$$

由能量守恒，在状态角 θ_z 内转子输出的机械功率等于气隙的电磁功率，即

$$T_e \Omega = E_{eq} i$$

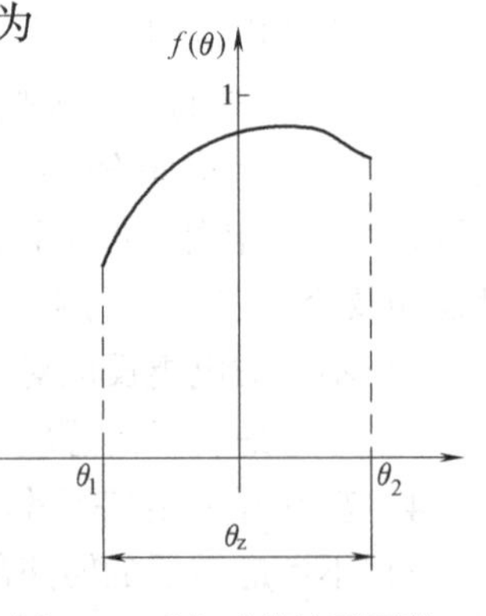

图 4-2　反电动势波形函数

式中，E_m 为反电动势幅值（V）；$f(\theta)$ 为反电动势波形函数；θ 为转子位置电角度；K_{eq} 为等效绕组反电动势系数（V/rad/s）；Ω 为转子机械角速度（rad/s）；T_e 为电磁转矩瞬时值（N·m）。

由上述各式，得到：

瞬时电流
$$i=\frac{U}{R_{eq}}-\frac{K_{eq}\Omega f(\theta)}{R_{eq}}$$

瞬时电磁转矩
$$T_e=\frac{UK_{eq}f(\theta)}{R_{eq}}-\frac{K_{eq}{}^2\Omega f^2(\theta)}{R_{eq}}$$

计算在状态角 θ_z 内的电磁转矩平均值：

$$T_{av}=\frac{1}{\theta_z}\int_{\theta_1}^{\theta_2}T_e\mathrm{d}\theta=\frac{K_{eq}}{R_{eq}}(UK_{av}-K_{eq}\Omega K_{eff}^2)$$

式中　K_{av}为反电动势波形函数$f(\theta)$ 在状态角 θ_z 内的平均值系数；K_{eff}为反电动势波形函数 $f(\theta)$ 在状态角 θ_z 内的有效值系数。

即
$$K_{av}=\frac{1}{\theta_z}\int_{\theta_1}^{\theta_2}f(\theta)\mathrm{d}\theta$$

$$K_{eff}=\sqrt{\frac{1}{\theta_z}\int_{\theta_1}^{\theta_2}f^2(\theta)\mathrm{d}\theta}$$

当电机堵转，即转子机械角速度 $\Omega=0$ 时，堵转转矩平均值 T_s：

$$T_s=\frac{K_{eq}K_{av}U}{R_{eq}}=K_TI_s \tag{4-1}$$

式中，I_s 为堵转电流（A），$I_s=\frac{U}{R_{eq}}$；K_T 为转矩系数（N·m/A）。

$$K_T=K_{av}K_{eq} \tag{4-2}$$

在理想空载点，$T_{av}=0$，理想空载转子机械角速度 $\Omega=\Omega_0$，

$$\Omega_0=\frac{U}{K_E} \tag{4-3}$$

式中，K_E 为反电动势系数（V/rad·s^{-1}）。

$$K_E=\frac{K_{eff}^2}{K_{av}}K_{eq} \tag{4-4}$$

得到无刷直流电动机机械特性通用表达式：

$$T_{av}=\frac{K_TU}{R_{eq}}-\frac{K_EK_T}{R_{eq}}\Omega$$

或
$$T_{av}=T_s-D\Omega$$

或
$$\Omega=\Omega_0-\frac{T_{av}}{D} \tag{4-5}$$

式中，D 为黏性阻尼系数（N·m/rad·s^{-1}），$D=\frac{K_EK_T}{R_{eq}}=\frac{K_{eff}^2K_{eq}^2}{R_{eq}}$。

有
$$D=\frac{T_s}{\Omega_0} \tag{4-6}$$

式（4-5）表明，无刷直流电动机的机械特性和有刷直流电动机相仿，呈线性关系，见图 4-3。并且，在不同外施电压下的机械特性是一族平行直线，机械特性的斜率等于 D。

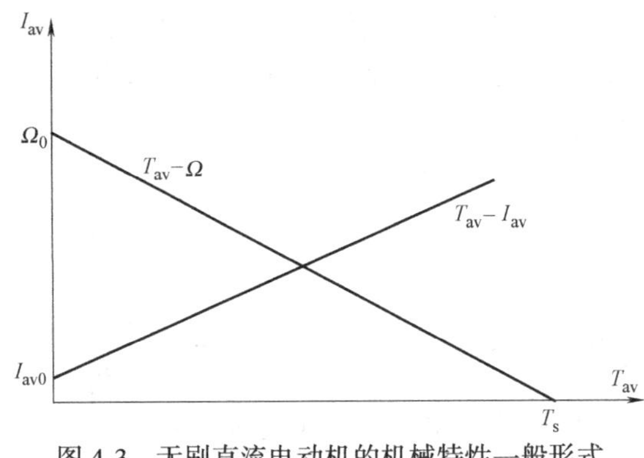

图 4-3　无刷直流电动机的机械特性一般形式

计算在状态角 θ_z 内的电流平均值为

$$I_{av} = \frac{1}{\theta_z}\int_{\theta_1}^{\theta_2} i\mathrm{d}\theta = \frac{U}{R_{eq}} - \frac{K_{av}K_{eq}\Omega}{R_{eq}}$$

$$I_{av} = I_s - \frac{K_T}{R_{eq}}\Omega \tag{4-7}$$

上式表明，无刷直流电动机的电流平均值和转速也呈线性关系。并且，在不同外施电压下的特性是一族平行直线。

由式（4-5）和式（4-7），得到平均电磁转矩和平均电流之间也呈线性关系：

$$T_{av} = K_E I_{av} - (K_E - K_T) I_s \tag{4-8}$$

如下面分析，在三相六状态工作方式，作为工程实际计算，我们可以近似认为 $K_E \approx K_T$，上式可以简化为

$$T_{av} \approx K_E I_{av} \tag{4-9}$$

式（4-5）可转换为调节特性表现形式，它显示电机的转速与电压关系：

$$\Omega = \frac{U}{K_E} - \frac{T_{av}}{D} \tag{4-10}$$

上式表明，无刷直流电动机的调节特性和有刷直流电动机相仿，也呈线性关系。并且，在不同电磁转矩下电动机的调节特性是一族平行直线。

上述分析表明，在电感可以忽略情况下，无论反电动势波形如何，无论绕组采用什么相数和什么样的连接方式，原理上电子换相无刷直流电动机的基本特性和有刷直流电动机相似，这是电子换相无刷直流电机之所以称为直流电机的基本理由。它们的基本特性都可以用上述统一的公式来表达。

4.1.3　理想空载点平均电流不等于零

值得注意，在理想空载点，平均电磁转矩 $T_{av}=0$，但由式（4-8），平均电流 $I_{av}=I_{av0}$ 并不等于零，有：

$$I_{av0} = \frac{K_E - K_T}{K_E} I_s \tag{4-11}$$

式中，$\dfrac{K_E - K_T}{K_E} = 1 - \dfrac{K_{av}^2}{K_{eff}^2}$。

可以证明，在一个状态角内，任意形状的反电动势波形函数 $f(\theta)$ 都有 $K_{eff} \geqslant K_{av}$，即有 $K_E \geqslant K_T$。

式（4-8）可以变换为

$$T_{av} = K_E (I_{av} - I_{av0})$$

下面讨论在一个状态角内，反电动势波形函数 $f(\theta)$ 为余弦函数时，空载电流情况。

设
$$f(\theta)=\cos\theta$$
有
$$K_{av}=\frac{1}{\theta_z}\int_{\theta_1}^{\theta_2}\cos\theta\mathrm{d}\theta=\frac{2\sin\frac{\theta_z}{2}}{\theta_z}$$
$$K_{eff}^2=\frac{1}{\theta_z}\int_{\theta_1}^{\theta_2}\cos^2\theta\mathrm{d}\theta=\frac{1}{2}\left(1+\frac{\sin\theta_z}{\theta_z}\right)\tag{4-12}$$
式中，$\theta_2=\theta_z/2$，$\theta_1=-\theta_z/2$。

例如，在三相六状态工作方式，状态角 $\theta_z=\pi/3$，计算得到 $K_{av}=0.9549$，$K_{av}^2=0.9119$，$K_{eff}^2=0.9135$，$K_T/K_E=K_{av}^2/K_{eff}^2=0.9982$，$1-K_{av}^2/K_{eff}^2=0.0018$。

空载电流平均值
$$I_{av0}=0.0018I_s$$
此时，反电动势幅值为
$$E_m=K_{eq}\Omega_0=UK_{av}/K_{eff}^2=1.045U\tag{4-13}$$
在状态角 $\theta_z=60°$ 内，由于反电动势幅值 E_m 已稍大于外施电压 U，如图 4-4 所示，从而产生了有正向和负向变化的瞬态空载电流 i_0：
$$i_0=(U-E_m\cos\theta)/R_{eq}$$
实际的空载转速接近于理想空载转速，反电动势大于电压 U，也有反向电流产生，它是经过与功率管并联的二极管流通的。并且，理想空载点存在一定的空载电流平均值。这是和有刷直流电机不同点之一。在图 4-5 给出一台无刷电机空载电流（0.5A）实测示波图，它显示反向电流的存在。

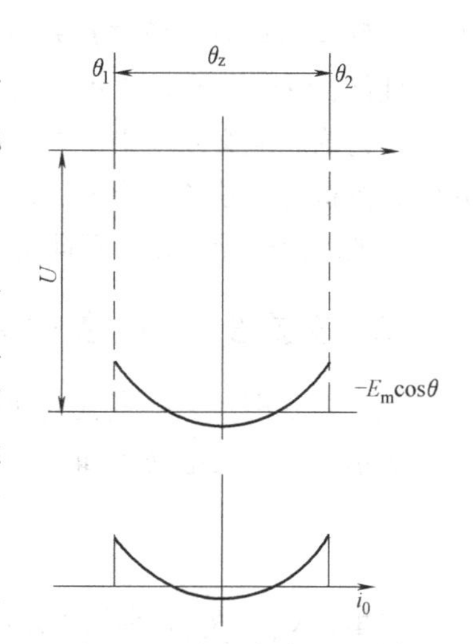

图 4-4　理想空载点反电动势幅值 E_m 和瞬态空载电流 i_0

在参考文献［4］给出一台 30kW 双三相无刷直流电动机一相空载电流的有限元仿真结果和实验实测波形，文中的图 6 是有限元法仿真一相空载稳态电流，它与图 4-4 空载电流分析结果相似，它说明这里的瞬态空载电流分析是符合实际情况的。

在这个计算例子，在三相六状态工作方式，理想空载点 $\Omega=\Omega_0$，空载电流平均值 $I_{av0}=0.0018I_s$，数值上并不大，工程上完全可以忽略。这样，作为工程实际计算，我们可以认为 $K_E=K_T$。

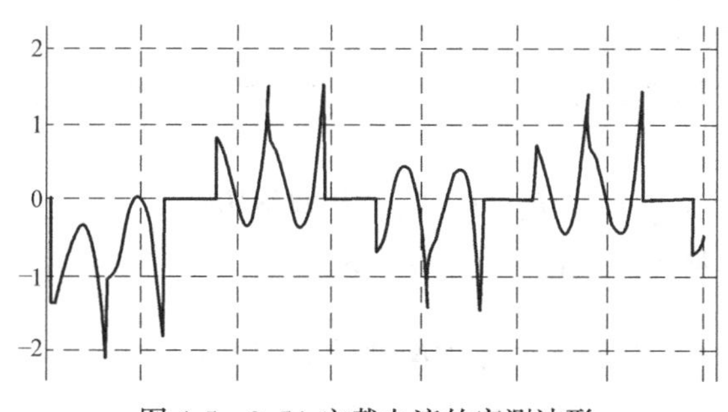

图 4-5　0.5A 空载电流的实测波形

但是，如在第3章3.3.2节的分析中看到那样，在某些情况下理想空载电流的影响会凸显出来。

4.1.4　无刷直流电机主要参数 K_E、K_T、R_{eq}和 D

正如上述分析表明的那样，对于我们所感兴趣的量 T_{av}、Ω、I_{av}、U 之间关系在一个状态角内的一个等效绕组表现为线性关系，由叠加观点，上述分析的结论对于任意形式绕组和工作方式都是正确的。而且一台无刷直流电机的特性是由主要参数 K_E、K_T、R_{eq}和 D 所决定的。

还应当指出，从上述分析得到电子换相无刷直流电动机的外特性与有刷直流电动机的相同这一结论是与反电动势波形函数 $f(\theta)$ 如何没有关联的。上述关于无刷直流电动机具有线性特性以及所推导得到的公式对任何反电动势波形情况都是适合的，是具有通用性的结论。但是，反电动势波形函数 $f(\theta)$ 的具体形状将影响到基本参数 K_E 和 K_T，从而影响到电机特性和性能，对于电流波动和力矩波动影响就更加明显。下面我们将假定 $f(\theta)$ 为余弦函数来进一步讨论。但必须指出，这不是说反电动势应以正弦波为最好。实际上对于无刷直流电机我们力图得到平顶的梯形波，做到在状态角 θ 内 $f(\theta)\approx 1$，则是最理想的。此时，理论上没有电流波动及转矩波动，而且达到 $K_E=K_T$（在上述的单位制中）。

4.1.5　重要参数——黏性阻尼系数 D

从上述分析，无刷直流电动机在一个工作周期内，分为若干个状态，在一个状态角下，它可表示为一个反电动势和一个电阻串联的等效电路，它的黏性阻尼系数 D 表示为

$$D=\frac{K_E K_T}{R}=\frac{K_{eff}^2 K_{eq}^2}{R_{eq}}$$

这里，K_{eq}，R_{eq}分别为等效绕组的反电动势系数和等效电阻，它们与一相绕组反电动势系数 K_{ep}和一相绕组电阻 R_p的关系以系数 K_e 和系数 K_r 来表达，如下式：

$$K_e=K_{eq}/K_{ep} \tag{4-14}$$

$$K_r=R_{eq}/R_p$$

这样，有

$$D=\frac{K_{eff}^2 K_e^2}{K_r}\frac{K_{ep}^2}{R_p} \tag{4-15}$$

1. 黏性阻尼系数 D 的表达式

一相绕组反电动势的计算：

电机转子旋转时，在绕组中感生反电动势。当只计及基波电动势时，一相绕组反电动势的幅值：

$$E_p=K_w W_p B_m D_a L\Omega\times 10^{-4}$$

一相绕组反电动势系数 K_{ep}(V/rad · s^{-1}) 表示为

$$K_{ep}=\frac{E_p}{\Omega}=K_w W_p B_m D_a L\times 10^{-4} \tag{4-16}$$

式中，K_w 为一相绕组基波绕组系数；W_p 为一相绕组串联匝数；B_m 为气隙磁场磁通密度基

波幅值（T）；D_a 为定子铁心计算直径（cm）；L 为定子铁心计算长度（cm）；Ω 为旋转角速度（rad/s）。

一相绕组电阻的计算：

一相绕组串联导线长度为 L_{cu}（cm），截面积为 S_{cu}（mm^2），其电阻为

$$R_p = \frac{\rho L_{cu}}{S_{cu}}$$

$$L_{cu} = 2W_p L_{av} = 2K_L W_p L$$

$$K_L = L_{av}/L$$

$$S_{cu} = \frac{K_s A_s Z}{2mW_p}$$

得一相绕组电阻 R_p 的表达式

$$R_p = \frac{4m\rho W_p^2 K_L L}{K_s A_s Z} \tag{4-17}$$

式中，ρ 为铜导线电阻率，75℃时为 $2.17\times10^{-4}\Omega\cdot mm^2/cm$；$L_{av}$ 为绕组元件平均半匝长（cm）；K_L 为绕组元件平均半匝长系数，等于平均半匝长与铁心计算长度 L 之比；K_s 为槽满率；A_s 为一个定子槽面积（mm^2）；Z 为定子槽数；m 为电机相数。

代入，整理后得到黏性阻尼系数 D（$N\cdot m/rad\cdot s^{-1}$）表达式：

$$D = K_D C = K_D \frac{K_s A_s Z B_m^2 D_a^2 L\times10^{-8}}{4\rho K_L} \tag{4-18}$$

式中，黏性阻尼系数 D 的比较判据 K_D 表示为

$$K_D = \frac{K_{eff}^2 K_w^2 K_e^2}{mK_r}$$

$$C = \frac{K_s A_s Z B_m^2 D_a^2 L\times10^{-8}}{4\rho K_L}$$

2. 在无刷直流电机中，黏性阻尼系数 *D* 是一个重要参数

1）它表征了电机机械特性的硬度：

$$D = Ts/\Omega_0 = \Delta T/\Delta\Omega$$

在调速控制系统中常以调整率 K_g 来表示机械特性的硬度，它和比较判据 D 有互为倒数关系：

$$K_g = \Delta\Omega/\Delta T = 1/D$$

由此，电机的 D 越大，电机的机械特性硬度越硬，负载转矩单位增量引起的转速下降就越小。

2）在运动控制系统中，为反映系统响应快慢，采用电磁时间常数和机电时间常数概念，其中机电时间常数 τ_m 与系统机械惯量 J 和黏性阻尼系数 D 有如下关系：

$$\tau_m = J/D$$

电机与较大的 D，将有较小的机电时间常数，有利于加快系统响应。

3）与电机的电磁效率关系：

电机电磁效率 η_e 等于电磁功率 P_e 与输入功率 P_1 之比，有

$$\eta_{e}=\frac{P_{e}}{P_{1}}=\frac{T_{av}\Omega}{UI_{av}}=\frac{K_{T}\Omega}{U}\approx\frac{\Omega}{\Omega_{0}}=1-\frac{T_{av}}{D\Omega_{0}}$$

上式表明，两台理想空载转速相同的电机，在同样电磁平均转矩时，D 较大的电机，将有较大的电磁效率。

顺便指出，由上式也可见，同一个铁心结构电机，在调整绕组串联匝数以得到不同空载转速特性时（如上面分析指出的，它们的 D 将维持不变），这样，在相同平均转矩下，有较高空载转速的电机将有较高的效率。

4）黏性阻尼系数 D 与电机常数 K_m 关系：

国外厂家的一些伺服电机参数表中常有一个称为电机常数（Motor Constant）K_m 的参数，其单位是 $N \cdot m/\sqrt{W}$，这个参数定义为电机的连续输出转矩与铜损耗 P_{cu} 平方根的比，它间接提供了电机效率的信息，该值越大说明电机效率越高，该值越小说明效率越低。由 K_m 的定义：

$$K_{m}=\frac{T}{\sqrt{P_{cu}}}=\frac{K_{T}I}{\sqrt{I^{2}R}}=\frac{K_{T}}{\sqrt{R}}\approx\sqrt{D}$$

综上所述，我们完全有理由采用黏性阻尼系数 D 作为不同电机优劣的比较判据，也可作为不同绕组形式和换相方式的比较判据。

3. 关于电机参数 D 的讨论

1）我们从 D 的上述表达式可以看出，参数 D 与哪些电机设计结构参数有密切关系。

由式（4-18）中 C 的表达式可见，它与电机主要尺寸 D_a^2L、定子总槽面积、槽满率、气隙磁通密度的平方 B_m^2 呈正比关系。这表明，采用较好的磁性材料，磁路合理设计以取得较高的气隙磁通密度，使用较多的铁心材料（D_a^2L）和铜材（总槽面积）才可能获得较好的电机性能。

2）设计时应尽可能减少绕组元件端部长度，提高 K_L 的数值。

例如，选择合理的 D_a/L 比，或采用短距绕组，或采用外转子结构，或采用多极设计等。特别是有集中绕组的多极分数槽设计，其槽数 Z 和极数 $2p$ 十分接近时，可取节距 $y=1$，线圈端部明显减少，有利于提高参数 D。

3）参数 D 与每相绕组串联匝数关系。

从 D 的上述表达式我们发现，它与电机每相绕组串联匝数的多少无关。对于主要尺寸、绕组形式和换相方式已经确定的电机，尽管选择不同的每相绕组串联匝数，得到不同的机械特性，有不同的空载转速。在机械特性图中，这些机械特性是一族平行线，即它们的特性硬度是相同的。这个结论，对于派生电机设计是十分重要的。

4）可以利用比较判据 K_D 对不同相数、绕组连接形式和导通方式进行比较，详见表 4-3 数据和第 3 章 3.2 节的分析。

4.1.6　正弦波反电动势两相、三相和四相绕组的系数 K_E、K_T、K_D 计算

考察实际生产的无刷直流电动机，一个状态角的反电动势波形大多数并非接近平顶波，而更接近正弦波，这是绕组短距和分布的效应，以及几个相绕组合成的效应，使各次谐波明

显削弱的缘故。所以，着重研究正弦波反电动势情况是符合实际情况的。参见第 6 章 6.4.1 节分析。下面的分析均基于电机反电动势波形为正弦波情况进行分析比较。为了便于对不同的相数、绕组连接和导通方式的比较，忽略了功率开关的电压降。

设反电动势波形函数为余弦函数：

$$f(\theta)=\cos\theta$$

并且，$\theta_2=\theta_z/2$，$\theta_1=-\theta_z/2$。由式（4-12），不同状态角 θ_z 下的 K_{eff}^2 和 K_{av} 计算结果列于表4-1。

表 4-1　K_{eff}^2 和 K_{av} 计算表

θ_z	角度	36	60	90	120	144	180
	弧度	π/5	π/3	π/2	2π/3	4π/5	π
K_{eff}^2		0.9677	0.9135	0.8183	0.7067	0.6169	0.5
K_{av}		0.9836	0.9549	0.9003	0.8270	0.7568	0.6366
K_{eff}^2/K_{av}		0.9838	0.9566	0.9089	0.8545	0.8151	0.7854

利用表 4-1 数据，由式（4-2）、式（4-4）和式（4-14），转矩系数和反电动势系数按下式计算：

$$K_T=K_{av}K_{eq}=K_{av}K_eK_{ep}$$

$$K_E=\frac{K_{eff}^2}{K_{av}}K_{eq}=\frac{K_{eff}^2}{K_{av}}K_eK_{ep} \tag{4-19}$$

为了比较不同相数绕组的比较判据 K_D，需要计算它们的绕组系数。设电机为双层整距绕组，短距系数 $K_p=1$。基波分布系数 K_d 表示为

$$K_d=\frac{\sin(q\alpha/2)}{q\sin(\alpha/2)}=\frac{\sin(\pi/2m)}{q\sin(\pi/2mq)}$$

为了统一比较条件，设 q 足够大，相当于定子有斜槽或转子有斜极，$q\to\infty$

$$K_d=\frac{\sin(\pi/2m)}{q\sin(\pi/2mq)}=\frac{\sin(\pi/2m)}{q\pi/2mq}=\frac{\sin\pi/2m}{\pi/2m}$$

由上式，计算得到表 4-2。

表 4-2　假设条件下 2，3，4 相的绕组系数

相数 m	相带/(°)	K_d	K_d^2	K_p	K_w	K_w^2
2，4	90	0.9003	0.8106	1	0.900	0.811
3	60	0.9549	0.912	1	0.955	0.912

由式（4-18），比较判据 K_D 按下式计算：

$$K_D=\frac{K_{eff}^2K_w^2K_e^2}{mK_r} \tag{4-20}$$

利用上面的公式和数据，分别计算了 2，3，4 和 m 相绕组一些典型连接和导通方式的 K_E/K_{ep}，K_T/K_{ep}，K_D，结果见表 4-3。

以三相桥式绕组为例说明计算过程：

对于星形连接，在一个状态角 60°内，有两相绕组串联，它们合成反电动势幅值是一相

反电动势幅值的$\sqrt{3}$倍，等效电路的电阻就是两相绕组串联电阻，是一相电阻的 2 倍，得到 $K_e=\sqrt{3}$，$K_r=2$。$K_E/K_{ep}=0.9566\sqrt{3}=1.657$，$K_T/K_{ep}=0.9549\sqrt{3}=1.654$。$K_D=0.9135\times 0.955^2\times 3/(3\times 2)=0.417$。

对于三角形连接，在一个状态角 60°内，有两相绕组串联再与第三相并联，等效电路的反电动势幅值与一相反电动势幅值相同，等效电路的电阻是一相电阻的2/3 倍，得到$K_e=1$，$K_r=2/3=0.6667$。$K_E/K_{ep}=0.9566\times 1=0.957$，$K_T/K_{ep}=0.9549\times 1=0.955$。$K_D=0.9135\times 0.955^2\times 1/3\times 0.6667=0.417$。

两者计算结果都有 $K_D=0.417$，完全相同。这说明三相桥式星形连接和三角形连接的性能是相同的，它们有相同的 D 值，相同的转矩-转速特性斜率。

对于表 4-3 中的序号 8，m 相封闭绕组桥式电路，这种工作方式，需要 $2m$ 个开关，实际意义不大，这是为了与有刷直流电动机作比较，因为它相当于是一台有 m 个换向片叠绕组的有刷直流电动机。设 m 为偶数，在电动势波形为正弦的情况下，其反电动势相量图中，m 相反电动势形成一个 m 边多边形。当 m 足够大时，合成的等效反电动势相当于其外接圆的直径。合成反电动势 E 与 m 个相反电动势 E_p 之和 mE_p 的比就相当于一个圆的直径与周长之比：$E/mE_p=1/\pi$，即 $K_e=E/E_p=m/\pi$。等效电路是两个支路的并联，等效电路的电阻比是 $K_r=m/4$。由于状态角很小，$K_{eff}^2\approx 1$，$K_w^2\approx 1$。计算得到 $K_D=0.405$。

利用表 4-3 数据可以对具体的电机计算其主要参数 K_E、K_T、K_D，结合上述有关计算公式即可方便地计算了 2、3、4 相绕组一些典型连接和导通方式的工作特性。

例如，三相绕组星形联结桥式六状态，由式（4-16）和表 4-3 序号 6 的 K_E/K_{ep}和 K_T/K_{ep}数据，有

$$K_E\approx K_T=1.66K_{ep}=1.66K_wW_pB_mD_aL\times 10^{-4}$$

当不计电感时，按上述规定的单位制，转矩系数 K_T 数值上等于反电动势系数 K_E。

由式（4-3），理想空载转速　$$\Omega_0=U/K_E=\frac{U}{1.66K_{ep}}$$

由式（4-1），堵转转矩　$$T_S=K_TI_S=\frac{K_TU}{2R}=\frac{0.827UK_{ep}}{R}$$

再例如，三相绕组星形联结非桥式三状态，由式（4-16）和表 4-3 序号 3 的 K_E/K_{ep}和 K_T/K_{ep}数据，有

$$K_E=0.855K_{ep}=0.855K_wW_pB_mD_aL\times 10^{-4}$$

$$K_T=0.827K_{ep}=0.827K_wW_pB_mD_aL\times 10^{-4}$$

由式（4-3），理想空载转速　$$\Omega_0=U/K_E=\frac{U}{0.855K_{ep}}$$

由式（4-1），堵转转矩　$$T_S=K_TI_S=\frac{K_TU}{R}=\frac{0.827UK_{ep}}{R}$$

利用计算得的理想空载转速和堵转转矩即可作出电机的电磁转矩-转速特性。由 4.1.2 节有关公式可计算某一转速点的平均转矩和平均电流。上式中的 R 是一相绕组电阻值。

从上面两个例子可见，对于同一台三相绕组星形联结的电机，分别按桥式六状态和非桥式三状态工作时，它们的堵转转矩相同，而理想空载转速相差约一倍，机械特性硬度相差约一倍。

表 4-3　正弦波反电动势的几种不同相数、不同绕组连接导通方式的计算与比较

序号	逆变桥	相数 m	状态数	状态角/(°)	通电相数	绕组连接方式	逆变桥开关数	K_w^2	K_{eff}^2	K_{av}	K_{eff}^2/K_{av}	K_E	K_r	K_E/K_{ep}	K_T/K_{ep}	K_D	绕组与逆变桥连接图
1	H桥	2	4	90	1	独立	8	0.811	0.818	0.900	0.909	1	1	0.909	0.900	0.332	图 3-1
2	非桥	4	4	90	1	星形	4	0.811	0.818	0.900	0.909	1	1	0.909	0.900	0.166	图 3-4
3		3	3	120	1	星形	3	0.912	0.707	0.827	0.855	1	1	0.855	0.827	0.215	图 3-7
4	桥式	4	4	90	2	星形	8	0.811	0.818	0.900	0.909	2	2	1.818	1.801	0.332	图 3-2
5		4	4	90	4	封闭	8	0.811	0.818	0.900	0.909	$\sqrt{2}$	1	1.285	1.273	0.332	图 3-3
6		3	6	60	2	星形	6	0.912	0.914	0.955	0.957	$\sqrt{3}$	2	1.657	1.654	0.417	图 3-5
7		3	6	60	3	封闭	6	0.912	0.914	0.955	0.957	1	2/3	0.957	0.955	0.417	图 3-6
8		m	m	$360/m$	m	封闭	$2m$	1	1	1	1	m/π	$m/4$	m/π	m/π	0.405	

4.1.7　一个三相无刷直流电动机特性和系数计算例子

前面提到，简化模型是忽略了绕组电感的模型，给出的基本特性计算公式可直接用于低电感的（例如无槽结构的）或工作于低速的无刷直流电机计算，它们的绕组时间常数比换相周期小许多的情况。

看一个无槽结构无刷直流电机的例子：国外 Global Motion Products 公司生产系列无槽无刷直流电机。产品型号 B35E24BZ000 是一款高速无槽无刷直流电机，在下网址提供较完整性能资料 http://gmpwebsite.com/PDF/B35E24BZ000.pdf，它的技术数据如下：

电机外形　外径 35mm，长 60mm；

额定电压　24.0V；

空载转速　15000r/min；

堵转转矩　330.3mN·m；

空载电流　0.200A；

峰值输出功率　128.5W；

转矩常数　15.14mN·m/A；

端电阻　1.10Ω；

反电动势常数　1.59V/(kr/min)；

绕组电感　0.130mH；

速度/转矩斜率　45.4(r/min)/(mN·m)；

最大效率　82%；

电机常数　14.43mN·m/$\sqrt{W}$。

参照本章 4.4 节分析，由给出的绕组电感和电阻计算相绕组的电磁时间常数

$$\tau=\frac{L}{R}=\frac{0.13}{1.1}\text{ms}=0.118\text{ms}$$

在最高转速，一个状态角对应的换相周期时间

$$T=\frac{10}{pn}=\frac{10}{15000}\text{ms}=0.667\text{ms}$$

显然，换相周期时间比电磁时间常数大许多。用 $x=\frac{T}{\tau}=\frac{10}{pn\tau}$ 表示一个状态角换相周期时间与绕组电磁时间常数的比

$$x=\frac{T}{\tau}=\frac{10}{pn\tau}=\frac{0.667}{0.118}=5.65$$

所以，绕组的电感影响可以忽略。可以按简化模型进行计算。

利用厂家上面的数据，按本节相关公式进行如下计算：

1）由给出的反电动势常数 1.59V/(kr/min)，转换单位制：$K_E=1.59/0.105=15.14\text{mV/rad}\cdot\text{s}^{-1}$，它与给出的转矩常数 15.14mN・m/A 相等。说明符合 $K_E=K_T$。

2）由给出的反电动势常数 1.59V/(kr/min)，按式（4-3），计算理想空载转速（24/1.59)r/min=15094r/min。比给出的空载转速 15000r/min 稍高，符合。

3）由 4.1.5 节公式计算黏性阻尼系数

$$D=\frac{K_E K_T}{R_{eq}}=\frac{1.59\times15.14}{1.1\times1000}\text{mN}\cdot\text{m/(r/min)}=\frac{1}{45.7}\text{mN}\cdot\text{m/(r/min)}$$

计算速度/转矩斜率　　$K_g=\Delta\Omega/\Delta T=1/D=45.7(\text{r/min})/(\text{mN}\cdot\text{m})$

它与给出的速度/转矩斜率 45.4(r/min)/(mN・m)相同。

4）由 4.1.5 节公式，计算电机常数

$$K_m=\frac{K_T}{\sqrt{R}}=\frac{15.14}{\sqrt{1.1}}\text{mN}\cdot\text{m}/\sqrt{\text{W}}=14.44\text{mN}\cdot\text{m}/\sqrt{\text{W}}$$

它和给出的电机常数 14.43mN・m/$\sqrt{\text{W}}$ 相同。

厂家在该网页还给出该电机的特性图，见图 4-6。尽管是高速电机，由于无槽电机有低电感，特性图显示具有线性的转速—转矩特性、转矩—电流特性。图中还给出输出功率、效率与转矩关系曲线。

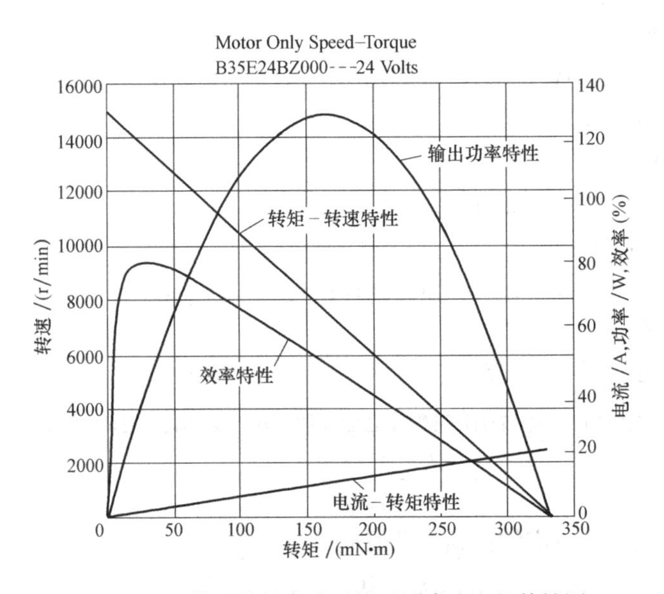

图 4-6　一款国外的高速无槽无刷直流电机特性图

4.2　绕组电感对无刷直流电动机特性的影响

在上节我们论证了所有不同相数、不同绕组连接和工作方式下的电子换相无刷直流电动机在低速工作时，具有线性的转矩—转速机械特性、转矩—电流特性和电压—转速调节特性。分析是在忽略每相绕组电感的假设条件下进行的。实际上，在低速工作的电机（或低电感的中高速电机，如 4.1.7 节的例子），只有每相绕组的电磁时间常数要比该相一次导通周期的导通角所对应的时间间隔要小得多，可以认为相电流在每一导通周期内上升和下降得足够快。这时，简化模型接近实际。

以较高转速工作（或由于极数多，换相频率较高）的无刷直流电动机，随着转速的提高，每相导通工作周期与转速成反比地缩短了。在这种情况下，绕组电感和由它引起的电磁时间常数的影响已不能忽略。无刷直流电动机与此有关的理论必须相应修正。

首先讨论电磁时间常数问题。高速无刷直流电动机在一定的供电电压下工作，较之尺寸相近的中、低速无刷电动机，每相串联绕组匝数必然大大减少。但绕组匝数的减少并不会使绕组电磁时间常数减少，证明如下：

由上节给出了每相串联绕组电阻 R_p 的表达式

$$R_p=\frac{4mpW_p^2k_LL}{k_sA_sZ}$$

每相串联绕组的电感 L 可以表示为 $L=W_p^2\Lambda$，Λ 是等效磁导。这样，每相串联绕组的电磁时间常数 τ 可表示为

$$\tau=\frac{L}{R_p}=\frac{k_sA_sZ}{4mpk_LL}\Lambda$$

上式表明，绕组电磁时间常数大小与电机定于铁心结构参数有关而与绕组匝数的多寡无关，它并不因高速无刷直流电机选用较少的匝数而相应减小。但应当指出，由于每相电感与极数 p 的平方成反比，电磁时间常数将随选择极数的增加而减小。

实际上，绕组电感的存在，首先是使无刷直流电动机特性非线性，机械特性由线性硬特性变为软特性。同一台电机，和忽略电感的计算特性相比，同一转速下的转矩下降了。绕组电感越大，转矩减少越多。并且，换相过程引起原理性电流波动和转矩波动。上节的简化模型基本等效电路已不可用，运行机理和工作特性的分析将变得更加复杂和困难。下面进行这方面的研究和分析。

4.3　非桥式 120°导通三相无刷直流电动机的非线性工作特性分析

无刷直流电动机以较高转速运行时出现机械特性非线性的问题，其本质原因是绕组电感的存在，相应的电磁时间常数已不可忽略。本节分析反电动势为正弦波考虑绕组电感时非桥式三相无刷直流电动机的特性，给出它的非线性工作特性的解析解。其中引入了等效阻抗比 p 这一参数来体现电磁时间常数对电机特性的影响。

参考 4.1 节的分析方法，对一对极的电机进行分析。考虑到有电感 L 存在的等效电路，假定反电动势的波形函数为余弦函数，并考虑到正、反转对称工作，每相绕组导通角 θ_z 在

$(-\alpha\sim+\alpha)$ 区间内，有

$$e=K\Omega\cos\theta$$

$$\theta=\Omega t+\alpha$$

此等效电路在 $(-\alpha\sim+\alpha)$ 区间内，电压平衡方程式为

$$U=e+Ri+L\frac{\mathrm{d}i}{\mathrm{d}t}$$

由初始条件：$t=0$ 时，$i=0$，求解相电流的解析解。

经运算可得到相电流瞬态值表达式（推导从略）：

$$i=\frac{U}{R}-\frac{K\Omega[p\sin(\Omega t-\alpha)+\cos(\Omega t-\alpha)]}{R(1+p^2)}-\left[\frac{U}{R}-\frac{K\Omega(p\sin\alpha-\cos\alpha)}{R(1+p^2)}\right]\mathrm{e}^{-t/\tau}$$

式中，$\tau=\frac{L}{R}$；p 为等效阻抗比；$p=\frac{\Omega L}{R}=\Omega\tau$。

它表示了等效电路中在某一转速下等效电抗与电阻的比值。

在理想空载转速时的阻抗比表示为 p_0，有

$$p_0=\Omega_0\tau$$

分别以 I_s 和 Ω_0 作为电流和转速的基值，参见第 3 章 3.3.2 节，有

$$I_s=\frac{U}{R}$$

$$\Omega_0=\frac{U}{K}\frac{4\sin\alpha}{2\alpha+\sin2\alpha}$$

下面将以这些基值得到有关量的标幺值形式。

为了得到数值解，我们具体研究一下非桥式三相无刷直流电机在 $\alpha=\pi/3$，转速 $\Omega=0.5\Omega_0$ 情况下相电流的过渡过程。其数值解在图 4-7 给出。该图直观地显示出相电流瞬态值在一个导通角（120°）范围内随等值阻抗比 p_0 变化的情况。图中，$p_0=0$ 是电感为 0 时，即 4.1 节简化模型下电流变化情况。当 $p_0=0.1$ 时，其结果与 $p_0=0$ 时的电流波形是相当接近。此时可忽略电感的作用，不会引起多大的误差。但当 $p_0\geqslant0.5$ 以后，电感作用已不能忽略，瞬态电流明显地被抑制，随之，电磁转矩亦将明显地削弱。

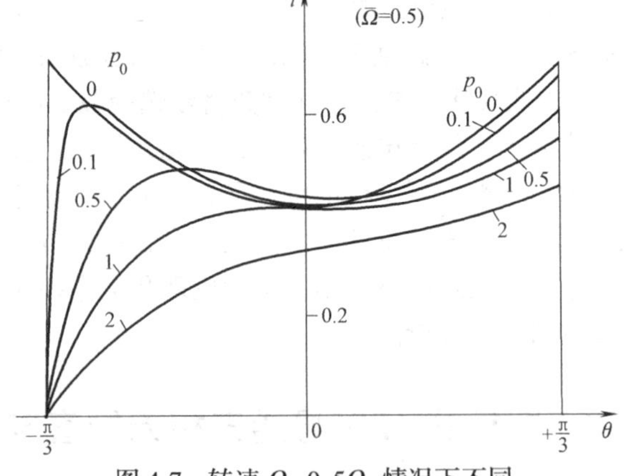

图 4-7　转速 $\Omega=0.5\Omega_0$ 情况下不同阻抗比 p_0 的瞬态相电流的过渡过程

由相绕组的反电动势 e 和电流 i 可计算导通角 θ_z 在 $(-\alpha\sim+\alpha)$ 区间内的瞬态电磁转矩 T_e 和平均电磁转矩 T_{av}：

$$T_e=\frac{ei}{\Omega}$$

$$T_{av}=\frac{1}{2\alpha}\int_{-\alpha}^{\alpha}\frac{ei}{\Omega}\mathrm{d}\theta$$

平均电磁转矩 T_{av} 以标幺值形式表示为

$$\overline{T}_{av}=1-\overline{\Omega}-\Delta\overline{T}$$

由于不考虑电感时的平均电磁转矩，标幺值形式表示为 $\overline{T}_{av}=1-\overline{\Omega}$，所以，$\Delta\overline{T}$ 表示由于电感存在引起的平均电磁转矩降低。忽略相电流下降过程的影响，经计算得到（推导从略）：

$$\Delta\overline{T}=\frac{1}{1+p^2}\left\{p^2\overline{\Omega}-\frac{p}{2}\left(1-\xi\overline{\Omega}\frac{p-q}{1+p^2}\right)\left[(p-q)\mathrm{e}^{-2\alpha/p}+p+q\right]\right\}$$

当 $\alpha=\pi/3$ 时，有

$$\xi=\frac{4\sin^2\alpha}{2\alpha+\sin2\alpha}=1.013$$

$$q=\cot\alpha=0.577$$

以 $p_0=0$，0.5，1，2，5，10 分别代入 $\Delta\overline{T}$ 式，计算半桥 120°导通方式三相无刷直流电动机在计及电感时的转矩—转速机械特性如图 4-8 所示。图中，纵坐标和横坐标分别是平均电磁转矩 T_{av} 和转速 Ω 的标幺值。该图显示，由于绕组电感的作用，电机的机械特性呈现出明显的非线性，平均电磁转矩有明显的下降。随着等效阻抗比的增大，无刷直流电动机的机械特性显著变软，和有刷串激直流电动机的机械特性相类似。

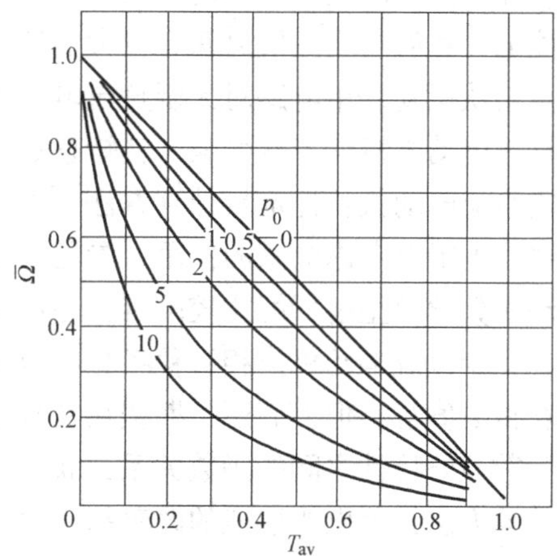

图 4-8　半桥式 120°导通三相无刷直流电动机不同阻抗比 p_0 的机械特性

按下式计算导通角 θ_z 在（$-\alpha\sim+\alpha$）区间内的平均电流

$$I_{av}=\frac{1}{2\alpha}\int_{-\alpha}^{\alpha}i\mathrm{d}\theta$$

经计算得到平均电流的标幺值为（推导从略）：

$$\overline{I}_{av}=1-\frac{\xi\overline{\Omega}}{1+p^2}-\frac{p}{2\alpha}\left[1+\frac{\alpha\xi\overline{\Omega}(p-q)}{1+p^2}\right](1-\mathrm{e}^{-2\alpha/p})$$

以 $\alpha=\pi/3$，$p_0=0$、0.5、1、2 分别代入上式，计算非桥式 120°导通方式三相无刷直流电动机在计及电感时的平均电流—转速特性如图 4-9 所示。图中，纵坐标和横坐标分别是平均电流 I_{av} 和转速 Ω 的标幺值。该图显示，当 $p_0\neq0$ 时，由于绕组电感的作用，这组特性同样显示出非线性的特征，与 $p_0=0$ 的线性特性明显不同。而且等值阻抗比 p_0 越大，则特性越软，曲线的斜率越大。

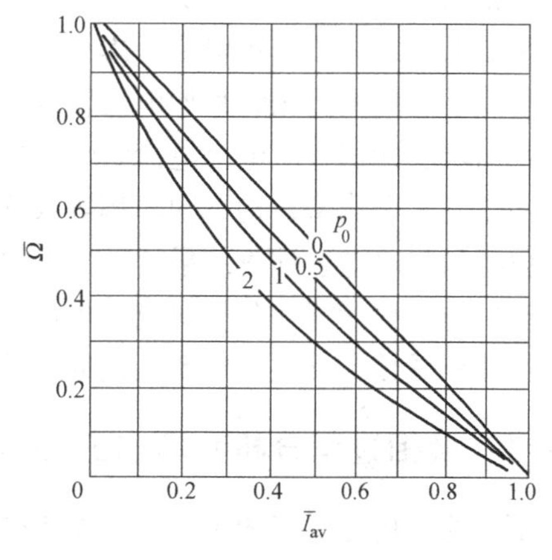

图 4-9　非桥式 120°导通三相无刷直流电动机的平均电流—转速特性

观察一台研制的高速无刷直流电动机实测的平均电流—转速特性，可以发现，在接近空载转

速附近区域内，不同外施电压下特性的斜率是不相等的。例如，在24V的特性有较高的转速和较大的 p_0，而6V的特性有较低的转速和较小的 p_0，在接近各自的空载转速附近区域内的斜率是不同，它们的平均斜率比约为4。这个情况，用4.1节的式（4-5）和式（4-7）所示的线性理论是不能解释的。因为4.1节的无刷直流电动机线性理论认为不同外施电压下的转矩—转速特性或电流—转速特性是一组互相平行的直线族，这一点已被低速工作的实测电机特性所证明。但是在高速电机情况下的实测特性，只有借助图4-8和图4-9所示的非线性特性才能得到明确的解释。

4.4　计及绕组电感的三相无刷直流电动机数学模型和基本特性

无刷直流电动机绕组参数包含电阻和电感。电感是对电机性能有重大影响的参数，但至今已公开出版的无刷直流电动机中外书籍有关其运行特性公式和设计计算都只考虑绕组电阻，而没有体现绕组电感的影响[2-11]，即使近年出版的新作也是如此。这就势必导致电机性能的计算值与实际值之间有较大的偏差。从本节下面的例子可见，偏差十分明显。尽管人们早就认识到绕组电感对无刷直流电动机性能有重要的影响，定性分析绕组电感的存在使无刷直流电动机机械特性变软，转矩系数与反电动势系数不相等，并不断探索考虑绕组电感的无刷直流电动机特性定量计算方法[12-19]。而在分析换相过程对转矩波动影响的文献中，却忽略了电阻只考虑电感的作用，参见第8章。这是因为求取同时计及电阻和电感的无刷直流电动机数学模型解析解比较困难，还没有一个可用于工程计算的简洁表达式的缘故。

无刷直流电动机换相过程各相电流变化以及其工作特性可以采用其数学模型借助仿真工具获得数值解，但人们还是期望从其数学模型得到解析解。这是因为解析解能够揭示电机内在参数与外特性之间的函数关系，获得规律性的认识，从而为电机设计和性能预测提供简洁的计算方法，为电机性能的改善指出明确的方向。不少文献在分析换相过程中假定反电动势梯形波形的平顶部分大于120°电角度，这个假定条件对于时间常数大、换相过程比较长的电机，实际上就是要求平顶部分达到180°，这与实际的电机情况相差甚远[14-16]。

本节对梯形波反电动势平顶为120°的三相无刷直流电动机换相过程进行分析，给出了在一个换相周期内三相电流瞬时值的解析解，得到平均电流和平均电磁转矩的解析表达式。在此基础上，进一步分析得到考虑绕组电磁时间常数的电流-转速特性和转矩-转速特性表达式，引入了平均电流比和平均电磁转矩比系数，它们是参数 x 和 K_u 的函数。介绍了利用函数关系图求取无刷直流电机电流特性和转矩特性的图解法，然后，以转子磁片表面粘贴和磁片切向内置两个典型结构不同功率等级样机的实测数据与公式计算结果对比验证，也对比了计及电感和忽略电感计算结果的差异，说明本节的分析和给出的解析计算公式可用于无刷直流电动机的工程计算和分析研究。再以实例说明绕组电阻和电感值变化对电机特性的影响。给出了转矩系数与反电动势系数比的计算公式。

4.4.1　换相过程分析和瞬态三相电流解析表达式

下面的分析是对三相星形六状态工作方式下的无刷直流电机进行，其电机和驱动电路原理图如图4-10所示。

为方便换相过程的分析，作如下假设：

1）三相对称，反电动势为梯形波，平顶部分等于 120°电角度；

2）忽略开关管和续流二极管的管压降。无刷直流电动机的换相过程的换流时间通常在毫秒级，而开关管本身的关断时间在微秒级，因此完全可以忽略开关管本身关断时间对换流过程的影响；

3）忽略电枢反应、齿槽效应和磁路饱和的影响；

4）相绕组的等效电感为常数；

5）换相过程中电机的转速 Ω 保持恒定。

三相无刷直流电机的数学模型以矩阵方程表示为

$$\begin{bmatrix} u_a \\ u_b \\ u_c \end{bmatrix} = \begin{bmatrix} R & 0 & 0 \\ 0 & R & 0 \\ 0 & 0 & R \end{bmatrix} \begin{bmatrix} i_a \\ i_b \\ i_c \end{bmatrix} + \begin{bmatrix} L-M & 0 & 0 \\ 0 & L-M & 0 \\ 0 & 0 & L-M \end{bmatrix} p \begin{bmatrix} i_a \\ i_b \\ i_c \end{bmatrix} + \begin{bmatrix} e_a \\ e_b \\ e_c \end{bmatrix}$$

式中，L 为相绕组自感，M 为相绕组间的互感，假设磁路的磁阻不随转子位置而变化，L 和 M 均为常数。

在图 4-10 中，U 为输入到逆变器的直流电源电压，u、e、i 分别是各相的绕组端电压、反电动势和电流的瞬时值。并规定相电流以流向绕组中心点为正向电流，相电压以中心点为参考点。为简洁起见，以 L 代替上式的 $L-M$、R 和 L 为一相的等效电阻和一相的等效电感，电机等效电路的电压平衡方程式改写为

$$u_a = Ri_a + L\frac{di_a}{dt} + e_a$$

$$u_b = Ri_b + L\frac{di_b}{dt} + e_b$$

$$u_c = Ri_c + L\frac{di_c}{dt} + e_c$$

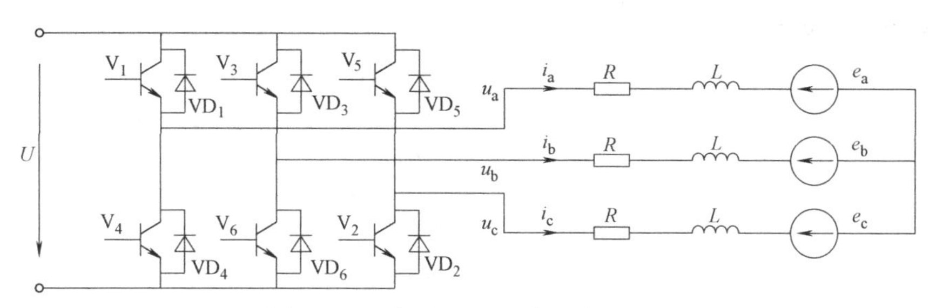

图 4-10　三相电机和驱动电路原理图

三相绕组桥式 120°导通方式按如下顺序换相：A/B- A/C- B/C- B/A- C/A- C/B。我们讨论电机从 A/C 相导通向 B/C 相导通换相过程，以及 B/C 相导通一个状态角内的有关物理量的变化。参见图 4-10 和图 4-13，电机的换相过程如下：开关 V_2 保持开通状态不变，C 相绕组电流持续，V_1 关断的同时 V_3 开通，B 相绕组电流由零开始上升，由于电感的存在 A 相绕组电流并不能马上降为零，而是通过与 V_4 反并联的二极管 VD_4 续流下降，经过一段时间 t_1，A 相电流降为零。然后，B、C 相电流继续增大，经过时间 t_2 后本周期结束，下一次换相的来临。在图 4-13 给出一个换相周期 T 内三相电流变化和 A 相反电动势波形的示意图。

B/C 相导通状态对应一个状态角 60°，一个状态角对应的换相周期时间 $T=\frac{60}{pn}\frac{1}{6}=\frac{10}{pn}$，它分为两个时间区间：$T=t_1+t_2$。式中，$n$ 为电机转速（r/min），p 为极对数。相绕组的电磁时间常数 $\tau=\frac{L}{R}$，用 $x=\frac{T}{\tau}=\frac{10}{pn\tau}$表示一个状态角换相周期时间与绕组电磁时间常数的比。

换相过程分两阶段进行，分析如下：

1）第一阶段，时间区间 t_1。

这是 A 相电流关断阶段，从 A 相的开关 V_1 关断开始，到 A 相电流降至零为止。此过程的等效电路如图 4-11 所示。

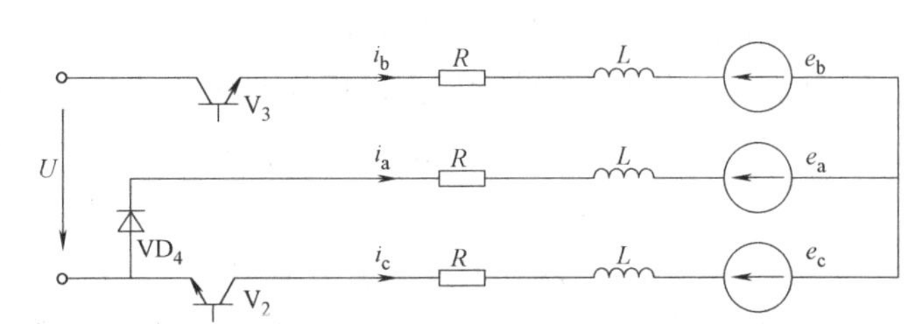

图 4-11　时间区间 t_1 等效电路图

由反电动势为平顶 120°的梯形波的设定条件，在 B/C 相导通的换流过程中，三相绕组的反电动势分别为（A 相反电动势波形见图 4-13）

$$
\begin{aligned}
&e_b=-e_c=E\\
&e_a=E-\frac{2E}{T}t
\end{aligned}
\tag{4-21}
$$

根据图 4-11 所示的等效电路，可列出此阶段的电压平衡方程式为

$$
\begin{aligned}
&0=Ri_a+L\frac{\mathrm{d}i_a}{\mathrm{d}t}-Ri_c-L\frac{\mathrm{d}i_c}{\mathrm{d}t}+2E-\frac{2E}{T}t\\
&U=Ri_b+L\frac{\mathrm{d}i_b}{\mathrm{d}t}-Ri_c-L\frac{\mathrm{d}i_c}{\mathrm{d}t}+2E\\
&i_a+i_b+i_c=0
\end{aligned}
$$

转换为三相电流方程式：

$$
\frac{\mathrm{d}i_a}{\mathrm{d}t}+\frac{i_a}{\tau}=\frac{-2E-U+\frac{4E}{T}t}{3R\tau}
$$

$$
\frac{\mathrm{d}i_b}{\mathrm{d}t}+\frac{i_b}{\tau}=\frac{-2E+2U-\frac{2E}{T}t}{3R\tau}
$$

$$
\frac{\mathrm{d}i_c}{\mathrm{d}t}+\frac{i_c}{\tau}=\frac{4E-U-\frac{2E}{T}t}{3R\tau}
$$

初始条件为

$$
\begin{aligned}
&i_a(0)=-i_c(0)=I_0\\
&i_b(0)=0
\end{aligned}
$$

求取微分方程的解，得到 A 相电流为

$$
i_a=I_0-\left(\frac{3RI_0+U+2E}{3R}\right)(1-\mathrm{e}^{-\frac{t}{\tau}})+\frac{4\tau E}{3RT}\left[\frac{t}{\tau}-(1-\mathrm{e}^{-\frac{t}{\tau}})\right]
$$

在 A 相电流降到零的时刻 t_1，有

$$i_a(t_1)=I_0-\left(\frac{3RI_0+U+2E}{3R}\right)(1-e^{-\frac{t_1}{\tau}})+\frac{4\tau E}{3RT}\left[\frac{t_1}{\tau}-(1-e^{-\frac{t_1}{\tau}})\right]=0$$

利用近似公式：当 α 足够小时，有 $\alpha\approx 1-e^{-\alpha}$。即附加条件：$\frac{t_1}{\tau}$足够小时，有$\frac{t_1}{\tau}-(1-e^{-\frac{t_1}{\tau}})\approx 0$，代入上式，得

$$i_a(t_1)=I_0-\left(\frac{3RI_0+U+2E}{3R}\right)(1-e^{-\frac{t_1}{\tau}})=-\frac{U+2E}{3R}+\frac{3RI_0+U+2E}{3R}e^{-\frac{t_1}{\tau}}=0$$

解得 A 相电流降到零所需要的时间 t_1 表示为

$$\frac{t_1}{\tau}=\ln\left(1+\frac{3RI_0}{U+2E}\right)$$

或

$$\frac{t_1}{T}=\frac{1}{x}\ln\left(1+\frac{3RI_0}{U+2E}\right) \tag{4-22}$$

同理，A 相电流的解简化为

$$i_a=-\frac{U+2E}{3R}+\frac{3RI_0+U+2E}{3R}e^{-\frac{t}{\tau}} \tag{4-23}$$

同样，求得 B 相和 C 相电流的解为

$$i_b=\frac{2U-2E}{3R}(1-e^{-\frac{t}{\tau}})-\frac{2E}{3R_x}\left[\frac{t}{\tau}-(1-e^{-\frac{t}{\tau}})\right]$$

$$i_c=\frac{4E-U}{3R}-\frac{3RI_0+4E-U}{3R}e^{-\frac{t}{\tau}}-\frac{2E}{3R_x}\left[\frac{t}{\tau}-(1-e^{-\frac{t}{\tau}})\right]$$

B 相和 C 相电流的解简化为

$$i_b=\frac{2U-2E}{3R}(1-e^{-\frac{t}{\tau}}) \tag{4-24}$$

$$i_c=\frac{4E-U}{3R}-\frac{3RI_0+4E-U}{3R}e^{-\frac{t}{\tau}}$$

在换相结束时刻 t_1 时，B 相和 C 相电流值为

$$i_b(t_1)=-i_c(t_1)=I_1=\frac{(2U-2E)I_0}{3RI_0+U+2E}$$

2）第二阶段，时间区间 t_2。

在此时间区间，A 相电路断开，B 相和 C 相电流持续上升，其等效电路如图 4-12 所示。以 A 相电流降至零时间为零时刻，由图 4-12 可列出此阶段的电压平衡方程式为

$$U=2L\frac{di_b}{dt}+2Ri_b+2E$$

初始条件为

$$i_b(0)=-i_c(0)=I_1$$

得 B 相和 C 相电流的解：

$$i_b=-i_c=\frac{U-2E}{2R}+\frac{(U+2E)(RI_0-U+2E)}{2R(3RI_0+U+2E)}e^{-\frac{t}{\tau}}=I_r-(I_r-I_1)e^{-\frac{t}{\tau}} \tag{4-25}$$

得初始电流的解：

$$I_0=\frac{U-2E}{2R}\left(1-\frac{1}{2\mathrm{e}^{x}-1}\right)=I_{\mathrm{r}}\frac{2(1-\mathrm{e}^{-x})}{2-\mathrm{e}^{-x}} \tag{4-26}$$

式中，I_{r} 为只计电阻忽略电感时的电流值，$I_{\mathrm{r}}=\dfrac{U-2E}{2R}$。

图 4-13 所示为一个换相周期 T 内三相电流变化和 e_{a} 示意图。

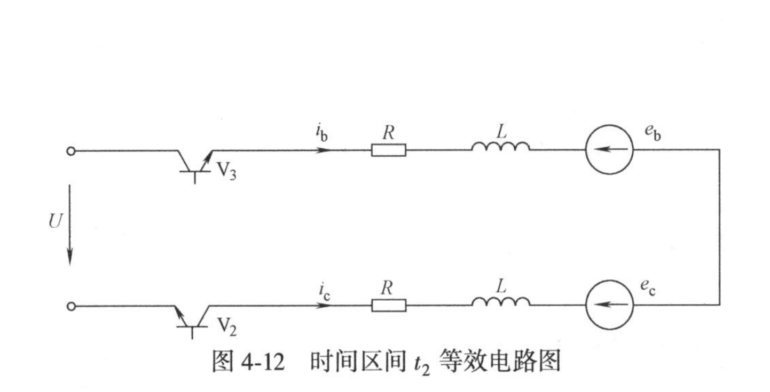

图 4-12　时间区间 t_2 等效电路图

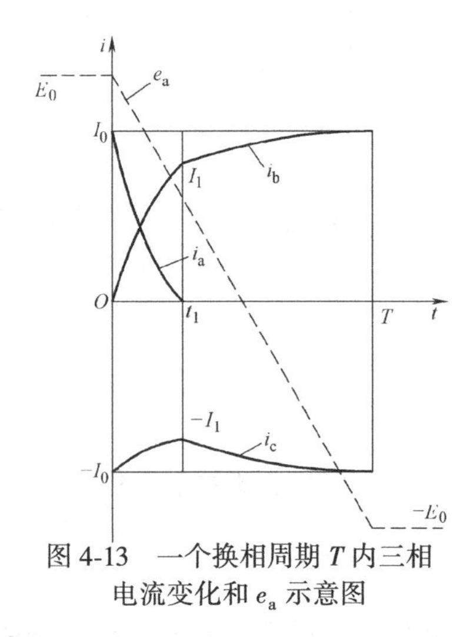

图 4-13　一个换相周期 T 内三相电流变化和 e_{a} 示意图

4.4.2　平均电流和平均电磁转矩表达式

1. 电流平均值

无刷电机试验时可方便测量的电流是流经电源母线上的平均电流值。这个平均电流值乘以电源母线电压就是输入功率。由于 A 相电流是通过与开关 V_4 反并联的二极管 VD_2 续流，它并不流过电源母线。所以，在我们讨论的 B/C 相导通状态角内，电源母线上的平均电流值 I_{av} 只和 B 相电流有关。I_{b} 是 B 相电流平均值，有

$$I_{\mathrm{av}}=I_{\mathrm{b}}=\frac{1}{T}\int_0^T i_{\mathrm{b}}\mathrm{d}t=\frac{1}{T}\left(\int_0^{t_1} i_{\mathrm{b}}\mathrm{d}t+\int_0^{t_2} i_{\mathrm{b}}\mathrm{d}t\right)$$

由式（4-24）和式（4-25），分别计算得

$$\frac{1}{T}\int_0^{t_1} i_{\mathrm{b}}\mathrm{d}t=\frac{t_1}{T}\frac{2U-2E}{3R}-\frac{\tau}{T}I_1$$

$$\frac{1}{T}\int_0^{t_2} i_{\mathrm{b}}\mathrm{d}t=\frac{t_2}{T}I_{\mathrm{r}}+\frac{\tau}{T}I_1-\frac{\tau}{T}I_0$$

得到平均电流表达式为

$$I_{\mathrm{av}}=\frac{t_1}{T}\frac{2U-2E}{3R}+I_{\mathrm{r}}\left(1-\frac{t_1}{T}\right)-\frac{\tau}{T}I_0=I_{\mathrm{r}}-\frac{I_0}{x}+\frac{U+2E}{6R}\frac{t_1}{T} \tag{4-27}$$

上式显示，一台电机由于电感的存在，与电感为零相比，同一转速时的平均电流下降了。

2. 电磁转矩

在一个状态角内，三相电流都参与电磁转矩 T_{em} 的产生：

$$\begin{aligned}T_{em} &= \frac{i_a e_a + i_b e_b + i_c e_c}{\Omega} \\ &= \frac{1}{\Omega}\left[i_a E + i_b E + (-i_a - i_b)(-E) - i_a \frac{2Et}{T}\right] \\ &= K_E\left[(i_a + i_b) - i_a \frac{t}{T}\right]\end{aligned}$$

式中，K_E 为反电动势系数（V/rad · s^{-1}），$K_E = 2E/\Omega$；Ω 为转子机械角速度（rad/s）。

在 t_1 时刻，$i_a = 0$，$i_a \frac{t_1}{T} = 0$，得此时的电磁转矩为

$$T_{em}(t_1) = K_E I_1 = \frac{K_E(2U - 2E) I_0}{3RI_0 + U + 2E} \tag{4-28}$$

3. 平均电磁转矩

在一个 T 周期内电磁转矩的平均值 T_{av} 的计算：

$$\begin{aligned}T_{av} &= \frac{1}{T}\int_0^T \frac{i_a e_a + i_b e_b + i_c e_c}{\Omega} dt \\ &= \frac{K_E}{T}\int_0^T \left[(i_a + i_b) - i_a \frac{t}{T}\right] dt \\ &= K_E\left(\frac{1}{T}\int_0^{t_1} i_a dt + \frac{1}{T}\int_0^T i_b dt - \frac{1}{T}\int_0^{t_1} i_a \frac{t}{T} dt\right) \\ &= K_E(I_a + I_{av} - I_{aa})\end{aligned}$$

其中，由式（4-23）

$$I_a = \frac{1}{T}\int_0^{t_1} i_a dt = \frac{\tau}{T} I_0 - \frac{U + 2E}{3R}\frac{t_1}{T}$$

由式（4-27）

$$I_a + I_{av} = I_r - \frac{U + 2E}{6R}\frac{t_1}{T}$$

下面计算 I_{aa}：由式（4-23）

$$\begin{aligned}I_{aa} &= \frac{1}{T}\int_0^{t_1} i_a \frac{t}{T} dt \\ &= \frac{1}{T}\int_0^{t_1} \frac{-U - 2E}{3RT} t dt + \frac{1}{T}\int_0^{t_1} \frac{3RI_0 + U + 2E}{3RT} t e^{-\frac{t}{\tau}} dt\end{aligned}$$

得

$$I_{aa} = \frac{\tau^2}{T^2}\left[I_0 - \frac{U + 2E}{3R}\frac{t_1}{\tau}\right] - \frac{U + 2E}{6R}\left(\frac{t_1}{T}\right)^2$$

得平均电磁转矩表达式：

$$\begin{aligned}T_{av} &= K_E(I_a + I_{av} - I_{aa}) \\ &= K_E\left\{I_r - \frac{U + 2E}{6R}\frac{t_1}{T} - \left[\frac{\tau^2}{T^2} I_0 - \frac{\tau^2}{T^2}\frac{U + 2E}{3R}\frac{t_1}{\tau} - \frac{U + 2E}{6R}\left(\frac{t_1}{T}\right)^2\right]\right\} \\ &= K_E\left\{I_r - \frac{U + 2E}{6R}\frac{t_1}{T} - \left[\frac{1}{x^2} I_0 - \frac{U + 2E}{3R_x}\frac{t_1}{T} - \frac{(U + 2E)}{6R}\left(\frac{t_1}{T}\right)^2\right]\right\}\end{aligned}$$

或
$$T_{av}=T_r-K_E\left\{\frac{U+2E}{6R}\frac{t_1}{T}+\left[\frac{1}{x^2}I_0-\frac{U+2E}{3R_x}\frac{t_1}{T}-\frac{(U+2E)}{6R}\left(\frac{t_1}{T}\right)^2\right]\right\} \tag{4-29}$$

式中，T_r 为只计电阻忽略电感时的平均电磁转矩，$T_r=K_EI_r$。

4. 平均电磁转矩的近似公式

由式（4-29）详细计算结果表明，对于 $x\geqslant 0.01$，当 $K_u=2E/U\geqslant 0.6$，I_{aa} 与 I_a+I_{av} 之比最大不超过 10%，当 $K_u\geqslant 0.7$，I_{aa} 与 I_a+I_{av} 之比最大不超过 5%。在我们主要关心的速度范围 $K_u=0.6\sim 1.0$，为方便工程计算，可将 I_{aa} 忽略。这样，平均电磁转矩可简化表示为如下近似公式：

$$\frac{T_{av}}{T_r}=\frac{I_a+I_{av}}{I_r}=1-\frac{U+2E}{3(U-2E)}\frac{t_1}{T} \tag{4-30}$$

上式显示，一台电机由于电感的存在，与电感为零相比，同一转速时的电磁转矩降低了。

4.4.3 平均电流和平均电磁转矩的简洁表达式和函数关系图

在上一小节推导出了梯形波反电动势无刷直流电动机三相六状态运行方式下平均电流 I_{av} 和平均电磁转矩 T_{av} 的表达式。为了计算方便，采用下列过渡参数 K_u、B、ξ：

转速比
$$K_u=\frac{2E}{U}=\frac{\Omega}{\Omega_0}$$

理想空载角速度（rad/s）
$$\Omega_0=\frac{U}{K_E}$$

$$B=\frac{3(1-K_u)}{1+K_u}$$

$$\xi=\frac{I_0}{I_r}=\frac{2(1-e^{-x})}{2-e^{-x}}$$

代入，得
$$\frac{t_1}{T}=\frac{1}{x}\ln\left(1+\frac{3}{2}\frac{1-K_u}{1+K_u}\xi\right)=\frac{1}{x}\ln\left(1+\frac{B}{2}\xi\right) \tag{4-31}$$

这样，由式（4-27），得到较简洁的平均电流比表达式：

平均电流比
$$K_A=\frac{I_{av}}{I_r}=1-\frac{\xi}{x}+\frac{1}{B}\frac{t_1}{T} \tag{4-32}$$

和由式（4-29），得到较简洁的平均电磁转矩比表达式：

平均电磁转矩比
$$K_\tau=\frac{T_{av}}{T_r}=1-\frac{1}{B}\frac{t_1}{T}-\left[\frac{1}{x}\left(\frac{\xi}{x}-\frac{2}{B}\frac{t_1}{T}\right)-\frac{1}{B}\left(\frac{t_1}{T}\right)^2\right] \tag{4-33}$$

式中，I_r 为只计电阻忽略电感时的电流值（A），$I_r=\dfrac{U-2E}{2R}$；T_r 为只计电阻忽略电感时的平均电磁转矩（N·m），$T_r=K_EI_r$；K_E 为反电动势系数（V/rad·s^{-1}）。

上述简洁表达式中，平均电流比 K_A 给出了计及电感的平均电流与未计电感的平均电流之比，平均电磁转矩比 K_τ 给出了计及电感的平均电磁转矩与未计电感的平均电磁转矩之比，它们是换相周期时间比 x 和转速比 K_u 的函数。选择 $x=0.05\sim 100$，$K_u=0.9$，0.8，0.7，0.6，按上述式（4-32）和式（4-33）计算得到附录 D 它们的函数关系图见图 4-14 和

图 4-15。对于一台无刷直流电机，只要知道相绕组电阻 R 和电感 L 数据，就可以利用式（4-32）和式（4-33），或利用图 4-14 和图 4-15 计算电机的电流特性和转矩特性。

如果略去 I_{aa}，由式（4-30），将式（4-33）简化，平均电磁转矩比的简化公式为

$$K_{\tau}=\frac{T_{av}}{T_{r}}=1-\frac{1}{B}\frac{t_1}{T} \tag{4-34}$$

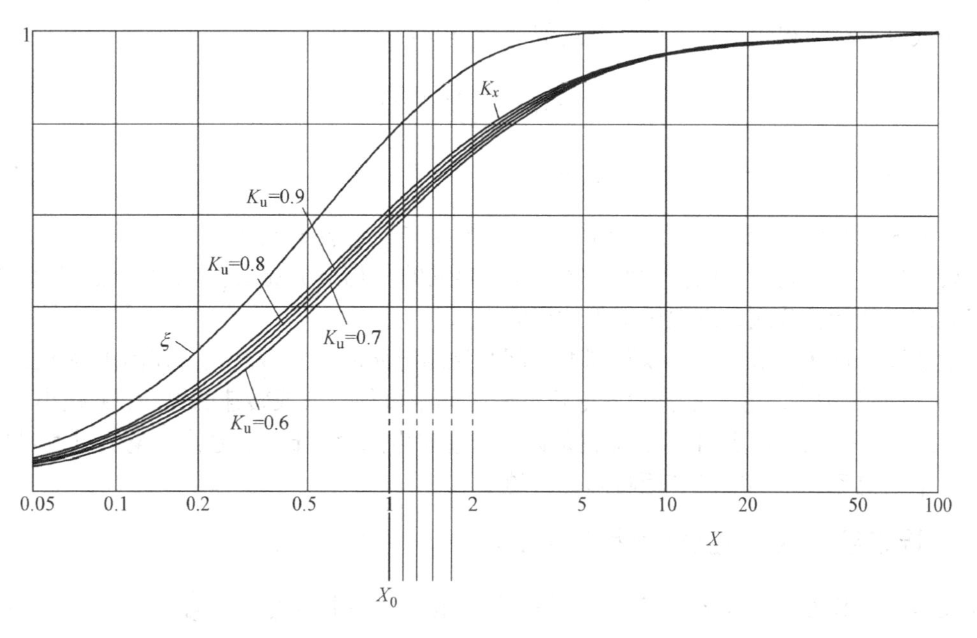

图 4-14　平均电流比 K_A 函数关系图

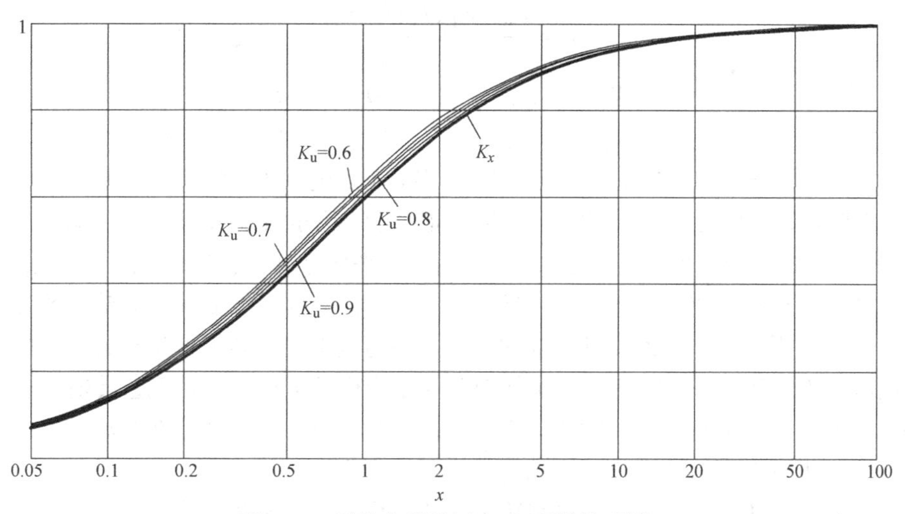

图 4-15　平均电磁转矩比 K_{τ} 函数关系图

4.4.4　近似计算公式

当电机转速接近理想空载转速，即 K_u 趋近 1 时，有 $B\rightarrow 0$，

由式（4-31）

$$\frac{t_1}{T}=\frac{1}{x}\ln\left(1+\frac{B}{2}\xi\right)\approx\frac{B\xi}{2x}$$

由式（4-32），得到平均电流近似计算公式：

$$I_{av}=I_r\left(1-\frac{\xi}{x}+\frac{1}{B}\frac{t_1}{T}\right)\approx I_r\left(1-\frac{\xi}{2x}\right)=I_rK_x$$

同样，由式（4-34）得到平均电磁转矩近似计算公式：

$$T_{av}\approx T_r\left(1-\frac{\xi}{2x}\right)=T_rK_x$$

此时，有

$$K_A=K_\tau=K_x=1-\frac{\xi}{2x} \tag{4-35}$$

这里的 K_x 只是 x 的函数，已示于图 4-14 和图 4-15。它表示 $K_u=1$ 时的平均电流比和平均电磁转矩比。同时它也可以作为忽略不同 K_u 影响的平均电流比 K_A 和平均电磁转矩比 K_τ 更加简化的近似计算公式，以便于工程计算应用。

如前所述，$x=T/\tau$ 表示一个换相周期时间与绕组电磁时间常数之比。在图 4-14 还给出 ξ 和 K_x 与 x 的函数关系。它显示：随着电机电磁时间常数的增大或转速的提高，x 减小，ξ 和 K_x 从最大值 1 单调减小到近于零。也就是说，与忽略电感时相比，x 越小，电流过渡过程的幅值 I_0、平均电流和平均电磁转矩将降低得越多。

4.4.5 转矩系数 K_T 与反电动势系数 K_E

定义转矩系数 K_T(N·m/A) 等于平均电磁转矩与平均电流之比。当不计电感时，按上述规定的单位制，转矩系数 K_T 数值上等于反电动势系数 K_E。当计及电感时，由式（4-29）

$$K_T=\frac{T_{av}}{I_{av}}=\frac{K_E(I_a+I_{av}-I_{aa})}{I_{av}}$$

得

$$\frac{K_T}{K_E}=\frac{I_a+I_{av}-I_{aa}}{I_{av}}=1+\frac{I_a-I_{aa}}{I_{av}}\approx1+\frac{I_a}{I_{av}}$$

上式显示，由于电感的存在，转矩系数 K_T 将大于反电动势系数 K_E，而且不是常数，随着电流大小而变化。这是续流的 A 相电流产生附加有效转矩的缘故。从数值上来理解，由于转矩系数等于平均电磁转矩与平均电流之比，如前所述，平均电流等于 B 相电流平均值，平均电磁转矩却正比于 A 相和 B 相电流产生的转矩，所以转矩系数 K_T 必然比反电动势系数 K_E 大。

上述过程分析表明，在无刷直流电动机中，参与机电能量转换产生电磁转矩的除了从电源来的电流 i_b外。还有一个较小的电磁转矩分量是由电流 i_a产生。从能量转换观点看，这个分量是来自电源的能量先前已经转换成磁能存储在绕组电感里，然后在续流过程中一部分的磁储能再参与机电能量的转换，转换成电磁功率，产生电磁转矩。

由式（4-32）和式（4-33）可得到转矩系数与反电动势系数比为

$$\frac{K_T}{K_E}=\frac{\dfrac{T_{av}}{I_{av}}}{\dfrac{T_r}{I_r}}=\frac{\dfrac{T_{av}}{T_r}}{\dfrac{I_{av}}{I_r}}=\frac{K_\tau}{K_A} \tag{4-36}$$

这转矩系数与反电动势系数比是由 x 和 K_u 确定，在图4-16给出了它们的函数关系。式（4-36）和图4-16说明：当考虑了电感的存在，转矩系数 K_T 与反电动势系数 K_E 并不相等，它们之比也不是一个常数。随着 x 的降低，此比值逐步增加。从图4-14和图4-15也可以发现，当 K_u 从1向0.6方向变化时（即转速从高速向中速方向变化），曲线 K_τ 和曲线 K_A 分别从曲线 K_x 向上和向下变化。对于同一个 x，随着 K_u 值的降低，平均电流比在降低而平均电磁转矩比反而在增加，从而使两个系数之比越来越大。从图4-16可见，由于电感的存在，K_T/K_E 系数比有如下变化规律：

1）只有在理想空载转速点有 $K_T=K_E$，其余转速下转矩系数 K_T 都大于反电动势系数 K_E。

2）在 $K_u \geqslant 0.6$ 区域，$x=0.05$ 时，系数比最大不超过1.5；

3）在 $K_u \geqslant 0.8$ 区域（无刷直流电机额定负载大多数在区域），系数比在1.0~1.2之间；

4）当 K_u 低于0.6后，K_T 与 K_E 系数比逐渐增大；

5）当 x 大于5以后，电感影响逐步减小，K_T 与 K_E 系数比逐渐趋近1。

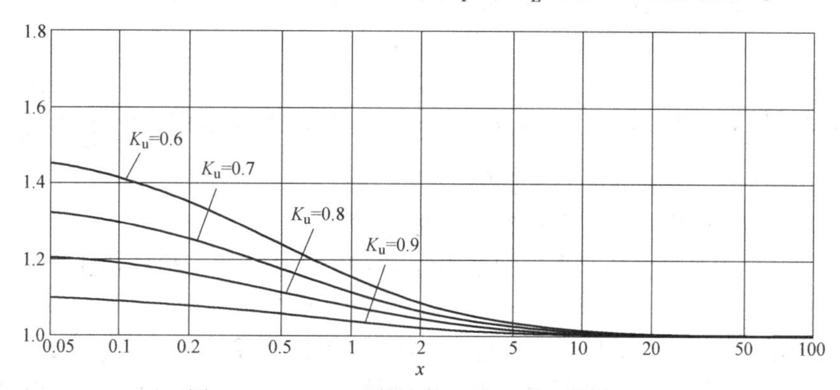

图4-16　K_T/K_E 系数比与 K_u 和 x 的函数关系图

考察一台无刷直流电机样机的输出转矩-电流特性，实测的输出转矩 T_2 与电流 I 数据见表4-4，并计算输出转矩/电流比 K_T'。需要指出，它和 K_T 转矩系数还有微小差别，因为输出转矩和平均电磁转矩还有一个所谓空载转矩之差。该电机的反电动势系数 $K_E=1.11\text{V/rad}\cdot\text{s}^{-1}$。从表可见，随着输出转矩增加，电流增大，转速下降，输出转矩/电流比 K_T' 逐步在增大，并不是一个常数。这个实例，支持上述对转矩系数 K_T 大于反电动势系数 K_E 的分析。

表4-4　实测的输出转矩 T_2 与电流 I 数据

转速/(r/min)	输出转矩 T_2/(mN·m)	电流 I/A	计算输出转矩/电流比 K_T'/(N·m/A)
2357	51.8	0.057	0.909
2181	103.0	0.093	1.011
2010	158.1	0.130	1.216
1841	220.8	0.171	1.291
1615	324.6	0.240	1.353

下面是 K_T/K_E 系数比计算的一个例子。

在参考文献［19］给出的电机型号57BL-A-10-30H是磁片表面粘贴转子有槽定子的无刷直流伺服电动机，有关数据见4.4.7节的例1。其中，理想空载转速 $n_0=5950\text{r/min}$，$K_E=0.528\text{V/rad}\cdot\text{s}^{-1}$。

参考文献［19］的表2给出仿真计算结果：在转速4468r/min时，输出转矩0.12N·m，电流0.191A，对应的$K_T=0.6463$。而由样机实测的转矩—电流特性，有$K_T\approx0.65$，表明仿真计算结果接近实际。由此可计算得到$K_T/K_E=0.6463/0.528=1.224$。

在该负载点（$n=4468$r/min），$K_u=4468/5950=0.751$，$T=10/pn=0.560$ms，$x=T/\tau=0.230$。利用这些数据，按公式（4-32）和式（4-34）计算，得到$K_\tau=0.2846$，$K_A=0.2332$。再由式（4-36）计算得到$K_T/K_E=0.2846/0.2332=1.220$。计算结果与参考文献［19］仿真计算的1.224非常接近。这个计算实例表明，所给出的计算公式和函数关系图是可用于工程实际的。

4.4.6　计及绕组电感的无刷直流电动机机械特性

由本章4.1节式（4-5），当只计绕组电阻忽略电感时，无刷电机的平均电磁转矩—转速特性表达式和有刷直流电机相仿，呈现如下线性关系：

$$T_r=T_s-D\Omega \tag{4-37}$$

式中，T_s为堵转转矩（N·m），$T_s=K_EI_s=\dfrac{K_EU}{2R}$；$D$为黏性阻尼系数，$D=\dfrac{T_s}{\Omega_0}=\dfrac{K_E^2}{2R}$。$I_s$和$\Omega$分别是堵转电流和电机转子角速度。

式（4-37）对应于图4-17所示的T_r—Ω直线特性。

由式（4-33），得到计及绕组电感的平均电磁转矩-转速特性（机械特性）表达式：

$$T_{av}=T_rK_\tau=(T_s-D\Omega)K_\tau \tag{4-38}$$

在图4-17给出无刷直流电机平均电磁转矩-转速特性示意图，图中T_{av}—Ω表示计及电感的平均电磁转矩-转速特性。如图所示，由于电感的存在，同一个转速Ω下，电机的电磁转矩从T_r减少到T_{av}，转矩特性呈现非线性。

由式（4-37），可以得到无刷电机在未计电感时的平均电流-转速特性表达式如下式所示，它与转速Ω呈现线性关系：

$$I_r=I_s-\frac{K_E}{2R}\Omega$$

由式（4-32），得计及绕组电感的平均电流-转速特性表达式：

$$I_{av}=\left(I_s-\frac{K_E}{2R}\Omega\right)K_A \tag{4-39}$$

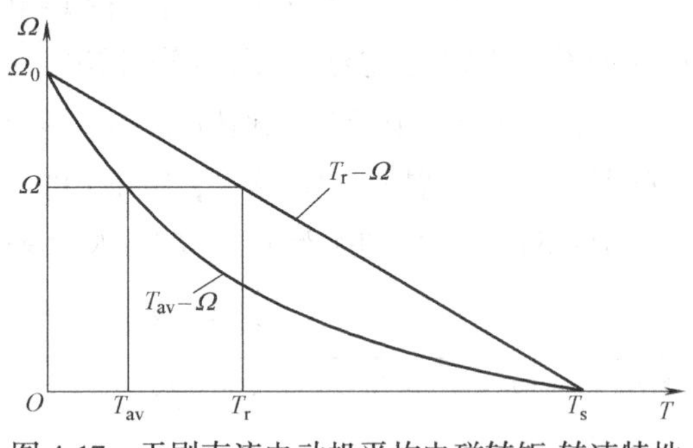

图4-17　无刷直流电动机平均电磁转矩-转速特性

上式表明：由于电感的存在，同一个转速Ω下，电机的平均电流从I_r减少到I_{av}，电流特性呈现非线性。无刷直流电动机的平均电流—转速特性图与图4-17类似。

4.4.7　图解法计算电机特性和实例验证

对于一台已知电磁时间常数的无刷直流电动机，可以这样计算它的平均电流—转速特性：先计算出未计电感的平均电流—转速特性，它是一条直线。然后利用平均电流比公式或函数关系图可以计算出计及电感的平均电流与未计电感的平均电流之比 K_A，从而得到计及绕组电感的平均电流—转速特性。同样方法，也可以计算平均电磁转矩—转速特性。

利用函数关系图 4-14 和图 4-15，采用图解法可以避免繁琐的计算。这个方法可用于电机设计时较方便地预测电机的特性。

为了验证上述分析和计算公式，下面对两个具体电机的实际测定特性数据进行比对。这两个电机的数据均来自有关文献，它们分别是磁片表面粘贴转子有槽定子和磁片切向内置转子有槽定子，是具有一定代表性的结构形式。为了便于与实测数据对比，我们只进行平均电流—转速特性的计算和比较，因为电磁转矩无法直接量测。图 4-18、图 4-19 中，曲线 1 表示未计及电感时计算的电流特性，曲线 2 表示实测的电流特性，曲线 3 表示计及电感时计算的电流特性。也通过实例验证介绍图解法的运用。

【例 4-1】　磁片表面粘贴转子有槽定子的无刷直流伺服电动机

在参考文献［19］给出的电机型号 57BL-A-10-30H 的磁片表面粘贴转子有槽定子的无刷直流伺服电动机，100W，星形接法，$p=4$，一相绕组 $R=32\Omega$，$L=115\text{mH}-8\text{mH}=107\text{mH}$，329V 时的理想空载转速 $n_0=5950\text{r/min}$。该文给出该样机的实测电流值对应于图4-18的曲线 2。其中 5407r/min 的电流值按同一作者在参考文献［20］给的数据作了更正。

由参考文献［19］所给实测数据，整流前交流电压都是 233V，整流后直流电压随着负载电流增加而降低，由此计算出等效电源内阻为 24Ω，得总等效电阻为 $2R=32\Omega\times2+24\Omega=88\Omega$。可计算得时间常数 $\tau=107\text{mH}\times2/88\Omega=2.432\text{ms}$。$K_E=329\text{V}/5950(\text{r/min})=0.0553\text{V}/(\text{r/min})=0.528\text{V/rad}\cdot\text{s}^{-1}$。

先进行计算：堵转电流 $I_s=(329/88)\text{A}=3.739\text{A}$，由 $I_r=I_s/(1-K_u)$ 计算对于不同转速（即不同 K_u）未计电感的平均电流 I_r，计算结果见表 4-5。

在理想空载转速 n_0 时的换相周期 $T_0=10/pn_0=0.420\text{ms}$，$x_0=T_0/\tau=0.1727$。因为图 4-14 的 x 采用对数坐标，要变换为 $\lg x_0=-0.7627$。对于不同转速（即不同 K_u）的 $x=x_0/K_u$，用 $x(K_u)$ 表示，$\lg x(K_u)=\lg(x_0/K_u)=\lg x_0-\lg K_u$，当 $K_u=0.9$、0.8、0.7、0.6 时，对应的 $-\lg K_u=0.04576$、0.09691、0.1549、0.2218。在图 4-14 的 $x=1$，即 $\lg x=0$ 处，和前面的 4 个 $-\lg K_u$ 处作 5 条平行线，如图的点画线所示。对于本例子电机，将 5 条平行线族一起平移，使它的第一条平行线落在 $\lg x_0=-0.7627$ 处。其余 4 条平行线分别与平均电流比函数曲线交点就可得到 4 个 K_u 下的平均电流比 K_A 的值。再由 I_r，可计算出相应的 T_{av} 值。计算结果见表 4-5。该电机的平均电流-转速特性示于图 4-18 的曲线 3 和图 4-20 的曲线 2。

同样，也可以采用图解法由图 4-15 得到电机的平均电磁转矩-转速特性。

表 4-5　平均电流-转速特性计算例

n/(r/min)	K_u	I_r/A	K_A	I_{av}/A	视在电阻比 $R_s/2R$
5355	0.9	0.374	0.2169	0.0811	4.61
4760	0.8	0.748	0.2276	0.1702	4.39
4165	0.7	1.12	0.2408	0.2701	4.15
3570	0.6	1.50	0.2578	0.3854	3.88

参考文献［19］还给出仿真计算结果：在转速 4468r/min 时，输出转矩 0.12N·m，电流 0.191A，在图 4-18 中以 * 表示。由图中曲线 1、2、3，可得到该转速下平均电流 I_{av} 的计算结果和实测数据，在表 4-6 给出它们的对比。在该负载点（转速 $n=4468\text{r/min}$），实测电

流值为 0.241A，未计及电感时的电流计算值为 0.931A，相差达 3.9 倍，而按本节的公式计算的电流值 0.218A，比参考文献［19］仿真计算的 0.191A 更接近实测电流值。

表 4-6 【例 4-1】电机实测电流值与计算值比较

参考文献[19]的仿真计算结果			实测电流值	本节公式计算结果
T_2/N·m	n/(r/min)	I_{av}/A	I_{av}/A	I_{av}/A
0.12	4468	0.191	0.241	0.218

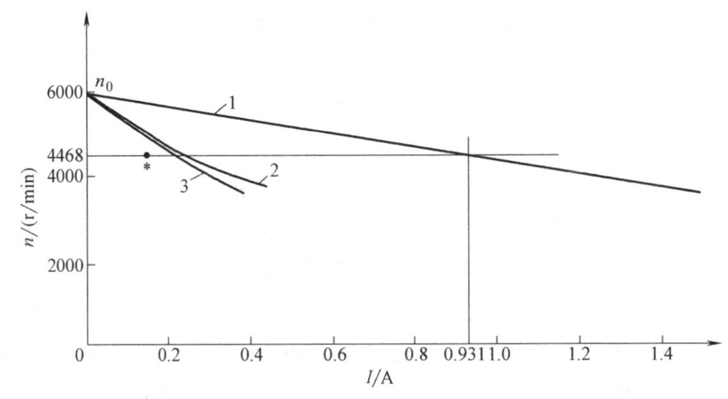

图 4-18 计算曲线 3 与实测曲线 2 的平均电流-转速特性比较

【例 4-2】 磁片切向内置转子有槽定子的无刷直流电动机

在参考文献［15］给出一台磁片切向内置转子有槽定子的无刷直流电动机数据：450V，26kW，星形接法，$p=3$，一相绕组 $R=0.06\Omega$，$L=3.1\text{mH}$，该文给出该样机的实测数据见图 4-19 曲线 2。该电机的时间常数比较大：$\tau=3.1\text{mH}/0.06\Omega=51.67\text{ms}$，在所讨论的转速范围，比值 x 约 0.05 左右，比较小。按照所给电机数据，计算电流—转速特性结果示于图 4-19 的曲线 3。

在负载点 $n=1180\text{r/min}$，实测电流值为 50A，未计及电感时的电流计算值为 800A，相差达 16 倍，而按公式计算的电流值为 54A，与实测电流值接近得多。

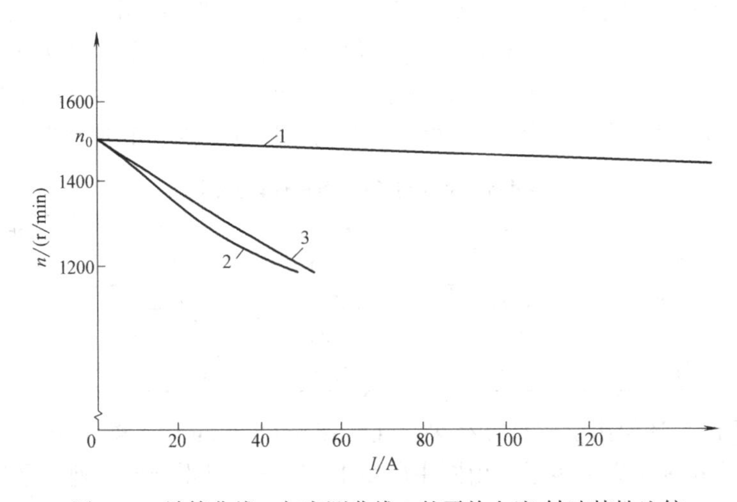

图 4-19 计算曲线 3 与实测曲线 2 的平均电流-转速特性比较

从上述例子可见，电流计算曲线与实测曲线的接近程度较好。计算结果的偏离可能和样机反电动势实际波形和设定条件不完全相同有关，此外还和电机测定的电感值和电阻值的准确程度有关。实际上，测定的电感值与测试时的电流大小有关。参考文献［12］特别指出绕组的电阻值随着测试时负载电流增加绕组温升升高而增大，引起特性本身的变化。

4.4.8　绕组电阻和电感值变化对电机特性的影响

利用上述特性表达式，很方便定量计算得到绕组参数变化对电机特性的影响程度。

首先，看绕组电感变化±20%情况。还是以上面【例 4-1】的样机进行计算。

采用图解法计算结果如图 4-20 所示。图中曲线 1 是只计电阻忽略电感时的电流特性，曲线 2 是正常电感值时的电流特性，曲线 3 和 4 分别是电感减小 20%和电感增大 20%时平均电流增加和减少的情况。从这个计算例子可见，绕组电感变化对电机特性的影响是十分明显的。例如，电感分别减小 20%和增大 20%时，在 $K_u=0.8$ 转速点，负载电流 I_{av} 从 0. 1702A 变为 0. 2018 和 0. 1471，变化百分比为+18. 6%和−13. 6%。

再看绕组电阻变化±20%情况。还是以上面电机为例，采用图解法计算结果见图 4-21。

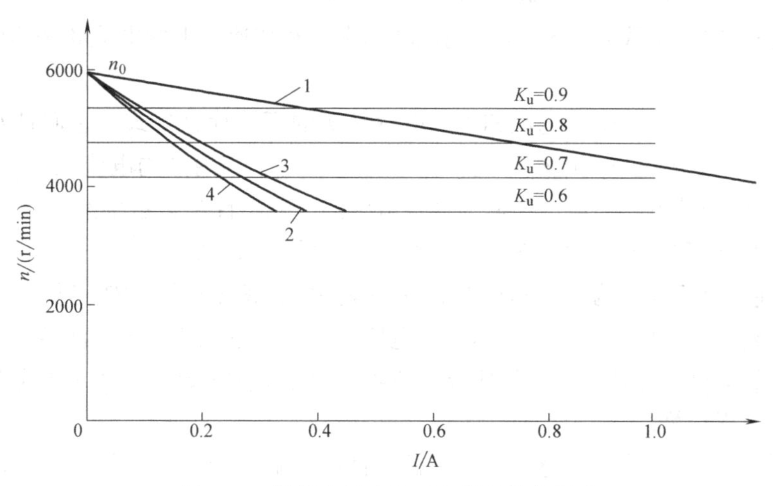

图 4-20　绕组电感变化对电机特性的影响

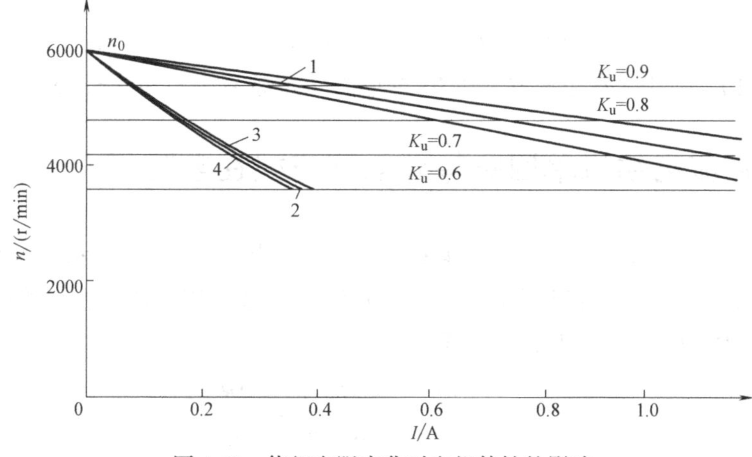

图 4-21　绕组电阻变化对电机特性的影响

图中曲线 1 是只计电阻忽略电感时 3 种电阻值下的电流特性，曲线 2 是正常电阻值时的电流特性，曲线 3 和 4 分别是电阻减小 20%和电阻增大 20%的情况。

相对地绕组电阻变化对电机特性的影响要小得多。设计电机时，人们总是企图减小绕组的电阻值，为的是降低电阻上的铜损耗，另外从只计电阻忽略电感时的转矩特性看，减小电阻值有利于提高电磁转矩。但是，减小电阻值的同时，电磁时间常数却增大了，参数 x 减小，使 K_A 和 K_τ 降低，I_{av}和 T_{av}都将会下降。这两个相反的作用下，最后总结果是 I_{av}和 T_{av}增加得很少。如本例那样，例如在 $K_u=0.8$ 时，绕组电阻分别减小 20%和增大 20%时，负载电流 I_{av}从 0.1702A 变为 0.1780A 和 0.1632A，变化百分比仅为+4.5%和−4.1%。

如后面要谈到的，降低绕组电阻时电磁时间常数增大还有另外一个问题：使电流波动变大，电流的有效值/平均值比增大，从而铜损耗反而有可能增加。所以电机设计时刻意降低绕组电阻对提高电机性能难以得到明显的效果。

4.4.9 小结

1）由于绕组电感的存在，无刷直流电动机电流特性和转矩特性呈非线性特性，它们是参数 x 和 K_u 的函数。参数 x 和 K_u 表征绕组时间常数和转速对平均电流和平均电磁转矩及其特性的影响。

2）给出计及电感时的平均电流和平均电磁转矩的简洁计算公式，它们计及电感时的值和不计电感时的差距由电机的电磁时间常数和转速决定。利用平均电流比 K_A 和平均电磁转矩比系数 K_τ 可由未计电感的特性转换为计及电感的电流特性和转矩特性。

3）可用图解法利用函数关系图求取电机的电流特性和转矩特性。

4）从上述两个不同结构、不同功率等级的典型电机例子验证比较可见，未计及电感时的电流特性距离实测特性差距很大，而计及电感时计算的电流特性与实测特性相当接近。这说明，对于无刷电机设计计算和分析研究，绕组电感是必须考虑的；本节的分析和给出的计算公式可用于工程计算。

5）计算例子表明，绕组电感变化对电机特性的影响是十分明显的。相对地绕组电阻变化对电机特性的影响要小得多。电机设计时刻意降低绕组电阻对提高电机性能难以得到明显的效果。

6）由于电感的存在，只有在理想空载转速点有 $K_T=K_E$，其余转速下转矩系数 K_T 都大于反电动势系数 K_E，其比值是参数 x 和 K_u 的函数。转矩系数 K_T 并非常数。

4.5 无刷直流电动机单回路等效电路与视在电阻 R_s

三相无刷直流电动机本来是三回路电路，但它可以用如图 4-22 所示的一个简单的单回路等效电路表示其外在电气物理量关系，这里它给出外施直流电压 U，平均电流 I_{av}，等效反电动势 $E_{eq}=2E$，和一个电阻 R_s 的关系：

$$I_{av}=\frac{U-E_{eq}}{R_s}=\frac{U-2E}{2R}\frac{2R}{R_s}=I_r\frac{2R}{R_s}$$

为了要与式（4-32）一致，必须有

$$\frac{2R}{R_s}=\frac{I_{av}}{I_r}=K_A=1-\frac{\xi}{x}+\frac{1}{B}\frac{t_1}{T}$$

即

$$R_s=\frac{2R}{K_A}$$

这里，引入一个称为视在电阻的 R_s，使图4-22所示的简单等效电路成立。上式表明，视在电阻 R_s 与绕组电阻（$2R$）之比反比于平均电流比 K_A。由平均电流比函数关系图可见，当计及电感时，视在电阻 R_s 将大于绕组电阻。如果 x（换相周期时间比）小于1，视在电阻 R_s 将是绕组电阻几倍，甚至几十倍。在表4-5给出该例1样机的视在电阻 R_s 与绕组电阻之比在不同转速下的值，约为4倍左右。参考文献［16，17］将此电阻称为无刷直流电动机电枢等效电阻。例如参考文献［16］给出一台50W无刷直流电动机的分析研究实例，在某负载转矩时其视在电阻 R_s 与绕组电阻之比为0.802/0.073=11倍。

必须指出，这个简单等效电路和视在电阻只体现了在电压平衡方程式上是等效的，但在功率计算上是不等效的，例如不能够用来计算绕组的欧姆损耗。所以，将它称为视在电阻较适宜。

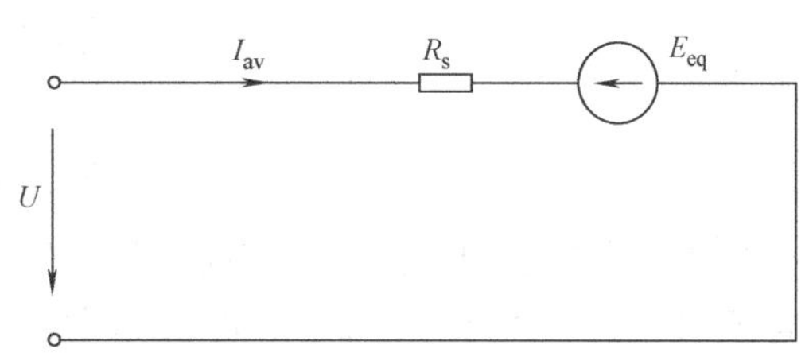

图4-22 无刷直流电动机单回路等效电路

如果这个简单等效电路原理是成立的话，在每相绕组各串联一个电阻或在直流电源输出线串联一个相同的电阻，这两种情况下电机特性应当相同。下面的试验，可以作为此等效电路一个旁证。一台被试高速三相无刷电机型号DT2213，电压 $U=9V$，每相绕组电阻 $R=0.0455\Omega$，$2R=0.091\Omega$。试验对比在每相绕组输入端各串联电阻 R_{cl}，和在直流电源输出线串联相同的电阻 R_{cl}。分别作了串联电阻 $R_{cl}=2R$ 和 $4R$ 的空载试验和负载试验，负载试验采用安装同一个风叶作为负载。试验结果见表4-7和表4-8。从表可见，两个对比试验说明，串联电阻两种放置方式下空载和负载试验结果是十分相近的，误差很小。

表4-7 串联电阻 $R_{cl}=2R=0.091\Omega$ 对比试验

	空载电流/A	空载转速/(r/min)	负载电流/A	负载转速/(r/min)
每相绕组输入端串联电阻	0.9	9560	10.8	5570
在直流电源线串联电阻	0.9	9540	10.4	5511

表4-8 串联电阻 $R_{cl}=4R=0.182\Omega$ 对比试验

	空载电流/A	空载转速/(r/min)	负载电流/A	负载转速/(r/min)
每相绕组串联电阻	0.9	9360	8.3	4840
在直流电源线串联电阻	0.9	9351	8.2	4834

上述试验结果说明，引入一个称为视在电阻的 R_s，以一个简单的单回路表示三回路三相无刷电机的等效电路是可行的。单回路等效电路表示电机外在电气物理量：直流电压，平均电流，反电动势之间的关系。绕组电阻（$2R$）与视在电阻 R_s 之比等于平均电流比 K_A。

4.6 功率和效率、铜损耗和电流有效值计算

对于无刷直流电动机，其输入功率为：$P_1=UI_{av}$

输出电磁功率：
$$P_{em}=T_{av}\Omega=\frac{T_{av}K_uU}{K_E}$$

得电磁效率：
$$\eta_{em}=\frac{P_{em}}{P_1}=\frac{K_T}{K_E}K_u \tag{4-40}$$

设空载损耗为 P_0，则输出机械功率 P_2 为

$$P_2=P_{em}-P_0=\frac{T_{av}K_uU}{K_E}-P_0$$

效率
$$\eta=\frac{P_2}{P_1}$$

电磁效率是只计算绕组铜损耗时的电机效率，式（4-40）显示了电机电磁效率与电机的 K_u 和 x 的函数关系。在不计电感时电机的电磁效率 η_{emr} 与 K_u 的关系为

$$\eta_{emr}=K_u=\frac{\Omega}{\Omega_0}$$

得
$$\eta_{em}=\frac{K_T}{K_E}\eta_{emr}$$

值得注意的是，上式表明：在同一个转速（即同一个 K_u）下，计及电感时的电磁效率比不计电感时的电磁效率要高。而且，电感作用越大，即 x 越小，电磁效率提高得越多。但是，应当注意到的是，这时的电磁转矩要比同一个转速下的不计电感时的电磁转矩小了许多。

由式（4-40），计算绕组铜损耗 P_{cu}：

$$P_{cu}=P_1(1-\eta_{em})=UI_{av}\left(1-\frac{K_T}{K_E}K_u\right)$$

如果等效电流有效值表示为 I_{rms}，定义它与铜损耗关系为

$$I_{rms}^2=\frac{P_{cu}}{2R}=\frac{UI_{av}}{2R}\left(1-\frac{K_T}{K_E}K_u\right)$$

由
$$I_{av}=I_rK_A=\frac{U-2E}{2R}K_A=(1-K_u)K_A\frac{U}{2R}$$

即
$$\frac{U}{2R}=\frac{I_{av}}{(1-K_u)K_A}$$

得到电流有效值和平均值之比的表达式：

$$\frac{I_{rms}}{I_{av}}=\sqrt{\frac{\left(1-\frac{K_T}{K_E}K_u\right)}{(1-K_u)K_A}} \tag{4-41}$$

式（4-41）表明，电流有效值和平均值之比是 X 和 K_u 的函数，图 4-23 是式（4-41）计算得到电流有效值与电流平均值比的函数曲线图。如图所示，随着 x 的减少，电流有效值和平均值之间的差异越来越大。对于 K_u 大于 0.5，只当 x 大于 5 以后，其差别才可以忽略。由于无刷电机电流波动明显，等效电流有效值要比电流平均值大许多，甚至可能到几倍，如果按电流平均值计算无刷电机绕组总铜损耗将带来明显的原理性误差。

在近似计算时，近似取 $K_T/K_E\approx1$

得

$$\frac{I_{rms}}{I_{av}} \approx \frac{1}{\sqrt{K_A}}$$

或

$$\frac{I_{rms}^2 R}{I_{av}^2 R} \approx \frac{1}{K_A} \tag{4-42}$$

式（4-42）表明，按电流有效值计算的铜损耗和按电流平均值计算的铜损耗之比与平均电流比 K_A 近似成反比关系。

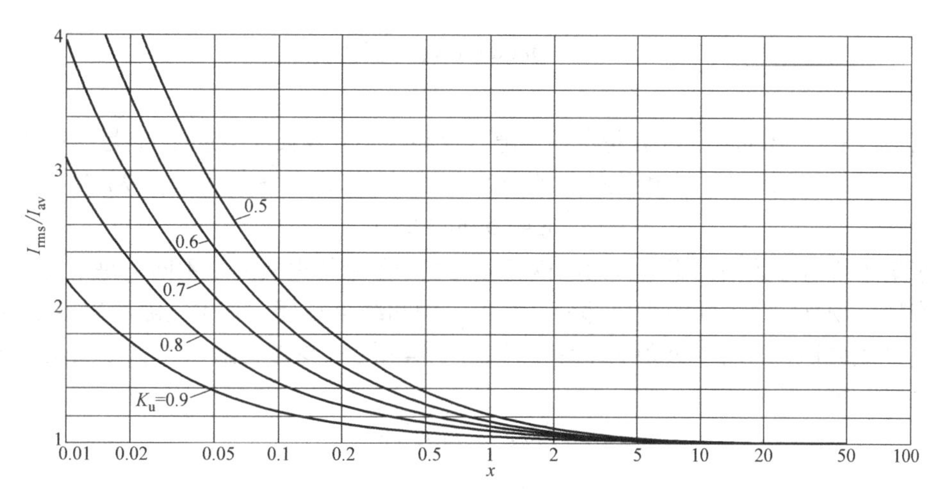

图 4-23　电流有效值/平均值比的函数曲线图

4.7　绕组电阻和电感的计算

4.7.1　电阻的计算

在式（4-17）给出一相绕组电阻 R_p 的表达式，适用于初始设计计算。

如果已计算得到电机一相绕组串联匝数 W_p，并联股数 N，绕组平均半匝长 L_{av}（cm），已选择导线直径 d，由手册可查得相应的单位长度电阻值 r（Ω/m），一相绕组电阻可按下式计算：

$$R_p = 2rW_pL_{av} \times 10^{-2}/\mathrm{N}$$

4.7.2　电感的计算

无刷直流电动机原理结构与一般永磁同步电动机相同，其电感计算可参考传统的永磁同步电动机计算方法进行。无刷电机的自感 L_a 是电枢反应电感 L_d，槽漏电感 L_s 和绕组端部电感 L_w 的总和。对于磁片表面贴装的三相星形连接的无刷直流电动机，可以忽略 d 轴和 q 轴电枢反应磁场的差别，认为电枢反应电感与转子位置无关。

利用电磁场有限元分析可以求解得到无刷直流电机的电感参数。已有几种计算软件可以应用。目前，采用有限元计算电感参数的首选是能量摄动法。例如利用 ANSYS 有限元分析软件对永磁无刷直流电机的电磁场进行分析计算，通过能量摄动法计算定子绕组的自感和互感。

下面介绍便于工程计算的无刷直流电动机电感计算公式。

整数槽无刷直流电动机电枢反应电感是

$$L_d=\frac{2m\mu_0}{\pi}\frac{\tau_p L(K_{w1}W)^2}{\pi p\delta_e}$$

式中，τ_p 为极距，$\tau_p=\frac{\pi D}{2p}$。

得
$$L_d=\frac{m\mu_0 DL(K_{w1}W)^2}{\pi p^2\delta_e}$$

式中，$\mu_0=4\pi\times10^{-7}$H/m；D 和 L 是定子气隙直径和铁心有效长度（m）；W 是一相绕组串联匝数；δ_e 是等效气隙长度，它由机械气隙长度 δ，磁铁厚度 h_m 和卡特系数 K_C 决定：

$$\delta_e=(\delta+h_m)K_C$$

由于集中绕组分数槽无刷电机的电枢反应磁场与整数槽电机完全不同，每个齿的电感线圈电流产生磁场有三个不同的组成部分：气隙，槽和绕组端部。其中气隙的磁通 Φ 通过每个齿距 τ_s 产生磁链，与转子极距 τ_p 无关，如图 4-24 所示。参考文献［22］给出集中绕组电机电枢反应电感计算公式

$$L_d=\frac{2m\mu_0}{\pi}\frac{\tau_s L(K_{w1}W)^2}{\frac{Z}{m}\pi\delta_e}$$

由齿距
$$\tau_s=\frac{\pi D}{Z}$$

得
$$L_d=\frac{2m^2\mu_0}{\pi}\frac{DL(K_{w1}W)^2}{Z^2\delta_e}$$

除了主电感外，根据电机设计的传统概念，漏电感常按以下几部分漏电感之和计算：槽漏感 L_s，齿顶漏感 L_t，气隙（谐波）漏感 L_δ，绕组端部漏感 L_{ew}，斜槽漏感 L_{sq}。下面只介绍集中绕组分数槽无刷电机的槽漏感 L_s 和绕组端部漏感 L_{ew} 的计算方法。

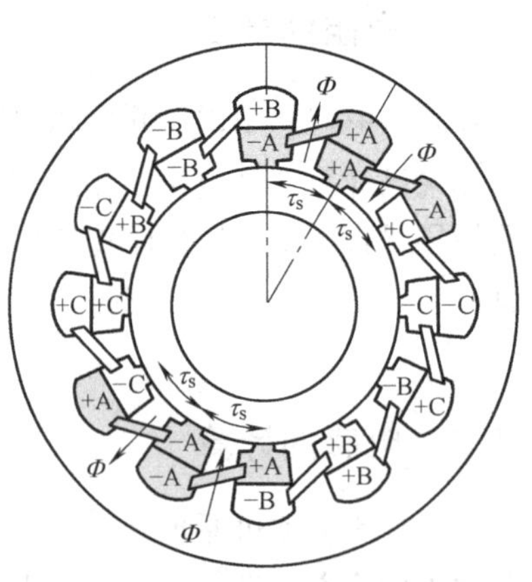

图 4-24　12 槽 10 极电机 A 相产生磁通的路径

其中，数值上最主要的是槽漏感，这是槽内的磁场对应的电感。如果一个槽内导体数为 n_s，槽轴向长度为 L，一个槽的槽漏电感为

$$L_{s1}=\mu_0 L n_s^2\lambda_s$$

一相绕组串联匝数 W 与一个槽内导体数 n_s 关系是

$$W=\frac{Zn_s}{2m}$$

得一相绕组槽漏电感

$$L_{sp}=\frac{4m}{Z}\mu_0 LW^2\lambda_s$$

式中，λ_s为槽比漏磁导，决定于槽的形状。以图 4-25 的梯形槽为例，

$$\lambda_s=\frac{h_0}{b_0}+\frac{2h_1}{b_0+b_1}+\frac{h_2}{b_1}+\frac{2h_3}{3(b_1+b_2)}$$

其他槽形的槽比漏磁导的计算，可参见有关交流电机设计书籍。

绕组端部电感按下式计算：

$$L_{ew}=\frac{4mq}{Z}\mu_0 LW^2\lambda_{ew}=\frac{2\mu_0 LW^2\lambda_{ew}}{P}$$

其中 $$\lambda_{ew}=2h_b\lambda_e+b_b\lambda_w$$

式中，h_b 为绕组线圈高度，b_b 为线圈宽，系数 λ_e 和 λ_w 取决于许多参数，如绕组结构，绕组端部层数，转子形式等。有几种方法可用来估计这些系数的值，例如有文献提供研究结果：$\lambda_e=0.518\text{m}^{-1}$和 $\lambda_w=0.138\text{m}^{-1}$。对于集中绕组线圈宽 b_b 可近似取等于槽距 τ_s。

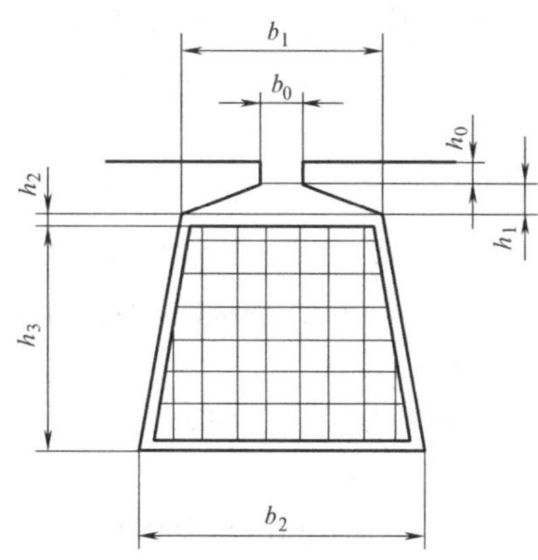

图 4-25　梯形槽的主要尺寸

4.7.3　一个电感计算的例子

计算一台 24 槽 22 极分数槽无刷直流电动机绕组的电感。电机定子内径 $D=249\text{mm}$，$K_{W1}=0.949$，定子铁芯长 $L=270\text{mm}$，一相绕组串联匝数 $W=104$；

槽距 $$\tau_s=\frac{\pi D}{Z}=\frac{\pi\times 149}{24}\text{mm}=33\text{mm}$$

气隙长度（径向）$\delta=1.25\text{mm}$，磁片厚 $h_m=7.43\text{mm}$，卡特系数 $K_C=1.032$

等效气隙长度：$\delta_e=(\delta+h_m)K_C=(1.25+7.43)\times 1.032\text{mm}=8.96\text{mm}$

1）计算电枢反应电感计算：

$$L_d=\frac{2m\mu_0}{\pi}\frac{\tau_s L(K_{w1}W)^2}{\frac{Z}{m}\pi\delta_e}$$

$$=\frac{2\times 3\times 4\pi\times 10^{-7}}{\pi}\frac{0.033\times 0.27\times(0.949\times 104)^2}{\frac{24}{3}\times\pi\times 8.96\times 10^{-3}}\text{H}=0.925\times 10^{-3}\text{H}$$

2）计算绕组的槽漏感：

槽形尺寸：槽宽 $b_1=b_2=25\text{mm}$，槽高 $h_3=32\text{mm}$，槽口宽 $b_0=3\text{mm}$，槽口高 $h_0=0.8\text{mm}$，$h_1=h_2=0.5\text{mm}$。

$$\lambda_s=\frac{h_0}{b_0}+\frac{2h_1}{b_0+b_1}+\frac{h_2}{b_1}+\frac{h_3}{3b_1}=\frac{0.8}{3}+\frac{2\times 0.5}{3+25}+\frac{0.5}{25}+\frac{32}{3\times 25}=0.75$$

$$L_s=\frac{4m}{Z}\mu_0 LW^2\lambda_s=\frac{4\times 3\times 4\pi\times 10^{-7}\times 0.27\times 104^2}{24}0.75=1.375\times 10^{-3}\text{H}$$

3）计算绕组端部电感：

绕组线圈高度 $h_b=23\text{mm}$，线圈宽 b_b 取等于槽距 $\tau_s=33\text{mm}$，有

$$\lambda_{ew}=2h_b\lambda_e+b_b\lambda_w=2\times0.023\times0.518+0.033\times0.138=0.028$$

$$L_{ew}=\frac{2}{p}\mu_0 LW^2\lambda_{ew}=\frac{2\times4\pi\times10^{-7}\times0.27\times104^2\times0.028}{11}\text{H}=0.019\times10^{-3}\text{H}$$

4）计算总电感：$L=L_d+L_s+L_w=(0.925+1.375+0.019)\text{mH}=2.319\text{mH}$

从此例可见，端部电感所占比例很小，可以忽略。

参考文献

[1] 熊浩，等. 基于时步有限元法的多相无刷直流电动机特性仿真 [J]. 微特电机，2009 (7).

[2] Hanselman D C. Brushless Permanent Magnet Motor Design [M]. 2nd ed. Cranston, RI: The Writers' Collective, 2003.

[3] Hendershot J R, Miller T J E. Design of brushless permanent-magnet motors [M]. Oxford University Press, 1996.

[4] Peter Moreton. INDUSTRIAL BRUSHLESS SERVOMOTORS [M]. Newnes Press, 1999.

[5] 李钟明，刘卫国，等. 稀土永磁电机 [M]. 北京：国防工业出版社，1999.

[6] 张琛. 直流无刷电动机原理及应用 [M]. 北京：机械工业出版社，2004.

[7] 叶金虎. 现代无刷直流永磁电动机的原理和设计 [M]. 北京：科学出版社，2007.

[8] 郭庆鼎，等. 直流无刷电动机原理与技术应用 [M]. 北京：中国电力出版社，2008.

[9] 魏静微. 小功率永磁电机原理设计与应用 [M]. 北京：机械工业出版社，2009.

[10] 刘刚，等. 永磁无刷直流电动机控制技术与应用 [M]. 北京：机械工业出版社，2009.

[11] 夏长亮. 无刷直流电机控制系统 [M]. 北京：科学出版社，2009.

[12] Zhu Z Q, Howe D, Ackermann B. Analytical prediction of dynamic performance characteristics of brushless DC drives, J. Electrical Machines And Power System [J]. 1992, 20 (6): 661-678.

[13] 莫会成. 方波激励永磁无刷伺服电动机换向过程分析 [J]. 微电机，1994 (3).

[14] 李鲲鹏，胡虔生，黄允凯. 计及绕组电感的永磁无刷直流电动机电路模型及其分析 [J]. 中国电机工程学报，2004, 24 (1): 76-80.

[15] 王晋，陶桂林，周理兵，丁永强. 基于换相过程分析的无刷直流电动机机械特性的研究 [J]. 中国电机工程学报，2005, 25 (14): 141-145.

[16] 黄平林，胡虔生. 高速永磁无刷直流电动机稳态特性的仿真分析 [J]. 微特电机，2005 (7).

[17] 韩光鲜，程智，等. 无刷直流电动机电枢等效电阻的实例研究 [J]. 微电机，2002 (1).

[18] 韩光鲜，谢占明，等. 无刷直流电动机电枢等效电阻的研究 [J]. 微电机，2002 (2).

[19] 韩光鲜，谢占明，等. 无刷直流电动机转矩系数的研究 [J]. 微电机，2002 (3).

[20] 王宗培，谢占明，韩光鲜，等. 无槽无刷直流电动机 [J]. 微电机，2002 (4).

[21] 陈世坤，电机设计 [M]. 北京，机械工业出版社，2005.

[22] Pia Salminen. FRACTIONAL SLOT PERMANENT MAGNET SYNCHRONOUS MOTORS FOR LOW SPEED APPLICATIONS, Lappeenranta University of Technology, 2004.

[23] Meier S. Theoretical design of surface-mounted pm-motors with field-weakening capability, Royal Institute of Technology, Stockholm, 2002.

第 5 章 无刷直流电动机分数槽绕组和多相绕组

5.1 无刷直流电动机定子与绕组结构

从原理结构上看，无刷直流电动机本体部分就是一个永磁同步电动机：安放多相绕组的定子和放置永磁体的转子。电机本体结构上可分为径向结构和轴向结构，外转子结构和内转子结构。无刷直流电动机的定子结构和功能与一般的交流异步电机或同步电机相类似，其主要作用是形成磁路和放置多相绕组。常见结构的定子铁心有齿槽，便于安放绕组。

有刷直流电机有采用无槽绕组结构的，例如无槽直流电机、无铁心电机、空心杯电机和印刷绕组电机等。同样也可以继承此技术设计无槽绕组结构的无刷直流电机。由于绕组是在定子上，无刷直流电机无槽绕组制作要比有刷直流无槽电机方便一些。常见的方法是，用自粘漆包线绕制线圈元件，以专用工装将线圈元件排列在铁心表面，并成型固定。它的绕组工作原理和有槽电机相同，但为了适应绕组放置在气隙里特殊情况在具体结构和工艺上有许多不同的方案。

无槽电机与有齿槽电机相比具有以下优点：

1）没有齿槽转矩，运行低振动低噪声。这使得无槽电机特别适用于要求非常平稳运行的低速场合。

2）电感非常低，电流进入绕组变得非常快。线性的机械特性，可控性好。无槽电机非常适合高速应用。运行转速在 $(1\sim10)\times10^4$r/min 的无槽电机并非罕见。

3）无槽电机具有较低的铁损耗，效率也较高。

无槽电机的主要缺点是成本较高。由于需要大气隙安装绕组，更多永磁材料才能够产生所需要的磁通密度。径向结构无槽电机绕组的制造难度大，需要专门的机器和工艺装备，更多的手工操作也使制作成本增加。另外，绕组散热比有槽电机困难。

无刷直流电动机中的绕组的结构形式和一般多相的交流电动机相似。从绕组的相数看，可分为单相、二相、三相、四相、五相或更多的相。但是最为普遍使用的是三相，在小型电动机里也有用单相的；按平均到每个极下每相绕组占有槽数的不同分为整数槽绕组和分数槽绕组；按每个槽内线圈边层数不同分为单层绕组和双层绕组或多层绕组；按一个线圈两边跨距不同分为整距绕组、短距绕组和长距绕组。无刷直流电机各相绕组之间的连接方式常见有两种：星形连接和封闭式连接。但是封闭式连接很少使用。详见第 3 章。

交流电机绕组理论常见于电机学教科书，本章主要介绍分数槽绕组和多相绕组在无刷直流电动机的应用和相关问题。

5.2　无刷直流电动机的分数槽绕组

5.2.1　分数槽绕组的优点

众所周知，定子绕组相数表示为 m，定子槽数表示为 Z，永磁转子极对数表示为 p 时，每极每相槽数 q 定义为

$$q=\frac{Z}{2mp}$$

当 q 为整数时，称为整数槽绕组；当 q 为分数时，称为分数槽绕组。

过去，分数槽绕组较广泛地应用于低速水轮同步发电机的定子绕组中。由于低速水轮发电机极数较多，极距相对较小，q 不能取得过大，否则会增加发电机定子的外径并给制造带来困难。若 q 取为较小的整数，定子铁心总槽数可以减小，但 q 较小时，齿谐波电动势次数较低，数值较大，这样都会使绕组产生的感应电动势得不到较好的正弦波形。而采用分数槽绕组，同一相绕组中的各线圈可安排在不同的极对之下，和安排为上层线圈与下层线圈，这样的分布，由于各对极下的齿、槽间存在着空间位移，使得一相绕组中串联导体感应的齿谐波电动势相位不同，从而使其合成电动势因相量合成而被削弱，故能得到较好的电动势正弦波形。此外，永磁发电机在起动时出现阻力矩，是由于永磁电机的齿槽效应引起。从电机理论上讲，降低齿槽效应所引起的阻力矩的方法，主要是采用定子斜槽、转子斜极以及定子分数槽绕组。根据文献分析及实践经验，采用分数槽绕组是降低齿槽阻力矩有效的办法。

因此，分数槽是交流电动机绕组技术一个重要内容。分数槽绕组在多极的大型水轮同步发电机、低速同步电动机中广泛应用，在一些异步电动机设计中也得到应用。在这些交流电机中，采用分数槽绕组技术解决了电机极数多与槽数有限的矛盾，并通过其等效分布作用削弱电动势和磁动势的谐波，改善其正弦性。

无刷直流电动机本质上是一种交流电机，过去，无刷直流电动机大多采用整数槽绕组设计。近年，分数槽绕组技术在无刷直流电动机中的应用日益广泛，而且具有自己的一些特点，值得关注。

与整数槽相比，无刷直流电动机采用分数槽技术有如下一些优点：

1）平均每对极下的槽数大为减少，以较少数目的大槽代替数目较多的小槽，可减少槽绝缘占据的空间，有利于槽满率的提高，进而提高电动机性能；同时，较少数目的元件数，可简化嵌线工艺和接线，有助于降低成本。这一点对于多极的无刷电动机更为明显。

对于三相整数槽无刷直流电动机，每极每相槽数 q 最小取值是1，即每对极下的槽数 Z/p 至少是6。在下面分析可见，常用的三相集中绕组分数槽电机，可选择的 Z/p 组合的 q 在1/4~1/2范围之内，即平均每对极槽数 Z/p 在1.5~3之间，和 $q=1$ 的三相整数槽无刷直流电动机相比，槽数大约只有它的1/4~1/2。

2）增加绕组的短（长）距和分布效应，改善反电动势波形的正弦性。

例如，$p=4$，$q=1$ 的三相整数槽无刷直流电动机，定子槽数 $Z=24$，每相绕组只有以线圈两个元件边的短距效应来改善反电动势波形。如果拿 $Z=9$，$p=4$，$q=3/8$ 的三相分数槽无刷直流电动机来比较，它的绕组分布系数和 $q=3$ 整数槽电机相同，这样，其反电动势波

形明显好于 $q=1$。而 $q=3$ 整数槽电机的定子槽数为 $Z=72$。

3）分数槽绕组电机有可能设计为线圈节距 $y=1$（集中绕组），每个线圈绕在一个齿上，缩短了线圈周长和绕组端部伸出长度，减低用铜量；各个线圈端部没有重叠，不必设相间绝缘。所以有文献称这种绕组为非重叠绕组。

4）分数槽集中绕组便于使用专用绕线机进行机械绕线，直接将线圈绕在齿上，取代传统嵌线工艺，提高工效。

5）提高电动机性能：槽满率的提高，线圈周长和绕组端部伸出长度的缩短，使电动机绕组电阻减小，铜损耗随之也减低，进而提高电动机效率和降低温升。同时，增加转矩密度。

6）降低齿槽转矩和转矩波动：整数槽电机为了降低齿槽效应转矩，常常需要定子铁心斜槽或转子磁极斜极。分数槽电机每转的齿槽转矩次数是齿数的几倍，定子铁心无须斜槽，齿槽转矩幅值通常比整数槽绕组小许多，有利于降低振动和噪声。例如，有文献给出一台 6kW 电机，其余尺寸相同，只改变转子极数，当采用 36 槽 12 极 $q=1$ 整数槽设计时其齿槽转矩为 46N · m，当采用 36 槽 10 极 $q=1.2$ 分数槽设计时其齿槽转矩仅为 0.53Nm[24]。在第 6 章表 6-2，显示采用 $q=3/10$ 分数槽设计比 $q=1$ 整数槽设计的负载下转矩波动有明显降低。

7）分数槽集中绕组电机定子铁心可采用分割拼块型结构，使无刷直流电动机线圈可以实现高效自动化绕制生产，并且节省导磁材料。

8）分数槽集中绕组还适用于有容错性能要求的系统。特别是采用单层结构时各相绕组间的电和热得到隔离，相间互感较低，磁耦合小。因此，相间短路故障完全不可能发生。而且具有较高漏感，这样可限制电机在故障状态下的短路电流。使系统可靠性得到提高。

总之，分数槽技术的应用有利于无刷直流电机的性能改善、节能、节材、小型化、轻量化、节省生产工时、实现生产自动化，从而可降低产品成本，增强产品竞争力。例如，有日本资料介绍，三洋公司空调压缩机电机变更设计，以分数槽集中绕组替代原来传统的整数槽绕组，电机的体积重量降低 15%，用铜量减少至 60%，铜损耗减少 30%，效率提高 6%。东芝公司空调压缩机电机以 $Z/2p=6/4$ 分数槽集中绕组替代原来的 24/4 整数槽绕组，用铜量减少 35%，绕组电阻减少 40%，同时改进生产过程使生产率提高达 50%。

分数槽技术的其他应用例子：近年开发的直接驱动洗衣机基本上都采用集中绕组分数槽无刷电动机，例如，日本东芝公司采用 $Z/2p=36/24$ 方案；笔者设计采用 $Z/2p=36/30$ 方案；哈尔滨工业大学在其直接驱动洗衣机的无刷直流电动机多个专利中公布了所采用的有 $Z/2p=27/26$，27/24，21/20，24/22，18/16 多个方案；也有采用 $Z/2p=18/20$ 方案的。中外航模专用无刷电动机采用 $Z/2p=12/14$，12/8，9/6，6/8，6/4 等方案。电动自行车和摩托车用无刷直流电动机有采用 $Z/2p=21/20$，21/22，24/22，24/28，36/40，51/46，63/56，63/70 等方案。磁盘机采用 9/8，12/10 等方案，等等。

与整数槽绕组相比分数槽绕组的主要不足是：槽数与极数选择有严格约束；绕组系数稍低；绕组电感较大。另外，电枢反应磁动势含有大量谐波，会引起转子涡流损耗和噪声。参见第 8 章分析。

本章研究无刷直流电动机分数槽绕组的特点，分析其相数 m、槽数 Z、极对数 p 等设计参数相互关系和约束条件，着重分析集中绕组槽极数 Z/p 组合的规律，给出构成分数槽集中绕组可供选取的槽极数组合。引入单元电机，虚拟电机概念，讨论了分数槽绕组和整数槽绕组的绕组分布系数对应关系，槽极数组合的选择和应用，绕组展开图等问题。然后介绍多相绕组，五相和六相绕组，定子铁心分割拼块型结构。

5.2.2　分数槽绕组槽极数 Z_0/p_0 组合约束条件

如果分数槽绕组的 Z 和 p 有最大公约数 t，即

$$Z=Z_0t,\ p=p_0t$$

则

$$q=\frac{Z_0}{2mp_0} \tag{5-1}$$

这样，我们称由 Z_0 和 p_0 组成的电机为单元电机，原电机由 t 个单元电机组成。原电机的绕组图是 t 个单元电机的重复组合。

分数槽单元电机的 Z_0 和 p_0 组合不是可以任意选择的，下面我们讨论单元电机 Z_0 和 p_0 组合选择的约束条件，它们是：

1）为了使各相绕组对称，必须每相均分到相同的槽数，即必须 $Z_0/m=$整数。

对于三相电动机，$m=3$，Z_0 必须为 3 的倍数。

2）由于 Z_0/p_0 为不可约分数，因此：$p_0/m\neq$整数，即 p_0 不允许取为 m 的倍数。

对于三相电动机，$m=3$，p_0 不允许选择为 3 的倍数。

3）如果 Z_0 为偶数，因 Z_0/p_0为不可约分数，p_0必为奇数。

4）如果 Z_0为奇数，p_0可能是奇数，也可能是偶数。

由上述讨论，得到三相分数槽无刷电动机单元电机 Z_0 与 p_0 选择的约束条件：

1）可选择的槽数 Z_0 是 3、6、9、12、15 等 3 的倍数。

2）可选择的极对数 p_0 是 1、2、4、5、7、8、10、11、13、14、16、17、19、20、22、23…。

3）如果 Z_0 为偶数，可选择的极对数 p_0 是如下的奇数：1、5、7、11、13、17、19、23…。

4）如果 Z_0为奇数，可选择的极对数 p_0 可以是如下的奇数：1、5、7、11、13、17、19、23…；也可以是如下的偶数：2、4、8、10、14、16、20、22…。

此外，还需按 Z_0/p_0 为真分数条件检查，进一步剔除一些组合。

依据上述分析，整理得到表 5-1 三相分数槽无刷直流电动机单元电机 Z_0/p_0 组合选择表。表中，Z_0 分为偶数和奇数两行，p_0 分为偶数和奇数两列，表示了有可能选择的 Z_0 和 p_0。表 5-1 体现了本节讨论的结果，表中空白格表示了三相分数槽无刷直流电动机可选择的 Z_0 和 p_0 组合。标有分数的方格表示 Z_0/p_0 不是真分数，经约分为格内所示 Z_0/p_0 值的单元电机组合。有斜线的方格是整数槽组合。设计者可选择表中任意一个空白格对应的组合构成分数槽电机。从表可见：奇数的 Z_0 可选择的 p_0 较多，而偶数的 Z_0 可选择的 p_0 较少。表中粗黑线下方的是 p_0 较大的组合（$q<1/4$），使用少，暂不讨论。

在设计无刷电动机选择分数槽参数 Z 和 p 时，首先按上述约束条件选择单元电机 Z_0 与 p_0，然后，按需要选择参数 t（在自然数列 1，2，3 中选择），可得到参数 Z 和 p。

可选择的分数槽 Z 和 p 组合数是很多的，可选择的单元电机 Z_0 与 p_0 组合数要少得多，这是引入单元电机概念的理由之一。单元电机 Z_0 与 p_0 组合的属性已有足够的代表性，所以

表 5-1　三相分数槽无刷直流电动机单元电机 Z_0/p_0 组合选择表

Z_0 \ p_0		3	6	9	12	15	18	21	24	27
	1									
2			3/1				9/1			
4			3/2		3/1		9/2			
	5					3/1				
	7							3/1		
8					3/2		9/4		3/1	
10						3/2	9/5		12/5	
	11									
	13			$q<1/4$						
14								3/2	12/7	
16									3/2	
	17									
	18									3/2

下面我们主要讨论单元电机。

5.2.3　三相绕组节距 $y=1$ 的分数槽集中绕组 Z_0/p_0 组合条件

在分数槽无刷直流电动机中，节距 $y=1$ 的分数槽绕组称为集中绕组（concentrated winding），是特别值得关注的。

从感应电动势的角度来说，线圈放在槽内的部分才是有效的，端部是无效的。对于整数槽绕组，线圈端部通常要跨过几个槽距，例如 $q=1$ 的三相电机，每对极下有 6 个槽。整距线圈端部要跨过 3 个槽距。线圈端部比较长。人们希望缩短线圈端部长度。而分数槽绕组有可能实现节距 $y=1$（以槽距为单位），其线圈端部只跨过 1 个槽距，即一个齿绕一个线圈，这是集中绕组分数槽绕组的突出优点之一。这是整数槽绕组所不能实现的。特别是对于直径/长度比（D/L）较大的扁平型电机，缩短线圈端部长度尤显重要。集中绕组的线圈端部相互之间没有重叠，所以，有文献将这种绕组称为非重叠绕组（non-overlapping winding）。

下面分析节距 $y=1$ 分数槽集中绕组单元电机 Z_0/p_0 组合的条件。

在节距 $y=1$ 的单元电机中，若以电气角为单位，有 $y=\alpha$，α 为槽距角。通常，为了得到较高的绕组系数，期望线圈两个元件边电动势相差接近 180°，即 $\alpha\approx 180°$，即 $2p_0/Z_0\approx 1$，或 $Z_0\approx 2p_0$。为了使 α 尽可能接近 180°，取 Z_0 与 $2p_0$ 之差尽可能小为宜。

下面，我们借助槽电动势相量星形图进行分析，参见图 5-1~图 5-3。其中，绕在一个齿上线圈元件的第一元件边电动势相量为 1 号相量，在 $+Y$ 轴上，跨过槽距角 α 为第 2 元件边，其电动势相量为 2 号相量，见图 5-3。这两个相量之间的夹角即两槽之间的夹角—槽距角 α（电气角，度），有

$$\alpha=\frac{360° p_0}{Z_0} \tag{5-2}$$

它的补角 β，就是 2 号相量和 $-Y$ 轴之间夹角。$\beta=180°-\alpha$，

得

$$\beta=180°\left(1-\frac{2p_0}{Z_0}\right) \tag{5-3}$$

短距系数 K_p 与补角 β 相关，可由下式计算：

$$K_p = \cos\frac{\beta}{2}$$

分析1，当 Z_0 为偶数情况：

在 Z_0 为偶数的槽电动势相量星形图中，参见图5-1a和b的例子，相邻相量之间角度是 $360°/Z_0$，β 取为该角度的 N 倍。即：$\beta = N\times360°/Z_0$，$N=1$，2，3⋯，考虑到式（5-3），

有
$$N\times360°/Z_0 = 180°(1\pm2p_0/Z_0)$$

得
$$Z_0 = 2p_0\pm2N,\ N=1,2,3\cdots \tag{5-4}$$

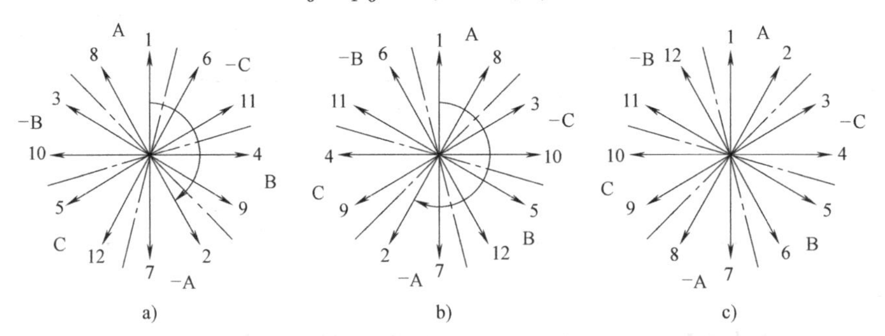

图5-1　$Z_0=12$，$p_0=5$，$p_0=7$ 的单元电机和虚拟电机的槽电动势相量星形图

a）$p_0=5$　b）$p_0=7$　c）虚拟电机

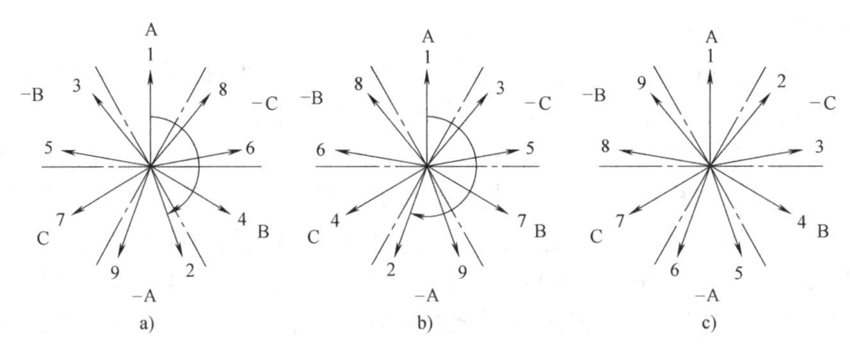

图5-2　$Z_0=9$，$p_0=4$，$p_0=5$ 的单元电机和虚拟电机的槽电动势相量星形图

a）$p_0=4$　b）$p_0=5$　c）虚拟电机

分析2，当 Z_0 为奇数情况：

在 Z_0 为奇数的槽电动势相量星形图中，参见图5-2a和b的例子，相邻相量之间角度是 $360°/Z_0$，β 只能从该角度的0.5，1.5，2.5⋯选取，或表示为

$\beta=0.5\times N\times360°/Z_0 = N\times180°/Z_0$，$N=1$，3，5⋯，考虑到式（5-3）

有
$$N\times180°/Z_0 = 180°(1\pm2p_0/Z_0)$$

得
$$Z_0 = 2p_0\pm N,\ N=1,3,5\cdots \tag{5-5}$$

我们可以将式（5-4）和式（5-5）归并为一个公式：

$$Z_0 = 2p_0\pm N$$
$$\beta = 180°N/Z_0,\ N=1,2,3\cdots \tag{5-6}$$

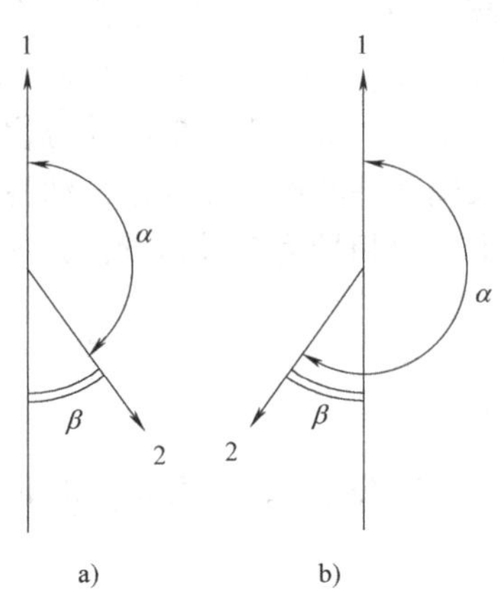

图5-3　一个线圈的槽电动势相量星形图

式（5-6）表示：符合该式关系的 Z_0 和 p_0 可以构成 $y=1$ 的分数槽绕组。利用式（5-6），可以得到表 5-2 三相无刷直流电动机分数槽集中绕组 Z_0/p_0 组合计算表。计算表中，每个 p_0 在不同 N 值下计算出 Z_0/p_0 的值。在完成此表时，还需要按照下面条件挑选出正确的组合：

1）Z 应为 3 倍数；

2）$\beta \leqslant 60°$［这是附加的要求——短距系数 $K_p \geqslant 0.866$，由式（5-6），即应需满足 $Z \geqslant 3N$］。表中，黑体字的 Z_0/p_0 组合是单元电机组合；非黑体字的可约分数的组合，不是单元电机组合。

基于表 5-2 作重新编排，可得到表 5-3 三相无刷直流电动机分数槽集中绕组 Z/p 组合选择表。凡表中有分数的方格表示了短距系数 $K_p \geqslant 0.866$ 附加条件下可以选择的 Z/p 组合，它们可以构成 $y=1$ 的分数槽绕组。表中，黑体字的 Z/p 组合是单元电机组合；非黑体字的组合不是单元电机组合，其方格内的分数表示它对应的单元电机的组合。

限于篇幅，表 5-3 中只给出 p 在 23 以内，Z 在 66 以内的情况，读者参照表 5-2 分析方法，可以将表 5-3 扩展到更大的 Z 和 p 的情况。

只有表 5-3 中有分数的方格所表示的 Z/p 组合才可能构成 $y=1$ 的分数槽集中绕组，所以，可供选择的 Z/p 组合是有限的。例如，设计时，如果我们先选择定子槽数 $Z=18$，可以选择的只有 6 种转子极对数 p，其中 $p=7$ 和 11 的组合是单元电机组合，其余 4 组 $p=6$，8，10 和 12 的组合不是单元电机组合。而如果我们先选择转子极对数 $p=4$，只有 3 种槽数 Z 可供选择，其中 $Z=9$ 的组合是单元电机组合，其余 2 组 $Z=6$ 和 12 的组合不是单元电机组合。

设计三相无刷电动机 $y=1$ 的分数槽绕组电机时，可在表 5-3 从填有分数字方格中选取 Z/p 组合。

观察表 5-3，可以发现分数槽集中绕组的 Z/p 组合有如下排列规律：

1）对于每个 p 行，有若干个 Z 可选取。随着 p 的增加，可选取的 Z 会更多。

2）但那些为 3 倍数的 p，可选取的 Z 偏少。

3）对于每个 p 行，最大可选取的 Z，其 Z/p 组合的单元电机都是 $Z_0/p_0=3/1$（即 $q=1/2$）。对于为偶数的 p 行，最小可选取的 Z，其 Z/p 组合的单元电机都是 $Z_0/p_0=3/2$（即 $q=1/4$）。所以，可选取的分数槽集中绕组 Z/p 组合在 $q=1/4 \sim 1/2$ 范围之内，即平均每对极下槽数在 1.5~3 之间。（这是由附加要求——短距系数 $K_p \geqslant 0.866$ 决定的）。

4）对于每个 Z 列，都有偶数个 Z/p 组合可供选取。而且，它们的排列是十分对称的，成对出现的。随着 Z 的增加，可选取的 p 更多。

5）对于每个 Z 列，最小可选取的 p，其 Z/p 组合对应的单元电机都是 $Z_0/p_0=3/1$。它的短距系数只有 0.866。

6）对于每个 Z 列，最大可选取的 p，其 Z/p 组合对应的单元电机都是 $Z_0/p_0=3/2$。它的短距系数只有 0.866。

7）对于每个 Z 列，处于中间位置的两个可选取的 p，两个 p 值的差为 1，这些组合我们称之为集中绕组的基本组合。其 Z/p 组合对应表 5-2 的 $N=1$ 和 2 列，即这些基本组合满足下式：

$$Z_0=2p_0 \pm 1\text{，或 } Z_0=2p_0 \pm 2 \tag{5-7}$$

从后述分析可知，对于每个 Z 列，在可选取的 p 中，处于中间位置的基本组合有较大的绕组系数，是值得推荐使用的组合。

表 5-2　三相无刷直流电动机分数槽集中绕组 Z_0/p_0 组合计算表（条件：$Z_0=2p_0\pm N$，$Z_0\geq 3N$）

p_0 \ N	1	2	3	4	5	6	7	8	9	10	11	12	13	14	15	16	17	18	19	20	21	22	23
1	3/1																						
2	3/2	6/2																					
3			9/3																				
4	9/4	6/4		12/4																			
5	9/5	12/5			15/5																		
6			9/6			18/6																	
7	15/7	12/7		18/7			21/7																
8	15/8	18/8		12/8	21/8			24/8															
9									27/9														
10	21/10	18/10		24/10	15/10		27/10			30/10													
11	21/11	24/11		18/11	27/11			30/11			33/11												
12			27/12			18/12						36/12											
13	27/13	24/13		30/13	21/13		33/13			36/13			39/13										
14	27/14	30/14		24/14	33/14		21/14	36/14			39/14			42/14									
15			27/15			36/15									45/15								
16	33/16	30/16		36/16	27/16		39/16	24/16		42/16			45/16			48/16							
17	33/17	36/17		30/17	39/17		27/17	42/17			45/17			48/17			51/17						
18									27/18									54/18					
19	39/19	36/19		42/19	33/19		45/19	30/19		48/19			51/19			54/19			57/19				
20	39/20	42/20		36/20	45/20		33/20	48/20		30/20	51/20			54/20			57/20			60/20			
21			45/21			36/21						54/21									63/21		
22	45/22	42/22		48/22	39/22		51/22	36/22		54/22	33/22		57/22			60/22			63/22			66/22	
23	45/23	48/23		42/23	51/23		39/23	54/23		36/23	57/23			60/23			63/23			66/23			69/23

表 5-3　三相无刷直流电动机分数槽集中绕组 Z/p 组合选择表

p \ Z	3	6	9	12	15	18	21	24	27	30	33	36	39	42	45	48	51	54	57	60	63	66
1	3/1																					
2	3/2	3/1																				
3			3/1																			
4		3/2	9/4	3/1																		
5			9/5	12/5	3/1																	
6			3/2			3/1																
7				12/7	15/7	18/7	3/1															
8				3/2	15/8	9/4	21/8	3/1														
9									3/1													
10					3/2	9/5	21/10	12/5	27/10	3/1												
11						18/11	21/11	24/11	27/11	30/11	3/1											
12						3/2			9/4			3/1										
13							21/13	24/13	27/13	30/13	33/13	36/13	3/1									
14							3/2	12/7	27/14	15/7	33/14	18/7	39/14	3/1								
15									9/5			12/5			3/1							
16								3/2	27/16	15/8	33/16	9/4	39/16	21/8	45/16	3/1						
17									27/17	30/17	33/17	36/17	39/17	42/17	45/17	48/17	3/1					
18									3/2									3/1				
19										30/19	33/19	36/19	39/19	42/19	45/19	48/19	51/19	54/19	3/1			
20										3/2	33/20	9/5	39/20	21/10	9/4	12/5	51/20	27/10	57/20	3/1		
21												12/7			15/7			18/7			3/1	
22											3/2	18/11	39/22	21/11	45/22	24/11	51/22	27/11	57/22	30/11	63/22	3/1
23												36/23	39/23	42/23	45/23	48/23	51/23	54/23	57/23	60/23	63/23	66/23

过去关于集中绕组分数槽文献多只提及表示为 $Z_0=2p_0\pm1$ 和 $Z_0=2p_0\pm2$ 的组合，例如参考文献［6，7］，即基本组合。本章给出更多的组合可供选取构成分数槽集中绕组，参见表5-4。表中先列出单元电机的基本组合，然后是由参考文献［7］给出可供选取的集中绕组 Z/p 组合，它们是基于这些基本组合，多个基本组合单元电机的数据，即取 $t=1$，2，3…的结果。所以参考文献［7］给出的 Z/p 组合，它们各自对应的单元电机只局限于基本组合范围内。而本章分析结果，可供选取构成分数槽集中绕组的单元电机 Z_0/p_0 组合已不限于基本组合，如表5-3黑体字的 Z/p 组合都是单元电机组合，有了许多扩充。从而，对于一个极对数 p，有更多的槽数 Z 可以选择。这个扩充尤其对 Z 为奇数更为有意义。分析和实践表明，Z 为奇数的基本组合，由于有不平衡磁拉力问题被认为是不推荐使用的。这样，如果按照过去文献结果，只余下 Z 为偶数的组合可选择了。但按本章分析结果，还有其他 Z 为奇数的组合可供选择，扩大了可选择范围。

表5-4　参考文献［7］和本章给出可供选取的分数槽集中绕组 Z/p 组合的比较

p \ Z	基本组合		参考文献[7]给出可供选取的集中绕组 Z/p 组合	本章给出可供选取的集中绕组 Z/p 组合
	Z 为奇数 $Z_0=2p_0\pm1$	Z 为偶数 $Z_0=2p_0\pm2$		
1	3		3	3
2	3	6	3,6	3,6
3			9	9
4	9	6	6,9,12	6,9,12
5	9	12	9,12,15	9,12,15
6			9,18	9,18
7	15	12	12,15,21	12,15,18,21
8	15	18	12,15,18,24	12,15,18,21,24
9			27	27
10	21	18	18,21,24,30	15,18,21,24,27,30
11	21	24	21,24,33	18,21,24,27,30,33
12			18,27,36	18,27,36
13	27	24	24,27,39	21,24,27,30,33,36,39
14	27	30	24,27,30,42	21,24,27,30,33,36,39,42
15			27,36,45	27,36,45
16	33	30	24,30,33,36,48	24,27,30,33,36,39,42,45,48
17	33	36	33,36,51	27,30,33,36,39,42,45,48,51
18			27,54	27,54
19	39	36	36,39,57	30,33,36,39,42,45,48,51,54,57
20	39	42	30,36,39,42,45,48,60	30,33,36,39,42,45,48,51,54,57,60
21				36,45,54,63
22	45	42		33,36,39,42,45,48,51,54,57,60,63,66
23	45	48		36,39,42,45,48,51,54,57,60,63,66,69

5.2.4　三相分数槽绕组的绕组系数计算

1. 分数槽单元电机的分布系数与整数槽电机对应关系

研究分数槽绕组时可借助于槽电动势相量星形图进行分析。实质上，一相绕组分布系数的计算是一相绕组所占两个60°相带内槽电动势相量的合成问题。下面我们首先讨论定子槽数 Z_0 分别为偶数和奇数的两个代表性的例子。

【例 5-1】 Z_0 为偶数的例子，$m=3$，$Z_0=12$，$p_0=5$ 的单元电机

图 5-1a 是 $Z_0=12$，$p_0=5$ 的单元电机槽电动势相量星形图。本例 $q=2/5$。槽距角 $\alpha=360p_0/Z_0$，在本例 $\alpha=150°$。图中以 1，2，3，4…标为槽号，排出各槽电动势相量序号，它符合槽距角 $\alpha=150°$的要求。同时，在图 5-1b 给出 $Z_0=12$，$p_0=7$，$q=2/7$ 的单元电机槽电动势相量星形图。

对于此单元电机，此相量星形图是 p_0 个相平面重叠在一起的结果。在本例，12 个槽电动势相量分布在 $p_0=5$ 个相平面上。由 $q=2/5$，在 10 个极下每相平均有 4 个槽电动势相量。

这里引入虚拟电机概念，即将此多极单元电机槽电动势相量星形图看成是一对极的虚拟电机的相量图。虚拟电机定子槽数为 Z_0，但极对数为 1。全部槽电动势相量在一个相平面上，参见图 5-1c。

这样，图中两个相邻相量之间的夹角为 α'，是虚拟电机的槽距角，它的每极每相槽数为 q'，有

$$\alpha'=\frac{\alpha}{p_0}=\frac{360°}{Z_0} \tag{5-8}$$

$$q'=qp_0=\frac{Z_0}{2m} \tag{5-9}$$

在本例，有 $\alpha'=30°$，$q'=2$。
由本例可见，$q=2/5$ 的分数槽绕组和 $q'=2$ 的整数槽虚拟电机有相同的槽电动势相量星形图。

【例 5-2】 Z_0 为奇数的例子，$m=3$，$Z_0=9$，$p_0=4$ 的单元电机。

图 5-2a 是本例的槽电动势相量星形图。本例的 $q=3/8$。在本例，槽距角 $\alpha=160°$。

对于单元电机，此相量星形图是 p_0 个相平面重叠在一起的结果。在本例，9 个槽电动势相量分布在 $p_0=4$ 个相平面上。由 $q=3/8$，在 8 个极下每相平均有 3 个槽电动势相量。

这里也将此 8 极单元电机槽电动势相量星形图看成是一对极的虚拟电机的相量图。虚拟电机定子槽数为 $Z_0=9$，但极对数为 1。全部槽电动势相量在一个相平面上。两个相邻相量之间的夹角 $\alpha'=40°$，$q'=3/2$，见图 5-2c。本例，虚拟电机仍然是一个分数槽电机。由本例可见，$q=3/8$ 的分数槽绕组和 $q'=3/2$ 的虚拟电机有相同的槽电动势相量星形图。考虑一个新虚拟电机，它的槽数为 $2Z_0=18$，即为偶数，$q''=2Z_0/6=3$。新虚拟电机就是一个整数槽电机。在图 5-2b 给出 $Z_0=9$，$p_0=5$，$q=3/10$ 单元电机的槽电动势相量星形图。

下面讨论一般情况。在分数槽集中绕组，q 表示为 $q=c/d$ 的一个真分数，对于三相电机，有 $q=Z_0/6p_0$，又 Z_0 必须是 3 的倍数，对照【例 5-1】和【例 5-2】，进行下面的讨论：

讨论 1，当 Z_0 为偶数时，必然有：$c=Z_0/6$，$d=p_0$；得 $q'=qd=c$ 是一个整数。所以，当 Z_0 为偶数时，它的虚拟电机是一个整数槽电机，如【例 5-1】图 5-1a，$q=2/5$，$d=5$，$q'=c=2$。在槽电动势相量星形图中，每 60°相带有 2 个槽电动势相量。

讨论 2，当 Z_0 为奇数时，必然有：$c=Z_0/3$，$d=2p_0$，得 $q'=qd/2=c/2$ 还是一个分数，但乘以 2 就是一个整数。所以，当 Z_0 为奇数时，它的虚拟电机还是一个分数槽电机，如【例 5-2】图 5-2a，$q=3/8$，$c=3$，$d=8$，$q'=c/2=3/2$。在槽电动势相量星形图中，平均每 60°相带有 1.5 个槽电动势相量，但每相占有 2 个 60°相带，故共有 3 个槽电动势相量。使三相对称条件仍然成立。考虑一个新虚拟电机，它的槽数为 $2Z_0$，即为偶数，$q''=2Z_0/6=Z_0/3=c$。

引入虚拟电机概念后，将多极单元电机看成是一对极的虚拟电机，在计算绕组系数时，按虚拟电机计算即可。从绕组的分布效应角度看，多极分数槽单元电机的分布系数和整数槽电机有如下对应关系：

1）对于 Z_0 为偶数的多极分数槽单元电机，其分布系数相当于 $Z=Z_0$，即 $q=Z_0/6$ 的整数槽电机的分布系数。如【例 5-1】，$q=2/5$ 或 $q=2/7$ 的分数槽单元电机的分布系数和 $q=Z_0/6=2$ 整数槽电机的相同 。注意到，这里 $q=c$。

2）对于 Z_0 为奇数的多极分数槽单元电机，其分布系数相当于 $Z=2Z_0$，即 $q=Z_0/3=c$ 整数槽电机的分布系数。如【例 5-2】，$q=3/8$ 或 $q=3/10$ 的分数槽单元电机的分布系数和 $q=Z_0/3=3$ 的整数槽电机的相同。注意到，这里也是 $q=c$。

2. 分数槽单元电机绕组系数一般公式

从上述分析，注意到，无论 Z_0 为偶数或奇数，分数槽单元电机的分布系数和 $q=c$ 的整数槽电机的相同。由此可推导分数槽集中绕组分布系数公式。

由整数槽电机的分布系数

$$K_d=\frac{\sin q\dfrac{\alpha}{2}}{q\sin\dfrac{\alpha}{2}} \tag{5-10}$$

对于 60°相带，$q=\dfrac{Z}{2mp}=\dfrac{Z}{6p}$，

槽距角　$\alpha=\dfrac{360°p}{Z}=\dfrac{60°}{q}$，

$$K_d=\frac{\sin 30°}{q\sin\dfrac{30°}{q}}=\frac{0.5}{q\sin\dfrac{30°}{q}}$$

对于分数槽集中绕组，$q=\dfrac{Z}{2mp}=\dfrac{Z_0}{6p_0}=\dfrac{c}{d}$

其中，c/d 是不可约分数。

得分数槽集中绕组分布系数 $K_d=\dfrac{\sin 30°}{c\sin\dfrac{30°}{c}}=\dfrac{0.5}{c\sin\dfrac{30°}{c}}$ (5-11)

由整数槽电机的短距系数　$K_p=\sin\dfrac{y\alpha}{2}$

y 是线圈节距，对于集中绕组分数槽，$y=1$，集中绕组分数槽电机的短距系数

$$K_p=\sin\frac{\alpha}{2}=\cos\frac{\beta}{2}$$

式中，α 为槽距角，β 为它的补角。

对于分数槽集中绕组，有 $Z_0=2p_0\pm N$

式中，$\beta=180°-\alpha=180°-\dfrac{360°p_0}{Z_0}=\pm\dfrac{180°N}{Z_0}$

分数槽集中绕组短距系数：$K_p=\cos\dfrac{\beta}{2}=\cos\dfrac{90°N}{Z_0}$

当 Z_0 为偶数时，N 为偶数，必然有：$c=Z_0/6$，$\frac{\beta}{2}=\frac{15°N}{c}$，

$$K_p=\cos\frac{\beta}{2}=\cos\frac{15°N}{c} \tag{5-12}$$

当 Z_0 为奇数时，N 为奇数，必然有：$c=Z_0/3$，$\frac{\beta}{2}=\frac{30°N}{c}$

$$K_p=\cos\frac{\beta}{2}=\cos\frac{30°N}{c} \tag{5-13}$$

对于基本单元电机，$N=1$ 或 2，必然有：$\frac{\beta}{2}=\frac{30°}{c}$，$K_p=\cos\frac{\beta}{2}=\cos\frac{30°}{c}$

得基本单元电机的绕组系数：$$K_w=K_dK_p=\frac{0.5\cos\frac{30°}{c}}{c\sin\frac{30°}{c}}=\frac{0.5}{c\tan\frac{30°}{c}} \tag{5-14}$$

上述分析表明：

1）分数槽集中绕组的绕组系数与 q 的分子 c 和 N 有关，而与 q 的分母 d 无关。可利用式（5-12）和式（5-13）进行计算。

2）有相同 Z_0 和 N 成对的单元电机，虽然极数不同，但 c 和 N 相同，所以有相同的绕组系数。例如，$Z_0/p_0=12/5$ 和 $Z_0/p_0=12/7$ 是成对的单元电机；$Z_0/p_0=9/4$ 和 $Z_0/p_0=9/5$ 是成对的单元电机。

3）基本单元电机的绕组系数只与 q 的分子 c 有关。可利用式（5-14）计算。

3. 单元电机分布系数计算例

下面给出计算 $Z_0=27$，$p_0=13$，$q=9/13$ 单元电机分布系数的例子：

由于它是 Z_0 为奇数的多极分数槽单元电机，其分布系数相当于 $q=Z_0/3$ 整数槽电机的分布系数。利用这个关系，计算对应的整数槽电机：$q=Z_0/3=9$，$Z=2mq=6\times9=54$，$\alpha=360/54=6.667$，利用整数槽绕组分布系数公式（5-10）计算得

$$K_d=\frac{\sin q\alpha/2}{q\sin\alpha/2}=\frac{0.5}{0.5233}=0.9555$$

或直接由 $q=9/13$，$c=9$，利用式（5-12）计算得

$$K_d=\frac{0.5}{c\sin\frac{30°}{c}}=\frac{0.5}{9\sin\frac{30°}{9}}=0.9555$$

5.2.5　成对出现的槽极数组合

我们将几种三相集中绕组分数槽无刷直流电动机（双层绕组）列于表 5-5。从表可见，定子槽数 Z_0 为偶数的，它们的虚拟电机是一个整数槽电机。而定子槽数 Z_0 为奇数的，它们的虚拟电机仍然是一个分数槽电机。从表 5-5 我们还发现，有相同定子槽数 Z_0 的电机，虽然它们的极对数 p_0 不同（可有两种选择），但它们的虚拟电机是相同的，槽极数组合是成对出现的。也就是说，它们有相同的槽电动势相量星形图，所以也就有相同的绕组连接图，也就有相同的绕组系数。参见图 5-1 和图 5-2。例如，在图 5-1 的 a 和 b 显示出，定子槽数

$Z_0=12$，极对数 p_0 分别为 5 和 7，它们的槽电动势相量星形图是相同，它们的虚拟电机是相同的。但要注意，相序是相反的。同样，在图 5-2 的 a 和 b 显示出，定子槽数 $Z_0=9$，极对数 p_0 分别为 4 和 5，它们的槽电动势相量星形图是相同，它们的虚拟电机是相同的，但相序相反。

表 5-5　几种三相分数槽集中绕组的虚拟电机和绕组系数

Z_0/p_0	3/1	3/2	9/4	9/5	12/5	12/7	15/7	15/8	21/10	21/11	24/11	24/13	27/13	27/14	33/16	33/17
Z_0	3	3	9	9	12	12	15	15	21	21	24	24	27	27	33	33
$2p_0$	2	4	8	10	10	14	14	16	20	22	22	26	26	28	32	34
$q=Z_0/6p_0$	1/2	1/4	3/8	3/10	2/5	2/7	5/14	5/16	7/20	7/22	4/11	4/13	9/26	9/28	11/32	11/34
虚拟电机 $q'=p_0q$	1/2	1/2	3/2	3/2	2	2	5/2	5/2	7/2	7/2	4	4	9/2	9/2	11/2	11/2
N	1	1	1	1	2	2	1	1	1	1	2	2	1	1	1	1
β	60	60	20	20	30	30	12	12	8.57	8.57	15	15	6.67	6.67	5.45	5.45
短距系数	0.866	0.866	0.985	0.985	0.966	0.966	0.995	0.995	0.997	0.997	0.991	0.991	0.998	0.998	0.999	0.999
双层绕组分布系数	1	1	0.960	0.960	0.966	0.966	0.957	0.957	0.956	0.956	0.958	0.958	0.955	0.955	0.955	0.955
绕组系数	0866	0866	0.945	0.945	0.933	0.933	0.951	0.951	0.953	0.953	0.949	0.949	0.953	0.953	0.954	0.954

这样，我们在实际设计集中绕组分数槽的无刷直流电动机时，同一个定子冲片可以设计两种极对数电机。例如，12 槽定子冲片，既可以用在 14 极电机上，适应较低运行转速客户需求，也可以用在 10 极电机上，适应较高运行转速客户需求（当然，它还可以参考表 5-3，定子槽数 12 还有另外 2 种极数的选择：$p=4$ 或 8。这时，它们的绕组系数只有 0. 866）。

将表 5-5 转换成图 5-4，图中纵坐标是基波绕组系数，横坐标是 q，图中 $1/4<q<1/2$。由图直观显示出：成对出现的槽极数组合，每一对组合 q 有相同的分子，它们有相同的绕组系数，若以 $q=1/3$ 为中线，它们分别处于中线左右两侧，即一个 $q<1/3$，另一个 $q>1/3$。可以发现：q 越接近 1/3 的组合，即槽数与极数越接近，绕组系数越大。当 $Z\approx 2p$，绕组系数最大，接近 1. 0。但 $q=1/3$ 就是槽数等于极数，这是不能达到的。在 $q=1/2$ 或 1/4 时，绕组系数是最小值 0. 866。

我们再回来看表 5-3，对于同一个 Z 列，不同 p 组合的比较。以 $Z=21$ 列为例，它共有 6 个组合：按 p 从小到大顺序排列：7、8、10、11、13、14。仿照表 5-5 计算，得到表 5-6。从表中可见，它们呈现完全对称的排列，可分为 3 对组合：中间的两个组合 $Z/p=21/10$ 和 21/11，即基本组合，其 $N=1$，有最小的 β，所以有最大的短距系数，也有最大的分布系数和绕组系数（双层绕组）；而最小和最大 p 的两个组合，有最小的绕组系数；余下的两个组合，21/8 和 21/13 的绕组系数低于基本组合。而且，每一组成对的组合都有相同的 β、短距系数、虚拟电机、分布系数等数据。

表 5-3 中其他的 Z 列，都有偶数个可选择的 Z/p 组合，也呈现同样的排列规律，处于中间位置的基本组合与同一 Z 列的其他组合相比有最大的绕组系数，是值得推荐使用的组合。

几种基本单元电机的基波和五次谐波绕组系数分析见第 6 章 6. 4 节。

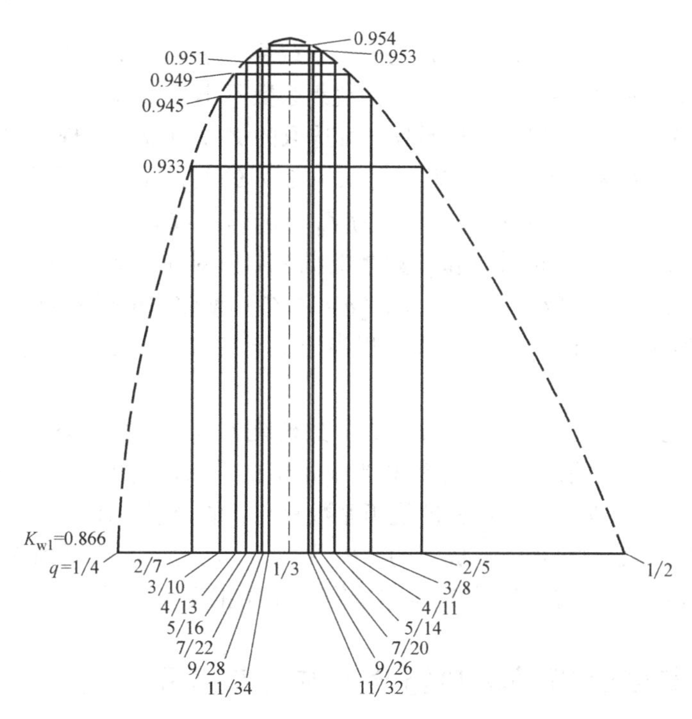

图 5-4　成对的槽极数组合集中绕组的 q 和基波绕组系数关系图

表 5-6　Z=21 集中绕组无刷直流电动机 3 对 Z/p 组合的比较

Z/p	21/7	21/8	21/10	21/11	21/13	21/14
Z	21	21	21	21	21	21
$2p$	14	16	20	22	26	28
$q=Z/6p$	1/2	7/16	7/20	7/22	7/26	1/4
虚拟电机 $q'=p_0q$	1/2	7/2	7/2	7/2	7/2	1/2
N	7	5	1	1	5	7
β	60	42. 86	8. 57	8. 57	42. 86	60
短距系数 K_p	0. 866	0. 931	0. 997	0. 997	0. 931	0. 866
双层绕组分布系数 K_d	1	0. 956	0. 956	0. 956	0. 956	1
绕组系数 K_w	0. 866	0. 890	0. 953	0. 953	0. 890	0. 866

5. 2. 6　小结

无刷直流电动机分数槽绕组的 Z 和 p 组合是受到约束的，不可以随便选取，本节引入了单元电机、虚拟电机概念进行分析，研究了它们的组合规律，得到如下结论：

1）三相无刷直流电动机分数槽绕组单元电机的 Z_0 和 p_0 组合规律的研究结果归纳于表 5-1，可供设计时选取。在设计无刷电动机选择分数槽参数 Z 和 p 时，首先由表 5-1 约束条件选择单元电机的 Z_0 与 p_0，然后，按需要选择参数 t（在自然数列 1，2，3…中选择），可得到参数 Z 和 p。

2）三相无刷直流电动机集中绕组分数槽的 Z 和 p 组合规律的研究结果归纳于表 5-3，可供设计时选取。凡表 5-3 中有分数的方格表示了可以选取的 Z/p 组合，它们可以构成节距

$y=1$ 的分数槽集中绕组。

3）三相无刷直流电动机可选取的分数槽集中绕组 Z/p 组合的 q 在 1/4～1/2 范围之内，即平均每对极槽数 $Z/p=1.5\sim3$ 之间。它们的绕组系数不小于 0.866。

4）对于表 5-3 的每个 Z 列，都有偶数个可选取的 Z/p 组合，呈现有规律的排列。处于中间位置的两个组合称为基本组合，它们与同一 Z 列的其他组合相比有最大的绕组系数，是值得推荐使用的组合。这些基本组合表示为 $Z_0=2p_0\pm1$，或 $Z_0=2p_0\pm2$。

5）分数槽单元电机的分布系数和整数槽电机有如下对应关系：对于 Z_0 为偶数的多极分数槽单元电机，其分布系数相当于 $Z=Z_0$（$q=Z_0/6$）整数槽电机的分布系数。对于 Z_0 为奇数的多极分数槽单元电机，其分布系数相当于 $Z=2Z_0$（$q=Z_0/3$）整数槽电机的分布系数。

6）当分数槽电机的 q 表示为 $q=c/d$ 时，分数槽绕组电机的绕组系数与 q 的分子 c 和 N 有关，而与 q 的分母 d 无关；其分布系数相当于 $q=c$ 的整数槽电机的分布系数。

7）分数槽集中绕组基本单元电机的绕组系数只与 q 的分子 c 有关。

8）槽极数组合是成对出现的。成对的槽极数组合 q 的分子 c 相同和 N 相同，它们有相似的槽电动势相量星形图，有相同的绕组连接图（相序相反），有相同的绕组系数。

5.3　分数槽集中绕组槽极数组合的选择与应用

在设计无刷直流电机时，我们期望通过正确的参数选择，使电机能有较高的绕组系数，较低的齿槽转矩和转矩波动，较低的噪声，较低的损耗和较高的效率等。

如前所述，集中绕组的好处是绕组端部短，齿槽转矩和转矩脉动低，因为有较少的槽定子容易装配和以更便宜的方法生产。另一方面，与整数槽相比，它的基波绕组系数稍低；集中绕组永磁无刷电动机由于其极数和槽数很接近，绕组分布远不是正弦的，定子磁动势 MMF 包含丰富的谐波，从而可能产生较明显的动态转矩波动和转子涡流损耗等问题。

在表 5-3 给出了三相无刷直流电动机槽极数 Z/p 组合选择表，表中这些组合均能组成分数槽集中绕组，并且绕组系数不低于 0.866。在选择表中，每个 Z 列，都有偶数个可选择的 Z/p 组合，呈现有规律的排列；处于中间位置的两个组合称为基本组合，它们的单元电机的 $Z_0/2p_0$ 比接近于 1，与同一 Z 列的其他组合相比它们有更大的绕组系数。在此基础上，本节继续展开对分数槽集中绕组槽极数组合的讨论，分析影响槽极数 Z/p 组合选择的若干制约因素：奇数槽或偶数槽、单层绕组或双层绕组、绕组磁动势谐波与转子涡流损耗、Z/p 组合的最小公倍数（LCM）值和齿槽转矩、绕组排列与不平衡径向磁拉力（UMP）、转矩波动等。

在电机初步设计选择 Z/p 组合时，转子极对数 p 的选择是首要决策之一。主要由电动机最高转速和电子驱动器可提供的最高工作频率决定极对数 p 的选择范围，然后选择定子槽数 Z。在极对数 p 的允许范围内，如果选择较少的 p，旋转频率较低，定子有较低铁损耗；有可能选择较少的 Z，槽绝缘和相间绝缘所占比例减少，可以有较大的槽面积空间放置铜线；选择较少的 Z 将减少下线工时。如果选择较多的 p，有更多的 Z/p 组合可以选择，有更多优选机会；如下述，有可能得到较大 LCM，降低齿槽转矩；可选择较多的 Z，线圈端部尺寸较小，绕组电阻和损耗有可能降低。

使用表 5-3 三相无刷直流电动机 Z/p 组合选择表选取具体的槽极数组合时，下面一些制约因素需要考虑和正确选择。

5.3.1　单层绕组和双层绕组

电机绕组主要有采用单层绕组或双层绕组两种方式。对于三相无刷直流电动机分数槽绕组，它们和 Z 的选择有关。对于单层绕组，每个槽只放一个线圈边，三相电机最低限度有 6 个线圈边，其槽数必须是 6 的倍数。而双层绕组，每个槽放 2 个线圈边，其槽数是 3 的倍数就可以。所以，对于我们讨论的分数槽集中绕组电机，Z 应为 3 的倍数，这样：

1）当 Z 为偶数时，每相平均槽数 $Z/3$ 必为偶数，可以连接成单层绕组，也可以连接成双层绕组。

2）当 Z 为奇数时，每相平均槽数 $Z/3$ 必为奇数，不能连接成单层绕组，只能连接成双层绕组。所以，能够连接成单层绕组的 Z/p 组合较少。

如【例 5-1】，其数据：$Z=12$，$p=5$，见图 5-1a 槽电动势相量星形图，由于它是 Z 为偶数的单元电机，可连接成单层绕组或双层绕组。

参见图 5-5，连接成单层绕组时，A 相绕组是由 1-2，8-7 两个线圈组成，每个线圈元件边占一个槽。同样，B 相绕组是由 9-10，4-3 两个线圈组成；C 相绕组是由 5-6，12-11 两个线圈组成。这里的数字是槽号。连接成双层绕组时，A 相绕组是由 1-2，3-2，8-7，8-9 四个线圈组成，每个线圈元件边占半个槽。

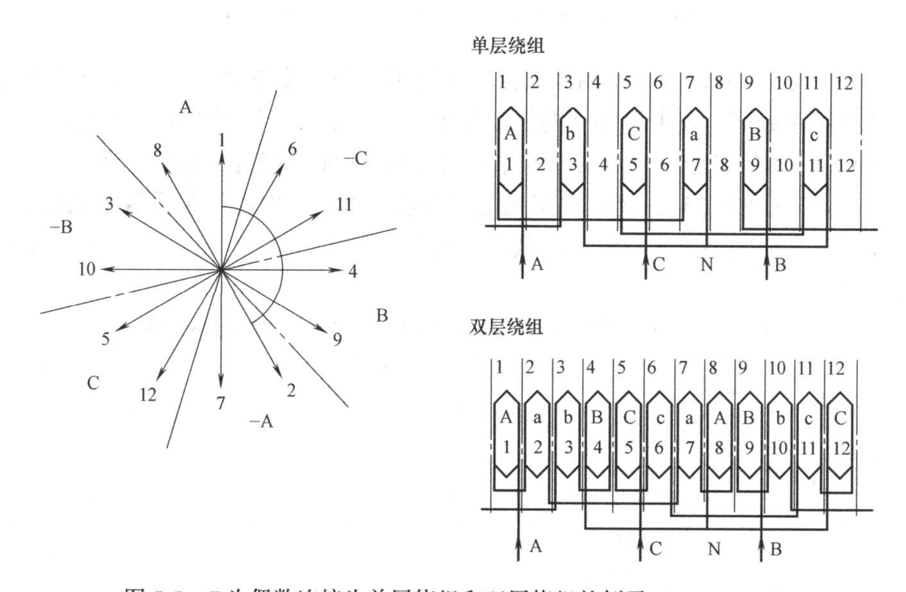

图 5-5　Z 为偶数连接为单层绕组和双层绕组的例子（$Z/p=12/5$）

实际上，当我们研究的对象是集中绕组时，将电动势相量星形图看成是齿电动势相量星形图更加方便，它的每个相量就是一个齿上线圈的电动势相量。这样做对画出绕组展开图要容易得多。如图 5-5，画在线圈框外的数字为槽号，画在线圈框内的数字为齿号，也就是线圈号。这样，单层绕组就是只取单数齿绕有线圈，在图 5-5 的单层绕组，A 相绕组是由 1 和

-7 两个线圈组成，负号表示反绕。单层绕组排列也可以用字母表示为 A，b，C，a，B，c。这里，大写表示正绕，小写表示反绕。双层绕组就是每个齿都绕有线圈，在图 5-5 的双层绕组图，A 相绕组是由 1，-2，-7，8 四个线圈组成。双层绕组排列可以用字母表示为 A，a，b，B，C，c，a，A，B，b，c，C。

如【例 5-2】，其数据：$Z=9$，$p=4$，见图 5-2a 槽电动势相量星形图，由于它是 Z 为奇数的单元电机，只可连接成双层绕组。参见图 5-6，我们也将图中的星形图看作齿电动势相量星形图，图中 A 相绕组是由-9，1，-2 三个线圈组成。这样，双层绕组排列表示为 a，A，a，b，B，b，c，C，c。

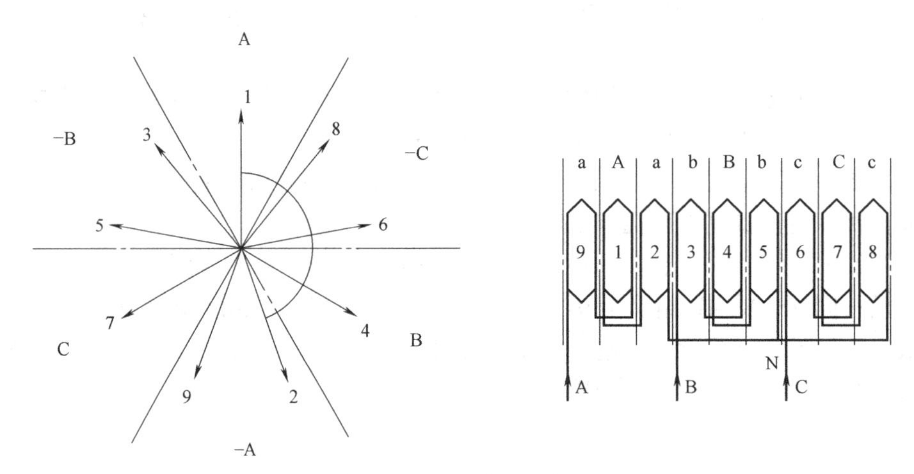

图 5-6　Z 为奇数连接为双层绕组的例子（$Z/p=9/4$）

在表 5-7 和表 5-8 分别给出三相分数槽集中绕组无刷直流电动机 Z/p 组合的单层绕组和双层绕组的绕组系数值。表中黑体字的组合是单元电机组合。从表中可见，极对数 $p=1$，2，3 和槽数为 3、6、9 的组合，以及其他的 $q=1/2$ 和 $q=1/4$ 的组合，它们的单元电机 $Z_0/p_0=3/1$ 或 $3/2$（$q=0.5$ 或 0.25），无论单层绕组或双层绕组，它们的绕组系数值只有 0.866，和其他组合相比，它们的绕组系数值是最低的。当极对数 $p \geq 4$，如 4，5，7，8…有可能得到较大的绕组系数。

表 5-7　三相分数槽集中绕组 Z/p 组合的单层绕组绕组系数值

p \ Z	3	6	9	12	15	18	21	24	27	30	33	36
1												
2		0.866										
3												
4		0.866		0.866								
5				**0.966**								
6						0.866						
7				**0.966**		**0.902**						
8				0.866		0.945		0.866				
9												
10						0.945		0.966		0.866		
11						**0.902**		**0.958**		**0.874**		
12						0.866						0.866

（续）

Z / p	3	6	9	12	15	18	21	24	27	30	33	36
13								**0.958**		**0.936**		**0.870**
14								0.966		0.951		0.902
15												0.966
16								0.866		0.951		0.945
17										**0.936**		**0.956**
18												
19										**0.874**		**0.956**
20										0.866		0.945
21												0.966
22												0.902
23												**0.870**
24												0.866

对比表 5-7 和表 5-8，对于同一个 $Z/2p$ 组合，连接为双层绕组时电动势的分布效应比连接为单层绕组要大一些，绕组的分布系数较低，总的绕组系数也较低。上述的【例 5-1】，连接为单层绕组时，绕组系数是 0.966，连接为双层绕组时，绕组系数是 0.933，两者之比为 1.035。但是，如果希望反电动势波形更接近正弦波，例如需要正弦波驱动的电机，宜采用双层绕组。

单层和双层集中绕组的比较参见第 11 章表 11-1。一般而言，对于同一个 $Z/2p$ 组合电机，单层绕组比双层绕组有较大电感，这特别是对高速电机运行是不利的。而且，与双层集

表 5-8　三相分数槽集中绕组 Z/p 组合的双层绕组绕组系数值

Z / p	3	6	9	12	15	18	21	24	27	30	33	36
1	**0.866**											
2	**0.866**	0.866										
3			0.866									
4		0.866	**0.945**	0.866								
5			**0.945**	**0.933**	0.866							
6			0.866			0.866						
7				**0.933**	**0.951**	**0.902**	0.866					
8				0.866	**0.951**	0.945	**0.890**	0.866				
9									0.866			
10					0.866	0.945	**0.953**	0.933	**0.877**	0.866		
11						**0.902**	**0.953**	**0.949**	**0.915**	**0.874**	0.866	
12						0.866			0.945			0.866
13							**0.890**	**0.949**	**0.954**	**0.936**	**0.903**	**0.867**
14							0.866	0.933	**0.954**	0.951	**0.928**	0.902
15									0.945			0.933
16								0.866	**0.915**	0.951	**0.954**	0.945
17									**0.877**	**0.936**	**0.954**	**0.953**
18									0.866			
19										**0.874**	**0.928**	**0.953**
20										0.866	**0.903**	0.945
21												0.933
22											0.866	0.902
23												**0.867**
24												0.866

注：黑体字的组合是单元电机组合。

中绕组相比，单层绕组的端部伸出约大一倍，总用铜量有所增加，绕组总电阻也会稍大。此外，它们的电枢反应磁场不同，与双层集中绕组相比，单层集中绕组通常有较多的电枢反应磁动势（MMF）谐波，易产生较大的振动和噪声，并引起转子铁损耗增加，参见下一节和第 8 章 8.8 节分析。

有文献对一台 12 槽 10 极电机单层和双层集中绕组的转矩脉动进行比较分析，由于磁动势谐波成分的影响使得单层绕组转矩脉动较大。对于表贴式（SPM）电机转矩脉动增加约 37%，对于内置式（IPM）电机增加约 87%。较小气隙电机谐波成分的影响较大。

综上所述，一般用途的无刷直流电机宜采用双层集中绕组。

5.3.2　定子磁动势谐波与转子涡流损耗

过去，无刷直流电机转子内的磁通密度认为是不变的，其上的涡流损耗通常被忽略。实际上，与整数槽绕组电机相比，分数槽绕组电机通电绕组产生更多空间谐波和时间谐波磁动势。从磁动势（MMF）角度看，有效转矩也就是空间谐波磁动势和永磁转子磁场相互作用产生的。例如，$Z/p=12/5$ 的集中绕组电机，就是 5 次空间谐波磁动势和永磁转子磁场相互作用产生有效转矩的。其他相对于转子的正向或反向旋转谐波磁动势作用下将会在转子产生涡流并造成损耗，使转子永磁体温度上升，甚至引起退磁。钕铁硼永磁的电阻率相对较低，特别是在多极电机，高速电机，这个问题会显露出来。

图 5-7 是一台四极无刷电机的磁动势谐波分析图，其中图 5-7a 中 $Z/2p=12/4$，$q=1$ 整数槽绕组；图 5-7b 中 $Z/2p=6/4$，$q=0.5$ 分数槽双层绕组；图 5-7c 中 $Z/2p=6/4$，$q=0.5$ 分数槽单层绕组。从图可见，整数槽绕组只含有 1，5，7，11…奇数的磁动势谐波，而集中绕组的磁动势谐波含量增大，包含有奇数和偶数的谐波。其中，单层绕组还含有次谐波，如图中显示出1/2次谐波，它的幅值比基波的还高。

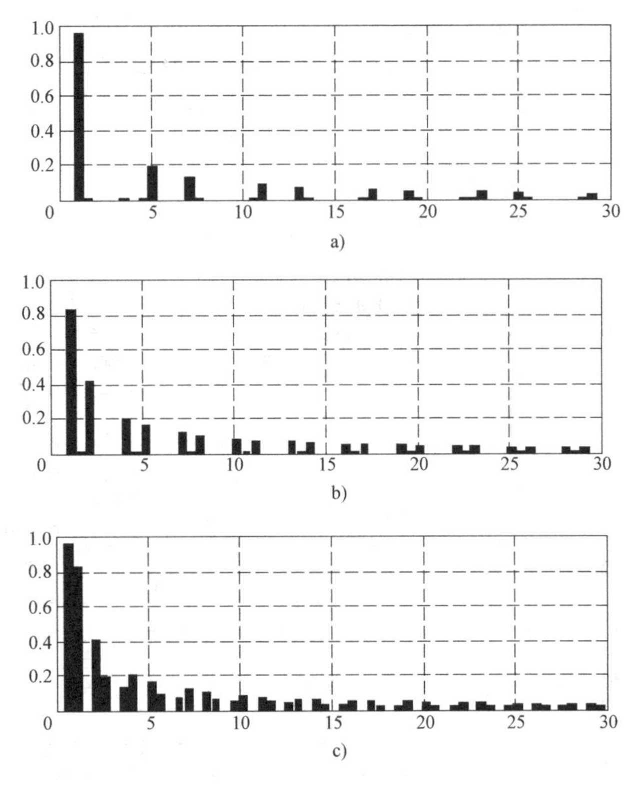

图 5-7　MMF 谐波分析

a）$q=1$ 双层绕组　b）$q=0.5$ 双层绕组
c）$q=0.5$ 单层绕组

参考文献［9］分析了表面安装磁片分数槽无刷电机由于电枢反应磁场在转子永磁体产生的附加涡流损耗。该电机转子外径 27.5mm，铁心长 50，气隙 1，槽口宽 2，有相同的槽极数组合：槽数 12，极数 10，以有限元法分析对比在双层绕组和单层绕组不同转速时的附加涡流损耗，分析结果见表 5-9。从表可见，随着转速上升转子涡流损耗快速增大；单层绕组电机的转子涡流损耗约为双层绕组电机的两倍。

表 5-9　12/10 槽极数组合的转子涡流损耗计算结果

转速/(r/min)	400	800	1200	1600
双层绕组涡流损耗/W	1.32	5.27	11.85	21.07
单层绕组涡流损耗/W	2.94	11.57	26.43	46.99

参考文献［10］对一种直线无刷电机在几种不同槽极数组合下磁极衬铁因磁动势谐波产生的涡流损耗进行分析，计算结果归纳于表 5-10。从表可见：和整数槽绕组相比较，分数槽绕组的涡流损耗明显增大；对于同一槽极数组合，单层绕组的涡流损耗明显大于双层绕组。而且，例如 12/14 和 12/10 比较，它们的槽数相同，磁动势谐波是一样，但由于极数的增加使感应涡流频率增加，涡流损耗也随之增加。此外，由该表也可对不同槽极数组合涡流损耗差别有大致的了解。

表 5-10　几种槽极数组合的涡流损耗计算结果

	单元电机 $Z_0/2p_0$	q	涡流损耗/W
整数槽		1	11
分数槽双层绕组	3/2	1/2	102
	3/4	1/4	392
	9/8	3/8	415
	9/10	3/10	849
	12/10	2/5	911
	12/14	2/7	1393
分数槽单层绕组	3/2	1/2	7606
	3/4	1/4	15969
	12/10	2/5	11249
	12/14	2/7	11769

在图 5-8 和图 5-9 给出 $Z/2p$ 为 48/40 和 51/50 双层绕组的 MMF 谐波分析两个例子，该例子表明，Z 为奇数的 51/50 分数槽绕组，由于绕组的不平衡（见下面第 5.3.4 节分析），呈现更多的 MMF 谐波。

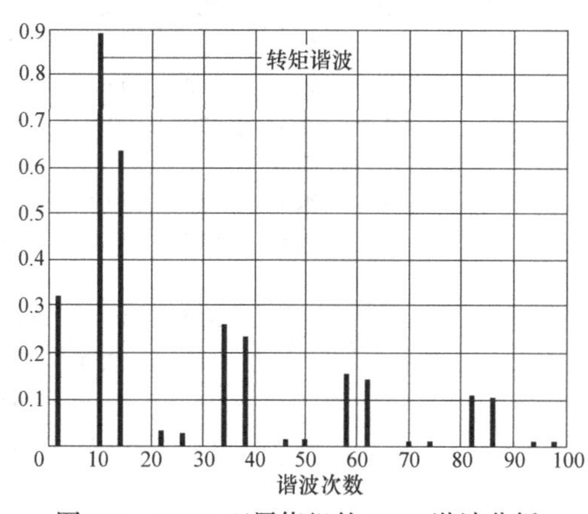

图 5-8　48/40 双层绕组的 MMF 谐波分析

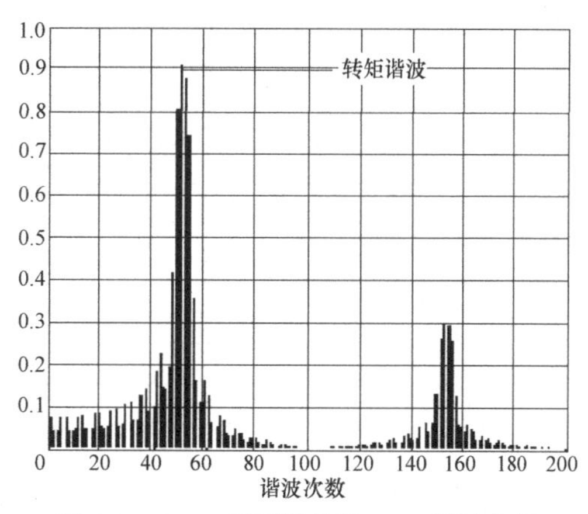

图 5-9　51/50 双层绕组的 MMF 谐波分析

5.3.3　齿槽组合的 LCM 值与齿槽转矩的关系

分析表明，无刷直流电动机的基波齿槽转矩次数 γ 跟定子槽数 Z 和极数 $2p$ 的最大公约数（HCF）和最小公倍数（LCM）有关：

$$\gamma = 2pZ/\mathrm{HCF} = \mathrm{LCM}$$

即转子每一转出现的齿槽转矩基波次数等于定子槽数 Z 和极数 $2p$ 的最小公倍数（LCM）。通常认为，齿槽转矩基波次数越大，其幅值就越小。所以，宜选择最小公倍数较大的定子槽数 Z 和极数 $2p$ 组合。

表 5-11 给出三相分数槽集中绕组 $Z/2p$ 组合的 LCM 值。表中黑体字对应的是单元电机组合。由单元电机的定义，其槽数 Z 和极数 p 是无公约数的，所以它的 $\mathrm{LCM}=2p_0Z_0$（Z_0 为奇数），或 p_0Z_0（Z_0 为偶数）。对于有相同 Z 的电机，选取表中黑体字对应的是单元电机组合将有较大的 LCM，从而，和同一个 Z 列的组合相比较，它们会有更低的齿槽转矩。可利用表 5-11 对拟选择的 $Z/2p$ 组合的齿槽转矩强弱作初步评估。从表可见，分数槽集中绕组中，$q=1/2$ 的组合（$Z_0/2p_0=3/2$）和 $q=1/4$ 的组合（$Z_0/2p_0=3/4$），它们的 LCM 值较低。而 $Z/2p=9/8$，9/10，12/14，15/16 等组合有较高的 LCM 值，这意味着它们会有较低的齿槽转矩。

表 5-11　三相分数槽集中绕组无刷直流电动机 $Z/2p$ 组合的 LCM 值

2p \ Z	3	6	9	12	15	18	21	24	27	30	33	36
2	**6**											
4	**12**	12										
6			18									
8		24	**72**	24								
10			**90**	**60**	30							
12			36			36						
14				**84**	**210**	**126**	42					
16				48	**240**	144	**336**	48				
18									54			
20					60	180	**420**	120	**540**	60		
22						**198**	**462**	**264**	**594**	**330**	66	
24						72			216			72
26							**546**	**312**	**702**	**390**	**858**	**468**
28							84	168	**756**	420	**924**	252
30									270			180
32								96	**864**	480	**1056**	288
34									**918**	**510**	**1122**	**612**
36									108			
38										**570**	**1254**	**684**
40										120	**1320**	360
42												252
44											132	396
46												**828**
48												144

在表 5-12，给出几个不同槽极数电机实例的分析结果，显示它们的 LCM 值和齿槽转矩关系。表中 ΔT_c 是齿槽转矩峰值与额定转矩之比。这几个电机的槽极数数字相近，但由于选择的槽极数组合不同，它们 LCM 值的变化，使齿槽转矩有数量级的差别。

表 5-12　LCM 与齿槽转矩相关的例子

Z	$2p$	Z_0/p_0	t	q	LCM	ΔT_c(%)
72	60	12/5	6	2/5	360	1.4
72	64	9/4	8	3/8	576	0.3
60	64	15/8	4	5/16	960	0.03
66	64	33/16	2	11/32	2112	0.003

在设计集中绕组无刷直流电机选取 Z/p 组合时，我们期望所选取的 Z/p 组合有较高绕组系数又有较低齿槽转矩，为此，按照表 5-3 的 Z/p 组合选择表，编制出表 5-13～表 5-15。表中给出部分三相分数槽集中绕组 Z/p 组合的双层绕组排列、最小公倍数 LCM 和绕组系数 K_w，以方便 Z/p 组合的分析对比选择，限于篇幅，这里只包含槽数 36 以内的 Z/p 组合。

表 5-13　部分三相分数槽集中绕组双层绕组排列表——Z 为奇数的单元电机

定子槽数 Z	转子极对数 p	双层绕组排列表	最小公倍数 LCM	绕组系数 K_w
3	1*,2*	ABC	6,12	0.866
9	4*,5*	AaABbBCcC	72,90	0.945
15	7*,8*	AaAaABbBbBCcCcC	210,240	0.951
21	10*,11*	AaAaAaABbBbBbBCcCcCcC	420,462	0.953
	8,13	ABbcabBCAabcaABCcabcC	336,546	0.890
27	13*,14*	AaAaAaAaABbBbBbBbBCcCcCcCcC	702,756	0.954
	11,16	ABbcCAabBCAabBCcaABCcaABbcC	594,864	0.915
	10,17	ABCcabcCABCAabcaABCABbcabBC	540,918	0.877
33	16*,17*	AaAaAaAaAaABbBbBbBbBbBCcCcCcCcCcC	1056,1122	0.954
	14,19	AaABbcCAabBCcCAabBCcaABbBCcaABbcC	924,1254	0.928
	13,20	ABbcaABbcaABCcabBCcabBCAabcCAabcC	858,1320	0.903

注：1. 绕组排列栏中，大写字母表示正绕，小写字母表示反绕。
2. 有*的组合存在不平衡径向磁拉力问题，不推荐使用。

表 5-14　部分三相分数槽集中绕组双层绕组排列表——Z 为偶数的单元电机

定子槽数 Z	转子极对数 p	双层绕组排列表	最小公倍数 LCM	绕组系数 K_w
12	5,7	AabBCcaABbcC	60,84	0.933
18	7,11	ABbcaABCcabBCAabcC	126,198	0.902
24	11,13	AaAabBbBCcCcaAaABbBbcCcC	264,312	0.949
30	11,19	ABCcabcaABCABbcabcCABCAabcabBC	330,570	0.874
	13,17	AaABbcCcaABbBCcaAabBCcCAabBbcC	390,510	0.936
36	17,19	AaAaAabBbBbBCcCcCcaAaAaABbBbBbcCcCcC	612,684	0.953
	13,23	ABCcabcabBCABCAabcabcCABCABbcabcaABC	468,828	0.867

表 5-15　部分三相分数槽集中绕组双层绕组排列表——多个单元电机组成的 Z/p 组合

定子槽数 Z	转子极对数 p	双层绕组排列表	对应单元电机 Z_0/p_0	单元电机个数 t	最小公倍数 LCM	绕组系数 K_w
6	2 4	ABCABC	3/1 3/2	2	12 24	0.866
9	3 6	ABCABCABC	3/1 3/2	3	18 36	0.866
12	4 8	ABCABCABCABC	3/1 3/2	4	24 48	0.866
18	8 10	AaABbBCcCAaABbBCcC	9/4 9/5	2	144 180	0.945
24	10 14	AabBCcaABbcCAabBCcaABbcC	12/5 12/7	2	120 168	0.933
27	12 15	AaABbBCcCAaABbBCcCAaABbBCcC	9/4 9/5	3	216 270	0.945

(续)

定子槽数 Z	转子极对数 p	双层绕组排列表	对应单元电机 Z_0/p_0	单元电机个数 t	最小公倍数 LCM	绕组系数 K_w
30	14 16	AaAaABbBbBCcCcCAaAaABbBbBCcCcC	15/7 15/8	2	420 480	0.951
36	16 20	AaABbBCcCAaABbBCcCAaABbBCcCAaABbBCcC	9/4 9/5	4	288 360	0.945
	15 21	AabBCcaABbcCAabBCcaABbcCAabBCcaABbcC	12/5 12/7	3	180 252	0.933
	14 22	ABbcaABCcabBCAabcCABbcaABCcabBCAabcC	18/7 18/11	2	252 396	0.902

5.3.4 Z为奇数的齿槽组合与UMP问题

观察表5-8和表5-11发现，与Z为偶数的Z/p组合相比，Z为奇数的Z/p组合更有优势：有较多的选择机会，有较高绕组系数，有较大LCM，即齿槽转矩较小。但是，Z为奇数的Z/p组合不推荐使用，因为它们存在不平衡径向磁拉力（UMP）问题。

表5-13是Z为奇数单元电机双层绕组排列表，注意表中有 的组合，它们是符合$Z_0=2p_0\pm1$的基本组合。观察表5-13绕组排列发现，这些有 组合的绕组排列有相同规律：沿着电机气隙圆周360°分为三个区，每相线圈集中到约120°的一个区内。这样，对每一相绕组来说，在气隙圆周上的分布是偏向一边的，不平衡的。

在径向磁场电动机气隙中，电磁效应产生的切向力、径向力和磁致伸缩力都会引起电磁噪声。切向力产生定子和转子之间的有用电磁转矩。而径向力是在定子和转子之间的吸引力，磁致伸缩力在磁场的方向对铁心的拉伸力。径向力是径向磁场永磁电动机电磁噪声的主要来源。在电机运转时，偏置的相绕组产生偏置的定子电枢反应磁场，它和在气隙中永磁转子产生的磁场合成为不平衡的合成磁场，产生不平衡的径向磁应力，称为不平衡径向磁拉力（UMP）。随着电机的换相，这种不平衡径向磁拉力是旋转的，每经过一个电气换相周期（6个状态），不平衡径向磁拉力旋转一周，其频率为电动机转子旋转频率的p倍，引起电机高频振动和噪声。如果转子在机械上还存在偏心，振动和噪声将加剧。

举例来说，参考文献［8］针对一台$Z/2p=15/14$电机用有限元法得到电机通电时的径向磁拉力分布图（见图5-10），显示出明显的不平衡的径向磁拉力，会引起定子（和转子）的单

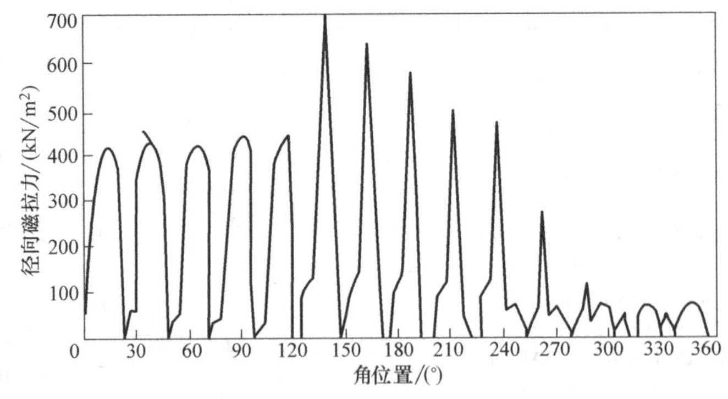

图5-10 $Z/2p=15/14$的径向磁拉力分布

向偏移。所以该文认为：不宜选取那些槽数和极数接近而槽数是奇数的组合，如 $Z/2p=9/8$，15/14，21/22 等。

为了解决这个问题，可考虑采取如下措施：

1. 优化电机设计参数，降低 UMP 和它的影响

例如，为设计高性能硬盘，解决原先采用的 9/8 组合的硬盘主轴电动机不平衡磁拉力引起振动和径向跳动已经变得十分迫切。参考文献［11］提出降低 UMP 引起振动的坚固设计方法。通过优化电机设计参数，使 UMP 影响减到最少。并注意提高制造质量，降低如槽口制造偏差，和减少由于磁钢磁化工装和磁化过程引起转子磁通密度分布的不平衡。

日本东方马达株式会社在开发小型无刷直流电机时，对比了几种 9 槽电机方案，指出 $Z/2p=9/8$ 和 9/10 方案在绕组系数和齿槽转矩方面有较高性能，但是它们会产生径向不平衡电磁力，可能产生严重的振动和噪声。采用有限元法分析结果，运行时径向不平衡电磁力变化频率是转子旋转频率的 p 倍，发现在相同电磁转矩条件下 9/8 电机产生的径向不平衡电磁力比 9/10 电机产生的径向不平衡电磁力大许多，约 4 倍。该公司在 42mm 机座号小型无刷电机新产品中改用了 9/10 槽极配合方案。并且在电子驱动器采用了正弦波驱动方式，进一步降低电机的振动和噪声[12]。

2. 改为采用 Z 为偶数的槽极组合

著名硬盘制造商昆腾公司早在 1997 年就发现，过去它们的硬盘无刷电动机采用的 9/8 组合存在不平衡径向磁拉力（UMP）问题，影响硬盘机性能的提高。昆腾公司将他们的硬盘无刷电动机方案改换为 12/10 组合，以提高硬盘机工作的平稳性，并申请了美国专利[13]。

应当指出，上述关于 Z 为奇数的 Z/p 组合存在不平衡径向磁拉力（UMP）问题，只是对于单元电机数 $t=1$ 的组合（即表 5-13 中带 * 的组合）才存在。所以，可采取下面两个途径回避不平衡径向磁拉力问题：

（1）选择多个单元电机组合

对于表 5-13 中带 * 的 Z_0 为奇数的单元电机，如果取单元电机数 $t\geqslant 2$，对应的 Z/p 组合并不存在不平衡径向磁拉力（UMP）问题。例如 $Z/p=18/10$ 组合，它由两个 9/5 组合单元电机组成，即 $t=2$，参见表 5-15，绕组分布没有不平衡问题。这样，可参见表 5-3，选择那些单元电机是 9/4，9/5，15/7，15/8，21/10，21/11…的组合。这些组合由于其单元电机的 Z_0 为奇数，具有较高绕组系数，较大 LCM，较小齿槽转矩的优点。表 5-12 给出了这样的例子，第 1 和第 2 行有相同槽数，极数也相近，9/4 的单元电机是 Z_0 为奇数的组合，则有较小的齿槽转矩。绕组系数方面，$Z_0/p_0=12/5$ 的 $K_w=0.933$，而 $Z_0/p_0=9/4$ 的 $K_w=0.945$，稍大。

（2）选择非基本组合的其他组合

带 * 的组合是 Z 为奇数的 Z/p 组合中的基本组合，即符合 $Z_0=2p_0\pm 1$ 的组合，如表5-3 所示，对于 $Z\geqslant 21$，槽数 Z 为奇数的每个 Z 列中，除了两个基本组合外，还有其他的 Z/p 组合可以选择。虽然它们的绕组系数不如基本组合高，但绕组分布已不存在不平衡径向磁拉力问题。参见表 5-13，如 21/8，21/13，27/10，27/11，27/16，27/17，33/13，33/14，33/19，33/20…可选取使用。我国电动自行车用无刷直流电机中最常用的 51/23 槽极数组合属于这样的成功实例。

5.3.5　负载下的纹波转矩

降低永磁电机转矩波动在精确的转速和位置控制系统是一个十分关注的问题。

如果永磁电机的绕组反电动势和电流波形都是正弦的，将获得平滑的转矩，没有转矩波动。理想情况是电机的空载气隙磁通密度是正弦分布，定子绕组沿气隙也是正弦分布的。分数槽集中绕组虽然绕组感生的电动势有可能接近正弦波，但由于其极数和槽数很接近，绕组分布远不是正弦的，定子磁动势包含丰富的谐波，从而产生齿槽转矩和动态转矩波动问题。齿槽转矩是由于气隙磁导变化产生。而负载时，定子磁动势谐波与转子磁场谐波相互作用产生纹波转矩，它汇同齿槽转矩产生电机的转矩波动。此外，如果存在磁路磁阻不均衡，还可能产生磁阻转矩，增加电机的转矩波动。

一般而论，降低电机转矩波动从改进电机设计和改变驱动器电流波形两个方面着手解决。

学者 P. Salminen 研究了几种齿槽组合下集中绕组电机的纹波转矩，指出合适的磁极宽和槽口宽可以明显降低电机的纹波转矩[14]。其研究对象是一个低速 400r/min 目标样机，分别采用槽数为 36、24、18、12，$q=0.5\sim0.25$ 几种不同组合，在电流驱动模式下工作，以有限元分析法计算额定工作点时的纹波转矩。主要研究结果归纳于表 5-16 中。该表中，极弧比是实际磁极极弧与极距之比，槽口宽比是实际槽口宽与槽距之比，纹波转矩比是纹波转矩峰-峰值和额定转矩之比。表中给出各组合在其合适的磁极宽和槽口宽下的最低纹波转矩比。研究结果表明：

1）几种不同组合的纹波转矩比较，$q=0.5$ 较大，0.25 次之，q 在 0.33 附近（即基本组合附近）有较低的纹波转矩。

表 5-16　几种齿槽组合集中绕组电机的最低纹波转矩

Z	$2p$	q	半闭口槽			开口槽	
			磁极极弧比	槽口宽比	纹波转矩比(%)	磁极极弧比	纹波转矩比(%)
12	8	0.5	0.71	0.08	11	0.77	13
24	16	0.5	0.7	0.09	3.2	0.77	3.82
36	24	0.5	0.7	0.09	10	0.78	2
18	14	0.429	0.66,0.56	0.07	5	0.81	1.2
12	10	0.4	0.82	0.08	2.5	0.87,0.72,0.55	2.5
24	20	0.4	0.84,0.66	0.09	1.72	0.89,0.71	1.7
36	30	0.4	0.7	0.09	1	0.7	1.5
24	22	0.364	0.56	0.09	1.9	0.753	0.25
24	26	0.308	0.9	0.09	4.2	0.81	0.3
12	14	0.286	0.91	0.08	3.5	0.76	1.5
24	28	0.286	0.82,0.63	0.09	1.6	0.75,0.71	0.8
36	42	0.286	0.69	0.09	1	0.9	0.6
12	16	0.25	0.67,0.60	0.08	4	0.75	3.5

2）在同一个组合，额定转矩时的纹波转矩比齿槽转矩大。

3）在同一个组合，纹波转矩和齿槽转矩都随极弧比变化而变化，但最低纹波转矩的极弧比和最低齿槽转矩的极弧比并不一致。图 5-11 是 12/14 组合的例子，最低齿槽转矩的极弧比是 0.52、0.69、0.86，而最低纹波转矩的极弧比是 0.91。

4）值得注意的是，大多数组合在开口槽时比在半闭口槽时有更低的纹波转矩。而通常认为，小槽口有利于降低齿槽转矩。

5）相同 q 的组合中，大多数情况下，槽数越多（即单元电机数 t 越大），纹波转矩比越低。

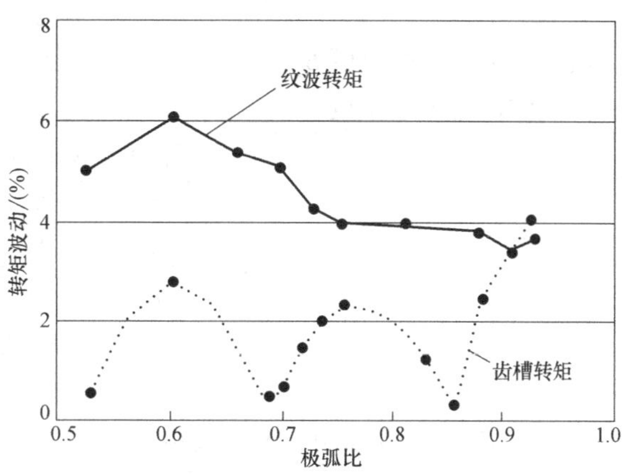

图 5-11　12/14 组合的纹波转矩和齿槽转矩与极弧比关系

美国 KOLLMORGEN CORPORATION 的 Industrial Drives Division 是国际上著名伺服电机和系统生产商。它的一个关于永磁无刷电动机的国际专利中[15]，涉及了低速大转矩无刷伺服电机，选择最佳槽极数组合获得低转矩波动和高效转矩。它将总谐波失真 THD 作为评价定子磁动势谐波和纹波转矩指标。在其专利附表中给出极数在 10～124 部分槽极数组合的绕组短距系数 K_p、THD 值，可以参考。$Z/2p=30/38$ 是文中给出的实例。在表 5-17 给出几个与它相近组合的对比，其中三个同是 38 极的组合，一个是槽数同为 30 的组合。表中的 THD 和 K_p 取自该专利的附表，K_w 和 LCM 取自本文表 5-8 和表 5-11。从此表数据对比可见，该公司选择 30/38 组合主要是看重其 THD 较低，因为低速无刷伺服电机对低转矩波动有较高的要求。

表 5-17　30/38 组合与相近组合的对比

$Z/2p$ 组合	30/34	30/38	33/38	36/38
THD	0.1543	0.1390	0.1453	0.1931
K_p	0.9781	0.9315	0.9718	0.996
K_w	0.936	0.874	0.928	0.953
LCM	510	570	1254	684

5.3.6　成对槽极数组合、槽极数比的选择

如上所述，集中绕组单元电机的槽极数组合总是成对出现的，它们有下式所示的关系：

$$Z_0=2p_0\pm N$$

对于相同的 N，同一个槽数 Z_0 的铁心，两种极数 $2p_0$ 下有相同的绕组系数。设计时对于极数 $2p_0$ 有两种选择：是取槽数大于极数方案？还是槽数小于极数方案？例如，一台 12 槽定子电机可选择 $2p_1=10$ 极和 $2p_2=14$ 极，取极数少还是极数多好？为此，作如下分析：

1. 定子铁损耗比较分析

定子铁损耗指齿部和轭部铁损耗，通常人们乐意取极数较少的方案，因为定子铁心的工作频率较低对减少定子铁损耗有利。工作频率按下式计算：

$$f=\frac{pn}{60}。$$

但是，以齿部铁损耗为例分析，铁损耗与磁通密度和工作频率有如下关系：

$$P \equiv B_Z^2 f^{1.3}$$

设气隙磁通密度幅值 B_m 相同，采用同一个定子铁心，分别计算极数少（$2p_1$）和极数多（$2p_2$）时的齿部磁通密度：

$$B_{Z1}=\frac{B_{av1}\tau_z}{b}=\frac{K_1B_m\tau_z}{b}=\frac{K_1B_m}{b}\frac{\pi D}{Z}$$

$$B_{Z2}=\frac{B_{av2}\tau_p}{b}=\frac{K_2B_m\tau_p}{b}=\frac{K_2B_m}{b}\frac{\pi D}{2p_2}$$

$$\frac{B_{Z1}}{B_{Z2}}=\frac{K_1}{K_2}\frac{2p_2}{Z}$$

式中，b 为齿宽；τ_z为齿距；τ_p为极距；D 为气隙直径；B_m为气隙磁通密度幅值；B_{av}为气隙磁通密度平均值；K_1 和 K_2 分别是两种情况下的气隙磁通密度平均值与气隙磁通密度幅值之比的系数，它们和气隙磁通密度的分布波形有关。

【例 5-3】　槽数 $Z=12$，选择 $2p_1=10$ 和 $2p_2=14$ 。图 5-12 是 $2p<Z$ 和 $2p>Z$ 的齿部磁通密度比较示意图，表示此时的齿和磁极相对位置齿部磁通密度最大，在忽略漏磁假定条件下比较齿部磁通密度大小。

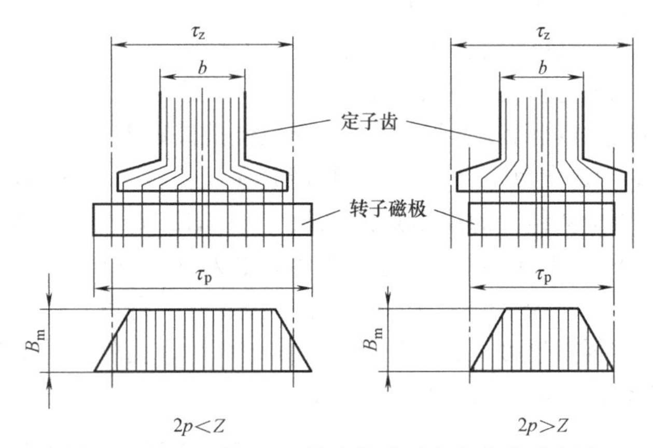

图 5-12　$2p<Z$ 和 $2p>Z$ 的齿部磁通密度比较示意图

1）设气隙磁通密度分布为 120°梯形波，有

$$K_1=0.95$$

$$K_2=\frac{150°}{180°}=0.8333$$

$$\frac{B_{Z1}}{B_{Z2}}=\frac{K_1}{K_2}\frac{2p_2}{Z}=\frac{0.95}{0.8333}\frac{14}{12}=1.330$$

在同一转速情况下，齿部铁损耗比：

$$\frac{P_1}{P_2}\equiv\left(\frac{B_{Z1}}{B_{Z2}}\right)^2\left(\frac{f_1}{f_2}\right)^{1.3}=1.33^2\left(\frac{10}{14}\right)^{1.3}=1.7689\times0.6457=1.142$$

2）设气隙磁通密度分布为 90°梯形波，有

$$K_1=\frac{150°+120°\times2}{150°\times3}=\frac{13}{15}=0.867$$

$$K_2=\frac{135°}{180°}=0.75$$

$$\frac{B_{Z1}}{B_{Z2}}=\frac{K_1}{K_2}\frac{2p_2}{Z}=\frac{0.867}{0.75}\frac{14}{12}=1.348$$

$$\frac{P_1}{P_2}\equiv\left(\frac{B_{Z1}}{B_{Z2}}\right)^2\left(\frac{f_1}{f_2}\right)^{1.3}=1.348^2\left(\frac{10}{14}\right)^{1.3}=1.8171\times0.6457=1.173$$

上述计算表明，10 极比 14 极的齿部磁通密度大许多，即使 10 极时工作频率低，但未能够抵偿齿部磁通密度的增加，总齿部铁损耗 10 极比 14 极大。

【例 5-4】　槽数 $Z=9$，选择 $2p_1=8$ 和 $2p_2=10$。

设气隙磁通密度分布为 120°梯形波，有

$$K_1=0.9167$$

$$K_2=0.8333$$

$$\frac{B_{Z1}}{B_{Z2}}=\frac{K_1}{K_2}\frac{2p_2}{Z}=\frac{0.9167}{0.8333}\frac{10}{9}=1.222$$

在同一转速情况下，齿部铁损耗比：

$$\frac{P_1}{P_2}\equiv\left(\frac{B_{Z1}}{B_{Z2}}\right)^2\left(\frac{f_1}{f_2}\right)^{1.3}=1.222^2\left(\frac{8}{10}\right)^{1.3}=1.4933\times0.7482=1.117$$

上述计算表明，齿部铁损耗 8 极比 10 极大。

看来，采用极数大于齿数有利。

2. 齿槽转矩的比较分析

前面提到，在比较齿槽转矩大小时常常按所选择的槽数 Z 和极数 $2p$ 的最小公倍数 LCM 评估。通常有较多极数的比较小极数的有较大的 LCM，随之有较小的齿槽转矩。

对于 12 槽电机，选择 $2p_1=10$ 极和 $2p_2=14$ 极的例子，有 $LCM_1=60$；$LCM_2=84$。

对于 9 槽电机，选择 $2p_1=8$ 极和 $2p_2=10$ 极的例子，有 $LCM_1=72$；$LCM_2=90$。

此外，如 5.3.4 节所述，当 Z 为奇数单元电机时，存在不平衡拉力问题。参考文献 [12] 分析比较 $Z/2p=9/8$ 和 9/10 两种情况的不平衡拉力，10 极明显低于 8 极，振动和噪声较低。

综合上述分析，成对出现的分数槽集中绕组电机槽极数组合宜选择极数大于槽数的组合。

5.3.7　大小齿结构的集中绕组电机

前面讨论的分数槽集中绕组电机定子的齿是均匀分布的。有一种特殊设计，将定子冲片的齿改为不均匀分布，大小齿相间，故又称为不等齿宽结构。并采用类似于均布齿单层绕组绕线方法，大齿绕线，小齿不绕线。参考文献 [16] 是笔者提出的这种专利设计。

无刷电机采用大小齿设计主要目的是最大限度地增加线圈磁链，增大线圈反电动势和提高电磁转矩。当绕线大齿的齿距达到接近转子极距，使线圈磁链最大，绕组的短距系数接近于 1，这样，相反电动势波形接近梯形波，以便更接近无刷直流电机理想的方式工作，有利于降低转矩波动，提高电机转矩密度。它类似于均布齿的单层绕组那样有高电感和低互感，更适用于容错应用。

从均布齿改为大小齿的同时，应保持一定的槽口宽度和保留相近的槽面积，使电流密度近似不变。由于大齿磁通增加，定子轭的厚度需要稍为增加。

并非所有的永磁无刷电机都可以实现不等齿宽设计。此技术只适用于槽数是 6 倍数的电

机，即原来的电机可以实现单层集中绕组的情况，并且槽数大于极数，即 $1/3<q\leqslant 1/2$ 的电机。此技术实际多用于 $q=1/2$（如 6/4 等）或 $q=2/5$（如 12/10 等）电机。它们采用大小齿结构时的相反电动势波形接近梯形波。而对 18/16 和 24/22 电机采用大小齿结构，相反电动势波形与均布齿差别不大，接近于正弦波。这是因为均布齿时的绕组的短距系数已经接近于 1（18/16，$q=3/8$，$K_p=0.985$；24/22，$q=4/11$，$K_p=0.991$），齿距与极距已经接近，采用大小齿结构作用不大了。

参考文献［17］研究了 12 槽 10 极电机的例子。图 5-13 和表 5-18 是三种电机结构和主要数据。电机 C 大齿齿距近似等于极距，有不等齿宽，轭部尺寸有所增大。在图 5-14 显示出电机 C 的反电动势波形更接近于梯形波，平顶部分加宽。作为对比，图中还给出 15 槽 10 极（$q=1/2$）电机的反电动势波形，其线反电动势波形很差。

在齿槽转矩方面，图 5-15 给出 15/10 均布齿、12/10 大小齿和均布齿的齿槽转矩。12 槽 10 极电机样机实测结果显示，大小齿结构电机齿槽转矩约为均布齿电机的 3 倍，这是大小齿结构电机的一个不足之处。但只是 15 槽 10 极电机（$q=0.5$）的一半。

在转矩波动方面，两相绕组通电 10A 静态转矩测试结果，大小齿电机回转一周的转矩波动好于均布齿。

表 5-18　三种电机主要数据比较

	电机 A（双层绕组）	电机 B（单层绕组）	电机 C（大小齿）
定子长/mm	50		
定子外径	100		
定子内径	57		
转子外径	49		
气隙	1		
磁片厚	3		
槽口	2		
槽面积/mm^2	192	192	172
槽满率	0.38	0.38	0.42
定子轭高	3.7	3.7	4.8
齿宽	7.1	7.1	9.5/6.4
相电阻/mΩ	300	350	360
自感/mH	3.03	4.64	4.94
互感/mH	-0.336	-0.002	-0.002

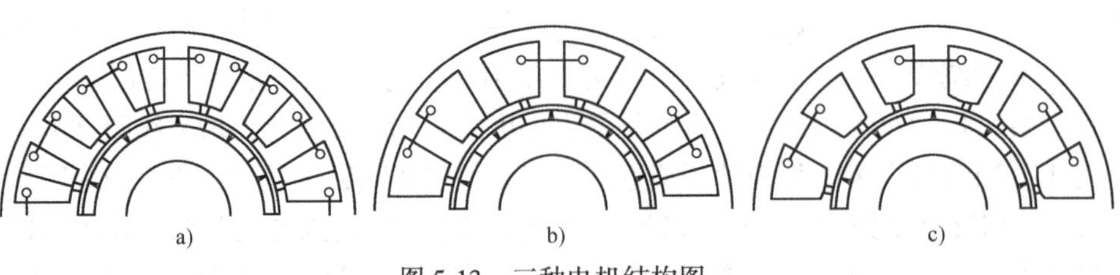

图 5-13　三种电机结构图

5.3.8　小结

在设计分数槽集中绕组使用表 5-3 三相无刷直流电机 Z/p 组合选择表中选取具体的槽极

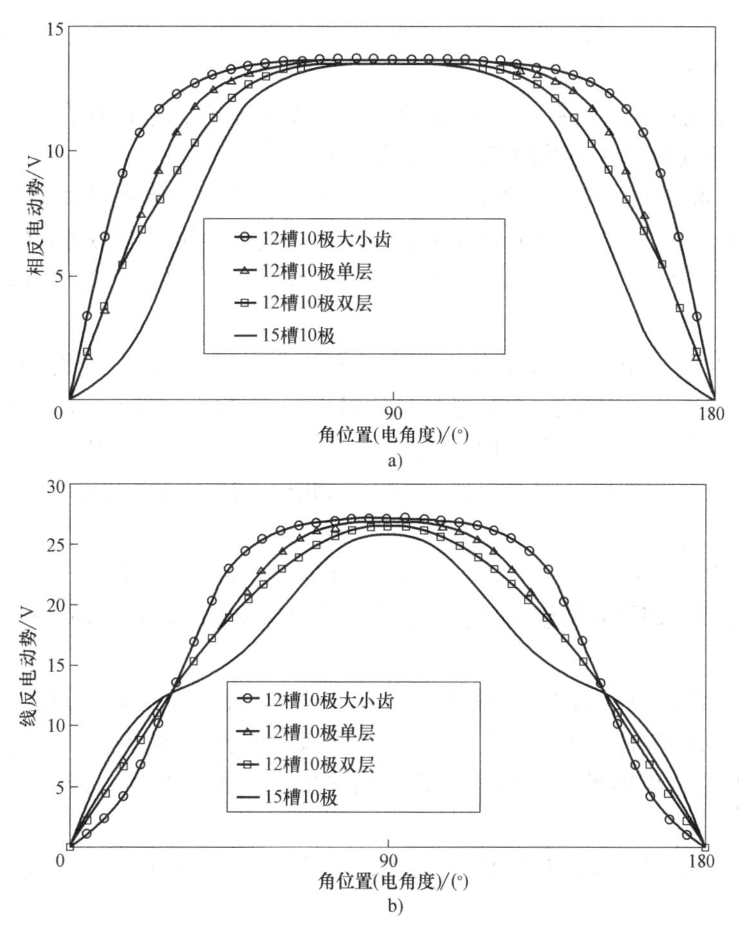

图 5-14　四种电机相反电动势和线反电动势分析波形

a）相反电动势　b）线反电动势

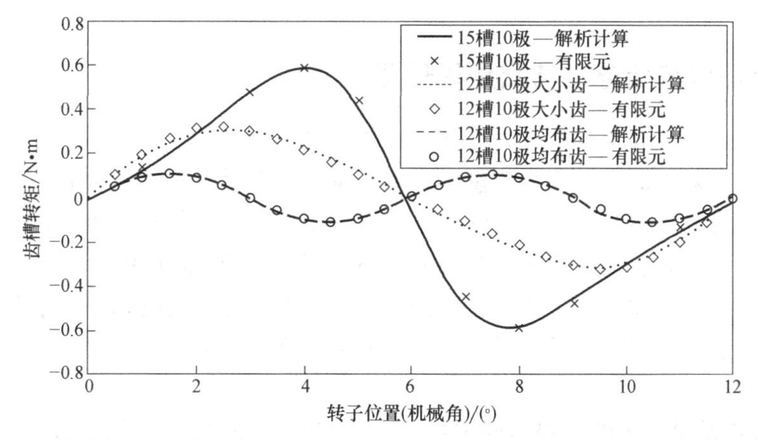

图 5-15　15/10 均布齿、12/10 大小齿和均布齿的齿槽转矩比较

数组合时，建议参考下面几点意见：

1）当 Z 为偶数时，可以连接成单层绕组，也可以连接成双层绕组。当 Z 为奇数时，不能连接成单层绕组，只能连接成双层绕组。和双层集中绕组相比，单层集中绕组通常有较多

的磁动势（MMF）谐波，易产生较大的振动和噪声，而且电阻和电感稍大，绕组端部较长。一般推荐采用双层绕组。

2）不推荐选用单元电机数 $t=1$ 且 Z 为奇数的基本组合，它们存在不平衡径向磁拉力（UMP）问题。但其余 Z 为奇数的组合可以选用。

3）利用表 5-8 查询三相分数槽集中绕组 Z/p 组合的双层绕组绕组系数。表中每个 Z 列，最上面的组合是 $q=1/2$，最下面的组合是 $q=1/4$，它们的绕组系数最低：0.866，中间位置是基本组合，q 在 1/3 附近，有最高绕组系数。从中间向两边变化，绕组系数呈现逐渐降低的变化。

4）如果特别关注电机的齿槽转矩，宜选择定子槽数 Z 和极对数 $2p$ 的最小公倍数（LCM）较大的组合。利用表 5-11 对拟选择的槽极数组合的齿槽转矩强弱作初步评估。一般，表中每个 Z 列，从中间向下，即 q 从 1/3 附近向 1/2 变化，LCM 逐渐增加。选取表中黑体字对应的是单元电机组合将有较大的 LCM，和同一个 Z 列的组合相比较，它们会有更低的齿槽转矩。

5）负载下纹波转矩比较，$q=1/2$ 较大，1/4 次之，q 在 1/3 附近（即基本组合附近）有较低的纹波转矩。相同 q 的组合中，大多数情况下，槽数越多（即单元电机数 t 越大），纹波转矩比越低。

6）与整数槽绕组电机相比，分数槽绕组电机通电绕组产生更多空间谐波和时间谐波的磁动势，是负载时产生转矩波动原因，而且谐波磁动势作用下将会在转子产生涡流并造成损耗。最好能够对拟选用的槽极数组合进行磁动势谐波分析，选择总谐波失真 THD 较低的组合。

7）采用大小齿结构与均布齿相比有较大绕组系数，反电动势波形较接近平顶波，但齿槽转矩较大。

5.4 分数槽绕组电动势相量图和绕组展开图

5.4.1 相量图和绕组电动势相量星形图

在电工学中，用以表示正弦量大小和相位的矢量叫相量。将同频率的一些正弦量相量画在同一个极坐标的复平面中，称为相量图。在相量图中表示各个正弦量的大小及它们之间的相位关系。通常为了方便起见，相量图中一般省略坐标轴而仅仅画出要代表的相量。

在分析电机绕组时，常常借助于电动势相量星形图，通常使用的是槽电动势相量星形图。槽电动势相量星形图中每个相量表示处于该槽线圈边感应的电动势大小及相位。这些槽电动势相量都是从原点出发，呈现星形形状，所以又称为星形图。

需要注意的是：

1）电动势相量星形图的前提是假定这些电动势是正弦量，但无刷直流电机的绕组电动势不完全是正弦的，除了基波外还有许多谐波。所以，这里的电动势相量可以理解为表示的是基波电动势。

2）对于多极电机，电动势相量星形图的角度是电角度，不是机械角度。每个相量的角度对应的是该电动势的相位。例如，相邻两个槽相量之间的角度表示这两个槽电动势之间的相位差，我们称之为槽距角 α，用电角度表示。冲片图中相邻两个槽之间的角度是机械角度，它等于 $360°/Z$，这里 Z 是槽数。一般，此机械角度乘以极对数 p 等于用电角度表示的槽距角。这样，槽距角 $\alpha=360°p/Z$。换句话说，相量是一个与时间有关的量，机械角度是空间量，有区别。

3）由于绕组磁动势相量星形图与电动势相量星形图有对应关系，所以也可用来表示磁动势相量星形图。

5.4.2　分数槽集中绕组电动势相量星形图

三相电机绕组展开图中表示了每一相绕组由哪几个线圈串联起来，每个线圈所在槽号位置和绕向。每个线圈，有时我们称为元件，它有两个线圈边。两个线圈边分别放在不同的两个槽内，这两个槽之间的距离，称为第一节距，或简称节距，用 y 表示。分数槽集中绕组是指 $y=1$ 的一种绕组形式。它的每个线圈绕在单个齿上。

在分析分数槽集中绕组的绕组展开图宜采用齿电动势相量星形图，而不用槽电动势相量星形图，这样要方便一些。齿电动势相量星形图中每个相量表示处于该齿上一个线圈感应电动势的大小及相位。

5.4.3　三相分数槽集中绕组电机绕组展开图画法步骤

1. 计算单元电机

设原电机槽数为 Z，极对数为 p，如果它们的最大公约数为 t，它的单元电机槽数为 Z_0，极对数为 p_0，有下面关系：$Z_0= Z/t$，$p_0=p/t$。

原电机是由 t 个单元电机组成的，我们下面只需要研究一个单元电机的电动势相量星形图和绕组展开图就可以。原电机就是 t 个单元电机的重复。

2. 单元电机的电动势相量星形图

在图中画出 Z_0 个均布相量星形，相邻两个相量之间夹角 α'等于 $360/Z_0$。

取其中任意一个相量为 1 号齿，如图 5-16，常取最上面的相量为 1 号齿。并习惯取顺时针方向为正相序方向。

由槽距角 $\alpha=360p_0/Z_0$，决定了 2 号相量的位置，如图 5-16 所示，显然有 $\alpha=p_0\alpha'$。这样也可以看成：从 1 号齿开始，顺时针方向数 p_0 个相量，就是 2 号相量的位置，再顺时针方向数 p_0 个相量，就是 3 号相量的位置……。就这样，得到单元电机的齿电动势相量星形图。这里的号就是对应的电机的齿号数。

示例：12 槽 14 极电机，$Z_0=12$，$p_0=7$，由于 12 和 7 无公约数，$t=1$，本身就是单元电机。它的电动势相量星形图如图 5-16。其中，相邻两个相量之间夹角 $\alpha'=360°/Z_0=360°/12=30°$，槽距角 $\alpha=p_0\alpha'=210°$。也可以看成从 1 号齿开始，顺时针方向数 7 个相量，就是 2 号相量的位置……，如此类推。

3. 相带的划分

对于三相电机，最常用的是 60°相带，即将 Z_0 个相量均分成 6 份。对于常用的双层绕组，将 Z_0 个线圈均分，每个相带有相等个数的线圈。我们可以用点画线均分。如图，6 个相带依次为 A，-C，B，-A，C，-B。每个相带有 2 个线圈，每相两个相带共有 4 个线圈。

本例，A 相的齿是 1，-2，-7，8。带负号的齿在-A 相带，表示这些线圈应当反绕。

相带划分不是唯一的，也可以取 1，6 号齿为 A 相带，等等。

如果 Z_0 是奇数，平均每相有奇数个线圈，同一相的两个相带包含的线圈数不等，分别叫大相带和小相带。

4. 画绕组展开图

知道了 A 相对应的齿是 1、-2、-7、8，绕组展开图就是将这 4 个线圈连接起来。先设定一种绕向为正绕向，例如，1 号和 8 号绕向设定反时针方向为正绕向，那么，2 号和 7 号绕向应为顺时针方向。至于先接哪个线圈原则上是没有关系的，可考虑实际操作方便灵活决定。如本例，C 相绕组是从-C 相带的-3 线圈开始，目的是使三相的出线端比较集中一些。

为了方便起见，在绕组展开图每个齿上标上 A，a，b，B……，实际就表示这个齿属于那个相带。这里小写的 a 就是-A 相带，b 就是-B 相带，……。按齿上标上的字母，就可以方便地画出线圈连接，或便于进行正确性检查。

最后，将三相绕组的尾（也可以是头）连接为中点，完成星形接法的三相绕组展开图（见图 5-17）。

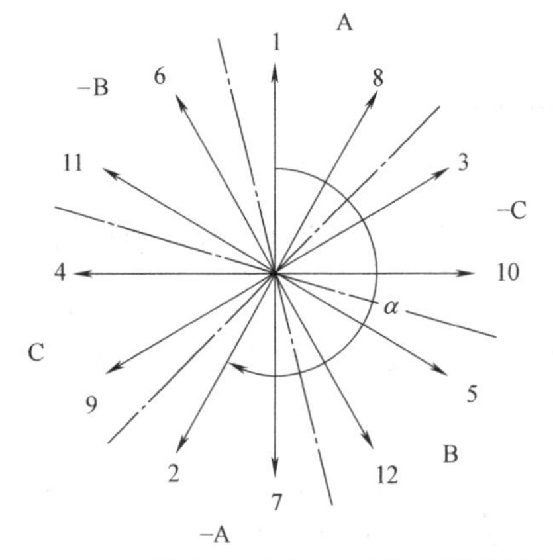

图 5-16　12 槽 14 极电机电动势相量星形图

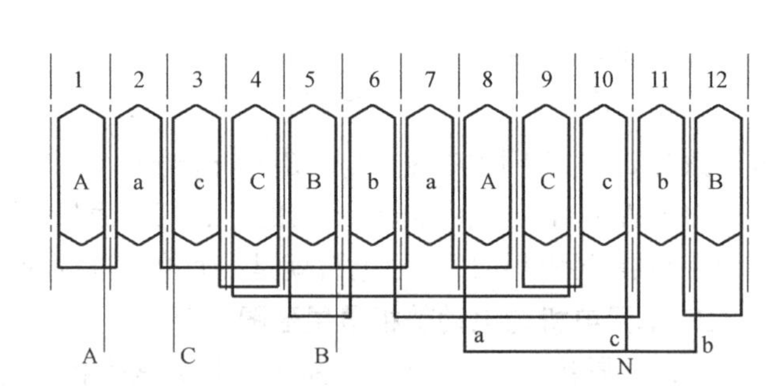

图 5-17　12 槽 14 极电机绕组展开图

5.5　多相绕组

交流电机驱动系统就相数选择而言，三相系统由于交流三相供电电网的缘故一直得到广泛的应用。然而随着现代电力电子技术和控制理论的发展，以电子逆变器供电的电机驱动系统不断增加，它们的相数选择不再受到供电电网相数的限制。特别在大功率、低直流电压供电场合，多相电机驱动系统比传统的三相电机驱动系统更显现优势。例如：

- 转矩波动的频率增加和幅度减少；
- 能够在电源电压和每相定子电流不增加条件下增加系统总功率，提高功率密度；
- 减少转子方的谐波电流和损耗；
- 降低直流母线电流谐波；
- 多相电机驱动更适合有容错性要求的应用。例如一台五相电机，每一相绕组有自己的半桥驱动，当一相或两相的绕组或半桥出现故障时，由于其余相还能够工作，电机仍然可以继续驱动负载机械运行。高可靠性是多相驱动器非常重要的特点。

近年，多相电机驱动系统特别是在舰船全电力推进、电动车辆、航空航天和军事等场合得到越来越多的关注和应用。但较多的相数需要更复杂的驱动器控制和更高的成本。

无刷直流电机是由电子换相器将直流电变换成交流电供电的电机，因此对电机相数可有多种选择，电子换相器的相数确定于电机的相数。长期以来，应用和分析得最多的还是三相电机。但多相电机在减少噪声和损耗，减少转矩脉动，提高效率等方面的突出优点，使得越来越多无刷直流电机转向多相设计。已采用的相数包括5相、6相、7相、9相、12相、15相等。其中，五相永磁无刷直流电动机逐渐获得应用，随之其研究工作得到重视。关于2相、4相、5相无刷直流电动机绕组连接和导通方式分析见第3章。

例如在电动汽车，利用多相多极电机的轮毂型永磁无刷直流电机系统，制作成高转矩低速电机可直接驱动机械系统，免除了电机到车轮传动过程中的减速和差速器齿轮减速器的机械损耗。多极电机有较小的磁轭，使体积和重量减少。电机极数受到永久磁铁尺寸和转子直径的限制，故考虑采用多相系统。

基于新一代DSP的控制器容易解决高性能运动系统控制的复杂性问题，为降低多相控制系统成本提供可能。DSP的微控制器，优于一般的单片机系统。实际上，高性能的DSP内核是高性能的驱动器需要执行复杂控制规律的理想器件。交流传动控制系统所需的一套完整的功能：包括传输功能、滤波算法和一些特殊的交流电机控制功能。状态空间的控制和生成所需的环路补偿和矩阵向量乘法是可以在几百微秒内完成。

本节就五相分数槽永磁无刷直流电动机的槽极数组合选择进行分析。下一节介绍一种六相无刷直流电动机分数槽绕组结构。

5.5.1　多相分数槽绕组的对称条件

如果分数槽绕组的 Z 和 p 有最大公约数 t，即

$$Z=Z_0t,\ p=p_0t$$

则

$$q=\frac{Z}{2mp}=\frac{Z_0}{2mp_0}$$

这样，我们称由 Z_0 和 p_0 组成的电机为单元电机，原电机由 t 个单元电机组成。原电机的绕组图是 t 个单元电机的组合。

设

$$q=\frac{Z_0}{2mp_0}=\frac{c}{d}$$

为了得到 m 相平衡对称绕组，必须有：$\dfrac{Z_0}{m}$=整数；（必要条件1）

为了使 Z_0 和 p_0 无公约数，必须有：$\dfrac{p_0}{m}\neq$整数。（必要条件2）

如果$\dfrac{Z_0}{2m}=c$，有 $d=p_0$；即 Z_0 为偶数，则 d 和 p_0 必为奇数。$\dfrac{d}{m}=\dfrac{p_0}{m}\neq$整数。

如果$\dfrac{Z_0}{m}=c$，有 $d=2p_0$，无论 p_0 是偶数或奇数，d 必为偶数。$\dfrac{d}{m}=\dfrac{2p_0}{m}\neq$整数，除 $m=2$ 外。

所以，在相数 $m\geqslant3$ 情况下，无论 d 为奇数或偶数，必须有 $\dfrac{d}{m}\neq$ 整数。

利用上面的多相绕组对称条件，并仿照三相分数槽电机分析方法，下面我们讨论五相分数槽单元电机 Z_0 和 p_0 组合选择的约束条件：

1）可选择的槽数 $Z_0=5K$，$K=1$，2，3，4…，即 $Z_0=5$，10，15，20，25…

2）可选择的极对数为 $p_0\neq5K$ 的其他自然数。

此外，还需按 Z_0/p_0 为真分数条件检查，进一步剔除一些组合。

在设计无刷电动机选择分数槽参数 Z 和 p 时，首先按上述约束条件选择单元电机 Z_0 与 p_0，然后，按需要选择参数 t（在自然数列 1，2，3…中选择），可得到 Z 和 p。

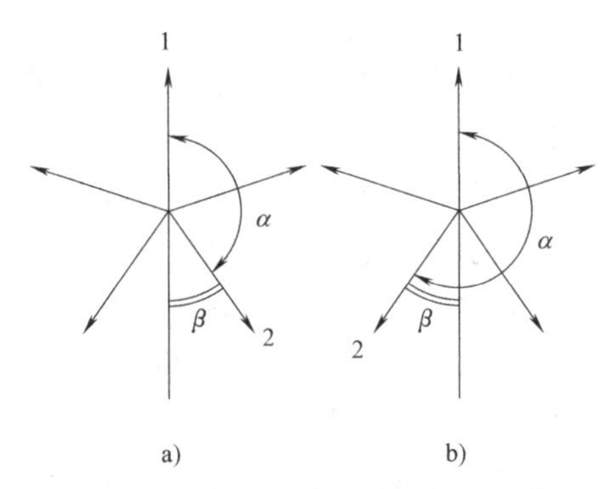

图 5-18 五相电机槽电动势相量星形图

a）$Z_0/2p_0=5/4$ b）$Z_0/2p_0=5/6$

5.5.2 五相分数槽集中绕组槽极数组合 $Z_0/(2p_0)$ 的分析

下面，我们借助槽电动势星形图对节距 $y=1$ 五相分数槽绕组集中绕组槽极数的约束条件进行分析，参见图 5-18。图 5-18a 和 b 分别表示槽极数比 $Z_0/2p_0=5/4$ 和 5/6 槽电动势星形图，是五相电机最简单的槽极数组合例子。图中，相邻两个槽电动势相量之间夹角称为 α'，有

$$\alpha'=360°/Z_0$$

绕在一个齿上线圈元件的第一元件边电动势相量为 1 号相量，在+Y 轴上，跨过槽距角 α 为第 2 元件边电动势相量，即 2 号相量。这两个相量之间的夹角表示两槽之间的夹角，即槽距角 α（电气角，度），有

$$\alpha=\frac{360°p_0}{Z_0}$$

它的补角 β，就是 2 号相量和−Y 轴之间夹角。绕组的短距系数 k_p 与补角 β 相关，可由下式计算：

$$k_p=\cos\frac{\beta}{2}$$

情况 1，类似于图 5-18a 情况：

$$\beta=180°-\alpha=180°-360°p_0/Z_0$$

得

$$Z_0-2p_0=\beta Z_0/180°$$

情况 2，类似于图 5-18b 情况：

$$\beta=\alpha-180°=360°\ p_0/Z_0-180°$$

得

$$2p_0-Z_0=\beta Z_0/180°$$

将两种情况归纳为一个表达式：

$$Z_0=2p_0\pm\beta Z_0/180°$$

再设 2β 为相邻两个槽电动势相量之间夹角 α' 角的整数倍，即 $2\beta=N\alpha'$，$N=1$，2，3…

表 5-19　五相无刷直流电动机分数槽集中绕组 $Z_0/2p_0$ 组合计算表（条件：$Z_0=2p_0\pm N$，$Z_0\geqslant 3N$）

$2p_0$ \ N	1	2	3	4	5	6	7	8	9	10	11	12	13	14	15	16	17	18	19	20	21	22
2																						
4	5/4																					
6	5/6																					
8		10/8																				
10																						
12		10/12	15/12																			
14	15/14					20/14																
16	15/16			20/16																		
18		20/18	15/18				25/18															
20					25/20					X												
22		20/22	25/22					30/22														
24	25/24			20/24		30/24					35/24											
26	25/26			30/26		20/26			35/26													
28		30/28	25/28				35/28					40/28										
30					25/30					X					X							
32		30/32	35/32				25/32	40/32					45/32									
34	35/34			30/34		40/34			25/34		45/34					50/34						
36	35/36			40/36		30/36			45/36					50/36								
38		40/38	35/38				45/38	30/38				50/38					55/38					
40					X					50/40					X							
42		40/42	45/42				35/42	50/42					55/42					60/42				
44	45/44			40/44		50/44			35/44		55/44					60/44						
46	45/46			50/46		40/46			55/46		35/46			60/46								
48		50/48	45/48				55/48	40/48				60/48					65/48					70/48
50					X					X					X					X		

有 $2\beta=360°N/Z_0$，即 $N=\beta Z_0/180°$。

代入上式，得

$$Z_0=2p_0\pm N,\ N=1,2,3\cdots$$

式中，当 Z_0 为奇数时，N 应取奇数；当 Z_0 为偶数时，N 应取偶数。

上式给出分数槽集中绕组的槽数和极数之间的关系，它与绕组的相数无关，可用于三相绕组也可用于五相绕组。

表 5-20　五相无刷直流电动机分数槽集中绕组 $Z/2p$ 组合选择表

2p \ Z	5	10	15	20	25	30	35	40	45	50	55	60	65	70
2														
4	**5/4**													
6	**5/6**													
8		5/4												
10														
12		5/6	5/4											
14			**15/14**	**20/14**										
16			**15/16**	5/4										
18			5/6	**20/18**	**25/18**									
20					5/4									
22				**20/22**	**25/22**	**30/22**								
24				5/6	**25/24**	5/4	**35/24**							
26				**20/26**	**25/26**	**30/26**	**35/26**							
28					**25/28**	15/14	5/4	20/14						
30					5/6									
32					**25/32**	15/16	**35/32**	5/4	**45/32**					
34						**30/34**	**35/34**	**40/34**	**45/34**	**50/34**				
36						5/6	**35/36**	20/18	5/4	25/18				
38						**30/38**	**35/38**	**40/38**	**45/38**	**50/38**	**55/38**			
40										5/4				
42							5/6	**40/42**	15/14	**50/42**	**55/42**	20/14		
44							**35/44**	20/22	**45/44**	25/22	5/4	30/22		
46							**35/46**	**40/46**	**45/46**	**50/46**	**55/46**	**60/46**		
48								5/6	15/16	25/24	**55/48**	5/4	**65/48**	35/24
50														

符合上式关系的 Z_0 和 p_0 可以构成 $y=1$ 的分数槽集中绕组。利用该公式，可以得到表 5-19 五相无刷直流电动机分数槽集中绕组 $Z_0/2p_0$ 组合计算表。在计算表中，每个 p_0 在不同 N 值下计算出 Z_0/p_0 的值。在完成此表时，还需要按照下面条件挑选出正确的组合：

1）Z 应为 5 倍数；

2）$\beta\leqslant60°$（要求短距系数 $k_p\geqslant0.866$），由 $N=\beta Z_0/180°$，即应满足 $Z\geqslant3N$。

表中，黑体字的 Z_0/p_0 组合是单元电机组合；非黑体字的可约分数的组合不是单元电机组合。

由表 5-19，重新编排，可得到表 5-20 五相无刷直流电动机分数槽集中绕组 $Z/2p$ 组合选择表。凡表中有分数的方格表示了短距系数 $k_p\geqslant0.866$ 附加条件下可以选择的 $Z/2p$ 组合，它们可以构成 $y=1$ 的分数槽集中绕组。表中，黑体字的 $Z/2p$ 组合是单元电机组合；非黑体字的组合不是单元电机组合，其方格内的分数表示它对应的单元电机的组合。

限于篇幅，表 5-20 中只给出 $2p$ 在 50 以内，Z 在 70 以内的情况，读者参照表 5-19 分析方法，可以将表 5-20 扩展到更大的 Z 和 $2p$ 的情况。

只有表 5-20 中有分数的方格所表示的 Z/p 组合才可能构成 $y=1$ 的分数槽集中绕组，所以，可供选择的 Z/p 组合是有限的。设计五相无刷电动机 $y=1$ 的分数槽绕组电机时，可在表中从填有分数字的方格中选取 $Z/2p$ 组合。

5.5.3　Z 为奇数的槽极数组合与 UMP 问题

仔细研究单元电机绕组排列发现，对于 Z_0 为奇数的基本组合单元电机，它们是符合 $Z_0=2p_0\pm1$ 的组合，这些组合的绕组排列有相同规律：它们沿着电机气隙圆周 360°分为五个区，每相线圈集中到约 72 °的一个区内。这样，对每一相绕组来说，在气隙圆周上的分布是偏向一边的，不平衡的。

下面以 25 槽 24 极五相分数槽绕组电机为例说明，在图 5-19a 给出它的电动势星形图，由于它是 $y=1$ 的集中绕组电机，图中每个相量是表示一个齿（线圈）的电动势相量，这样分析比较方便。如图所示，划分为 10 个相带，每个相带为 36°，25 个线圈平均分配，每相占有 5 个线圈。A 相线圈是 1，-2，3，-4，5；C 相线圈是 6，-7，8，-9，10；E 相线圈是 11，-12，13，-14，15…。注意到，沿着定子气隙表面，这五相绕组，每一相的线圈都是集中在一个整圆的五分之一，即约 72°范围之内，依次是 A-C-E-B-C 排列。对于常用的四四导通工作方式，在电机运行任意时刻，只有 4 相绕组流过电流。这 4 相绕组形成了偏置的定子电枢反应磁场。偏置的定子电枢反应磁场在气隙中与永磁转子产生的磁场合成为不平衡的合成磁场，产生不平衡的径向磁应力，称为不平衡径向磁拉力（UMP）。电机运转时，随着电机的换相，这种不平衡径向磁拉力是旋转的，每经过一个电气换相周期（10 个状态），不平衡径向磁拉力旋转一周，其频率为电动机转子旋转频率的 p 倍，引起电机高频振动和噪声。如果转子在机械上还存在偏心，振动和噪声将加剧。

类似的组合是符合 $Z_0=2p_0\pm1$ 的 Z_0 为奇数的基本组合。因此，尽量不要采用这种组合。

但应当注意到，上述情况只是当电机只有一个单元电机时才会发生。如果电机的槽数 Z 选择，是由 t 个单元电机组成，并 $t\neq1$，尽管单元电机采用 Z_0 为奇数的基本组合，也不存在产生不平衡的径向磁应力问题。因为多个单元电机使每相绕组在气隙圆周的排列已经分散开了。

Z_0 为奇数的但不是基本组合的情况，也没有这个问题。例如，25 槽 22 极五相分数槽绕组电机，虽然它是 Z_0 为奇数的，但有 $Z_0=2p_0-3$，不是基本组合。在图 5-19b 给出它的电动势星形图。如图所示，每相占有 5 个线圈，例如 A 相线圈是 1，-2，10，-18，19。每一相的线圈都是没有集中在一块，是分散的，不存在产生不平衡的径向磁应力问题。

分析表明，Z_0 为偶数的组合不存在产生不平衡的径向磁应力问题。

5.5.4　五相分数槽集中绕组电机的绕组系数计算

1. 绕组短距系数计算

如上所述，五相分数槽集中绕组槽数极数应符合 $Z_0=2p_0\pm N$，绕组的短距系数 k_p 与补角 β 相关，$k_p=\cos\beta/2$。这里，$N=\beta Z_0/180°$，绕组的短距系数可由下式计算：

$$k_p=\cos\frac{90°N}{Z_0}$$

由上式可见，为了获得较大的短距系数，宜取较多槽数，取较小的 N。对于同一个槽数 Z_0，它的基本单元电机（即当 Z_0 为奇数，取 $N=1$；当 Z_0 为偶数，取 $N=2$），可获得较大的短距系数。

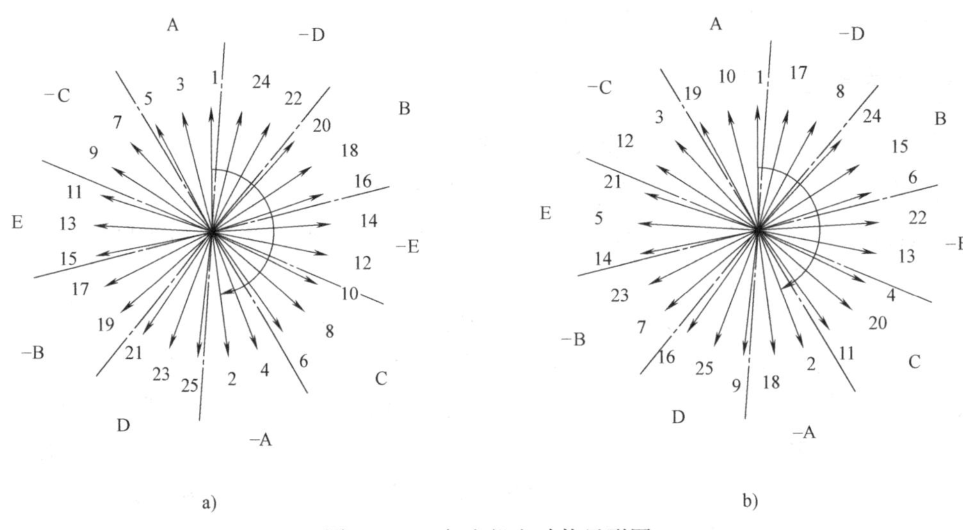

图 5-19　五相电机电动势星形图

a）$Z_0/2p_0=25/24$　b）$Z_0/2p_0=25/22$

2. 绕组分布系数计算

分数槽集中绕组电机的绕组分布系数可借助于齿电动势星形图进行分析。下面就定子槽数 Z_0 分别为偶数和奇数的两种情况进行讨论。这里为了得到较大的分布系数，我们只讨论相带数为 10 的情况。

讨论 1，Z_0 为偶数情况

先看一个例子，图 5-20 是 $Z_0=20$，$2p_0=22$ 的分数槽集中绕组单元电机齿电动势星形图。本例 $q=2/11$，槽距角 $\alpha=360°p_0/Z_0=198°$。图中以 1，2，3，4…标为齿号，即线圈号排出各齿电动势相量序号，它符合槽距角 $\alpha=198°$ 的要求。

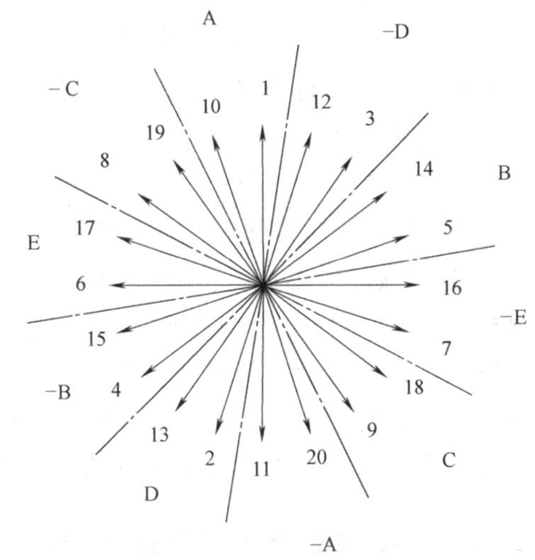

图 5-20　$Z_0/2p_0=20/22$ 分数槽集中绕组单元电机齿电动势星形图

对于分数槽单元电机，此相量星形图是 p_0 个相平面重叠在一起的结果。在本例，20 个齿电动势相量分布在 $p_0=11$ 个相平面上。由 $q=2/11$，在 11 对极下每相平均有 4 个齿电动势相量。

这里引入虚拟电机概念，即将此多极单元电机齿电动势相量星形图看成是一对极的虚拟电机的齿电动势星形图。虚拟电机的定子槽数仍为 Z_0，但极对数为 1，全部齿电动势相量在一个相平面上。

一般而论，对于五相集中绕组电机，当 Z_0 为偶数时，Z_0 必然是 10 的倍数，有 $q=c/d=(Z_0/10)/p_0$，$c=Z_0/10$，$d=p_0$；它的虚拟电机 $q'=qp_0=c$ 是一个整数。所以，当 Z_0 为偶数时，它对应的一对极的虚拟电机是一个整数槽电机，它们的齿电动势星形图相同。虚拟电机定子槽数仍为 Z_0。这样，Z_0 为偶数的五相集中绕组电机绕组分布系数的计算变为此虚拟电机的一个整数槽绕组分布系数的计算：

由整数槽分布系数公式，代入 $Z=Z_0$，$q=Z_0/10$，$\alpha=360°/Z_0$

$$K_d=\frac{\sin q\alpha/2}{q\sin\alpha/2}=\frac{10\sin 18°}{Z_0\sin(180°/Z_0)}=\frac{3.09}{Z_0\sin(180°/Z_0)}$$

讨论 2，Z_0 为奇数情况

先看一个例子，图 5-19a 是 $m=5$，$Z_0=25$，$2p_0=24$ 单元电机的齿电动势星形图，它是 Z_0 为奇数的例子。本例的 $q=5/24$，槽距角 $\alpha=172.8°$。

对于单元电机，此相量星形图是 p_0 个相平面重叠在一起的结果。在本例，25 个齿电动势相量分布在 $p_0=12$ 个相平面上。由 $q=5/24$，在 12 对极下每相平均有 5 个槽电动势相量。

这里也将此 12 对极单元电机齿电动势相量星形图看成是一对极的虚拟电机的相量图。虚拟电机定子槽数仍为 $Z_0=25$，但极对数为 1。全部齿电动势相量在一个相平面上。两个相邻相量之间的夹角 $\alpha'=360/25=14.4°$，$q'=25/10=5/2$。显然，此虚拟电机仍然是一个分数槽电机。它表示平均每相在每个极下的线圈数还不是整数，但平均每相在每对极下线圈数已是整数。为此，我们将这个虚拟电机的槽数取两倍，即 $Z=2Z_0$，构成一个新虚拟电机。这个新虚拟电机的 $q''=5$，这样，平均每相在每个极下的线圈数就是整数了。

一般而论，当 Z_0 为奇数时，Z_0 必然是 5 的倍数，但不是 10 的倍数，有 $q=c/d=(Z_0/5)/2p_0$，必然有：$c=Z_0/5$，$d=2p_0$，它的虚拟电机 $q'=qp_0=c/2$ 不是一个整数，但乘以 2 就是一个整数。所以，当 Z_0 为奇数时，它的新虚拟电机槽数 Z 取原多极单元电机的 2 倍，即 $Z=2Z_0$。这样，Z_0 为奇数的五相集中绕组电机绕组分布系数的计算变为此新虚拟电机的一个整数槽绕组分布系数的计算：

由整数槽分布系数公式，代入 $Z=2Z_0$，$q=Z_0/5$，$\alpha=180°/Z_0$

$$K_d=\frac{\sin q\alpha/2}{q\sin\alpha/2}=\frac{5\sin 18°}{Z_0\sin(90°/Z_0)}=\frac{1.545}{Z_0\sin(90°/Z_0)}$$

5.5.5　一个五相绕组连接和霍尔传感器位置的例子

下面是一个 45 槽 48 极五相无刷电机绕组连接和霍尔位置传感器安放位置分析的例子。

在第 3 章 3.5 节分析结论，与传统的三相（导通角 120°）相比较，五相（导通角 144°）是一种较有利的选择，它的峰值转矩和平均转矩都增加而转矩波动明显降低。在 3.1.4 节给出了五相星形绕组电机连接与导通方式。所以，这里采用导通角 144°，即每个周期有十个状态，每个状态总是有 4 相绕组导通的工作方式。

绕组连接和霍尔片位置排列不是唯一的，而且和控制器的真值表密切相关。在表 5-21 给

表 5-21　五相电机四四通电真值表（正转）

状态	状态名	霍尔片输出					上桥臂开关					下桥臂开关				
		HA	HB	HC	HD	HE	Ta	Tb	Tc	Td	Te	Ba	Bb	Bc	Bd	Be
1	EA/BC	1	0	0	1	1	1	0	0	0	1	0	1	1	0	0
2	EA/CD	1	0	0	0	1	1	0	0	0	1	0	0	1	1	0
3	AB/CD	1	1	0	0	1	1	1	0	0	0	0	0	1	1	0
4	AB/DE	1	1	0	0	0	1	1	0	0	0	0	0	0	1	1
5	BC/DE	1	1	1	0	0	0	1	1	0	0	0	0	0	1	1
6	BC/EA	0	1	1	0	0	0	1	1	0	0	1	0	0	0	1
7	CD/EA	0	1	1	1	0	0	0	1	1	0	1	0	0	0	1
8	CD/AB	0	0	1	1	0	0	0	1	1	0	1	1	0	0	0
9	DE/AB	0	0	1	1	1	0	0	0	1	1	1	1	0	0	0
10	DE/BC	0	0	0	1	1	0	0	0	1	1	0	1	1	0	0

出正转时的真值表。这里 A、B、C、D、E 是五相绕组名。而且，上下桥臂开关分别用 Ta，Tb…和 Ba，Bb…命名，它们分别连接到 A，B…相绕组。即 A 相绕组接 Ta 和 Ba，B 相绕组接 Tb 和 Bb…。真值表中桥臂开关的 1 表示导通，0 表示关闭。上下桥臂开关与霍尔传感器信号的时序关系这样的安排和三相电机惯用的真值表相一致。

由真值表，可得到上下桥臂开关与霍尔传感器信号的逻辑关系：

$$Ta=HA\cdot\overline{HC} \qquad Ba=\overline{HA}\cdot HC$$

$$Tb=HB\cdot\overline{HD} \qquad Bb=\overline{HB}\cdot HD$$

$$Tc=HC\cdot\overline{HE} \qquad Bc=\overline{HC}\cdot HE$$

$$Td=HD\cdot\overline{HA} \qquad Bd=\overline{HD}\cdot HA$$

$$Te=HE\cdot\overline{HB} \qquad Be=\overline{HE}\cdot HB$$

五相电机的槽数必须选择为 5 的倍数。这里选择 $Z=45$，由表 5-20 选择极数。45/44 和 45/46 组合属于基本组合，有大的绕组系数。但是由于有不平衡径向磁拉力问题，不宜选用。因此选择旁边的 45/48 组合。它的基本组合：

$$Z_0/2p_0=45/48=15/16$$

45/48 组合不是基本组合，它是由 3 个 15/16 基本组合组成。图 5-21 是它的基本组合的电动势星形图和 A 相绕组部分展开图。图中序号是齿号。

利用电动势星形图，得到每相绕组连接图和霍尔传感器放置位置。例如，A 相绕组的由 9 个齿上线圈连接：−1，2，−3，−16，17，−18，−31，32，−33。图 5-21 给出 45/48 组合的电动势星形图和 A 相绕组部分展开图。

仿照第 7 章 7.5.2 节对霍尔传感器位置与三相磁动势轴线对应关系分析，五相电机在四四导通方式时，A 相的换相点（A 相开始正向导通）应当在 A 相反电动势过零点后 18°时刻。而 A 相反电动势过零点时刻，对应于磁极 N 前沿在落后于 FA 轴线 90°处。所以霍尔电路 HA 的正确位置应在落后于 FA 轴线 90°+18°=108°处。显然，此处正是−FE 轴线处。参见图 5-21。这样，得到霍尔电路位置和五相磁动势轴线对应关系，有十个霍尔电路特殊位置，分为两组，见表 5-22 所示。

表 5-22 霍尔电路位置和五相磁动势轴线对应关系

霍尔电路位置	第 1 组					第 2 组				
	$\overline{HB}$	$\overline{HC}$	$\overline{HD}$	$\overline{HE}$	$\overline{HA}$	HB	HC	HD	HE	HA
三相磁动势轴线	FA	FB	FC	FD	FE	−FA	−FB	−FC	−FD	−FE

由上述分析方法，可以得到 45/48 组合的霍尔传感器放置位置如图 5-21 所示。它们分别对正 2，5，8，11，14 号齿的中线。读者也可以分析得到对正槽中线的另一个放置方案。

5.5.6 小结

五相无刷直流电动机分数槽绕组的 Z 和 p 组合是受到约制的，本节引入了单元电机、虚拟电机概念进行分析，研究了它们的组合规律，得到如下结论：

1）对无刷直流电动机分数槽绕组分析，建议先考察它的单元电机。在设计五相无刷电动机选择分数槽参数 Z 和 p 时，首先由选择单元电机的 Z_0 与 p_0，然后，按需要选择参数 t

（在自然数列 1，2，3…中选择），可得到参数 Z 和 p。

2）五相无刷直流电动机集中绕组分数槽的 Z 和 p 组合规律的研究结果归纳于表 5-20，可供设计时选取。凡表 5-20 中有分数的方格表示了可以选取的 Z/p 组合，它们可以构成节距 $y=1$ 的分数槽集中绕组。

3）表 5-20 中五相无刷直流电动机可选取的分数槽集中绕组 Z/p 组合的 q 在 0.15～0.3 范围之内，即槽极数比 $Z/2p=0.75\sim1.5$ 之间。它们的绕组系数不小于 0.866。

4）对于表 5-20 的每个 Z 列，都有偶数个可选取的 Z/p 组合，呈现有规律的排列。处于中间位置的两个组合称为基本组合，它们与同一 Z 列的其他组合相比有最大的绕组系数，是值得推荐使用的组合。这些基本组合表示为：$Z_0=2p_0\pm1$ 或 $Z_0=2p_0\pm2$。它们的 q 接近于 1/5。

5）尽量不要选用 Z 为奇数并符合 $Z=2p\pm1$ 的基本组合，因为它们存在产生不平衡的径向磁拉力问题，会引起电机振动和噪声。

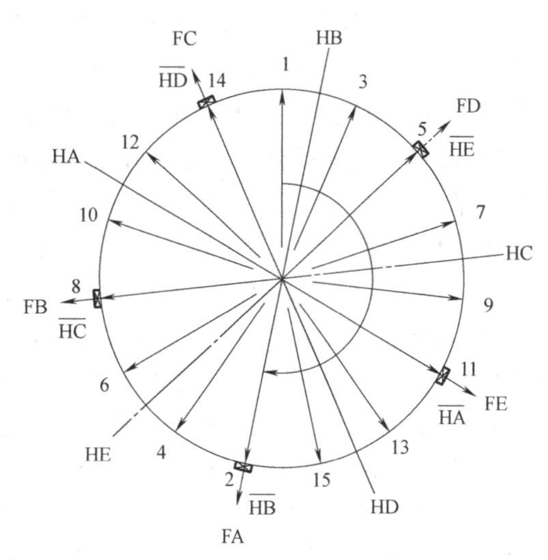

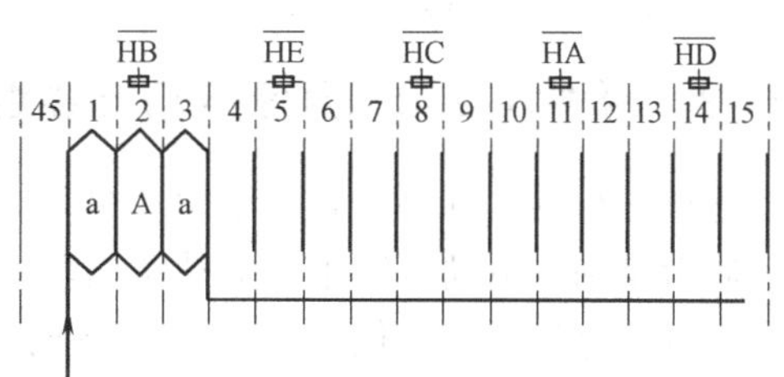

图 5-21　45/48 组合的电动势星形图，A 相绕组部分展开图和霍尔位置图

6）引入虚拟电机概念后，将多极单元电机看成是一对极的虚拟电机，在计算绕组分布系数时，按虚拟电机计算即可。从绕组的分布效应角度看，多极分数槽单元电机的分布系数和整数槽电机有如下对应关系：对于 Z_0 为偶数的多极分数槽单元电机，其分布系数相当于 $Z=Z_0$ 整数槽电机的分布系数。对于 Z_0 为奇数的多极分数槽单元电机，其分布系数相当于 $Z=2Z_0$ 整数槽电机的分布系数。绕组分布系数由槽数 Z_0 决定，与极数 p_0 无关。

5.6　一种六相无刷直流电机绕组结构分析

5.6.1　六相无刷直流电机系统主要优点

过去 1kW 左右的小型电动车无刷直流电机系统均采用三相技术方案，其要点是：电机用一套三相绕组，3 个霍尔位置传感器，电子换相驱动器用一套 6 个桥臂逆变器，每个桥臂用两个功率开关管并联，只需六个栅极驱动电路。而新的六相技术方案要点是：电机用两套三相绕组，六个霍尔位置传感器，电子换相驱动器用两套六个桥臂逆变器，每个桥臂用一个功率开关管，需要 12 个栅极驱动电路，两套电流环控制。显然，六相技术方案增加了电机和控制器复杂性，成本稍有增加，目的是换取技术上的优势。与常用的三相无刷直流电机系统相比，六相无刷直流电机系统主要有如下优点：

1）电机运行时转矩波动减少，运行较平稳，振动和噪声较低。这是由于相数增加一倍，一个电气周期内换相状态数从 6 增加到 12，转矩波动频率增加了一倍。它由两套三相系统组成，一套系统换相时，另一套系统处于稳定工作状态，使电机力矩波动幅度下降。这都有利于降低电机的振动和噪声，也有利于改善低速运行性能。

2）在同样功率条件下，总工作电流分配到两个逆变器上，每个桥臂功率开关管容量可降低一半。如果原来的三相逆变器每个桥臂由两个功率开关管并联的话，现在的双三相系统每个桥臂只需要一个功率开关管，从而免除功率开关管并联的均流问题。也就降低了对功率开关管特性一致性的要求，可更充分利用所选择功率开关管的容量。

3）虽然状态变化频率增加一倍，但对于每一套三相系统来说，一个电气周期内换相状态数仍然是 6，状态变化频率并没有增加，从这个角度看，系统损耗不会增加。

4）提高可靠性。当其中一组逆变器出现故障时，另外一组还可正常工作，虽然输出力矩下降了，但系统仍可继续运行，不至于突然停车。

5）两套绕组电枢反应磁动势在空间有 30°相移，可以采取一套电机驱动，另一套电机产生去磁作用的运行方式，有利于扩大弱磁控制范围。

5.6.2　两种六相无刷直流电动机绕组结构方案

这里介绍的一种小型电动车用六相无刷直流电机是采用原有三相无刷直流电机铁心改制的。后者是国内电动自行车、电动摩托车一种常用的槽数 $Z=51$，极数 $2p=46$ 分数槽集中绕组无刷直流电机。和其他采用 $q=1$ 整数槽或 $q=1/2$ 分数槽电机相比，它的定子冲片采用奇数槽和 $q=17/46$ 的槽极数配合，可获得较低齿槽转矩和较高绕组系数等较优异性能，它采用直槽结构方便于铁心制造和绕组下线，得到较高的生产效率。由于它是一种分数槽集中绕组，每个线圈绕在一个齿上，它的两个线圈边落在同一个齿两边的槽内，为分析绕组连接和绕组系数，以下采用齿电动势（即线圈电动势）矢量图。由 $Z=51$，$p=23$ 的齿电动势矢量图（参见第 7 章图 7-9），在 60°相带和双层绕组情况下，每相绕组由 17 个线圈串联组成，由于它是奇数槽电机，同一相的两个 60°相带占有的线圈数不同，分别是 8 个和 9 个线圈。该三相无刷直流电机 A 相绕组的线圈连接见表 5-23。表中，以字母大小写表示线圈绕向：大写字母表示逆时针绕向，小写字母表示顺时针绕向。

表 5-23　三相无刷直流电机 A 相绕组的线圈连接

齿号	1	2	3	11	12	13	21	22	23	24	31	32	33	34	42	43	44
A 相线圈	a	A	a	A	a	A	a	A	a	A	A	a	A	a	A	a	A

这里所讨论的六相无刷直流电机绕组，实际上是双三相绕组。在它的定子安放有两组空间上错开 30°电角度的丫接法绕组。如果我们还是用 60°相带划分，只要按四层绕组安排，两组三相绕组各占两层，就可以做到。此时，由电动势矢量图（图从略），可得到双三相绕组无刷直流电机的 A1 相和 A2 相绕组的线圈连接，见表 5-24。第 1 组三相绕组的 A1 相绕组排列和表 5-23 相同，第 2 组三相绕组的 A2 相绕组排列应符合两组空间上错开 30°电角度的要求。

表 5-24　双三相绕组无刷直流电机的 A1 相和 A2 相绕组各线圈连接（60°相带方案）

齿号	1	2	3	11	12	13	21	22	23	24	31	32	33	34	42	43	44
A1 相线圈	a	A	a	A	a	A	a	A	a	A	A	a	A	a	A	a	A
齿号	23	24	25	33	34	35	43	44	45	46	2	3	4	5	13	14	15
A2 相线圈	a	A	a	A	a	A	a	A	a	A	A	a	A	a	A	a	A

另外一个绕组结构方案：

如果我们仍然按双层绕组安排，可采用 30°相带划分，得到对称的两组三相绕组，并且两组空间上错开 30°电角度。由电动势矢量图（图从略），可得到 A1 相和 A2 相绕组的线圈连接见表 5-25。现在的问题是，本电机的铁心是 51 个齿，当按 30°相带划分时，由 6 相均分 51 个齿电动势矢量，平均分配到一相的电动势矢量数（即线圈数）为 51/6 = 8.5 个，不是一个整数。同一相的两个 30°相带占有的线圈数不同，分别是 4 个和 4.5 个线圈。这里出现 0.5 个线圈的问题，我们采用的处理方法是：如果每个正常线圈的匝数是 W，如表 5-25 所示那样，A1 相绕组和 A2 相绕组在有 * 号齿（13 号齿）线圈的匝数是 0.5W。由此可知，W 必须为偶数。

表 5-25　双三相绕组无刷直流电机的 A1 相和 A2 相绕组各线圈连接（30°相带方案）

齿号	2	12	13	22	23	32	33	42	43
A1 相线圈	A	a	A *	A	a	a	A	A	a
齿号	24	34	35	44	45	3	4	13	14
A2 相线圈	A	a	A	A	a	a	A	A *	a

5.6.3　两种绕组结构方案比较

对于 60°相带四层绕组安排，由表 5-23，A2 相 24 号线圈对应于 A1 相的 2 号线圈，它们之间相隔 22 个齿。计算它们之间的相移 θ：

$$\theta = 360° \times 10 - \frac{360° \times 23}{51} \times 22 = 28.235°$$

或由电动势矢量图，A1 相的 2 号线圈电动势矢量与 A2 相 24 号线圈电动势矢量之间相差 4 个矢量夹角，对应相移：

$$\theta = \frac{360°}{51} \times 4 = 28.235°$$

结果同上。这样，两组三相绕组错开角度是 28.235°电角度，和期望的 30°相比，偏差 1.765°电角度，相对误差为 5.88%。

由电动势矢量图，可计算得这种方案的基波绕组系数 $k_w = 0.953$。

对于 30°相带双层绕组安排，详细计算得到两组三相绕组错开角度是 29.899° 电角度，和期望的 30°相比，偏差只有 0.101°电角度，误差仅为 0.34%。这个偏差完全可以忽略。

由电动势矢量图，可计算得这种方案的基波绕组系数 $k_w = 0.987$ 和 60°相带四层绕组安排方案比较，绕组系数增大了 3.6%。

30°相带方案绕组的分布效应降低，不但增大了绕组系数，提高了电机绕组的利用程度，而且使合成反电动势波形的顶部较为平坦，从而有利于电机转矩脉动幅度的降低。另外，采用 30°相带方案，六相绕组的相间互感明显降低，使它们之间的相互耦合干扰大为减少，有利于系统控制的稳定工作。

5.7　多相绕组连接拓扑结构的探讨

近年，多相绕组在永磁无刷直流电动机（BLDC）和永磁同步电动机（PMSM）应用逐步增多。在相同体积条件下，与三相绕组电机相比，多相绕组永磁电机有效地抑制转矩波动获得平滑的转矩输出，具有较高输出转矩，较高动态性能和系统可靠性，参见参考文献［21］的分析。相数为5、6、7、9、11、12、15等多相绕组的无刷直流电动机（BLDC）和永磁同步电动机（PMSM）已有不少文献报道。

无刷直流电动机绕组理论上可以采用星形接法或封闭形（多边形）接法，并有多种导通方式可选择。当代三相无刷直流电动机产品中最常用的是星形连接绕组两两导通方式。据文献报道，多相无刷直流电动机的绕组基本上也都采用星形连接方式。多相电机绕组采用星形连接提高了系统可靠性，即使某些相绕组出现故障，其他相绕组还可以工作，系统可以降低功率维持运行。多相绕组故障容错控制技术已成为研究热点之一。此外，多相绕组还有降低对每个桥臂功率开关器件电流容量要求等优点。

在本节将对多相电机绕组连接拓扑结构进行分析，指出了封闭形接法的多相电机存在绕组回路可能有环流，逆变桥功率开关管电流容量和成本高于星形接法，以及不具有容错能力等不足。多相永磁电机，如果绕组采用封闭式连接，谐波电势在绕组回路内有可能产生谐波环流。通过对多相绕组的谐波电势分析，探讨多相封闭形绕组在什么条件下可以达到无环流。通过一个九相电机绕组分别采用封闭形接法和星形接法为例，对多相电机的绕组连接拓扑结构作进一步探讨，分析对比绕组电感对电机机械特性的影响。分析结果表明，在电感影响方面，封闭形接法也没有表现有特别的优势。

近年，参考文献［25，26］提出新一代直流电动机（New DCM）的设想，期望克服无刷直流电动机的弱点，获得像有刷直流电机那样的机械特性。这种电机仿照有刷直流电机绕组拓扑结构采用封闭形绕组，实际上它就是采用封闭形绕组的多相无刷直流电动机。其设计实例是9相的封闭形绕组的无刷直流电动机，电机设计为18槽4极。功率桥由18个功率管组成。每个工作周期有18个状态。在每个状态角（20°），开通两个功率管并关断其余16个功率开关管。

参考文献［27］提出一种称为新的单波绕组（Simplex Wave Winding）无刷直流电动机。设计了一台200W有11槽10极的电机样机进行了试验验证。实际上，它就是采用封闭形绕组的11相无刷直流电动机，功率桥由22个功率管组成。在每个状态，只开通两个功率管。

下面对多相无刷直流电动机的星形绕组和封闭形绕组进行讨论和比较。

5.7.1　多相绕组连接拓扑结构的分析

1. 三相无刷直流电动机绕组接法的回顾

在20世纪60年代，曾有学者主张三相无刷直流电动机绕组应采用封闭形接法，即△接法，由于在每个状态三相绕组都通电工作，认为它的绕组利用率高，电机性能优于星形的Y接法。

实际上，无刷直流电动机每相绕组的电动势存在若干奇数次谐波。对于三相电机，三相绕组的三次和三次倍数的谐波电动势是同相的，当绕组按△接法时，它们在闭合的三相绕组回路内将可能会产生环流，导致额外的损耗和转矩波动。例如，在参考文献［30］给出同一台电机分别采用两种绕组连接方式的设计，电机经过测试对比，星形接法和封闭形接法电机在相同的额定负载下，效率分别为72%和65%，相差达7%。基于这一点考虑，当代三相无刷直流电动机产品的绕组绝大多数采用Y接法，只有在特定条件下不存在环流时可以采用△接法。本书第 3 章 3.4.3 节给出了这些条件的分析。

分析和实践表明，如果在没有环流问题情况下，同一台电机将绕组设计为丫接法或△接法得到相同的性能，并不存在△接法更优。参见下述的表 5-26 序号 1 和 2。

同理，对于 9 相电机，9 相绕组 9 次谐波电动势是同相的；对于 11 相电机，11 相绕组 11 次的谐波电动势是同相的，如果绕组采用封闭式连接，它们在绕组回路内将有可能产生环流。这是不希望的，需要在设计上改善气隙磁场分布波形，或绕组采用合适短距来回避这个问题，详见第 5 章 5.7.3 节的分析。

2. 多相无刷直流电动机的绕组连接拓扑结构

这里讨论和比较的是封闭形和星形连接拓扑结构。

多相无刷直流电动机绕组的星形连接拓扑结构是将各相绕组的尾连接在一起构成星形，目前，主要可分类为两种情况：

1）绕组电动势星形图是均布的，各相绕组之间的相移相等。

例如，5 相电机由五相星形连接绕组的电机和五个功率半桥构成，各相绕组反电动势相移是 360/5=72°，参见图 5-22。常见的采用四四导通方式，每个工作周期有 10 个状态，在每个状态 36°中，有 4 个开关管导通工作，有 4 相绕组同时工作。流过每个功率开关器件的平均电流约为总电流的一半。参见第 3 章 3.1.4 节和第 5 章 5.5.5 节。对于 9 相绕组，各相绕组电动势相移是 360/9=40°。

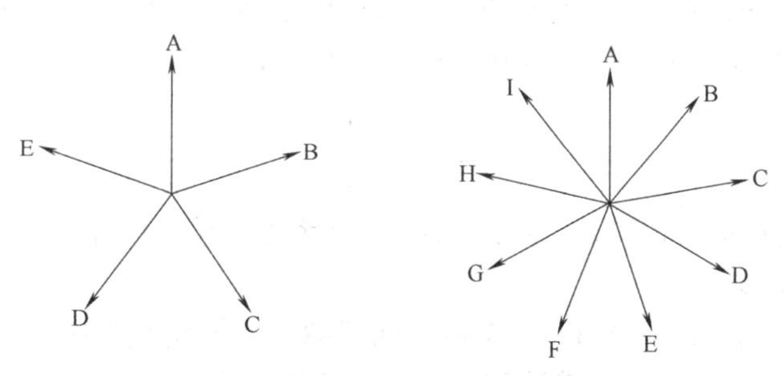

图 5-22　5 相和 9 相绕组电动势星形图

2）当相数 m 为 3 的倍数时，例如 $m=6$，9，12……，常采用多三相运行方式。

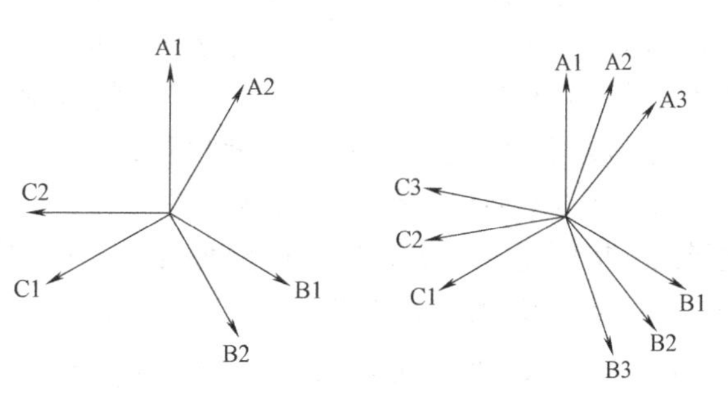

图 5-23　6 相双丫和 9 相三丫绕组的电动势星形图

例如，6 相电机采用双丫相移 30°运行方式，参见图 5-23，它由两组三相星形连接绕组的电机和各自的三相功率逆变桥构成，两组绕组电动势相互相移 30°，它们的中点没有电的连接。同理，9 相电机是三丫相移 20°运行方式；12 相电机是四丫相移 15°运行方式。它们的绕组电动势星形图不是均布的。

在 6 相电机，每组三相绕组常工作于两两导通方式，每个工作周期有 12 个状态，在每个状态（30°），同时有 4 个功率开关导通使 4 相绕组工作。流过每个功率开关器件的平均电流约为总电流的一半。

多相无刷直流电动机绕组的封闭形连接拓扑结构是将各相绕组首尾连接构成多边形，多边形每个角连接一个功率半桥。例如，参考文献［25］所述的9相电机，绕组连接成九边形，需要九个功率半桥，共18个功率开关。在每个状态，只开通两个功率开关，其余16个功率开关关断，参见图5-24。参考文献［27］示例的是11相电机，绕组连接成十一边形，11个功率桥半桥由22个功率管组成。在每个状态，也是只开通两个功率管。

3. 封闭形接法多相电机与三相电机机械特性硬度的比较

参考文献［27］给出一台低速11相无刷直流电动机，额定转速$n=220\mathrm{r/min}$，极对数$p=5$，工作频率$f=np/60=18.3\mathrm{Hz}$，十分低。所以该文中电机稳态性能分析是在忽略绕组电感情况下进行。

在第4章4.1节，按无刷直流电动机简化数学模型，分析在忽略绕组电感情况下，以黏性阻尼系数D作为有相同主要尺寸等条件下评价不同电机方案优劣的比较判据，也作为评价不同绕组形式和换相方式的比较判据。这里，黏性阻尼系数D表征了电机机械特性（电磁转矩-转速特性）的硬度：

$$D=Ts/\Omega_0=\Delta T/\Delta\Omega$$

在调速控制系统中常以调整率Kg来表示机械特性的硬度，它和黏性阻尼系数D有互为倒数关系：

$$Kg=\Delta\Omega/\Delta T=1/D$$

由此可见，电机的D越大，电机的机械特性硬度越硬，负载转矩单位增量引起的转速下降就越小。提出与黏性阻尼系数D相关的比较判据K_D，它表示为

$$K_\mathrm{D}=\frac{{K_\mathrm{eff}}^2K_\mathrm{w}^2K_\mathrm{e}^2}{mK_\mathrm{r}}$$

可利用比较判据K_D对不同相数、绕组连接形式和导通方式进行评估比较。参见4.1.6节的分析及相关系数的定义。

在参考文献［28］，编者给出了15种不同相数、不同绕组连接、不同导通方式的评估比较的分析结果。其中的三相Y接法和△接法，四相封闭形接法，六相封闭形接法和m相封闭形接法分析结果转列于表5-26。这里值得关注的是，三相Y接法和△接法计算得到相同的$K_\mathrm{D}=0.415$。而表中的序号5，是桥式电路m相封闭绕组，这种工作方式，需要$2m$个功率开关。它相当于是一台有m个换向片的有刷直流电动机。设m为偶数，在线反电势波形为正弦波假定情况下，其反电动势相量图中，m相反电动势可形成一个m边多边形。在一个状态下的等效电路是两个支路的并联。当m足够大时，合成的等效反电动势相当于多边形的外接圆直径。设合成反电动势为E_eq（幅值），m个相反电动势E_p（幅值）之和为mE_p，E_eq与mE_p的比就相当于一个圆的直径与周长之比：有$E_\mathrm{eq}/(mE_\mathrm{p})=1/\pi$，即$K_\mathrm{e}=E_\mathrm{eq}/E_\mathrm{p}=m/\pi$。等效电路的电阻比是$K_\mathrm{r}=R_\mathrm{eq}/R_\mathrm{p}=m/4$。由于状态角很小，$K_\mathrm{eff}^2\approx1$，$K_\mathrm{w}^2\approx1$。计算得到$K_\mathrm{D}=0.405$。

从表5-26中的K_D数据比较可见，在忽略绕组电感的简化数学模型条件下，与最常用的三相Y接法相比，四相、六相和m相封闭形接法并没有表现优势。即使m足够大时，封闭形接法的m相电机也未能优于三相Y接法电机。

4. 逆变桥功率开关管电流容量的比较

星形连接的多相绕组相对于三相绕组的优势之一，是将电机总电流分散到几个支路，从

表 5-26　几种绕组接法的比较

序号	相数	状态数	状态角	通电绕组相数	绕组连接方式	逆变桥开关数	K_E/K_{ep}	K_T/K_{ep}	K_D	备注
1	3	6	60	2	星形	6	1.657	1.654	0.415	最常用
2	3	6	60	3	封闭形	6	0.957	0.955	0.415	
3	4	4	90	4	封闭形	8	1.285	1.273	0.332	
4	6	6	60	6	封闭形	12	1.92	1.91	0.37	
5	m	m	$360/m$	m	封闭形	$2m$	m/π	m/π	0.405	设 m 为偶数

而降低对逆变桥每个半桥的功率开关管电流容量的要求。

例如，9 相电机如果按 3Y 移相 20°方式工作，参见图 5-23，在每个状态，例如 A1-B1、A2-B2、A3-B3 状态工作时，电流流经 3 个半桥的上桥臂开关管进入电机 A1、A2、A3 相绕组，经过 B1、B2、B3 相绕组，从另外 3 个半桥的下桥臂开关管流出。由于 3 个Y接法电机同时工作，18 个开关管中，有 6 个开关管导通工作，每个开关管的平均电流约为总电流的 1/3。

如果 9 相电机按电势星形图是均布方式工作，参见图 5-22，各相绕组之间的相移相等，移相 40°。在每个状态，可以采取 4 进 4 出，8 相绕组同时工作的工作方式。这样，18 个开关管中，有 8 个开关管导通工作，每个开关管的平均电流约为总电流的 1/4。

如果 5 相电机按电势星形图是均布方式工作，参见图 5-22，各相绕组之间的相移相等，移相 72°。在每个状态，可以采取 2 进 2 出，4 相绕组同时工作的工作方式。这样，10 个开关管中，有 4 个开关管导通工作，每个开关管的平均电流约为总电流的 1/2。

所以，在大功率系统，低压大电流电机采用星形连接的多相绕组方案可以采用较低电流容量的功率开关管，而且避免多个功率开关管并联及其均流问题。

而如参考文献［25］所述的封闭形连接的 9 相电机，在每个状态，只开通两个功率管，其余 16 个功率开关管关断。每个开关管的平均电流等于总电流，参见图 5-24。参考文献［27］所述的封闭形连接的 11 相电机，也是每个开关管的平均电流等于总电流。

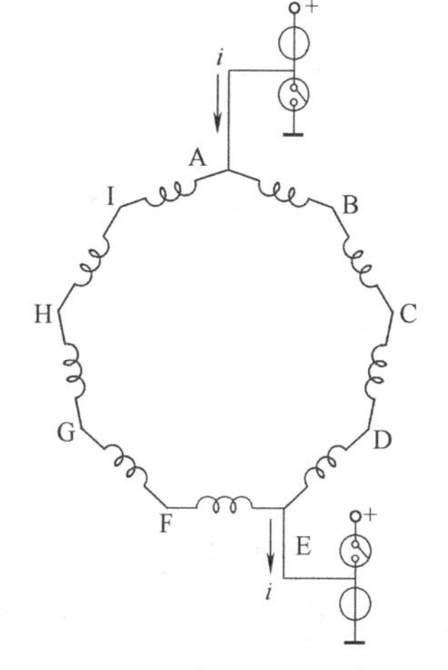

图 5-24　9 相电机封闭形绕组通电状态示意图

然而，功率开关管规格选择及其成本价格往往取决于其耐受电压和电流的容量。从这个角度看，与封闭形连接相比，相同相数的电机采用星形连接绕组时逆变桥的功率开关管数是相同的，但每个开关管的电流容量大幅降低，具有明显的性价比优势。

如此看来，封闭形连接方式只能在采用低值开关管的小功率低电流的多相无刷直流电动机应用较为适当。

5. 小结

由上述初步分析，可知：

1）按无刷直流电动机简化数学模型在忽略绕组电感情况下分析表明，在电机重要性能——机械特性硬度方面与最常用的三相Y接法进行比较，多相封闭形接法并没有表现优势。即使相数足够大，封闭形接法的多相电机也未能优于三相Y接法电机。

2）对于星形接法的多相绕组电机，由于相数的增多，分配到每一相的换相电流成倍数的下降，每个开关管的电流容量大幅降低，具有明显的性价比优势。

3）星形接法的多相绕组电机具有容错能力，如 9 相 3丫接法电机，3 个三相逆变器独立工作，某个逆变器出现故障时，其他逆变器仍然可以工作，维持系统运转，提高系统的可靠性。这是多相绕组电机引起关注，并在许多场合得到应用的一个重要原因之一。

4）总之，多相绕组电机采用封闭形接法存在绕组回路可能有环流，功率开关管电流容量和成本高于星形接法，和不具有容错能力等不足。

5.7.2　九相电机绕组不同接法的机械特性分析

这里通过一个九相电机绕组分别采用封闭形接法和星形接法为例，对多相电机的绕组连接拓扑结构作进一步探讨，并分析对比绕组电感对电机机械特性的影响。分析结果表明，在电感影响方面，封闭形接法也没有表现有特别的优势。

1. 九相绕组两种连接方式绕组连接图

研究同一台九相绕组无刷直流电机绕组分别采用封闭形接法或星形接法比较它们的特性。图 5-25 是九相电机绕组采用封闭形接法和星形接法的电动势相量图。封闭形接法是各相线圈首尾连接，其电动势相量图呈现一个正九边形。而九相星形接法绕组是采用三个三相丫接法的方式，形成三套相互独立的三相绕组，每套三相绕组之间相互相移 20°电角度，常称为三丫20° 连接方式。

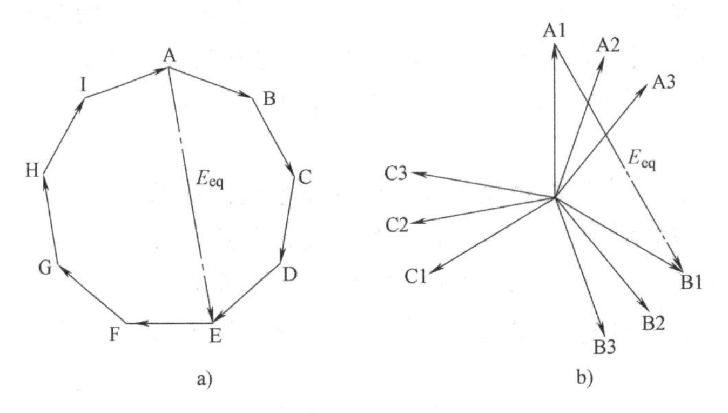

图 5-25　九相电机绕组采用封闭形接法和星形接法的电动势相量图

a）封闭形接法　b）星形接法

设该九相电机为一对极，9 槽，双层绕组，每个线圈元件为一相，元件节距 y 取为 4。绕组封闭形接法是按槽号顺序安排为 A、B、C、D、E、F、G、H、I 九相线圈，如图 5-26a 连接成封闭形绕组。星形接法是按九相三丫20°方式连接。三套三相线圈上层边的槽号安排见表 5-27。表中第二套三相线圈的槽号取负号表示它们的线圈是反接的，见图 5-26b 给出的九相三丫20°绕组连接图。

顺带指出，从这两个绕组连接图可见，封闭形接法线圈元件间的连接线很短，而星形接法三相线圈需要额外的连接线连接到公共点，这是一个明显不同。对于某些高速电机，如果每个线圈元件的匝数很少，线圈元件间连接线的电阻对总电阻影响会凸现，不可忽略，占据较大比例时，星形接法的电机的总电阻将大于封闭形接法。此时，采用封闭形接法有利。例如，某些航模，无人机用的高速无刷直流电机，每个线圈元件的匝数甚至只有几匝，绕组常采用封闭形接法，原因在此。

显然，这两种连接方式九相绕组的相带划分是一样的，九个相线圈在定子铁心放置是一样的，仅仅是连接方式不同；它们需要的转子位置传感器也是 9 个；它们需要的功率开关数也是 18 个；它们在一个电气周期都是有 18 个通电状态，每个状态角均为 20°，也是相同的。

表 5-27　九相三丫20°连接方式三套三相线圈的安排

相名	A1	B1	C1	A3	B3	C3	A2	B2	C2
槽号	1	4	7	2	5	8	−6	−9	−3

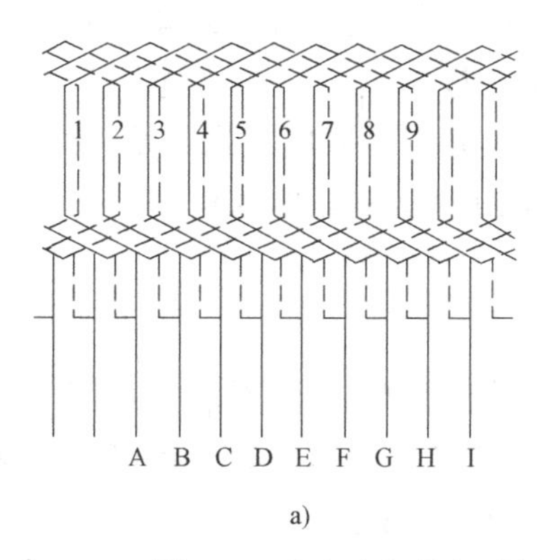

a)

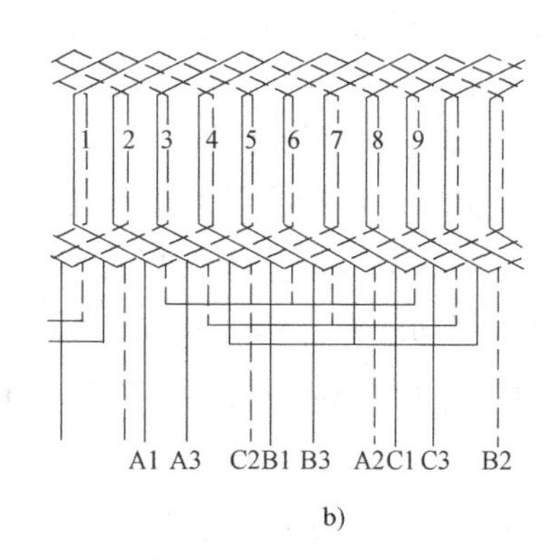

b)

图 5-26　九相电机绕组采用封闭形接法和星形接法的绕组连接图

a）封闭形接法　b）星形接法

2. 合成电动势系数 K_{eeq}

在图 5-25 九相电机的电动势相量图，设每相电动势幅值为 E_p，多相合成电动势幅值为 E_{eq}。

对于封闭形接法，由图 5-25 a，$E_{eq}/E_p=2(\cos60°+\cos20°)=2.8794$。这里，合成电动势 E_{eq} 可以看作 4 个相电动势（例如 A、B、C、D 相）E_p 的矢量合成，定义合成电动势系数

$$K_{eeq}=E_{eq}/(4E_p)=2.8794/4=0.7199$$

对于星形接法，由图 5-25b，对于每套三相绕组有 $E_{eq}/E_p=2\cos30°=1.7321$。合成电动势 E_{eq} 可以看作 2 个相电动势 E_p 的矢量合成，合成电动势系数

$$K_{eeq}=E_{eq}/(2E_p)=1.7321/2=0.866$$

这样，星形接法与封闭形接法的合成电动势系数之比为 0.866/0.7199 = 1.203。

合成电动势系数的大小体现一相电动势对合成电动势的贡献程度。在本例，上述数据表明，同样的一相线圈电动势在封闭形接法产生合成电动势作用要比星形接法低。在下节分析将要看到，该系数影响到电机的等效电阻，以致影响堵转转矩的大小。

3. 忽略绕组电感只考虑绕组电阻的机械特性

在参考文献［29］介绍一台 9 个换向单元，18 槽，极对数 $p=2$ 的新一代直流电动机 New DCM 样机，实际上它就是一个九相封闭形接法无刷直流电机，它的绕组连接图和图 5-26a 原理上相同。该样机主要参数为：额定直流电压 255V，额定功率 1500W，换向单元直流电阻 $R=0.6\ \Omega$，换向单元自感 $L=1.97\text{mH}$。由该文附图，空载转速 $n_0\approx7000\text{r/min}$。

由该文给出有关数据可计算得该电机的转矩系数 $K_t=(9.55\times0.03632)\text{N}\cdot\text{m/A}=$

0.3469N·m/A；如果只考虑自感的电磁时间常数为 $\tau=(1.97/0.6)\mathrm{ms}=3.283\mathrm{ms}$。

该文给出了封闭形接法样机的机械特性曲线图，本书编者将其中一部分特性曲线移于图5-27，包括样机实测机械特性（曲线1），样机考虑自感及互感仿真的机械特性（曲线2），和该文作者根据有刷电机机械特性表达式计算的机械特性，它和编者按自感及互感为0时计算的电子换相电机机械特性（曲线3）是一样的。图中曲线6是编者忽略互感只考虑自感情况下计算的机械特性曲线。

下面，假设用同一台电机的铁心，分析按两种绕组方案绕制绕组在忽略绕组电感只计及绕组电阻时的机械特性，进行比较。在忽略绕组电感时，一个状态下永磁无刷直流电机的等值电路可以表示一等值电阻 R_{eq} 和一等值电动势 E_{eq} 的串联，参见第4章4.1节。

对于九相封闭形接法，由图5-25a，设一相的电动势为 E_{p1}，一相的电阻为 R_{p1}，一相的匝数为 W_1。理论上，由第4章的式（4-16），相电动势与匝数成正比关系；由式（4-17），在槽面积和槽满率一定情况下，相电阻与匝数平方成正比关系。所以有

$E_{p1}=k_eW_1$，$R_{p1}=k_rW_1^2$，k_e 和 k_r 为比例系数。

合成等值电动势 $E_{eq1}=2.8794E_{p1}=2.8794k_eW_1$

等值电阻 $R_{eq1}=(20/9)R_{p1}=(20/9)k_rW_1^2$，已知 $R_{p1}=0.6\Omega$，得 $R_{eq1}=1.333\Omega$。

对于九相星形接法，先考虑其中一组三相绕组，由图5-25b，设一相的电动势为 E_{p2}，一相的电阻为 R_{p2}，一相的匝数为 W_2。有 $E_{p2}=k_eW_2$，$R_{p2}=k_rW_2^2$。

合成等值电动势 $E_{eq2}=1.7321E_{p1}=1.7321k_eW_2$

等值电阻 $R_{eq2}=2R_{p1}=2k_rW_2^2$

现在要求两个绕组方案有相同的空载转速，故要求有相同的合成等值反电动势：$E_{eq1}=E_{eq2}$，从而计算得到匝数关系：

$$W_2/W_1=2.8794/1.7321=1.6624,有(W_2/W_1)^2=2.764$$

在本例，星形接法的每相匝数要增加不少。

这样，两个绕组方案等值电阻比 $R_{eq2}/R_{eq1}=(9/10)\times2.764=(2.4876$，得 $R_{eq2}=(2.4876\times1.333)\Omega=3.316\Omega$。

由已知转矩系数 $K_t=0.3469$，由式（4-1），封闭形接法的理论堵转转矩为

$$T_{s1}=K_tU/R_{eq1}=(0.3469\times255/1.333)\mathrm{N\cdot m}=66.35\mathrm{N\cdot m}$$

计算星形接法一组三相绕组的堵转转矩（$0.3469\times255/3.316)\mathrm{N\cdot m}=26.677\mathrm{N\cdot m}$。

九相星形接法三组三相绕组的总堵转转矩近似按3倍计算：

$$T_{s2}=(26.677\times3)\mathrm{N\cdot m}=80.03\mathrm{N\cdot m}$$

利用两种绕组方案的堵转转矩和空载转速可作出它们的忽略电感的机械特性，如图5-27的曲线3和曲线4。其中封闭形接法曲线3与参考文献［29］给出按自感及互感为0时计算的机械特性是完全吻合的。

两种绕组方案的堵转转矩之比 $T_{s2}/T_{s1}=80.03/66.35=1.206$。注意到，这个堵转转矩比和前面计算得到的合成电动势系数之比1.203是相同的。从而也助证了上述分析合理，正确。这个结果显示：即使不考虑电感的影响，星形接法也存在优势。

4. 绕组电感对电机基本特性和输出转矩的影响

近代无刷直流电动机的实践表明，由于绕组电感的存在，使电机的实际机械特性从只考

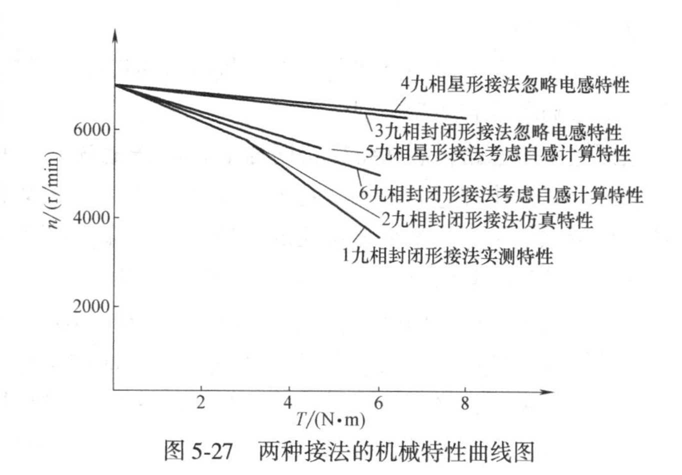

图5-27　两种接法的机械特性曲线图

虑绕组电阻的理想直线特性改变为较软的曲线。它显示了绕组电磁时间常数对换相过程的关键作用。

在第4章4.4节，基于无刷直流电动机换相过程分析，推导出考虑绕组电磁时间常数的电流—转速特性和转矩—转速特性简洁表达式，给出平均电流比K_A、平均电磁转矩比K_τ与的绕组电磁时间常数函数关系。在同样转速下，计及绕组电感的电磁转矩小于忽略绕组电感时计算的电磁转矩。

计及绕组电感的平均电磁转矩T_{av}近似计算公式：

$$K_\tau=\frac{T_{av}}{T_r}=\left(1-\frac{\xi}{2x}\right)=K_x$$

式中，T_r为只计绕组电阻忽略绕组电感时的平均电磁转矩（N·m）；$x=\frac{T}{\tau}=\frac{10}{pn\tau}$为一个状态角换相周期时间$T$与相绕组电磁时间常数$\tau$之比；$\xi=\frac{2(1-e^{-x})}{2-e^{-x}}$。

这里，平均电磁转矩比K_τ近似等于K_x。在第4章图4-15给出K_x与x的函数关系。它显示：随着电机电磁时间常数的增大或转速的提高，x减小，ξ和K_x从最大值1单调减小到近于零。也就是说，与忽略电感的计算值相比，x越小，平均电流和平均电磁转矩将降低得越多。反之，电机电磁时间常数的减小或转速的降低，x增大，与忽略电感的计算值相比，平均电流和平均电磁转矩将降低得越小，越接近忽略电感时的计算值。图中$K_u=2E/U$是转速比。

上述分析结果表明，决定平均电磁转矩变化的不是相绕组电感的大小，而是它的电磁时间常数，并且还与电机换相周期长短有关。

5. 考虑绕组电感影响的机械特性

绕组电感的存在使无刷直流电动机机械特性变软，呈现非线性，并且换相过程使转矩波动恶化。这是无刷直流电机存在的弱点之一。

参考文献［25］认为近代无刷直流电动机（BLDCM）已成为运控电动机的主流。但是它本质上是具有自同步功能的交流永磁同步电动机，与真正的直流电动机相比较仍有弱点。其弱点之一是“绕组电感限制了电机的转矩”。为此提出新一代直流电动机（New DCM），期望克服无刷直流电动机的弱点，获得像有刷直流电机那样的机械特性。认为：“近代BLDCM中的绕组电感对基本特性的影响。它使输出同样转矩情况下的最高转速下降，同样转速情况下的最大转矩减小”。“传统直流电动机中有比较完善的直流电枢绕组电路”。“串联元件数较多时，单个元件的电感量相对减小，使得电流换向过程容易”。但是，经过进一步对该电机仿真和机械特性实验研究发现，绕组电感对机械特性转速降落的影响仍然存在，见参考文献［25，26，29］。

这样，自然引申出一个问题：采用封闭形连接和星形连接它们的绕组电感对机械特性转速降落的影响程度有多少差别？

按照上一节思路，假如将样机同样的铁心按上述三丫星形接法绕组方案绕制绕组，进行试验，可实际比较它们的机械特性。这里，借用参考文献［29］所述样机有关数据，可以估算出考虑电感时三丫星形接法的机械特性。编者利用第 4 章 4. 4. 2 节介绍的机械特性计算方法，得到忽略互感只考虑自感 $L=1.97\mathrm{mH}$ 情况下的星形接法机械特性曲线，计算结果示于图 5-27 的曲线 5。图中曲线 6 是参考文献［29］给出的封闭形接法忽略互感只考虑自感情况下计算的机械特性曲线。从图中可见，两条曲线接近，而且曲线 5 比曲线 6 要稍硬一些。这个结果表明，采用封闭形连接时绕组电感对机械特性的影响并没有优于星形连接。

其实，这个结果也是意料之中的。在三相无刷直流电机实践表明，如果同一台电机，分别将绕组按星形接法和封闭形接法设计，实测的电机机械特性是接近的。参见第 3 章 3. 4. 4 节的实例。

决定平均电磁转矩下降程度的不是相绕组电感的大小，而是它的电磁时间常数，并且还与电机换相周期长短有关。采用封闭形接法绕组的多相无刷直流电动机，尽管每相绕组匝数较少，电感量相对减小，但同时每相绕组的电阻也减小了，与采用星形接法相比，其电磁时间常数并不会明显降低，也就不会使得封闭形接法绕组的换相过程变得更加容易。

6. 小结

对所引用文献的研读和上述九相电机例子的分析，可得到如下认识：

1）采用无刷直流电机电子换相运行方式的多相绕组永磁电机，按封闭形绕组工作时，与三丫星形接法相比较，其合成电势系数要比星形接法低；其等值电阻要比星形接法大；其忽略电感的机械特性堵转转矩要比星形接法小。

2）多相绕组电机采用封闭接法绕组时，尽管相数的增多使每相绕组的电感减小，但同时每相绕组的电阻也减小了，与采用星形接法相比，其电磁时间常数并不会明显降低，也就不会使换相过程变得更加容易。

3）无刷直流电机采取封闭形绕组接法工作时，绕组电感对机械特性转速降落的影响仍然存在，并没有获得像有刷直流电机那样的机械特性，而且其影响程度并不比星形接法低，没有因为采用封闭形接法表现有特别的优势。

4）尽管封闭形绕组多相无刷直流电机的绕组连接方式与有刷直流电机十分相似，但它们的机械特性有较大差别，这表明无刷直流电机目前的电子换相过程与有刷直流电机机械换向过程还是有较大差别。继续深入研究它们的换相（向）机理，探索能够模拟电刷—机械换向器功效的新电子换相电路也许是值得研究的课题。

5. 7. 3 多相无刷直流电机封闭形绕组无环流条件的分析

无刷直流电动机每相绕组的电动势存在若干奇数次谐波。对于三相电机，三相绕组的电动势三次和三次倍数的谐波是同相的，当绕组按△接法时，它们在闭合的三相绕组回路将会产生环流，导致额外的损耗和转矩波动。基于这一点考虑，当代三相无刷直流电动机产品的绕组绝大多数采用丫接法，只有在特定条件下可以采用△接法，在第 3 章 3. 4. 3 节给出这些条件的分析。

同理，对于多相电机，如果绕组采用封闭式连接，电动势谐波在绕组回路内也有可能产生环流。产生环流的根源在于谐波电动势的存在。因此，最彻底的办法是改善气隙磁场分布波形，形成正弦波磁场分布，尽量降低谐波电动势。但在许多无刷直流电动机的气隙磁场是呈现非正弦分布，此时选择合适的绕组参数有可能解决这个问题。

本节通过对多相绕组的谐波电动势分析，探讨多相封闭形绕组环流为零的条件，对于多相电机，或者每相绕组的任意次谐波电动势为零；或者虽然每相绕组的某次谐波电动势不为零，但多相封闭绕组的合成谐波电动势为零。

有刷永磁直流电机也是一种封闭式绕组的永磁电机。本节的分析也解释了有刷直流电机环流不存在的理由。

1. m 相绕组连接成封闭绕组可能存在 m 次谐波环流

多相绕组永磁电机的槽数为 Z，极对数为 p，它的单元电机槽数为 Z_0，极对数为 p_0。设多相绕组的相数为 m，由对称条件，单元电机槽数 Z_0 必然是 m 倍数，即有 $Z_0=um$。这里，u 是整数。在常见的双层绕组，每相由 u 个线圈元件组成。在 m 相绕组的电动势相量星形图，它有 m 个相电动势相量，相邻相量之间相位差是 $\theta=360/m$。各相绕组的 ν 次谐波电动势分别表示为：

$$e_1=E\sin\nu(\omega t+0)=E\sin\nu\omega t$$

$$e_2=E\sin\nu(\omega t+\theta)=E\sin(\nu\omega t+360\nu/m)$$

$$e_3=E\sin\nu(\omega t+2\theta)=E\sin(\nu\omega t+2\cdot 360\nu/m)$$

$$e_4=E\sin\nu(\omega t+3\theta)=E\sin(\nu\omega t+3\cdot 360\nu/m)$$

$$\cdots$$

$$e_m=E\sin\nu[\omega t+(m-1)\theta]=E\sin[\nu\omega t+(m-1)360\nu/m] \tag{5-15}$$

当 $\nu=m$ 时，由上述各式，各相 m 次谐波电势幅值相等，相位同相。如果一相绕组的 m 次谐波电动势幅值 E 不为零，m 相绕组连接成封闭绕组时就有可能形成 m 次谐波环流。显然，m 的倍数次，即 km 次谐波同样也有可能形成环流。但由于 km 次谐波已较高，影响较小，下面我们主要关注 m 次谐波电动势。

相绕组的 m 次谐波动电势是否为零，与相绕组 $\nu=m$ 次谐波的绕组系数是否为零相关。

众所周知，相绕组的绕组系数是分布系数和短距系数乘积。如果单元电机槽数 $Z_0=m$，即 $u=1$，绕组系数中的分布系数为 1，只需要关注它的 m 次谐波短距系数。如果单元电机槽数 Z_0 是 m 倍数，即 $u>1$，每相绕组由 u 个线圈串联组成，如果 m 次谐波短距系数不为零，还需要考察相绕组的 m 次谐波的分布系数。

2. 绕组短距与谐波环流的关系

在单元电机，线圈节距 y（又称第一节距）是指电机绕组中一个元件的两个元件边在电枢表面所跨的距离，通常用槽数来表示。节距选择的原则是，使每个元件的感应电动势尽可能大，所以节距应接近或等于一个极距。如果极距也用槽数来表示，则极距 $\tau=Z_0/2p_0$。又因为节距必须为整数，为此，节距可用下式表示：

$$y=\tau\pm\varepsilon=\frac{Z_0}{2p_0}\pm\varepsilon=\text{整数}$$

式中，ε 为小于 1 的分数。

绕组的短距系数用下式表示：

$$k_p=\sin\left(\frac{y}{\tau}\cdot\frac{180}{2}\right)=\sin\left(\frac{y_x}{2}\cdot 180\right)$$

式中，y_x 定义为相对节距，$y_x=\frac{y}{\tau}=\frac{2p_0y}{Z_0}$。

对于 ν 次谐波，其短距系数以下式表示：

$$k_{p\nu}=\sin\left(\frac{\nu y}{\tau}\cdot\frac{180}{2}\right)=\sin\left(\frac{\nu y_x}{2}\cdot 180\right) \tag{5-16}$$

为消除某个特定 ν 次谐波可通过选择合适的节距来实现，即令该次谐波的短距系数等于零。由式（5-16），如果 $\nu y_x/2$ 等于整数，则 ν 次谐波的短距系数等于零。

$$\frac{\nu y_x}{2}=\frac{\nu y p_0}{Z_0}=\frac{\nu y}{2mq}=K \tag{5-17}$$

式中，K 表示整数。由式（5-17）的要求，进行下面的讨论：

1）相数 m 为偶数的电机，常取整距，$y_x=1$。由式（5-17），$\nu=m$ 次谐波的短距系数将等于零。而且，在电机南北极磁场对称条件下，线圈中不存在偶次谐波电动势。这样，相数 m 为偶数的电机没有环流问题。因此，只需要研究 m 为奇数情况。

2）m 为奇数的电机，由式（5-17），如果相对节距满足下要求：

$$y_x=2K/\nu, K=1,2,3,4\cdots \tag{5-18}$$

则 ν 谐波的短距系数等于零，使谐波 ν 电动势为零。当然，还应考虑附加要求：y_x 接近 1。

由此，可得到满足 ν 次谐波电势为零的相对节距 y_x，如表 5-28 所示。表中给出的是部分例子。这些相对节距可以表示为 $y_x=(m\pm1)/m$。

表 5-28　m 为奇数使 ν 次谐波短距系数等于零的相对节距 y_x

相数 m	3	5	7	9	11	13
对于 $\nu=m$ 次数谐波	3	5	7	9	11	13
K(例)	1,2	2,3	3,4	4,5	5,6	6,7
相对节距 y_x(例)	2/3 4/3	4/5 6/5	6/7 8/7	8/9 10/9	10/11 12/11	12/13 14/13

3）由式（5-17），对于选择的 y_x，如果

$$\nu=2K/y_x \tag{5-19}$$

则 ν 次谐波的短距系数等于零。

例如，某电机，它的线圈元件两个边跨距为 120°，这表示它的相对节距 y_x 为 2/3。由式（5-19），取 $K=1$，2，3，4，…，可以消除所有三次和三倍数谐波电势（如 3，6，9，12，…）。但是，它的基波绕组短距系数只有 0.866，第 5，第 7，第 11 次谐波具有相同的短距系数。参见表 5-29。它是按式（5-16）计算的结果。

同样，相对节距 4/5 的绕组可消除了 5 次谐波和它的倍数谐波，相对节距 6/7 的绕组可消除了 7 次谐波和它的倍数谐波，相对节距 8/9 的绕组可消除了 9 次谐波和它的倍数谐波，相对节距 10/11 的绕组可消除了 11 次谐波和它的倍数谐波等，参见表 5-29。

【例 5-5】　在参考文献［26］研究的封闭形绕组电机：$m=9$，$Z=18$，$p=2$，$y=4$。

它的单元电机为 $Z_0=9$，$p_0=1$。它的相对节距 $y_x=2p_0y/Z_0=8/9$，由表 5-29，此电机满足 9 次谐波短距系数为零条件。因而，此 9 相电机 9 次谐波环流不存在。

表 5-29　几种相对节距各次谐波的短距系数

谐波次数 \ 相对节距 y_x	2/3	4/5	6/7	8/9	10/11
1	0.866	0.951	0.974	0.985	0.989
3	0	−0.587	−0.781	−0.866	−0.909
5	−0.866	0	0.433	0.643	0.755
7	0.866	0.5878	0	−0.342	−0.541
9	0	−0.951	−0.433	0	0.282
11	−0.866	0.951	0.781	0.342	0

此单元电机也可以取 $y=5$，它的相对节距 $y_x=2p_0y/Z_0=10/9$。由式（5-19），$\nu=2K/y_x=2\times9K/10=9K/5$。当取$K=5$时，有 $\nu=9$。此时，电机也满足 9 次谐波短距系数为零条件。这里的分析结果与表 5-28 相一致。

4）对于分数槽集中绕组电机，其特征为 $y=1$。设相数为 m，对于 $\nu=m$ 次谐波，

$$q=Z_0/2mp_0=1/my_x=1/\nu y_x$$

将式（5-19）条件转换为

$$q=\frac{1}{2K},K=1,2,3,4\cdots \tag{5-20}$$

由式（5-20），参照表 5-28，可得到表 5-30。表中给出的是部分例子。这些 q 值可以表示为 $q=1/(m\pm1)$。

表 5-30　$y=1$ 的分数槽集中绕组电机 $\nu=m$ 次谐波短距系数等于零的 q 值

相数 m	3	5	7	9	11	13
对于 $\nu=m$ 次数谐波	3	5	7	9	11	13
K(例)	1,2	2,3	3,4	4,5	5,6	6,7
q(例)	1/2 1/4	1/4 1/6	1/6 1/8	1/8 1/10	1/10 1/12	1/12 1/14

【例 5-6】　常见的三相分数槽集中绕组电机 $q=1/2$（例：$Z=6$，$p=2$；$Z=9$，$p=3$ 等）或 $q=1/4$，（例：$Z=6$，$p=4$ 等），符合表 5-30。因而，三次谐波环流不存在。这个结论和第 3 章 3.4.3 节分析一致。

【例 5-7】　在参考文献［27］研究的封闭形绕组电机，$Z=11$，$p=5$，$y=1$，$q=11/(2\times11\times5)=1/10$。符合表 5-30 的 $m=11$ 次谐波短距系数为零条件。因而，11 次谐波环流不存在。

也可以参照表 5-29，由 $y_x=2py/Z=2\times5\times1/11=10/11$，此电机 11 次谐波短距系数为零。因而，此 11 相电机 11 次谐波环流不存在。

5）对于 $u=1$，$Z_0=m$ 电机，

$$\frac{\nu y_x}{2}=\frac{\nu yp_0}{Z_0}=\frac{myp_0}{Z_0}=yp_0 \tag{5-21}$$

在上式无论节距 y 取多少，由于节距 y 必须是整数，必然有 yp_0 = 整数，式（5-17）自然成立。即对于 $u=1$ 电机，$\nu=Z_0=m$ 次谐波短距系数必然为零。前面的【例 5-5】的 9 相电机和【例 5-7】的 11 相电机就是 $u=1$，$Z_0=m$ 这样的例子。

在表 5-28，给出的一些相对节距，其特定次数（$\nu=m$）谐波的短距系数等于零，此特定次数谐波的环流不存在。其他次谐波是否会产生环流呢？详细分析可以证明，其他次谐

波，尽管其短距系数不为零，但多相绕组合成谐波电动势为零，这些次谐波的环流也不存在。即此电机连接为封闭形绕组时，不会有环流存在。详见下面的分析。

3. Z_0 为奇数的例子

【例 5-8】 一个分数槽集中绕组电机例子，$Z=9$，$p=4$，$y=1$。它的相对节距为 $y_x=2py/Z=2\times4\times1/9=8/9$，由表 5-29，此电机 9 次谐波短距系数为零。因而，9 次谐波环流不存在。但其他奇数次谐波的短距系数并不为零。为此，需要分析多相绕组合成谐波电动势是否为零。按 9 相或 3 相运行的不同情况，分三种情况讨论：

1）按 $m=9$ 相封闭形绕组电机运行。

在图 5-28a 给出此 9 相绕组电动势相量图，表示了每相（线圈）电动势相量的相位关系。例如，线圈 2 相量落后于线圈 1 相量 $4\times40°=160°$。在图 5-28b 给出构成 9 相封闭形绕组的相量图，它显示出各相线圈的连接顺序：1—8—6—4—2—9—7—5—3—。相邻相之间的相位差 $360/m=360/9=40°$。例如线圈 8 落后于线圈 1 是 40°。这样的连接，才能形成正多边形。按 9 相封闭形绕组电机运行时，九边形每个角连接一个半桥开关。

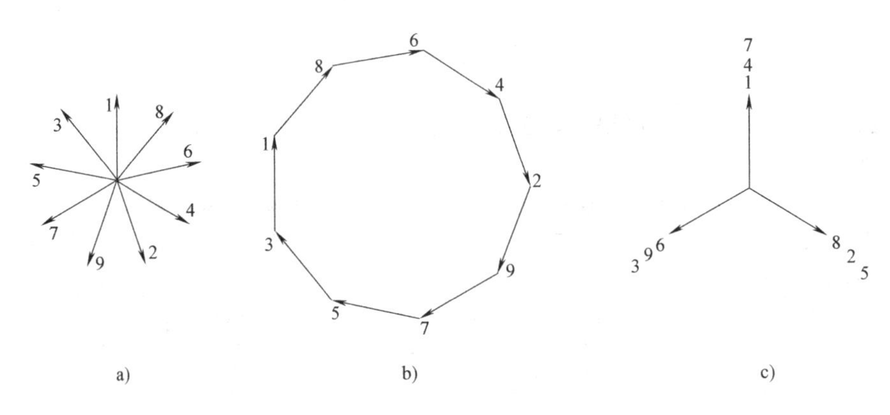

图 5-28　9 相线圈电动势相量图

a）9 相线圈的基波电动势　b）连接为 9 相封闭形绕组基波电动势

c）9 相线圈的三次谐波电势的相位关系

由于 9 次谐波短距系数为零，故 9 次谐波环流不存在。

对照表 5-29，相对节距为 8/9 的其他谐波短距系数不为零，是否会有这些谐波的环流呢？下面以三次谐波为例进行分析。9 相线圈的三次谐波电动势可依次表示为：

$$
\begin{aligned}
&e_1=E\sin3\omega t\\
&e_8=E\sin3(\omega t+40)=E\sin(3\omega t+120)\\
&e_6=E\sin3(\omega t+2\times40)=E\sin(3\omega t+240)\\
&e_4=E\sin3(\omega t+3\times40)=E\sin(3\omega t+360)=E\sin3\omega t\\
&e_2=E\sin3(\omega t+4\times40)=E\sin(3\omega t+480)=E\sin(3\omega t+120)\\
&e_9=E\sin3(\omega t+5\times40)=E\sin(3\omega t+600)=E\sin(3\omega t+240)\\
&e_7=E\sin3(\omega t+6\times40)=E\sin(3\omega t+720)=E\sin3\omega t\\
&e_5=E\sin3(\omega t+7\times40)=E\sin(3\omega t+840)=E\sin(3\omega t+120)\\
&e_3=E\sin3(\omega t+8\times40)=E\sin(3\omega t+960)=E\sin(3\omega t+240)
\end{aligned}
\tag{5-22}
$$

从上面所列出 9 相线圈的三次谐波电动势，注意到：它们每三个一组，相位分别集中在 0°、

120°和 240°位置，对称分布，并非同相。参见图 5-28c，外围数字表示了 9 相线圈的三次谐波电动势的相位。当连接为封闭形绕组后，它们合成的三次谐波电动势为零。因此，三次谐波环流并不存在。

同样方法也可以证明，5，7，11…其他次谐波合成电动势为零。因此，总的环流不存在。

2）按 $m=3$ 相封闭形绕组电机运行（方案 1，60°相带）。

当槽数 Z 为 9 的电机按三相电机运行时，即 $u=3$，依照常规 60°相带划分，每相由 3 个线圈组成：A 相线圈是 1、−2、3；B 相线圈是 4、−5、6；C 相线圈是 7、−8、9。在图 5-29a 表示了三相对称基波电动势相量。由于 3 次谐波短距系数不为零，每个线圈存在 3 次谐波电动势，每相绕组也存在 3 次谐波电动势，设其幅值为 E，三相的 3 次谐波电动势可表示为

$$e_a = E\sin 3\omega t$$

$$e_b = E\sin 3(\omega t+120) = E\sin(3\omega t+360) = E\sin 3\omega t$$

$$e_c = E\sin 3(\omega t+240) = E\sin(3\omega t+720) = E\sin 3\omega t$$

上述三式表明，此三相电机的 3 次谐波电势是同相的，有可能产生环流。

由于每个线圈三次谐波短距系数不为零，此时，还需要考察一相绕组 3 个线圈的分布系数。观察一相线圈，例如 A 相是线圈 1、−2、3 组成，由式（5-22），它们的 3 次谐波电动势分别为

$$e_1 = E\sin 3\omega t$$

$$-e_2 = -E\sin 3(\omega t+4\times 40) = -E\sin(3\omega t+480) = -E\sin(3\omega t+120)$$

$$e_3 = E\sin 3(\omega t+8\times 40) = E\sin(3\omega t+960) = E\sin(3\omega t+240)$$

每相绕组三个线圈合成的 3 次谐波电动势并不为零，其三次谐波分布系数不为零，当构成封闭形绕组时（见图 5-29b），将会产生环流。

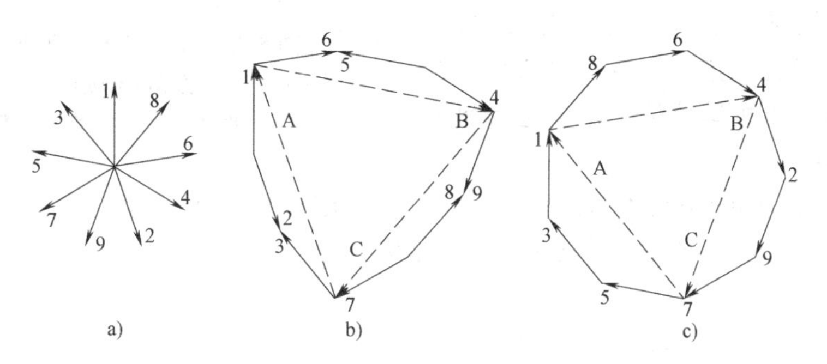

图 5-29　9 线圈连接为三相封闭形绕组电动势相量图

a）9 线圈的基波电动势相量　b）方案 1 三相封闭形绕组的基波电动势相量

c）方案 2 三相封闭形绕组的基波电动势相量

3）按 $m=3$ 相封闭形绕组电机运行（方案 2，120°相带）。

如果依照 120°相带划分，每相由 3 个线圈组成：A 相线圈是 1、3、5；B 相线圈是 4、6、8；C 相线圈是 7、9、2。在图 5-29c 表示了三相对称基波电动势相量。但注意到，图 5-29c的 9 个线圈组成正多边形电动势相量图，与图 5-28b 是完全相同的，所以封闭形绕组内也不会产生环流。实际上，如果观察一相线圈，例如 A 相是线圈 1、3、5 组成，由式

(5-22)，它们的三次谐波电动势分别为

$$e_1 = E\sin3\omega t$$

$$e_5 = E\sin3(\omega t+7\times40) = E\sin(3\omega t+840) = E\sin(3\omega t+120)$$

$$e_3 = E\sin3(\omega t+8\times40) = E\sin(3\omega t+960) = E\sin(3\omega t+240)$$

它们合成电动势为零，所以其三次谐波分布系数为零。因此，三次谐波环流并不存在。

上述两种三相封闭形绕组由于相带划分不同环流情况不同。并且，其相绕组的基波分布系数也就不一样，分别为 0.960 和 0.844。

4. Z_0 为偶数的例子

对照式（5-15），$\nu=m$ 次谐波时，各相 ν 次谐波电势幅值相等，相位同相，有可能产生环流。但如果 $m=Z$ 为偶数，由于相绕组中电势的偶次谐波不存在，没有偶次谐波环流问题。此时，只需要讨论其他奇次谐波是否有环流。

【例 5-9】 一个 $Z_0=10$，$p_0=1$，$y=5$ 例子，它的相对节距为 $y_x=2p_0y/Z_0=2\times1\times5/10=1$。由式（5-16），对照 $\nu y_x/2$ 等于整数的条件，$\nu=10$ 的短距系数为零。故 10 次谐波环流不存在。但奇次谐波的短距系数并不为零。例如 5 次谐波短距系数等于 1。下面分别按 10 相或 5 相运行的不同情况分析，分三种情况讨论：

1）按 $m=10$ 相封闭形绕组电机运行。

在图 5-30a 表示了 10 相线圈每相（线圈）电动势相量的相位关系。例如，线圈 2 相量落后于线圈 1 相量 36°。在图 5-30b 给出构成 10 相封闭形绕组的相量图，它显示出各相线圈的连接顺序：1—2—3—4—5—6—7—8—9—10—。相邻相之间的相位差 $360/m=360/10=36°$。这样的连接形成正多边形。按 10 相封闭形绕组电机运行时，10 多边形每个角连接一个半桥开关。

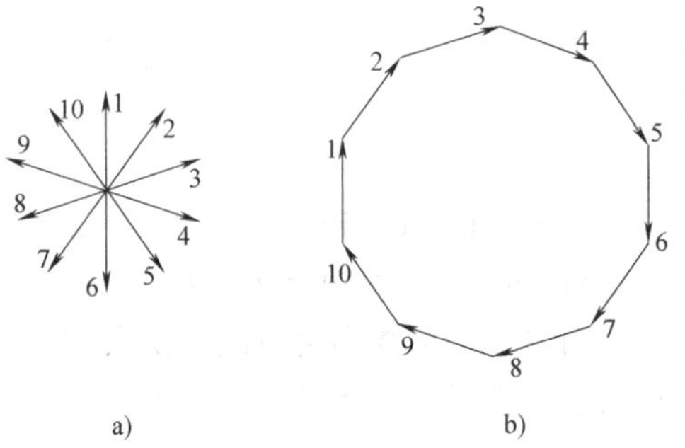

图 5-30　10 相线圈电动势相量图
a）10 相线圈的基波电动势　b）连接为 10 相封闭形绕组基波电动势

由于奇次谐波的短距系数不为零，需要考察奇次谐波合成电动势是否为零。以 5 次谐波为例，10 相线圈的 5 次谐波电动势可依次表示为：

$$e_1 = E\sin5\omega t$$

$$e_2 = E\sin5(\omega t+36) = E\sin(5\omega t+180)$$

$$e_3 = E\sin5(\omega t+2\times36) = E\sin(5\omega t+360) = E\sin5\omega t$$

$$e_4 = E\sin5(\omega t+3\times36) = E\sin(5\omega t+180)$$

$$e_5 = E\sin5(\omega t+4\times36) = E\sin5\omega t$$

$$e_6 = E\sin5(\omega t+5\times36) = E\sin(5\omega t+180)$$

$$e_7 = E\sin5(\omega t+6\times36) = E\sin5\omega t$$

$$e_8 = E\sin5(\omega t+7\times36) = E\sin(5\omega t+180)$$

$$e_9 = E\sin5(\omega t+8\times36) = E\sin5\omega t$$

$$e_{10} = E\sin5(\omega t+9\times36) = E\sin(5\omega t+180)$$

从上面所列出 10 个线圈的 5 次谐波电动势，注意到：它们每五个一组，相位分别集中

在 0°和 180°位置，对称分布，并非同相。当连接为封闭形绕组时，它们合成的 5 次谐波电动势为零。因此，5 次谐波环流并不存在。

同样方法也可以证明，3、7、11…其他奇次谐波合成电动势为零。因此，总的环流不存在。

2）按 $m=5$ 相封闭形绕组电机运行（方案 1，36°相带）。

如果该电机按 5 相电机运行，即 $u=2$，依照常规 36°相带划分，每相由 2 个线圈组成：A 相线圈是 1、−6；B 相线圈是 3、−8；C 相线圈是 5、−10；D 相线圈是 7、−2；E 相线圈是 9、−4。在图 5-31b 表示了该 5 相基波电动势相量。

以 5 次谐波为例分析。由于每个线圈存在 5 次谐波电动势，每相也存在 5 次谐波电动势，设其幅值为 E，五相的 5 次谐波电动势可表示为

$$e_{\mathrm{a}}=E\sin 5\omega t$$

$$e_{\mathrm{b}}=E\sin 5(\omega t+72)=E\sin(5\omega t+360)=E\sin 5\omega t$$

$$e_{\mathrm{c}}=E\sin 5(\omega t+2\times 72)=E\sin(3\omega t+720)=E\sin 5\omega t$$

$$e_{\mathrm{d}}=E\sin 5(\omega t+3\times 72)=E\sin(5\omega t+1080)=E\sin 5\omega t$$

$$e_{\mathrm{e}}=E\sin 5(\omega t+4\times 72)=E\sin(5\omega t+1440)=E\sin 5\omega t$$

上述五式表明，该五相的 5 次谐波电势是同相的。而且相绕组的短距系数和分布系数都等于 1，当构成封闭形绕组时，将会产生 5 次谐波环流。

3）按 $m=5$ 相封闭形绕组电机运行（方案 2，72°相带）。

如果电机按五相电机运行，但依照 72°相带划分，每相由 2 个线圈组成：A 相线圈是 1、2；B 相线圈是 3、4；C 相线圈是 5、6；D 相线圈是 7、8；E 相线圈是 9、10。在图 5-31c 表示了该 5 相基波电动势相量。但注意到，图 5-31c 的 10 个线圈组成正多边形电势相量图与图 5-30b 是完全相同的，当构成封闭形绕组时也不会产生环流。

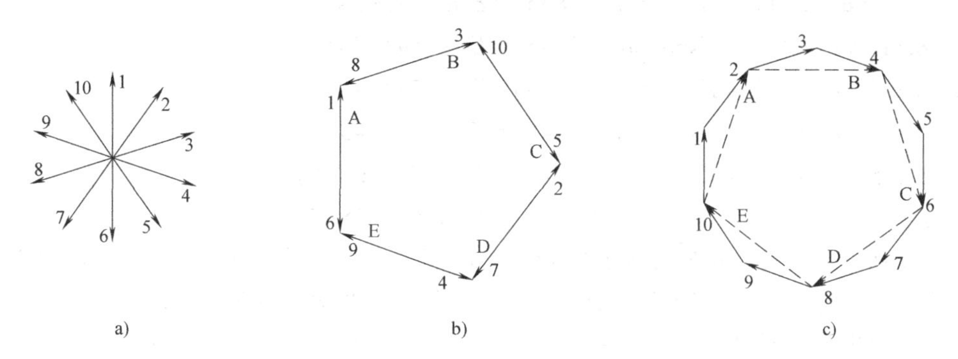

图 5-31　10 线圈连接为五相封闭形绕组电动势相量图

a）10 线圈的基波电动势相量　b）方案 1 五相封闭形绕组的基波电动势相量

c）方案 2 五相封闭形绕组的基波电动势相量

两种方案 5 相封闭形绕组环流情况不同，原因在于它们的相绕组由 2 个线圈组成，其分布系数不同。在方案 1，5 次谐波分布系数为 1。而在方案 2，A 相线圈是 1、2 的 5 次谐波合成电势正比于 $\cos(5\times 36/2)=\cos 90°=0$，即 5 次谐波分布系数为零，5 次谐波合成电动势等于零，不会产生环流。

【例 5-10】　在参考文献［30］给出三相无刷电机 $Z=18$，$p=3$ 的例子。

分析：它的单元电机是 $Z_0=6$，$p_0=1$。计算它的极距 $\tau=Z_0/2p_0=6/2=3$，整距 $y=3$，得 $y_x=1$。按三相运行，$u=2$。由式（5-16）计算三次谐波短距系数

$$k_{p\nu}=\sin\left(\frac{\nu y_x}{2}\cdot 180\right)=\sin 270°=-1$$

而且，分布系数为 1。因此，当按三相电机运行时，三相绕组的三次谐波电动势同相，形成三次谐波环流。该文献介绍了进行的实验证明：与星形接法相比，按三角形接法时空载电流较大，同样负载下效率较低，显示存在环流的影响。

5. 有刷直流电机绕组无环流的分析

有刷永磁直流电机也是一种封闭式绕组的永磁电机。它是否也存在环流问题？在国内高校出版的几本《电机学》教科书介绍直流电机绕组时都是举出下面的两个例子[31—37]。让我们对这两个例子的谐波环流进行分析。

【例 5-11】 单叠绕组的例子[31—37]，$Z=16$，$2p=4$，$y=4$

它的单元电机 $Z_0=8$，$p_0=1$。计算它的极距 $\tau=Z_0/2p_0=8/2=4$，取 $y=4$，它的相对节距 $y_x=1$。此电机相当于 8 相电机。ν 次谐波短距系数：

$$k_{p\nu}=\sin\left(\frac{\nu y_x}{2}\cdot 180\right)=\sin(\nu\cdot 90)$$

由上式，对于 ν 为偶数的各次谐波，短距系数为零。这里 8 次谐波环流不存在。而对于 ν 为奇数的各次谐波，短距系数不为零。需要分别分析各次谐波合成电动势是否为零。

以 5 次谐波为例，8 个线圈的 5 次谐波电动势可依次表示为

$e_1=E\sin 5\omega t$

$e_2=E\sin 5(\omega t+45)=E\sin(5\omega t+5\times 45)$

$e_3=E\sin 5(\omega t+2\times 45)=E\sin(5\omega t+10\times 45)=E\sin(5\omega t+2\times 45)$

$e_4=E\sin 5(\omega t+3\times 45)=E\sin(5\omega t+15\times 45)=E\sin(5\omega t+7\times 45)$

$e_5=E\sin 5(\omega t+4\times 45)=E\sin(5\omega t+20\times 45)=E\sin(5\omega t+4\times 45)$

$e_6=E\sin 5(\omega t+5\times 45)=E\sin(5\omega t+25\times 45)=E\sin(5\omega t+45)$

$e_7=E\sin 5(\omega t+6\times 45)=E\sin(5\omega t+30\times 45)=E\sin(5\omega t+6\times 45)$

$e_8=E\sin 5(\omega t+7\times 45)=E\sin(5\omega t+35\times 45)=E\sin(5\omega t+3\times 45)$

从上述列出 8 个线圈的 5 次谐波电动势，注意到：它们对称分布，并非同相。当连接为封闭形绕组后，它们合成 5 次谐波电动势为零。因此，5 次谐波环流并不存在。

同样方法也可以证明，3，7，11…其他谐波合成电动势为零。因此，总的环流不存在。

【例 5-12】 单波绕组的例子[31—36]，$Z=15$，$2p=4$，$y=3$。

此电机本身就是单元电机，它相当于 15 相电机。计算它的极距 $\tau=Z/2p=15/4=3.75$，由 $y=3$，它的相对节距为 $y_x=2py/Z=4\times 3/15=12/15=4/5$，此电机 $\nu=15$ 次谐波短距系数：

$$k_{p\nu}=\sin\left(\frac{\nu y_x}{2}\cdot 180\right)=\sin(6\times 180)=0$$

所以 15 次谐波环流不存在。

在参考文献［37］的《电机学》一书中，同样的单波绕组例子，$Z=15$，$2p=4$，但取 $y=4$，它的相对节距为 $y_x=2py/Z=4\times 4/15=16/15$，此电机 $\nu=15$ 次谐波短距系数：

$$k_{p\nu}=\sin\left(\frac{\nu y_x}{2}\cdot 180\right)=\sin(8\times180)=0$$

所以 15 次谐波环流不存在。

分析其他奇次谐波。以 5 次谐波为例，5 次谐波短距系数不为零：

$$k_{p\nu}=\sin\left(\frac{\nu y_x}{2}\cdot 180\right)=\sin\left(\frac{5\times16}{2\times15}\times180\right)=\sin480=0.866$$

15 个线圈的 5 次谐波电动势可依次表示为

$e_1=E\sin5\omega t$

$e_9=E\sin5(\omega t+24)=E\sin(5\omega t+120)$

$e_2=E\sin5(\omega t+2\times24)=E\sin(5\omega t+240)$

$e_{10}=E\sin5(\omega t+3\times24)=E\sin5\omega t$

$e_3=E\sin5(\omega t+4\times24)=E\sin(5\omega t+120)$

$e_{11}=E\sin5(\omega t+5\times24)=E\sin(5\omega t+240)$

$e_4=E\sin5(\omega t+6\times24)=E\sin5\omega t$

$e_{12}=E\sin5(\omega t+7\times24)=E\sin(5\omega t+120)$

$e_5=E\sin5(\omega t+8\times24)=E\sin(5\omega t+240)$

$e_{13}=E\sin5(\omega t+9\times24)=E\sin5\omega t$

$e_6=E\sin5(\omega t+10\times24)=E\sin(5\omega t+120)$

$e_{14}=E\sin5(\omega t+11\times24)=E\sin(5\omega t+240)$

$e_7=E\sin5(\omega t+12\times24)=E\sin5\omega t$

$e_{15}=E\sin5(\omega t+13\times24)=E\sin(5\omega t+120)$

$e_8=E\sin5(\omega t+14\times24)=E\sin(5\omega t+240)$

从上述列出 15 个线圈的 5 次谐波电动势，注意到：它们对称分布，并非同相。当连接为封闭形绕组后，它们合成 5 次谐波电动势为零。因此，5 次谐波环流并不存在。

同样方法也可以证明，3、7、11……谐波合成电动势为零。因此，总的环流不存在。

上述结果不是偶然的。从绕组角度看，上述有刷直流电机可以看成为封闭式绕组多相永磁无刷电机的一种，它的特征是 $u=1$，$m=Z_0$。它的封闭绕组相电动势相量组成正多边形相量图。按上述式（5-21）分析，由于 $u=1$，$m=Z_0$，对于 $\nu=Z_0=m$ 次谐波的短距系数必然为零。所以，上述有刷直流电机绕组不存在环流。

6. 结束语

由上述分析得知：

1）多相永磁电机，如果绕组采用封闭式连接，谐波电势在绕组回路内有可能产生谐波环流。

2）相数 m 为偶数的电机没有环流问题。

3）对于 m 相电机，单元电机槽数为 Z_0，$Z_0=um$，

① 当 m 为奇数，相对节距 $y_x=(m\pm1)/m$；

② 当 m 为奇数，对于节距 $y=1$ 的分数槽集中绕组电机，$q=1/(m\pm1)$；

③ 对于 $u=1$，$Z_0=m$ 电机。

满足上述任一条件的 m 相电机，则 m 次谐波短距系数为零，连接为封闭形绕组时，不

会有环流存在。

4）解释了有刷直流电机的环流不存在的理由：有 Z_0 个槽的有刷永磁直流电机相对于一种封闭式绕组的 Z_0 相永磁无刷电机。符合 $u=1$，$Z_0=m$ 条件，m 次谐波的短距系数必然为零。因此，有刷直流电机绕组的环流不存在。

5.8　定子铁心制造方法

常规的径向磁路定子铁心由带齿槽的整圆冲片叠装而成，然后进行嵌线工作。这种制造方法有几方面的不足：边角料多，冲片材料利用率低，材料成本高；嵌线工作困难，特别是对于内转子结构时，生产效率低；而且槽满率低，线圈端部较长，影响电机性能的提高。为此，近年出现了一些新的定子铁心制造方法，它们大多以专利形式公开。例如：

1. 卷绕铁心方法

以条形材料连续冲出齿槽和轭部，采用卷绕工艺制作定子铁心方法。特别适用于径向磁路、大直径的外转子结构电机，明显节省导磁材料，有良好的经济效益，参见图5-32。

2. 分割拼块型结构

定子铁心分割的方法，特别适用于分数槽集中绕组电机每一个齿绕一个线圈情况。这种分割型定子铁心结构工艺技术使永磁无刷直流电动机生产实现高效率、大批量、自动化，并且节省材料。

例如，图5-33所示的是日本三菱电机空调压缩机9槽6极无刷电机，定子铁心被分割成9个单元铁心，每个单元铁心包含一个齿，可用绕线机在齿上绕好线圈，然后将9个单元拼合成整个定子。这种新结构与原有24槽4极整数槽整圆冲片电机相比，槽满率大幅提高，线圈端部明显减小，在额定负载时铜损耗降低了近50%，效率从92%提高到95%。日本松下电器生产的永磁交流伺服电动机采用此结构工艺，生产效率大大提高，产品体积大为减小，性能也有质的提升。以400W伺服电动机为例，定子外径从最早的 ϕ125mm减小到 ϕ56mm，效率由最早的70%提高到85%。

图5-34和图5-35显示一种专利结构，单元铁心之间互扣连接成链式，使之便于在专用绕线机上连续绕制线圈，减少绕组连接焊点。

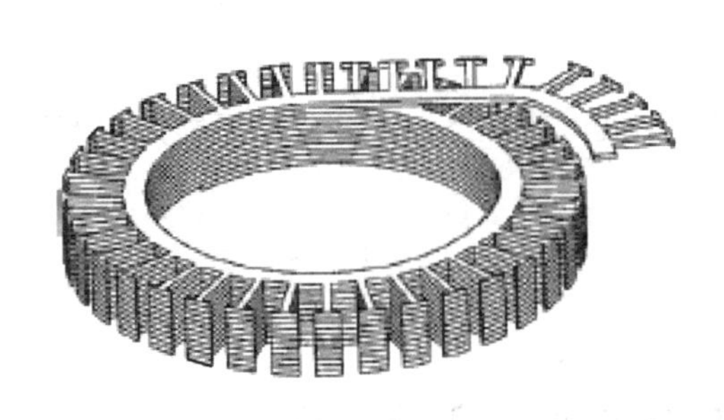

图5-32　一种卷绕工艺制作定子铁心的例子

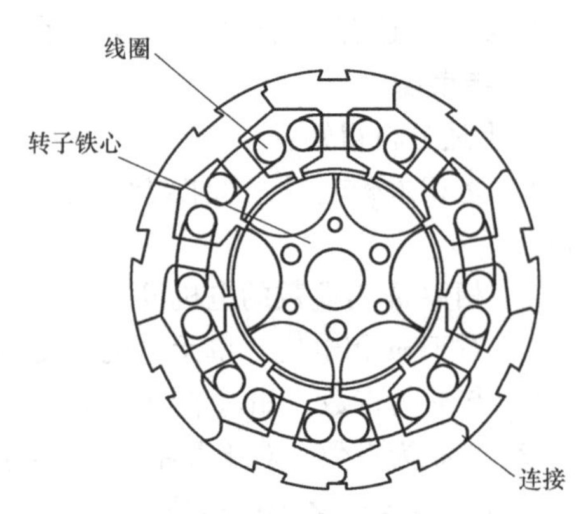

图5-33　一种分割型定子铁心结构例

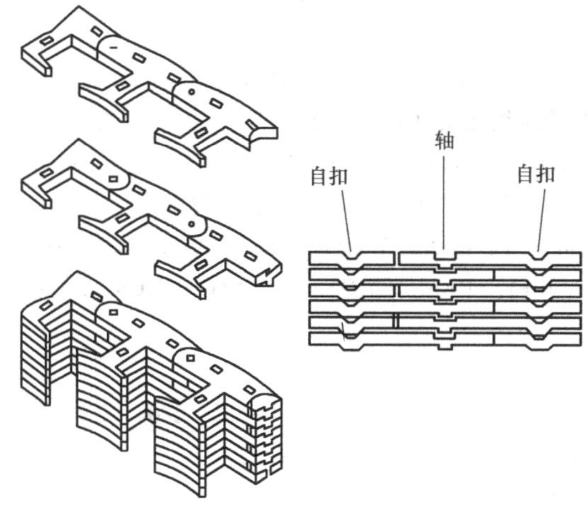

图 5-34 一种分割型链式定子铁心结构例

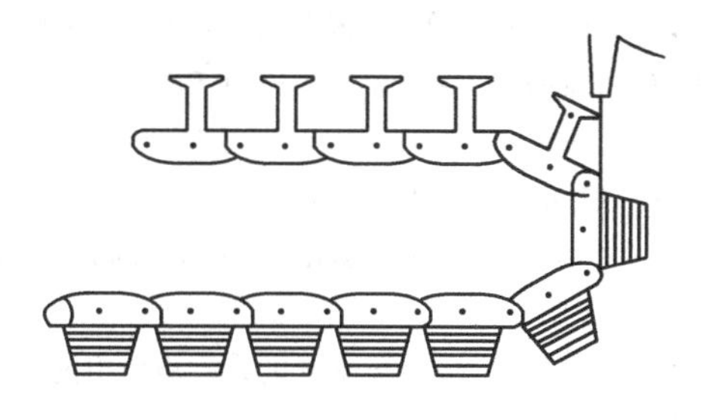

图 5-35 链式定子铁心连续绕线示意图

参考文献

[1] 许实章. 交流电机的绕组理论［M］. 北京：机械工业出版社，1985.

[2] 谭建成. 无刷直流电动机主要尺寸的决定［J］. 微电机，1981（4）.

[3] 林亨澍，等. 新型外转子永磁电机的研制［J］. 中小型电机，1996（4）.

[4] 沈建新，廖海平，陈永校. 电动自行车轮毂式无刷直流电机结构分析［J］. 电工电能新技术，1999（1）.

[5] 谭建成. 直接驱动无刷直流电动机的研究［J］//第六届中国小电机技术研讨会论文集. 微特电机，2001（6）.

[6] Zhu Z Q. Fractional Slot Permanent Magnet Brushless Machines and Drives for Electric and Hybrid Propulsion Systems，Proc. EVER'09.

[7] Wang J，Xia Z P，Howe D. Three-Phase Modular Permanent Magnet Brushless Machine for Torque Boosting on a Downsized ICE Vehicle［J］. IEEE TRANSACTIONS ON VEHICULAR TECHNOLOGY，2005，54（3）.

[8] Freddy Magnussen，Dmitry Svechkarenko，Peter Thelin，et al. Analysis of a PM Machine with Concentrated Fractional Pitch Windings［C］. Proceedings of the Nordic Workshop on Power and Industrial Electronics（NORpie），2004.

[9] Ishak D，Zhu Z Q，Howe D. Eddy-Current Loss in the Rotor Magnets of Permanent-Magnet Brushless Machines Having a Fractional Number of Slots Per Pole［J］. IEEE TRANSACTIONS ON MAGNETICS，2005，41（9）.

[10] Polinder H. Eddy-Current Losses in the Solid Back-Iron of PM Machines for different Concentrated Fractional Pitch Windings［J］. IEEE，2007.

[11] Gao Xianke. Robust Design for Unbalanced-Magnetic-Pull Optimization of High Performance BLDC Spindle Motors Using Taguchi Method［J］. IEEE TRANSACTIONS on Electronics，2001，E84-C：1182-1188.

[12] 高宏伟，等. 无刷直流电动机的径向不平衡电磁力对振动噪声的影响及其削弱方法［J］. 微特电机，2007（4）.

[13] 美国专利. 5675196. High speed ten pole/twelve slot D. C. brushless motor with minimized net radial force and low cogging torque［P］.

[14] Pia Salminen. TORQUE RIPPLE OF PERMANENT MAGNET MACHINES WITH CONCENTRATED WINDINGS [C]. ISEF, 2005.
[15] 国际专利. WO2005011098. HIGHLY EFFICIENT PERMANENT MAGNET BRUSHLESS MOTOR [P].
[16] 谭建成，等. 中国专利 CN99238679.9. 多极分数槽绕组无刷直流电动机，1999.
[17] Ishak D，Zhu Z，Howe D. Permanent magnet brushless machines with unequal tooth widths and similar slot and pole numbers [J]. IEEE Trans. on Industry Applications，2005，41 (2)：584-590.
[18] Zhu Z，Ishak D，Howe D. Analysis of Cogging Torque in Brushless Machines Having Nonuniformly Distributed Stator Slots and Stepped Rotor Magnets [J]. IEEE TRANSACTIONS ON MAGNETICS，2005，41 (10).
[19] 周启章. 多相交流电机分数槽绕组的设计 [J]. 电机技术，1990 (3).
[20] 侯立军，苏彦民，等. 六相异步电机的绕组结构及其仿真研究 [J]. 中小型电机，2004 (2).
[21] 薛山，等. 多相变频调速技术的现状及发展方向 [J]. 变频器世界，2007 (12).
[22] 莫会成. 分数槽绕组与永磁无刷电动机 [J]. 微电机，2007 (11).
[23] 谭茀娃，金如麟. 永磁同步电动机共性技术的研究 [J]. 伺服控制，2007 (1).
[24] Güemes J A，Iraolagoitia A M. Analysis of Permanent Magnet Synchronous Motors with Integer-slot and Fractional-slot Windings [C]. 15th IEEE Mediterranean Electrotechnical Conference，2010.
[25] 王宗培，陈敏祥. 新一代直流电动机 [C]. 第十五届小电机技术研讨会论文集，2010.
[26] 王宗培，陈敏祥，许明有，等. 新一代直流电动机 (New DCM) 的实践 [J]. 微电机 2010 (11).
[27] Li Zhu，Jiang S Z，Jiang J Z，et al. A new simplex wave winding permanent-magnet brushless DC machine [J]. IEEE Transactions on Magnetics，2011，1.
[28] 谭建成. 无刷直流电动机各种绕组工作方式特性的分析比较 [J]. 微电机，1976 (2).
[29] 陈敏祥，陈林，王宗培. 新直流电动机 (New DCM) 电枢电路分析 [J]. 微电机，2013，4.
[30] 曹春. 无刷直流电动机绕组接法的比较分析 [J]. 微特电机，2008 (2).
[31] 许实章. 电机学 [M]. 北京：机械工业出版社，1998.
[32] 王正茂，等. 电机学 [M]. 西安：西安交通大学出版社，2000.
[33] 辜承林，等. 电机学 [M]. 武汉：华中科技大学出版社，2001.
[34] 汤蕴璆. 电机学 [M]. 北京：机械工业出版社，2005.
[35] 胡虔生，胡敏强. 电机学 [M]. 北京：中国电力出版社，2005.
[36] 陈世元. 电机学 [M]. 北京：中国电力出版社，2004.
[37] 李发海，等. 电机学 [M]. 北京：科学出版社，2001.

第 6 章

磁路与反电动势

6.1 转子磁路结构

6.1.1 转子磁路基本结构形式

永磁无刷直流电动机的转子磁路结构有多种。按气隙磁通方向，可分为径向磁路和轴向磁路结构。在径向磁路结构中，按转子与定子相对关系又可分为内转子和外转子结构形式。按永磁体在转子上的安放方式不同，又可分为表面贴装式（以下简称为表贴式）永磁体（SMPM）、埋入式永磁体（Inset PM）和内置式永磁体（IPM）。内置式的永磁体完全嵌入在转子铁心内部，所以又称为内嵌式，由内嵌方式的不同，常见的有径向形、切向形、V 形径向等。轴向磁路永磁体（AFPM）结构包括有单片结构和多片结构等。近年出现一种称为横向磁通（Transverse-flux）新转子结构。此外，还有双电机结构方案。

图 6-1 给出几种径向磁路转子结构示意图。图 6-2 给出几种轴向磁路结构电机基本结构示意图。图 6-3 给出一种双转子永磁电动机结构的例子。

永磁电机中，表面贴装式最为常用。在表贴式转子中有多种不同设计。例如，图 6-1a 是一种最常见的弧形磁片粘贴在转子铁心表面的结构，磁片内外圆可以采用不同心设计而形成不等宽气隙，使反电动势波形接近正弦波。图 6-1d 所示的磁片截面按“面包”形的设计，底部是平的，平面的底部磁片更容易粘贴在转子铁心表面上，并且能够得到接近正弦形气隙磁通密度分布。图 6-1e 是对图 3-1d 结构的修改，只有使用一半的磁片。安放有相同极性的磁片，其余两个极是凸起的软铁。由于仅使用一半数目的磁片，降低了成本。但是，一片磁片要为两个气隙提供必要的磁通，必须使用较厚的磁片，以避免退磁。图 6-1c 所示的磁环转子结构，磁环套入转子轭后进行磁化，其机械的一体性提高了抗离心力能力，黏性磁体材料比较适合采用这样的结构。

由于离心力的存在，限制了电动机转速的提高。内转子结构设计和制造的一个重要问题是如何保持表面贴装磁片避免旋转时脱落，造成事故。在小型电动机中，常见方法是使用良好的胶黏剂黏结，更保险的设计是在磁体外面热套非磁性不锈钢套。在较大功率电动机转子表面缠绕经环氧树脂浸渍的高强度的玻璃纤维或碳素纤维。

外转子的 SMPM 电动机与具有相同的电机外部直径的内转子式 SMPM 电动机相比较，有更大的气隙直径，由于转矩与气隙直径的二次方成正比，这样，相同输出转矩的外转子式电动机，其长度可减少，重量更轻。特别是在中高速电动机中，外转子表面贴装式电动机提供了独特的优势，转子的外壳结构便于对磁体的离心力防护。此外，外转子结构的高转动惯

图 6-1　几种径向磁路转子结构示意图

a）弧形磁片表贴式　b）有外套的弧形磁片式　c）磁环式　d）面包式　e）一半磁片的面包式　f）埋入式　g）内置切向式　h）内置径向式　i）内置 V 形径向式

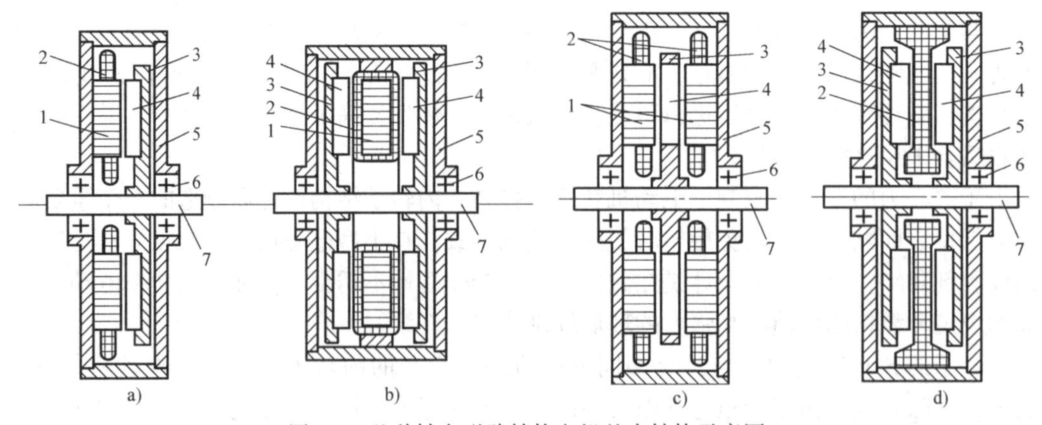

图 6-2　几种轴向磁路结构电机基本结构示意图

a）单定子单转子式　b）双面无槽定子双转子　c）双有槽定子单转子　d）双转子单无铁心定子

1—定子铁心　2—定子绕组　3—转子　4—永磁体　5—壳体　6—轴承　7—转轴

量非常有效地减少转矩波动。基于这些原因，外转子式电动机常常得到设计者关注。选用外转子结构往往是因为它适合在某些机械驱动，例如，电动车的轮毂电动机或风力发电机，车轮或涡轮的轮毂可直接固定到外转子上，使系统更加紧凑。但外转子结构存在一些缺点。在如风机这样的机械应用时，旋转外壳是合适的，但是在其他许多应用时，高速旋转外壳可能构成潜在的危险，此时需要外加一个封闭的机壳或屏蔽盖，如图 1-4 所示。另一个缺点是和内转子结构相比，处于电动机内部的定子散热较为困难。

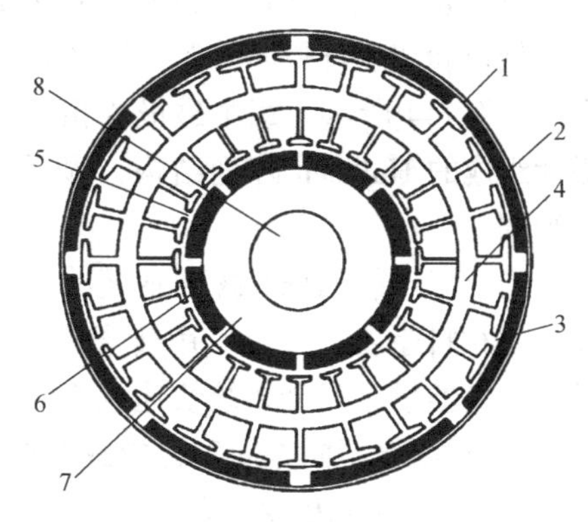

图 6-3　一种双转子永磁电动机结构
1—外转子铁心轭　2—外转子磁体　3—外转子气隙　4—定子　5—内转子气隙　6—内转子磁体　7—内转子铁心轭　8—转轴

表贴式的主要优点是比其他转子结构简单，容易生产，成本较低。另外，相同尺寸、相同功率电动机按表面贴装设计所用永磁材料比内置式结构要少。这是因为内置式结构总是存在较多的漏磁。表贴式的主要缺点是永久磁铁直接面对电枢反应的退磁，以及在较高转速时需要考虑离心力防护。方波驱动的无刷直流电动机大多数采用表贴式结构。

埋入式结构是在表贴式磁片之间有一个铁心的凸起结构。因此，它结合了 SMPM 的优点又有由于凸起结构产生的附加磁阻转矩。

相对于表贴式结构，IPM 的明显优势在于对减小电枢反应的退磁和在高速运转时离心力的防护。更重要的是 IPM 结构适用于电机的弱磁控制。由于 d 轴和 q 轴磁阻的不同，提供附加的磁阻转矩也不同，可改善电机的恒功率速度范围。避免了表贴式电机在高速运行时出现的功率下降。图 6-1g 所示的内置切向式使用条形磁铁。由于磁铁表面积比转子极表面积大得多，这种结构有聚磁作用，增加了气隙磁通密度。低成本铁氧体磁体采用这种结构可使电动机性能有效改善。内置式方便使用长方形磁铁便于生产制造。V 形可允许在相同极弧尺寸下使用更宽的永磁体，提供更多的磁通量。磁路的聚磁设计使内置式电动机提供高转矩转动惯量比和加速能力，这就是为什么紧凑结构的内置式电动机常用于伺服系统的缘故。

V 形永磁体转子结构的缺点是磁桥的存在导致有高的漏磁。此外，V 形永磁体转子不是很适合用于极数太多的情况。因为极数越多，放置 V 形磁铁的地方越少，两个磁铁之间的角度越小，如果磁体之间的角度太小会容易引起饱和。V 形结构的另一个缺点是要用较多的磁体，从而增加了生产成本。切向磁化结构并没有磁桥，所以漏磁比较少。它的缺点是如果极数高，需要更多铁心片和磁片，因此增加生产上的困难。

内置式还有如 W 形永磁体转子结构、多层磁体转子结构等多种结构形式。

6.1.2　Halbach 阵列结构

1979 年，美国学者 Klaus Halbach 提出一种新的阵列结构，它是一种将径向与切向阵列结合在一起的永磁体排列方式。后来被称为 Halbach 阵列结构。它在电机应用中有如下优点：

1）它的自屏蔽作用可使磁钢一边的磁场明显增强，而另一边的磁场明显减弱。在永磁电机设计中采用 Halbach 阵列，可使气隙侧的磁通密度大幅增加，而转子轭部磁通减小，最适合采用表贴式永磁体的内转子或外转子结构。从而可降低电机的体积和重量，有效提升电机的功率密度。如图 6-4 所示，每个磁极为由三片不同磁化方向磁片组成的 Halbach 阵列结构，显示转子内孔磁场已经很弱。

图 6-4　一个 8 极内转子 Halbach 阵列结构的磁场

2）由于转子轭部磁通显著减小，可减小转子轭部铁磁材料厚度，甚至不用转子磁轭，可降低转子重量和转动惯量，提升系统快速响应性。

3）磁体以不同方向磁化导致工作点较高，一般超过 0.9，提升了永磁材料的利用率。

4）另外一个特点是使气隙中的磁通密度分布近似于正弦波，有助于降低齿槽转矩和转矩波动。谐波含量低，可采用分数槽集中绕组，定子不必采用斜槽。

有限元磁场分析与样机实验结果表明，Halbach 阵列结构是提高永磁电机磁负荷与力能密度的一项有效措施，对于大功率多极永磁电动机，其效果尤为显著。

下面是一个 12 极内转子无刷直流电动机采用 Halbach 磁化阵列结构和一般表贴式结构比较的例子。该无刷电动机有相同的 18 槽定子，外径为 90mm，内径为 55mm，轴向长度为 13mm，气隙长度为 0.5mm，磁片厚为 2.4mm，采用分数槽集中绕组。对电机转子 Halbach 阵列，每极分别分割为由 2、3、4、5 片磁片组成情况下进行有限元分析，研究它们的齿槽转矩和反电动势波形。随着分割数增加，电机的相反电动势和线反电动势波形逐步接近正弦波。从图 6-5 给出的每极有 3 片磁片的 Halbach 阵列结构气隙磁通密度分布和反电动势波形就清楚体现出来。采用 Halbach 阵列结构的齿槽转矩也得到改善。

作为对比，图 6-6 给出有相同尺寸一般表贴式结构 18 槽 12 极电机的气隙磁通密度分布和反电动势波形。它的气隙磁通密度分布接近于梯形波（左图），由于 $q=1/2$，相反电动势

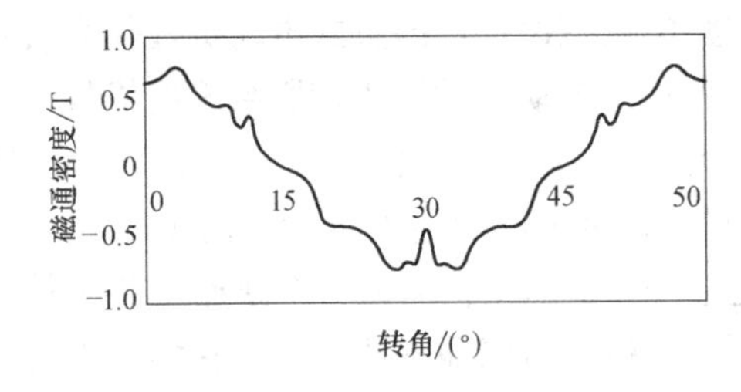

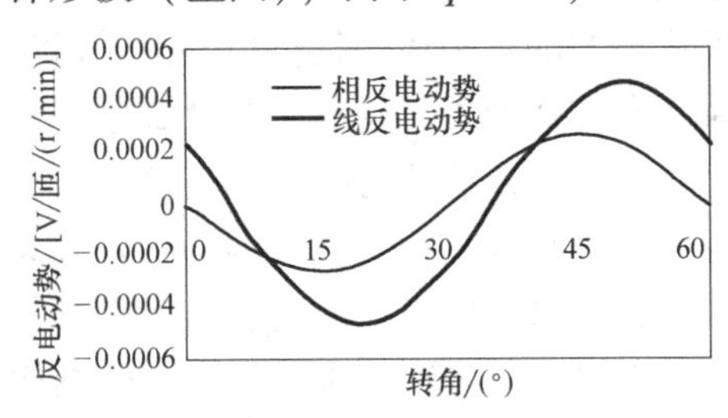

图 6-5　每极 3 磁片 Halbach 阵列结构的气隙磁通密度分布和反电动势波形

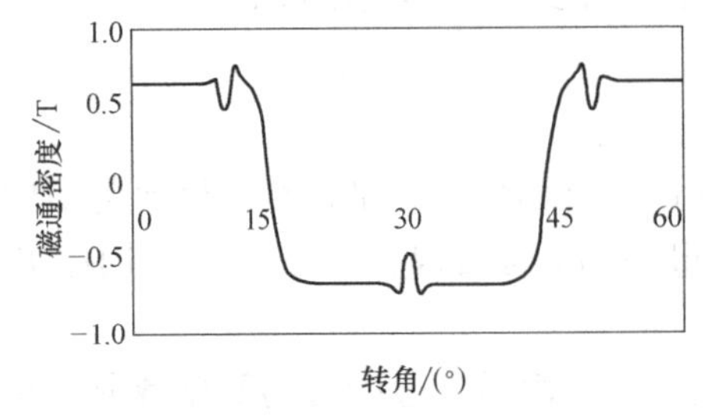

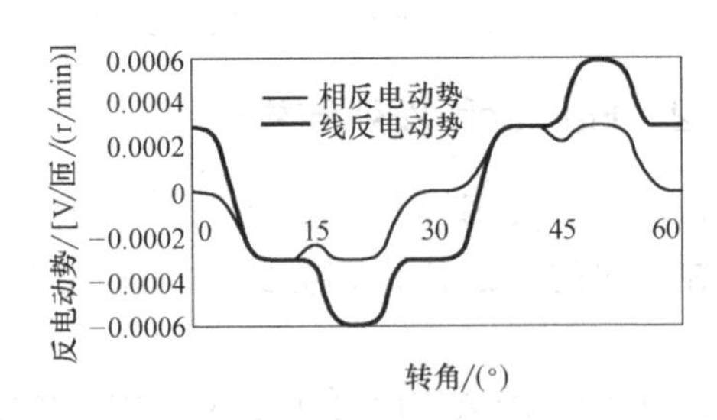

图 6-6　18 槽 12 极表贴式转子结构的气隙磁通密度分布和反电动势波形

波形（细线）呈现梯形波，但是线反电动势波形（粗线）已经不是梯形波，与正弦波的差距也很远[1]。

6.1.3 转子结构选择实例

1. 4极转子结构选择实例

在参考文献［2］中，用有限元法研究比较四种不同转子结构、三相4极、$q=3$ 永磁电动机的性能，它们的功率为1.1kW，都是使用相同体积的钕铁硼永磁材料。分析结果归纳见表6-1。它们有相同的电动机尺寸、磁体体积、绕组铜损耗，从表中显示其他性能的差别：包括气隙磁通密度、d轴和q轴电感、转矩、铁损耗、效率等。它也显示埋入式和两种内置式结构的d轴和q轴电感存在的不同程度差异。

表6-1 四种转子结构电动机性能比较

	磁片表贴式	埋入式	内置切向式	内置径向式
磁体体积/mm^3	7995	7995	7995	7995
磁极极弧角/(°)	75	75	75	75
磁体厚度/mm	1.8	1.8	3.5	2.1
气隙磁通密度/T	0.445	0.426	0.338	0.354
空载反电动势/V	127.1	123.3	101.3	103.6
L_d/H	0.084	0.086	0.225	0.18
L_q/H	0.084	0.14	0.236	0.236
转矩/(N·m)	7.88	7.42	6.28	6.84
铁损耗/W	137.5	131.6	106.4	99.2
铜损耗/W	70.3	70.3	70.3	70.3
效率	0.838	0.834	0.83	0.845

美国航空航天局格伦研究中心开发的储能飞轮技术在航天器中应用，电机选择了4极永磁同步电动机方案，它满足了高比功率、高效率、反电动势波形、低总谐波畸变率(THD)、低齿槽转矩和低转子损耗等设计要求。研究对五种转子结构选择进行了对比：表贴式磁体（转子1，2），面包形表贴式（转子3），内置切向式（转子4）和内置径向式（转子5）。转子的外径、长度、永磁材料和磁体厚度在所有类型中都相同。所有表贴式转子有同样极弧角。利用ANSOFT RMxprt软件预测电动机的特性。图6-7和图6-8显示在发电机

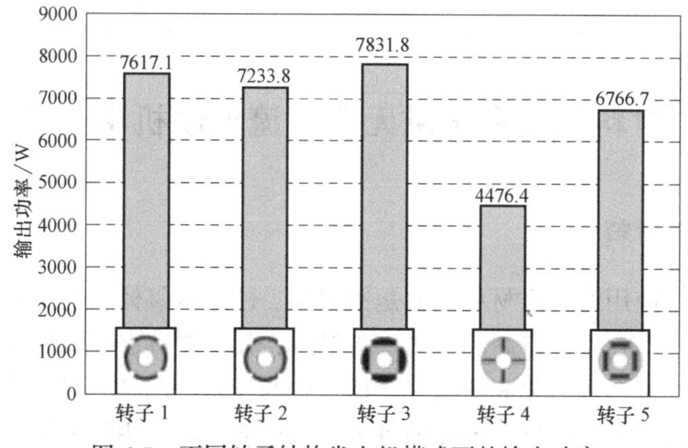

图6-7 不同转子结构发电机模式下的输出功率

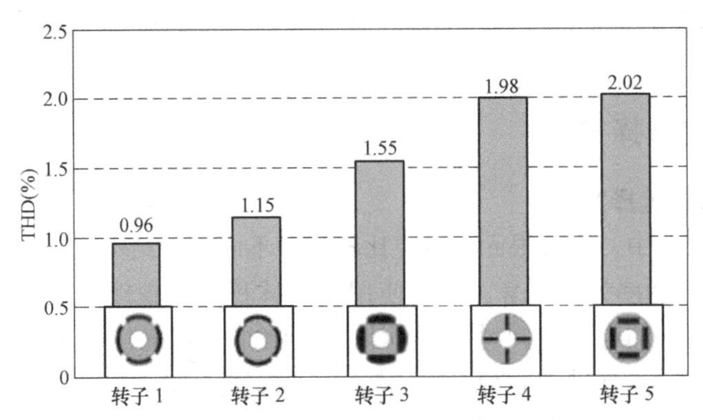

图 6-8　不同转子结构的反电动势总谐波畸变率（THD）

模式下的输出功率、总谐波畸变率（THD）计算结果。从图的对比可以看出，在这个应用实例中，内置式转子结构明显比表贴式差，“转子 1”结构有比较高输出功率及低反电动势的 THD 值。因此，这种转子结构被采用[3]。

2. 多极转子结构选择实例

参考文献［4］对 5kW、50r/min 多极低速电机进行深入研究，其中对比了 70 极电动机采用表贴式与内置切向式结构设计、分数槽集中绕组与整数槽分布绕组设计。内置式结构的聚磁作用获得比表贴式结构更高的气隙磁通密度。随之，采用内转子结构时，切向结构的电负荷较低，槽面积较小，导致电机有较大气隙直径，使得电动机可以更短。因此，内置切向式电机的有效材料总重量约比 SMPM 电机低 20kg，参见表 6-2。此外，从表中还可以看到，集中绕组（63 槽）优于整数槽分布绕组，不但电动机总重量降低，而且转矩波动也减少了。但是，由二维有限元模拟分析结果，表贴式结构的转矩波动明显低于内置切向式结构。

表 6-2　70 极电动机表贴式和内置切向式的设计结果

结　构	槽数/极数	有效材料总重量/kg	永磁体总重量/kg	转矩波动量(%)
表贴式	63/70　$q=3/10$	76.1	5	2.4
	210/70　$q=1$	91.4	5.5	9.3
内置切向式	63/70　$q=3/10$	55.9	3.4	4.2
	210/70　$q=1$	76.4	5.5	41.7

6.2　常用永磁材料及其在永磁无刷直流电动机中的应用

6.2.1　常用永磁材料

目前电机工业中应用的永磁材料主要是铝镍钴、硬磁铁氧体和稀土磁体三大类。

铝镍钴是 20 世纪 30 年代研制成功的永磁材料，其主要特点是剩磁高、温度系数低、居里温度高、热稳定性好、抗氧化和耐腐蚀、加工性能较好。但其不足之处是矫顽力低，抗退磁能力差，并需要使用贵金属钴。因此随着稀土磁体的出现，铝镍钴在整个永磁材料中所占的比例越来越小，现在仅在高精度测速发电机等信号类微电机中仍会继续使用，在无刷直流电动机中基本不使用。

铁氧体永磁材料是20世纪50年代初研制成功的永磁材料。其最大特点是价格低廉、有较高的矫顽力，但磁能积低，主要用于对电机体积重量要求不高，但关注低成本的电机中，常用于一些家用电机和玩具电机。铁氧体磁铁的优点如下：

1）铁氧体磁铁与钕铁硼磁体相比，价格非常便宜，约为后者的1/10以下。

2）使用温度范围宽，低于-40℃和超过200℃才发生退磁。这个温度范围对电机应用来说不存在问题。

3）铁氧体磁铁的电阻率高。这意味着，磁铁本身不存在任何由于涡流而引起的损耗问题。

4）无腐蚀问题，无需表面处理。而钕铁硼磁体中此问题很严重，必须进行表面防护处理。

5）与钕铁硼磁体相比，磁体容易被磁化，电机生产过程中磁体充磁和安装容易操作，因为它们的磁性不是特别强。

使用铁氧体磁铁的缺点是：

1）铁氧体磁铁的磁性较差，剩余磁通密度低（0.3~0.4T，钕铁硼磁体达1.1~1.3T），磁能积低（20~35kJ/m^3，钕铁硼磁体达250~350kJ/m^3）。因此，表贴式磁体的气隙磁通密度低。当采用内置式结构时，要达到钕铁硼磁体同样气隙磁通密度，铁氧体材料用量更多，因此转子更重。幸而，铁氧体磁铁密度较低，约为钕铁硼磁体的2/3。

2）剩余磁通密度随温度的变化比较大（-0.2%/℃）。

3）由于铁氧体磁铁需要更厚，外转子结构电机的气隙直径将要减小。

稀土磁体主要有第一代的钐钴（1-5型）永磁材料SmCo5；第二代钐钴（2-17型）永磁材料Sm2Co17；第三代的钕铁硼（NdFeB）永磁材料。其中SmCo永磁体的磁能积在120~240kJ/m^3之间，钕铁硼系永磁体的磁能积在216~400kJ/m^3之间。稀土永磁材料除了磁性能十分优异而具有高的磁能积、高的矫顽力外，更为重要的特性是它的退磁曲线为直线，回复线与退磁曲线基本重合。这样，电机的动态工作点就在这条直线上移动，有很宽的动态范围，不容易去磁。良好的设计可充分利用永磁材料，降低电机的体积、重量。而且，磁体可以方便地充磁后再装配，无需像铝镍钴那样充磁磁体在装配前需要专门的磁短路保护，以防止磁体开路去磁，或需要先装配后充磁。钐钴稀土材料是20世纪60年代中期问世的，具有铝镍钴一样高的剩磁，比铁氧体高的矫顽力，但是钐钴稀土材料价格昂贵，力学性能差，仅局限于某些温度稳定性要求高、体积与重量有苛刻要求的特殊用途电机中。20世纪80年代初，稀土钕铁硼永磁材料进入应用，尽管它有温度系数大、居里点低、容易氧化生锈需要涂覆处理等缺点，但它具有特别优异的磁性能，很高的磁能积、高的矫顽力、较高的剩余磁通密度。随着其价格下降，与铝镍钴相当，为稀土钴类永磁的1/4~1/3，近年来发展迅速。钕铁硼永磁电机应用范围越来

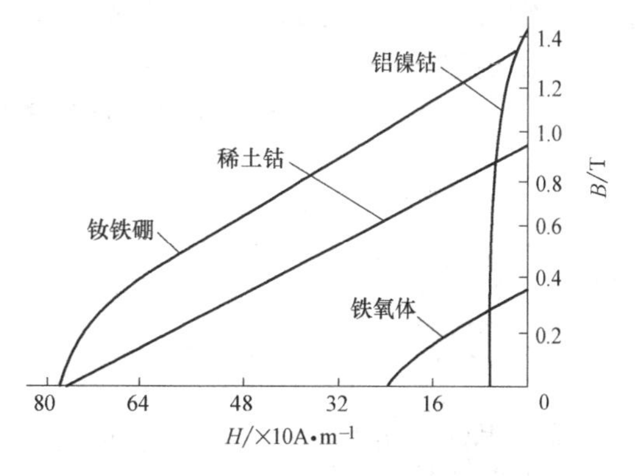

图6-9　几种永磁材料的退磁曲线

越广泛。

各种永磁材料的价格不断降低，不同用途的电机可以采用不同的永磁材料，以达到合理的性能价格比。永磁材料性能的不断提高和价格的不断降低，有力地推动永磁无刷电动机的发展。

永磁材料的技术性能指标与退磁曲线的形状（见图 6-9），对电机的性能、外形尺寸、运行可靠性等有很大的影响，是设计与制造永磁电机时需要考虑的十分重要的参数。表 6-3 给出几种常用永磁材料典型性能比较。

表 6-3　几种常用永磁材料典型性能比较

项　　目	铝镍钴	铁氧体		钐钴	钕铁硼	
		黏结	烧结		黏结	烧结
剩磁 B_r/ T	1.3	0.27	0.42	1.05	0.75	1.20
矫顽力 H_c/(kA/m)	60	200	220	780	460	850
最大磁能积 BH_{max}/(kJ/m^3)	35	14	32	200	80	260
回复磁导率 μ_r	4.0	1.2	1.2	1.05	1.1	1.1
退磁曲线形状	弯曲	上部直线,下部弯曲		直线	直线,高温时下部弯曲	
剩磁温度系数/(%/℃)	-0.02	-0.18	-0.18	-0.03	-0.12	-0.12
最高工作温度/℃	550	120	200	300	120	150
居里温度/℃	850	450	450	800	300	320
密度/(g/cm^3)	7.2	3.7	4.8	8.2	6.0	7.4
抗腐蚀性能	强	强	强	强	好	易氧化
可加工性能	线切割,表面磨削	压制成型	片砂轮切割,表面磨削	线切割,表面磨削	压制成型	可切割加工
相对价格	中	低	低	很高	中	高
适用场合	高温度,稳定性	低价格		高性能,高温,高温度稳定性	高性能,温度不高	

下面是一台 63 槽 56 极采用内置切向式结构的钕铁硼磁体与铁氧体磁体电动机设计比较实例[4]，比较结果见表 6-4。两台电动机设计有相同的额定转矩、铜损耗和铁心长度。为了弥补气隙磁通密度 B_δ 较低，铁氧体电动机设计有较大槽面积和较高的电负荷。该电动机转子铁氧体磁体的厚度和宽度都增加许多。结果铁氧体磁体转子较重和导致总有效材料重量更高（约增加 50%）。两台电动机有相同的负载转矩波动。有限元模拟计算在负载条件下的铁损耗以铁氧体磁体电动机稍高，因为它的定子和转子都有更重的铁心。然而，由于铁氧体磁体电阻率高，铁氧体磁体中的损耗将大大降低。由于铁氧体磁体成本较低，电动机总成本还是大大降低的（约降低 30%）。如果成本是主要考虑因素，而电机总重量大一些也可以接受的话，采用铁氧体磁体是合适的方案。

表 6-4　采用钕铁硼与铁氧体磁体电动机设计的比较

项　　目	单　　位	钕铁硼	铁氧体
气隙磁通密度	T	1.16	0.96
磁体宽	mm	10.2	30
磁体厚度	mm	9.4	14.1
转矩波动量	%	3.7	3.7
磁体重量	kg	4.8	16.4
转子重量	kg	12.1	32.2
有效材料总重量	kg	62.2	97.2
总铁损耗(定子+转子)	W	73.9+6.3	76.7+12.8
有效材料成本比		1	0.67

6.2.2　注塑、黏结、烧结永磁材料和磁环多极充磁

注塑、黏结、烧结三种材料的制造方法、性能参数不同，有不同应用特点。

它们的性能是递增的，价格同样如此，这就决定了它们各自的应用。注塑永磁材料可分为注塑铁氧体和注塑钕铁硼，其黏结体有尼龙6、12和PPS，尼龙比PPS略便宜，但它的磁件表面光洁程度、强度、耐温都比PPS的差。它们的共同特点是可以和各种零件或轴一起注塑，以保证产品的质量。注塑铁氧体磁体又分各向同性（等方向性）与各向异性（异方向性），各向同性的磁能积较低，在$12kJ/m^3$左右，各向异性的磁能积在$16.8kJ/m^3$左右。主要用于量大面广的产品，如无刷直流风机等。注塑钕铁硼的最高磁能积在$48kJ/m^3$左右，高的可达$52kJ/m^3$，但价格较高。目前，注塑钕铁硼的应用可替代一些低磁能积的黏结钕铁硼磁体，例如带轴注塑的转子。

黏结钕铁硼是在高性能产品中应用最为广泛的，性能和价格介于烧结钕铁硼和铁氧体两者之间，而且它属于各向同性，适合各种多极充磁方式。它的缺点是耐温较差，最高为150℃，这也就决定它只适用于小型电机。

烧结钕铁硼因其较高的性能而得以广泛应用，但目前主要用于无刷直流电动机和交流伺服电动机，且以瓦形为主。因为目前的烧结钕铁硼均以单向取向为主，即磁体只能一个方向充磁，故无法做成磁环进行2极以上的充磁。现已开发的辐向取向烧结钕铁硼，但辐向产品的模具较为复杂，成本稍高。辐向取向烧结钕铁硼磁环首先将在无刷直流电动机和交流伺服电动机中得到应用。采用辐向取向，其充磁后的波形接近矩形波，而非马鞍形。

目前，注塑和粘结钕铁硼可以进行磁环多极充磁。磁环多极充磁可分为磁环的外充和磁环的内充。磁环的外充即在磁环的外表面充有磁极，一般用于内转子电机；磁环的内充即在磁环的内表面充有磁极，一般用于外转子电机。

多极电机采用铁氧体或烧结钕铁硼时常以多片磁片拼装方式形成多极转子。目前，烧结铁氧体磁环多极充磁已可实现。

6.3　气隙磁通密度的分析计算

在电机磁路设计中，一个重要的数据是气隙基波磁通密度幅值B_δ，要计算准确，因为它是电机设计的基础数据。下面讨论对于不同磁路结构的气隙基波磁通密度计算。

传统的电机设计程序中，将磁场简化为磁路，通过磁路工作图计算出电机气隙磁通，根据经验公式，求得电机的相关参数。然而这些电机计算结果常常需要按设计者经验加上修正系数进行修正。这种等效磁路计算法，其准确程度欠佳。

由于传统的等效磁路法计算分析电机会带来较大的误差，为保证计算的准确，现在常采用基于有限元分析（FEA）法对电机内部电磁场进行数值计算，如采用Ansys、Ansoft、MagNet、SPEED等软件，或基于磁场解析解的解析计算方法。有限元分析法已成为重要的分析工具。例如，Ansys是目前应用最为广泛、使用最方便的通用有限元分析软件之一，具有极强大的前、后处理功能。通过它，可对电机磁通密度分布、磁场分布、磁场强度分布等有非常直观的了解，并可对电机各主要参数进行较为精确的计算[14-16]。虽然有限元分析法能够提供准确的结果，但它的计算量大，耗时长，不便于工程计算[10]，而且难以提供关键

设计参数对电机性能的影响。

下面主要介绍一些实用的近似计算公式，这些公式简洁易行，适用于不同磁路结构的工程计算，同时还给出了按公式计算和有限元分析结果的比较，可以看出，作为工程计算，偏差在可以接受的范围之内。

6.3.1 永磁无刷直流电动机磁路模型和等效磁路

目前，常用的永磁材料是稀土和铁氧体永磁材料，它们一个单元体的 B-H 去磁曲线基本上可以看作一条直线，如图 6-10 所示。其特征点是剩余磁通密度 B_r 和矫顽力 H_c。去磁曲线上的任意点设为 B 和 H，B-H 去磁曲线可由下式表示：

$$B=B_r-H\frac{B_r}{H_c}=B_r-H\mu_r\mu_0$$

式中，μ_r为磁体材料的相对磁导率；μ_0为真空磁导率，$\mu_0=4\pi\times10^{-7}$H/m。

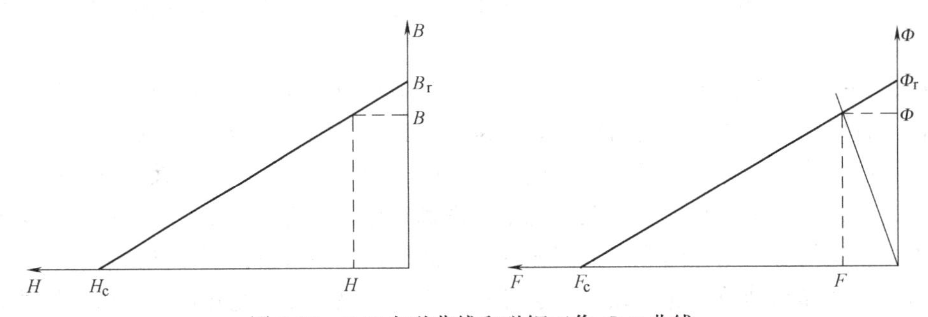

图 6-10 B-H 去磁曲线和磁钢工作 Φ-F 曲线

如果以此材料制成一个永磁体，其磁化方向长度为 h_m，横截面积为 A_m，则上式可转换为

$$\Phi=\Phi_r-F\frac{\Phi_r}{F_c}=\Phi_r-\frac{F}{R_m}$$

式中，Φ 为磁通，$\Phi=BA_m$，$\Phi_r=B_rA_m$；F 为磁动势，$F=Hh_m$，$F_c=H_ch_m$。

这样，由 B-H 去磁曲线可转换为磁钢工作 Φ-F 曲线。上式也表明，在磁路图中，永磁体的等效电路可以表示为磁通 Φ_r与其磁阻 R_m并联，如图 6-11 所示。内磁阻表示为

$$R_m=\frac{h_m}{\mu_r\mu_0A_m}$$

图 6-11 表示一个内转子永磁无刷直流电动机空载磁场示意图和它的磁路模型。图中，Φ 是磁体产生的总磁通，它等于进入定子铁心的气隙磁通 Φ_g和在两个磁极之间漏磁通 Φ_l之和；R_s 和 R_r是定子和转子磁阻；R_g是气隙磁阻；R_l是漏磁磁阻。由于漏磁通常比较小，暂时略去漏磁磁阻，将图 6-12a 的等效磁路简化为图 6-12b 所示磁路，利用一个系数 K_r表示定转子铁心的磁阻效应，$K_r=1+(R_s+R_r)/2R_g$，一般有 $1.0<K_r\leqslant 1.2$，就可得到图 6-12c 所示的简化磁路。由简化磁路，计算磁通 Φ：

$$\Phi=\frac{2R_m}{2R_m+2K_rR_g}\Phi_r=\frac{\Phi_r}{1+K_rR_g/R_m}$$

由气隙磁阻 $R_g=\delta/(\mu_0 A_g)$，并引入漏磁系数 K_l（对于表贴式结构，有 $0.9\leqslant K_l<1.0$），于是可得气隙磁通表达式为

$$\Phi_g=K_l\Phi=\frac{K_l\Phi_r}{1+K_r\dfrac{\mu_r\delta A_m}{h_m A_g}}$$

式中，δ 为气隙长度；A_g为气隙面积。由上式可得到气隙磁通密度表达式为

$$B_g=\frac{K_l B_r A_m/A_g}{1+K_r\dfrac{\mu_r\delta A_m}{h_m A_g}}=\frac{K_l C_\phi B_r}{1+K_r\dfrac{\mu_r}{P_c}} \tag{6-1}$$

式中，C_ϕ 为磁场磁力线集中程度的系数，$C_\phi=A_m/A_g$；P_c 为磁导系数，$P_c=h_m A_g/(\delta A_m)=h_m/(\delta C_\phi)$。在磁钢工作图中，它可利用来决定磁体工作点。

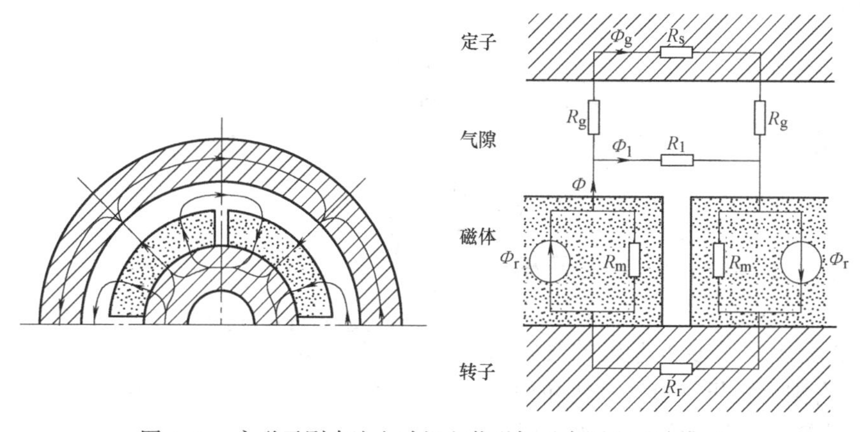

图 6-11　永磁无刷直流电动机空载磁场示意图和磁路模型

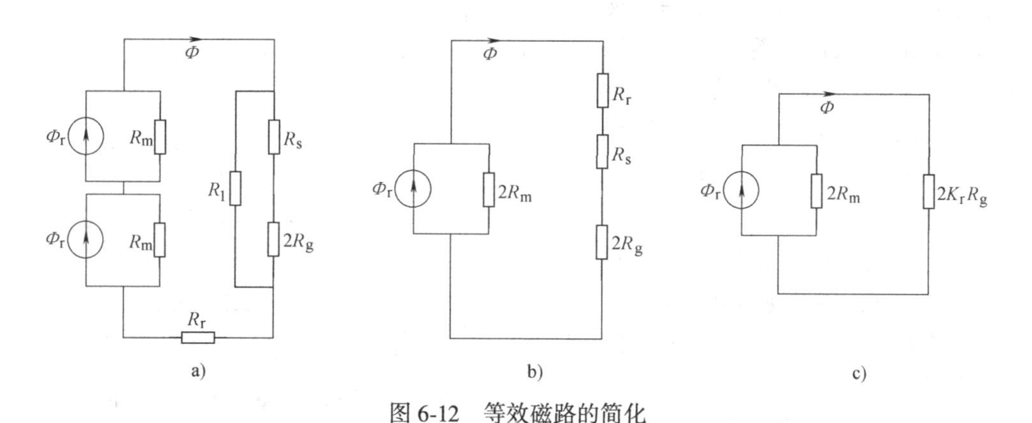

图 6-12　等效磁路的简化

6.3.2　表贴式结构气隙磁通密度计算

对于表贴式 SMPM 电动机，假设气隙磁通密度分布为一个矩形，其宽度与永磁体宽度相同（用电角度 2α 表示），其最大值为 B_m。假设磁铁是径向磁化，磁铁产生的气隙磁通密度幅值 B_m 由下式计算：

$$B_m=\frac{B_rK_{leak}}{1+\frac{\mu_r\delta_e}{h_m}} \tag{6-2}$$

显然，上式是对应于式（6-1）在 C_ϕ 和 K_r 等于 1 的情况。

式中，B_r 为磁体的剩余磁通密度；μ_r 为磁体的相对回复磁导率；δ_e 为等效气隙长度；h_m 为磁钢厚度；K_{leak} 为两个磁极间的漏磁系数，即式（6-1）中的 K_1。使用卡特系数 K_c 考虑定子开槽效应的影响，等效气隙长度由下式给出：

$$\delta_e=K_c\delta$$

式中，K_c 为卡特系数，可按下式计算[6]：

$$K_c=\frac{\tau_s}{\tau_s-\kappa\delta}$$

对于开口槽

$$\kappa=\frac{(b_s/\delta)^2}{5+b_s/\delta}$$

对于半开口槽

$$\kappa=\frac{(b_s/\delta)^2}{4.4+0.75b_s/\delta}$$

式中，τ_s 为定子槽距；b_s 为定子槽口宽。

图 6-13 显示了某多极电机的气隙磁通密度以有限元分析（FEA）法和按式（6-2）计算结果的比较。图中显示了不考虑漏磁（$K_{leak}=1$）和考虑漏磁（$K_{leak}\neq1$）时公式的计算，以及有限元分析（FEA）法计算得到的基波磁通密度 $\hat{B}_\delta$ 的结果。可以看到，考虑漏磁的公式计算结果与有限元法计算结果基本吻合。

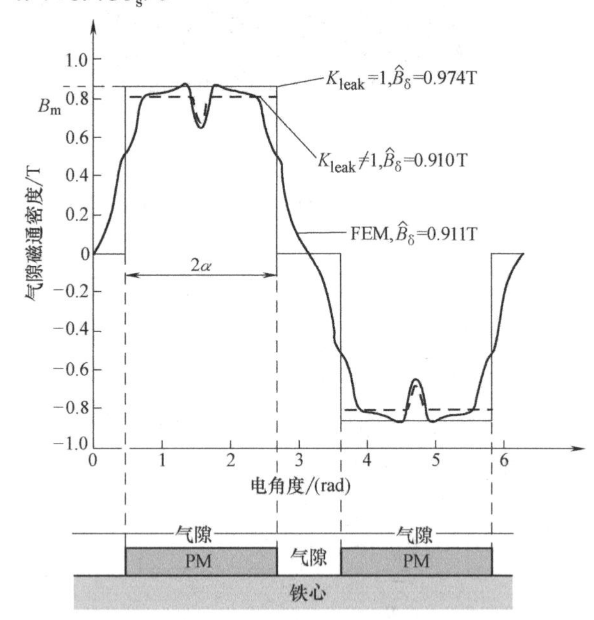

图 6-13　一个多极 SMPM 电动机近似计算和用有限元分析法计算的气隙磁通密度

事实上，假设磁通密度分布为矩形，按上式计算，如忽视漏磁，与有限元分析结果比较，偏离大约在 10%以内。有些有限元静态模拟可用来确定系数 K_{leak} 与磁极数的函数关系。电机的极数越多，磁体之间的距离越近，漏磁阻将降低，使 K_{leak} 增大。磁体之间的漏磁还与磁体高度和气隙长度有关。

漏磁系数可按下式计算：

对于 SMPM 电机
$$K_{leak}=1-\frac{7p/30-0.5}{100}$$

对于外转子式 SMPM 电机 $$K_{leak}=1-\frac{7p/30-3}{100}$$

式中，p 为电机的极对数。

假设气隙磁通密度分布是一个矩形分布，如图 6-14 所示。这样，基波气隙磁通密度幅值按下式计算：

$$\hat{B}_{\delta}=\frac{4}{\pi}B_{m}\sin\alpha$$

式中，α 为磁极角的一半（电角度）。极弧角（2α）通常是选择接近 $2\pi/3$（120°电角度）。如果增加极弧角到 180°，由上式可以使基波气隙磁通密度提高 14%，但磁体用量将增加约 50%，磁体成本增加了相同的百分数。

利用式（6-2）可估算增加磁体厚度对 B_m 的作用：选某牌号钕铁硼材料，其 $\mu_r=1.05$，$B_r=1.15\text{T}$，分别取电机的 $h_m/\delta=3\sim5$，可计算得 $B_m=0.85\sim0.95\text{T}$。磁体厚度增加约 67%，但 B_m 增大不足 12%，所以采用增加永磁体磁化方向厚度的办法来提高 B_δ 值，其效果是有限的。

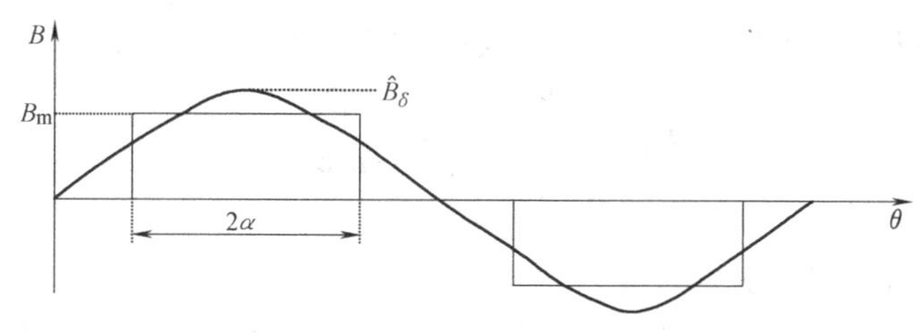

图 6-14　气隙磁通密度幅值和基波

表 6-5 给出对某一 5kW 低速电机在不同极数设计时气隙磁通密度基波幅值解析计算结果和有限元分析法计算结果的比较，以及它们间的相对误差，可供参考[4]。解析计算和用有限元分析法计算之间的差别不超过 2%。这说明上述解析计算公式可用于工程计算。

表 6-5　不同极数的基波气隙磁通密度幅值的解析计算和有限元分析法计算结果比较

极数	20	30	40	50	60	70	80
$\hat{B}_\delta$(解析计算)/mT	990.1	956.5	946.7	942.9	945.7	948.2	880.7
$\hat{B}_\delta$(FEM 计算)/mT	947.2	943.9	937.2	931.1	935.3	930.1	872.9
相对误差(%)	1.6	1.3	1.0	1.3	1.1	1.9	0.9

6.3.3　考虑气隙半径曲率的表贴式结构气隙磁通密度计算

式（6-2）中未考虑电机气隙半径的曲率。

由参考文献［5］可知，对于内转子电机（见图 6-15a），考虑到气隙半径曲率时更准确的公式为

$$B_m(r)=\frac{h_m B_r}{r\cdot\left[\ln\left(\frac{D_{rc}+2h_m}{D_{rc}}\right)+\mu_r\ln\left(\frac{D_{rc}+2h_m+2\delta_e}{D_{rc}+2h_m}\right)\right]}$$

式中，D_{rc} 为转子铁心直径；r 为计算磁通密度点的半径。将转子铁心半径 $R_c=D_{rc}/2$、含磁

体的转子半径 $R_m=R_c+h_m=(D_{rc}+2h_m)/2$ 代入上式，有

$$B_m(r)=\frac{B_r h_m/r}{\ln\left(1+\frac{h_m}{R_c}\right)+\mu_r\ln\left(1+\frac{\delta_e}{R_m}\right)}$$

在计算定子表面磁通密度时，可将定子内圆半径 R_s 代入上式的 r 进行计算。

对于外转子电机（见图 6-15b），考虑气隙半径曲率计算公式：

$$B_m(r)=\frac{B_r h_m/r}{\ln\left(1+\frac{h_m}{R_m}\right)+\mu_r\ln\left(1+\frac{\delta_e}{R_s}\right)}$$

式中，R_s 为定子外圆的半径。

如果取 $r=R_s$、$K_c=1$，由近似计算式 $\ln(1+\delta/R_s)\approx\delta/R_s$，上式可转换为

$$B_m=\frac{B_r h_m}{\mu_r\delta+R_s\ln\left(1+\frac{h_m}{R_m}\right)}\approx\frac{B_r h_m}{\mu_r\delta+R_m\ln\left(1+\frac{h_m}{R_m}\right)} \tag{6-3}$$

当 R_m 足够大、h_m/R_m 足够小，由近似计算式，可将式（6-3）变为

$$B_m=\frac{B_r h_m}{\mu_r\delta+R_m\frac{h_m}{R_m}}=\frac{B_r}{1+\mu_r\delta/h_m}$$

回到与式（6-2）相同的形式。

式（6-3）与参考文献［7］推导的结果一致。参考文献［7］是在忽略铁心磁压降和漏磁情况下求解磁场的解析解，并对一个 $h_m=0.69\text{cm}$，$D_s=5.5\text{cm}$，$\delta=0.06\text{cm}$，$B_r=1.04\text{T}$ 的实例进行计算。根据所推导的计算式得到 $B_m=1.047\text{T}$。该文献按上述几何尺寸特制了电机，测得气隙磁场波形，磁极中心线处的磁通密度为 1.06T，验证计算结果的正确性。

该例子结果还提示：即使是表贴式结构，由于气隙存在半径曲率，也有轻微的聚磁作用，磁极中心线处的磁通密度 $B_m\geqslant B_r$ 也是有可能的。

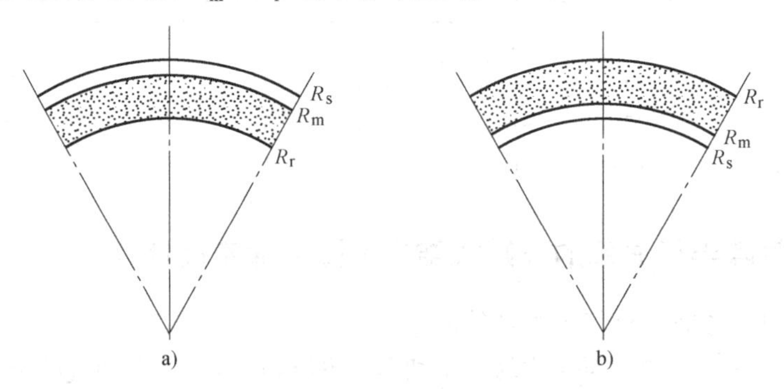

图 6-15　外转子与内转子结构计算模型

a）内转子　b）外转子

6.3.4　埋入式结构气隙磁通密度计算

对于埋入式永磁（inset PM）电机的设计，也可采用 SMPM 结构的式（6-2）进行计算，

但漏磁系数需要调整，因为永磁体与相邻的转子铁心凸起之间有附加的漏磁。

对于埋入式电机漏磁系数可按下式计算：

$$K_{\text{leak}}=1-\frac{p/5}{100}$$

式中，p 为电机的极对数。

根据文献分析，如果磁体和铁心凸起之间有间隙，而且间隙的距离大于气隙长度两倍，通过铁心凸起的漏磁可以忽略不计，图6-16所示的气隙磁通密度波形是基于这一假设的。图中分别给出了表贴式和埋入式解析计算以及用有限元法计算结果的波形。埋入式结构有一定的凸极效应，电机中除了由磁铁产生的转矩外，还产生附加的磁阻转矩。

表6-6给出某一埋入式低速电机分别按20~70极设计时，基波气隙磁通密度解析计算和用有限元分析法计算结果以及它们间的相对误差，误差小于2.3%，可供参考。

表6-6　不同极数的基波气隙磁通密度幅值的解析计算和用有限元分析法计算结果比较

极数	20	30	40	50	56	60	70
$\hat{B}_\delta$(解析计算)/mT	943.4	877.5	887.4	891.1	954.1	890.8	885.5
$\hat{B}_\delta$(FEA法计算)/mT	928.4	873.9	891.2	901.0	958.4	906.6	906.2
相对误差(%)	1.6	0.4	-0.4	-1.1	-0.4	-1.7	-2.3

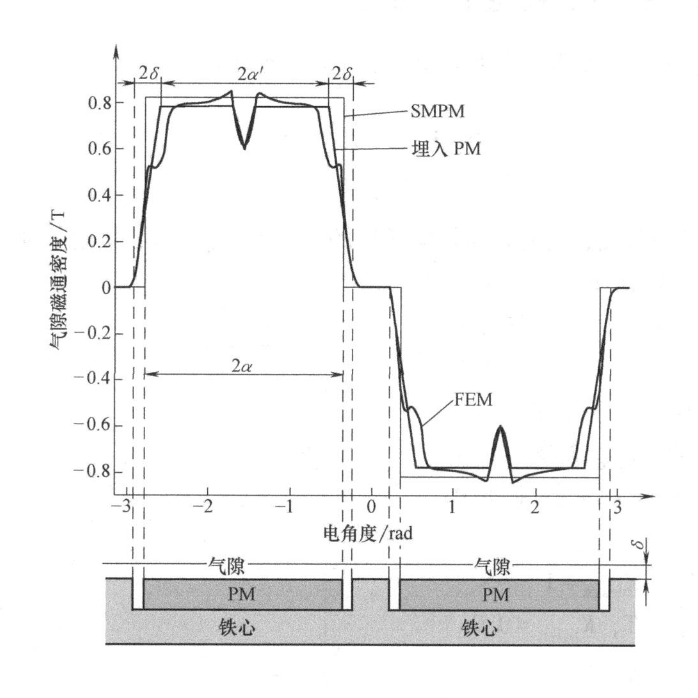

图6-16　埋入式结构的气隙磁通密度

6.3.5　内置V形径向式气隙磁通密度计算

内置V形径向式结构电机的气隙磁通密度幅值 B_m 可按下式计算：

$$B_m=\frac{B_r-B_{sat}\frac{w_{Fe}}{w_m}\left(1+\mu_r\frac{l_i}{l_m}\right)}{\left(\frac{2\alpha D_r}{pw_m}+2\frac{w_{Fe}}{l_{Fe}}\cdot\frac{k_c\delta}{w_m}\right)\left(1+\mu_r\frac{l_i}{l_m}\right)+\mu_r\frac{k_c\delta}{l_m}}$$

式中，B_{sat}为磁桥饱和磁通密度。

图6-17是它的结构和尺寸符号。然后如SMPM电机的设计那样，计算基波的气隙磁通密度。表6-7给出某一内置V形径向式结构低速电机分别按20~60极设计时，基波气隙磁通密度解析计算和用有限元法计算结果以及它们间的相对误差，误差小于4%，可供参考。

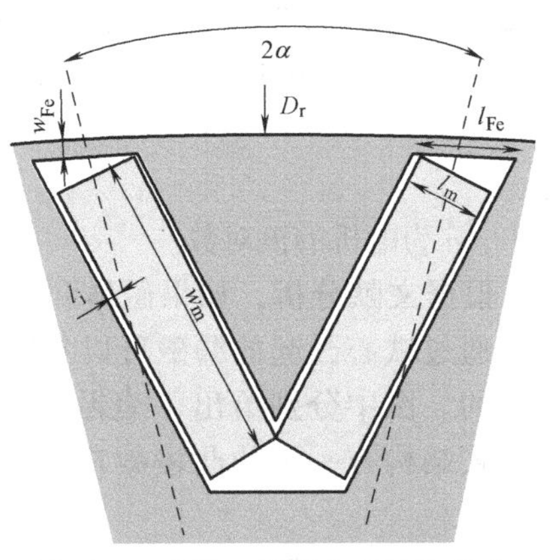

图6-17　内置V形径向式结构尺寸

表6-7　不同极数的基波气隙磁通密度幅值的解析计算和用有限元法计算结果比较

极　　数	20	30	40	50	60
$\hat{B}_\delta$(解析计算)/mT	1.10	1.11	1.10	1.12	0.864
$\hat{B}_\delta$(FEA法计算)/mT	1.06	1.08	1.09	1.10	0.877
相对误差(%)	3.8	2.7	0.9	1.8	-0.1

6.3.6　内置切向式气隙磁通密度计算

内置切向式电机的气隙磁通密度幅值B_m可按下式计算：

$$B_m=\frac{B_r}{1+\frac{\mu_r\delta K_C w_m}{l_m l_{iron}}}\cdot\frac{w_m}{l_{iron}}$$

式中，w_m为磁体径向长度；l_m为磁体切向长度的一半；l_{iron}为铁心切向长度的一半。

图6-18表示内置切向式电机解析计算和用有限元分析法计算的气隙磁通密度分布波形。如图所示，由于漏磁的存在，实际的磁极角2α缩小了，需要引入一个系数$K_{leak\alpha}$来修正，由有限元分析法，该修正系数由下式确定：

对于$B_m \leqslant 0.9$T，$K_{leak\alpha}=1$

对于$0.9\text{T}<B_m\leqslant 1$T，$K_{leak\alpha}=0.9$

对于$B_m>1$T，$K_{leak\alpha}=0.8$

参考文献［5］给出某一低速内置切向式电机分别按30~70极设计时，基波气隙磁通密度解析计算和用有限元分析法计算结果以及它们间的相对误差，最大误差小于6%。

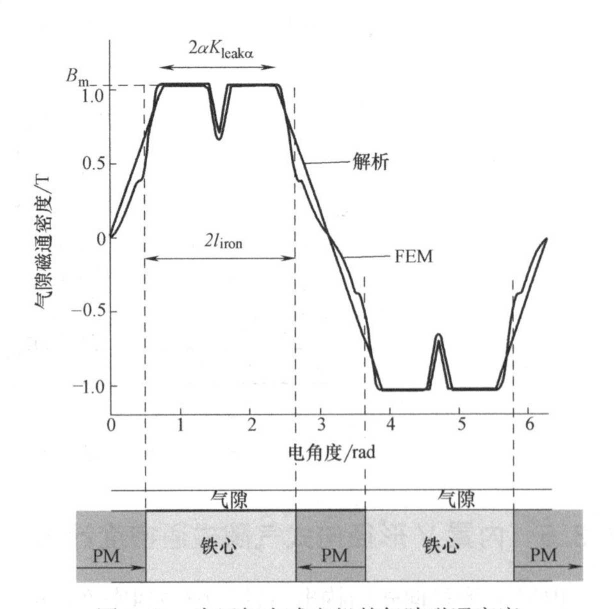

图6-18　内置切向式电机的气隙磁通密度

6.4　反电动势波形和反电动势计算

6.4.1　绕组形式对反电动势波形的影响

利用各种不同方法求取气隙磁通密度分布波形和幅值的主要目的之一是为了求取绕组反电动势的大小和波形。通常设计的无刷电机空载气隙磁通密度分布波形是接近于梯形波的，其顶部具有一定的宽度，图 6-19 是气隙磁通密度梯形波示意图。这样，气隙磁通密度波形可以看成是由主要的基波和一些奇次谐波组成。

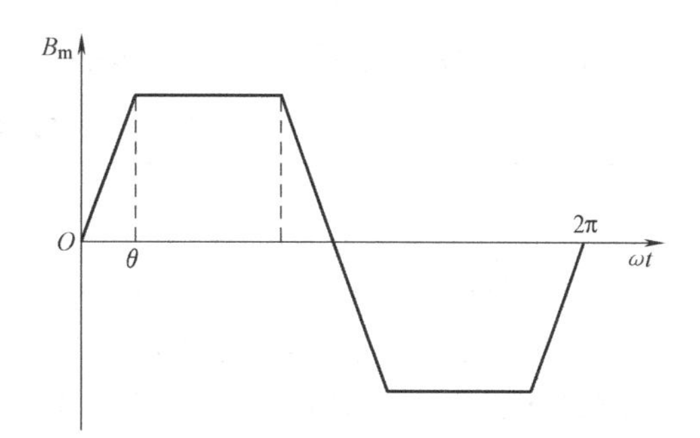

图 6-19　气隙磁通密度分布梯形波

具有任意平顶宽度的气隙磁通密度分布梯形波可表示为下列所示的傅里叶级数：

$$B=\frac{4B_m}{\pi\theta}\left(\sin\theta\sin\omega t+\frac{1}{3^3}\sin3\theta\sin3\omega t+\frac{1}{5^3}\sin5\theta\sin5\omega t+\cdots\right)$$

式中，ω 为基波角频率。梯形波平顶宽度为 $\pi-2\theta$。

对于这些谐波，电机绕组作用就像一个滤波器，它对不同次数谐波具有过滤作用，最后的结果使电机线反电动势的基波成分将会更加占据主导。

常用的三相电机星形接法的绕组滤波作用主要包括：

1）相绕组的短距和分布效应，影响相电动势波形；

2）如果有斜槽或斜极，相当于绕组的分布效应，影响相电动势波形；

3）两相合成影响线电动势波形。

绕组的滤波效应可通过不同谐波的绕组系数来分析。

首先讨论两相合成对线电动势波形的影响。在三相对称绕组中，任意两相相电动势谐波合成等效系数是

$$K_s=\sin(\nu\times60°)$$

由上式，可计算不同次数谐波的合成系数，见表 6-8。

表 6-8　不同次数谐波的合成系数

谐波次数	1	3	5	7
合成系数 K_s	0.866	0	-0.866	0.866

从相电动势合成线电动势，3 次谐波的合成系数为零。这样，无论相电动势有多少 3 次谐波，作为主要谐波的 3 次谐波，线电动势已经消失。因此，下面讨论相电动势时不必考虑 3 次谐波，而主要关心基波和主要谐波——5 次谐波。

对于整数槽绕组，设计时其短距按具体情况选择。而整数槽电机的分布系数由 q 决定：

$$K_{d\nu}=\frac{\sin q\dfrac{\nu\alpha}{2}}{q\sin\dfrac{\nu\alpha}{2}}$$

对于 60°相带，$q=Z/(2mp)=Z/(6p)$，槽距角　$\alpha=360°p/Z=60°/q$，得

$$K_{d\nu}=\frac{\sin(\nu\times30°)}{q\sin\frac{\nu\times30°}{q}}$$

由上式，计算得 $q=1\sim4$ 时的分布系数，见表 6-9。

表 6-9　整数槽电机的分布系数

q	1	2	3	4
基波	1	0.966	0.966	0.966
5 次谐波	1	0.259	0.218	0.205

由表 6-9 可见，取 $q=1$ 并选择整距时，5 次谐波没有被削弱，将容易得到宽平顶的梯形波相电动势。而取 $q\geqslant2$ 时，5 次谐波将被削弱到约 1/4～1/5，使线电动势接近正弦波。

实测电机反电动势波形支持这样的分析。图 6-20 给出一台 36 槽、4 极、$q=3$，径向磁化电机的相电动势和线电动势波形示波图，图中 ch1 和 ch2 为相电动势波形，Match 为线电动势。从图可见，相电动势接近梯形波，由于径向磁化波顶稍有下凹。而线电动势并非平顶波，而接近正弦波[12]。

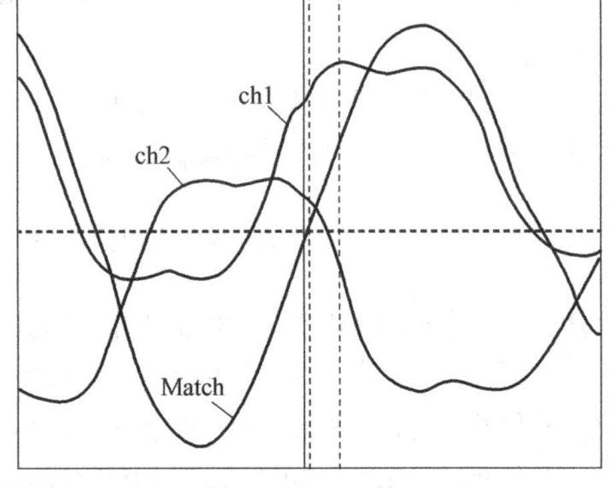

图 6-20　$q=3$ 电机相电动势（ch1、ch2）和线电动势（Match）示波图

而 $q=1$ 时的线电动势接近平顶波，见图 6-23 电机 A 波形。

对于分数槽集中绕组，由第 5 章 5.2.4 节分析，有

$$q=\frac{Z}{2mp}=\frac{Z_0}{6p_0}=\frac{c}{d}$$

对于 60°相带双层绕组，基波分布系数为

$$K_{d1}=\frac{\sin30°}{c\sin\frac{30°}{c}}$$

得 ν 次谐波分布系数 $K_{d\nu}=\dfrac{\sin(\nu\times30°)}{c\sin\frac{\nu\times30°}{c}}$

5 次谐波分布系数 $K_{d5}=\dfrac{\sin150°}{c\sin\frac{150°}{c}}=\dfrac{0.5}{c\sin\frac{150°}{c}}$

基波短距系数 $K_p=\sin\dfrac{\alpha}{2}$

槽距角 $\alpha=\dfrac{360°p_0}{Z_0}=\dfrac{60°}{q}$

ν 次谐波短距系数 $K_{p\nu}=\sin\dfrac{\nu\alpha}{2}=\sin\dfrac{30°\nu}{q}$

5 次谐波短距系数 $K_{p5}=\sin\dfrac{150°}{q}$

5 次谐波的绕组系数 $K_{w5}=K_{d5}K_{p5}$

利用上述公式，分别计算几种基本单元电机的基波和 5 次谐波绕组系数，见表 6-10 和图 6-21。

表 6-10　几种基本单元电机的基波和 5 次谐波绕组系数

$Z_0/(2p_0)$		$q=c/d$		c	K_{w1}	K_{p5}	K_{d5}	K_{w5}
3/2	3/4	1/2	1/4	1	0. 866	−0. 866	1	−0. 866
12/10	12/14	2/5	2/7	2	0. 933	0. 259	0. 259	0. 067
9/8	9/10	3/8	3/10	3	0. 945	0. 643	0. 217	0. 140
24/22	24/26	4/11	4/13	4	0. 949	0. 793	0. 205	0. 163
15/14	15/16	5/14	5/16	5	0. 951	0. 866	0. 200	0. 173
36/34	36/38	6/17	6/19	6	0. 953	0. 906	0. 197	0. 179
21/20	21/22	7/20	7/22	7	0. 953	0. 931	0. 196	0. 182
48/46	48/50	8/23	8/25	8	0. 954	0. 947	0. 194	0. 184
27/26	27/28	9/26	9/28	9	0. 954	0. 958	0. 194	0. 186
60/58	60/62	10/29	10/31	10	0. 954	0. 966	0. 193	0. 187
33/32	33/34	11/32	11/34	11	0. 954	0. 972	0. 193	0. 188

由表 6-10 可见，分数槽集中绕组基本单元电机谐波削弱情况：

1）当 $q=1/2$ 时，5 次谐波绕组系数在数值上和基波绕组系数相同，但为负，5 次谐波没有特别被削弱。图 6-6 给出一台 18 槽 12 极表贴式转子结构电机，虽然气隙磁通密度分布接近于梯形波，但相电动势波形呈现梯形波，而线电动势波形已经不是梯形波，由于 $q=1/2$，而且 5 次谐波反相，使其波形严重畸变，与正弦波差得很远。

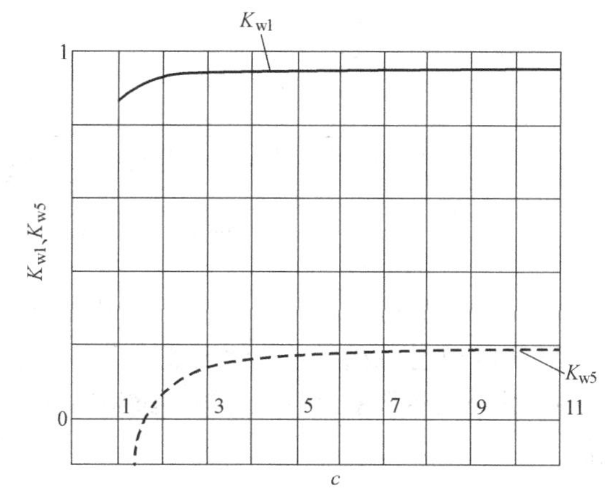

图 6-21　几种基本单元电机的基波和 5 次谐波绕组系数与 c 的关系

2）当 $q=2/5$、$2/7$ 时，即槽数为 12 的 10 极或 14 极电机，5 次谐波将被削弱到 6. 7%，有最大的削弱。最后线电动势基本上是正弦形，参见图 6-22 所示的波形。

3）取其他 q 值时，5 次谐波将被削弱约到 1/5 以下。

参考文献［13］给出一台电机采用三个不同槽极数方案的对比（参见第 10 章表 10-4 所示的电机主要数据）：电机 A，$Z/(2p)=42/14$，$q=1$；电机 B，$Z/2p=21/14$，$q=0.5$；电机 C，$Z/2p=15/14$，$q=0.36$。图 6-23 给出三个电机的线反电动势波形。

综上所述，绕组滤波作用对无刷电动机电动势波形的影响可归纳为

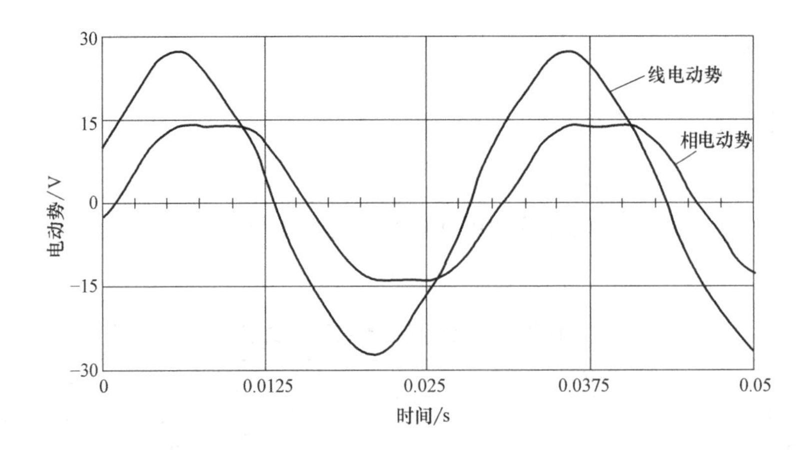

图 6-22　12 槽 10 极电机的相电动势和线电动势示波图

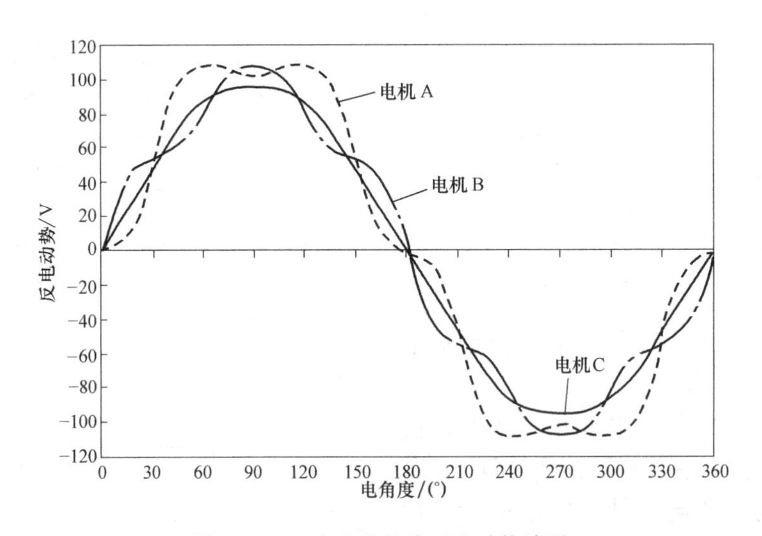

图 6-23　三个电机的线反电动势波形

1）只有整数槽绕组在 $q=1$ 并选择整距时，才可能得到近似宽平顶的梯形波电动势。

2）$q=1/2$ 分数槽集中绕组时线电动势波形最差，呈尖顶形状。

3）其余的整数槽绕组和分数槽绕组时线电动势波形的谐波将被明显削弱，更接近于正弦波。

6.4.2　反电动势的计算

4.1.5 节的式（4-16）给出一相绕组反电动势系数 K_{ep}（$V/rad \cdot s^{-1}$）计算公式：

$$K_{ep}=\frac{Ep}{\Omega}=K_w W_p B_m D_a L\times10^{-4}$$

1. 按正弦波电动势计算

如上分析，大多数无刷电动机的线电动势波形接近于正弦波，对于这些电动机，我们着重于其基波的计算。当按正弦波电动势计算时，上式的 B_m 应当理解为气隙磁通密度基波的幅值，计算得到的 K_{ep}是一相绕组反电动势基波幅值的系数。这样，正弦波线电动势幅值等于相电动势幅值的$\sqrt{3}$倍。

2. 图解法求取线电动势幅值

如果电动势波形并非接近于正弦波，为了计算电动势波形的幅值，可以求助于图解法。例如，图 6-6 所示的 18 槽、12 极、$q=1/2$ 表贴式转子结构电动机例子中，利用一相绕组反电动势系数 K_{ep} 计算式，B_m 可理解为气隙磁通密度的幅值，计算得到的 K_{ep} 是一相绕组反电动势幅值的系数。求助于图解法，将另一相绕组反电动势移动 60°，然后将两相绕组反电动势叠加，得到线电动势的波形，它就是图 6-6 中右边粗线所表示的。此时，线电动势幅值等于相电动势幅值的 2 倍。

6.5　一个计算例子

在参考文献［11］中，研究了一台 36 槽、42 极分数槽表贴式永磁电动机，给出电动机有关数据和波形图。利用本章有关公式计算气隙磁通密度和相反电动势，并与该文献给出的波形图对比进行验证。

数据：定子铁心内径 $D_a=217$mm，铁心长度 $L=60$mm，转子外径为 215.8mm，气隙$\delta=0.635$mm，磁片厚度 $h_m=3.2$mm，极弧系数为 0.9，烧结钕铁硼 $B_r=0.9$T，$\mu_r=1.05$，槽口宽 $b_s=2$，一相匝数 $W_p=26$。

1. 利用表贴式结构的式（6-2）等有关公式计算气隙磁通密度幅值

由 $p=21$，漏磁系数为

$$K_{leak}=1-\frac{7p/30-0.5}{100}=0.956$$

计算槽距
$$\tau_s=\frac{217\pi}{36}=18.94$$

计算
$$\kappa=\frac{(b_s/\delta)^2}{4.4+0.75b_s/\delta}=1.467$$

卡特系数
$$K_c=\frac{\tau_s}{\tau_s-\kappa\delta}=1.052$$

等效气隙长度
$$\delta_e=K_c\delta=0.668$$

气隙磁通密度幅值
$$B_m=\frac{B_r k_{leak}}{1+\dfrac{\mu_r\delta_e}{h_m}}=0.706$$

该文献给出气隙磁通密度波形图如图 6-24 所示，$B_m=0.72$T，计算结果很接近。

2. 计算相反电动势幅值

计算电机转速为 600r/min 时的角速度　$\Omega=\pi n/30=0.1047\times600\text{rad/s}=62.82\text{rad/s}$

计算相反电动势幅值　$E_m=W_pB_mD_aL\times10^{-4}\,\Omega=26\times0.706\times21.7\times6\times62.82\times10^{-4}\text{V}=15.01\text{V}$。

该文献给出 600r/min 时三相反电动势波形图，如图 6-25 所示，其幅值约为 15V。计算结果与波形图吻合良好。

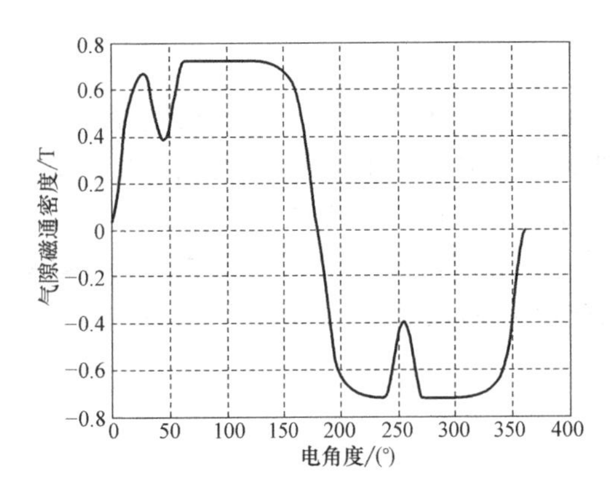

图 6-24 气隙磁通密度波形

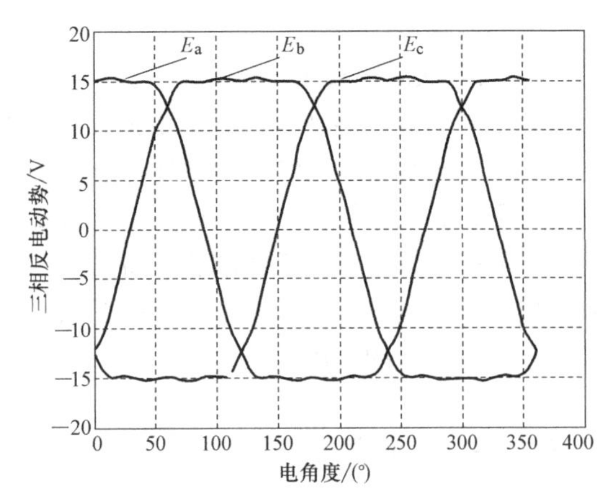

图 6-25 600r/min 时三相反电动势波形

参 考 文 献

[1] Zhu Z Q, Xia Z P, Howe D. Comparison of Halbach magnetized brushless machines based on discrete magnet segments or a single ring magnet (2002) [J]. IEEE Transactions on Magnetics, 2002, 38 (5).

[2] Jabbar M A, Khambadkone A M, Liu Qinghua. DESIGN AND ANALYSIS OF EXTERIOR AND INTERIOR TYPE HIGH-SPEED PERMANENT [C] //National University of Singapore, AUPEC'07, 2007.

[3] Nagorny A S, Dravid N V. Design Aspects of a High Speed Permanent Magnet Synchronous Motor/Generator for Flywheel Applications [C] //International Electric Machines and Drives Conference, 2005.

[4] Florence Libert. Design, Optimization and Comparison of Permanent Magnet Motors for a Low-Speed Direct-Driven Mixer, Royal Institute of Technology, TRITA-ETS-2004-12.

[5] Hellsing J. Design and optimization of a permanent magnet motor for a hybrid electric vehicle [R]. Technical Report No. 282L. Sweden: Chalmers University of Technology, 1998.

[6] 黄国治，傅丰礼. 中小型旋转电机设计手册 [M]. 北京：中国电力出版社，2007.

[7] 王秀和，等. 径向充磁永磁电机永磁体工作点的确定 [J]. 电工电能新技术，1998 (3).

[8] 王凤翔. Halbach 阵列及其在永磁电机设计中的应用 [J]. 微特电机，1999 (4).

[9] Heikkilä T. Permanent Magnet Synchronous Motor For Industrial Inverter Applications-Analysis and Design [J]. Lappeenrannan University of Technology, 2002.

[10] 王秀和，等. 永磁电机 [M]. 北京：中国电力出版社，2007.

[11] Ayman M El-Refaie. Analysis of Surface Permanent Magnet Machines With Fractional Slot Concentrated Windings. IEEE Transactions on Energy Conversion, 2006, 21 (1).

[12] 解恩，刘卫国，等. 无刷直流电动机电流波形分析 [J]. 微特电机，2007 (9).

[13] Freddy Magnussen, Peter Thelin, Chandur Sadarangani. PERFORMANCE EVALUATION OF PERMANENT MAGNET SYNCHRONOUS MACHINES WITH CONCENTRATED AND DISTRIBUTED WINDINGS INCLUDING THE EFFECT OF FIELD-WEAKENING [C] //Power Electronics, Machines and Drives, 2004 (PEMD 2004).

[14] 王海峰，等. ANSYS 在永磁电机设计中的应用 [J]. 电机与控制应用，2003 (2).

[15] 邹根华，等. 基于 Ansoft 多相多极电机的性能分析 [J]. 微特电机，2003 (6).

[16] 刘艳君，等. 基于 ANSYS 的永磁电机永磁体的优化设计 [J]. 微特电机，2007 (4).

第7章 转子位置传感器及其位置的确定

7.1 转子位置传感器的分类和特点

永磁同步电动机控制系统中，电动机的换相是由转子的位置决定的，因此必须有转子位置传感器对转子位置进行实时检测。实际可用的转子位置传感器有多种，正弦波驱动的永磁同步电机一般采用旋转变压器、绝对式光电脉冲编码器或增量式光电脉冲编码器作为位置检测器，要求连续检测转子位置，分辨率要求高，成本也较高。而在矩形波驱动的永磁直流无刷电动机中，只需要离散的转子位置信息，即有限个数的换相点时刻，例如常用的三相六状态工作方式，一对极下仅需要确定6个换相点时刻即可。所以采用简易型的位置检测器就可以，检测转子位置的分辨率要求低得多，因而成本也较低。

位置传感器是无刷直流电动机系统组件部分之一，其作用是检测主转子在运动过程中对于定子绕组的相对位置，将永磁转子磁场的位置信号转换成电信号，为逻辑开关电路提供正确的换相信息，以控制它们的导通和截止，使电动机电枢绕组中的电流随着转子位置的变化按次序换相，形成气隙中步进式的旋转磁场，驱动永磁转子连续不断地旋转。矩形波驱动的永磁直流无刷电动机的位置传感器主要分为电磁式、光电式、磁敏式等几种，分述如下。

1. 电磁式位置传感器

电磁式位置传感器是利用电磁效应来实现其位置测量，主要有开口变压器式、谐振式接近开关等。

开口变压器位置传感器由定子和转子两部分组成。定子可由硅钢片的冲片叠成，或用高频铁氧体材料压制而成。在2极三相无刷直流电动机中的开口变压器定子有六个齿，它们之间的间隔分别为60°。其中三个齿绕上一次绕组，并相互串联后以高频振荡电源（一般的频率为几千赫到几十千赫）供电；另外三个齿上分别绕有二次绕组，它们之间分别相隔120°。转子是一个用非导磁材料做成的圆盘，并在它上面镶上一块约120°的扇形导磁材料。将它与电机同轴安装。开口变压器工作原理与一般旋转变压器类似，三个二次绕组的输出是被转子位置调制的高频信号，经解调后再进行逻辑处理，得到换相控制信号。

谐振式接近开关位置传感器结构与开口变压器类似，但不需要一次侧高频励磁。在三相电机，它的定子有三个电感元件构成的振谐电路，转子是一个约120°的扇形导电金属盘，当转子的扇形金属部分接近电感元件时，使得该电路的品质因数 Q 值下降，导致电路正反馈不足而停振，故输出为零。当扇形金属转子离开电感元件时，电路的 Q 值开始回升，电路又重新起振，输出高频调制信号。三个振谐电路的输出是被转子位置调制的高频信号，它经检波解调后再进行逻辑处理，获得转子位置信号。

电磁式位置传感器具有工作可靠、可适应较恶劣使用环境等优点。但这种传感器信噪比较低，位置分辨率较差，体积较大，已经很少使用。

2. 光电式位置传感器

光电式位置传感器是利用光电效应原理工作，它由安放在定子上的发光管-光敏接收管组件以及跟随电机转子一起旋转的遮光板等组成。

在三相电机，遮光板开有120°（电角度）左右的缝隙，且缝隙的数目等于直流无刷电机转子磁极的极对数。当缝隙对着光敏晶体管时，光敏晶体管接收到光源发射的光，产生"亮电流"输出。当遮光板挡住光线，光敏晶体管只有"暗电流"输出。遮光板随转子旋转，光敏晶体管随转子的转动而轮流输出"亮电流"或"暗电流"的信号，以此来检测转子磁极位置，控制电机三相绕组换相。光电式位置传感器缺点是光电信号容易受到灰尘或潮气的影响，可靠性较低。

3. 磁敏式位置传感器

磁敏式位置传感器是利用对磁场敏感的半导体元件制成的，如霍尔效应或磁阻效应元件。常见的磁敏式位置传感器有霍尔元件或霍尔集成电路、磁敏电阻以及磁敏二极管等。其中基于霍尔效应原理的霍尔元件、霍尔集成电路统称为霍尔效应磁敏传感器，简称霍尔传感器。当磁场中的半导体有电流通过时，其横向产生电压（霍尔电动势），这个现象后来被称为霍尔效应。霍尔元件利用它所产生的霍尔电动势与正交的磁场强度成正比原理工作。但霍尔元件薄而脆，它的霍尔电动势小，需要外围放大电路，不便使用。

霍尔集成电路是在霍尔效应原理的基础上，利用集成封装和组装工艺制作而成，内部集成了霍尔元件和必要的外围电路，它可方便地把磁场信号转换成较大幅度的电信号，同时又具备耐受工业应用环境可靠工作的要求。霍尔集成电路具有无触点、低功耗、长使用寿命、响应频率高等特点，采用塑封材料包封成一体化，所以能在各类恶劣环境下可靠地工作。由于霍尔位置传感器具有结构简单、体积小、安装灵活方便、易于机电一体化、价格低等优点，故目前得到广泛的应用。目前，霍尔集成电路传感器是无刷直流电动机最主要使用的转子位置传感器。

霍尔集成电路按功能和应用可分为线性型和开关型两大类：

1. 线性型霍尔集成电路

线性型霍尔集成电路是由电压调整器、霍尔元件、差分放大器、输出级等部分组成的集成电路，其输出为与磁场强度成线性关系的输出电压，可用于磁场测量、电流测量、电压测量等。一般不用作无刷直流电动机转子位置传感器。

2. 开关型霍尔集成电路

开关型霍尔集成电路是由电压调整器、霍尔元件、差分放大器、施密特触发器和输出级等部分组成的集成电路。其输出为开关（逻辑）信号。霍尔开关的输入信息是以磁通密度B来表征的，当芯片法线方向上的B值增大到一定的程度后（动作值B_{op}），霍尔开关内部的触发器翻转，霍尔开关的输出电平状态也随之翻转为低电平；当B值降低到低于（返回值B_{rp}），霍尔开关的输出翻转为高电平。动作值B_{op}与返回值B_{rp}之差称为回差。输出端一般采用集电极开路输出，能够与各种类型电路兼容。

开关型霍尔集成电路中有一种称为锁存型霍尔集成电路，其特征为：动作值B_{op}和返回

值 B_{rp}相对 S 极和 N 极磁场是对称动作的，有 $B_{op} \approx -B_{rp}$。例如 UGN3175 锁存型霍尔集成电路就是这样的双极性对称的开关霍尔集成电路。它的动作值在+B 区（即 S 极磁场），返回值在-B 区（即 N 极磁场）。在 S 极磁场的某一磁通密度（$\geqslant B_{op}$）下，它的输出是导通状态（ON，低电平），当 S 极逐渐离开该 IC、磁通密度为零时，它的输出仍然保持导通状态。只有磁场转变为 N 极并达到 B_{rp}值时，输出才翻转为截止状态（OFF 高电平），这种电路在 S-N-S-N 交替变化磁场下的输出波形占空比接近 50%，适合于有多极环形永磁转子的无刷直流电动机位置检测。

7.2　霍尔集成电路的选择与使用注意事项

1）推荐选择锁存型或接近锁存特性（有对称特性）的开关型霍尔集成电路。锁存型霍尔集成电路在无刷电机交替变化转子磁场下，其输出波形占空比接近于 1：1，符合无刷电机对位置传感器信号的要求。参见参考文献［1，2］。如果采用普通的开关型霍尔集成电路作位置传感器，在 S 极和 N 极下的输出不对称，可能会影响到电机的效率，并引起附加的转矩波动。

2）选择较高温度等级的霍尔集成电路。特别是霍尔芯片直接安放在主定子上情况，当电机短时过载时，电机的绕组及绕组附近的局部温度可能达到 110~130℃以上，此时，霍尔电路有可能不能可靠工作，甚至发生不可逆的损坏。此时，选择最高工作温度 150℃的霍尔集成电路是必要的。

3）推荐选用双极工艺生产的霍尔集成电路。霍尔集成电路有两种制造工艺生产：双极工艺和 CMOS 工艺。一般用 CMOS 工艺生产的芯片抗静电能力较差，如果电机生产线上没有特别的防静电设施，在焊接过程中霍尔传感器很容易受到静电损伤。在高温或潮湿环境下，受到静电伤害的霍尔传感器特别容易失效。以双极工艺生产的电机霍尔集成电路抗静电能力较好，能基本满足无静电防护设施电机生产厂家的要求。

4）选择高一些灵敏度的霍尔传感器通常会有较好的稳定性。宜选择动作值 B_{OP}、返回值 B_{RP}、和回差小的霍尔集成电路产品。

5）在焊接过程中，为了不使霍尔元件受到过热，应采用温控电烙铁，缩短焊接时间。使用高质量的低温焊锡，焊接时间小于 3s，温度不要超过 300℃。电烙铁甚至操作工人的手腕圈接地等防静电措施都是必要的。霍尔器件的引脚尽量避免弯曲。若必须弯曲时则应选择在距引线根部 3mm 以外。焊接点距离霍尔器件引脚根部 3mm 以上。

6）霍尔传感器芯片安装的位置要准确。特别是对于极对数 p 很多的电机，因为电角度与机械角有 p 倍关系，如果霍尔传感器芯片安装位置机械角度稍有偏离，会导致转子位置的电角度有很大误差，影响电机性能。严重时甚至导致换相逻辑混乱，造成控制器和电机损坏。一般，霍尔传感器芯片安装偏离正确理论位置在 10°（电角度）以内，对电机性能影响较小，可以接受。

7）霍尔集成电路的极性不能接反，如果极性接反，有可能损坏芯片。不过，有些品牌的霍尔集成电路已经具有电源反接保护功能。

8）霍尔集成电路的使用电压范围较宽，但使用时电压宜低不宜高，一般在 4.5~6V 为宜，过高的电源电压会引起电路的温度升高，可能使电路工作不稳定。

9）附加必要的保护电路。霍尔电路的电源端可能出现由控制器主开关工作过程引起的过电压电脉冲，需要考虑用保护电路去吸收，通常的办法是用较大电容及稳压二极管。霍尔开关电路输出端通常是开路集电极，需要接合适的上拉电阻。

10）直接安放在主定子使得霍尔芯片受到强电磁干扰，需要特别注意采取防干扰措施。长距离传输霍尔IC信号时，可在开关输出与地之间加接一只退耦电容器，消除干扰脉冲。

7.3　位置传感器最少个数

位置传感器在无刷电机应用时需要多个的组合，才能将电机一个电周期区分为若干个开关状态。它们需要满足以下要求：

1）所产生的开关状态是不重复的；

2）每一个开关状态所占的电角度相等；

3）所产生的开关状态数应和电动机的工作状态数相对应。

显然，霍尔位置传感器组合的个数 n 与电机的相数 m 及导通方式有关。例如，三相电机的一个电周期状态数可以取为6或3。如果取传感器的个数 $n=3$，数学上，它可以有的组合数是 $2^n=2^3=8$。三个传感器A、B、C的8个组合状态见表7-1。实际上，其中的组合状态0和7是不用的状态，其余6个状态适合于三相6状态工作方式。组合状态1、2、4可用于三相3状态工作方式。

表7-1　三个传感器的组合状态

状态号	0	1	2	3	4	5	6	7
A	0	0	0	0	1	1	1	1
B	0	0	1	1	0	0	1	1
C	0	1	0	1	0	1	0	1

如果取传感器的个数 $n=2$，它可以有 $2^2=4$ 个组合状态。正好满足2相或4相电机90°导通工作方式的需要。

一般来说，位置传感器最少个数等于电机相数，例如五相电机需要5个位置传感器；六相电机需要6个位置传感器。单相无刷电机风机只需要一个位置传感器。但2相和4相电机只需要2个位置传感器。

位置传感器输出的开关状态能满足以上要求，就可以通过一定的逻辑变换将位置传感器的开关状态与电动机的换相状态对应起来。对于三相无刷直流电动机，其位置传感器的数量是3，安装位置应当间隔120°电角度，其输出信号是HA、HB、HC。与电动机的换相状态对应关系见下面7.5节表7-2。

7.4　位置传感器的安装方式

霍尔传感器有两种安装方式，一种是与电机本体分离安装方式。直流无刷电机的霍尔位置传感器可以和电机本体一样，也是由静止部分和转动部分组成，即位置传感器定子和传感器转子。它可以直接利用电动机本体的永磁转子兼作传感器转子，也可以在转轴上另外安装传感器专用的永磁转子，它与电机主转子有相同的极数，一同旋转，用以指示电动机主转子的位置。若干个霍尔集成电路按一定的间隔距离安装在传感器定子上。将几个霍尔片及一些阻容元件焊接在一块印制电路板上是常见方法。电路板再安装到主定子支架或端盖上。单独安装方式可便于调整传感器定子的位置，类似于有刷直流电机调节碳刷架那样，找到正确位置，或为了调整初始角使之提前导通达到较好运行效果。因此单独安装的霍尔传感器虽然比较麻烦，但是其灵活性要高一些。参见第1章图1-1例子。

另外一种安装方式是与电机本体一体安装方式，将霍尔芯片直接安装在定子铁心的槽口或齿顶的凹槽上。这种方式可以节省空间，但容易受到定子电枢反应磁场变化的干扰和发热的影响。下面介绍的霍尔传感器位置确定方法是按这种安装方式情况下说明的，读者不难将这个方法用于分离安装方式的情况。

7.5　无刷电机霍尔传感器位置确定的原理

除非是采用无传感器控制方式，大多数无刷电机需要在其内部放置转子位置传感器，为控制器提供电子换相所需的换相信号。这里介绍无刷电机常用的三相全波六状态工作方式下，霍尔传感器位置确定的方法。分析表明，在每对极下电机内都可以找到6个霍尔传感器的位置，它们与定子三相绕组的轴线有确定关系。这里介绍笔者提出的方法，将传感器位置的确定转换为三相绕组的轴线的确定，与参考文献［3-7］的方法相比更为直观、通用、方便。

需要指出，这里介绍的方法所确定的正确位置是只考虑转子永磁产生的磁场，即空载磁场情况。当电机需要正反转工作时，这个位置是使电机正反转性能一致的最佳位置。实际上，在负载情况下，由于电枢反应使气隙磁场发生畸变，磁场零点有位移。电枢反应磁动势使最佳换向点前移；严格来说，按空载磁场决定的传感器位置已不是最佳的了。参见第8章8.5节。

实际上，位置传感器位置的正确确定还与下列诸因素有关联：传感器自身特性、极性规定，主电机定转子结构，定子绕组结构（如相带、线圈绕向、短距多少、双层或单层等），主电机转子与传感器转子相对位置关系，以及控制器逻辑设计等，所以必须先行约定。这里提出的方法能够化解上述复杂因素，较简便地确定霍尔位置传感器的正确位置。

7.5.1　锁存型霍尔集成电路输出特性与极性的约定

现在，在无刷电机采用作为位置传感器的霍尔电路大多数是开关型霍尔集成电路，特别是锁存型（latched）霍尔集成电路。锁存型霍尔集成电路典型的输出特性见图7-1。大多数生产霍尔集成电路公司对霍尔集成电路的极性是这样规定的：当永磁体的S极面向霍尔集成电路标志面时，磁通密度B定义为正。其输出特性是，当B为正，并大于动作值B_{op}时，霍尔集成电路输出U_{out}为低电平，即逻辑0；当B为负，并小于返回值B_{rp}，霍尔集成电路输出为高电平，即逻辑1。这种霍尔集成电路在转子磁场交替变化下，输出波形占空比接近1∶1，符合无刷电机对位置传感器的要求。因此，采用锁存型霍尔集成电路比一般的开关型霍尔集成电路作为无刷电机位置传感器更为合理[1]。

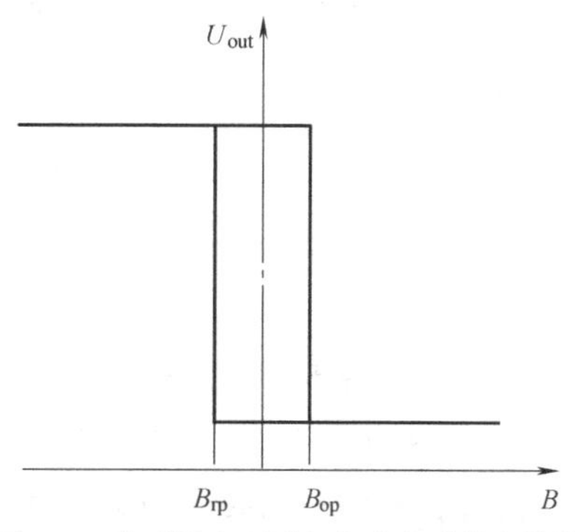

图7-1　典型锁存型霍尔集成电路输出特性

由于输出特性图的动作值B_{op}、返回值B_{rp}和实际

使用的磁通密度 B 相比都很小，下面分析霍尔传感器位置确定时，可以忽略其回差，将锁存型霍尔集成电路的输出特性理解为：当霍尔集成电路标志面面向永磁体的 S 极时，其输出为逻辑 0，当霍尔集成电路标志面面向永磁体的 N 极时，其输出为逻辑 1。

通常，将霍尔集成电路芯片放在定子气隙处（例如，定子铁心槽口，或齿顶开槽，或线圈骨架靠近铁心处），以便利用主电机转子磁极磁场作为霍尔位置传感器的转子磁极磁场。下面的分析是以此种情况进行，并且约定：霍尔电路标志面向外，朝向磁极。对于与电机本体分离安装方式的霍尔传感器也可以借鉴这里的分析确定正确位置。

并且假定选用这样的霍尔集成电路：芯片封装时内部霍尔敏感元件是准确放置在芯片中线位置的。

7.5.2　霍尔传感器位置与三相磁动势轴线对应关系

目前，大多数无刷电机按三相全波六状态方式工作，它们需要放置三个霍尔位置传感器。我们先来讨论最简单的 $q=1$ 整数槽电机在三相全波六状态方式工作情况下，霍尔位置传感器正确位置的确定。

在表 7-2 给出三相全波六状态工作方式换相真值表，大多数控制器是按照这个真值表设计它的控制逻辑的。在一个工作周期内，有 6 个状态：AB、AC、BC、BA、CA、CB。3 个霍尔传感器的任务是得到 6 个换相点。所以，常见的安排是：每个霍尔电路输出占空比是 1∶1，即逻辑 1 和逻辑 0 各占 180°（电角度，下同）。并且，在一对磁极下三个霍尔集成电路应均布，即相互的相差为 120°。按真值表，3 个霍尔电路输出是以它们的上跳沿和下跳沿时刻来决定 6 个换相点。例如，霍尔电路输出 HA 的上跳沿决定 A 相开始正向导通，和 C 相正向导通的结束。HA 的下跳沿决定由 C 相反向导通切换为 A 相反向导通。

表 7-2　三相全波六状态工作方式换相真值表（正转）

顺序		1	2	3	4	5	6
霍尔传感器输出	HA	1	1	1	0	0	0
	HB	0	0	1	1	1	0
	HC	1	0	0	0	1	1
相电流	IA	+	+		−	−	
	IB	−		+	+		−
	IC		−	−		+	+
状态名		AB	AC	BC	BA	CA	CB

由上面的真值表，可得到上下桥臂开关状态与霍尔传感器信号的逻辑关系应当满足下列关系式：

$$\mathrm{Ta}=\mathrm{HA}\cdot\overline{\mathrm{HB}},\quad \mathrm{Ba}=\overline{\mathrm{HA}}\cdot\mathrm{HB};$$

$$\mathrm{Tb}=\mathrm{HB}\cdot\overline{\mathrm{HC}},\quad \mathrm{Bb}=\overline{\mathrm{HB}}\cdot\mathrm{HC};$$

$$\mathrm{Tc}=\mathrm{HC}\cdot\overline{\mathrm{HA}},\quad \mathrm{Bc}=\overline{\mathrm{HC}}\cdot\mathrm{HA};$$

式中，T 和 B 分别表示上桥臂和下桥臂开关，Ta 与 Ba 组成 A 相半桥，Tb 与 Bb 组成 B 相半桥，Tc 与 Bc 组成 C 相半桥。桥臂开关的 1 表示导通，0 表示关闭。

这样，我们只需要正确决定其中一个霍尔电路，例如 HA 的位置就行，其余两个霍尔电路位置随之得到。在图 7-2 给出 A 相反电动势、电流和霍尔电路输出相位关系。图中，将 A

相反电动势过零点定义为0°，为了获得尽可能大的电动机转矩输出，同一相的反电动势和电流应当同相，所以，正确换相点应当在30°处。此处，A相开始正向导通。也就是说，在A相反电动势过零点后30°时刻，应当就是A相霍尔电路输出HA上跳沿出现时刻。顺便指出，这个关系也将用于反电动势法无传感器控制，见第13章。

在最简单的整数槽电机$q=1$，一对极下有6个槽，如图7-3所示是一个外转子电机示意图。图中左边是内定子，图中表示了6个槽三相电流的正方向，和它们产生的磁动势FA、FB、FC轴线位置。转子磁极顺时针方向转动，如n箭头所示。图右边是它的展开图，转子磁极向右移动，如n箭头所示。当磁极向右移动到该图所表示的时刻，磁极N的轴线已经偏移A相线圈轴线30°，A相线圈从最大磁链开始下降，反电动势开始上升。此时就是对应图7-2的A相反电动势过零点后30°的时刻。磁极N的前沿已离开A相线圈边30°，此处A相应当开始正向导通，就是放置霍尔电路HA的正确位置。此时，霍尔电路标志面正是从朝向磁极S转为朝向磁极N，霍尔电路输出从0上跳为1的时刻。

换句话说，从时间图看，A相换相点（A相开始正向导通）应当在A相反电动势过零点后30°时刻。而A相反电动势过零点时刻，对应于空间图，是磁极N前沿在落后于FA轴线90°处。所以霍尔电路HA的正确位置应在落后于FA轴线90°+30°=120°处。显然，此处正是FB轴线处。

虽然交流绕组可以有许多不同的结构，如整数槽或分数槽，叠绕组或同心式绕组，整距或长短距等等，对于任何绕组结构的三相电机，三相绕组都有三个对称的合成磁动势FA、FB、FC相量，所以我们将注意点转向三个霍尔传感器位置与三相磁动势轴线关系，以便得到霍尔传感器正确位置统一规律的认识。由图7-3上述分析可见，三个霍尔电路位置HA、HB、HC正好和三相磁动势轴线重合。我们还发现，位置HA、HB、HC的镜像对称位置HA′、HB′、HC′也是霍尔传感器正确位置，见图7-3的左图。我们将它们分别称为第1组霍尔电路位置和第2组霍尔电路位置，这两组输出之间在逻辑上呈现逻辑非的关系。如果不希望呈逻辑非的关系的话，可将第2组三个霍尔电路标志面面向铁心，背向磁极。这时，位置HA′、HB′、HC′和位置HA、

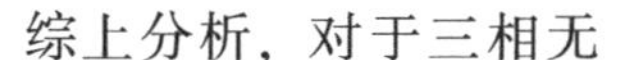
HB、HC输出等效。

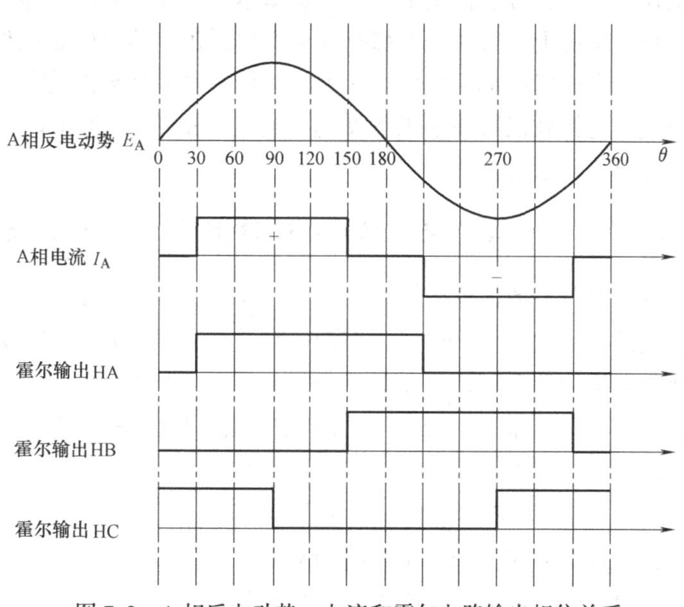

图7-2　A相反电动势、电流和霍尔电路输出相位关系

综上分析，对于三相无刷直流电机，不论其绕组结构如何，在一对极下，有两组共6个霍尔电路位置可供选择，它们是对称均布的，这些霍尔电路位置和三相磁动势轴线重合。霍尔电路位置和三相磁动势轴

线对应关系见表 7-3。这个结论作为以下分析讨论的基础。

表 7-3　霍尔电路位置和三相磁动势轴线对应关系

霍尔电路位置	第 1 组			第 2 组		
	HC	HA	HB	HC′	HA′	HB′
三相磁动势轴线	FA	FB	FC	-FA	-FB	-FC

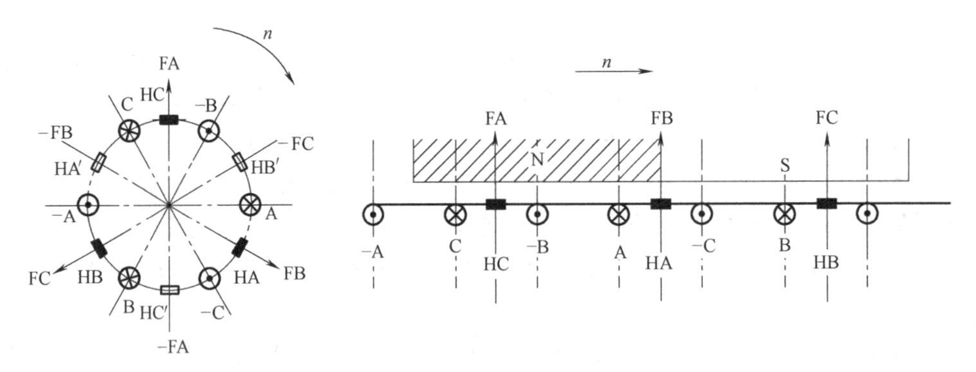

图 7-3　三相绕组磁动势轴线与霍尔电路位置关系

7.6　分数槽集中绕组无刷电机霍尔传感器位置的分布规律和确定方法

位置传感器的摆放对于整数槽电机较为直观，而对于分数槽无刷直流电机，特别是在极数较多情况下，位置传感器的正确摆放有一定的难度。这里介绍无刷直流电机三相全波六状态工作方式下，分数槽集中绕组电机霍尔传感器位置的分布规律和确定的方法，并以具体例子说明。理论上，每对极下都有 6 个安放霍尔传感器的正确位置。分析表明，分数槽集中绕组每个单元电机内都可以找到 6 个霍尔传感器的特异点位置，它们对正定子铁心的槽中线或齿中线，这样就能够便于工程实施。它们的分布规律与单元电机槽数或极数是奇数还是偶数、绕组是双层还是单层有关。

7.6.1　分数槽集中绕组单元电机槽数 Z_0 为偶数的分析

为方便对分数槽集中绕组的分析，在第 5 章引入了单元电机和虚拟电机概念：如果分数槽绕组的定子槽数 Z 和转子极对数 p 有最大公约数 t，即 $Z=Z_0t$ 和 $p=p_0t$，我们称由 Z_0 和 p_0 组成的电机为单元电机，原电机由 t 个单元电机组成。例如，对于 $Z/p=36/15$ 电机，最大公约数 $t=3$，$Z_0/p_0=12/5$ 为它的单元电机。引入虚拟电机概念后，可将多极分数槽单元电机电动势相量星形图看成是一对极的虚拟电机的相量图。虚拟电机定子槽数为 Z_0，但极对数为 1，全部电动势相量在一个相平面上。

按照这个思路，我们将讨论的对象 $Z/p=36/15$ 先转为对它的单元电机 $Z_0/p_0=12/5$ 的分析，最大公约数 $t=3$，再转为极对数为 1 的 $Z_0=12$ 虚拟电机，这样就可以方便地利用上节一对极电机的分析方法和结论来确定霍尔传感器的位置。

图 7-4 是单元电机 $Z_0/p_0=12/5$ 磁动势相量星形图，将它看成是一对极的虚拟电机的相量图。图中的号是齿号，即线圈号。双层绕组排列表示为 A，a，b，B，C，c，a，A，B， b，c，C。线圈绕向按如下约定：大写字母表示反时针绕，磁动势为正向；小写字母表示顺时针绕，磁动势为负向。绕组排列见表7-4。这样，A相绕组是由1，-2，-7，8四个线圈组成，这四个磁动势相量的合成磁动势相量是FA。同样，B相和C相绕组各自4个磁动势相量的合成磁动势相量是FB和FC。参照表7-3，由磁动势FA、FB和FC轴线，得到6个霍尔传感器位置。注意到，在这个例子，6个霍尔传感器位置都对正铁心槽中线，见表7-5。表中，例如6-7表示HA霍尔电路位置对正铁心6和7齿之间的槽中线。如表所示，6个霍尔传感器分为两组，第2组3个霍尔传感器输出和第1组3个霍尔传感器输出相位是相反的。在图7-4右边是绕组展开图，这里只画出A相绕组。图中的序号是齿号。在6个霍尔传感器位置中也可按方便集中出线选择其中3个，例如选择HA′、HB、HC′。

应当指出，理论上在每对极下都有6个霍尔传感器位置，即5对极下有30个霍尔传感器位置可供选择，而表7-5给出的5对极下的6个霍尔传感器位置只是其中的特异点，即它们处在槽中线，以方便工程上实施。

表7-4　12/5单元电机双层绕组排列表

齿号	1	2	3	4	5	6	7	8	9	10	11	12
相线圈	A	a	b	B	C	c	a	A	B	b	c	C

注：线圈绕向约定，大写字母表示反时针绕，小写字母表示顺时针绕。

表7-5　12/5单元电机霍尔电路位置和三相磁动势轴线对应关系

霍尔电路位置	第1组			第2组		
	HC	HA	HB	HC′	HA′	HB′
三相磁动势轴线	FA	FB	FC	-FA	-FB	-FC
铁心槽中线	10-11	6-7	2-3	4-5	12-1	8-9

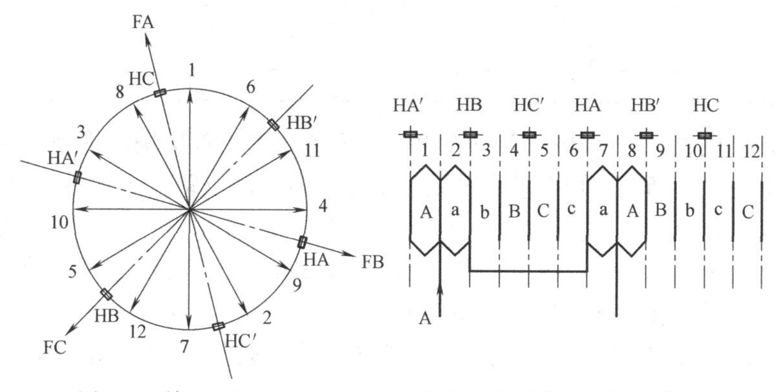

图7-4　单元电机$Z_0/p_0=12/5$磁动势相量星形图和绕组展开图

一般而言，当单元电机槽数Z_0为偶数时，对于双层绕组连接方式，虚拟电机中60°相带内有$Z_0/6$个齿，即有$Z_0/6$个线圈磁动势相量。第5章指出，单元电机槽数Z_0为偶数时，Z_0必为6的倍数，所以$Z_0/6$必为整数。详细分析表明，如果$Z_0/6$为偶数，每相合成磁动势相量必然对正铁心槽中线，所以，6个霍尔传感器位置对正铁心槽中线；如果$Z_0/6$为奇数，每相合成相磁动势相量必然对正铁心齿中线，6个霍尔传感器位置都对正铁心齿中线。6个霍尔传感器分为两组，第2组3个霍尔传感器输出和第1组3个霍尔传感器输出相位是相反的。

单元电机槽数 Z_0 为偶数时，还可以连接为单层绕组，此时，它只有一半的齿上有线圈，相当于槽数为 $Z_0'=Z_0/2$，它的磁动势相量图只有 Z_0' 个磁动势相量。这样，采用单层绕组连接方式的槽数 Z_0 为偶数单元电机可以看成是槽数为 Z_0' 的单元电机来分析：当 Z_0' 为偶数时，可参照上述结果分析；而当 Z_0' 为奇数时，可参照下节进行分析。

7.6.2　分数槽集中绕组单元电机槽数 Z_0 为奇数的分析

再看单元电机槽数为奇数的例子。

图 7-5 是单元电机 $Z_0/p_0=9/5$ 磁动势相量星形图，将它看成是一对极的虚拟电机的相量图。图中的号是齿号，即线圈号。双层绕组排列表示为 a，A，a，c，C c，b，B，b，绕组排列见表 7-6。A 相绕组是由−9，1，−2 共 3 个线圈组成，这 3 个磁动势相量的合成磁动势相量是 FA。同样，B 相和 C 相绕组各自 3 个磁动势相量的合成磁动势相量是 FB 和 FC。由磁动势 FA、FB 和 FC 轴线，得到 6 个霍尔传感器位置。注意到，第 1 组 3 个霍尔传感器位置都对正铁心齿中线，第 2 组 3 个霍尔传感器位置都对正铁心槽中线，见表 7-7。在图7-5右边是绕组展开图，这里只画出 A 相绕组。在 6 个霍尔传感器位置中可按方便集中出线选择其中 3 个，例如选择 HC 、HA′、HB。

表 7-6　9/5 单元电机双层绕组排列表

齿号	9	1	2	3	4	5	6	7	8
相线圈	a	A	a	c	C	c	b	B	b

表 7-7　9/5 单元电机霍尔电路位置和三相磁动势轴线对应关系

霍尔电路位置	第 1 组			第 2 组		
	HC	HA	HB	HC′	HA′	HB′
三相磁动势轴线	FA	FB	FC	−FA	−FB	−FC
铁心齿中线	1	7	4			
铁心槽中线				5-6	2-3	8-9

图 7-6 是单元电机 $Z_0/p_0=9/4$ 磁动势相量星形图，它的双层绕组排列、磁动势相量星形图和 9/5 类似。如前所述，由磁动势轴线决定霍尔传感器位置。注意到，磁动势 FA、FB 和 FC 轴线对正的是 1、4、7 号齿中线，也是对正 5-6、8-9、2-3 号槽中线，得到 6 个霍尔传感器位置见表 7-8 所示。第 1 组 3 个霍尔传感器位置都对正铁心齿中线，第 2 组 3 个霍尔传感器位置都对正铁心槽中线。但是，和 9/5 不同，第 2 组 3 个霍尔传感器仍然是在磁动势 FA、FB 和 FC 轴线上，和第 1 组同相。在图 7-5 右边的是绕组展开图，这里只画出 A 相绕组。

而与负向磁动势−FA、−FB 和−FC 轴线重合的 HC′、HA′、HB′位置不在铁心槽中线上。例如，如图 7-6 中所示，HC′位置在 4 号齿中线后 60°（电角度），即机械角 60°/4＝15°处。而半个齿距的角度是 20°，故此，出于工程实施考虑，这些位置不被选择使用。

$Z_0/p_0=9/5$ 和 $Z_0/p_0=9/4$ 两个例子显示，当单元电机槽数 Z_0 为奇数时，p_0 为奇数和偶数情况稍有区别。对比图 7-5 和图 7-6 的展开图，6 个霍尔传感器位置实际是同样均布的，第 1 组 3 个霍尔传感器位置都对正铁心齿中线，第 2 组 3 个霍尔传感器位置都对正铁心槽中线。但是，第 2 组 3 个霍尔传感器输出和第 1 组 3 个霍尔传感器输出相位关系有所不同：如果 p_0 为奇数，第 2 组 3 个霍尔传感器输出和第 1 组 3 个霍尔传感器输出相位是相反的；如

果 p_0 为偶数，第2组3个霍尔传感器输出和第1组3个霍尔传感器输出是同相的。

表7-8 9/4单元电机霍尔电路位置和三相磁动势轴线对应关系

霍尔电路位置	第1组			第2组		
	HC	HA	HB	HC	HA	HB
三相磁动势轴线	FA	FB	FC	FA	FB	FC
铁心齿中线	1	4	7			
铁心槽中线				5-6	8-9	2-3

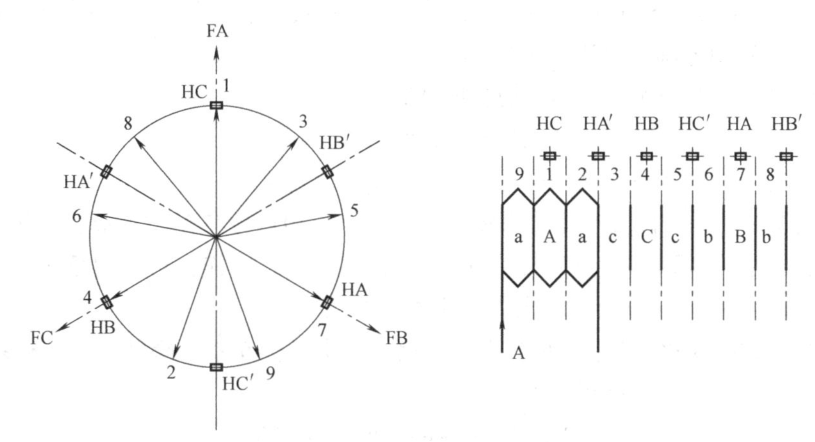

图7-5 单元电机 $Z_0/p_0=9/5$ 磁动势相量星形图和绕组展开图

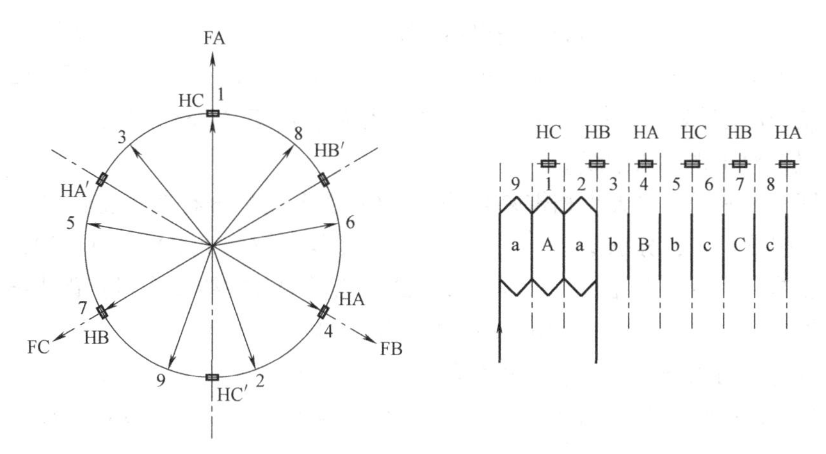

图7-6 单元电机 $Z_0/p_0=9/4$ 磁动势相量星形图和绕组展开图

7.6.3 霍尔传感器安放在齿顶中央

由上面讨论三相无刷电机霍尔传感器位置，霍尔片可能放在齿顶中央，也可能放在槽口。在电机设计时，出于工程实施考虑，往往希望霍尔片能够放在齿顶中央设置的凹槽内，而不希望放在槽口。

如前分析，对于双层绕组连接方式，当单元电机槽数为奇数时，第1组3个霍尔传感器位置都对正铁心齿中线，第2组3个霍尔传感器位置才对正铁心槽中线。没有什么问题。

当单元电机槽数为偶数时，对于双层绕组连接方式，如果 $Z_0/6$ 为偶数，两组共6个霍尔传感器位置都对正铁心槽中线；如果 $Z_0/6$ 为奇数，两组共6个霍尔传感器位置都对正铁心齿中线。这样，问题出在当槽数 Z_0 为偶数时，$Z_0/6$ 也是偶数的情况如何做到霍尔片能够放在齿中线上？

注意到前面的分析仅是对三相按60°相带分析的结果。如果按大小相带来划分相带，可以解决这个问题。不过，会引起绕组系数稍有降低。

还是看12槽10极的例子。这是一个单元电机，相量图中平均每相占4个相量。

在60°相带情况，由于 $Z_0/6=2$ 为偶数，两组共6个霍尔传感器位置都对正铁心槽中线。如图7-4所示，A相4个相量分布在两个相等的60°相带内，分别是1，8号和-2，-7号相量。合成的A相磁动势轴线对正槽中央。

其分布系数是按1号和2号相量的合成计算：

$$K_d=\cos15°=0.9659$$

短距系数 $K_p=\cos15°=0.9659$，绕组系数 $K_w=K_p\,K_d=0.933$。

如果按图7-7所示，以大小相带来划分，A相4个相量分布在小相带和大相带中，分别是1号和-2，-3，-8号相量。每个相带包含奇数个相量。这样，合成的每相磁动势轴线变为在齿中央。两组共6个霍尔传感器位置都对正铁心齿中线。

但其分布系数有变化，4个相量分布角度增大，会使分布系数降低，其分布系数是按1、2、3、8号共4个相量的合成计算：

$$K_d=0.5(1+\cos30°)=0.933$$

绕组系数 $K_w=K_pK_d=0.933\times0.9659=0.901$。
这样，由于改为按大小相带来划分，绕组系数降低了3.5%。这个变化比较大。

再看一个槽数较大的36槽34极例子。这是一个单元电机，相量图中平均每相占12个相量。如果按60°相带划分，每个60°相带有6个相量，由于 $Z_0/6=6$ 为偶数，两组共6个霍尔传感器位置都对正铁心槽中线。

如果按图7-8所示，以大小相带来划分，A相12个相量分布在大相带（7个相量）和小相带（5个相量）中，分别是-1、2、-3、4、-5、6、-7号和20、-21、22、-23、24号相量。每个相带包含奇数个相量。这样，合成的每相磁动势轴线变为对正齿中线。两组共6个霍尔传感器位置对正铁心的4、10、16、22、28、34号齿中线。

分布系数计算得 $K_d=0.9508$，短距系数=0.9962，$K_w=K_pK_d=0.9472$。

而60°相带的分布系数是 $K_d=0.9561$，$K_w=K_pK_d=0.9525$。绕组系数相差0.55%，可以忽略不计。

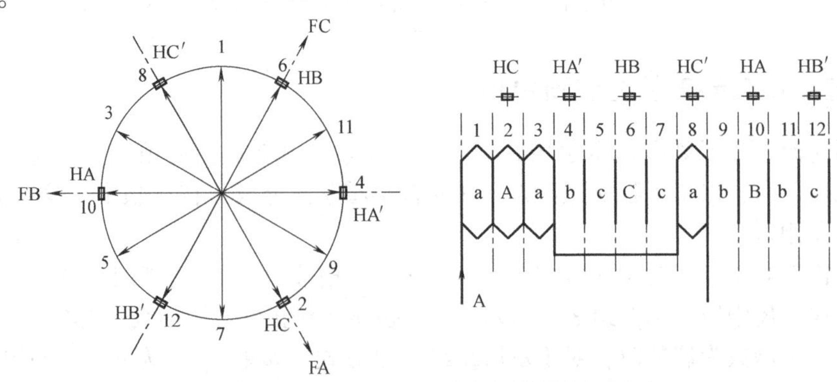

图7-7　12槽10极电机大小相带的齿相量图

7.6.4　一种电动自行车用51/23分数槽集中绕组的例子

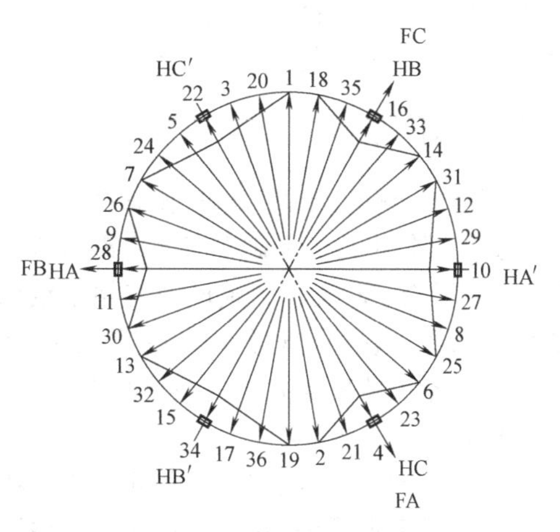

图7-8　36槽34极电机大小相带的齿相量图

这里介绍的一种电动自行车用外转子无刷电动机，它采用 $Z/p=Z_0/p_0=51/23$，$t=1$ 的分数槽集中绕组，属于单元电机槽数 Z_0 为奇数，p_0 为奇数的例子。

图7-9是单元电机 $Z_0/p_0=51/23$ 齿磁动势相量星形图。图中的号是齿号，即线圈号。双层绕组排列，A相绕组是由 −1、2、−3、11、−12、13、−21、22、−23、24、31、−32、33、−34、42、−43、44共17个线圈组成，这17个磁动势相量的合成磁动势相量是FA。同样，B相和C相绕组各自17个磁动势相量的合成磁动势相量是FB和FC。由磁动势FA、FB和FC轴线，得到6个霍尔传感器位置。注意到，第1组3个霍尔传感器位置都对正铁心齿中线：2、36、19，第2组3个霍尔传感器位置都对正铁心槽中线：27-28、10-11、44-45。在图7-9右边的是绕组展开图，限于图面尺寸，这里只画出A相绕组的一部分。由于电机定子外径较大，这6个霍尔传感器位置均布分散，相互距离60°机械角，不便于出线。为方便集中出线，在实际工程实施中，霍尔传感器位置的选择作了灵活处理，如图7-9右边所示，其中HC是第1组的2号齿中线，HA、HB则分别选择在51-1、3-4槽中线位置，即在图7-9左图有 * 的位置，它们的相位分别与36，19号齿中线接近，计算的理论偏差仅为3.5°（电角度）。

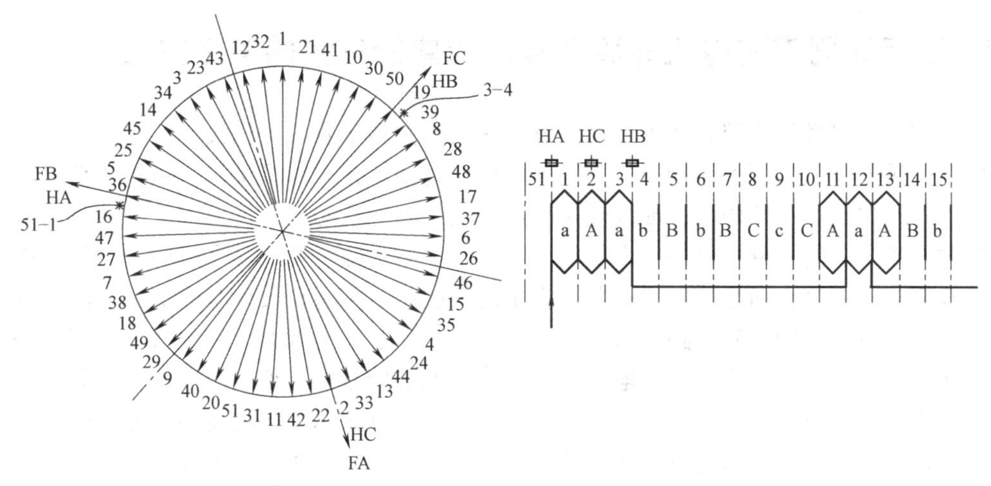

图7-9　单元电机 $Z_0/p_0=51/23$ 磁动势相量星形图和绕组展开图

另外一个可选用方案是三个霍尔传感器放置位置两个对正齿中线，一个对正槽中线的。例如：2号、5号齿中线和3-4槽中线位置。显然，5号齿中线位置有约7°的偏差。这个方案的偏差稍大。

读者从上述这些例子可以看出，无刷电动机霍尔传感器位置选择不是唯一的，采取变更线圈绕向，霍尔元件标志面向里或向外，不同的组合，允许一定相位偏差等方法，可得到多个方案，按需要进行优化、比较和选择。

7.6.5 小结

利用单元电机和虚拟电机概念进行分析，无刷直流电机在常用的三相全波六状态工作方式下，分数槽集中绕组无刷直流电机霍尔传感器位置分布规律分析结果和确定的方法归纳如下：

1）不论三相无刷直流电机其绕组结构如何，在每一对极下，有两组共 6 个霍尔电路位置可供选择，它们是对称均布的，这些霍尔电路位置和三相绕组的磁动势轴线重合。所以，霍尔传感器位置确定方法的关键是在一些约定条件下，通过磁动势相量图，获得三相磁动势轴线位置。

2）每个分数槽集中绕组单元电机内都可以找到两组共 6 个霍尔位置传感器的特异点位置，它们对正定子铁心的槽中线或齿中线。

3）当单元电机槽数为偶数时，对于双层绕组连接方式，如果 $Z_0/6$ 为偶数，两组共 6 个霍尔传感器位置都对正铁心槽中线；如果 $Z_0/6$ 为奇数，两组共 6 个霍尔传感器位置都对正铁心齿中线。6 个霍尔传感器分为两组，第 2 组 3 个霍尔传感器输出和第 1 组 3 个霍尔传感器输出相位是相反的。

4）当单元电机槽数为奇数时，第 1 组 3 个霍尔传感器位置都对正铁心齿中线，第 2 组 3 个霍尔传感器位置都对正铁心槽中线。如果 p_0 为奇数，第 2 组 3 个霍尔传感器输出和第 1 组 3 个霍尔传感器输出相位是相反的。如果 p_0 为偶数，第 2 组 3 个霍尔传感器输出和第 1 组 3 个霍尔传感器输出是同相的。

5）上述确定霍尔传感器位置的分析方法也适用于整数槽电机和其他换相控制逻辑情况。

五相集中绕组的霍尔传感器位置的分析方法见第 5 章 5.5.5 节。

7.7 三相无刷直流电机分离型霍尔传感器位置的整定方法

无刷直流电机常使用锁存式霍尔集成电路作为感知转子永磁磁场极性的元件。无刷直流电机霍尔传感器可分为两种结构方式：一体型和分离型。在一体型结构，霍尔片是放置在主定子铁心的槽口或齿顶凹槽内，或绕组端部绝缘支架靠近铁心处，利用主电机转子永磁磁场作为霍尔传感器的转子磁极磁场，直接检测主电机转子永磁磁场或其漏磁场。这种方式的优点是结构简化、紧凑，而且霍尔传感器与定子绕组的相对关系在设计时确定，电机组装出厂时不必再进行整定。但霍尔电路容易受到主电机的发热、电枢反应及电磁干扰的不利影响，只适用于小功率电机。而中大功率电机常采用分离型结构方式：独立的霍尔传感器与主电机分离，有自己的传感器定子和转子。常见的结构是安放有霍尔支架的传感器定子安装在电机端盖上，传感器永磁转子与主电机永磁转子同轴安装，它们有相同的极数。这种结构的缺点是在电机组装出厂时霍尔传感器定子必须进行整定。所以霍尔支架应当能够在一定角度范围转动调节，以整定霍尔传感器与定子绕组的相对位置有正确关系。

本节归纳了三相无刷电机分离型霍尔传感器位置整定的几种方法，供读者参考。

7.7.1 多极电机霍尔传感器排列顺序

三相无刷直流电机需要三个霍尔片实现电机的转子位置检测，人们常期望将这三个霍尔片在霍尔支架沿着圆周 120°均布。这样做，除了空间对称外，实际生产时还希望同一个分离型霍尔支架部件能够通用于几种不同槽极数组合的电机。因此，有必要分析一下这个问题。

假设主定子相绕组排列顺序按相序 A、B、C 是顺时针方向，在一对极下，三个霍尔片 HA、HB、HC 的顺序也应是顺时针方向的，称为正向顺序。它们之间的间隔是 120°电角度。如果在霍尔支架沿着圆周 120°（机械角度）均布三个霍尔片，它们的排列顺序需要分析。以霍尔片 HA 为参考零位，在距离 120°机械角度位置，相对应的电角度 $\alpha=120p$，p 为极对数。设 $p=3k+P$，得 $\alpha=360K+120P=120P$。

由上式，取决于电机的极对数 p，大写 P 有三种可能选择：

1）如果 P 等于 1，距离 120° 机械角度位置的电角度将是 120°，所以是 HB 位置，即霍尔名排列顺序是正向；

2）如果 P 等于 2，距离 120°机械角度位置的电角度将是 240°，所以是 HC 位置，即霍尔名排列顺序是反向；

3）如果 P 等于 0，距离 120°机械角度位置的电角度将是 0°，也就还是 HA 位置，则三个霍尔片在霍尔支架沿着圆周 120°均布排列是不可能的，只好采取不均布的排列。

在表 7-9 给出几个槽极数组合绕组的例子，包括整数槽和分数槽集中绕组的例子。观察它们的相绕组排列顺序，便可知霍尔名排列顺序。以 A 相为零位，相隔三分之一齿数如果是 B 相，则霍尔名排列顺序自然为正向；如果是 C 相，则霍尔名排列顺序自然为反向；如果是 A 相，则 120°均布排列是不可能。

例如，12 槽 10 极分数槽集中绕组电机，它的绕组排列顺序是 AabBCcaABbcC，字母下横线表示均布的三个位置。从第一个齿 A 相，相隔三分之一齿数即 4 个齿，是 C 相，再相隔 4 个齿数是 B 相，所以它的霍尔名排列顺序是反向的：即 HA—HC—HB。而依照上述按极对数的分析方法，它的极对数 $p=5$，相应的 $P=2$，霍尔名排列顺序是反向的。这些例子证实上述分析是正确的。

三个霍尔片的排列顺序解决了，只需要确定一个霍尔片位置，例如 HA，其余两个的位置随之解决。下面介绍的整定方法只谈 HA 的位置整定。

顺便指出，p 对极的多极电机，每相霍尔在每对极下都有一个它的位置，即在一转 360°内有 p 次重复。因此，霍尔支架可调整范围稍大于 $360°/p$ 就足够了。

表 7-9　几个槽极数组合绕组的霍尔名排列顺序例子

绕组类型	槽数 Z	极对数 p	q	P	绕组排列顺序	霍尔名排列顺序
整数槽	6	1	1	1	AcBaCb	正向
	12	2	1	2	AcBaCb AcBaCb	反向
	18	3	1	0	AcBaCb AcBaCb AcBaCb	不能均布
分数槽集中绕组	6	2	1/2	2	ABCABC	反向
	9	3	1/2	0	ABCABCABC	不能均布
	12	5	2/5	2	AabBCcaABbcC	反向
	12	7	2/7	1	AacCBbaACcbB	正向
	9	4	3/8	1	AaABbBCcC	正向
	9	5	3/10	2	AaACcCBbB	反向
	18	8	3/8	2	AaABbBCcC AaABbBCcC	反向
	27	12	3/8	0	AaABbBCcC AaABbBCcC AaABbBCcC	不能均布

7.7.2 霍尔传感器位置整定的几种方法

三相无刷直流电机目前大多数采用星形连接，120°导通全波六状态运行方式。下面就讨论这种情况。电机旋转时，三个霍尔传感器组合产生 6 个状态信号 101、100、110、010、011、001，控制电机的换相，对应的状态名是 AB、AC、BC、BA、CA、CB。正确换相要求每相绕组反电动势与该相霍尔信号有正确相位关系，以 A 相为例，HA 的上升沿应在反电动势 Ea 过零点后 30°出现。在 7.5 节对三相六状态运行方式分析，对于星形连接绕组的三相无刷直流电机，三相绕组都有 3 个对称的磁动势相量 FA、FB、FC，三个霍尔传感器位置 HA、HB、HC 正好分别对正三相绕组的动势相量 FB、FC、FA 轴线，相互间隔为 120°（电角度）。

（1）方法 1——强制通电法

图 7-10 是一个外转子星形接法三相无刷直流电机一对极下的空间示意图，相序和正转方向是顺时针，图中给出三相绕组磁势 FA、FB、FC 和霍尔 HA、HB、HC 的理论位置。如果从 A 相和 C 相绕组端之间输入一个直流电流，电机处于 AC 状态，产生的磁动势为 F_{AC}。在其作用下，可自由转动的永磁转子将被强制转到如图所示的位置，转子磁通 Φ_r 轴线与定子磁动势 F_{AC}重合。此时，永磁转子 N 极的后沿正对着霍尔 HA 的理论位置。基于这个原理，得到分离型霍尔传感器位置的一种整定方法：

将被试电机与驱动器脱离，安装在试验台架上，转子为自由状态。霍尔电路按规定电压供电。在 A 相绕组端接直流电源正极，C 相绕组端接直流电源负极，施加一个合适的电流。当转子被强制定位后，顺正转方向缓慢转动霍尔支架，观察霍尔 HA 输出信号，当它出现从 0 跳转为 1 时刻，此时的位置就是 HA 的正确位置，也就是霍尔支架的正确位置。

（2）方法 2——霍尔信号在该相反电动势过零点后 30°的方法

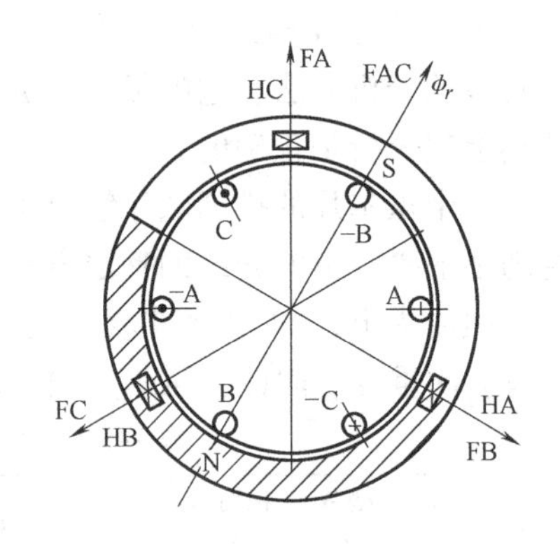

图 7-10 AC 强制通电一对极下空间示意图

图 7-11 是一个星形接法三相无刷直流电机正转波形图，它显示三相绕组反电动势 E_a、E_b、E_c 和霍尔信号 HA、HB、HC 波形相位关系。例如，HA 的上升沿在 E_a 过零点后 30°是正确的相位关系，以此可作为整定方法依据。但是，通常三相无刷直流电机产品星形接法绕组的公共点即中点 O 并没有引出线，因而要构建一个所谓虚拟中点。如图 7-12 所示，电机绕组引出端 A、B、C 接三个电阻 R，构成星形接法的三个电阻的公共端称为 N 端（虚拟中点）。三个电阻值必须相等，例如 1kΩ 或更大，功率 1W 左右。假设将星形绕组中点 O 与 N 端以一中线连接，构成一个三相电路。该电路分析表明，只要三相电路完全对称，三相电流之和应为零，则中线电流为零，即星形接法绕组中点 O 与 N 端等电位，中线可以取消。这样，没有中线情况下，N 端等同于绕组中点 O。只要电流很小，电机绕组引出端 A、B、C 对 N 端的电压可以近似等于它们的反电动势。

整定方法简述如下：

1）将被试电机从控制器脱离，电机安装在试验台架上，转子为自由状态。

2）电机绕组引出端 A、B、C 接三个构成星形接法的电阻，构成虚拟中点。

3）霍尔电路接直流电源按规定电压供电。

4）电机转轴上安装一个转盘，用手拨动转盘，使转子按齿号递增方向旋转。当然也可以用另外一台电机拖动旋转，被试电机处于发动机状态。

5）用双踪示波器进行观察，检查同一相的反电动势与霍尔信号相位关系。例如，示波器一个通道连接霍尔 HA 输出，另一个通道连接绕组端 A，霍尔电路的地与虚拟中点 N 端连接并接示波器地。缓慢转动霍尔支架，观察霍尔 HA 信号的移动，直至 HA 的上升沿到达 E_a 过零点后 30°的时刻，此时的霍尔支架位置就是其正确位置。

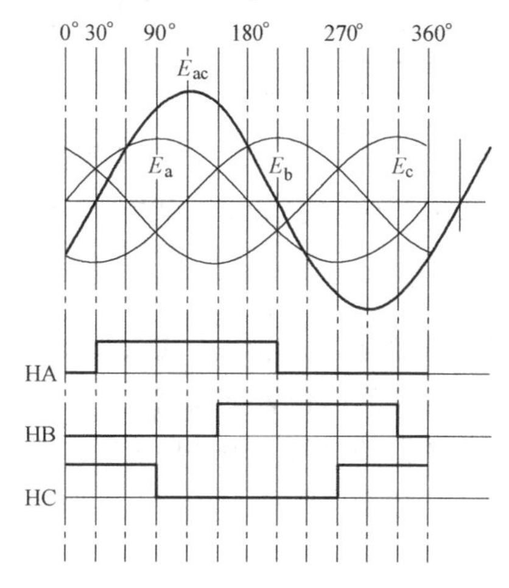

图 7-11　相绕组反电动势和霍尔信号波形图

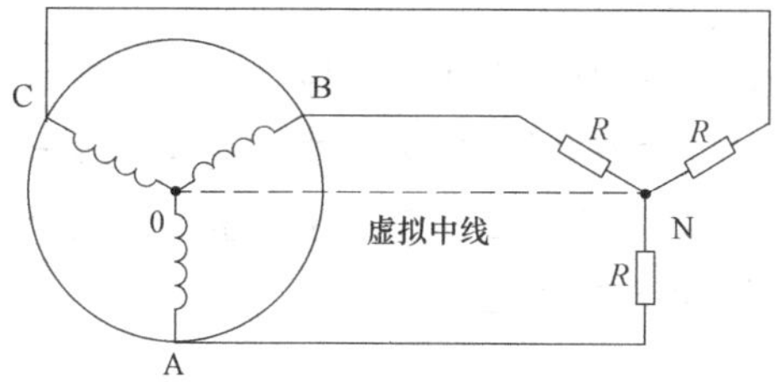

图 7-12　虚拟中点的构建

（3）方法 3——霍尔信号与线反电动势过零点重合的方法

方法 2 的缺点是需要构建一个虚拟中点电路。三相反电动势相量关系如图 7-13 所示，三相绕组反电动势是 E_a、E_b、E_c，线反电动势 E_{ac} 是 A 相和 C 相绕组反电动势 E_a 和 E_c 的差，即 $E_{ac}=E_a-E_c$，它与 E_a 的相位差等于 30°。如图 7-11 所示，E_{ac} 的一个过零点正好发生在 30°处，应当与 HA 的上升沿重合。由此启示，得到下面的整定方法：

1）将被试电机与驱动器脱离，电机安装在试验台架上，转子为自由状态。

2）电机绕组引出端 A、B、C 悬空。

3）霍尔电路接直流电源供电。

4）电机转轴上安装一个转盘，用手拨动转盘，使转子按齿号递增方向旋转。或用另外一台电机拖动旋转，被试电机处于发动机状态。

5）用双踪示波器进行观察，检查由两相合成的反电动势与霍尔信号相位关系。例如，示波器一个通道连接霍尔 HA 输出，另一个通道连接绕组引出端 A，绕组引出端 C 与霍尔电路的地连接并接示波器地。当转子旋转时，缓慢转动霍尔支架，观察霍尔 HA 信号的移动，直至 HA 的上升沿到达两相合成的反电动势 E_{ac} 过零点的时刻，此时的霍尔支架位置就是其正确位置。

在图 7-11 所示的相绕组反电动势假定是正弦波情况。在图 7-14，相绕组反电动势波形改为梯形波，如图可见，同样适合于方法 2 和 3 的分析。可以认为，只要相绕组反电动势波形对称，上述方法均可适用。

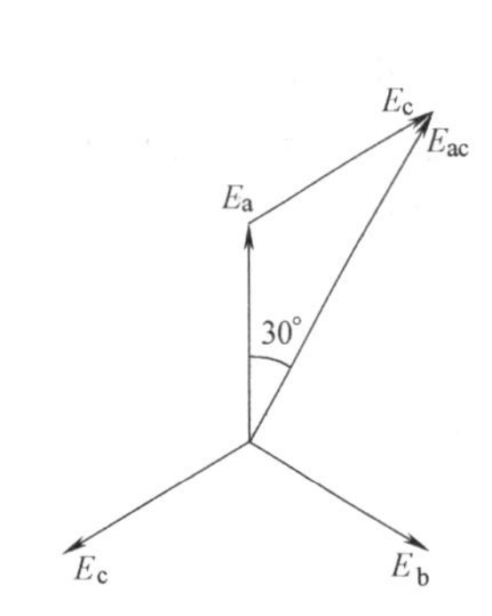

图 7-13 三相反电动势相量图

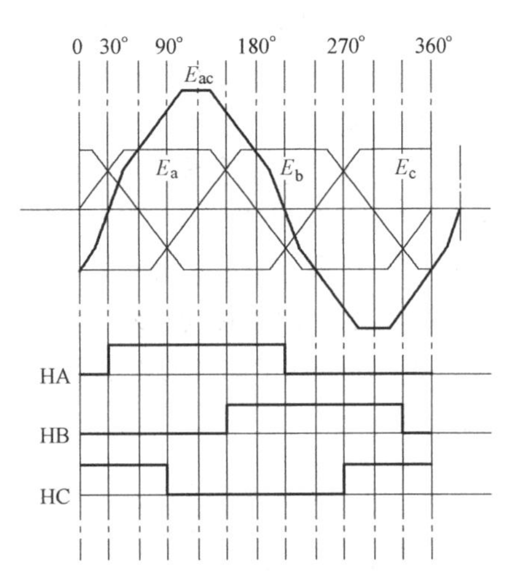

图 7-14 相绕组梯形波反电动势和霍尔信号波形图

(4) 小结

本节所述整定方法可选择其中一种使用。霍尔位置初步整定后，电机正式试验空载运行时，还可以微调霍尔支架位置，调至空载电流到最低，作为最后的位置予以固定。

本文所述方法 2 和 3 的原理也可以用于一体型霍尔传感器的电机，用来检查霍尔片位置与相绕组相对关系是否正确。

7.8 适用于各类无刷直流电机确定霍尔传感器位置的通用方法

目前，无刷直流电动机的位置传感器大多采用霍尔集成电路，特别是推荐采用锁存型 (latched) 霍尔集成电路。在已有介绍霍尔传感器安放位置方法的文献，基本上只是对三相无刷直流电机某一特定绕组形式和导通方式的分析。本节试图找出一个比较简捷的确定霍尔传感器安放位置的通用方法，反映其固有规律，它适用于无刷直流电机各种绕组拓扑结构和不同导通方式，包括各种相数、整数槽或分数槽绕组、分布绕组或集中绕组、单层或双层绕组、星形或封闭形接法绕组等情况。

研究霍尔传感器安放位置主要有两个方面问题：一个是各相霍尔传感器之间的位置关系，即它们之间夹角大小；另外一个是霍尔传感器与各相绕组之间的相对位置关系。对于第一个问题，相对比较简单。通常，相绕组在定子是对称均布的，对应的霍尔传感器也是均布的。例如，三相绕组电机，三个霍尔传感器均布，相互之间夹角是 120° (电角度，下同)。五相绕组电机，五个霍尔传感器是均布的，相互之间夹角是 72°。因此，关键是如何确定霍尔传感器与各相绕组之间的位置关系。

7.8.1 确定霍尔传感器安放位置的通用方法

实际上，无刷直流电机霍尔传感器的位置与下列诸因素都有关联：例如，主电机永磁转子与分离的位置传感器永磁转子的相对位置关系；主电机定子与位置传感器定子的相对位置关系；主电机定子绕组拓扑结构 (如绕组连接方式、相带划分、线圈绕向、节距、双层或单层等)；霍尔集成电路自身特性、极性规定、标志面的朝向；以及导通方式、控制器的逻辑真值表设计等。为了在这样多因素复杂问题中找出简捷方法，有必要先行约定。

下面的分析基于如下约定条件：

1）所讨论的霍尔片是放置在定子铁心齿或槽口，或放置在绕组端部绝缘支架靠近铁心处，检测电机转子永磁磁场或其漏磁场。但所提出的方法也不难推广应用到分离型位置传感器的情况。

2）永磁转子产生的气隙磁场是南北极对称的。所用的是锁存型霍尔集成电路，由于其特性回差很小，下面分析是忽略其回差。即电机运转时，认为霍尔信号的占空比是50%，即逻辑1和0都为180°电角度。

3）霍尔片标志面朝向转子永磁体。当标志面从朝向S极变为朝向N极时，霍尔集成电路输出是逻辑0转换为逻辑1。

4）没有特别指出时，控制器的导通方式与逻辑设计应当是：一相的霍尔信号上跳沿出现时刻和该相绕组开始导通时刻是同时发生的。

无刷直流电机是由若干个相绕组组成，由于各相绕组空间分布是均布的，我们只需讨论其中一相，例如A相绕组和它的霍尔传感器HA的相对位置关系，分析结果自然可以类推于其他相，它们的霍尔位置随之可以得到。无刷直流电机理想情况正确换相时，要求相绕组的反电动势 E_A 与流过的相电流 I_A 同相，如图7-15所示。它显示在转过半个周期时间内（180°，电角度）的波形。设一相电流导通角为 γ，从反电动势 E_A 的过零点经过 θ 延时滞后，相电流开始导通，也是霍尔信号HA上跳沿出现的时刻。由图7-15，滞后角 θ 可按下式计算：

$$\theta=90-\gamma/2$$

图7-16是一对极下一个外转子电机空间示意图，设定子相序和转子转向是顺时针。定子上有相带宽度任意的A相绕组，流过电流 I_A 产生磁势 F_A，它与转子永磁磁通 Φ_r 共同作用产生转矩使转子顺时针方向旋转。图中给出该相导通时间内的三个时刻：开始—中间—结束。由于相电流导通角为 γ，从A相绕组导通开始到结束，磁通相量 Φ_r 转过角度为 γ。先看图7-16 b中间时刻，磁势 F_A 与转子永磁磁通 Φ_r 之间夹角为90°，获得最大转矩。此时刻对应于图7-15反电动势 E_A 最高点时刻。在图7-16a导通开始时刻，磁通 Φ_r 应从中间时刻位置倒退 $\gamma/2$。同样，转子N极前沿也应从中间时刻位置倒退 $\gamma/2$，此位置对应于相电流开始导通，也是霍尔信号HA上跳沿出现的时刻。因此，如图7-16a所示，将HA位置安放在对应N极前沿的位置是正确位置，此时正是霍尔片从面对永磁S极向N极转换，其输出从0跳转为1的时刻。我们注意到：HA是处在从A相磁势轴线FA顺转向前移一个角度的位置，此前移角度 $\delta=180°-\gamma/2$。显然，以上分析与绕组相带宽度的大小无关。

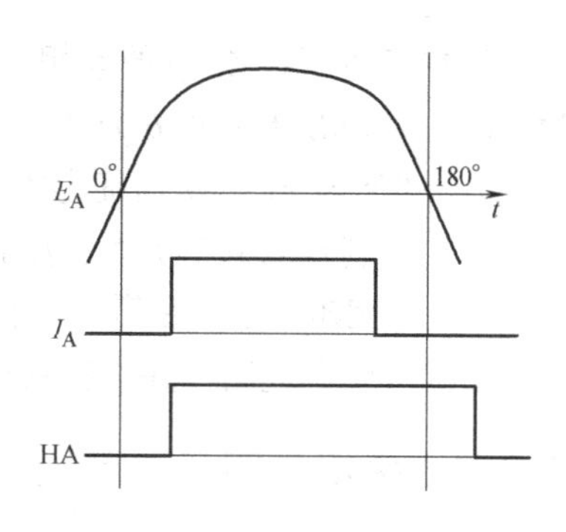

图7-15　A相绕组的反电动势 E_A、相电流 I_A、霍尔信号HA时间波形图

我们还注意到：HA的镜像位置（相距180°）是 $\overline{HA}$，它与HA是逻辑非关系。在图7-16a导通开始时刻，此时正是该霍尔片从面对永磁N极向S极转换，其输出从1跳转为0

的时刻。它是处在 A 相磁势轴线 FA 逆转向后移一个角度的位置。此后移角为 $180-\delta=\gamma/2$。在下面的分析中，主要关注 HA 位置的确定。HA 位置确定了，$\overline{\text{HA}}$位置随之可以得到。

由上述分析，我们得到了在所述约定条件下相绕组的磁势轴线和它的霍尔传感器安放位置关系的规律性认识，从而得到确定无刷直流电机霍尔传感器安放位置通用方法是：

如果被分析的电机一相电流的导通角为γ，该相霍尔传感器应安放在从该相磁动势轴线沿顺旋转方向前移$\delta=180°-\gamma/2$角度的位置。

这个方法是基于一相霍尔传感器与该相绕组的磁势轴线关系，因此它与电机的相数多少、绕组的拓扑结构如何无关，从而具有通用性。其通用性在下面一些应用例子得到体现。

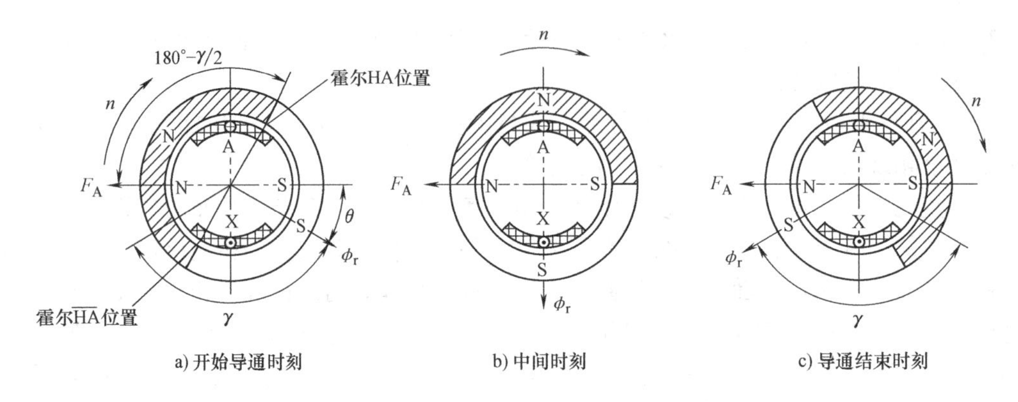

图 7-16　一相绕组的空间示意图

7.8.2　单相无刷直流电机的例子

槽数 Z 等于极数 $2p$ 的单相无刷直流电机，无论是单绕组型或双绕组型的，导通角γ均为 180°，计算出滞后角θ为 0°。由于相绕组为整距，磁势轴线是对正齿中线的，前移角度$\delta=180°-90°=90°$，从而确定霍尔片应放在槽口中央。参见图 15-1 和图 15-10。

单相无刷直流电动机为了克服起动死点，一般通过定子铁心表面的曲线变化形成不均匀气隙，并且霍尔片通常稍微偏离槽口中线，使转子在不通电时定位于电磁转矩非零的区域，通电后能够顺利起动，并能够获得较高的平均转矩。详见 15.3 节。

7.8.3　两相（四相）无刷直流电机绕组星形连接的例子

两相（或四相）无刷直流电机只需要两个霍尔传感器就可以实现电机的转子位置检测。电机旋转时，两个霍尔传感器组合产生 4 组信号 00、01、10、11，控制电机的换相。对于两相（或四相）无刷直流电机，推荐采用 90°导通角，四状态运行方式。对于两相电机运行方式四状态是 A、B、−A、−B。计算前移角度是$\delta=180°-45°=135°$。

无刷直流电机定子 12 槽，转子 14 极是一个两相分数槽集中绕组的例子。图 7-17a 给出它的磁动势相量星形图。定子每个齿上绕集中线圈，每个齿对应一个磁动势相量，12 个线圈分别划归 A 相和 B 相。每相有 6 个磁动势相量。例如，$1\text{-}\overline{2}\text{-}3\text{-}\overline{7}\text{-}8\text{-}\overline{9}$共 6 个线圈的磁动势相量属 A 相，其中 1、2、3 为一组，7、8、9 为另一组，线圈 1、3 正绕而 2 反绕，7、9 反绕而 8 正绕，将两组串联构成 A 相绕组。这里的线圈逆时针绕向为正绕。在磁动势星形图，

A 相 6 个磁动势相量合成 A 相磁动势 F_A，其轴线正对 8 号齿。取它前移角度 135°的位置（标有 * 处）就是 A 相霍尔 HA 的位置。此处是正对 3 号齿和 4 号齿之间的槽口中线的位置，图中以 3-4 表示。同样方法可以得到 B 相霍尔 HB 的位置（标有 o 处），标为 12-1，即 12 号齿和 1 号齿之间的槽口中线。这样，霍尔 HA 与霍尔 HB 夹角是 90°。

参考文献［10］研究 12 槽 14 极两相分数槽无刷直流电机，文中给出该电机霍尔传感器具体的放置方案：取定子 A 相 3 个相邻齿 的中间一个齿为基准齿，以其中心线为参考，沿顺时针方向离开 19.28°（机械角），放置一个霍尔传感器，然后沿同方向再离开 12.85°（机械角）放置另一个传感器 。按这样的放置方法，设 A 相基准齿为 8 号齿，两个霍尔传感器要挤放在 9 号齿表面上，见图 7-17b。此放置方案和上述分析是否一致？

再看图 7-17b 定子空间图，从 8 号齿中线沿齿号递增方向到 3-4 槽口中线距离是 7.5 个齿距。每个齿距的电角度是 360×7/12 = 210°，7.5 个齿距的电角度为 210×7.5 = 1575 = 4×360+135，即 135°，与上述分析的前移角度 135°一致。对应的机械角度为 135/7 = 19.29°。而霍尔 HA（3-4 槽口中线）沿齿号递增方向到霍尔 HB（12-1 槽口中线）的距离是 9 个齿距，它对应的电角度是 210×9 = 1890 = 5×360+90，即 90°，与上述分析一致。对应的机械角度为 90/7 = 12.86° 。这样，分析结果表明，两种放置方案是等效的。又因为电机是 7 对极，应当在每对极下都有两个可选择的传感器位置：以 HA（3-4 槽口中线）和 HB（12-1 槽口中线）为基本位置可作均布的其余位置，分别标示为 * 和 o。在图 7-17b）中可以看到：在 9 号齿上有它们的可选用的位置，这与参考文献［10］给出结果一致。显然，放置在两个槽口的方案较优，容易实现，并较准确。实际上，如果电机尺寸较小，两个霍尔传感器同时安放在 9 号齿表面上是难以实现的。

这个例子也表明，一个多极无刷直流电机，在每对极下都有可供选择的霍尔位置，所以霍尔位置安放不是唯一的，通常尽可能选择对正槽口中线或齿中线的位置，以便于工程实施。

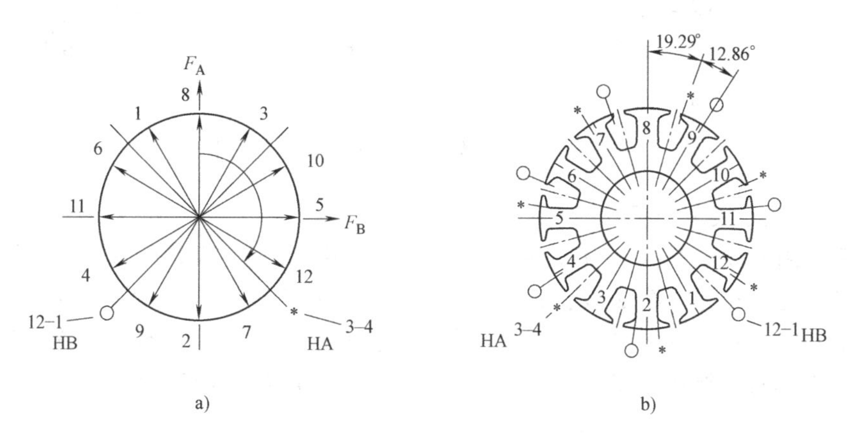

图 7-17　12 槽 14 极两相分数槽集中绕组无刷直流电机的例子

7.8.4　三相无刷直流电机绕组星形连接的几个例子

三相无刷电机需要三个霍尔位置传感器实现电机的转子位置检测。对于星形连接绕组电机，目前大多数采用 120°导通六状态运行方式。在 7.5.2 节对星形连接绕组霍尔传感器位置确定有详细分析，分析结果是三个霍尔传感器位置正好对正三个相绕组的磁动势轴线：霍尔传感器位置 HA 对正 B 相绕组的磁动势轴线 FB，即前移角度 δ 等于 120°；HB 对正 C 相绕组的磁动势轴线 F_C；HC 对正 A 相绕组的磁动势轴线 F_A。

如果用本节的通用方法分析，由于每相导通角 γ 是 120°，前移角度 $\delta=180°-60°=120°$。这里用通用方法得到的结果与 7.5.2 节分析结果是完全一致的。

1）先讨论整数槽的例子。

图 7-18 是三相一对极整数槽定子示意图，图中给出 A 相绕组通电产生的相磁动势 F_A 轴线，和前移角度 120°后确定的 HA 位置。图 7-18a 是每极每相槽数 $q=1$ 整距绕组，图 7-18b是 $q=2$ 整距绕组电机空间示意图，按前移角 120°，它们的霍尔放置对正齿中线。图 7-18c是 $q=2$，短距一个槽距，即节距 $y=5$ 的双层绕组，它的霍尔放置对正槽中线。进一步分析表明：无论 q 取何值，整距绕组的三个霍尔位置对正齿中线；而短距（或长距）一个槽的绕组三个霍尔位置则对正槽中线。

对于星形连接绕组的三相电机，三相绕组都有 3 个对称的合成磁动势 F_A、F_B、F_C 相量，由上述分析可见，3 个霍尔位置 HA、HB、HC 正好和三相磁动势轴线重合。而且，位置 HA、HB、HC 的镜像对称位置$\overline{HA}$、$\overline{HB}$、$\overline{HC}$也是霍尔传感器正确位置。将它们分别称为第 1 组霍尔电路位置和第 2 组霍尔电路位置，这两组输出之间在逻辑上呈现逻辑非的关系。

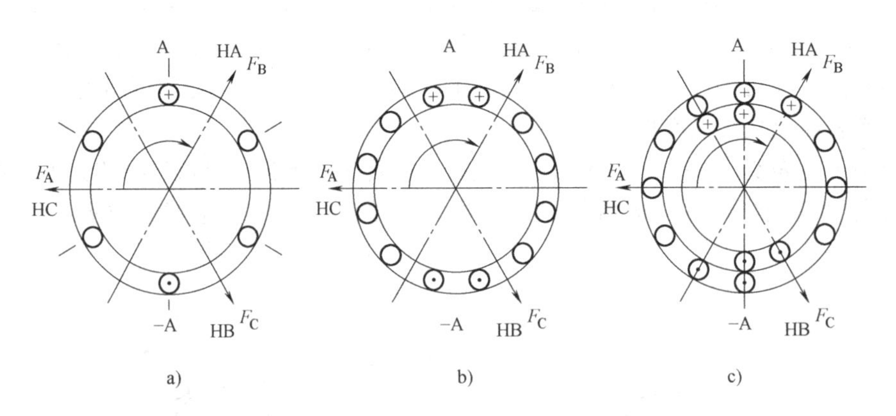

图 7-18　三相整数槽无刷电机空间示意图

2）再看分数槽集中绕组的例子。

分数槽绕组若线圈节距 $y=1$ 称为分数槽集中绕组。6 槽 4 极是分数槽集中绕组一个典型例子，其单元电机是 3 槽 2 极，$q=1/2$，在图 7-19a 的磁动势相量星形图，1、2、3 号齿对应的磁动势相量是 F_A、F_B、F_C，由前移角度 120°，得到六个霍尔位置，分别是对正齿中线的一组和对正槽中线的另外一组。图 7-19b 是 6 槽 4 极定子示意图，A、B、C 相绕组分别绕在 1、4，2、5，3、6 号齿，线圈绕向是反时针方向。图中的霍尔放置位置选取对正槽中线方案，所以霍尔输出信号是带非的$\overline{HB}$、$\overline{HC}$、$\overline{HA}$。如果希望霍尔输出信号是不带非的 HB、HC、HA，只需要将线圈绕向改为顺时针方向即可，或将每个霍尔片标志面改为朝向槽底。

在 7.6 节有关于三相分数槽集中绕组无刷直流电机霍尔位置较详细的分析，给出了 9 槽 8 极、9 槽 10 极、12 槽 10 极、51 槽 46 极星形连接绕组的分析实例，可供参考。

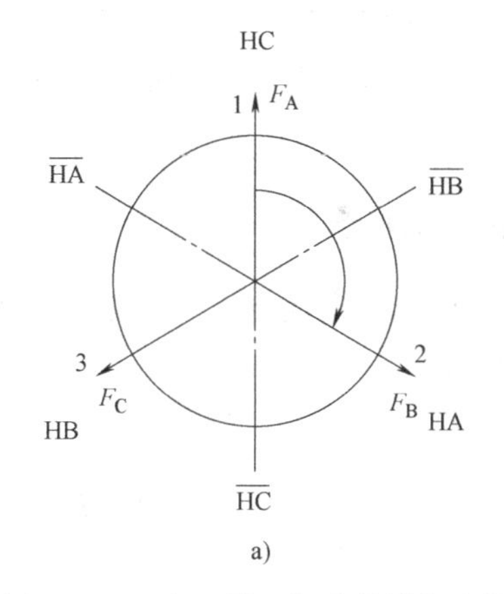

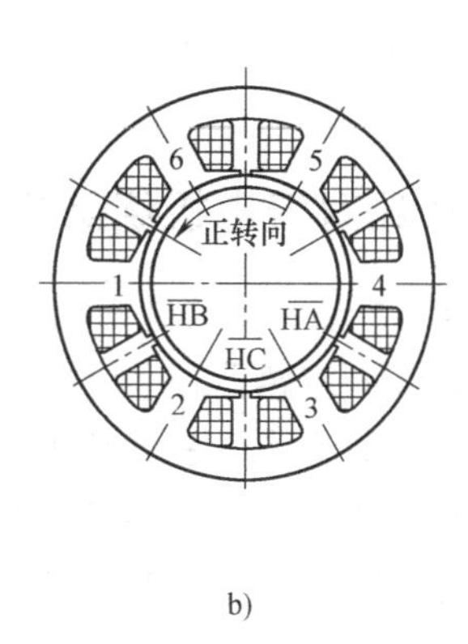

图 7-19　三相 6 槽 4 极分数槽集中绕组无刷电机磁动势相量和定子示意图

3）一般的三相分数槽绕组霍尔位置确定的例子。

一般的分数槽绕组在其线圈节距 $y \neq 1$ 情况下，霍尔片位置确定方法与上述集中绕组情况稍有不同。下面以三相 27 槽 8 极双层绕组电机为例说明。

由 $Z=27$，$p=4$，$q=27/(3\times2\times4)=9/8$，是分数槽绕组。27 与 4 无公约数，即已经是单元电机。设为短距，取节距 $y=3$。

图 7-20 是槽相量星形图，可以理解为外转子电机。定子是双层绕组上，外圈表示上层边，内圈表示下层边。图中数字为槽号。由 $p=4$，2 号槽相量距离 1 号槽相量 4 个槽相量，余类推。按上层相量划分 6 个相带，平均每相 9 个线圈。三相线圈上层边的槽号顺序：

A 相：$1-2-\overline{5}-8-\overline{12}-15-\overline{18}-22-\overline{25}$

B 相：$10-11-\overline{14}-17-\overline{21}-24-\overline{27}-4-\overline{7}$

C 相：$19-20-\overline{23}-26-\overline{3}-6-\overline{9}-13-\overline{16}$

如图所示，其中 A 相 1、8、15、22、2 槽的导体电流设为负向，18、25、5、12 槽的导体电流设为正向。由线圈节距 $y=3$，1 号槽为上层边线圈对应的下层边是在 4 号槽。相同方法，可以得到 A 相所有的下层边分别在 4、11、18、25、5 号槽（导体电流为正向）和 21、1、8、15 号槽（导体电流为负向）。这样，得到 A 相的合成磁动势 F_A 轴线，它对正 3 号槽口。同样方法，确定 B 相合成磁动势 F_B 轴线在 12 号槽相量处；C 相合成磁动势 FC 轴线在 21 号槽相量处。由前面关于三相电机绕组磁动势轴线与霍尔位置关系，得到三个霍尔片安放位置为：HA——12 号槽口；HB——21 号槽口；HC——3 号槽口。

如果放置在这三个位置，在定子空间 120°均布，相隔距离太大，不便于电路连接。可考虑取 2 号槽口和 4 号槽口作为$\overline{HA}$和$\overline{HB}$位置，它们与准确位置的偏差是半个槽相量，即 $360/(27\times2)=6.7°$，相对于每相导通角 120°，此偏差是可以接受的。加上 3 号槽口的 HC，这三个相邻槽口位置就很方便电路连接了。

仿照相同方法，可以确定三相整数槽绕组多极电机的霍尔传感器位置。

4）非桥式 120°导通三状态运行方式。

三相无刷直流电机也可以采用非桥式驱动电路，推荐采用 120°导通三状态运行方式。相应的三个状态名是 A、B、C。由于每相导通角也是 120°，计算滞后角 θ 等于 30°，得前移角度等于 120°。这样，三个霍尔传感器位置正好对正三相绕组的磁势轴线，相互间隔为 120°。这与三相星形连接 120°导通六状态运行方式的相同。不同的只是换相逻辑设计有区别。

7.8.5　三相无刷直流电机绕组三角形连接的例子

本章 7.5 和 7.6 节讨论的是三相无刷直流电机绕组星形连接，并按三相全波六状态方式工作。如何确定霍尔传感器位置的情况。如果同一台电机由星形连接改换为三角形接法时，如在第 3 章 3.4.2 节指出的，霍尔传感器的位置需要作调整。到底应当如何调整，在国内某电机论坛就这个问题曾被关注，并引发展开了一场热烈讨论。

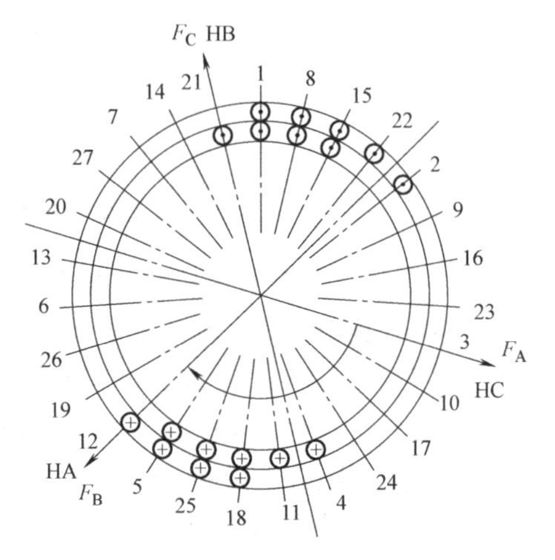

图 7-20　三相 27 槽 8 极分数槽双层绕组电机槽相量星形图

下面讨论的是绕组三角形接法，仍然是按三相全波六状态方式工作。首先约定：三相绕组三角形连接是 C 相绕组的尾连接 A 相绕组的头接 A 引出线；A 相绕组的尾连接 B 相绕组的头接 B 引出线；B 相绕组的尾连接 C 相绕组的头接 C 引出线。逆变桥的三个半桥分别连接三角形接法电机的引出线 A、B、C。

驱动器的换相逻辑真值表见表 7-10。T 和 B 分别表示逆变桥上桥臂和下桥臂，例如 Ta 和 Ba 分别表示 A 相的上桥臂和下桥臂。其中的霍尔传感器输出信号和上下桥臂的开关状态关系与 7.5.2 节的星形接法完全相同。它们之间的逻辑关系见 7.5.2 节。

这样约定的好处是，使得同一台电子驱动器可以驱动星形接法的电机，也可以驱动三角形接法的电机，不需要因电机绕组接法更换而改变驱动器内部控制逻辑。

表 7-10　三角形接法三相全波六状态工作方式换相逻辑真值表（正转）

状态顺序		1	2	3	4	5	6
状态名		AB	AC	BC	BA	CA	CB
霍尔传感器输出信号	HA	1	1	1	0	0	0
	HB	0	0	1	1	1	0
	HC	1	0	0	0	1	1
上下桥臂开关状态	Ta	1	1	0	0	0	0
	Ba	0	0	0	1	1	0
	Tb	0	0	1	1	0	0
	Bb	1	0	0	0	0	1
	Tc	0	0	0	0	1	1
	Bc	0	1	1	0	0	0
三角形接法相绕组电流	I_a	+ +	+	−	− −	−	+
	I_b	−	+	+ +	+	−	− −
	I_c	−	− −	−	+	+ +	+

1）分析方法 1。

由表 7-10，按三相全波六状态方式工作，在三角形接法时，一个工作周期六个状态

（正转）的顺序为 AB、AC、BC、BA、CA、CB，它跟星形接法时是一样的。为了叙述方便，我们先以一个六槽一对极（$q=1$）外转子电机例子进行分析。在图 7-21 表示了该电机在 AB 状态时的空间示意图。相序和正转方向是顺时针。图中显示了此时三相绕组电流实际方向，小圆圈内的+号表示实际电流为正，·号表示实际电流为负。在 AB 状态，电源电压正端接 A，负端接 B，A 相绕组有正向电流流过，而 C 和 B 相串联有反向电流流过。显然 A 相电流较大，故在表 7-10 中，电流标为++，而 C 相和 B 相电流标为-。图 7-21 中也表示了三相绕组电流产生的合成磁势 F_{AB} 方向，它和 A 相绕组磁动势 F_A 方向重合。该图是显示 AB 状态的中间时刻，也就是磁动势 F_A 与转子永磁磁通 Φ_r 之间夹角为 90°，获得最大转矩时刻。所以，转子永磁磁极 N 极前沿是在磁动势 F_A 前移 180°的位置，如图以 ＊ 号表示的位置。从表 7-10，我们注意到，霍尔 HA 的上跳沿应当发生在 AB 状态的初始时刻，此时刻是 AB 状态中间时刻提前半个状态角，即 30 °。这样，在 AB 状态的初始时刻，图中的转子永磁磁极 N 极的前沿应当从 ＊ 号位置倒退 30 °，出现在磁动势 FA 前移 180°−30 °＝150 °的地方，这里也就是霍尔 HA 的正确位置。

这样，分析结果是：对于三角形接法，从 A 相磁势 FA 轴线顺转向前移 150 °的位置是霍尔 HA 的正确位置。同样方法可以确定 B 相和 C 相霍尔的正确位置。

2）分析方法 2。

上面的分析比较啰嗦，我们可以借助于所提出的通用方法，更容易获得结果。

因为通用方法的约定要求之一是，一相的霍尔信号上跳沿出现时刻和该相绕组开始导通时刻是同时发生的。所以，我们先假定，设一个称为 ha 的霍尔传感器，其信号上跳沿出现时刻和 A 相绕组开始导通时刻（即状态顺序 6 的初始时刻）是重合的。由通用方法，由于 A 相绕组导通角是 180°，得前移角度等于 180°−90°＝90°。所以，霍尔 ha 的正确位置是在磁动势 FA 轴线后 90°的位置。

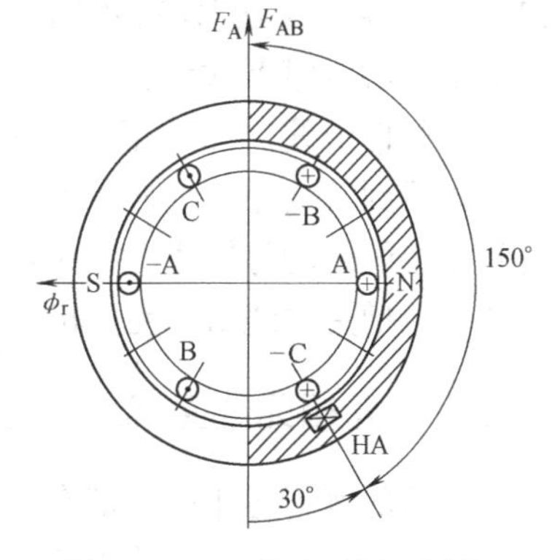

图 7-21　AB 状态中间时刻的空间示意图

而在逻辑真值表，要求实际的霍尔 ha 的上跳沿发生在状态 1 的初始时刻（也就是状态 6 的结束时刻），它相对于 A 相电流开始导通时刻（状态 6 的初始时刻）延后了 60 °。所以，霍尔 HA 应当在霍尔 ha 顺转向前移 60°的位置。也就是说，霍尔 HA 的正确位置是在磁动势 FA 轴线顺转向前移 90°+60°＝150°的地方。这个结果和分析方法 1 的结果是一致的。

我们知道，对于星形接法，A 相霍尔 HA 的正确位置是在磁动势 FA 轴线后 120°的位置。这表明，三角形接法的霍尔 HA 正确位置是在星形接法的霍尔 HA 后 30°的地方。

现在看一个实例。在 7.6.1 节给出 12 槽 10 极单元电机星形接法的例子，在图 7-4，HA 是放置在 6-7 位置，它表示在 6 号齿和 7 号齿之间的槽口中央。参考该相量星形图，如果我们改换为三角形接法，霍尔 HA 正确位置应当是在 6-7 位置顺转向前移 30°的地方，即 11-12 位置，它表示在 11 号齿和 12 号齿之间的槽口中央。如果从机械角度看，6-7 位置和 11-12 位置相距 5 个槽，即 5×30＝150°。因为极数是 5，对应的电气角是 150×5＝750°，也就是 30°。同样，可以得到，改换为三角形接法时，霍尔 HB 和 HC 的位置应当是在 7-8 位置和 3-4位置。

7.8.6 五相无刷直流电机绕组星形连接的例子

五相星形连接绕组电机，常采用每个周期有十个状态，每个状态 4 相绕组导通的工作方式。由真值表每相绕组正向和反向各导通 4 个状态，导通角 360×4/10 = 144°，计算滞后角 θ 等于 18°，前移角度等于 180° - 144°/2 = 108°。此结果与第 5 章 5.5.5 节分析结果完全一致。

下 面是一个 40 槽 36 极电动汽车用五相无刷电机霍尔位置传感器安放位置的例子。

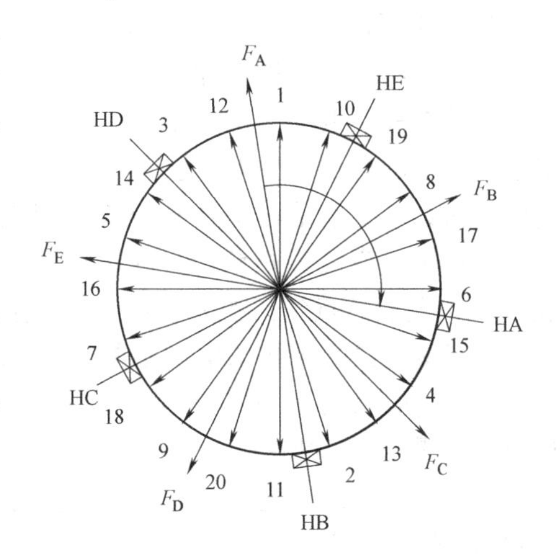

图 7-22 五相 20 槽 18 极单元电机的磁动势相量星形图

40 槽 36 极组合是由 2 个 20 槽 18 极分数槽集中绕组单元电机组合而成。图 7-22 是它的单元电机 20 槽 18 极的磁动势相量星形图。图中序号是齿号，五相磁动势分别是 FA、FB、FC、FD、FE，得到每相绕组连接和霍尔传感器安放位置。例如，A 相绕组的由 4 个线圈连接：1，$\overline{2}$，$\overline{11}$，12。由 A 相合成磁动势轴线 FA 前移角度 108°得到 HA 霍尔传感器放置位置，它对正 10 和 11 号齿之间的槽中线。此处正是-FE 轴线处。同样方法可以得到其他相绕组连接和霍尔传感器安放位置。五相对称绕组十个霍尔传感器位置对正五相绕组的磁动势轴线，并相互间隔为 72°。它们分为两组，参见表 5-22。该表适用于所有五相分数槽集中绕组单元电机。

7.8.7 九相无刷直流电机绕组封闭形连接的例子

上面的例子各相绕组基本上是星形接法的，下面两个是封闭形接法的例子。

在参考文献 [11] 介绍槽数 18，极对数 2 的 New DCM 样机，实际上它相当于一个单元电机为 9 槽一对极绕组封闭形接法的九相无刷直流电机，它的线圈节距 $y=4$，有 18 个状态的运行方式。由于绕组是封闭形接法，每相绕组正向导通 180°，反导通 180°，导通角为 180°。计算前移角度为 $\delta=180° -90°=90°$。在图 7-23 单元电机空间示意图，A 相线圈安放在 1 号和 5 号槽，FA 是其磁动势轴线，由前移角度 90° ，得到该相霍尔传感器 HA 应当放置在以星号 * 表示的位置。它相对于 1 号槽口中线后移角度是 360×2.5/9-90 = 10°（电气角），相对应的机械角度为 5° 。这里以通用方法分析的结果与参考文献 [11] 的图 7 给出的霍尔位置完全一致。

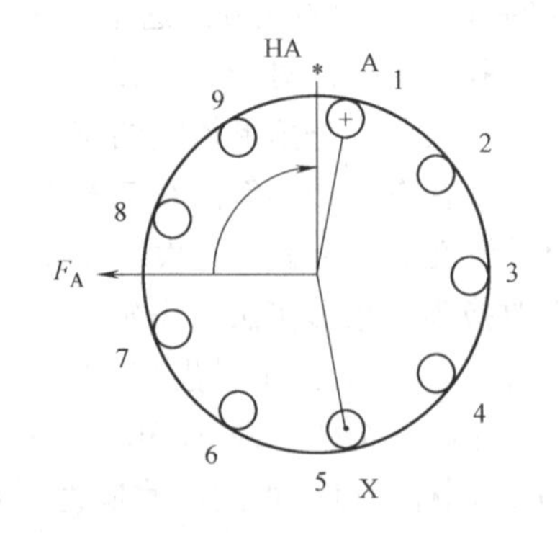

图 7-23 九相封闭形绕组空间示意图

7.8.8 11 相无刷直流电机绕组封闭形连接的例子

参考文献 [12] 提出一种称为新的单波绕组（simplex wave winding）的无刷直流电动机，设计了一台 11 槽 10 极的电机样机。实际上，它相当于一个 11 槽 10 极封闭形接法的 11 相分数槽集中绕组无刷直流电机，它有22个运行状态。由于绕组是封闭形接法，每相正向导通180°，反导通180°，导通角为180°。计算前移角度为90°。

在图7-24绕组磁动势相量图中，定子有11个齿，每个齿线圈为一相，设A相绕组磁动势轴线F_A在1号齿中线，由于$p=5$，其后续的2号齿动磁势相量应当是在图中所示位置，余类推。由1号齿中线前移角度90°，得到A相霍尔传感器HA应放置在标有*号的位置，它是在6号齿中线后移360×3/11−90=8.18°的地方，相对应的机械角度为0.818°。为了便于工程实施，近似可取在6号齿中线处（或1号和2号齿之间的槽口）处。其余各相也安排在相应的齿中线处（或槽口处）。

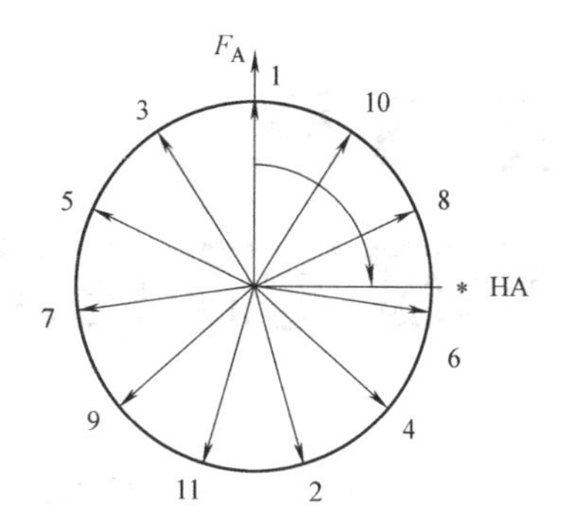

图7-24 11相封闭形绕组磁动势相量图

7.8.9 小结

1）上述这些例子说明，所述确定霍尔传感器位置的方法是通用的，简捷的，适用于不同相数、各种绕组拓扑结构的各类无刷直流电机。

2）霍尔传感器位置确定方法的关键是在一定约定条件下，借助于定子空间图和磁动势相量图，获得相绕组磁动势轴线位置。

3）从上述例子可以看出，无刷直流电机霍尔传感器位置不是唯一的，通过改变绕组连接方式、线圈绕向、霍尔片标志面的朝向、允许一定相位偏差、选择不同的组合等方法，可得到不同方案，可按需要进行优化、比较和选择。

参考文献

[1] 谭建成. 电机控制专用集成电路 [M]. 北京：机械工业出版社，1997.
[2] 涂翘甲. 无刷直流电机用的开关型霍尔传感器 [J]. 电动自行车，2007（7）.
[3] 叶金虎. 无刷直流电动机的分数槽电枢绕组和霍尔元件的空间配置 [J]. 微特电机，2001（4）.
[4] 王萍，等. 无刷直流电机中霍尔元件的空间配置 [J]. 微电机，2003（6）.
[5] 黄海. 永磁无刷直流电机霍尔位置传感器的安装 [J]. 船电技术，2009（9）.
[6] 周灏，等. 无刷直流电机位置传感器安装位置 [J]. 微电机，2010（6）.
[7] 蔡耀成. 无刷直流电动机中的霍尔位置传感器 [J]. 微特电机，1999（5）.
[8] 谭建成. 多极分数槽集中绕组无刷电机霍尔传感器位置确定方法分析 [J]. 微电机，2008（6）.
[9] HALL EFFECT SENSING AND APPLICATION，Honeywell.
[10] 刘新正，赵小春. 两相无刷直流电动机及其系统仿真 [J]. 微电机，2006（4）.
[11] 王宗培，陈敏祥，等. 新一代直流电动机（New DCM）的实践 [J]. 微电机，2010（11）.
[12] Li Zhu，Jiang S Z，Jiang J Z et al，A new simplex wave winding permanent-magnet brushless DC machine [J]. IEEE Transactions on Magnetics，2011（1）.
[13] 周西峰，等. 基于吸d轴法的霍尔位置传感器安装方法研究 [J]. 仪表技术与传感器，2013（4）.
[14] 秦海鸿，等. 双凸极永磁电动机霍尔位置调整方法 [J]. 南京航空航天大学学报，2005（6）.
[15] Yong CHEN，Dong-sheng CAI，Xia LIU. Relationship detection between the signals of composite photoelectric encoder and the windings of BLDC Motor，*PRZEGLAD ELEKTROTECHNICZNY*，R. 88 NR 7a/2012.

第 8 章

永磁无刷直流电动机的电枢反应

在永磁电动机中，气隙磁场是由永磁磁动势和电枢绕组磁动势共同作用产生。电机负载运行时电枢电流产生的磁动势对气隙磁场的影响称为电枢反应。在有刷直流电机，它的电枢反应磁场与主磁极磁场是正交的。电枢磁场使主磁极磁场发生歪扭，电动机状态时的电机磁极前端磁场加强，磁极后端磁场消弱，并且消弱和加强的磁动势基本相等。由于磁路饱和的影响，结果使主磁极总磁通有所消弱，并且负载越大，磁路越饱和，去磁作用越明显。电枢反应不仅对主磁极磁场有去磁作用，还引起主磁极磁通歪扭，使磁极物理中性面处磁场不再为零，给换向带来不利因素。而在永磁无刷直流电动机，毕竟其运行机理和结构有别于有刷直流电动机，它的电枢反应与磁路的结构、饱和程度有关外，还与电枢绕组形式、导通方式和状态角的大小等因素有关。而且，如下面分析可以看到，在一个状态角不同时刻电枢反应磁场和永磁磁场空间相对关系不是固定的，这也和有刷直流电动机情况不同。所以无刷直流电动机的电枢反应与普通的有刷直流电动机有较大区别。有些文献在无刷直流电动机磁路设计时，还按有刷直流电动机那样考虑电枢反应来确定永磁体负载工作点，这将会引起较大误差。

有相当数量文献就永磁无刷直流电动机的电枢反应对气隙磁通、感应电动势、电磁转矩及其波动、以及正常换相的影响进行了研究，本章对此进行归纳和分析，并指出一些值得商榷的地方。提出基于电枢反应磁动势分布图方法分析电枢反应对气隙磁场影响，与基于电枢反应磁动势分解为直轴和交轴分量传统分析方法相比可得到更直观的理解和更准确的认识。并讨论了分数槽集中绕组无刷直流电动机电枢反应的特殊问题。

8.1 电枢反应磁动势分解为直轴和交轴分量的分析方法

不少文献借鉴有刷直流电机思路采用将电枢反应磁动势分解为直轴和交轴分量传统方法分析无刷直流电动机电枢反应的影响。摘其要点归纳如下。

为分析方便，先观察采用星型联结、整数槽绕组、三相六状态换相方式的两极内转子结构电机，如图 8-1 所示。这种接法的特点是每一工作周期有 6 个状态，每个状态占 60°电角度。当电机转子逆时针方向旋转时，图 8-1a、b、c 分别表示一个状态的初始点、中间点和最终点时刻永磁转子的位置和电枢反应磁动势的分解图。图中，F_r 表示永磁磁动势；每一状态有两相绕组串联导通（这里是 A 相和 B 相导通）。流过电流 I 产生的电枢反应磁动势以 F_a 表示，将其分解为 F_{ad} 和 F_{aq}，分别为相对于永磁磁动势 F_r 的直轴和交轴分量。

当电枢反应磁动势波形是矩形波或阶梯波时，一个极下的电枢反应磁动势幅值表示为

$$F_a = 2WI/2p = WI/p$$

如果只考虑基波，则有：

$$F_a = 0.866WI/p$$

式中，W 为每相定子绕组串联匝数；I 为绕组电流；p 为电机极对数。

可以发现，一个状态角内，在前半个状态，直轴电枢反应磁动势 F_{ad} 对永磁磁动势作用是去磁，而在后半个状态，直轴电枢反应磁动势 F_{ad} 对永磁磁动势作用是增磁。显然，在初始点和最终点时刻，直轴电枢反应磁动势到达最大值：

$$F_{admax} = F_a \cos60° = 0.5F_a \tag{8-1}$$

交轴电枢磁动势 F_{aq} 对主磁场的作用是使气隙磁场波形畸变。

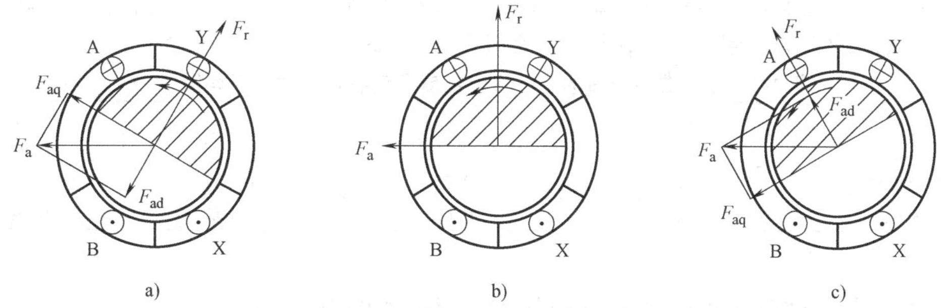

图 8-1　一个状态角下三个时刻永磁转子的位置和电枢反应磁动势的分解图

8.2　基于直轴和交轴分量分析的传统观点

传统观点认为电枢反应引起平均气隙磁通密度下降主要原因是一个状态角范围内，因磁路局部饱和，直轴电枢反应磁动势作用使后半个状态增磁未能够抵偿前半个状态去磁的缘故。就平均效应来看，即使磁路有饱和，电枢反应对电机气隙磁场只有微弱的去磁作用，对气隙磁场影响作用不大，电磁设计时负载工作点磁通可用空载工作点磁通代替。

参考文献［2］认为电枢反应对电机的影响可归纳为：电枢反应对转子磁场先去磁而后增磁，使电机的每极总磁通在空载时的每极总磁通附近变化，电枢反应使反电动势和电磁转矩发生变化，但对反电动势及电磁转矩的平均值影响不大。从而得到结论：电磁设计时可将空载工作点的磁通近似看作负载工作点的磁通。

参考文献［3］提出永磁无刷直流电动机电枢磁动势在电枢圆周内是步进跳跃式旋转的。在一个状态角范围内，电枢磁动势在刚开始为最大去磁，然后逐渐减小，在状态角中间位置时不去磁也不增磁，后半个状态角逐渐增磁并达到最大值。可见电枢反应的直轴分量时而增磁时而去磁，使气隙每极的合成磁通发生变化，但对总的平均磁通改变不明显。通过静态磁场的计算，证明了电枢反应对气隙磁通密度和电磁转矩的影响较小，在工程计算允许误差范围以内，可忽略不计。交轴电枢磁动势对主磁场的作用是使气隙磁场波形畸变。对于径向励磁方式，由于稀土永磁体本身的磁阻很大，故交轴电枢磁动势引起气隙磁场畸变较小，通常可不考虑。即使交轴电枢反应存在，只要磁路不饱和，交轴电枢反应使磁场波形的畸变不影响总磁通的平均值。

参考文献［6］用磁动势矢量合成法和磁动势积分法对电动自行车用三相六状态 2 极 6 槽外转子无刷直流电动机的气隙磁场及电枢反应进行了定性分析，还用电磁场的有限元分析方法对其进行定量分析，在计算中计及了电机电枢的齿槽影响。表 8-1 为一个状态角范围内三个典型位置下的气隙空载磁通密度和负载磁通密度计算结果，比较了空载磁通密度和负载磁通密度的差值。

由表8-1可以看出，该无刷直流电动机因每极每相槽数较少（$q=1$），使得电机齿槽对气隙磁通密度有较大的影响，样机的计算结果表明，即便是在空载时，三个位置气隙平均磁通密度的最大值与最小值也相差5%，b位置的磁通密度有所降低。负载气隙磁通密度与空载气隙磁通密度相比，a位置的去磁作用要强于c位置的助磁作用，这是由于电机的饱和所引起。总平均来说，负载气隙磁通密度与空载气隙磁通密度相比只降低2.6%。可见，在电机的一个状态角范围内，电枢反应由去磁变为助磁，就平均效应来看，电枢反应对电机气隙磁场只有微弱的去磁作用，这一作用在工程上可以忽略不计。

表8-1　三个典型位置的空载磁通密度及负载磁通密度平均值（T）

	位置a	位置b	位置c	三个位置平均
空载磁通密度	0.703	0.655	0.703	0.687
负载磁通密度	0.646	0.630	0.731	0.669
差值	0.057	0.025	-0.028	0.018

8.3　内置式转子结构电枢反应磁动势的影响

对于大功率电机，特别是采用内置式转子结构时，电枢反应磁动势的影响使气隙磁场、反电动势和电磁转矩波形畸变，电机性能恶化，转矩波动加剧，不容忽视。

例如参考文献［7］认为在小功率永磁电机的设计中，由于电枢电流和电枢反应磁动势较小，且转子直径小，离心力不大，永磁磁钢常采用表面安装形式，对交直轴电枢反应磁动势的磁阻均较大，电枢反应磁动势的影响不明显。然而当电机功率较大时，一方面由于定子电流的增大使电枢反应磁动势增强，另一方面，转子直径大，离心力增大，磁钢安装形式不宜再采用表面安装，而多采用内置安装，电枢反应磁动势的磁路发生了变化，电枢反应必须加以考虑。如电动汽车驱动用永磁无刷电机，功率一般达到几十千瓦以上，且为了尽量提高功率密度，额定转速要达到3000r/min或更高才能满足系统要求，因此气隙磁场一般设计得较弱，而在起动、爬坡时为了获得低速大扭矩，主要靠加大定子电流来实现，这样电枢反应磁动势的影响就变得非常明显。

与表面安装式磁钢转子的情况不同，内置式转子永磁无刷电机交轴电枢反应磁动势的磁路不必通过永磁片，而直接经过由软磁材料形成的低磁阻磁路，因此其影响就变得明显起来。在一个状态中直轴电枢反应磁动势经历了由最大去磁到最大增磁的过程，气隙磁场平均值变化不大。但交轴电枢反应使气隙磁场波形产生明显的畸变。例如，参考文献［1］对一台50kW多相4极内嵌式切向磁化转子的无刷电机试验分析，实测负载时气隙磁通密度分布呈前高后低，气隙磁场最大畸变达19%。而在一个状态内一个极下磁通量的相对变化率只有3.09%。可见，电枢反应使得极下磁通量减少不大，但气隙磁场波的畸变会使转矩脉动加剧，尤其是在低速大扭矩的时候。

8.4　基于电枢反应磁动势分布图的电枢反应磁场与永磁磁场叠加的分析方法

前述的电枢反应磁动势分解为直轴和交轴分量传统分析方法，它是一种基于矢量图的理论，其前提是这些磁动势和磁场量均为正弦量。显然这和无刷直流电机的实际情况有距离。为此，作者提议基于电枢反应磁动势分布图，如图 8-2 所示，采用电枢反应磁场与永磁磁场叠加分析方法使电枢反应对气隙磁场影响得以直观的理解，并得到有别于直轴和交轴分量传统分析方法的认识和结果。

图 8-2 实际上是图 8-1 的展开，图中第一行表示在 A 相和 B 相两相通电时绕组通电相带分布，第二行表示电枢反应磁动势 F_a 和相应的电枢反应磁通密度 B_a 分布波形，图 8-2a、b、c 3 个分图和图 8-1 一样，分别表示在该状态角内的初始点、中间点和最终点时刻永磁转子的位置和电枢反应引起的气隙磁通密度分布变化情况。为了简单起见，假设永磁产生的磁场 B_r 为梯形波，在图中以虚线表示；图中的细实线表示电枢反应磁场 B_a 分布波形。在均匀气隙以及磁路不饱和的假定情况下，可利用叠加原理求出电机合成气隙磁场波形，图中以粗实线表示合成气隙磁场 B_s 波形。它显示出在一个状态下磁极三个有不同位置时，电动机气隙磁通密度分布变化情况。

由图 8-2 可以看出，在一个状态角内的不同时刻，合成气隙磁通密度分布是不同的，这是与有刷直流电机很大不同的地方。由于电枢反应，任一时刻转子磁极都存在前部增磁和后部去磁，气隙磁通密度分布都呈现前高后低的不对称波形，并且磁通密度过零点产生了一些前移。

在参考文献［6］用电磁场的有限元分析方法就三相六状态 2 极 6 槽外转子无刷直流电动机的电枢反应对气隙磁场影响进行了分析，在该文的图 4 给出一个状态角范围内三个典型位置下的气隙空载磁通密度和负载磁通密度分布图，该图中显示出负载气隙磁通密度分布都呈现前高后低的不对称波形。这说明了上述分析是符合实际情况的。

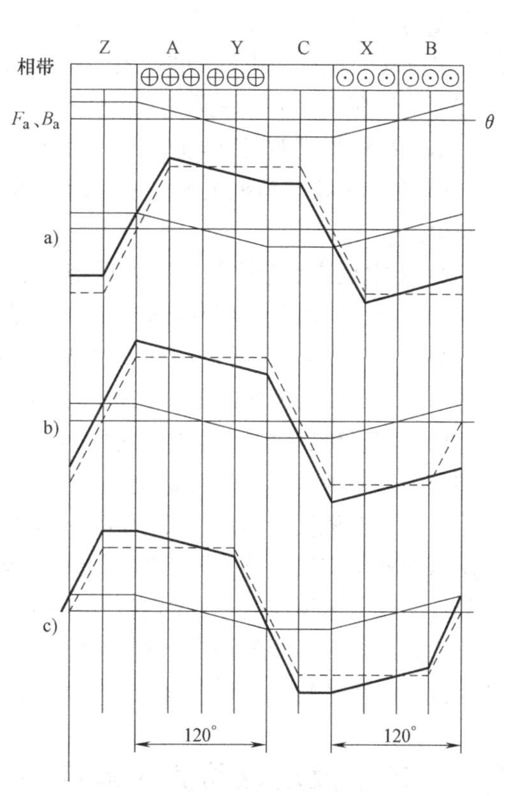

图 8-2　一个状态角内三个时刻的电枢反应对气隙磁场影响示意图

在图 8-2 的一个极下，两相通电时，当每极每相槽数 q 比较大时，可抽象看成定子内圆两个相带（120°）范围内均布有通电导线，其密度等于线负荷 A。以 D 表示定子内径，W 为每相定子绕组串联匝数，I 为绕组电流，则线负荷 A 可以表示为

$$A=\frac{4WI}{\pi D}\times\frac{3}{2}=\frac{6WI}{\pi D}$$

在一个状态角内任意时刻，电磁转矩 T_{em} 是这些通电导线与其所处的气隙磁通密度作用产生，它可以表示为

$$T_{em}\equiv\int AB_s\mathrm{d}\theta=A\int B_s\mathrm{d}\theta\equiv I\int B_r\mathrm{d}\theta+I\int B_a\mathrm{d}\theta$$

式中，B_r、B_a、B_s 分别表示永磁磁通密度、电枢反应磁通密度、合成气隙磁通密度沿着角度 θ 的分布函数。积分是在图中 120°范围进行的。

从上式可见，电磁转矩 T_{em} 可看成是两个积分的叠加。但是，在一个状态角内的任意时刻，如图8-2所示，在120°积分范围内电枢反应磁通密度 B_a 的分布是完全相同的，而且正负对称的，使上式的第二个积分结果等于零。这样，电磁转矩 T_e 只和永磁磁通密度 B_r 有关。也就是说，只要电机转子结构各向同性，定子磁路不饱和，满足叠加原理的线性条件，在一个状态角范围内任意时刻，有效气隙磁通密度平均值相对于空载来说没有增加也没有减少，电枢反应对永磁转子的平均效应既没有去磁，也没有增磁。电枢反应对电磁转矩 T_{em} 影响可以忽略。电磁转矩 T_{em} 只和永磁产生的磁场 B_r 有关。实际上，这是容易理解的：如果我们想象一台表面粘贴磁片的转子，将磁片去掉只剩下一个圆形铁心，电枢绕组流过两相电流并不会产生电磁转矩。顺便指出，在一个状态角内不同时刻，在120°积分范围内永磁磁场 B_r 分布是不同的，电磁转矩 T_{em} 也就不一样，随着转角位置而变化。

这里如果我们观察一个极下的总磁通（即磁通密度在180范围内的积分）变化，发现在初始点、中间点和最终点时刻三个有不同位置时，合成气隙磁场的总磁通相对于永磁磁场总磁通分别是减小（去磁）、不变和增加（助磁）。故此，如8.2节所述，传统观点认为在电机的一个状态角范围内，电枢反应由去磁变为助磁，并认为电枢反应引起平均气隙磁通密度下降主要原因是一个状态角范围内，因磁路局部饱和，直轴电枢反应磁动势作用使后半个状态增磁未能够抵偿前半个状态去磁的缘故。看来，这个看法是不够确切的。问题的关键在于：无论是电磁转矩还是感应电动势都只是与绕组的每根导体所处的磁通密度有关，在定子直槽情况下，它们是由在120°积分范围内气隙磁场分布决定的，而不是由180°积分范围内气隙磁场分布（即一个极下的总磁通）决定的。也就是说，120°积分范围外的气隙磁场如何对电磁转矩或感应电动势的产生是没有作用的。而如图8-2所示，去磁或助磁比较厉害的地方却发生在120°积分范围外。

由此可以得到对表贴式转子无刷直流电机电枢反应的新认识：

1）在一个状态角范围内任一时刻，由于电枢反应，转子磁极都存在前部增磁和后部去磁现象。

2）电枢反应引起平均气隙磁通密度下降主要原因是因为磁路存在局部饱和，在一个状态角范围内任一时刻，都存在转子磁极一部分的增磁未能够抵偿另一部分的去磁造成的。

3）但在120°积分范围内的去磁或助磁都比较小，只要不是严重过载，磁路局部饱和引起的平均气隙磁通密度的下降比较小，在工程上可以忽略不计。

如果转子磁路结构是各向异性情况就不同了。例如，选用内置式或埋入式结构，由于直轴和交轴磁阻的差异，通常是交轴磁阻小于直轴磁阻，电枢反应产生附加的磁阻（反应）转矩，出现电枢反应引起的转矩波动，同时也对电机其他性能产生不良影响。电机设计时宜采用增大转子交轴磁路磁阻，减少直轴和交轴磁阻的差异，例如设置隔磁槽，优化磁路结构来降低交轴电枢反应的不良影响。顺便指出，这是按无刷直流电机方波电流驱动方式运行的情况，如果按永磁交流同步电机正弦波电流驱动方式运行，采用矢量控制时，可利用此磁阻转矩提高电机的转矩密度，并改变了电机的机械特性。

8.5　电枢反应磁动势对最佳换相位置的影响和超前换相方法

如前所述，电枢反应的影响使合成气隙磁场的过零点超前于原永磁磁场的过零点一个角度，这个超前角的大小随着负载电流的增大而增大。电枢反应磁动势使最佳换向点前移。由图8-2可以看出，合成气隙磁通密度分布过零点产生了前移。这样，按空载时对称磁场决定的换相位置已不适合负载运行。如果检测到的反电动势相对于空载反电动势的相移过大而控制电路又没有采取移相措施，将影响电机的出力及控制性能。

有文献用磁路分析方法分析了一台转子为表贴式磁钢结构的无刷直流电机电枢反应对换相电动势相位的影响，并用实验进行了验证。电机转速为3000r/min和6000r/min时对应的电枢反应引起的检测电动势相移分别为11.61°和11.05°[8]。

在大多数无刷直流电机中，为了检测转子磁极相对于定子绕组的位置，在电机非负载轴端安装一个小定子与一个小永磁转子，作为转子位置传感器。位置传感器定子固定在电机端盖上，在位置传感器定子内圆上互隔120°（电角度）安装三个霍尔元件。而小转子同心安装在电机转子轴上，同主转子一起旋转。小转子表面圆周上装有同电机主转子相同极数的永磁体，并在安装时它的磁轴线与电机主转子的磁轴线对齐，这样小转子的磁极位置就直接反映了电机转子的磁极位置并在霍尔元件上感应出相应的状态信号。考虑到电枢反应磁动势使最佳换向点前移，严格来说，这种传感器已经不能够满足要求。

在有刷电机中，削弱电枢反应、改善换向条件的主要方法有：设置换向极对电枢反应进行补偿或采用移动电刷方法。因永磁电机的结构和驱动方式的限制，在有刷直流伺服电动机中装置换向极已不可能，因此只能采用类似于移动电刷的方法削弱电枢反应。移动电刷的本质在于超前换向。对于无刷直流电机也就是要让绕组换相时刻提前，从而达到削弱电枢反应的目的。对无刷直流电机而言，逆着旋转方向移动“电刷”，即提前换相可以削弱电枢反应不良影响。

参考文献［7］对两个电机进行试验研究。一台30kW，额定转速3000r/min，内置式磁钢的6极电机，进行空载和负载电流测试，发现负载电流发生严重的畸变，转速下降，输出功率只有18kW，远达不到原设计指标，说明电枢反应影响非常显著。将位置传感器定子（及霍尔电路）逆旋转方向移动约20°电角度后，额定负载时的电流波形畸变消失，实测结果完全达到设计指标。但此时的空载电流波形却非常糟糕，且空载电流远远大于按空载整定最佳换向位置时的数值。另一台5.5kW，额定转速1000r/min，磁片表面安装的6极电机，同样进行空载和负载电流测试，并没有发现负载电流发生明显畸变，可以认为电枢反应作用不明显，最佳换相位置没有受到明显影响。

这个实验同时也显示出转子磁路结构对电枢反应影响的决定性作用。

参考文献［9］建立了1台用于航空起动发电系统地面实验的30kW切向磁钢6极无刷直流电机的有限元仿真模型。实验电机系统工作在120°电角度导通方式时，利用有限元模型研究了电枢反应对电机气隙磁场和最佳换相位置的影响，研究了实验电机电磁转矩及其脉动随电枢电流变化的情况。理论与仿真结果表明：电机通入电枢电流后，最佳换相位置发生变化。当负载电流到500A时最佳换向位置偏移了5.4°电角度。如果还是按空载时设定的换相位置工作，电机的转矩将会降低，转矩波动将会增大。所以不能忽略电枢反应对最佳换相位置的影响，需要对换相位置角进行调整来适应电枢电流的变化，以获得最大输出转矩和较优的转矩脉动性能。

由于这个提前换相的超前角与负载大小有关，为此，有必要随着负载电流变化调整控制器的最佳换相点。例如，采用对气隙磁通而不是按转子永磁体进行直接或间接的检测来控制最佳换相位置，或用软件的方法进行最佳换相的自适应控制等。

当前，在许多应用领域，无刷电机无位置传感器控制由于结构紧凑的优点得到了越来越多的重视和研究。反电动势换相的无刷直流电机利用反电动势作为转子位置信号控制电机的驱动电路换相。电机在空载时，定子电流比较小，反电动势信号能准确地反映电机的转子位置。但是当电机带载运行时，绕组电流产生电枢反应，这时检测到的反电动势不单是转子永磁体磁场运动产生的，而是由定、转子磁动势共同作用的结果，电枢反应必然会对反电动势过零点相位产生影响，需要适当调整。

8.6　电机设计时需考虑电枢反应的最大去磁作用

在电机设计时为了考虑电枢反应去磁作用，有文献提出用磁钢工作图方法，将空载特性向左移一个电枢反应最大直轴去磁磁动势的距离，得到负载工作点的每极磁通。这样，负载气隙磁通将明显比空载减少[12,13]。这是和无刷直流电机实际情况有较大的差异，如参考文献［2］指出：永磁无刷直流电动机的直轴电枢反应磁动势在一个状态角范围内不是一个常数，用减去一个最大直轴去磁安匝的方法求负载时的工作点是不合理的。如上述分析，就平均效应来看，电枢反应对表贴式电机气隙磁场只有微弱的去磁作用，在工程上可以忽略不计。无刷直流电动机磁路设计时，如果还按有刷直流电动机那样考虑电枢反应来确定永磁体负载工作点，将会引起较大误差。

但是，考虑到永磁体材料可逆退磁特性可能存在拐点，电机设计时需校核电枢反应磁动势最大去磁作用。

对于铁氧体磁极，整条退磁曲线线性度较差，在高退磁区域下降更陡。负载电枢反应使后极尖附近单元磁路的去磁作用更甚于前极尖附近单元磁路的助磁作用。当严重过载时，后极尖附近单元可能落入退磁曲线拐点弯曲部分，发生不可逆去磁。

对于钕铁硼永磁磁极，室温状态下退磁曲线接近直线，电枢反应时交点都在直线段内，因而，不论是否计及电枢反应电机转速及其他各项性能参数均无明显变化。但当负载增加，磁钢温度增高时，退磁曲线在高退磁区域可能出现明显弯曲，后极尖附近单元磁路有可能超出永久性退磁的拐点区域。

为避免发生不可逆去磁，令电机无法正常运行，因而需要限制电动机的最大电流，并在电机设计时由此计算确定磁钢最低限度的厚度。

从图 8-2 可以发现，对于整数槽电机，一个状态角内，在初始点和最终点时刻，电枢反应磁动势 F_a 对永磁磁极后部去磁作用（或对永磁磁极前部增磁作用）达到最大。此去磁磁动势应为电枢反应磁动势的最大值：

$$F_{amax}=WI/p \tag{8-2}$$

而不是式（8-1）所示的数值。这样，在设计表面安装方式的永磁片厚度时，需要按上式考虑在初始点时刻永磁磁极后部所承受的电枢反应最大去磁。

对于分数槽集中绕组电机，电枢反应去磁磁动势的最大值按下面分析的式（8-3）或式（8-4）计算。

需要指出，无刷电机和有刷直流电机不同点之一是它必须有电子控制电路。为了保护功率开关管，常常设置有限流功能。这样，它也同时对电机永磁进行了不可逆去磁的保护。启动电流，或突然反转引起的过电流在控制器设计时应得到限制。有些控制器设计使突然反转不可能发生。所以，一般按所设置的限流值考虑电枢反应最大去磁即可。

8.7　分数槽集中绕组电机的电枢反应

上面基本上讨论的是整数槽情况，再来看分数槽电机的情况。分数槽集中绕组电机的电枢反应磁动势与整数槽电机不同，包含大量空间谐波，存在明显分次谐波。对永磁体的去磁或助磁情况也不同。但实际情况是电枢反应对永磁磁场的影响并不明显。

先看一个 $Z/2p=12/10$ 例子。这是分数槽集中绕组，每个齿绕一个线圈。对于双层绕组，绕组排列为：AabBCcaABbcC；对于单层绕组，绕组排列为 A-b-C-a-B-c-。其中，大写字母表示正绕，小写字母表示反绕，符号 - 表示齿上无线圈。在图 8-3 a 和 b 分别给出 $Z/2p=12/10$ 双层绕组和单层绕组在 A-B 两相导通时的电枢反应磁动势分布图。如图所示，与整数槽不同，分数槽电机特别是集中绕组的分数槽电机，很难像图 8-1 所示的整数槽电机那样分解出直轴和交轴电枢反应。它们的电枢反应磁动势谐波分布如图 8-5 所示。

有参考文献[3]对一台 12kW，36 槽 34 极（$q=3/17$），磁体表面安装式外转子无刷直流电机进行了分析计算。对于双层绕组，绕组排列为：AaAaAabBbBbBCcCcCcaAaAaABbBbBbcCcCcC。图 8-3c 表示 36 槽 34 极电机在两相通电时的电枢反应磁动势分布图。电枢反应磁动势分布呈现大量谐波。对它的磁动势谐波分析可以看出，两极波的谐波含量最大，其次是 17 对极谐波，再次是 19 对极谐波，其余次数谐波的值均较小。如果将 $p=17$ 定为主波，则 $p=1$ 的两极波幅值为 $p=17$ 波的 1.4872 倍，$p=19$ 波的幅值则为 $p=17$ 波的 0.8947 倍。由此可见，由电枢电流产生的电枢反应磁场中两极分次谐波是最强的。从电枢反应磁动势分布图也可以明显看出存在两极波。在图 8-5 给出三种 12 槽/10 极无刷直流电机的电枢反应磁动势谐波分布图也可以明显看出存在两极波。这是分数槽集中绕组的单元电机在槽数为偶数时的情况。

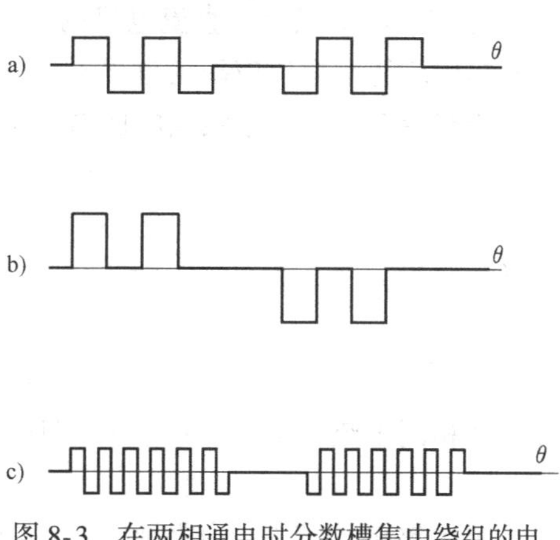

图 8-3　在两相通电时分数槽集中绕组的电枢反应磁动势分布例子

以上例子说明，集中绕组电枢反应磁场次谐波会使定子轭部磁通密度增加，带来附加的铁损耗。

采用 ANSOFT 的二维静态磁场分析计算软件 Maxwell 2D MAGNETOSTATIC 分析计算 13 个转子位置的磁场，以求得每个位置下空载和负载时的平均气隙磁通密度，再由此计算出电磁转矩，以分析电机电枢反应对气隙磁通密度和电磁转矩的影响。由有限元计算结果，13 个位置空载气隙磁通密度和负载气隙磁通密度数值平均值之间最大差只有 2.5%。这说明电枢反应对空载磁场的影响并不明显。磁路设计计算时忽略电枢反应，近似认为负载气隙磁通密度与空载气隙磁通密度相等是合理的。

采用有限元计算得到额定负载下 13 个位置的每极平均磁通量，再计算出电磁转矩值，

13个位置电磁转矩的平均值为200.45N·m，其最大偏差点为第7点，偏差值为5.778N·m，仅为平均值的2.9%。这是在不考虑换相的情况下，一个状态角范围内由电枢反应和齿槽效应引起的转矩波动。这一波动量并不大，也就说明，电枢反应对分数槽集中绕组电机电磁转矩波动的影响也是可以忽略不计。

参考文献［10］基于深槽集中绕组无刷电机的结构特点，采用镜像法，考虑了齿槽影响，建立了适合集中绕组无刷电机电枢反应的求解模型，推导了不同控制方式下的电枢反应磁场分布的解析表达式。结合一台18槽12极（$q=1/2$）外转子深槽实验电机进行计算，空载气隙磁通密度为0.3T时，当额定电流为10.5A，在三相六拍工作制下其电枢产生的最大直轴气隙磁通密度为0.0063T，仅为空载气隙磁通密度的2.1%。为此，在忽略电枢反应的条件下，对实验样机的稳态性能进行仿真分析，得到电流波形与实测电流波形吻合极好。这说明深槽集中绕组永磁电机的电枢反应较普通永磁电机小，在稳态分析时加以忽略在理论和实践上都是合理的。

多槽多极集中绕组三相无刷电机，它的槽数Z和极数$2p$十分接近，一个磁极下的最大电枢反应发生在该磁极正对着一个齿的时刻，这显然与整数槽情况完全不同。在图8-5可以看到三种12槽/10极无刷直流电机的电枢反应磁场对永磁体的去磁或助磁情况，而且双层绕组和单层绕组电枢反应磁场也很不相同。

对于双层绕组，一个线圈的匝数为$w=3W/Z$，这个齿上线圈产生的去磁（或助磁）磁动势表示为

$$F_a=wI=3WI/Z \tag{8-3}$$

对于单层绕组，一个线圈的匝数为$w=6W/Z$，这个齿上线圈产生的去磁（或助磁）磁动势表示为

$$F_a=wI=6WI/Z \tag{8-4}$$

显然，在相同电流负载下，单层绕组比双层绕组的电枢反应去磁（或助磁）磁动势要大一倍。

如果槽数Z比较大，分散到一个齿的去磁磁动势自然就会变小，电枢反应对永磁磁场的总去磁效应就比较小。

8.8 分数槽集中绕组电机转子永磁体内产生涡流损耗

由永磁无刷直流电动机原理，电枢反应磁场在电枢圆周内是跳跃式旋转的，与转子有相对运动，使转子的永磁体和轭部必然产生感应涡流。但转子涡流损失通常被认为是微不足道的，因为整数槽情况下电枢反应磁动势空间谐波较小。可是研究表明，集中绕组分数槽电机在永磁体内极有可能产生明显的涡流损失。这是由于其电枢反应磁动势（MMF）包含丰富的空间谐波，向前和向后旋转的MMF谐波在转子磁铁和铁心轭部产生涡流。这种情况还因相电流有时间谐波而进一步加剧。由于稀土磁铁电阻率相对较低，由此产生的涡流损失可能很大，导致温度上升，甚至导致部分磁体不可逆退磁。这种情况特别是在高转速、高极数或高负载电机中可能发生。下面两个例子显示转子涡流损失不容忽视。

参考文献［11］给出对两台大电流分数槽永磁电机的分析结果。在图8-4a表示24槽/22极电机（A电机）空间谐波MMF分布频谱，而图8-4b显示了36槽/24极电机（B电机）

MMF分布频谱。图中MMF单位是归化到每槽安匝数。可以看出，A电机定子绕组MMF分布包含更丰富的谐波：以第11、第13、第35、第37……次谐波为主，同时存在着低次谐波，如第5、第7、第17和第19等谐波。其中只有11次MMF谐波与22极永磁转子磁场的互相作用产生有效转矩。其他谐波，尤其是低次谐波，如第5、第7和第13次，将会导致转子磁铁涡流损失。B电机MMF包含的谐波相对较少。对这两个大功率永磁电机采用有限元分析计算，在500A三相正弦电流负载下转速为1700r/min时两个电动机转子涡流损失分别接近2000W和1000W。而采用0.35片厚的定子铁心在6000r/min空载下的铁损耗分别只有1176W和1448W。

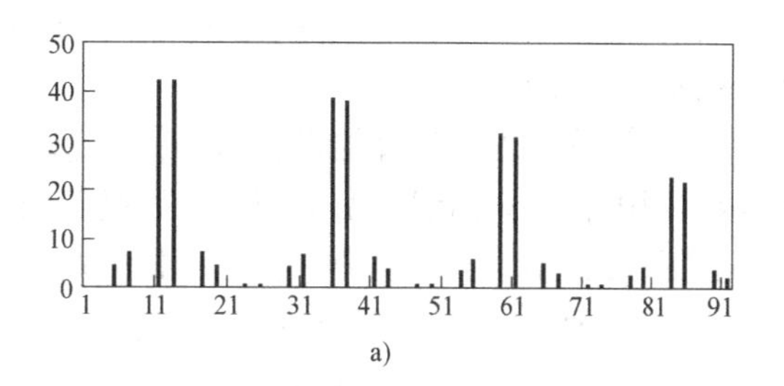

a)

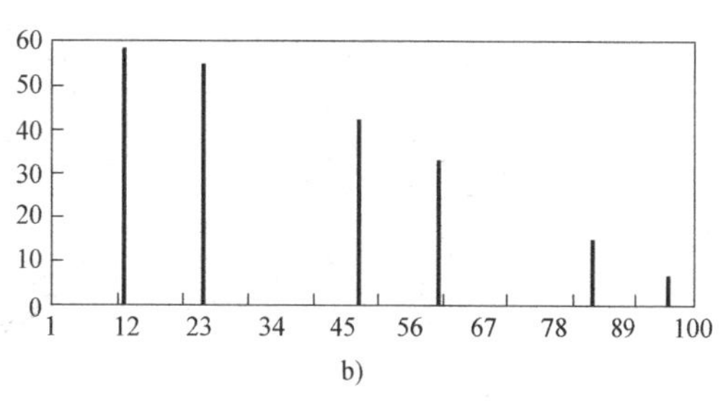

b)

图8-4　电枢反应MMF空间谐波分布频谱
a）24槽/22极电机　b）36槽/24极电机

在图8-3a和b分别给出$Z/2p=12/10$双层绕组和单层绕组在A-B两相导通时的电枢反应磁动势分布图。单层绕组磁动势分布和局部磁场强度峰值几乎加倍。电枢反应增加会大大降低电机性能，这决定于电机转子结构类型。对表面安装的永磁电机（SPM），有效气隙大（由气隙和永磁体厚度确定），因此由电枢反应磁动势引起的磁通密度变化相对很小，饱和与转子损耗比较低。相反，对内置式永磁电机（IPM），气隙很小，电枢反应会引起不期望的局部饱和或不平衡磁拉力。单层绕组除了磁动势峰值分布增加外，谐波成分也增加。图8-5所示，单层绕组时谐波成分有所恶化。特别是谐波次数$\nu=1$的次谐波增加很明显。如图8-5给出了12槽10极电机双层绕组和单层绕组磁动势的谐波分布频谱，单层绕组电枢反应磁场表现出明显的一对极磁场成分，会引起局部磁路饱和和磁拉力。

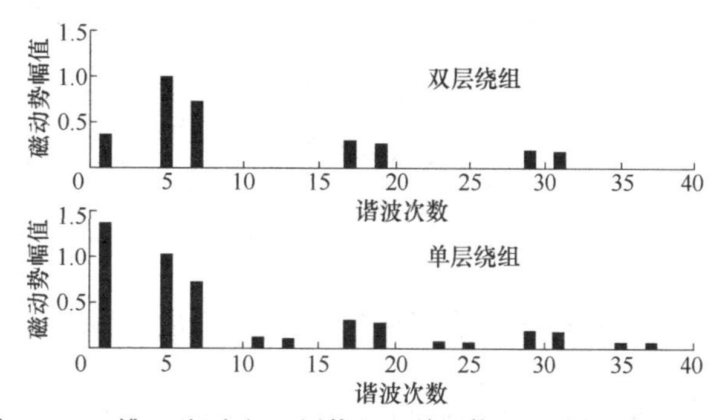

图8-5　12槽10极电机双层绕组和单层绕组磁动势的谐波分布

参考文献［12］分析计算了三种12槽/10极表面安装磁铁的分数槽永磁电机的转子永磁体涡流损耗，在其中两个定子铁心齿有同样的宽度，第一个是双层绕组的，第二个是单层绕组的。第三个电动机是大小齿结构，线圈只绕在大齿上，为的是最大限度增加转矩密度。这里，MMF第5次空间谐波与转子磁体互动产生有用的电磁转矩，而其他空间谐波则使转子产生涡流损耗。有限元分析方法对无刷交流电机（BLAC）和无刷直流电机（BLDC）两种运行模式下分析预测磁体涡流损失。三相绕组相电流波形分别假定为正弦波或方波，BLAC运行模式设A相电流10A，另外两相电流为-5A；BLDC运行模式设两相通电电流为10A，另一相为零。该电机主要数据：定子内径28.5，铁心长50，气隙

1，磁钢厚度 3，B_r 1.2T，槽口宽 2。图 8-6 给出了这三种 12 槽/10 极无刷直流电机的电枢反应磁场分布图。

有限元分析方法计算结果，BLDC 运行模式下的磁体涡流损耗与转子速度关系如图 8-7 所示。图中，三条曲线，由下至上分别是双层绕组的，单层绕组的，宽齿和窄齿交替的三种情况。曲线表明，该样机的确存在比较可观的磁体涡流损耗，磁体涡流损耗随着转速上升快速增长。三种情况下双层绕组的方案较好，因为它的 MMF 空间谐波相对较少。计算结果还表明，BLAC 运行模式比 BLDC 运行模式有较低的磁体涡流损耗。

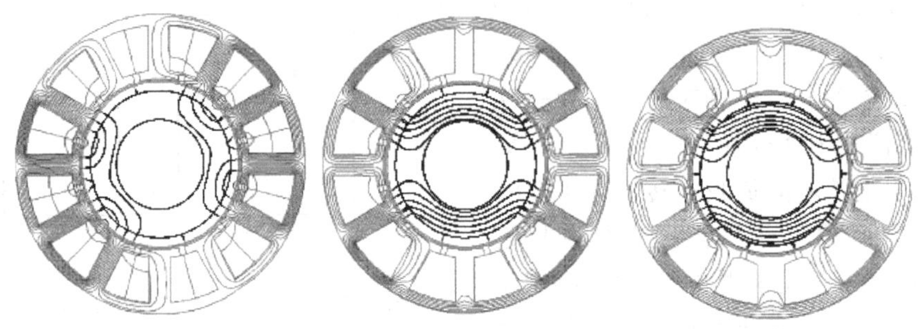

图 8-6 三种 12 槽/10 极无刷直流电机的电枢反应磁场分布

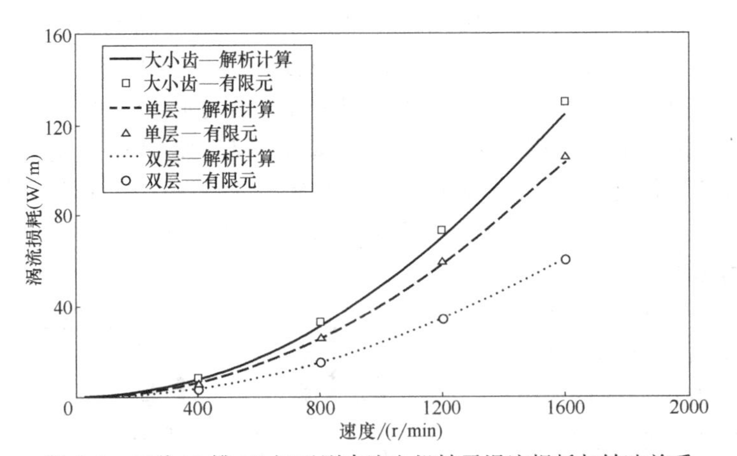

图 8-7 三种 12 槽/10 极无刷直流电机转子涡流损耗与转速关系

为了降低转子损耗，除了选择有较低磁动势谐波的槽极数组合外，还可以采取以下几种方法：

1）将永磁体沿轴向或圆周方向分割成若干片。有文献介绍沿圆周方向分割为两片，永磁体损耗可以减少约一半。

2）转子铁轭采用叠片式降低涡流损耗。

3）采用高电阻率的永磁材料。例如，采用黏结钕铁硼永磁（电阻率 20μΩm）代替烧结钕铁硼永磁（1.5μΩm 电阻率），它们电阻率相差约 30 倍。有文献研究，用烧结永磁沿圆周分割为 4 片，其损耗大约和采用黏结永磁相当。铁氧体磁体有十分高的电阻率，可视为非导电材料，在铁氧体磁体的损耗微不足道。而且表面安装的铁氧体磁体通常比较厚，使电机等效气隙大，结果在转子铁心轭部的损耗也非常低。

4）采用双层绕组代替单层绕组。

5）适当加大气隙，调整槽口宽度等。

8.9　小结

从以上对永磁无刷直流电动机电枢反应的归纳和分析可以得到如下结论：

1）推荐采用基于电枢反应磁动势分布图的电枢反应磁场与永磁磁场叠加的分析方法。许多文献采用将电枢反应磁动势分解为直轴和交轴分量的传统分析方法，该方法存在一些不足，并只适用于整数槽电机的电枢反应分析，难用于分数槽电机电枢反应分析。

2）对于整数槽电机，在一个状态角内任意时刻由于电枢反应，转子磁极都存在前部增磁和后部去磁，合成气隙磁通密度分布呈现前高后低的不对称波形，其过零点有所前移。

电枢反应引起平均气隙磁通密度下降主要原因是因磁路局部饱和，在一个状态角范围内任意时刻，都存在转子磁极前部的增磁未能够抵偿后部的去磁造成的。传统观点认为是一个状态角范围内，直轴电枢反应磁动势作用从前半个状态去磁到后半个状态增磁的过程中，因磁路局部饱和，增磁未能够抵偿去磁的缘故，这个看法是不够确切的。

3）电枢反应影响程度大小的关键是取决于转子磁路结构，如果转子磁路是各向同性，例如，选择瓦形或环形永磁体径向励磁结构，只要磁路没有局部饱和，在一个状态角范围内任意时刻，电枢反应对永磁转子的平均效应既没有去磁，也没有增磁。电枢反应的影响可以忽略。主要并非永磁体本身磁阻大的缘故。

如果转子磁路结构是各向异性，例如，选择内置式结构，电枢反应的影响不可以忽略。

4）电枢反应对电机性能不良的影响可归纳为：电枢反应使气隙磁通、感应电动势、相电流、电磁转矩数量的变化和波形的畸变，电磁转矩波动增加，以及换相点的前移。

5）分数槽集中绕组电机电枢反应对永磁磁场的去磁效应比较小，但定子电枢反应磁动势分布包含丰富的空间谐波，可能造成明显的转子涡流损耗。分数槽集中绕组电枢反应磁场次谐波会使定子轭部磁通密度增加，带来附加的定子铁损耗。

6）为避免永磁体出现不可逆去磁，电机设计时需校核电枢反应磁动势最大去磁作用。对于整数槽电机，在一个状态角初始点时刻永磁磁极后部承受电枢反应最大的去磁。对于分数槽集中绕组电机，在某个定子齿对正永磁磁极时承受电枢反应最大的去磁。

参考文献

[1]　王晋，陶桂林，等. 永磁无刷直流电动机电枢反应的分析［J］. 大电机技术，2005（2）.
[2]　胡文静，吴彦平. 稀土永磁无刷直流电动机电枢反应的分析［J］. 微电机，2002（2）.
[3]　张文娟，李朗如. 一种外转子永磁无刷直流电机电枢反应分析［J］. 微电机，2004（4）.
[4]　周元芳. 永磁无刷直流电动机的电枢反应［J］. 广西电力技术，1995（1）.
[5]　叶红春，魏建华，等. 电枢反应对多相永磁电机永磁体工作点影响的研究［J］. 船电技术，2003（4）.
[6]　陶爱华. 徐衍亮，等. 电动自动车用无刷直流电动机的电枢反应［J］. 沈阳工业大学学报，1999（6）.
[7]　李优新. 永磁无刷电机电枢反应磁动势对最佳换向位置的影响分析［J］. 微特电机，2000（3）.
[8]　刘明基，姚郁，等. 无刷电机中电枢反应对换向电动势相位的影响［J］. 微电机，2001（4）.
[9]　陈景，张卓然，杨善水. 具有切向磁钢的无刷直流电动机电枢反应对最佳换向位置影响的分析［J］. 微电机，2007（3）.
[10]　黄平林，胡虔生，等. 集中绕组永磁无刷直流电机电枢反应及绕组电感的解析计算［J］. 中国电机

工程学报，2005（12）.
[11] TODA Hiroaki, WANG Jiabin, HOWE David. Analysis of Motor Loss in Permanent Magnet Brushless Motors [J]. JFE TECHNICAL REPORT No. 6, 2005.
[12] Dahaman Ishak, Zhu Z Q, David Howe. Eddy-Current Loss in the Rotor Magnets of Permanent-Magnet Brushless Machines Having a Fractional Number of Slots Per Pole [J]. IEEE TRANSACTIONS ON MAGNETICS, 2005, 41(9).
[13] 叶金虎. 现代无刷直流永磁电动机的原理和设计 [M]. 北京：科学出版社，2007.
[14] 李钟明，等. 稀土永磁电机 [M]. 北京：国防工业出版社，1999.

第 9 章 无刷直流电动机的转矩波动

如前所述，无刷直流电动机输出转矩大、动态响应迅速、调速控制方便、可靠性高，因此它的应用越来越广泛。但是，转矩波动，又称为转矩脉动，是无刷直流电动机最突出的问题。近年，无刷直流电机的转矩波动及其抑制技术一直成为无刷直流电机研究热点之一。无刷直流电机的转矩波动问题制约了其在要求低纹波速度的调速系统和高精度位置伺服控制系统的应用。对于高精度高稳定度的系统，转矩波动是衡量无刷直流电动机性能的一项重要指标。此外，转矩波动是电机产生转动和噪声的主要原因。因此，分析转矩波动形成的原因，研究降低或抑制转矩波动的方法具有十分重要的意义。

9.1 产生转矩波动的原因

造成无刷直流电动机转矩波动有多方面的原因，可以分为以下几个方面：电磁转矩产生原理引起的转矩波动、电流换相引起的转矩波动、齿槽效应引起的转矩波动。此外，还有电枢反应和电机工艺缺陷引起的转矩波动等。分述如下：

1. 非理想反电动势波形引起原理性电磁转矩波动

在本书第 2 章指出，从工作原理看正弦波驱动是一种高性能的控制方式，电流是连续的，三相正弦波交流电流与三相绕组中的三相正弦波反电动势共同作用产生光滑平稳的电磁转矩。理论上可获得与转角无关的均匀输出转矩，良好设计的系统可做到 3%以下的低纹波转矩。而方波驱动定子磁场是非连续、步进式旋转，从电磁转矩产生原理就决定了无刷直流电动机转矩波动比正弦波驱动要大许多。尽管在反电动势为梯形波，平顶宽度 120°电角度，定子电流为方波的理想情况下，不考虑换相过程时，产生的电磁转矩将为恒值，理论上没有转矩波动。但在实际电机，由于设计和制造方面的原因，很难做到反电动势为平顶宽度 120°电角度的梯形波；实际上，如在第 6 章 6.4.1 节分析那样，大多数无刷直流电机的反电动势波形都不可能是梯形波，而更接近于正弦波；这样，如 12.9 节分析那样，电流波形也就必然偏离方波，这些非理想情况都会导致其电磁转矩存在原理性波动。

下面分析反电动势波形为正弦波时，在不考虑电感作用和换相过程情况下三相六状态无刷电机的转矩波动。在一个状态角 $\theta_z=60°$内，设两相绕组合成反电动势为

$$e=E\cos\theta$$

$\theta_2=-\theta_1=\theta_z/2=30°$，一相电阻为 R，转速比 $K_u=E/U$。

电压方程式

$$U=E\cos\theta+2Ri$$

瞬态电流

$$i=\frac{U-E\cos\theta}{2R}=\frac{U}{2R}(1-K_u\cos\theta)$$

瞬态电磁转矩

$$T_{em}=\frac{ei}{\Omega}=\frac{UE}{2R\Omega}\cos\theta(1-K_u\cos\theta)=K_E I_S\cos\theta(1-K_u\cos\theta)=T_S\cos\theta(1-K_u\cos\theta)$$

式中，T_S 为堵转转矩幅值。取标幺值：

$$T=\frac{T_{em}}{T_S}=\cos\theta(1-K_u\cos\theta)$$

计算几个不同转速时的转矩波动示于图 9-1 中。图中显示出 $K_u=0$，0.2，0.5，0.8，0.9 的原理性电磁转矩随转角波动变化情况。

显然，T_{30}和 T_0 是转矩特异点。T_{30}和 T_0 分别是 $\theta=30°$和 0°的电磁转矩标幺值。转矩波动 T_{bd}按下式定义计算：

$$T_{bd}=\frac{T_0-T_{30}}{T_{30}}=\frac{0.134-0.25K_u}{0.866-0.75K_u}$$

由上式计算得：当 $K_u=0$，$T_{bd}=15.4\%$；当 $K_u=0.8$，$T_{bd}=-24.8\%$；当 $K_u=0.9$，$T_{bd}=-47.6\%$。

不同转速的转矩波动 T_{bd}计算结果示于图 9-2。由图可见，在高速区，正弦波反电动势无刷直流电机的转矩波动十分严重。通常有文献说方波驱动无刷直流电机的转矩波动为 15%，如上计算，是指堵转时（$K_u=0$）的情况。在中速 $K_u=0.5$ 附近，转矩波动最低，$T_{bd}=1.8\%$。

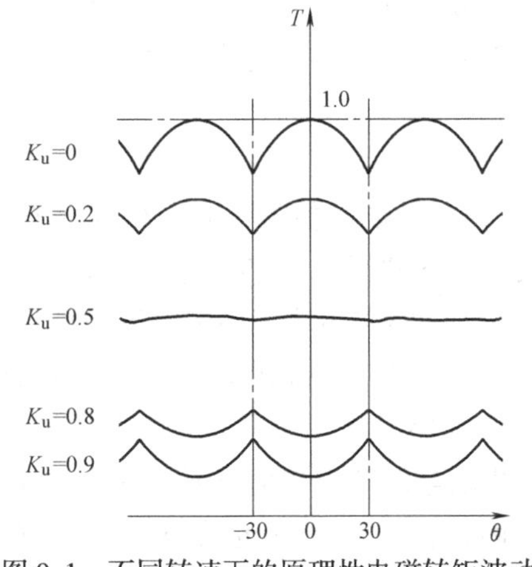

图 9-1　不同转速下的原理性电磁转矩波动

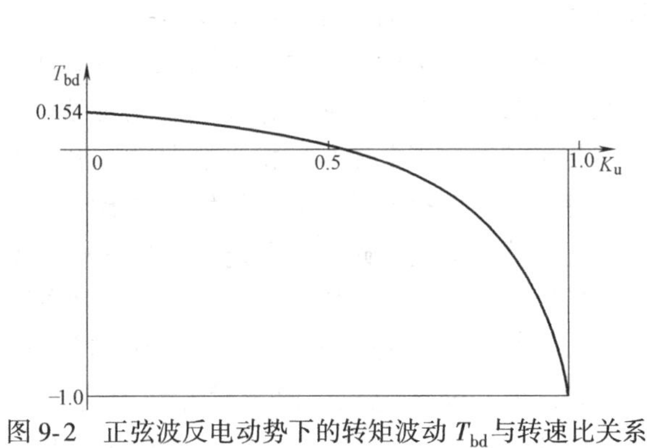

图 9-2　正弦波反电动势下的转矩波动 T_{bd}与转速比关系

这种原理性转矩波动与电机的反电动势波形和电流波形有着直接关系。抑制电磁转矩原理性转矩波动的途径包括改进电机设计和采取合适控制策略两个方面。

（1）优化电机设计法。

无刷直流电动机的磁极形状、极弧宽度、极弧边缘形状对输出电磁转矩都有很大的影响。通过选择合理的电机磁极形状或极弧宽度，以及定子绕组的优化设计，使反电动势波形尽可能接近理想波形，来降低电磁转矩波动。例如，对表面粘贴式磁钢结构的电机。常采用径向充磁而使气隙磁通密度更接近方波。又如，为了增加无刷直流电机反电动势的平顶宽度，可采用整距集中绕组（$q=1$）等方法。

通过电机优化设计可以适当降低电磁转矩波动，但由于电机绕组的电感存在，即使电机采用恒流源供电，在换流过程中电流不能突变，流入定子绕组的电流波形还不可能是方波。另外，对于实际电机，气隙磁场很难保持理想的方波分布，绕组感应电动势波形更难以达到理想的梯形波，这样就无法实现完全从电机设计上消除电磁转矩波动。因此，只能通过控制手段来抑制转矩波动。

（2）最佳电流法。

一种解决方法就是采用控制方法寻找最佳的定子电流波形来消除转矩波动。同时，这种最佳电流法也能消除齿槽转矩波动。但是，最佳电流法需要对反电动势进行精确测定，而反电动势的实时检测比较困难。目前较多采用的方法是对反电动势离线测量，然后计算出最优电流进行控制。因为事先需要离线测量，所以其可行性就大大降低。

（3）最佳开通角法。

采用最佳开通角的方法抑制电磁转矩波动，即先推导出转矩波动与开通角之间的函数关系式，再求取电流最优开通角，使电流波形和感应电动势波形的配合适当，从而达到削弱转矩波动的目的。

（4）谐波消去法。

谐波消去法是通过控制电流的谐波成分来消除转矩波动的方法。无刷直流电动机系统中电流或反电动势含有谐波成分时，根据测得的或计算得的各次转矩谐波成分，即可求解出最佳电流波形的各次谐波，继而得到最佳电流波形，以此作为相电流参考信号，以消除反电动势谐波产生的转矩波动。根据电磁转矩波动是由相电流和反电动势相互作用的原理，适当选取电流谐波成分（5 次、7 次），消除了六次、十二次谐波转矩（谐波转矩中主要部分）。仿真和实验结果表明，谐波消去法的作用是有限的，只可以把转矩波动消除到某一程度。确定最佳谐波电流的难度是很大的，这也使得谐波消去法的应用受到了限制。

（5）转矩反馈法。

谐波消去法是一种开环控制方法，当存在绕组阻抗不对称和所测电流有误差等干扰时，控制精度将会受到影响。为了克服开环控制方法的缺点，人们提出了从反馈角度考虑抑制转矩波动的方法，即以转矩为控制对象，进行闭环控制。转矩反馈法的基本原理是根据位置和电流信号通过转矩观测器得到转矩反馈信号，再通过转矩控制器控制无刷直流电动机的主电路，实现对转矩的实时控制，从而消除转矩波动。但是，转矩反馈法结构较为繁杂，需预先确定电机参数，且算法复杂，实现起来比较困难。

（6）简易正弦波电流驱动。

无刷直流电机的反电动势波形一般为梯形波，但在实际应用中，为了消除齿槽转矩，常采用斜槽、分数槽、合理设计磁极形状和充磁方向等措施，这些措施往往使得电机的反电动势波形更接近正弦波。对于这类电机，采用正弦波电流驱动比采用 120°导通型三相六状态方波驱动更有利于减小转矩脉动。但是传统的正弦波驱动的电流控制方法，不仅控制算法复杂，而且大都需要高分辨率的位置传感器，这就导致体积和成本都大大增加，在一些特殊的场合无法使用。参考文献［7］就针对反电动势波形接近正弦的无刷直流电机，提出一种基于六个离散位置信号的自同步 SVPWM 控制方法。实验结果表明，此方法与传统的 120°导通控制方式相比，可以在不损失平均电磁转矩的条件下，有效地抑制电磁转矩波动，详见第 14 章。

2. 换相引起的转矩波动

无刷直流电动机工作时，定子绕组按一定顺序换相。即使在符合反电动势为平顶宽度

120°电角度梯形波，定子电流为方波的理想情况下，由于相绕组存在电感，在每两个状态之间存在一个换相时段，电枢绕组中的电流从某一相切换到另一相时有一个过渡过程，电流变化的滞后使换相期间产生的电磁转矩存在明显的波动，称为换相转矩波动。详见下面 9.2 节的分析。

3. 齿槽效应引起的转矩波动

当无刷直流电动机定子铁心有齿槽时，由于定子齿槽的存在，气隙不均匀，使气隙磁导不是常数。当转子处于不同角度时，气隙磁场就要发生变化，产生齿槽转矩。齿槽转矩与转子位置有关，因而引起转矩波动。齿槽转矩是永磁电机的固有特性，在电机低速轻载运行时，齿槽转矩将引起明显的转速波动，并产生振动和噪声。因此，如何削弱齿槽转矩是永磁电机设计中较为重要的目标之一。

齿槽转矩产生的原因与前述两种引起转矩波动的原因不同。前述两种引起转矩波动的原因均在于定子电流与转子磁场的相互作用，而齿槽转矩是由定子铁心与转子磁场相互作用产生的。消除齿槽效应最好的方法就是采用无槽电机结构。无槽电机的电枢绕组不管采用何种形式，它的厚度始终是实际气隙的一部分，因此无槽电机的实际等效气隙比有槽电机要大得多，所需要的励磁磁动势也要大许多，这在早期限制了无槽电机的容量和发展。近年来，随着磁性材料的迅猛发展，特别是钕铁硼等高磁能积稀土永磁材料的应用，为无槽电机的实用化创造了条件。采用无槽结构，因为同时具有超大气隙，除了能彻底消除齿槽效应引起的转矩波动外，还能大幅度削弱由于电枢反应和机械偏心而产生的转矩波动。

关于齿槽转矩和降低齿槽转矩的其他方法见第 10 章。

4. 电枢反应引起的转矩波动

电枢磁动势对气隙永磁主磁场的影响，称为电枢反应。无刷直流电动机的电枢反应比较复杂。电枢反应磁动势会使气隙主磁场波形发生畸变，气隙主磁场的磁通密度不再是空载时的方波，反电动势也随之畸变，从而引起转矩波动。现代无刷直流电动机大多采用高性能的稀土永磁材料，若采用瓦片形表面贴装式，则电枢反应对气隙主磁场的影响比较微弱。这是因为电枢反应磁路要经过气隙和永磁体，永磁材料的磁导率与空气的磁导率是非常接近的，这就使电枢反应磁路的磁阻很大，交轴电枢反应的磁通很小，其对气隙主磁场的影响可以忽略不计。但是对于内置式转子结构，电枢反应的影响则不能够忽略。

关于无刷直流电动机的电枢反应参见第 8 章。

5. 电机机械加工缺陷和材料不一致引起的转矩波动

机械加工缺陷和材料的不一致也是引起无刷直流电动机转矩波动的重要原因之一。例如电机机械加工及装配时产生的尺寸和形位偏差，定子冲片各槽分布不均匀，定子内、外圆偏心，定、转子同轴度偏差等产生的单边磁拉力；轴承系统的摩擦转矩不均匀；转子位置传感器定位不准导致的转矩波动；各相绕组参数不对称及电子元器件性能参数的差异而导致的转矩波动；磁路中各零件材料特别是每个磁极永磁体性能不一致而产生的转矩波动等。因此，提高加工制造水平也是减少转矩波动的重要措施。

研究表明，电机在空载或轻载时主要是齿槽转矩引起的转矩波动，而负载情况下主要是电磁原理性转矩波动和换相引起的转矩波动。下面着重分析换相转矩波动。

9.2　换相转矩波动分析

三相星形连接的无刷直流电动机大多采用三相六状态控制，若希望产生的转矩保持恒定，则需要有理想的反电动势波形，梯形平顶部分不小于 120°，并供给相应的方波驱动电流。当方波的电流与梯形波的反电动势相位一致，并且在 120°电角度内幅值恒定，电机的输出转矩将是一个常数，即没有转矩波动。但是这只是理想情况，由于绕组电感的存在，电流的上升时间和下降时间不可能无限短，使得实际相电流并不是理想的方波，而且电机换相也会造成非换相相电流的波动，因此引起转矩波动。电机在每次换相期间由换相引起的转矩波动称为换相转矩波动。对于一台设计制造精良的无刷直流电机来说，即使齿槽转矩波动和谐波转矩波动较小，而换相转矩波动却可能达到平均转矩的 50%左右。因此，分析和抑制换相转矩波动成为减小电机整体转矩波动的关键问题。

9.2.1　只考虑电感、忽略绕组电阻的换相转矩波动分析

目前关于无刷直流电动机换相转矩波动及其抑制方法的研究文献常常引用 Carlson 在经典文献[1]所做的定量分析和结论，它是在只考虑电感而忽略电阻情况下进行的。参考文献［2］介绍了较详细的分析过程和结果，其要点如下：

由于换相过程是周期性的，就选择其中一个过程加以说明。参见 4.4.1 节图 4-10，设换相前是 A/C 相导通，对应 V_1，V_2 导通，换相后 B/C 相导通，对应 V_2，V_3 导通。为了简化分析，忽略了定子绕组电阻，则换相过程中有如下方程：

$$L\frac{\mathrm{d}}{\mathrm{d}t}i_{\mathrm{a}}+e_{\mathrm{a}}-L\frac{\mathrm{d}}{\mathrm{d}t}i_{\mathrm{c}}-e_{\mathrm{c}}=0$$

$$L\frac{\mathrm{d}}{\mathrm{d}t}i_{\mathrm{b}}+e_{\mathrm{b}}-L\frac{\mathrm{d}}{\mathrm{d}t}i_{\mathrm{c}}-e_{\mathrm{c}}=U$$

式中，L 为相绕组总电感；U 为直流电源电压。

分析是在假定电机绕组的每相反电动势是具有≥120°电角度的梯形波，且幅值相等条件下进行，每相反电动势 $E_{\mathrm{a}}=E_{\mathrm{b}}=E_{\mathrm{c}}=E$。由于绕组是星形联结，有 $i_{\mathrm{a}}+i_{\mathrm{b}}+i_{\mathrm{c}}=0$，代入方程可得三相电流的解：

$$i_{\mathrm{a}}=-\frac{U+2E}{3L}t+I$$

$$i_{\mathrm{b}}=\frac{2(U-E)}{3L}t$$

$$i_{\mathrm{c}}=-\frac{U-4E}{3L}t-I$$

式中，I 为换相前相电流稳态值。

计算得到电磁转矩 T 与非换相相电流 i_{c} 有正比关系：

$$T=\frac{2EI}{\Omega}(i_{\mathrm{a}}+i_{\mathrm{b}})=-\frac{2Ei_{\mathrm{c}}}{\Omega}$$

换相前电磁转矩为

$$T_0=\frac{2EI}{\Omega}$$

衡量换相转矩波动程度采用转矩波动率 ΔT 为指标，它定义为转矩变化的差值与换相前稳态转矩值之比：

$$\Delta T=\frac{T-T_0}{T_0} \tag{9-1}$$

在图 9-3 给出换相过程电流变化情况，图中 A 相是断开相，B 相是开通相，C 相是非换相相。根据换相过程 i_a 与 i_b 两相电流的变化率的不同，换相过程分为三种情况，分析得到如下结果（以开始换相时刻为时间起点）：

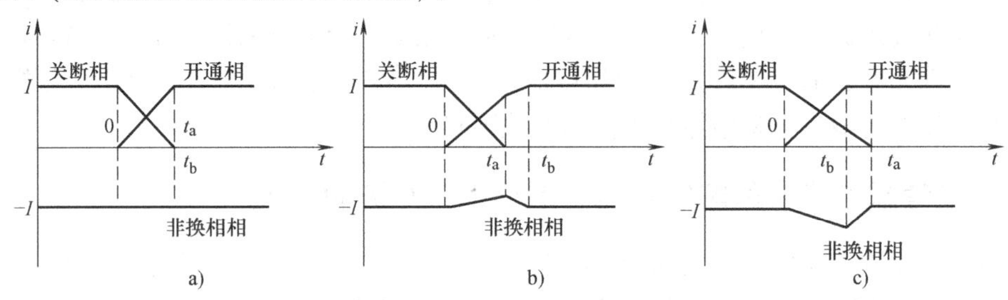

图 9-3 换相过程电流变化三种情况

a) $U=4E$ b) $U<4E$ c) $U>4E$

1）换相时 i_a 与 i_b 的变化率大小相等，如图 9-3a 所示，相关方程解得 $U=4E$。即转速是理想空载转速一半时刻，换相过程中转矩保持恒定，没有波动，$\Delta T=0$。

2）换相时 i_a 已降为 0，i_b 还未达到稳态值，换相过程电流的变化如图 9-3b 所示，相关方程解得 $U<4E$。即在高速区，求得 A 相电流降到零的时刻 t_a 为

$$t_a=\frac{3LI}{U+2E}$$

此时，B 相电流为

$$i_b=\frac{2(U-E)}{U+2E}I$$

电磁转矩为

$$T=\frac{2EI}{\Omega}i_b=\frac{2EI}{\Omega}\frac{2(U-E)}{U+2E}$$

计算得转矩波动率为 $\Delta T=\frac{U-4E}{U+2E}=\frac{1-4E/U}{1+2E/U}$，将引起电磁转矩减小。

在转速很高时，$U\approx 2E$，$\Delta T=-50\%$。

3）换相时 i_a 还未降为 0，i_b 已达到稳态值，换相过程电流的变化如图 9-3c 所示，相关方程解得 $U>4E$。即低速区，求得 B 相电流达到稳态值 I 的时刻 t_b 为

$$t_b=\frac{3LI}{2(U-E)}$$

此时，A 相电流为

$$i_a=\frac{U-4E}{2(U-E)}I$$

电磁转矩为

$$T=\frac{2EI}{\Omega}(i_a+i_b)=\frac{2EI}{\Omega}\left[\frac{U-4E}{2(U-E)}+1\right]$$

计算得转矩波动率为 $\Delta T=\frac{U-4E}{2(U-E)}=\frac{1-4E/U}{2(1-E/U)}$，将会引起电磁转矩增加。在低速或者堵转的情况下，$E\approx0$，转矩波动 $\Delta T=50\%$。

由以上分析可见，因换相引起的转矩波动率 ΔT 与 E/U 的比值相关，及与转速相关，与稳态电流没有关系。分析显示，当不计绕组电阻时，无刷直流电动机换相转矩波动率 ΔT 与转速的关系如图 9-4 所示。

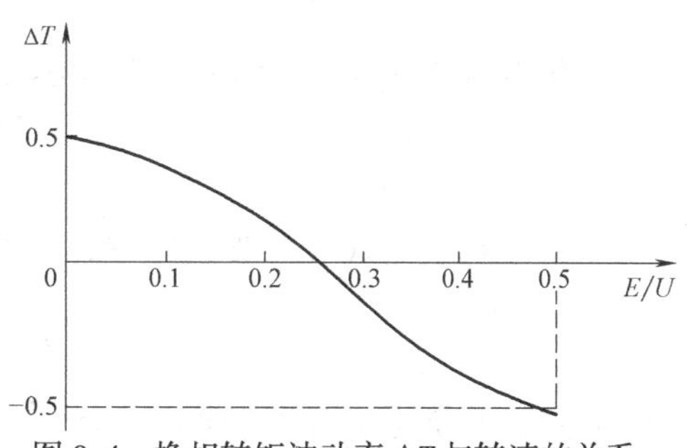

图 9-4　换相转矩波动率 ΔT 与转速的关系

图 9-3a～c 分别对应中、高、低速区运行特性。由图可见，由于在换相过程中关断相和开通相电流变化率的不相等，使得非换相相 C 相绕组电流在换相期间发生变化，从而产生换相转矩波动。基于上述分析，控制换相过程中两换相绕组电流的变化率使之相等是抑制换相转矩波动的关键所在。这也常常成为一些文献提出各种无刷直流电动机换相转矩波动抑制方法的出发点。图 9-3 经常被这些文献所引用。

以电机运行在高速区段为例分析换相电流预测控制特性。在换相期间，由于关断相电流下降率快于开通相电流上升率，造成非换相相电流凹陷（见图 9-3b），使换相期间电磁转矩减小。因此，在高速区对换相期间电流补偿的原则是通过调节关断相的电流下降率从而保证非换相相电流的恒定。

9.2.2　考虑绕组电阻和电感换相过程的换相转矩波动分析

在我们研究的 B/C 换相周期内，A 相电流衰减到零，B 相电流从零上升，而 C 相是非换相相。在 4.4.1 节对无刷直流电动机换相过程分析，得到考虑绕组电磁时间常数的电流和电磁转矩解析解。下面，利用此研究结果求取换相转矩波动解析表达式。

无刷直流电动机的电磁转矩瞬时值为

$$\begin{aligned}T_{em}&=\frac{i_ae_a+i_be_b+i_ce_c}{\Omega}\\&=\frac{i_aE+i_bE+(-i_a-i_b)(-E)}{\Omega}\\&=-\frac{2Ei_c}{\Omega}\\&=-K_Ei_c\end{aligned}$$

上式表明，电磁转矩瞬时值与非换相绕组的电流 i_c 的大小成正比。这样，对转矩波动研究转换为对 C 相电流 i_c 波动的研究。

由 4.4.1 节，换相过渡过程中，C 相电流（绝对值，下同）的初始值为

$$I_0=I_r\xi \tag{9-2}$$

式中，I_r 为只计电阻忽略电感时的电流值，$I_r=\dfrac{U-2E}{2R}$。

$$\xi=\frac{2(1-e^{-x})}{2-e^{-x}}$$

其中，x 表示一个状态角换相周期 T 时间与绕组电磁时间常数 τ 的比，$x=\dfrac{T}{\tau}=\dfrac{10}{pn\tau}$。

在 A 相电流降到零的时刻 t_1，C 相电流为 I_1：

$$I_1=\frac{(2U-2E)I_0}{U+2E+3RI_0} \tag{9-3}$$

在 t_1 时刻，$i_a=0$，由式（4-28）此时的电磁转矩为

$$T_{em}(t_1)=K_E I_1=\frac{K_E(2U-2E)I_0}{3RI_0+U+2E}$$

在 $t=0$ 时刻，非换相期间的电磁转矩为

$$T_{em}(0)=K_E I_0$$

以 T_{bd}作为衡量转矩波动指标，转矩波动率的定义如下式：

$$T_{bd}=\frac{T_{em}(t_1)-T_{em}(0)}{T_{em}(0)} \tag{9-4}$$

这个指标就是转矩波动的峰峰值与非换相时的转矩之比，它和上节的式（9-1）ΔT 定义是相同的。代入得到换相转矩波动解析表达式：

$$T_{bd}=\frac{I_1-I_0}{I_0}=\frac{2(U-2E)}{U+2E+3RI_0}-1=\frac{4-2K_u}{2+2K_u+3(1-K_u)\xi}-1 \tag{9-5}$$

上式表明，电磁转矩波动率 T_{bd}由 K_u 和 x 决定，由式（9-5），T_{bd}与 K_u 和 x 的函数关系图示于图 9-5 中。基于式（9-5）和图 9-5 进行如下讨论：

当 $K_u=1$ 时，即理想空载转速点，由式（9-5），$T_{bd}=-50\%$。

当 $K_u=0.5$ 时，即转速等于理想空载转速的一半，由式（9-5），

$$T_{bd}=\frac{3}{3+1.5\xi}-1$$

在 x 很小时，$\xi\approx0$，$T_{bd}=0$；

在 x 很大时，$\xi\approx1$，$T_{bd}=-33.3\%$。

当 K_u 接近 0 时，即接近于堵转状态，$K_u\to0$，周期时间 T 很长，x 大，$\xi\to1$，则

$$T_{bd}=\frac{4U}{3U+2U}-1=-20\%$$

参见图 9-5，上述转矩波动率讨论结果归纳为

1）无刷直流电动机无论 x 值如何，在接近空载转速时，T_{bd}接近-50%；

2）无刷直流电动机无论 x 值如何，在接近堵转的低转速区，T_{bd}接近-20%。

3）在半速附近（$K_u=0.5$，即 $U=4E$），对于 x 较小的电机（$x\leqslant0.02$），T_{bd}接近于 0，有最小的转矩波动；但随着 x 增大，T_{bd}逐渐增大；对于 x 较大的电机，T_{bd}接近-33%。

将式（9-5）转矩波动 T_{bd}与 K_u 和 x 的函数关系改换成图 9-6 形式，横坐标是转速比 K_u，以便与图 9-4 作对比。图 9-6 中 $x=0.02$ 曲线与图 9-4 相似：在中速 $K_u=0.5$，即 $E/U=0.25$，T_{bd}接近于 0；在低速区或接近空载转速时，T_{bd}分别接近于$+0.5$ 和-0.5。但是

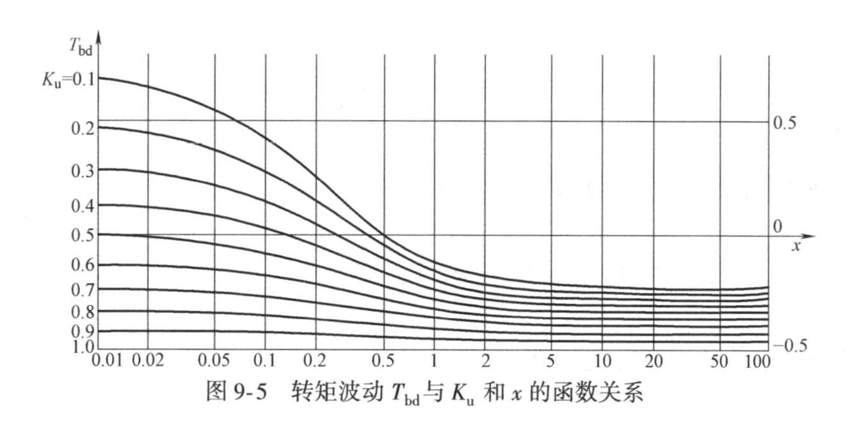

图 9-5　转矩波动 T_{bd} 与 K_u 和 x 的函数关系

随着 x 的增大，如图所示的 $x=0.2$ 和 2.0 的例子，它们的 T_{bd} 曲线与 $x=0.02$ 的差距越来越大。这说明 Carlson 经典文献对转矩波动的分析只适用于 $x \leqslant 0.02$ 的情况。

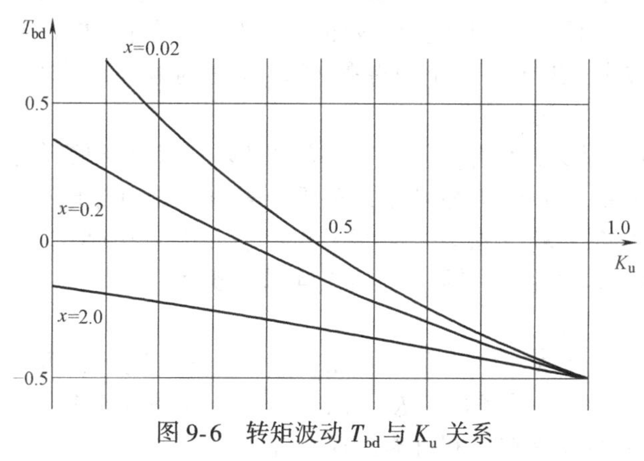

图 9-6　转矩波动 T_{bd} 与 K_u 关系

9.2.3　换相时间 t_1 的计算与 $t_1/T=1$ 条件的分析

许多文献分析无刷电机转矩波动时，特别提及 A 相电流降到零所需要的时间 t_1 与一个换相周期时间 T 关系问题。当 $4E=U$ 时，i_a 的衰减与 i_b 的上升同时完成（有 $t_1=T$），使 C 相电流维持不变，换相转矩波动为零。控制换相过程中两换相绕组电流的变化率相等是抑制换相转矩波动的关键所在。换句话说，期望 $t_1/T=1$。这里的 t_1 相当于图 9-3 的 t_a。

由式（4-31），时间 t_1 与周期时间 T 的比可按下式计算：

$$\frac{t_1}{T}=\frac{1}{x}\ln\left(1+\frac{3}{2}\,\frac{1-K_u}{1+K_u}\xi\right)=\frac{1}{x}\ln\left(1+\frac{B}{2}\xi\right) \tag{9-6}$$

利用上式，作如下讨论：

1）当 x 很小时，利用近似公式：$X\to 0$，$\ln(1+X)\approx X$

$$\frac{t_1}{T}=\frac{1}{x}\ln\left(1+\frac{B}{2}\xi\right)\approx\frac{B\xi}{2x}$$

再利用近似公式：$1-\mathrm{e}^{-x}\approx x$

$$\xi=\frac{2(1-\mathrm{e}^{-x})}{2-\mathrm{e}^{-x}}=\frac{2x}{1+x}\approx 2x$$

得
$$\frac{t_1}{T}\approx\frac{B\xi}{2x}=B=\frac{3(1-K_u)}{(1+K_u)} \tag{9-7}$$

由上式，得到：

对于中速区，$K_u=0.5$，即 $4E=U$，$\frac{t_1}{T}\approx 1$；

对于高速区，$K_u\geqslant 0.5$，即 $4E\geqslant U$，$\frac{t_1}{T}\leqslant 1$；

接近空载转速时，$K_u\approx 1$，$\frac{t_1}{T}\approx 0$；

对于低速区，$K_u\leqslant 0.5$，即 $4E\leqslant U$，$\frac{t_1}{T}\geqslant 1$。

这里的分析结果和忽略绕组电阻分析结果的图 9-3 相一致。这说明，由于已有文献关于换相转矩波动产生的原理分析基于忽略绕组电阻进行，所以只适用于电感 L 大，时间常数大，而且转速高，换相周期 T 短的电机，如下面将看到的，只是对应于 x 很小（小于 0.05）的情况。

2）当 x 很大时，t_1/T 趋近于零。

更全面的情况可从图 9-7 得到。图 9-7 是按式（9-6）计算得到的，它显示了 t_1/T 与电机的 K_u 和 x 的函数关系。从 t_1/T 图可见，对于大多数无刷直流电机，只要其 x 大于 0.5，t_1/T 均小于 1，并不存在 $t_1>T$ 情况。只有当 x 相当小（小于 0.05），而且 K_u 小于 0.5 的低速区，才有可能出现 $t_1>T$ 情况。参见下面 9.2.4 节的实例。

3）$t_1/T=1$ 的条件。

对照图 9-5 和 9-7，在 $K_u\leqslant 0.5$ 的某些 K_u 和 x 组合情况下，可以得到 $t_1/T=1$。按式（9-6）计算得到符合 $t_1/T=1$ 的条件的 K_u 和 x 组合表示于图 9-8 中。从图 9-8 可见：

在低速区，在较小的 x 情况，有可能出现 $t_1/T=1$。

在 $K_u=0.5$（半速区）时，只有当 x 小于 0.01，才出现 $t_1/T=1$。

当 x 大于 0.5 以后，都不可能出现 $t_1/T=1$ 的情况。

在高速区（$K_u>0.5$），无论 x 多少，都不可能出现 $t_1/T=1$。

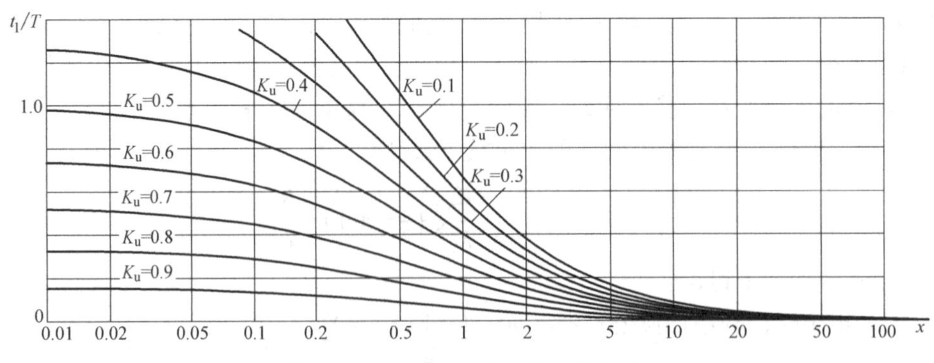

图 9-7　t_1/T 与 K_u 和 x 的函数关系

9.2.4　一个电机的计算例子

在参考文献［19］给出一台磁片切向内置转子有槽定子的无刷直流电动机数据：450V

26kW，星形接法，$p=3$，一相绕组 $R=0.06\Omega$，$L=3.1\text{mH}$。该电机的时间常数比较大：$\tau=3.1/0.06\text{ms}=51.67\text{ms}$，理想空载转速 $n_0=1500\text{r/min}$，$T_0=10/pn_0=2.222\text{ms}$，对应的比值 $x_0=T_0/\tau=0.043$，比较小。利用公式（9-6）或利用图 9-7 以图解法进行计算，计算结果示于图 9-9。图 9-9 显示该电机的 t_1/T 和 t_1 与转速比 K_u 的关系。由于该电机时间常数比较大，x 比较小，在高速区 t_1/T 小于 1；在半速附近 $t_1/T\approx1$；当 K_u 小于 0.5 后的低速区，t_1/T 出现大于 1 情况，但是随着转速的降低 t_1/T 到达其最大值后又返回，堵转时回到 0。从换相时间 t_1 与转速的关系图（见图 9-8）可见，换相时间 t_1 在半速附近到达最大值，而在高速区和低速区都是减小，在理想空载转速和零速时回到零。

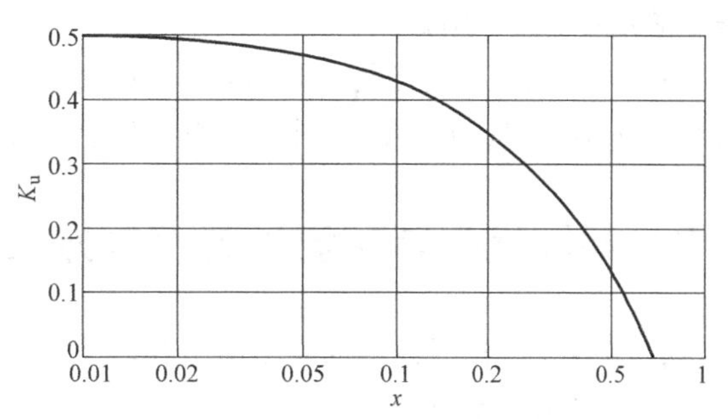

图 9-8　$t_1/T=1$ 与 K_u 和 x 的函数关系

但注意到，在参考文献［2］给出的换相时间 t_1 与转速的关系图，在 $U=4E$（即半速）换相时间最短，而高速区和低速区换相时间延长，在理想空载转速和零速时分别到达高速区和低速区的最大值。下面讨论这个问题：

如图 9-9 所示，在高速区 $\dfrac{t_1}{T}\leqslant1$，当在接近最高转速时，$K_u\to1$，换相周期 T 最短，此时的 t_1 不可能比半速时长。再看低速区，尽管原来的 x_0 很小，但在接近零转速时，$K_u\to0$，换相周期 T 已经变得很长，比值 $x=T/\tau$ 将会变大，使 $\dfrac{t_1}{T}$ 趋近于零。这里，$x_0=\dfrac{10}{pn_0\tau}$，n_0 是理想空载转速。

9.2.5　小结

1）同时考虑绕组电感和电阻的换相转矩波动分析得到的转矩波动表达式、转矩波动率 T_{bd} 和 t_1/T 公式，它们是 K_u 和 x 的函数，即与电机绕组时间常数和转速有关。

2）现有换相转矩波动分析文献基本上都基于 Carlson 在经典文献所采用只计绕组电感忽略绕组电阻的换相转矩波动分析，它只适合 x 很小，即大电感或高速电机情况；本节的换相转矩波动分析兼顾了 x 的不同范围，即时间常数大小不同和各种转速范围电机的情况较全面的分析。

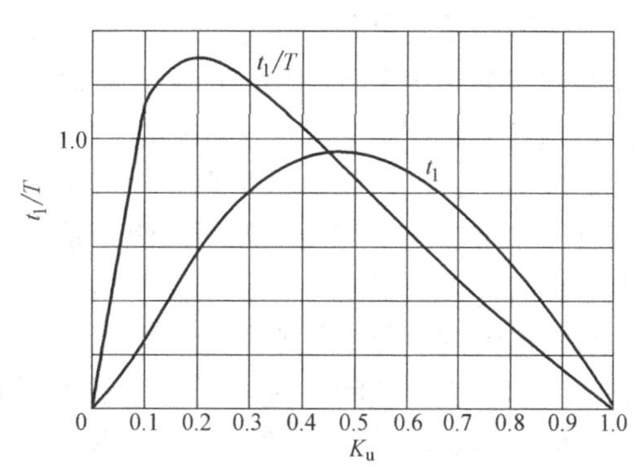

图 9-9　实例电机的 t_1/T 和 t_1 与 K_u 的关系

3）在 x 很小时，在半速和高速区的分析结论与忽略绕组电阻的换相转矩波动分析的情况（图 9-3a 和 b）的结果一致。

4）忽略电阻分析的情况（图 9-3c）低速区的结果认为接近于堵转状态时，$E\approx0$，转矩波动 $\Delta T=-50\%$是不正确的。当接近于堵转状态时，一个换相周期时间 T 已很长，x 已很大，转矩波动接近于-20%。

5）在半速 $U=4E$ 时，转矩波动为 0 的结论只是在 x 小于 0.02 才成立。当 x 大于 0.02 以后，在半速时，转矩波动并非为 0。对于 x 较大的电机，转矩波动接近-33%。

9.3 抑制换相转矩波动的控制方法

有许多文献介绍各种抑制由电流换相引起的转矩波动的方法，归纳简介如下。

1. 电流反馈调节法

如前所述，非换相相电流的变动导致换相转矩波动，电流反馈调节方法就是使非换相相电流保持恒定，从而使换相转矩波动为零。一般来说，电流反馈控制可以分为两种形式，即直流侧电流反馈控制和交流侧电流反馈控制。直流侧电流反馈控制的电流反馈信号由直流母线取出，主要控制电流幅值。由于直流侧电流反馈控制是根据流过直流电源的电流信号进行的，因此只需要一个电流传感器便可。交流侧电流反馈控制的电流反馈信号由交流侧取出。此时，根据转子的位置来确定要控制的相电流，使其跟随设定电流值指令。在换相过程中，当非换相相电流未到达设定值时，PWM 控制不起作用；当非换相相电流超过设定值时 PWM 控制开始起作用，使电流值下降，实现对非换相相电流的调节，保持稳定。

在电流反馈闭环控制中，常采用滞环电流控制法。其基本原理是电流环采用滞环电流调节器，通过比较设定电流和实际电流，由实际电流的幅值和滞环宽度的大小决定滞环电流调节器控制信号的输出。当实际电流小于滞环宽度的下限时，开关器件导通；随着电流的上升，达到滞环宽度的上限时，开关器件关断，使电流下降。实际电流可以是相电流，也可以是逆变器的母线电流。滞环电流法的特点是：应用简单、快速性好、具有限流能力。滞环电流控制方法可分为三种情况：由上升相电流控制的、由非换相相电流控制的和由三相相电流独立控制的。比较这三种方法抑制换向转矩波动效果的实验证明：后两种情况的换相转矩特性相同。对换相转矩波动具有较好的抑制效果，且适用于低速。例如，参考文献［16］提出了在换相期间通过滞环控制法直接控制非换相相电流来减少换相期间电磁转矩波动的控制策略。根据换相期间电磁转矩正比于非换相相电流，且非换相相电流参考值为常数，在确定了要控制的非换相相电流和相应的参考电流后，通过滞环比较器控制其相电流，保证换相期间非换相相电流跟踪其参考值，就可以有效减少换相期间电磁转矩的波动。文中提到的控制方法转矩波动小，电路简单易实现，相对于传统的三相滞环控制，具有功率管损耗小和效率高的特点，非常适用于高性能的伺服驱动系统。

参考文献［22］提出一种基于控制换相电流的方法。该方法以换相电流为研究对象，通过使关断相电流的下降率等于开通相电流的上升率来维持电流在换相期间的稳定，从而减少转矩波动。即在换相期间通过施加合适的补偿电压于 A、C 两相绕组而使 C 相电流保持恒定，达到抑制转矩波动的目的。实验结果表明，该方法在地铁屏蔽门的应用中取得良好效果，使电流波动减少 8%，转矩波动减少 10%。

2. 重叠换相法

电流反馈法、滞环电流法虽然解决了低速换相的转矩波动问题，但在高速时通常效果不理想。在高速段抑制换相转矩波动较成熟的方法是重叠换相法。其基本原理是：换相时本应立即关断的功率开关器件并不是立即关断，而是延长了一个时间间隔；将尚不应开通的开关器件提前开通。在传统的重叠换相法中，重叠时间需预先确定，但选取合适的重叠时间较为困难，大了会过补偿，小了又会造成补偿不足。为此，在常规重叠换相法的基础上，引入了定频采样电流调节技术。此技术在重叠期间采用 PWM 控制抑制换相转矩波动，使重叠时间由电流调节过程自动调节，从而避免了对重叠区间的大小难以确定的问题。但是该方法必须保证足够高的电流采样频率和开关频率才有效。另外，该方法虽然对抑制高速下换相转矩波动有效，但需要离线求解开关状态并且算法复杂，在实际应用中有一定的局限性。

3. PWM 斩波法

滞环电流法较好地解决了低速时的换相转矩波动问题，但在高速时效果不理想。PWM 斩波法与交流侧电流反馈控制法较类似，即开关器件在断开前、导通后进行一定频率的斩波，控制换相过程中绕组的端电压，使得各换相电流上升和下降的速率相等，补偿总电流幅值的变化，抑制换相转矩波动。与重叠换相法相比，该方法具有更小的转矩波动，适合于精度要求更高的场合。

4. 电流预测控制法

无刷直流电机在高速区和低速区的换相转矩波动有所不同，研究抑制方法时大都分开考虑。然而在实际应用中，受到电机转速、供电电压等因素的影响，难以按照理论分析的那样将换相转矩波动分为高速区和低速区而采取不同的抑制措施。因此，就很有必要寻求一种能够在全速度范围内有效抑制换相转矩波动的方法。参考文献［5］提出的电流预测控制方法就满足了这一要求。它以换相电流为研究对象，推导出电机在高速区和低速区运行时的换相电流预测控制规则，确保换相期间关断相的电流下降率和开通相的电流上升率相等，从而使非换相相绕组的相电流在换相期间保持恒定，减小换相转矩波动，同时在该方法中结合使用了消除直流母线负电流的方法，使换相转矩波动得到进一步的抑制。该换相电流预测控制方法算法简单、实现容易、适应性强、效果明显，无论是在开环控制、传统的电流 PI 控制，还是在采用现代智能控制算法的控制系统中均能够很好地被嵌入到换相期间，有效地抑制换相转矩波动。

5. 转矩直接控制法

参考文献［6］提出转矩直接控制方法，采用两相导电方式，无须坐标变换，并在绕组换相期间考虑了直流电源有限的供电能力。在换相期间，当控制上升相绕组对应开关管的占空比达到 100%时，若仍存在转矩波动，就导通下降相绕组对应的开关管，进行斩波控制，降低下降相电流的下降速率，而该开关管的占空比可以通过计算得到。仿真和实验表明，该方法能有效地抑制非理想反电动势无刷直流电机的转矩波动。该方法只适用于速度变化不太显著的场合。

6. 转矩闭环控制法

针对转矩波动，近年来提出了转矩闭环控制方法。它以电机的瞬时转矩为控制对象，根据实际转矩反馈信号，通过转矩调节器实现对瞬时转矩的直接控制，从而减小转矩波动。若通过转矩传感器给出反馈信号，则系统响应较慢，且大多只能工作在静态或低速状态下。若通过利用电机的结构参数和一些容易测量的状态变量构成转矩观测器，则运算相当复杂，而且参数变化也会带来一定误差。这些问题尚待完善解决。

9.4　PWM 控制方式对换相转矩波动的影响

许多文献研究 PWM 调制下转矩波动的问题，提出了各种解决的方法[5-15]。

1. PWM 调制方式对换相期间电磁转矩的影响

对于桥式电路结构的三相无刷直流电动机，参见第4章的图4-10，PWM 调制方式通常分为全桥调制和半桥调制两大类型。对全桥调制逆变桥所有功率开关 $V_1 \sim V_6$ 都进行脉宽调制。在任意时刻，只对逆变桥的上半桥 V_1、V_3、V_5（或下半桥 V_2、V_4、V_6）进行脉宽调制，称为半桥调制。全桥调制方式功率管的开关损耗是半桥调制方式的2倍，降低了控制器的效率。

参考文献［8，9］分析了换相转矩波动与 PWM 调制方式的关系，得出结论：在相同的平均电磁转矩下，半桥调制方式比全桥调制方式的稳态转矩波动小，在相同的 PWM 占空比及相同的母线电压下，半桥调制方式的绕组电流稳态值要大于全桥调制方式的绕组电流稳态值。因此半桥调制方式的 PWM 调制得到了更为广泛的应用。

对于半桥调制，又分为“不对称半桥调制”和“对称半桥调制”。不对称半桥调制是指6个状态始终只对上桥臂或只对下桥臂的功率管进行 PWM 调制。对称半桥调制是指将每一个功率管的开关状态分为两个不同阶段，前60°保持全通（或调制），后60°进行调制（或全通），即上下桥臂对称调制。也就是说，6个功率管轮换进行 PWM 调制，每个导通状态对应一个功率管斩波。这样，半桥调制方式可以分为 H-pwm-L-on、H-on-L-pwm、on-pwm 和 pwm-on 四种 PWM 调制方式。换相转矩波动的大小随着调制方式的不同而不同。当无刷直流电机反电动势为梯形波，系统采用两两导通、三相六状态的120°导通方式时，四种半桥 PWM 调制方式的输出波形如图9-10所示。

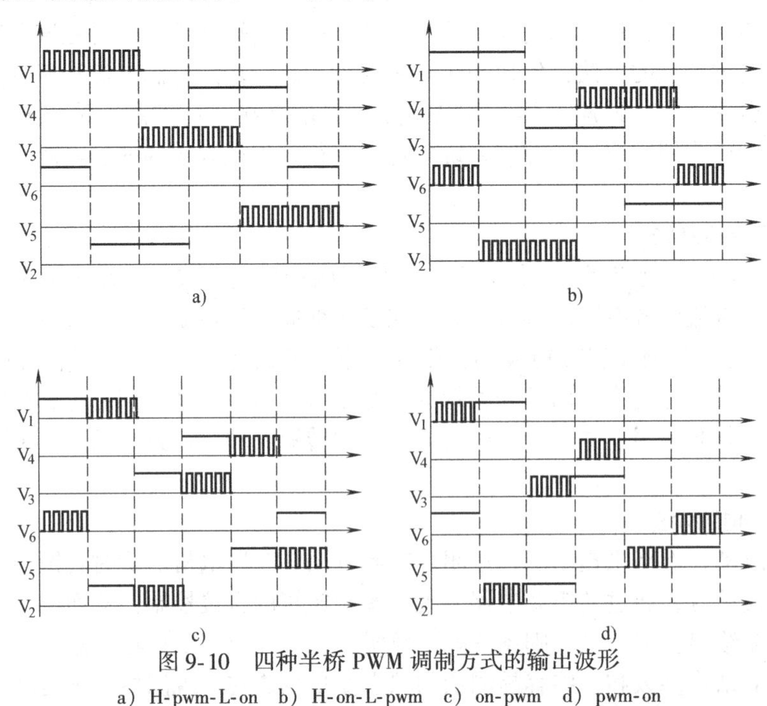

图9-10 四种半桥 PWM 调制方式的输出波形

a）H-pwm-L-on b）H-on-L-pwm c）on-pwm d）pwm-on

研究表明，在四种半桥调制调制方式中，pwm-on 调制方式（即前60°调制，后60°全通）的换相转矩波动最低，因而采用 pwm-on 半桥调制方式可减小无刷直流电机的换相转矩波动，有利于提高系统伺服精确度。在此半桥调制方式再采用补偿电流法可有效抑制换相转矩波动，可使转矩脉动的幅值减小57.1%。

2. PWM 控制方式对非换相期间转矩的影响

PWM 控制还有另外一个问题，就是当电机工作在星形三相六状态反电动势为梯形波时，一般认为，电磁转矩是由流过两相绕组的电流大小决定的，没有考虑截止相在非换相期间的电流状态对电磁转矩的影响。实际上，在非换相期间，在截止相上可能会有续流流过，该电流将参与到总的电磁转矩的合成中去，破坏了原来只有两相电流合成电磁转矩的状态，从而加剧了非换相期间的电磁转矩波动。不同的 PWM 调制方式对非换相区间电磁转矩脉动的影响程度有区别。分析和仿真实验结果表明，单斩（即半桥调制）上桥调制时，截止相在其反电动势小于零时产生续流，单斩下桥调制时，截止相在其反电动势大于零时产生续流，双斩调制（即全桥调制）时，截止相不会有续流。全桥调制虽然不会出现截止相续流导通的现象，但这种调制方式的开关损耗比较半桥调制大[15]。

为了解决这个问题，近年来有学者提出了许多新的 PWM 调制方式，其中 30°调制方式又称为“pwm-on-pwm”调制，是一个较成功的方式。它的每只开关管在 120°开通中前 30°和后 30°期间进行 PWM 调制，中间 60°区间保持恒通。30°调制既完全消除了截止相导通的现象，又能够降低开关损耗。但是，在 30°调制需要再加装三路位置传感器，才能满足控制要求。在这种情况下，电动机系统就会变得复杂，同时也增加了成本[5]。

参考文献

[1] Carlson R，Lajoie M M，Fagundes J C. Analysis of torque ripple due to phase commutation in brushless DC machines [J]. IEEE Transactions on Industry Applications，1992，28 (3).

[2] 李钟明，刘卫国. 稀土永磁电机 [M]. 北京：国防工业出版社，1999.

[3] 姚光中. 无刷直流电动机的转矩脉动 [J]. 电机技术，1999 (4).

[4] 王兴华，励庆孚，王署鸿，等. 永磁无刷直流电机换相转矩波动的分析研究 [J]. 西安交通大学学报，2003，37 (6).

[5] 林平，韦鲲，张仲超. 新型无刷直流电机换相转矩脉动的抑制控制方法 [J]. 中国电机工程学报，2006，26 (3).

[6] 张磊，等. 非理想反电动势无刷直流电机转矩直接控制方法 [J]. 清华大学学报（自然科学版），2007，47 (10).

[7] 李颖，马瑞卿，等. 一种基于 SPWM 的无刷直流电动机驱动新方法 [J]. 微电机，2010 (1).

[8] 齐蓉，周素莹，林辉，等. 无刷直流电机 PWM 调制方式与转矩脉动关系研究 [J]. 微电机，2005 (4).

[9] 齐蓉，林辉，陈明. 无刷直流电机换相转矩脉动分析与抑制 [J]. 电机与控制学报，2006，(3).

[10] 张相军，陈伯时. 无刷直流电机控制系统中 PWM 调制方式对换相转矩脉动的影响 [J]. 电机与控制学报，2003 (2).

[11] 包向华，章跃进. 5 种 PWM 方式对无刷电动机换相转矩脉动的分析和比较 [J]. 中小型电机，2005，32 (6).

[12] 揭贵生，马伟明. 考虑换相时无刷直流电机脉宽调制方法研究 [J]. 电工技术学报，2005，20 (9).

[13] 韦鲲，任军军，张仲超. 无刷直流电机非导通相续流的研究及消除策略 [J]. 电力电子技术，2004，38 (4).

[14] 袁飞雄，黄声华，李朗如. 永磁无刷直流电机 PWM 调制方式研究 [J]. 微电机，2004，37 (5).

[15] 贺虎成，刘卫国，等. 永磁无刷直流电动机非换相区间转矩特性研究 [J]. 电气传动，2007 (10).

[16] 杨进，杨向宇. 一种减小无刷直流电机纹波转矩的新方法 [J]. 微电机，2005 (1).

[17] 罗宏浩，吴峻，赵宏涛，等. 永磁无刷直流电机换相控制研究 [J]. 中国电机工程学报，2008，28 (24).

[18] 周杰，侯燕. 无刷直流电机转矩脉动抑制方法综述 [J]. 机电产品开发与创新，2007 (3).
[19] 王晋，陶桂林，等. 基于换相过程分析的无刷直流电动机机械特性的研究 [J]. 中国电机工程学报，2005，25 (14).
[20] 曹少泳，程小华，黄志. 减少仅使用一个电流传感器驱动 BLDCM 的换向转矩脉动 [J]. 电气传动 2007 (6).
[21] 师蔚，蔚兰，张舟云，等. 无刷直流电动机换相转矩脉动控制 [J]. 微特电机，2008 (5).
[22] 王文韬，等. 一种减少无刷直流电机转矩脉动的新方法 [J]. 电子设计工程，2010 (4).

第10章 永磁无刷直流电动机的齿槽转矩及其削弱方法

10.1 永磁无刷直流电动机的齿槽转矩

永磁电动机的齿槽转矩（Cogging torque）是电枢铁心的齿槽与转子永磁体相互作用而产生的磁阻转矩。由于永磁无刷直流电动机定子齿槽的存在，当永磁转子磁极与定子齿槽相对在不同位置时，主磁路的磁导发生了变化。即使电动机绕组不通电，由于齿槽转矩的作用，电机转子有停在圆周上若干个稳定位置上的趋向。所以，有文献又将齿槽转矩称为定位转矩（Detent torque）。当电动机旋转时，齿槽转矩表现为一种附加的脉动转矩，虽然它不会使电动机平均有效转矩增加或减少，但它引起速度波动、电机振动和噪声，特别是在轻负荷和低速时显得更加明显。在变速驱动时，如果齿槽转矩频率接近系统固有频率可能产生谐振和强烈噪声。另外在起动时，由于齿槽转矩的存在需要增大了最初的起动转矩，这对于一些无传感器控制方式就比较敏感；对于直驱式永磁无刷风力发电机则影响最低起动风速。对于单相永磁无刷电机，过大的齿槽转矩甚至使电机不能正常起动。

为了降低永磁直流无刷电机的齿槽转矩，最彻底的办法是采用无齿槽结构，绕组贴在光滑的铁心表面上。这种无齿槽结构的直流无刷电动机已有系列产品，特别是适用于高速场合，有优异性能。对于有齿槽结构的永磁直流无刷电动机来说，为了降低永磁电机的齿槽转矩，可以采用所谓闭口槽或槽口加磁性槽楔方法。但大多数无刷电动机为了方便绕组嵌线通常还是采用开口槽结构，建议设计时适当降低气隙磁通密度，降低铁心饱和程度，特别是避免齿尖饱和，并参考如下所述方法，根据实际的设计目标选择合适的设计参数和技术措施。

齿槽转矩是永磁电机特有的一种现象。因此，降低齿槽转矩通常是永磁电机设计的主要目标之一，也成为国内外许多学者分析研究的热点课题之一。分析永磁无刷电机齿槽转矩常基于解析法和有限元法，得到对具体电机齿槽转矩的预测。国内外已有许多学者大量文献对许多典型永磁电机进行研究，提出各种降低齿槽转矩的有效方法。其中，英国设菲尔德（Sheffield）大学的Z. Q. Zhu、D. Howe，国内山东大学的王秀和、杨玉波等学者和他们的研究团队对永磁直流无刷电动机的齿槽转矩发表过许多研究成果，很有参考价值。本章从永磁直流无刷电动机设计角度，介绍降低齿槽转矩的主要技术措施，包括采用分数槽绕组，优化磁极极弧宽和槽口宽，不等气隙和不等磁片厚度，斜槽和斜极，磁极分段错位，磁极偏移，齿冠开辅助凹槽等，为降低齿槽转矩的工程应用和进一步研究提供借鉴参考。

为方便对下述降低齿槽转矩设计措施的理解，一个电机总的齿槽转矩可以理解为多个单元齿槽转矩的叠加。一个槽口—极间单元模型由一个定子铁心槽口和一个转子磁极极间组成，如图10-1所示，以槽口中心线为零点，当磁极极间中线处在零点位置，它们产生的磁阻转矩为零；当转子移开，磁极极间中线偏移零点位置时，由于磁阻变化产生了磁阻转矩，力图将转子拉回平衡位置。单元齿槽转矩波形基本上呈现如图10-1式样。它们相对于槽口中心呈现中心对称，有正有负，其绝对值达峰值的位置大概在磁极极间中线相对在槽口边缘附近，然后衰减。正负峰值之间距离往往大于槽口宽。一台槽数为 Z 极数为 $2p$ 电机的总齿槽转矩，可以理解为：对于每个槽口，面对 $2p$ 个磁极极间产生的单元齿槽转矩的叠加，然后是 Z 个槽口齿槽转矩的叠加。这样，降低齿槽转矩各种设计措施的基本思路可以归纳为：

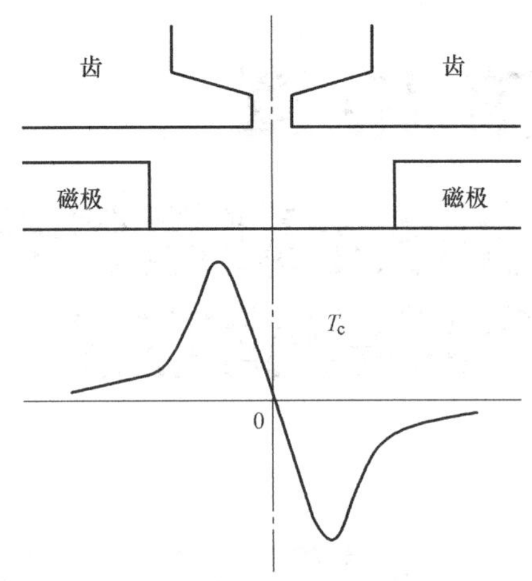

图10-1　槽口—极间单元模型和产生的单元齿槽转矩

1）调整槽口—极间单元模型的单元齿槽转矩波形，降低单元齿槽转矩幅值，调整峰值点位置，调整各次谐波相位；

2）调整这些单元齿槽转矩在叠加时所处的相位关系，使之互相抵消或部分补偿，从而使总齿槽转矩得到削减。

10.2　齿槽转矩的解析表达式

对于永磁电机来说，储存在磁场中的磁共能 W 为

$$W=\frac{1}{2}Li^2+\frac{1}{2}(R+R_m)\Phi_m^2+Ni\Phi_m$$

式中，L 为定子绕组自感；i 为定子绕组相电流；N 为定子绕组匝数；R_m 为闭合磁路定子铁心的磁阻；R 为气隙磁阻；Φ_m为永磁磁通。

在电流 i 为常数时，由磁共能产生的转矩按下式计算：

$$T=-\frac{\partial W}{\partial \theta}$$

得

$$T=\frac{1}{2}i^2\frac{dL}{d\theta}-\frac{1}{2}\Phi_m^2\frac{dR}{d\theta}+Ni\frac{d\Phi_m}{d\theta}$$

式中的第一项由绕组自感随位置变化引起的转矩；第三项是转子永磁体与定子磁动势相互作用产生电机的有效转矩；第二项为齿槽转矩 T_c。齿槽转矩是气隙磁阻变化引起的磁阻转矩，以下式表示：

$$T_{cog}=\frac{1}{2}\Phi_m^2\frac{dR}{d\theta}$$

上式表明，齿槽转矩与永磁磁通的平方成正比关系。可见，如果适当降低磁通密度，可

以降低齿槽转矩，但是同时也降低了电机的性能。因此，减小 $dR/d\theta$ 是抑制齿槽转矩的可行办法。

在表贴式无刷电机，假设电枢铁心磁导率无穷大，不通电时，电机内存储的磁能可近似表示为永磁体的和气隙中的磁能之和，即

$$W \approx W_{pm} + W_{gap} = \frac{1}{2\mu_0}\int_V B^2 dV$$

气隙磁通密度沿电枢表面的分布可表示为

$$B(\theta,\alpha) = B_r(\theta)G(\theta,\alpha)$$

式中，$B_r(\theta)$ 为永磁剩磁磁通密度分布；α 为某一指定电枢齿中心线与某一指定永磁体中心线之间的夹角。则齿槽转矩可表示为

$$T_{cog} = -\frac{\partial}{\partial\alpha}\left[\frac{1}{2\mu_0}\int_V B_r^2(\theta)G^2(\theta,\alpha)dV\right]$$

式中，θ 为位置角。将 $B_r(\theta)$ 与 $G(\theta,\ \alpha)$ 分别用傅里叶级数展开，可得齿槽转矩的解析表达式：

$$T_{cog}(\alpha) = \frac{\pi z L_a}{4\mu_0}(R_2^2 - R_1^2)\sum_{n=1}^{\infty} nG_n B_{r(nz/2p)}\sin(nz\alpha) \tag{10-1}$$

式中，z 为槽数；$2p$ 为极数；L_a 为铁心长度；对于外转子结构，R_1 和 R_2 分别为定子外半径和转子轭内半径；对于内转子结构，R_1 和 R_2 分别为转子轭外半径和定子内半径；n 为使 $nz/2p$ 为整数的整数。

可以利用式（10-1）研究降低齿槽转矩各种方法。由上式可以看出，只有 $B_r(\theta)$ 的 $nz/2p$ 次谐波分量才对齿槽转矩产生作用，其他谐波分量对齿槽转矩没有影响。因此，设法减小 $nz/2p$ 次谐波的幅值，可削弱齿槽转矩。

分析表明，永磁直流无刷电动机转子每一转出现的基波齿槽转矩周期数 γ 与定子槽数 Z 和转子极数 $2p$ 的最大公约数（HCF）N_m 有如下关系：

$$\gamma = \frac{2pZ}{N_m}$$

以 N_c 表示槽数 Z 和极数 $2p$ 的最小公倍数（LCM），由于最大公约数 N_m 与最小公倍数 N_c 有如下关系：$2pZ = N_m N_c$，因此得到基波齿槽转矩周期数 γ 与槽数 Z 和极数 $2p$ 的最小公倍数 N_c 的关系：

$$\gamma = N_c = \text{LCM}[Z, 2p]$$

即转子转过一圈出现齿槽转矩的基波周期数等于定子槽数 Z 和极数 $2p$ 的最小公倍数（LCM）N_c。这样，总的齿槽转矩 T_c 一般可表达为如下形式，它是转子转角 θ 的函数，由许多谐波组成：

$$T_{cog} = \sum T_k \sin(kN_c\theta + \theta_k)$$

实际上，上式可由式（10-1）变换得到。式（10-1）中，要求 n 为使 $nz/2p$ 为整数的整数。当取 $nz = kN_c$ 时，有 $nz/2p =$

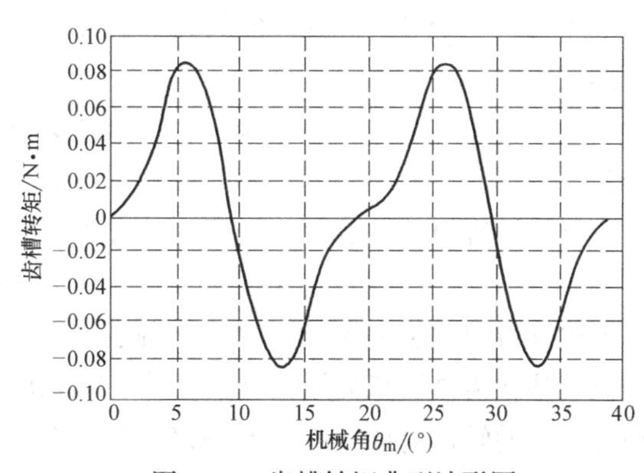

图 10-2　齿槽转矩典型波形图

$kN_c/2p$=整数，因为 N_c 是 Z 和 $2p$ 的最小公倍数，所以 $N_c/2p$ 必然是整数。以 kN_c 代入式（10-1）的 nz，即可得到上式。

以 N_p 表示平均到一个槽距的基波齿槽转矩周期数，有

$$N_p = \gamma/Z = N_c/Z = 2p/N_m \tag{10-2}$$

在图 10-2 给出齿槽转矩典型波形图，它是对一台 $Z=9$，$2p=6$，$q=1/2$ 的分数槽绕组电机有限元分析计算得到的结果。按式（10-1）计算，它的齿槽转矩基波周期数 $N_c=18$，所以其周期为 20°。从图可见，每个槽距角 40°内齿槽转矩有 $N_p=2$ 次变化；齿槽转矩波形由许多谐波组成，其中 2 次谐波比较强。

10.3　采用分数槽绕组

首先，考虑槽数 Z 和极数 $2p$ 组合与齿槽转矩的关系。通常认为，基波齿槽转矩周期数 γ 越大，其幅值就越小。所以，宜选择最小公倍数（LCM）较大的定子槽数 Z 和转子极数 $2p$ 组合。

Z. Q. Zhu 和 D. Howe[2] 提出选择定子槽数 Z 和极数 $2p$ 组合的评价因子 C_T：

$$C_T = \frac{2pZ}{N_c}$$

并认为评价因子 C_T 越小，齿槽转矩的峰值 T_c 越低。显然，C_T 数值上就是槽数 Z 和极数 $2p$ 的最大公约数 N_m。

由每极每相槽数 q 的定义，有 $Z/2p=mq$，m 为相数，这里 $m=3$，可分别得到三相无刷电动机整数槽绕组和分数槽绕组的评价因子表达式：

1）对于整数槽绕组电机，q 为整数，mq 必为整数，随之，Z 和 $2p$ 的最小公倍数 $N_c=Z$，最大公约数 $N_m=2p$，$N_p=2p/N_m=1$。这样，整数槽绕组电机的评价因子表达式为

$$C_T = 2p$$

2）对于分数槽绕组电机，q 为分数，设 $q=c/d$ 不可约分，有 $Z/2p=Z_0/2p_0=mc/d$，式中 Z_0 和 $2p_0$ 是对应单元电机的定子槽数和转子极数。由第 5 章分析，分数槽绕组单元电机槽数和极数组合的约束条件之一是其极数不允许选择为相数 m 的倍数，所以 d 不会等于 m 或是 m 的倍数。即 mc/d 仍为不可约分数。设 Z 和 $2p$ 的最大公约数为 N_m，有 $Z=N_m \times mc$ 和 $2p=N_m \times d$，得最大公约数 $N_m=2p/d$。随之，分数槽绕组的 Z 和 $2p$ 的最小公倍数表达式为

$$N_c = 2pZ/N_m = dZ \tag{10-3}$$

并得到

$$N_p = 2p/N_m = d \tag{10-4}$$

这样，分数槽绕组电机的评价因子表达式为

$$C_T = 2p/d$$

上述分析归纳于表 10-1。从表可见，有相同槽数 Z 的分数槽绕组电机与整数槽绕组电机相比，基波齿槽转矩周期数增大 d 倍；有相同极数 $2p$ 的分数槽绕组电机与整数槽绕组电机相比，齿槽转矩的评价因子 C_T 降低了 d 倍。这个分析清楚说明采用分数槽绕组电机有利于降低齿槽转矩。

表 10-1　整数槽绕组与分数槽绕组电机的基波齿槽转矩周期数 N_c 及评价因子 C_T 对比

	每极每相槽数 q	最大公约数 N_m	最小公倍数 N_c	一个槽距的基波齿槽转矩周期数 N_p	评价因子 C_T
整数槽绕组	整数	$2p$	Z	1	$2p$
分数槽绕组	分数 $q=c/d$	$2p/d$	dZ	d	$2p/d$

图 10-3 给出一台电机采用整数槽绕组 $q=1$ 和采用分数槽绕组 $q=1/2$ 情况下，几种槽数和极数组合的齿槽转矩峰值的有限元分析结果[2]。图中，上面一条线表示 $q=1$，槽数分别为 6，12，…，36 情况，下面一条线表示 $q=1/2$，槽数分别为 3，6，…，18 情况。从图可见，同一个极对数下，$q=1$ 的齿槽转矩峰值约为 $q=1/2$ 的 2 倍。其实，这一点从槽口—极间单元模型就很好理解：以最简单的 $p=1$ 为例，当电动机的转子一个极间面对定子的一个槽口时（此时产生齿槽转矩），在 $q=1/2$ 情况（$Z=3$），另一个极间面对定子的齿中央（不产生明显的齿槽转矩），而在 $q=1$ 情况（$Z=6$），另一个极间则面对另一个定子的槽口，产生齿槽转矩，使叠加的总齿槽转矩接近 2 倍。

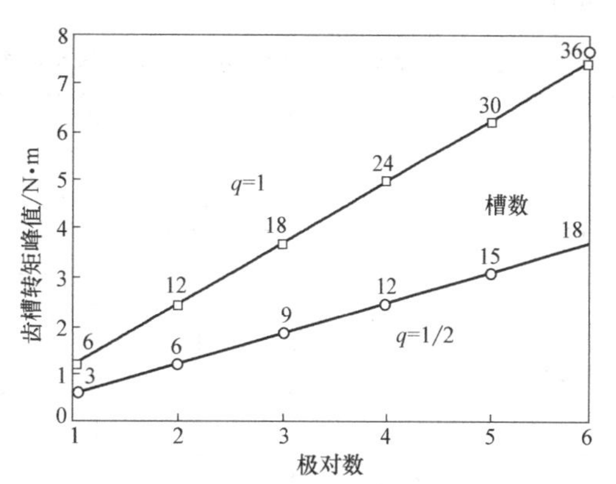

图 10-3　$q=1$ 和 $q=1/2$ 几种槽数和极数组合的齿槽转矩峰值的比较

采用分数槽绕组电机有利于降低齿槽转矩原理在于：它的定子各个槽口所处磁场位置不同，所以各自产生的齿槽转矩相位便不相同，从而，叠加的结果不但提高了基波齿槽转矩周期数，并有可能产生相互抵偿的作用。而整数槽绕组电机每个磁极下的齿槽个数和位置都是相同的，它们在所有极下产生的齿槽转矩相位相同，$2p$ 个极的齿槽转矩叠加起来使总齿槽转矩大为增加。

在表 10-2 和表 10-3 分别给出 Z 为奇数和 Z 为偶数的三相分数槽集中绕组单元电机与 $q=1$整数槽绕组的齿槽转矩基波周期数 N_c 和评价因子 C_T 比较。从表可见，和整数槽电机相比，在同样极数下，分数槽集中绕组电机以较少的槽数得到小的评价因子 C_T 和较大的齿槽转矩基波周期数 N_c 值。

从表 10-2 和表 10-3 可见，引入评价因子 C_T 概念只能显示分数槽电机优于整数槽电机，而在评价不同 $Z/2p$ 组合的分数槽绕组电机方面作用不大：Z_0 为奇数分数槽单元电机的基波齿槽转矩周期数 $N_c=2p_0Z_0$，评价因子 C_T 都等于 1；Z_0 为偶数集中绕组单元电机的基波齿槽转矩周期数 $N_c=p_0Z_0$，评价因子 C_T 都等于 2。这里 Z_0 和 p_0 分别是分数槽集中绕组单元电机的槽数和极对数。

所以，评价不同的分数槽集中绕组电机的齿槽转矩时，我们不如关注它们槽极数组合的最小公倍数 N_c 或 N_p。在表 10-2 和表 10-3 所列的分数槽集中绕组中，$q=1/2$、1/4 的组合，它们的 N_c 值较低。随着极数增加（$2p\geqslant8$），可选择的 $Z/2p$ 组合有较高的最小公倍数 N_c 值，这意味着它们会有较低的齿槽转矩。这里说的集中绕组是指线圈元件的节距 $y=1$，即一个线圈元件绕在一个齿上。分数槽集中绕组选择合适的槽极数组合，定子铁心无须斜槽情况下，可能获得满意的低齿槽转矩效果，而且便于定子绕组的自动绕线，工艺上更为简便，所以分数槽集中绕组获得越来越广泛采用。在第 5 章 5.3.3 节表 5-11 给出的三相分数槽集中绕组无刷直流电动机 $Z/2p$ 组合的 LCM 值，可利用该表对拟选择的 $Z/2p$ 组合的齿槽转矩强弱作初步评估。该表中同一 Z 列的 $Z/2p$ 组合，宜取 $q=1/3\sim1/4$ 的组合，一般会有较大的 LCM 值。

表 10-2　Z 为奇数集中绕组单元电机与整数槽电机的齿槽转矩周期数 N_c 和评价因子 C_T 比较

极数	$2p$	2	4	8	10	14	16	20	20	22	26
分数槽	Z	3	3	9	9	15	15	(15)	21	21	21
	q	1/2	1/4	3/8	3/10	5/14	5/16	1/4	7/20	7/22	7/26
	N_{c1}	6	12	72	90	210	240	60	420	462	546
	C_{T1}	1	1	1	1	1	1	5	1	1	1
整数槽 $q=1$	Z	6	12	24	30	42	48	60	60	66	78
	N_{c2}	6	12	24	30	42	48	60	60	66	78
	C_{T2}	2	4	8	10	14	16	20	20	22	26
比较	N_{c1}/N_{c2}	1	1	3	3	5	5	3	7	7	7
	C_{T2}/C_{T1}	2	4	8	10	14	16	4	20	22	26

注：有括号的不是单元电机。

表 10-3　Z 为偶数集中绕组单元电机与整数槽电机的齿槽转矩周期数 N_c 和评价因子 C_T 比较

极数	$2p$	10	14	14	16	20	22	20	22	26	28
分数槽	Z	12	12	18	(18)	(18)	18	(24)	24	24	(24)
	q	2/5	2/7	3/7	3/8	3/10	3/11	2/5	4/11	4/13	2/7
	N_{c1}	60	84	126	144	180	198	120	264	312	168
	C_{T1}	2	2	2	2	2	2	4	2	2	4
整数槽 $q=1$	Z	30	42	42	48	60	66	60	66	78	84
	N_{c2}	30	42	42	48	60	66	60	66	78	84
	C_{T2}	10	14	14	16	20	22	20	22	26	28
比较	N_{c1}/N_{c2}	2	2	3	3	3	3	2	4	4	2
	C_{T2}/C_{T1}	5	7	7	8	10	11	5	11	13	7

注：有括号的不是单元电机。

这里给出一台具体电机数据，显示按三个不同 q 值设计下的齿槽转矩有限元分析结果。该电机是外转子结构，磁片表面黏结，电机主要数据见表 10-4 。在图 10-4 给出它们的齿槽转矩有限元分析结果：$q=1$ 整数槽电机齿槽转矩最大，约为 $q=0.5$ 电机的 8 倍。两个分数槽电机小了许多，其中，$q=0.36$ 的齿槽转矩几乎为零。由磁片弧度角，可计算得到极弧系数是 0.67。按 10.4 节分析，对于这三个 q 值电机都是最佳极弧系数。并且它们有相同的槽口宽度。两个分数槽电机 B 和 C 齿槽转矩之所以如此大差异，它们的最小公倍数（LCM）值有明显差距是主要因素[13]。

在图 10-5 给出 9 槽 6 极与 9 槽 8 极两台电机齿槽转矩的比较，它们有相同的定子冲片，仅转子极数不同。尽管它们都是分数槽集中绕组，但齿槽转矩有很大差异，因为它们的最小公倍数（LCM）一个是 18，而另一个是 72。

表 10-4　电机主要数据

	电机 A	电机 B	电机 C
转子外径/mm	240		
转子内径/mm	207		
定子外径/mm	204		
定子内径/mm	122		
气隙/mm	1.5		
磁片厚/mm	4.5		
磁片弧度角/极弧系数	17.1°/0.67		
槽口宽	2		
槽数	42	21	15
极数	14	14	14
q	1	0.5	0.36
最小公倍数(LCM)	84	42	210
绕组系数	1	0.866	0.95
齿槽转矩峰值/N·m	5	0.6	≈0

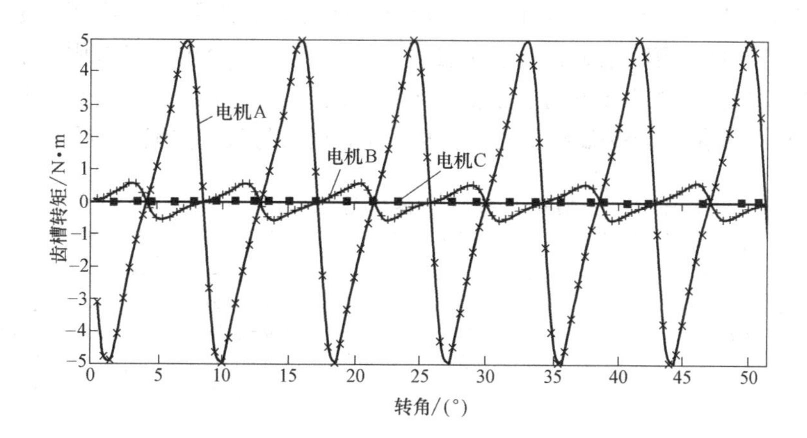

图 10-4　三个电机齿槽转矩比较

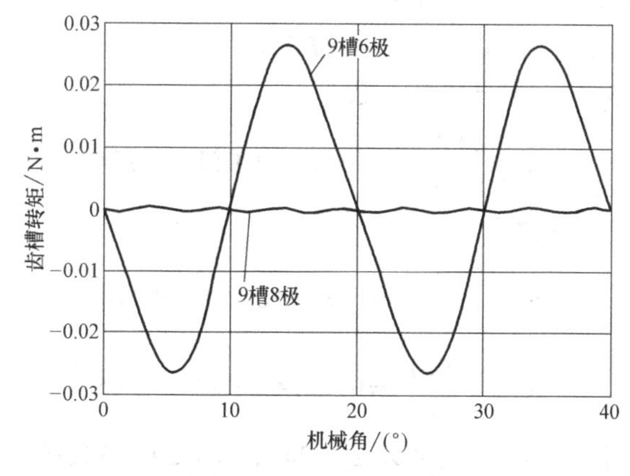

图 10-5　9 槽 6 极与 9 槽 8 极电机齿槽转矩的比较

10.4　转子磁极极弧系数的选择

转子磁极极弧宽和定子槽口宽是齿槽转矩很重要的影响因素。下面，极弧系数 α_p 是指磁极极弧宽和磁极极距之比，槽口系数 β 是槽口宽和槽距之比。槽口宽影响见第 10.9 节。

首先看整数槽电机情况。对于表面贴装的永磁磁极，如瓦形磁极，通常认为磁极极弧宽接近槽距的整数倍时有较低的齿槽转矩。如果以 τ_s 和 τ_p 分别表示定子槽距和磁极极距，最佳极弧系数可由下式给出：

$$\alpha_p=(K+K_W)\frac{\tau_s}{\tau_p}\qquad K=1,2,3\cdots$$

上式可变换为

$$\alpha_p=(K+K_W)\frac{2p}{Z}=(K+K_W)/mq \tag{10-5}$$

式中，K_W是修正系数，它与漏磁等因素有关。对于三相整数槽电机当不考虑修正时，取 $K_W=0$，计算最佳极弧系数 α_p 结果见表 10-5。

在参考文献［17］研究永磁体内置实心转子永磁同步电动机的齿槽转矩，提出了实心转子永磁同步电动机的齿槽转矩解析分析方法。其中以解析法分析并以有限元法验证了一台 36 槽 6 极电机，极弧系数为 5/6 时有较低的齿槽转矩。如果利用式（10-5）或对照表 10-5，由该电机 $q=2$，5/6 是最佳极弧系数之一，说明计算结果与参考文献［17］分析结果一致。

表 10-5　三相整数槽电机的最佳极弧系数 α_p（设 $K_W=0$）

q	1	2	3	4
α_p	2/3=0.67 1/3=0.33	5/6=0.83 4/6=0.67 3/6=0.5	8/9=0.89 7/9=0.78 6/9=0.67 5/9=0.56	11/12=0.92 10/12=0.83 9/12=0.75 8/12=0.67 7/12=0.586 6/12=0.5

考虑修正时，K_W 的值有文献给出是 0.14（1988 年，Liao slemon），也有给出是 0.17（1993 年，Ishikowa 和 Liao slemon[3]）。下面按 0.17 计算。对于常用的三相整数槽电机，由式（10-5），$q=1$ 时，$mq=3$，最佳极弧系数为

$$\alpha_p=\frac{2+0.17}{3}=0.667+0.057=0.724$$

$q=2$ 时，$mq=6$，最佳极弧系数为

$$\alpha_p=\frac{5+0.17}{6}=0.833+0.028=0.861$$

或

$$\alpha_p=\frac{4+0.17}{6}=0.667+0.028=0.695$$

对于内置式永磁的情况，有文献对 $Z/2p=24/4$，$q=2$ 的整数槽电机进行分析，如图 10-6 所示，结构角 θ_{B2} 在 35°~39°变化时，最佳角 θ_{B1} 是 29.75°，即最佳极弧角约 60°，最佳极

弧系数约为 60/90=0.67，与表 10-5 基本相同。从图 10-6b 可见，只要稍为偏离最佳极弧角，齿槽转矩就明显增大[5]。

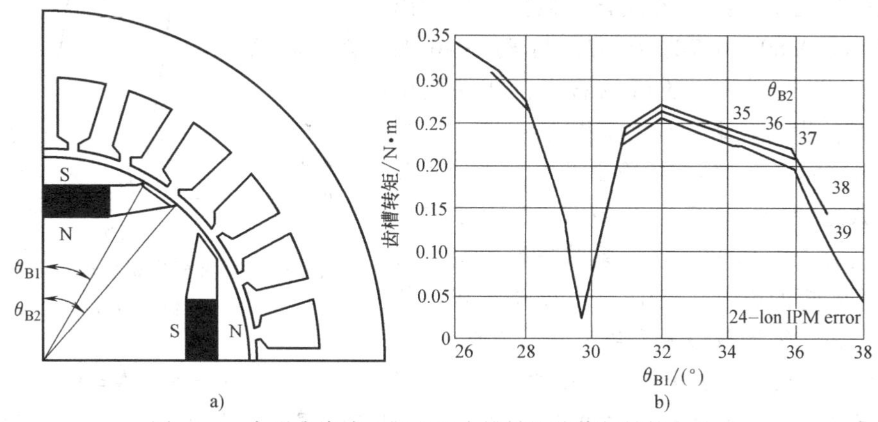

图 10-6　永磁内嵌式 4 极电机齿槽转矩峰值与结构角关系

再来看分数槽电机情况，参考文献［2］提出，最佳极弧系数可由下式决定：

$$\alpha_p=\frac{N-k_1}{N}+k_2 \qquad k_1=1,2,3,\cdots,N-1 \tag{10-6}$$

式中，$N=N_c/2p$，即平均一个极下基波齿槽转矩周期数；k_2 是顾及磁极边沿漏磁的因数，和磁极间距、气隙大小等因素有关，可取 0.01～0.03。设计时，为了获得尽可能大的气隙磁通而增加输出转矩，磁极弧长对磁极的比值应尽可能取得高一些，所以 k_1 宜取为 1。

在图 10-7 给出三种槽数和极数组合的极弧系数与齿槽转矩峰值的比较，它们是利用式(10-6) 尚未计及漏磁因数（$k_2=0$）时的计算结果。图中，Q_s 为定子槽数，即 Z。如果计及漏磁因数，采用二维有限元分析计算结果见表 10-6 所示，最佳极弧系数有所增大。

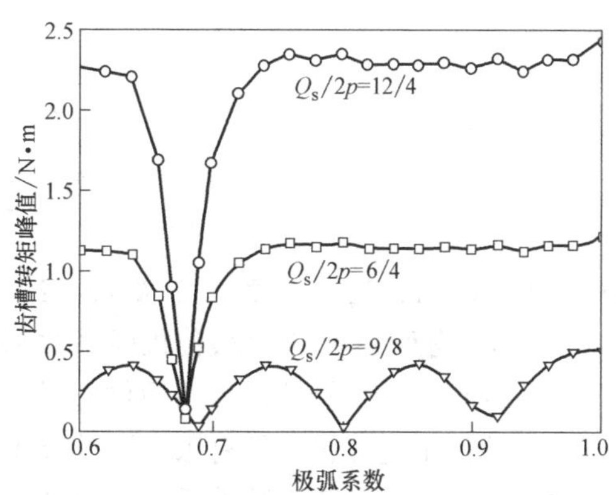

图 10-7　三种槽数和极数组合的极弧系数与齿槽转矩峰值的比较

表 10-6　三种槽数和极数组合的最佳极弧系数 α_p

$Z/2p$	q	N_c	C_T	$k_2=0$ 计算结果	二维分析计算结果
12/4	1	12	4	0.667	0.68
6/4	1/2	12	2	0.667	0.68
9/8	3/8	72	1	0.889 0.778 0.667	0.913

对于 9 槽 8 极无刷电机，当 $k_2=0$、k_1 分别取 1、2、3 时，利用式（10-6）计算得到 α_p 等于 0.89、0.78、0.67 为齿槽转矩低点对应的值。参考文献［14］采用有限元分析，借助 Ansoft EM 软件包中的 Rmxprt 模块和 MaxweⅡ2D 模块，应用场路结合对一台定子外径 132mm 铁氧体永磁 9 槽 8 极样机进行快速模拟和仿真。分析忽略漏磁和饱和的影响，

求取 α_p在0.6~1之间不同值的齿槽转矩。结果如图10-8所示。从图可以看出，齿槽转矩随着 α_p的改变呈现近似周期性的变化，最低点分别出现在 α_p接近0.89、0.78、0.67，与表10-6的 $k_2=0$ 计算值吻合。从图还可以看出，如果稍微偏离这些点，齿槽转矩会有大幅提升。

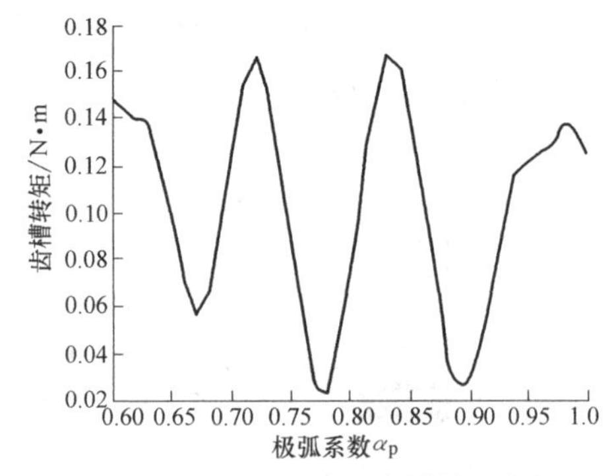

图10-8　9槽8极电机极齿槽转矩与极弧系数 α_p关系

在参考文献［1］第五章第2节专门讨论了基于极弧系数选择的齿槽转矩削弱方法，对永磁体剩磁通密度分布的傅里叶分解系数进行研究，分析它对齿槽转矩的影响。其中，对27槽6极电机例子进行分析，得到取极弧系数为0.667或0.777时，齿槽转矩应较小。如果我们利用式（10-6）进行计算，由 $N_c=54$，$N=N_c/2p=9$，得到最佳极弧系数是 $\alpha_p=0.889$，0.778，0.667，…。计算结果与参考文献［1］分析结果一致。文中另一个例子，30槽6极电机分析结果，当极弧系数为0.6或0.8时，齿槽转矩应较小。同样，如果我们利用式（10-6）进行计算，由 $N_c=304$，$N=N_c/2p=5$，得到最佳极弧系数是 $\alpha_p=0.8$，0.6，0.4，…。计算结果与参考文献［1］分析结果一致。

参考文献［4］对集中绕组永磁电机齿槽转矩进行理论研究，得到最佳极弧系数和槽口系数：

$$\alpha_p=K\frac{2p}{Z}-N_1$$

$$\beta=N_1\frac{Z}{2p}-K \tag{10-7}$$

式中，$N_1=0$，1，2，…，$2p-1$；$K=1$，2，…，$Z-1$。

一些12槽和24槽电机最佳极弧系数和槽口系数分析结果见表10-7。表中，在同一个 q 值下，可以有若干个最佳极弧系数供选择。

为了验证上述分析，用有限元法计算了一台槽口系数为0.08的12槽电机在几种极数下的齿槽转矩峰值与极弧系数关系，结果如图10-9所示。归纳结果如下：

$2p=8$ 极时，较好的极弧系数是0.78，相当于表10-7中的0.67加上修正系数为0.17情况；

$2p=10$ 极时，较好的极弧系数是0.92、0.76、0.59，相当于表10-7中的0.83、0.67、0.5加上修正系数为0.09情况；

$2p=14$ 极时，较好的极弧系数是0.86、0.69、0.53，相当于表10-7中的0.83、0.67、0.5加上修正系数为0.02~0.03情况；

$2p=16$ 极时，较好的极弧系数是0.93、0.60，相当于表10-7中的1、0.67减去修正系数为0.07情况。

这些结果说明，表10-7的分析数据和有限元法分析结果接近，有一定参考价值。对于槽口系数为0.08的12槽电机，如图10-9所示，在较好的极弧系数点，$2p=10$，14有更低的齿槽转矩，而且 $2p=14$ 最好；$2p=8$（$q=1/2$）齿槽转矩明显增高，$2p=16$（$q=1/4$）最差。

表 10-7　12 槽和 24 槽电机的最佳极弧系数 α_p 和槽口系数 β

Z	12								24					
$2p$	8		10		14		16		20		22		26	
q	1/2=0.5		2/5=0.4		2/7=0.286		1/4=0.25		2/5=0.4		4/11=0.364		4/13=0.308	
	α_p	β	α_p	β	α_p	β	α_p	β	α_p	β	α_p	β	α_p	β
α_p	0.67	0.5	0.83	0.8	0.83	0.857	1	0.75	0.83	0.8	0.92	0.919	0.92	0.923
	0.33		0.67	0.6	0.67	0.714	0.67	0.5	0.67	0.6	0.83	0.818	0.83	0.846
			0.5	0.4	0.5	0.571	0.33	0.25	0.5	0.4	0.75	0.727	0.75	0.769
			0.33	0.2	0.33	0.429			0.33	0.2	0.67	0.636	0.67	0.692
						0.286					0.58	0.545	0.58	0.615
						0.143					0.5	0.455	0.5	0.538

以上是对于表面安装磁瓦情况的分析结果。对于内嵌永磁的情况，参考文献［6］对 $Z/2p=6/4$，12/4 内嵌式永磁进行有限元分析计算，分析了其齿槽转矩峰值与极弧系数关系，分析的结果如图 10-10 所示，在 $q=1/2$ 和 $q=1$ 两种情况下较好的极弧系数都是取 0.68 左右。值得注意的是，$q=1/2$ 的齿槽转矩峰值约为 $q=1$ 情况下的一半。

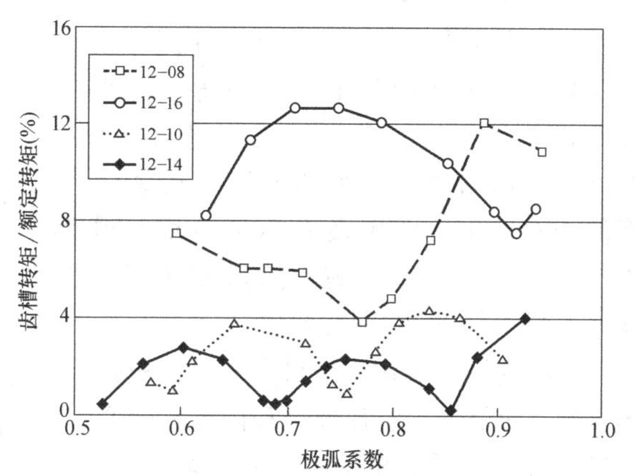

图 10-9　12 槽电机几种极数下的齿槽转矩峰值与极弧系数关系

上述的最佳极弧系数是理论分析计算结果，可供参考。实际上，最佳极弧系数还和所用永磁材料、磁化情况（如径向磁化或平行磁化）、气隙大小、槽口宽度等因素有关。上面的最佳极弧系数数据是在小槽口情况分析的结果。参见 10.9 节分析。

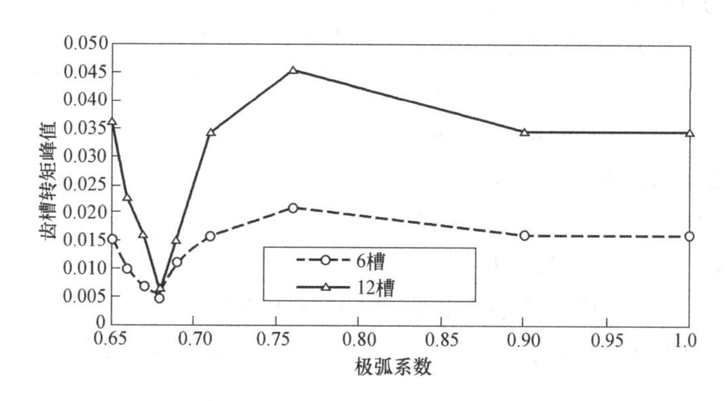

图 10-10　6 槽和 12 槽内嵌式永磁 4 极电机的齿槽转矩峰值与极弧系数关系

需要注意的是，负载时的纹波转矩也随极弧系数变化而变化，但最低纹波转矩的极弧系数和最低齿槽转矩的极弧系数并不一致。例如，第 5 章图 5-11 给出 12/14 组合的纹波转矩和齿槽转矩与极弧比关系有限元分析结果，最低齿槽转矩的极弧系数是 0.52、0.69、0.86，而最低纹波转矩的极弧系数是 0.91。电机设计时宜兼顾考虑。

10.5　不等厚永磁体和不均匀气隙方法

通常设计电机定转子之间气隙均匀的，磁体下的气隙磁通密度分布会较接近于梯形波，有较多谐波。如果改为不等气隙，即磁体中央处的气隙较小，在极尖处有较大气隙，使磁体下的气隙磁通密度分布较接近于正弦波，有利于降低齿槽转矩和负载时的转矩纹波。例如，多极电机采用表面黏结磁片结构时，每个磁片截面可设计为面包形，它与定子铁心间形成不等气隙，参见第6章图6-1的面包形磁片。在图10-11显示一台$q=1$电机，采用面包形磁片不等气隙形状并经优化后，与原来的均匀气隙（实线）相比，不均匀气隙的齿槽转矩（虚线）可降低50%以上。图中横坐标是转角与槽距之比，表示了在一个槽距内齿槽转矩变化波形。最大气隙/最小气隙比建议取2~3左右。

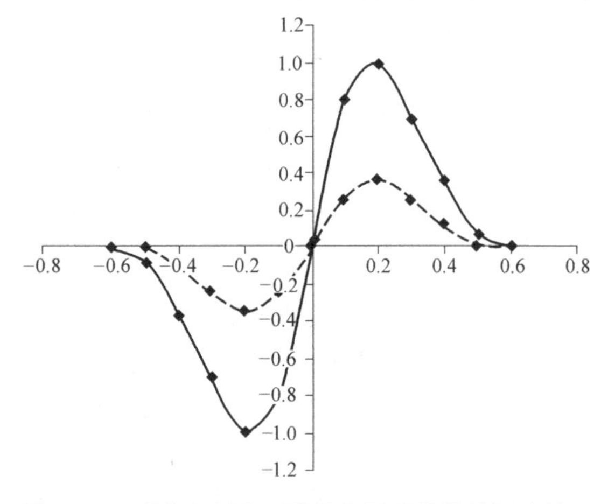

图10-11　均匀气隙与不均匀气隙的齿槽转矩比较

一些内转子表贴式电机常采用多极弧形磁片，如果弧形磁片外径和内径是同心圆时，永磁体厚度相等，气隙是均匀的。如果改为外径和内径是不同心（即偏心），使永磁体厚度不等，中央厚些，两侧薄些，这样气隙也变为不等气隙，同样能够降低齿槽转矩。在图10-12显示一台4极电机，原设计内外径同心，磁片外径37.2，内径29.2。改为偏心5.2后，磁片外径32，内径29.2，齿槽转矩有了明显的降低，约降低到1/10。图中还显示，如果进一步优化，齿槽转矩更低了。钕铁硼弧形磁片通常利用矩形坯料采用电火花线切割加工出圆弧部分，此时宜设计为外径和内径圆心的偏心等于磁片中央厚度（即最大厚度），这样既能够降低齿槽转矩又可以节省磁性材料，减少边角废料，降低永磁材料的成本。

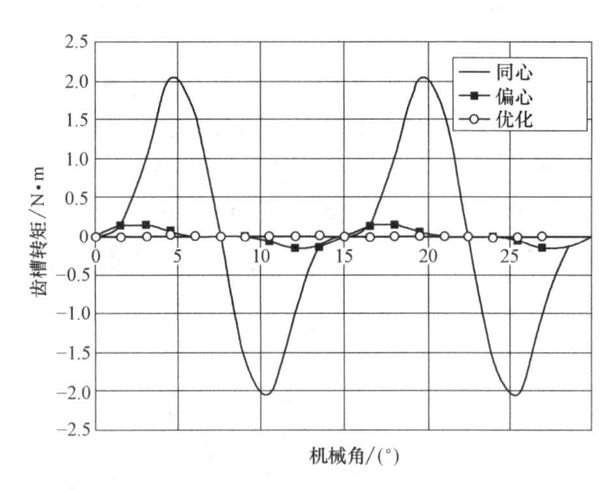

图10-12　磁片内外径同心与偏心对齿槽转矩的影响

10.6　定子斜槽、转子斜极或转子磁极分段错位方法

如前所述，转子每一转出现的齿槽转矩基波周期数等于定子槽数Z和极数$2p$的最小公倍数N_c，即一个齿槽转矩基波周期对应的机械角$\theta_1=360°/N_c$。因此，如果定子铁心斜槽角或转子磁极斜极角θ_{sk}和它相等，即可消除齿槽转矩的基波：

$$\theta_{sk}=360°/N_c$$

对于整数槽电机，$N_c=Z$，斜槽角 θ_{sk}：

$$\theta_{sk}=360°/Z$$

看一个例子，一台 $Z=18$，$2p=6$ 极的 $q=1$ 整数槽电机，有 $N_c=Z=18$，按上式，斜槽角度 θ_{sk} 为 20°，即定子斜 1 个槽距，或转子斜极 20°，见图 10-13a，即可消除基波齿槽转矩。

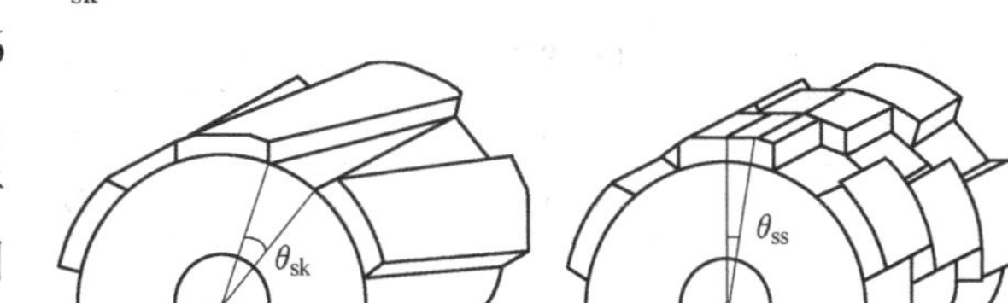

图 10-13　转子斜极和转子磁极分段错位方法

但要指出的是，它同时会使反电动势和输出电磁转矩有所下降。定子斜槽还使绕组嵌线难度增加。而且，定子斜槽或转子斜极在电机绕组通电时，会产生附加的轴向力。轴向力大小与斜槽角度有关。

为了制造工艺上容易实施，可采用转子磁极分段错位方法近似斜极的效果，如图 10-13b 所示。该图是分段数 $N_s=3$ 的情况。每段错移角度 θ_{ss} 表示为

$$\theta_{ss}=\frac{\theta_{sk}}{N_s}=\frac{360°}{N_cN_s}$$

为了了解转子磁极不同的分段数 N_s 对降低齿槽转矩的效果，参考文献［5］用有限元方法进行分析计算，结果如图 10-14 所示。如图所示，随着分段数 N_s 增加，齿槽转矩的幅值逐步降低，而且当分段数 N_s 分别为 2，3，4 时，剩余的齿槽转矩变化次数增加，主要是 2，3，4 次谐波。从本实例可见，转子磁极分 4 段时降低齿槽转矩的效果已经很好，分段数为 5 时，齿槽转矩已经完全可以忽略了。

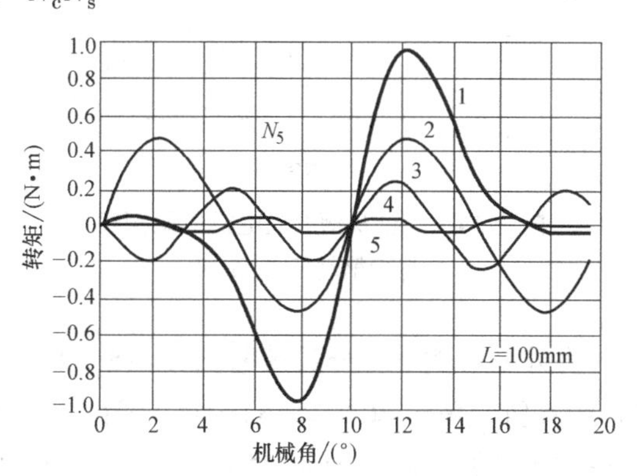

图 10-14　转子磁极不同分段数的效果

再来看分数槽情况。如前面分析，如果分数槽集中绕组的每相每极槽数 q 表示为 $q=c/d$，则 Z 和 $2p$ 的最小公倍数 $N_c=dZ$。一些斜槽角 θ_{sk} 与 q 值关系例子见表 10-8 所示。斜槽角 θ_{sk} 与 q 值关系的一般表达式为

$$\theta_{sk}=\frac{360°}{dZ} \tag{10-8}$$

上式表明，对于分数槽电机，采用定子斜槽或转子斜极方法降低齿槽转矩时，定子斜槽角或转子斜极角小于一个定子槽距角，比整数槽电机小了许多，它们和 q 值有关，只需一个定子槽距角的 $1/d$ 即可。所以，从斜槽工艺角度看，分数槽也是较好的选择。

从这个结论也可以引申得：对于 q 有较大 d 值的分数槽集中绕组电机，定子直槽时的齿槽转矩已经不大了，甚至没必要采取定子斜槽角或转子斜极方法就能够适应大多数应用的要求[12]。

表 10-8　分数槽电机斜槽角 θ_{sk} 与 q 值关系例子

q	$Z/2p$ 例	最小公倍数 N_c	斜槽角 θ_{sk}
1	18/6	Z	$360°/Z$
1/2	6/4,9/6	$2Z$	$360°/(2Z)$
1/4	6/8	$4Z$	$360°/(4Z)$
2/5	12/10	$5Z$	$360°/(5Z)$
2/7	12/14	$7Z$	$360°/(7Z)$
3/8	9/8	$8Z$	$360°/(8Z)$

在图 10-15 给出对一台 9 槽 6 极电机（$q=1/2$）有限元分析的例子，得到在不同的定子斜槽角下齿槽转矩变化，由图可见，斜槽角 20°或 40°时，即斜半个槽或一个槽时，齿槽转矩最低。它与式（10-8）计算或表 10-8 结果一致。在图 10-16 还显示不同斜槽角与电机反电动势幅值关系。显然，取斜半个槽优于斜一个槽，对反电动势影响小一些。

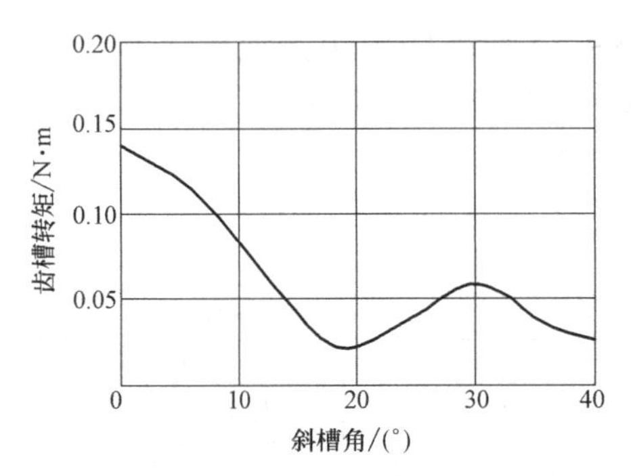

图 10-15　一台 9 槽 6 极电机的斜槽角与齿槽转矩关系

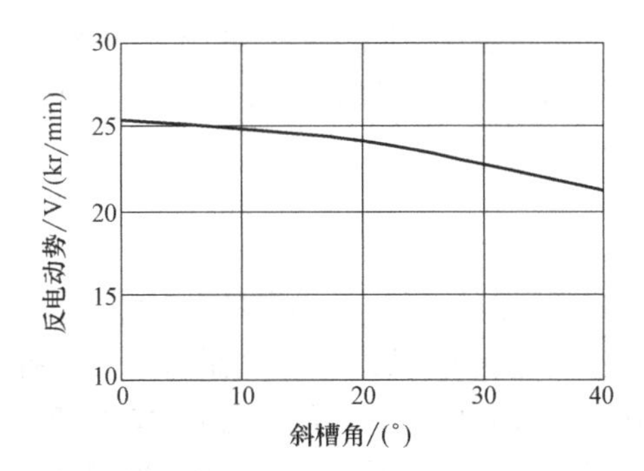

图 10-16　一台 9 槽 6 极电机的斜槽角与反电动势关系

另外一个例子：分数槽电机 $Z=15$，$2p=4$，$q=5/4$，有 $N_c=60$，由 $d=4$，利用式（10-8）计算斜槽角 $=360/(4\times15)=6°$。或由 $N_p=N_c/Z=60/15=4$，即在一个齿距内平均有 4 个齿槽转矩基波周期，所以斜槽可以取一个齿距的 1/4、2/4、3/4。最小的斜槽是 1/4 齿距，即 6°，为最佳斜槽角。

10.7　磁极偏移方法

仿照上节所述沿着轴向分段磁极错位的思路，为了削弱齿槽转矩，对于表面粘贴磁片多极电机，将 $2p$ 个磁极片从原来均布位置改为沿圆周方向偏移，它们的偏移角 θ_{shj} 分别为

$$\theta_{shj}=\frac{360°(j-1)}{2pN_c}\qquad j=1,2,\cdots,2p$$

这样做，相当于在一个基波齿槽转矩周期内有分段磁极 $2p$ 段，这样，除了 $2p$ 次及其倍数次谐波外，其他齿槽转矩都得到削弱。由于谐波次数越高幅值越小，所以总齿槽转矩得到削弱。在布置 $2p$ 个磁极时，不必一定按 j 的自然数顺序，可以灵活安排：一方面要顾及空间位置可能性，另外是考虑磁极偏移可能引起转子的不平衡问题，参见图 10-29 的例子。

这个方法对于嵌入式转子也是可行的，图 10-17 给出一个 4 极 24 槽例子。该例，最小公倍数 $N_c=24$，基波齿槽转矩周期就是一个槽距 15°，如图 10-17a 所示，采用磁极偏移后，总齿槽转矩幅值从 0.2N·m 降到约 0.02N·m，电机的额定转矩为 10N·m。而且，如上所述，齿槽转矩变为以 $2p$ 次即 4 次谐波为主。从图 10-17b 的磁通分布图可见，4 个磁极的边沿分别对应于铁心齿下的不同位置[5]。

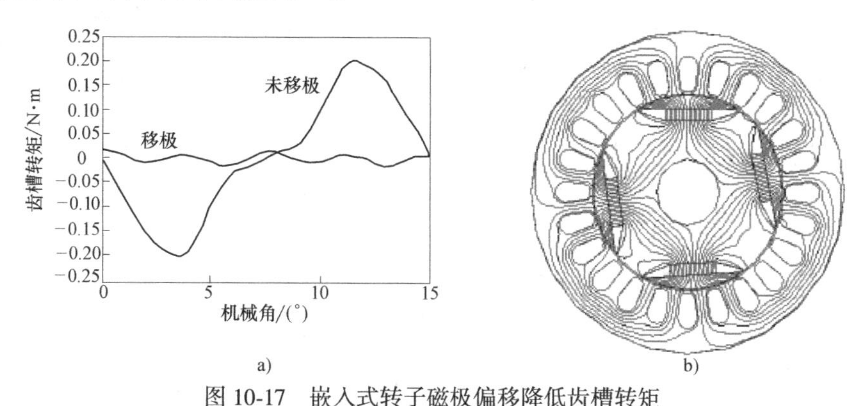

图 10-17 嵌入式转子磁极偏移降低齿槽转矩

10.8 定子铁心齿冠开辅助凹槽方法

为了降低齿槽转矩，在定子铁心齿冠开辅助凹槽是一种简单而有效的方法。通常限于齿冠空间，所开凹槽数 N_n 在 1 或 2 中选择，参见图 10-18。个别情况也有取更多凹槽数的。凹槽可以是矩形的，也有半圆形的。开辅助凹槽降低齿槽转矩的原理在于相当于增加齿槽转矩基波周期数，辅助凹槽新的齿槽转矩对原有槽口的齿槽转矩起抵偿作用，从而使总齿槽转矩幅值降低。齿冠开辅助凹槽还使等效气隙增加，也有利于降低齿槽转矩。这种方法常用于槽数或极数较少的电机。采用时应注意防止齿冠因开辅助凹槽出现局部磁饱和。

如前所述，平均到一个槽距下的基波齿槽转矩周期数为 N_p，辅助凹槽数 N_n 应当避免取 $N_n+1=kN_p$，或 $N_n+1=N_p/k$，$k=1, 2, 3, \cdots$。否则，齿槽转矩可能因开辅助凹槽反而增

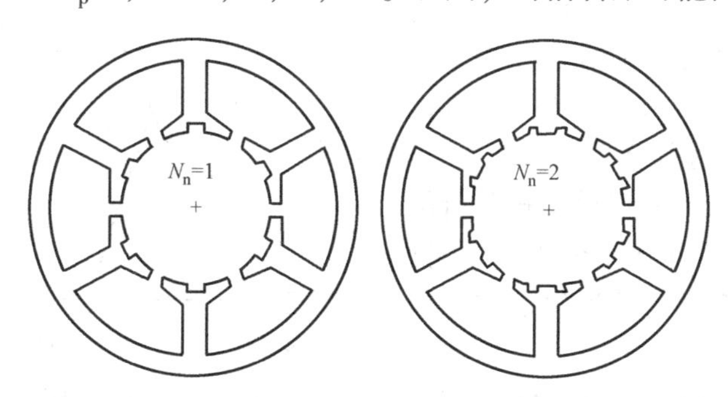

图 10-18 定子铁心齿冠开辅助凹槽例子

大。由此出发，下面分析不同槽极数组合的可用辅助凹槽数 N_n。

首先，看分数槽绕组电机。如前已分析，由 $q=c/d$ 为不可约分数，$N_p=2p/N_m=d$，$N_c=2pZ/N_m=dZ$。分析几种 Z 和 p 较少和常用槽极数组合情况，见表 10-9。从分析表可以

得到如下结论：对于单元电机槽数 Z_0 为奇数（d 为偶数）的电机，最小可用的辅助凹槽数 N_n 是 2，而单元电机槽数 Z_0 为偶数（d 为奇数）的电机，最小可用的辅助凹槽数 N_n 是 1。

表 10-9　一些分数槽绕组电机辅助凹槽数 N_n 的分析

q	$Z/2p$ 例	N_c	kN_p 或 N_p/k	避免的 N_n	可用的 N_n	最小的 N_n
1/2	6/4	12	$N_p=2$ $2N_p=4$ $3N_p=6$ $4N_p=8$	1 3 5 7	2、4、6	2
3/8	9/8	72	$N_p=8$ $N_p/2=4$ $N_p/4=2$ $N_p/8=1$	7 3 1	2、4、5、6	2
3/10	9/10	90	$N_p=10$ $N_p/2=5$ $N_p/5=2$ $N_p/10=1$	9 4 1	2、3、5、6、7、8	2
2/5	12/10	60	$N_p=5$ $2N_p=10$ $3N_p=15$	4 9 14	1、2、3	1
2/7	12/14	84	$N_p=7$ $2N_p=14$ $3N_p=21$	6 13 20	1、2、3、4、5	1

下面引用几个文献分析的例子，它们采用有限元法或其他分析方法得到的辅助凹槽数与上述分析结论一致。

例如，$Z/2p=18/12$，$q=1/2$ 电机，其基波齿槽转矩周期数等于定子槽数 18 和极数 12 的最小公倍数 36。如果在齿冠开 2 个凹槽，相当于槽数由 18 变为 $18\times3=54$，此时，其基波齿槽转矩周期数等于 54 和 12 的最小公倍数 108，是原来次数的 3 倍。参考文献［5］用有限元法对一台 $Z/2p=18/12$ 电机齿槽转矩进行分析，齿冠无凹槽（$N_n=0$）和开 2 个凹槽（$N_n=2$）的齿槽转矩分析结果如图 10-19 所示，后者与前者相比，齿槽转矩周期数增加到 3 倍，其幅值也约下降 3 倍。

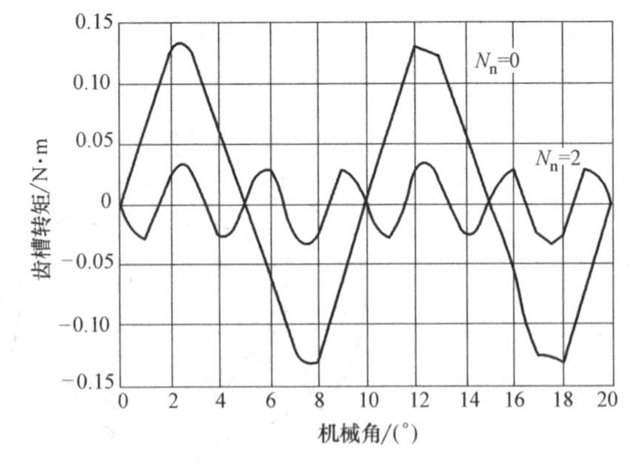

图 10-19　齿冠开辅助凹槽降低齿槽转矩的效果

参考文献［7］分析了一台 $Z/2p=6/4$ 电机，利用 Ansoft 电磁场计算软件计算了齿冠开 1 个和 2 个凹槽的齿槽转矩。当齿冠开 1 个凹槽时，基波齿槽转矩周期数和未开凹槽时一样，仍然是 12；当齿冠开 2 个凹槽时，基波齿槽转矩周期数增加到 36。因此，认为开 2 个凹槽比开 1 个凹槽作用明显。计算表明，当齿冠开 2 个凹槽（槽宽 2.5mm，深 1mm），和未开凹槽相比，齿槽转矩幅值从 1.04N·m 减低到 0.2N·m，约下降 5 倍。而齿冠开凹槽后气隙磁导的减少不大，所以对反电动势的影响不大，对所研究的电机计算结果，反电动势幅值仅降低 2.45%。该文还研究了凹槽的槽宽和槽深的影响，矩形凹槽的槽宽取原来铁心的槽口宽为最佳值，得到最低齿槽转矩。随着凹槽深的增大，齿槽转矩下降，当深度到达某一个值（1mm）后，变化就很小了。

另一个例子，一台 6 槽 4 极内定子 $q=0.5$ 铁心，如图 10-20 所示，每个齿的齿冠上开 2 个（方式 A）或 4 个凹槽（方式 B），这里凹槽位置与上例不同。有限元分析结果，它们的齿槽转矩幅值比不开凹槽明显下降，分别降低约 3.5 倍和 9 倍，参见图 10-21。

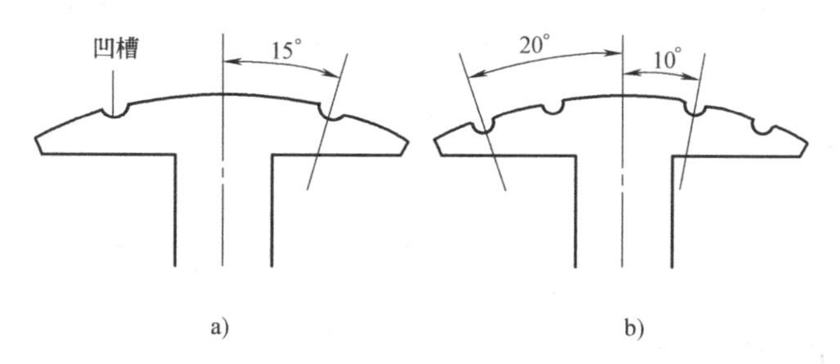

图 10-20 6 槽 4 极内定子两种凹槽方式

a）方式 A b）方式 B

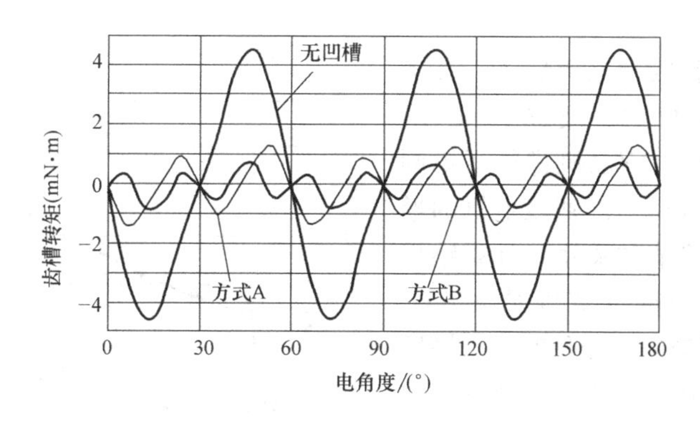

图 10-21 6 槽 4 极内定子两种凹槽方式的齿槽转矩与不开凹槽的比较

参考文献［21］对两个分数槽电机进行分析，$Z/2p=18/4$，$q=3/2$ 电机和 $Z/2p=9/4$，$q=3/4$ 电机。它们的 $d=2$ 或 4。由表 10-9 分析结论，对于 d 为偶数电机，最小可用的辅助凹槽数 N_n 是 2。文中采用的辅助凹槽数是 2。

参考文献［19］对 $Z/2p=12/10$，$q=2/5$ 分数槽电机进行分析，文中采用的辅助凹槽数是 1。它的 $d=5$。而由表 10-9 分析，最小可用的辅助凹槽数 N_n 也是 1。文中分析了采用矩形，半圆形和三角形辅助凹槽的效果，认为矩形最好，三角形最差。建议辅助凹槽槽口宽度等于原来冲片的槽口宽度。

再来看整数槽电机，q 为整数的电机，不论 q 值是多少，一转下的齿槽转矩周波数 $N_c=Z$，即 $N_p=1$，一个齿距内有一个齿槽转矩基波。这样，辅助凹槽数没有必须避免的限制。在齿冠开辅助凹槽，将提高周波数 N_c，有利于降低齿槽转矩。参考文献［20］研究了一台 $Z/2p=24/4$，$q=2$ 电机，用仿真计算比较了辅助凹槽数 N_n 为 1 和 2 的效果，见表 10-10。凹槽数为 2 时，两个凹槽之间夹角有不同进行了比较。从这个例子看，总的来说，与分数槽电机上述例子相比，对于整数槽电机采用辅助凹槽降低齿槽转矩的效果不大。

表 10-10　不同辅助凹槽的齿槽转矩仿真结果

辅助凹槽数 N_n	齿槽转矩幅值(N·m)
无	0.79
1	0.615
2(夹角 3°)	0.52
2(夹角 4°)	0.57
2(夹角 5°)	0.67
2(夹角 6°)	0.84

10.9　槽口宽度的优化

既然定子铁心槽口的存在是齿槽转矩产生的主要原因，通常认为槽口宽度宜取较小为好。

我们先看一个整数槽电机例子。参考文献［8］对一台槽数 24，极数 4，$q=2$，定子内径 70mm 的整数槽电机进行了不同槽口宽度的有限元分析，得到该电机的槽口宽度与齿槽转矩峰值的关系。计算结果如图 10-22 所示，当槽口宽度从 4.6mm（槽口系数 0.5）逐渐向零变化时，齿槽转矩从高值单调下降到零。这里，槽口系数是槽口宽和槽距之比，槽距为 $70\pi/24=9.16$mm。最后，限于工艺考虑，取槽口宽度 2mm（槽口系数 0.22）。此时的齿槽转矩约为槽口宽度 4.6mm 时的 35%。

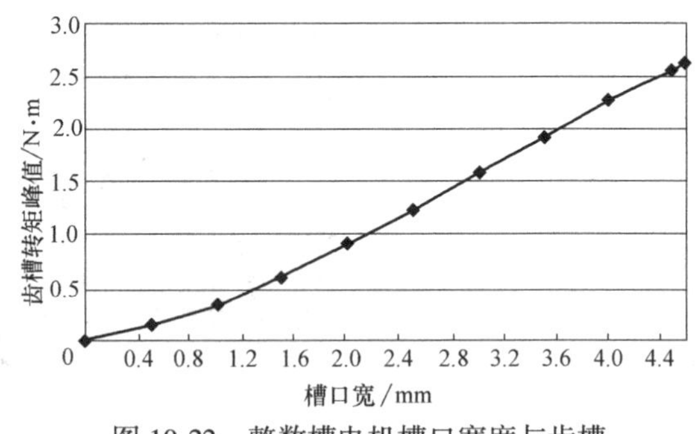

图 10-22　整数槽电机槽口宽度与齿槽转矩峰值关系的例子

而分数槽电机情况就不同了。

参考文献［9］对一台槽数 12，极数 14，$q=2/7$，定子内径 69mm 的分数槽电机进行了槽口宽度与齿槽转矩峰值关系的有限元分析，计算了该电机的槽口宽度分别为 6、5、4、3、2mm 时的齿槽转矩波形，发现齿槽转矩峰值不是单调变化的，在 3～4 和 6～7 之间存在低值。进一步分析得到齿槽转矩峰值最小值发生在槽口宽度 3.45mm 处。此时的齿槽转矩约为槽口宽度 2mm 时的 6%，约为槽口宽度 4mm 时的 10%。显示槽口宽影响十分明显。

这个例子表明，对于分数槽电机并非槽口宽度越小越好，存在可优化的槽口宽度的选择。和整数槽电机中平均一个槽距只含一个齿槽转矩基波不同，如上述分数槽电机的例子，每一转齿槽转矩基波周期数是 84，平均一个槽距内包含 7 个齿槽转矩基波周期，一个齿槽转矩基波周期只有 69π/84 = 2.58mm，所以槽口宽度变化的影响就很明显。从参考文献［9］给出的槽口宽度接近优化值 3.45mm 时的齿槽转矩波形可以看到主要呈现为二次波，即其齿槽转矩基波已经被明显抵消了。

下面给出以有限元分析几种不同槽极数组合的槽口宽度对齿槽转矩影响的研究结果。图 10-23 给出有开口槽（槽口系数 β=0.5）的几种 12 槽电机的齿槽转矩（相对于额定转矩的相对值，下同）与极弧系数关系，而半闭口槽（β=0.08）的齿槽转矩与极弧宽关系已在图 10-9 给出。两者对比可见，这里在 12 槽 8 极，12 槽 16 极的开口槽齿槽转矩最低点还比半闭口槽时低，此时极弧宽在 0.75 附近。

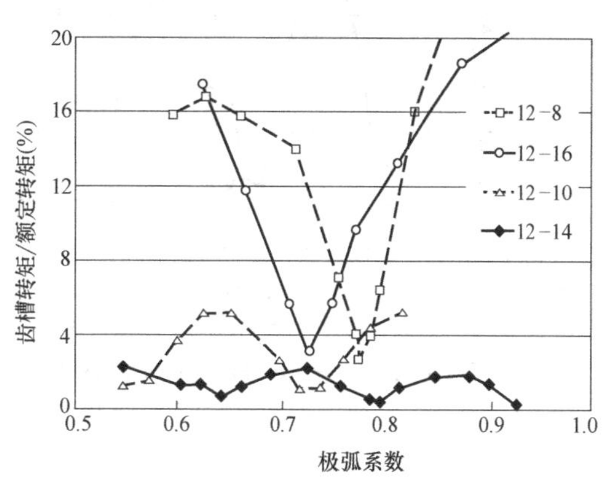

图 10-23　开口槽的几种 12 槽电机的齿槽转矩与极弧宽关系

作为一个例子，研究 12 槽 16 极电机（q=1/4）在不同槽口宽度时的齿槽转矩与极弧宽的函数关系，有限元分析的结果如图 10-24 所示。这里，半闭口槽的槽口系数为 0.08 和 0.25，开口槽的槽口系数为 0.5。半闭口槽 0.08 的最低齿槽转矩分析在极弧系数为 0.6 或 0.92 位置。半闭口槽 0.25 最低齿槽转矩在 0.68 极弧系数位置。而开口槽结构的齿槽转矩脉动最低点的极弧系数为 0.73。有趣的是，观察三种槽口宽的最低齿槽转矩发现，槽口最小（0.08）的最低齿槽转矩反而高于开口槽（0.5），最低的是槽口系数为 0.25 的时候。

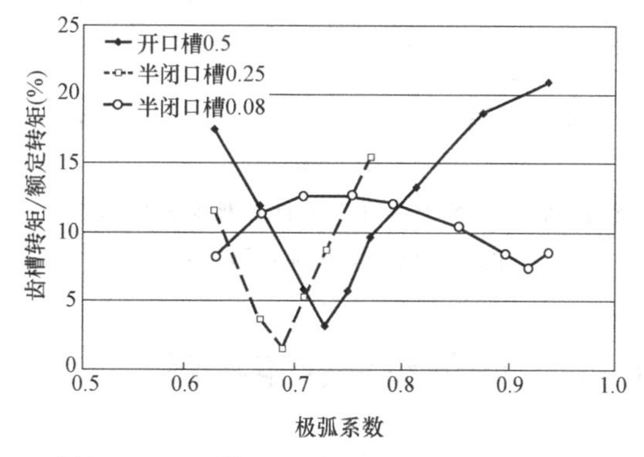

图 10-24　12 槽 16 极电机三种不同槽口宽度时的齿槽转矩与极弧宽的函数关系

在 12 槽 10 极和 12 槽 14 极电机不同槽口宽的齿槽转矩分析结果表示在图 10-25。这里半闭口槽的槽口系数为 0.08，开口槽的槽口系数为 0.63。该曲线表明，最低齿槽转矩位置随着槽口宽度而变化。但大开口槽的最低齿槽转矩与半闭口槽的最低值相差不大。14 槽电机的最低齿槽转矩比 12 槽电机低。

再研究 36 槽 24 极（q=1/2）不同槽口宽度的齿槽转矩变化。研究结果表明，半闭口槽的齿槽转矩在 2%~11%之间。半开口槽的齿槽转矩一般都相当高，例如达 20%。但在极弧相对宽度为 0.73 时，半开口槽结构可以得到最低齿槽转矩，参见图 10-26。半开口槽最低齿槽转矩为 4%。这里的槽口系数分别为 0.09 和 0.42。

在大极数的分数槽电机齿槽转矩有可能低于 0.1%。例如 36 槽 42 极（q=0.286）在齿槽转矩的水平低于比上述其他槽极数组合。如图 10-27 所示，当半闭口槽槽口系数为 0.09，磁体的极弧系数在 0.6~1.0 宽范围内，齿槽转矩的相对值均小于 1%。在两个最低点处，齿槽转矩只有 0.05%，已是足够小。

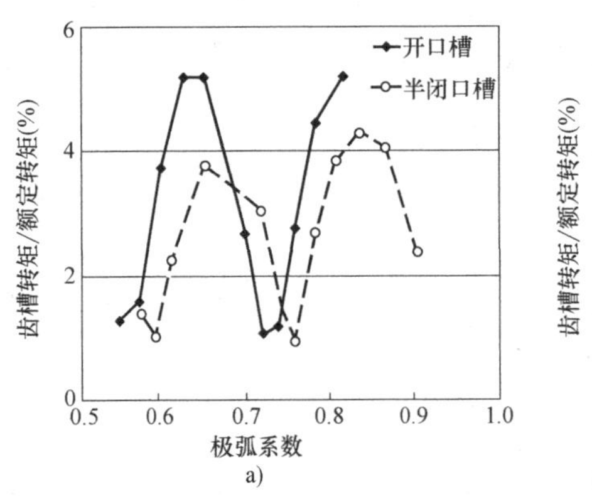

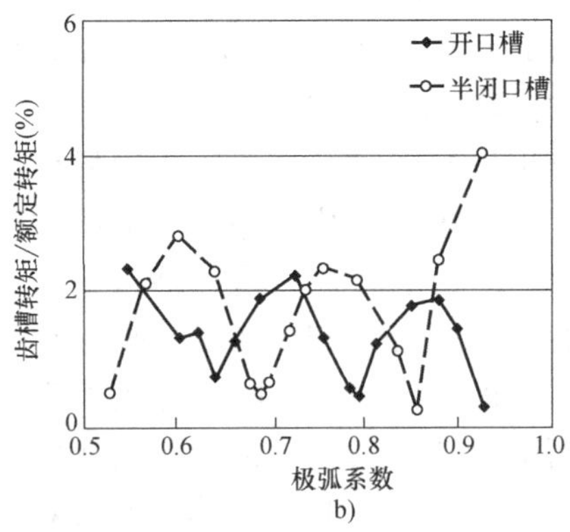

图 10-25　12 槽 10 极和 12 槽 14 极电机半闭槽和开口槽的齿槽转矩与极弧宽关系
a）12 槽 10 极　b）12 槽 14 极

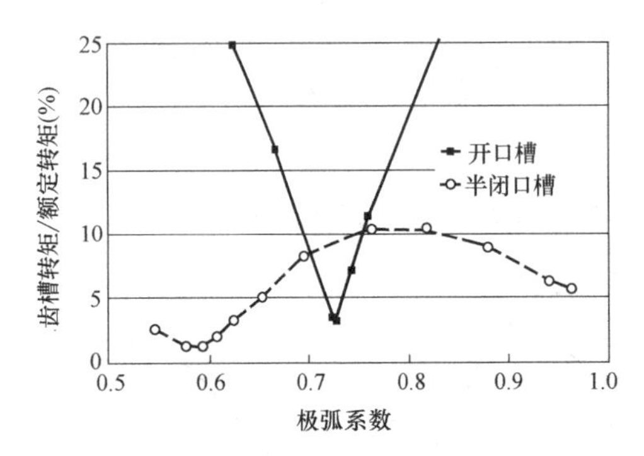

图 10-26　36 槽 24 极电机半闭口槽和开口槽结构的齿槽转矩与极弧系数关系

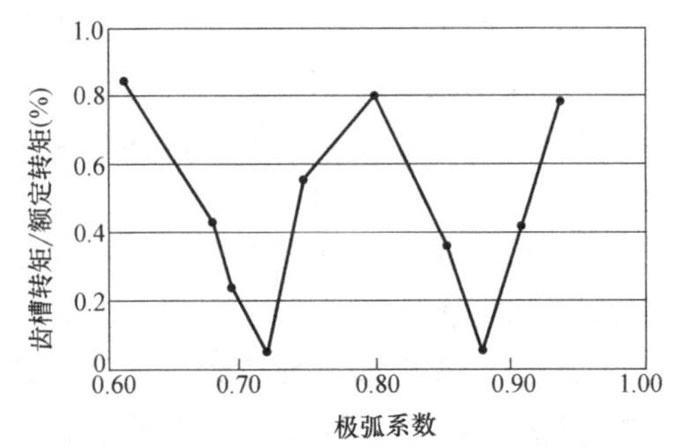

图 10-27　36 槽 42 极电机（$q=0.285$）半闭口槽的齿槽转矩与极弧系数关系

10.10　降低齿槽转矩实例

参考文献［8］给出一个槽数 24，极数 4，$q=2$ 整数槽电机例子。原设计表面粘贴磁片，磁片极弧角 120°（电气角），铁心为直槽，槽口宽 2mm，气隙 1mm，绕组短距 5/6。为降低齿槽转矩，分别对多个设计改进措施进行分析，采用有限元法计算若干性能指标结果见表 10-11。

表 10-11　降低齿槽转矩设计多个改进措施分析实例

设计技术	负载转矩 T_{load}/N·m	齿槽转矩 T_c/N·m	齿槽转矩百分比(%)	转矩纹波(%)	反电动势总谐波失真 THD(%)
原设计	13.98	1.83	13.1	37.59	6.02
分数槽	14.52	0.89	6.1	31.95	4.30
斜极	12.90	0.0024	0.02	6.28	1.05
优化极弧系数	14.16	0.34	2.4	33.32	2.22
磁极偏移	13.82	0.20	1.5	11.17	4.05
综合技术	13.98	0.023	0.17	9.77	1.32

分数槽方案，维持极数为4，将槽数改为18，$q=3/2$，分析结果齿槽转矩约降低一半。

最有效的措施是采用斜极，斜一个槽距，可降低齿槽矩99.9%。但是它同时会使反电动势和负载转矩明显下降，而且增加了制造难度，不准备采用。

对优化极弧系数进行分析结果如图10-28所示。采用极弧角126°（电气角）为优化极弧尺寸，齿槽转矩约降低82%，反电动势总谐波失真约降低2/3，但转矩纹波改善不大。另外一个方法是磁极偏移。磁极间基本偏移角 $\theta_0=360/2pZ=3.75°$，4个磁极间依次偏移角取为0°，$2\theta_0=7.5°$，$3\theta_0=11.25°$，$\theta_0=3.75°$，如图10-29所示。这样布置目的是使因磁极偏移产生的转子重心偏移 r 减到最小，经过计算只有0.0034mm，不平衡很小。这个办法使齿槽转矩和转矩纹波得到明显的改善。

最后，综合采取了磁极偏移和优化极弧系数技术措施，性能指标全面得到提高，见表10-11。

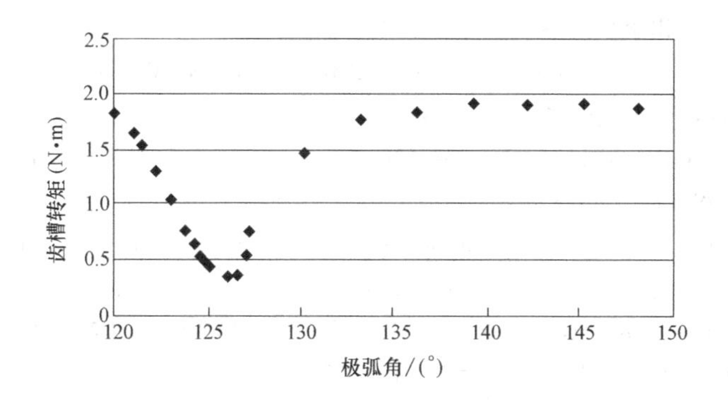

图10-28　齿槽转矩与极弧角关系

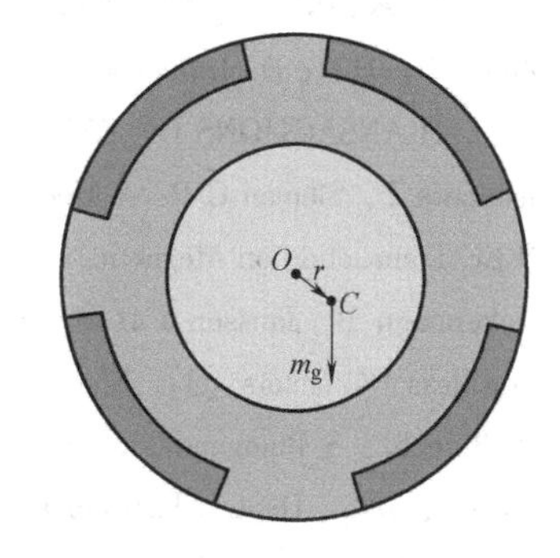

图10-29　一个4极电机的磁极偏移例

另外一个是分数槽电机的例子。美国著名电机制造商艾默生电气公司为汽车电动转向系统（EPS）设计永磁无刷电动机，并申请了国际专利[10]。据称，该专利设计的永磁无刷电动机具有低齿槽转矩，低转矩纹波，高转矩密度和较低成本的特点，主要采取了以下设计措施并申请了专利保护：

1）过去生产的EPS无刷电动机常取 $q=1/2$（例如槽数/极数=6/4，12/8或18/12），或 $q=1$（例如36/12），该专利采用 $q=2/5$，槽数为12极数为10的分数槽集中绕组设计；

2）转子磁体截面为面包形，形成不等气隙，最大气隙/最小气隙比1~2.5；

3）转子磁体极弧角31°~35°，极弧系数为0.86~0.97；

4）定子槽口宽/最大气隙比≤1；

5）转子斜极或分段斜极，分段数取2或更多。

10.11　小结

除了上述降低齿槽转矩设计措施外，还有基于不等槽口宽组合，不等极弧宽组合，定子槽口不均匀分布，调整齿冠形状，磁极开槽，改变永磁体磁化方向等方法，不过这些方法实施起来比较麻烦，不便于工程实施，较少采用。

上述降低永磁无刷直流电机的齿槽转矩设计措施，主要集中在气隙区域，对齿槽和磁极方面的调整。实际上，电动机整个磁系统的所有不平衡，例如定子铁心齿部的过饱和，在轭部开孔不当，各磁极片磁性能不一致，磁极片放置不准确，环形磁体充磁不对称，以及位置传感器放置不准确等，涉及磁动势和磁导的不平衡都会产生影响，形成附加的不对称转矩，因此，在结构设计和制造过程中应给予重视。

电机转矩波动的原因，除了齿槽转矩外，还应考虑到其他原因引起的磁阻转矩和负载时产生的电磁转矩波动，参见第9章。

上述一些措施在降低齿槽转矩的同时，有可能造成电磁转矩的降低，或电磁转矩波动的增加。因此，应该综合考虑，既要考虑到降低齿槽转矩又要考虑到负载下电磁转矩波动的问题，尽量兼顾。

参考文献

[1] 王秀和. 永磁电机 [M]. 北京：中国电力出版社，2007.

[2] Zhu Z Q, Howe D. Influence of Design Parameters on Cogging Torque in Permanent Magnet Machines [J]. IEEE TRANSACTIONS ON ENERGY CONVERSION, 2000, 15 (4).

[3] Ishikawa T, Slemon G R. A Method of Reducing Ripple in Permanent Megnet Motors Without Skewing [M]. IEEE Transaction on Megnetics, 1993, 29 (2).

[4] Ackermann B, Janssen J H H, Sottek R, et al. New technique for reducing cogging torque in a class of brushless DC motors [J]. Electric Power Applications, IEE. Proceedings B, 1992, 139 (4): 315-320.

[5] N Bianchi, S Bolognani, S. Cervaro, et al. BRUSHLESS MOTOR DRIVES FOR VENTILATION [M]. Padova, Italy, Dept. Electrical Engineering, Univ. Padova, 2001, pp. 1-22.

[6] Zhu Z Q, Ruangsinchaiwanich S, Schofield N, et al., Reduction of Cogging Torque in Interior-Magnet Brushless Machines [J]. IEEE TRANSACTIONS ON MAGNETICS, 2003, 39 (5).

[7] 陈霞，等. 采用齿冠开槽法有效抑制永磁电机齿槽力矩 [J]. 微特电机，2006 (11).

[8] Luke A Dosiek. Reducing Cogging Torque in Hybrid Rotor Permanent Magnet Machines [M]. Clarkson University, 2006.

[9] 董仕镇，等. 减少齿槽转矩的永磁电动机槽口优化设计 [J]. 微电机，2007 (12).

[10] 国际专利 WO2002060740. ELECTRIC POWER STEERING SYSTEM INCLUDING A PERMANENT MAGNET MOTOR.

[11] 韩光鲜，程智，王宗培. 永磁同步电动机齿槽定位转矩的研究 [J]. 伺服控制，2006 (2).

[12] 莫会成. 分数槽绕组与永磁无刷电动机 [J]. 微电机，2007 (11).

[13] Freddy Magnussen, Peter Thelin, Chandur Sadarangani. PERFORMANCE EVALUATION OF PERMANENT MAGNET SYNCHRONOUS MACHINES WITH CONCENTRATED AND DISTRIBUTED WINDINGS INCLUDING THE EFFECT OF FIELD-WEAKENING [C]. Power Electronics, Machines and Drives, 2004.

[14] 夏加宽，等. 近似极槽无刷直流电动机降低齿槽转矩方法分析 [J]，微电机，2008 (3).

[15] 胡建辉，等. 无刷直流电机的理想与非理想定位力矩及其综合抑制方法 [J]. 中国电机工程学报，2005 (11).

[16] 李建军，等. 无刷直流电动机噪声分析及其抑制 [J]. 微特电机，2009 (3).

[17] 王秀和，杨玉波，等. 基于极弧系数选择的实心转子永磁同步电动机齿槽转矩削弱方法研究 [J]. 中国电机工程学报，2005 (8).

[18] Ackermann B, Janssen J, Sottek R, et al., New technique for reducing cogging in a class of brushless DC motors [J]. IEE Proc, pt B, 1992, 139 (4).
[19] 夏加宽，于冰. 定子齿开辅助槽抑制永磁电动机定位力矩 [J]. 微特电机，2010 (1).
[20] 张颖，林明耀. 定子齿表面开槽对永磁无刷直流电机齿槽转矩的影响 [J]. 电气技术，2008 (1).
[21] 刘伟，陈丽香，唐任远. 定子齿顶开辅助槽削弱永磁电机齿槽转矩的方法 [J]. 电气技术，2009 (8).

第11章 电机设计要素的选择与主要尺寸的确定

11.1 设计技术要求与典型设计过程

对一台无刷直流电动机的设计技术要求常体现在电机设计技术任务书中。电机设计除应符合有关国家标准和行业标准外，设计技术任务书常包括如下内容：

1. 电机主要技术要求

包括使用电源电压，工作制，连续工作下功率、转矩、转速，峰值功率、峰值转矩，最高转速，效率，振动与噪声，使用环境，防护等级等。

2. 与电机设计有关的控制方面技术要求

控制类型：开环或闭环，转矩（电流）控制，转速控制，或位置控制；控制精度和带宽；转向或正反转；软起动，制动，限流；动态要求，转矩转动惯量比，加/减速能力；故障保护，等。

电机设计工作者必须了解和结合与电机设计有关的控制方面技术要求，才能够作出正确的电机设计方案抉择。

一台电机设计的成败或优劣，关键是对设计任务书要求的认真分析，对电机设计若干要素作出正确的选择，然后才是计算。所以计算程序不是第一位的，设计方案正确选择才是首要的。

永磁无刷直流电动机设计目前用得较多的仍然是传统电磁设计方法。电磁设计方法是电机的经典基本设计方法，其中最常用的是电机主要尺寸计算法：由技术要求确定定子和转子结构，由转子结构和永磁体性能确定磁负荷 B_m，由性能要求及散热条件选择电负荷 A，然后根据电磁负荷确定电机主要尺寸 D_a 和 L。该方法属于经验设计，需要设计者有较多的设计经验积累，计算结果常需要多次调整。

设计过程中，需要进行磁路计算，计算各部分磁通密度。可以同时借助于有限元磁场分析方法，用有限元方法计算电机磁场和电机参数，校核电磁设计的计算结果。这样的场路结合方法能够提高设计的精确程度。

无刷直流电动机典型的设计流程：

1）分析设计任务书要求，明确设计目标；

2）工作方式的选择，如相数选择、导通方式、换相电路形式等；

3）电机结构形式选择：定子结构、永磁材料和转子磁路结构、传感器结构；

4）主要尺寸决定：根据电磁负荷或转矩特性要求计算电机主要尺寸 D_a、L；

5）极数和槽数选择，定子冲片和转子磁路初步设计；

6）磁路计算或有限元分析，计算确定气隙磁场参数；

7）绕组设计，绕组形式选择与匝数、线规计算；

8）电磁参数计算，特性计算；

9）设计复核与调整，核算电流密度、电磁负荷、电机温升、性能。

11.2　无刷电机 CAD 软件简介

目前，已有多种适用于永磁无刷直流电机设计使用的软件，例如 ANSYS、ANSOFT、MotorSolve、SPEED 等。国内也有多个新开发的设计软件可用于无刷直流电机设计。

加拿大以电磁计算分析著名的 Infolytica 公司于 2006 年推出了专门针对永磁无刷电机的 MotorSolve BLDC 电机设计软件。MotorSolve 软件包括电机和驱动两个部分。它将经典的解析方法和电磁场有限元分析方法结合在一起用于电机设计。用户仅需输入设计参数，便能自动生成模型和绕组，得到基于电磁场有限元分析软件 MagNet 的仿真结果。用户可以改变转子和定子的几何尺寸、极数和槽数、槽形、绕组、材料等设计参数，计算电机磁通、电流、反电动势、转矩、铁损耗、铜损耗、效率、齿槽转矩等性能数据，并可进行多设计方案比较。在 MotorSolve 软件里，用户只需简单地输入极数、槽数、绕组节距、相偏移等参数，就能自动地产生绕组分布，并计算反电动势，绕组系数和电动势谐波分析。

SPEED 软件是一种有效的磁场设计分析软件，它是由英国的 Glasgow 大学电子电气工程系研究实验室开发的。它包含很多层面的设计分析，每年推出已更新的新功能，以改善其功能，使之更容易使用。其中 PC-BDC 是专门用于永磁无刷电机设计的。设计过程大致如下：

1）审查设计目标要求；

2）选择转子永磁材料和定子冲片材料。SPEED 软件内含永磁和软磁材料性能数据库；

3）基于经验或定子模板，选择了转子极数与定子槽数，输入电机初步结构尺寸参数；

4）使用该程序建立电磁模型，根据需要调整电机尺寸得到符合要求的转矩和转速、损耗计算结果；

5）选择绕组模式，优化匝数，给出导线直径及槽满率；

6）检查方案的有效性；

7）变更某些参数迭代计算不同的优化方案。例如，变更绕组匝数、气隙、磁体厚度，检查热性能和电机运行的影响，验证对电压，电流等影响；

8）重新验证方案是否符合设计要求。

可利用 SPEED 和 Motor-CAD 两个软件包进行无刷电机的电磁计算和热计算。

CAD 技术将计算机的快速准确计算能力与电机专家研究理论成果及设计经验结合起来，加速了产品的设计过程，缩短了设计周期，提高电机产品设计质量。尽管设计软件功能越来越丰富，为电机设计带来不少方便，但设计者的无刷直流电机基本理论相关知识和设计经验是不可或缺的。实际上，在初始设计和设计程序中，参数的选择都需要设计者正确参与和判断。利用现代设计软件并与传统电磁设计方法相结合，有利于提高设计水平。

11.3　若干设计要素的选择

无刷直流电机是机电一体化产品，要达到设计任务书所要求的技术指标、工作特性，需要从电机本体和控制器整体角度出发，首先要确定合适的工作方式，例如相数、绕组连接方式、导通方式等，然后考虑电机本体的定转子结构形式、定子裂比、定子槽极数、转子永磁体结构、位置传感器方式等选择。对其简要介绍如下。

1. 相数的选择

大多数的无刷直流电动机驱动系统采用三相。三相驱动系统已被广泛应用，因而有许多成熟的通用驱动器产品可供选用。然而，多相电机驱动系统比三相电机驱动系统更具优势，近年有各种多相驱动技术，专门应用于要求高性能、高可靠性和低直流电压供电、大功率，而在成本不那么受到限制的场合（如电动汽车、混合动力汽车、航空航天、船舶推进等），参见第5章有关小节。对于一些小型风机、泵类等为节省成本又对转矩波动无要求的产品，可采用单相无刷电机驱动。两相或四相一般不推荐采用，参见第3章3.2节和3.5节分析。

2. 工作方式的选择

最为广泛应用的是三相、桥式驱动、六状态、120°导通、星形接法、有位置传感器的工作方式，应首先考虑采用。无论从电机性能、性价比和功率（转矩）密度出发，还是方便配置通用控制器和采用专用集成电路角度看，这种系统方案都宜列为首选。只在小功率或为节约成本时，可以考虑采用非桥式三相或四相驱动方式或单相驱动方式，参见第3章分析。

一般不推荐封闭式绕组接法，也不推荐180°导通方式。

如果特别关注运行可靠性或因为工作环境限制等因素，可考虑采用无位置传感器的工作方式，参见第12章分析。

3. 电机本体结构形式的选择

从原理结构上看，无刷直流电动机本体部分就是一个永磁同步电动机：有多相绕组的定子和有永磁体的转子。无刷直流电动机整体结构形式多种多样，主要有以下几类：

（1）径向磁路和轴向磁路结构

这是相对于电机转轴轴心来说的，常见的是径向磁路结构，电机呈圆柱状，定转子间气隙也呈圆柱状。轴向磁路结构电机的气隙是与轴心垂直的平面。轴向磁路常设计为盘式，外形呈现为扁平型式，轴向尺寸短，径向尺寸大，适用于有这种结构要求的场合。

径向磁路电机制造是最简单、最便宜的，但是它们的有效材料用量和轴向长度比横向磁路电机大。

（2）外转子和内转子结构

大多数径向磁路电机设计为内转子结构。一般来说，内转子结构的转子转动惯量较低，适用于要求快速加减速、期望转矩转动惯量比高的情况，特别是伺服用途电机中常常采用；由于定子散热条件较好，电机安装方便，大多数径向磁路电机设计为内转子式。内转子电机更适用于需要经减速机构间接驱动的场合。此时，电机设计成高速电机，具有较高功率密度。

径向磁路也有设计为盘式的，这种电机径向尺寸大，轴向长度相对较短，容易设计为多槽多极，所以往往用于要求低速大转矩直接驱动的场合。这样的盘式电机常设计为外转子结构，例如电动车用轮毂电机、一些风机用电机。外转子无刷电机更适用于要求恒定速度连续工作的应用场合。和内转子转子比较，外转子转子支撑结构较为复杂，但在防止永磁体飞逸方面不成问题。较高转速的内转子式电机、表贴式结构转子往往需要增加离心力防护措施。

如图 11-1 所示，具有相同外径的电机，若电机设计为外转子式，它与内转子相比，可以得到较大气隙直径。由于电机电磁转矩与气隙直径的二次方成正比关系，从而使外转子电机的长度和重量可减小，具有较高转矩密度。优化设计的外转子电机有效材料重量比内转子电机大约轻 15%左右。

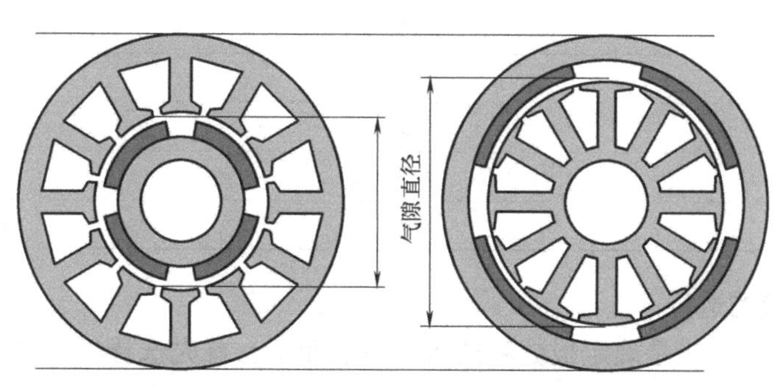

图 11-1　外径相同电机内转子和外转子结构的气隙直径比较

采用集中绕组的外转子电机，因为定子齿朝外，绕制绕组要容易得多，适合于快速机械绕线，特别是采用开口槽的情况下。

在外转子电机中，内置式转子磁路结构是罕见的，因为机械设计上有一定难度，采用表贴式结构则为常见。

（3）有槽和无槽结构

最常见的定子是有铁心的结构，铁心上开槽用以放置绕组。无槽结构电机的定子电枢没有铁心，或定子环状铁心没有齿和槽，绕组安放在定转子间较大的气隙中。由于没有齿和槽，因而消除了齿槽效应，具有转矩波动小、运行平稳、噪声低、电枢电感小、机械特性线性度好、控制性能优异等一系列优点。径向磁路和轴向磁路都可以设计为无槽结构。轴向磁路无槽结构电机的绕组还可以采用绕线式绕组，也可采用印制绕组技术制作绕组。但是，与有齿槽铁心结构相比，无槽结构电机气隙大，需要永磁材料多，增加了永磁材料成本。无槽电机的绕组散热较困难，过载能力较差，绕组工艺复杂，成本较高。

（4）一体化结构设计

根据特定用途，可将驱动器安放在电动机内部而进行一体化设计，或将电机与被驱动的机械作一体化设计，融合为一个紧凑的整体构件，以减少电路的连接或简化机械传动链，缩小空间尺寸和降低重量，提高可靠性。对特定用途的电机应采用这样的一体化设计思维。

4. 绕组层数的选择

绕组层数的选择主要取决于应用。表 11-1 比较了单层和双层集中绕组的某些特征。

在需要高容错的应用中，单层绕组优于双层绕组。因为各相绕组之间在电和热两方面都是相互隔离的，而且因自感高而限制了短路电流，互感低使各相之间磁场也是隔离的。由于有较高的电感，在宽速度范围恒功率运行应用时，单层绕组是首选。但是高电感就意味着低功率因数。

反之，为了限制损耗和降低转矩波动，最好选择双层绕组。此外，双层绕组比单层绕组有更多可能的极数和槽数组合的选择。一般用途电机常采用双层绕组。

表 11-1　单层和双层集中绕组的比较

项　　目	单层集中绕组	双层集中绕组
基波绕组系数	较高	较低
绕组端部	较长	短
槽满率	较高	较低
自感	较高	较低
互感	较低	较高
反电动势波形	接近梯形波	接近正弦波
磁动势谐波含量	较高	较低
转子永磁体涡流损耗	较高	较低
转矩过载能力	较高	较低

5. 极数、槽数的选择

选择层数后，下一步是确定极数和槽数。一般而论，首先选择极对数 p，然后选择定子槽数 Z。基于铁损耗和效率考虑，最高运行速度或频率限制了可能的极数上限范围。然后，综合考虑绕组系数、齿槽转矩和转矩波动、避免单向磁拉力、磁动势（MMF）谐波引起的转子损耗和电感等几个因素，选择合适的槽极数组合，参见第 5 章有关内容。

在极对数 p 的允许范围内，如果选择较少的 p，则旋转频率较低，定子铁心有较低的铁损耗，容易保证预定的空载电流和最大效率要求，同时有可能选择较少的 Z，槽绝缘和相间绝缘所占比例减少，可以有较大的槽面积空间放置铜线；选择较少的 Z 还可以减少下线工时。

如果选择较多的 p，则能够有更多的 $Z/(2p)$ 组合可以选择，有更多优选机会，可得到较低的齿槽转矩、较高的绕组系数。选择较多的槽数 Z，集中绕组线圈端部尺寸较小，绕组电阻有可能降低。此外，通常随极数的增加，每极安匝数成反比地下降，因此绕组电感将减少。较低的电感使电机有更接近线性的输出特性。而且定子和转子的磁轭厚度与极对数 p 成反比，采用较多的极数有利扩大槽面积，线圈端部较短，可提高电机性能。对于一个给定的电负荷和磁负荷的永磁无刷电机设计，极数增加使整个电机外径可以减少。但是，较多的极数使磁极间漏磁增加，减低永磁体的利用率；在同样转速下，极数越多，电机铁心磁场交变频率越大，铁损耗增大，同时，驱动器开关频率上升，开关损耗增大，总体效率可能下降。所以，极数选择是一个关键，需要做多方案对比、分析计算后确定。

一般而言，极数多的永磁电机有效材料重量降低。事实上，在需要产生同样额定转矩时，具有大极数的电机磁路较短。假设电机空载气隙磁通密度相同，一极下的磁通量与极数成反比。较高的极数使磁通量较低，定子和转子铁心轭部厚度可以较薄，也不会引起高饱和。所谓有效材料重量是指参与产生转矩的零部件重量，即定子和转子铁心、永磁体和绕组铜的重量。图 11-2 显示了一台 4. 5kW 低速 50r/min 电机在所有的设计有同样铜损耗前提条件下，不同极数设计方案的有效材料重量和铁心损耗比较。可以看出，随着极数增加，最初有效材料重量下降很快，以后就不明显了。虽然频率随着极数增加而增加，但由于铁心材料用量也减小，铁损耗的增加是有限的。虚线显示如果该电机铁心重量保持不变时的铁损耗变化情况。这种情况下，铁损耗增加反而更为明显。这个例子提示，有时适当减小铁心尺寸是降低铁损耗的一个有效途径。

下面是设计一个工作转速为4000r/min、内转子、集中绕组无刷直流电机，对极数和槽数选择分析的例子。

1）首先是选择极对数 p：主要由电动机最高转速和电子驱动器可承受的最高工作频率决定极对数 p 的选择范围。定子铁心磁化工作频率 f 由转子极对数 p 和电机转速 n 决定：

$$f=\frac{pn}{60}=\frac{4000p}{60}=67p$$

对于转速为4000r/min，几个可能选择的极数 $2p$ 和对应的工作频率 f 见表11-2。

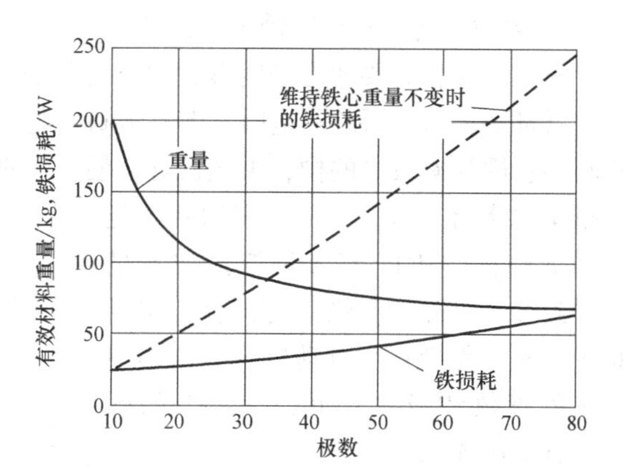

图11-2　一台永磁同步电动机不同极数设计时的有效材料重量和铁损耗变化

表11-2　极数选择

极数 $2p$	工作频率 f/Hz	定子和转子的磁轭厚度
4	133	最大
6	200	大
8	267	中
10	333	小

由于硅钢片铁损耗随工作频率 f 的1.3次方增长，为了使定子铁心有较低的铁损耗，宜选择较少极数，否则需使用低损耗硅钢片，必要时采用0.35mm厚度的硅钢片。

2）如果选择极对数 p 较多，可使定子和转子的磁轭厚度减少，见表11-2。

3）$Z/2p$ 组合的选择：在上述几个可能选择的极数下，能够构成集中绕组的槽极数组合有表11-3所示的几种。

表11-3　槽极数组合选择

$Z/2p$ 组合	LCM	齿槽转矩	绕组系数	径向不平衡磁拉力	选择建议
6/4	12	大	0.866		
9/6	18	大	0.866		推荐
9/8	72	小	0.945	有，不推荐使用	
12/8	24	大	0.866		推荐
9/10	90	小	0.945	有，不推荐使用	
12/10	60	小	0.933		

表11-3中，9/8和9/10组合存在径向不平衡磁拉力，会引起振动和噪声问题，尽管齿槽转矩小，但绕组系数较大，建议不采用。12/10是一个较好的组合，但在我们讨论的电机转速较高、工作频率高的情况下，也不推荐采用。4极电机的每极磁体为90°，工艺性较差，而且定子和转子的磁轭厚度大，不是最佳选择。

结论：宜选择9槽6极或12槽8极方案。

6. **整数槽绕组和分数槽绕组的选择**

槽数选择首先要考虑采用整数槽绕组还是分数槽绕组。分数槽绕组有许多优点，首先是绕组端部短，可降低绕组电阻，节省铜材；特别是铁心不必采用斜槽，就能够有效地降低齿槽转矩；因为有较少的槽，工艺性好，便于大批量生产，在中小功率电机中适宜广泛采用分数槽集中绕组。另一方面，它的基波绕组系数较低，MMF 有大量的谐波含量会导致转子永磁体和铁心的损耗。需要指出的是，无刷直流电动机分数槽集中绕组的槽数和极数有个合理组合的问题，详见第 5 章分析。

整数槽绕组常用于较大功率的电机。

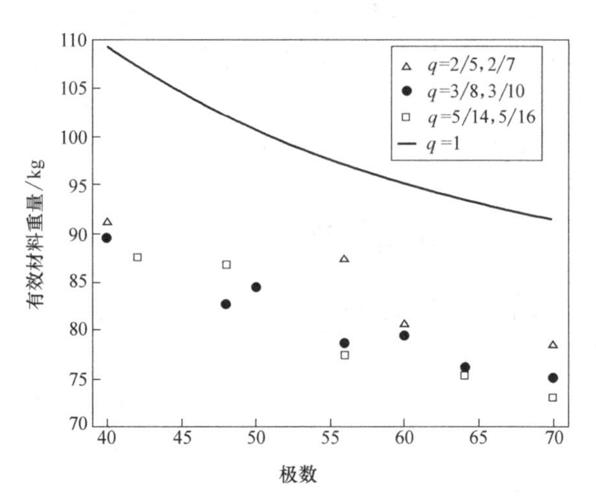

图 11-3　设计不同 q 值的集中和分布式绕组 SMPM 电机有效材料重量与极数关系

图 11-3 给出某台电机的几种设计方案的有效材料重量比较。由图可见，分布式绕组（$q=1$）比集中绕组电机重了许多。这是由于集中绕组设计的齿数少，槽和齿都可以更宽；此外，绕组端部短使电阻低，所以在规定铜损耗下，电机电负荷 A 可取得较高。此外，允许选用较厚永磁体，气隙磁通密度可取较高也不致齿部饱和。即使基波绕组系数稍低，集中绕组电机还是比整数槽电机更短更轻。另外的好处是转矩波动从分布绕组的 10%减少到集中绕组的 3%。图中还显示，在这个例子中，三种集中绕组槽极数组合中，$q=2/5$ 和 2/7 的有效材料重量与 $q=3/8$ 和 3/10，$q=5/14$ 和 5/16 的相比，要稍重一些。

7. **转子永磁体结构的选择**

径向磁路永磁电机可分为三类：表贴式、埋入式和内置式结构。表贴式的主要优点是结构简单，从而降低制造成本。其主要缺点是，永久磁铁易被电枢反应退磁。

埋入式结构的永磁体从转子铁心表面埋入，因此它综合了表贴式的优势又因为存在铁心凸极而可以产生磁阻转矩。

内置式结构的永磁体嵌入转子铁心内部，其优点是永磁体得到良好的保护而能防止电枢反应退磁和机械应力影响，并且具有聚磁效果，将永磁体产生的磁通集中，从而获得高气隙磁通密度。此外，内置式结构存在铁心凸极可以产生磁阻转矩。它还可以实现宽速度范围恒功率运行。因此它常用于有弱磁控制要求的正弦波驱动方式。

8. **气隙长度的选择**

在无刷直流电动机设计中，气隙长度需要谨慎选择。因为它对电动机的许多性能有影响。取较大气隙的正面作用，是有可能获得更接近正弦波气隙磁通分布，从而在定子铁心的磁通密度谐波减少，涡流损耗降低。电枢反应磁通密度谐波也会减少，有助于降低转子方的涡流损耗。较大气隙的齿槽转矩也会减小。总的结果，它有利于降低电动机的振动和噪声，降低铁损耗。

而气隙越大，产生一定的气隙磁通密度需要的永磁材料越多，增加了永磁材料成本。而且因为等效气隙等于气隙与磁钢厚度之和 δ_e+h_m/μ_r，而使等效气隙加大。因此，增大气隙的结果减少了电机的电感。电机弱磁控制范围主要取决于电感，电感的减少使弱磁控制范围减少。对于有弱磁控制要求的电机，气隙应设计得尽可能小，这样所需的磁铁材料可以降低，电机的电感可以增大，让弱磁控制范围尽可能扩展。

相对于感应电机，永磁电机的气隙长度 δ 可以更自由选择，一般气隙长度 δ 选在 0.5~3mm 范围内，它包括用于固紧和保护磁铁的护套层或缠绕层厚度在内。而在感应电机气隙要小许多，为的是限制磁化电流和改善功率因数。

9. 永磁磁片厚度的选择

表贴式转子结构永磁体厚度 h_m 按需要的气隙磁通密度通过磁路计算来选择。另外一个考虑因素是抑制最大过载电流时的去磁能力，详见第 6 章和第 8 章。

一般情况下，磁片厚度/气隙比按 10~18（永磁铁氧体）或 4~8（钕铁硼永磁）选取。试图以增加磁片厚度大幅提高气隙磁通密度的效果不大，而磁体成本却会大大增加。

11.4 定子裂比的选择

设计内转子式电机定子冲片时，其外径 D_o 由给定空间条件预先限定，需要确定的是定子内径 D_i，内外径比有文献称为定子裂比（Stator Split-ratio），是永磁无刷直流电动机一个重要的设计参数，因为它对电动机转矩密度和效率都有重大影响。定子裂比表示为

$$K_{sp}=\frac{D_i}{D_o}$$

这里定子内径即气隙直径 D_a，是电动机主要尺寸之一，它决定了电动机关键性能，见下节分析。定子外径与内径之差决定了轭高 h_y 和槽高 h_s：

$$D_i=D_o-2(h_y+h_s)$$

关于定子裂比选择的讨论：

1）定子裂比与磁体材料关系：轭高的大小与通过的磁通量有关。当取电机气隙磁通密度较低时，轭高较小，定子裂比可取较大值。所以，若采用铁氧体永磁材料，气隙磁通密度较低，通常内径要比采用钕铁硼永磁材料的电机要大。此时，齿宽较窄，槽面积相对较大，有利于抵偿气隙磁通密度低对电机性能的影响。

2）当取极数较多，或分数槽集中绕组电机（有 $Z\approx 2p$）的齿数 Z 较多时，轭高较小，定子裂比可取较大值。

3）若定子裂比设计得较大，电枢反应去磁作用就减小。这是因为，由第 8 章式(8-2)，整数槽电机，电枢反应磁动势的最大值 $F_{amax}=WI/p$，内径越大，那么为了产生一定的转矩而所需的安匝数就越小，W 降低，所以去磁作用就越弱。在采用分数槽集中绕组结构时，作用在某个磁钢上的最大去磁磁动势就是与它面对的一个定子齿上的线圈所产生的最大安匝数，见式（8-3）和式（8-4），齿数 Z 越多，最大去磁磁动势就越小。这样，从抗去磁角度出发，设计的磁片厚度可以减小。

4）为了提高电机输出转矩，见式（11-1），宜取内径大些，即定子裂比大些。但槽高 h_s 的降低使槽面积减少，由第 4 章式（4-18），又对黏性阻尼系数 D 不利，会降低电机机械特性硬度和效率，所以，对定子裂比有个最佳选择问题。

5）对于有需要较小转动惯量的伺服电动机，常取较小的定子裂比。

下面介绍一些定子最佳裂比研究结果，供设计时参考。

参考文献［1］对 $q=1/2$ 集中绕组无刷直流电动机的最佳定子裂比进行了研究。图11-4是以最大转矩密度为优化目标的最佳定子裂比 K_{spop} 随气隙磁通密度幅值 B_{gm} 的变化规律。其中，图 11-4a 为假设定子齿和轭部最大磁通密度为 1.4T，定子齿数 Z 分别为 3、6、9、12 时情况。图 11-4b 是定子齿数 $Z=12$，几种定子齿和轭部最大磁通密度情况。显然，气隙磁通密度越大。定子裂比应越小才能保证合适的铁心磁通密度。对于相同的气隙磁通密度，槽数和极数越多，最佳定子裂比也越大；铁心磁通密度的取值越大，最佳定子裂比越大。

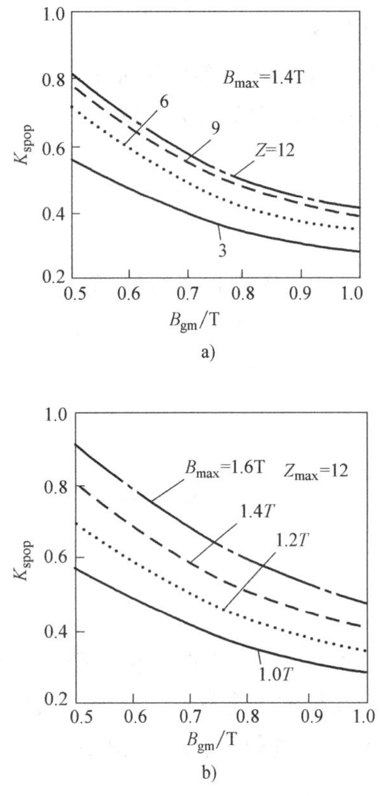

图 11-4　最佳裂比 K_{spop} 随气隙磁通密度幅值 B_{gm} 的变化规律

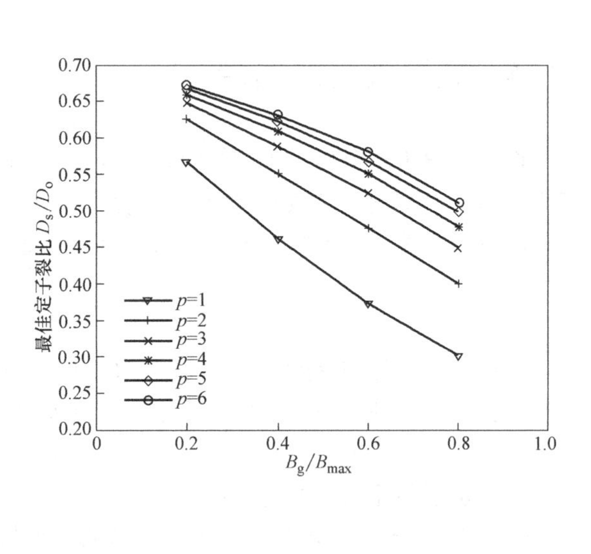

图 11-5　分数槽集中绕组无刷直流电动机最佳定子裂比与 B_g/B_{max} 关系

参考文献［2］以电动机的电机常数 K_m 为优化目标函数，对整数槽分布绕组和分数槽集中绕组的最佳定子裂比进行了分析研究，分别考虑了气隙磁通密度 B_g、定子齿尖和绕组端部的影响。电机常数定义为电动机的连续输出转矩与铜损耗 P_{cu} 平方根的比，电机常数越大，表示能够以较低铜损耗产生较大的转矩，它间接提供了电动机效率的信息，该值越大，说明电动机效率越高。关于电机常数可参见第 4 章 4.1.5 节。图 11-5 给出了分数槽集中绕组无刷直流电动机不同 B_g/B_{max} 的最佳定子裂比关系。这里，B_g 表示气隙磁通密度，B_{max} 表示定子齿和轭部最大磁通密度，最佳定子裂比 D_s/D_o，D_s 表示定子内径，D_o 表示定子外径。可以看出，随着 B_g/B_{max} 的增加，最佳定子裂比降低。对于一个给定的 B_g/B_{max}，在最佳定子分裂随着电动机极数增加而增加。图 11-5 还表明，随着极数的减少，极数的影响变得更加明显。该图显示气隙磁通密度、极数与最佳裂比关系与前述选择分析结果一致。

实际上，采用钕铁硼永磁的表贴式内转子式无刷直流电动机，通常取 $B_g/B_{max}=(0.75\sim0.9)T/1.5T=0.5\sim0.6$，当极对数 $p=3\sim6$ 时，已有设计电动机一般取定子裂比范围在 0.50~6.3 之间，与图 11-5 所示结果基本相符。

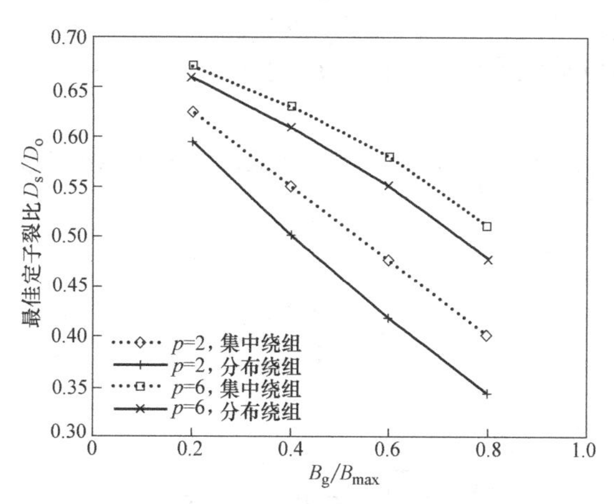

图 11-6　整数槽分布绕组和分数槽集中绕组的最佳定子裂比的比较

图 11-6 给出极对数 p 分别为 2 和 6，不同 B_g/B_{max} 的整数槽分布绕组（实线）和分数槽集中绕组（虚线）的最佳定子裂比。从图中可见，整数槽分布绕组最佳定子裂比小于分数槽集中绕组的。这个分析再次表明分数槽集中绕组电动机的优势。

11.5　由电磁负荷确定电机主要尺寸的方法

11.5.1　电磁负荷与主要尺寸关系式、电机利用系数

无刷直流电动机的主要尺寸是指定子铁心（气隙）直径 D_a 和定子铁心计算长度 L，它们与电机的平均电磁转矩 T_{av} 有密切关系，分析如下。

转子旋转时，在电机绕组中感生反电动势。一相绕组反电动势的幅值表示为

$$E_p=K_w W B_m D_a L\Omega\times10^{-4}$$

一相绕组反电动势系数 K_{ep}(V/rad · s^{-1}) 表示为

$$K_{ep}=K_w W B_m D_a L\times10^{-4}$$

式中，K_w 为相绕组的绕组系数；W 为一相绕组串联匝数；B_m 为气隙磁场磁通密度的幅值（T）；D_a 为定子铁心直径（cm）；L 为定子铁心计算长度（cm）；Ω 为旋转角速度（rad/s）。由 4.1.6 节的式（4-19），得

$$K_E=\frac{K_{eff}^2}{K_{av}}K_e K_{ep}=\frac{K_{eff}^2}{K_{av}}K_e K_w W B_m D_a L\times10^{-4}$$

下面讨论三相星形接法、采用全波 120°导通 6 状态换相方式、两相通电无刷直流电动机，可抽象地把它看成定子内圆均布有通电导线，其平均密度等于电负荷（或称为线负荷）A。以 I_{av} 表示绕组平均电流，每相串联匝数 W，则平均电负荷 A 表示沿着定子圆周上单位长

度的安培导体数：

$$A=\frac{4WI_{\mathrm{av}}}{\pi D_{\mathrm{a}}}$$

或

$$I_{\mathrm{av}}=\frac{\pi D_{\mathrm{a}}A}{4W}$$

由式（4-9），无刷直流电动机平均电磁转矩 T_{av} 为

$$T_{\mathrm{av}}=K_{\mathrm{E}}I_{\mathrm{av}}=\frac{\pi}{4}\frac{K_{\mathrm{eff}}^2}{K_{\mathrm{av}}}K_{\mathrm{e}}K_{\mathrm{w}}AB_{\mathrm{m}}D_{\mathrm{a}}^2L\times10^{-4}=K_{\mathrm{c}}K_{\mathrm{w}}AB_{\mathrm{m}}D_{\mathrm{a}}^2L\times10^{-4}$$

取系数

$$K_{\mathrm{c}}=\frac{\pi}{4}\frac{K_{\mathrm{eff}}^2}{K_{\mathrm{av}}}K_{\mathrm{e}}$$

得

$$C=\frac{T_{\mathrm{av}}}{D_{\mathrm{a}}^2L}=K_{\mathrm{c}}K_{\mathrm{w}}AB_{\mathrm{m}}\times10^{-4} \tag{11-1}$$

式（11-1）为三相星形接法无刷直流电动机主要尺寸基本关系式。C 表示了单位体积有效材料产生的转矩，体现了所设计电动机有效材料的利用程度，常称为电机利用系数。

由第4章4.1节分析，对于三相无刷直流电动机，当采用全波120°导通6状态换相方式时，每一个工作周期有6个状态，每个状态占60°电角度。在A/B两相通电状态，两相导通电路可以简化为一个反电动势 E_{eq} 和一个电阻 R_{eq} 的串联等效电路。其中，$E_{\mathrm{eq}}=E_{\mathrm{a}}-E_{\mathrm{b}}$，$R_{\mathrm{eq}}=2R_{\mathrm{p}}$。

分两种情况进行讨论：

1）如果相反电动势为正弦波，由电动势矢量图，E_{a} 和 $-E_{\mathrm{b}}$ 的合成电动势幅值与一相电动势之比为

$$2\cos30°=2\times0.866=1.732$$

于是可得到

$$K_{\mathrm{e}}=K_{\mathrm{eq}}/K_{\mathrm{ep}}=1.732$$

由第4章表4-1，得

$$\frac{K_{\mathrm{eff}}^2}{K_{\mathrm{av}}}=0.9566$$

系数

$$K_{\mathrm{c}}=\frac{\pi}{4}\frac{K_{\mathrm{eff}}^2}{K_{\mathrm{av}}}K_{\mathrm{e}}=\frac{\pi}{4}\times1.657=1.30$$

此时，B_{m} 是气隙磁场基波磁通密度的幅值（T）。

2）如果相反电动势按平顶波计算，则 $K_{\mathrm{e}}=2$，$K_{\mathrm{eff}}^2/K_{\mathrm{av}}=1$

系数

$$K_{\mathrm{c}}=\frac{\pi}{4}\frac{K_{\mathrm{eff}}^2}{K_{\mathrm{av}}}K_{\mathrm{e}}=\frac{\pi}{4}\times1\times2=1.57$$

此时，B_{m} 是气隙磁场磁通密度的幅值（T）。

从能量转换角度看，电动机是一种将电能转换成机械能的电磁机械装置。由于电动机的功率转换和传递发生在定转子的气隙中，式（11-1）具有非常明确的物理意义：电机产生的电磁转矩与电动机由气隙处的尺寸 D_a 和 L 形成的圆柱体体积大小成正比，并与电动机气隙处的电磁负荷 AB_m 成正比。所以，D_a 和 L 是影响电动机电磁转矩的主要因素。故称为电动机的主要尺寸，而把式（11-1）称为电动机主要尺寸基本关系式。

这里需要特别提醒注意的是，式（11-1）表明决定电机主要尺寸大小的是电机的电磁转矩而不是电机的功率。实际上，例如以输出大转矩为特征的无刷直流力矩电动机，其尺寸可能相当大，输出转矩很大，但由于运行转速低，其输出功率并不大。这也就是当电动机体积受到限制时，为何将电机设计为高速将有可能得到更大功率的缘故。例如，航空用的电动机在可能情况下，往往设计为高速电机，以降低电机的体积重量。当被驱动的机械要求一定功率时，如果用高速电机（通过减速器降速）驱动，由于只需要电机输出较小转矩，电机尺寸较小；如果改为低速电机直接驱动，输出同样功率，则电机输出转矩必须增加，电机尺寸要大许多才行。

由式（11-1）可见，电磁负荷 AB_m 反映了电机单位体积所产生电磁转矩的大小，故可把电磁负荷 AB_m 理解为电磁转矩密度。它反映了电机材料利用率的高低。电磁负荷愈高，则电机材料的利用率愈高，反之亦然。但是，要采用高值的电磁负荷，可能意味着铜损耗或铁损耗的增加，效率的降低，因而受到电机因内部损耗引起的发热和温升的限制。所以，电机的主要尺寸基本关系式的内在核心是体现电机的损耗—发热—散热问题，电机主要尺寸的正确选择是与电机运行时预期的温升相对应。电磁负荷 AB_m 的选择主要受限于电机所选取的材料，包括永磁材料、导磁材料、导电材料、绝缘材料等，并和电机的结构、绝缘等级、散热条件以及运行工况等因素有关。

采用稀土类永磁材料获得高值的气隙磁通密度，除了能减小电机转子尺寸外，同时还由于转子转动惯量的减小而改善电机的动态性能。高值的气隙磁通密度受到定子磁路饱和和铁损耗的约制，特别是定子齿的饱和程度将大大限制气隙磁通密度值的选取，当冲片材料确定之后，气隙磁通密度值实际上决定了定子齿的尺寸。由于铁损耗还和磁场交变频率相关，气隙磁通密度的选择还受到电机工作转速和极数的约束。

11.5.2 定子绕组电流密度 j 与热负荷 Aj

设通电漆包线铜线直径为 d、一个槽面积为 A_s、槽满率为 K_s、电流密度为 j，则有下列关系式：

$$j=\frac{4I_{av}}{\pi d^2}$$

$$K_sA_s=\frac{6Wd^2}{Z}$$

$$I_{av}=\frac{\pi D_aA}{4W}$$

一相绕组电阻

$$R_p=\frac{4m\rho W_p^2K_LL}{K_sA_sZ}$$

得
$$j=\frac{6D_aA}{K_sA_sZ}$$
和
$$Aj=\frac{4}{\pi^2}\frac{1}{\rho K_LD_aL}(2R_pI_{av}^2)$$
上式表明热负荷 Aj 与气隙圆周单位表面积上的绕组铜损耗成正比关系，表征了因定子铜损耗而发热程度的指标。

电负荷 A、定子绕组电流密度 j 或热负荷 Aj 的选择与定子铜导线用量、铜损耗、绝缘材料等级和电机的冷却方式等因素有关，它们可以在较大的范围内变动。

11.5.3　一些设计参考数据

磁通密度 B：

气隙：烧结钕铁硼为 0.7~1.1T，黏结钕铁硼为 0.45~0.75T，铁氧体为 0.3~0.4T

定子齿：1.5~1.9T

定子轭：1.2~1.5T

转子轭：1.3~1.6T

电负荷 A：小型电机为 30~150A/cm，中大型电机为 100~800A/cm

电流密度 j：3~9A/mm^2

热负荷 Aj：$(10.5\sim40)\times10^{10}\mathrm{A^2/m^3}$

对于航空电机，电流密度 j（A/mm^2）可按下列数据范围选取：

自通风电机：6~7

迎面气流冷却电机：14~20

油冷电机：18~25

11.5.4　单位转子体积转矩（TRV）

国外有些文献采用 TRV（Torque Per Rotor Volume），即单位转子体积转矩这个数据表征电机的设计水平。显然，TRV 与式（11-1）的 C 含义是相同的，都表达电机主要尺寸与电磁负荷的关系。对于普通的交流电机，TRV（N·m/m^3）为
$$\mathrm{TRV}=\frac{T}{V_r}=\frac{\pi}{\sqrt{2}}K_wAB=2.22K_wAB$$
对于无刷直流电动机，由式（11-2）得 TRV（N·m/cm^3）为
$$\mathrm{TRV}=\frac{T}{V_r}=\frac{T_{em}}{\frac{4}{\pi}D_a^2L}=\frac{\pi}{4}K_cK_wAB_m\times10^{-4}$$
对于全密封的永磁电机，TRV 的一般水平如下（kN·m/m^3 或$\times10^{-3}$N·m/cm^3）：

小型铁氧体永磁电机	7~14
粘接钕铁硼永磁电机	20
烧结钕铁硼，稀土钴永磁电机	14~42

11.5.5　主要尺寸基本关系式在考虑电感影响时的修正和一个电机例子的验证

主要尺寸与电磁负荷基本关系式常见于电机学教科书和电机设计程序，应用于不同电机

时，仅系数有区别[7]。式（11-1）是在无刷直流电动机中的具体应用。此主要尺寸基本关系式基本上和有刷直流电动机的相似。它并没有顾及到绕组电感的影响。

当考虑绕组电感时，对上述无刷直流电动机主要尺寸基本关系式（11-1）需要作相应的修正。式（11-1）推导过程涉及了电机的转矩系数，忽略电感的影响，取 $K_T=K_E$。

由第4章4.4.5节分析可知，由于绕组电感的存在，$K_T=K_E$ 不成立，电机的转矩系数 K_T 大于反电动势系数 K_E，应当修改为

$$T_{av}=K_T I_{av}=\left(\frac{K_T}{K_E}\right)K_E I_{av}$$

因此，式（11-1）可修改为

$$C=\frac{T_{av}}{D_a^2 L}=\left(\frac{K_T}{K_E}\right)K_c K_w A B_m \times 10^{-4} \tag{11-2}$$

式中，引入的系数比 $K_T/K_E \geqslant 1$，与电机的绕组时间常数和转速有关，是 x 和 K_u 的函数，参见第4章4.4.5节图4-16。

值得注意的是，由式（11-2）可知，由于绕组电感的存在，对于相同设计目标 T_{av}，在相同的电磁负荷 AB_m 情况下，电机利用系数增大了，电机的 D_a^2L 减小了。

下面利用11.7节的电机样机实测数据对上述修正公式进行验证。

样机实际主要尺寸数据：内径 $D_a=5.0\text{cm}$，长 $L=1.1\text{cm}$。

实测数据：电压为310V，在2100r/min时，电流 $I=0.111\text{A}$，输出转矩 $T_2=0.1275\text{N}\cdot\text{m}$。

为了计算电磁转矩，利用实测空载数据：310V，2539r/min，$I=0.023\text{A}$，输出转矩 $T_2=0.0053\text{N}\cdot\text{m}$，计算得输入功率 $P_1=7.13\text{W}$，输出功率 $P_2=1.4\text{W}$，其中铜损耗 $P_{Cu}=(0.023^2\times 203\Omega)\text{W}=0.11\text{W}$。203Ω是两相串联电阻。

计算空载机械损耗和铁损耗 $P_0=P_1-P_2-P_{Cu}=5.62\text{W}$

折合的转矩 $$T_0=\frac{5.62}{2539\times 0.105}\text{N}\cdot\text{m}=21.1\text{mN}\cdot\text{m}$$

折算到2100r/min时的转矩 $T_0=\dfrac{21.1\times 2100}{2539}\text{mN}\cdot\text{m}=17.5\text{mN}\cdot\text{m}$

计算的电磁转矩 $T_{av}=(0.1275+0.0175)\text{N}\cdot\text{m}=0.145\text{N}\cdot\text{m}$

计算的转矩系数 $K_T=0.145/0.111=1.306$

由11.7节，$K_E=1.12$，$B_m=0.393\text{T}$，得

$$K_T/K_E=1.16$$

计算 $$A=\frac{4WI}{\pi D}=\frac{4\times 2700\times 0.111}{5\pi}\text{A/cm}=76.3\text{A/cm}$$

利用式（11-2）计算

$$D^2L=\frac{T_{av}}{\dfrac{K_T}{K_E}K_c K_w A B_m\times 10^{-4}}=\frac{0.145}{1.16\times 1.57\times 1\times 76.3\times 0.393\times 10^{-4}}\text{cm}^3=26.6\text{cm}^3$$

计算得 $$L=(26.6/5^2)\text{cm}=1.06\text{cm}$$

样机实际尺寸：$L=1.1\text{cm}$

计算表明：利用考虑电感的公式计算上述主要尺寸结果与实际相当接近，偏差为

-3.6%。

如果不考虑电感，利用式（11-1）计算主要尺寸

$$D^2L=26.6\times1.16\text{cm}^3=30.9\text{cm}^3$$

计算得

$$L=(30.9/5^2)\text{cm}=1.24\text{cm}$$

它与实际尺寸相差较大，偏差为+12.7%。

11.5.6　由电磁负荷确定电机主要尺寸方法的不确定性

由电磁负荷确定电机主要尺寸方法是电机设计经典方法。

需要指出的是，以电磁负荷决定电机主要尺寸方法用于电机电磁设计时，它是由额定工作点（额定转矩和转速）的要求决定电机的主要尺寸，即仅以机械特性一个点作为设计的出发点。但是，设计目标还应当使电机符合所要求的机械特性和其他要求。表示输出转矩和转速关系的机械特性是无刷直流电动机的主要性能之一。通过同一个额定点可以有许多条不同的机械特性曲线，电机主要尺寸基本关系式并没有顾及到对具体机械特性的设计要求。因此，按照电磁负荷计算出主要尺寸后，再计算得出的机械特性往往和设计技术要求的机械特性差距甚大。这时需要调整主要尺寸，重新进行设计方案计算。这是因为最初设计时选取的电磁负荷的数值，特别是电负荷值的选取有很大的随意性。这是电磁初步设计时仅采用电磁负荷决定电机主要尺寸方法所存在的问题。

所以，作者认为主要尺寸与电磁负荷基本关系式并不太适宜用于电机初步设计时计算确定电机主要尺寸，更适合于初步设计后的核算，即反过来用，以其他方法进行初步设计确定电机主要尺寸初始方案后，利用上述主要尺寸基本关系式反算出电负荷 A、电流密度 j 或热负荷 Aj，考核它们是否在合理范围之内，使电机运行时不致产生过高的温升。

或如 11.5.4 节那样，采用 TRV 这个数据比较电机的转矩密度设计水平。

下面介绍作者提出的另一种确定电机主要尺寸的方法。

11.6　由黏性阻尼系数 *D* 确定电机主要尺寸的方法

在第 4 章 4.1.5 节中指出，黏性阻尼系数 D 是一个重要参数，它表征了电机机械特性的硬度（斜率）：

$$D=T_s/\Omega_0=\Delta T/\Delta\Omega$$

因此，D 越大，电机的机械特性硬度越大，负载转矩单位增量引起的转速下降就越小。此外，它还与电机的电磁效率、电机常数 K_m 有关。

由第 4 章式（4-18），得

$$\frac{D}{D_a^2L}=K_D\frac{K_sA_sZB_m^2}{4\rho K_L}\times10^{-8} \tag{11-3}$$

上式显示黏性阻尼系数 D（也是电机机械特性硬度）与电机主要尺寸的关系。我们可以利用这个公式，从期望的机械特性斜率出发，设计计算电机的主要尺寸。

需要指出的是，这里的阻尼系数 D 计算公式是在不计电机绕组电感下推导得到的。因此我们利用这个方法计算主要尺寸时，首先需要将期望的机械特性斜率（计及绕组电感）转换为不计电机绕组电感下的机械特性斜率，才是式（11-3）的黏性阻尼系数 D，参见第 4 章 4.4.6

节和图4-17。为此，这里还用到绕组时间常数数据，以便估算只计绕组电阻下的机械特性斜率。而这个绕组时间常数还是未知的，它只能从类似于被设计电机设计经验数据积累中获得。

黏性阻尼系数法一般可按下列程序进行计算：

1）由设计要求，计算期望的机械特性斜率；

2）转换为不计电感下的机械特性斜率，即 D；

3）设计电机冲片和转子结构，由磁路计算得到利用式（4-18）计算所需的所有数据；

4）按下式计算定子铁心长 L：

$$L=\frac{4D\rho K_L}{K_D K_s A_s Z B_m^2 D_a^2}\times 10^8 \tag{11-4}$$

式中，D 为黏性阻尼系数（$N\cdot m/rad\cdot s^{-1}$）；ρ 为铜导线电阻率，75℃时为 $2.17\times10^{-4}\ \Omega\cdot mm^2/cm$；$K_L$ 为绕组元件平均半匝长系数，等于平均半匝长与铁心计算长度 L 之比；K_s 为槽满率；A_s 为一个定子槽面积（mm^2）；Z 为定子槽数；m 为电机相数；B_m 为气隙磁场磁通密度（基波）幅值（T）；D_a 为定子铁心计算直径（cm）；L 为定子铁心计算长度（cm）。

K_D 为系数，与绕组工作方式、反电动势波形有关，参见第4章4.1.5节和4.1.6节，按下式计算：

$$K_D=\frac{K_{eff}^2 K_w^2 K_e^2}{mK_r} \tag{11-5}$$

以黏性阻尼系数法计算电机主要尺寸的优点是计算得到的电机尺寸直接满足期望的机械特性的要求，自然也符合期望的额定点（额定转矩和额定转速）要求，同时设计过程已考虑绕组电感的影响因素。

11.7　一个电机主要尺寸计算例子

这里是一个利用黏性阻尼系数法计算无刷直流电动机主要尺寸的例子，并以样机实测数据进行验证比较。

设计技术要求：设计一台内转子式三相无刷直流电动机，绕组为星形接法。额定电压 U 为310V，额定转速 n_N 为2100r/min，额定转矩 T_N 为0.12N·m。

设计主要计算过程：

1）取电磁转矩 $T_{em}=1.2T_N=0.144N\cdot m$，考虑电感的影响，设额定转速 n_N 时，$T_r/T_{em}=2.5$ 倍，计算不计电感时的电磁转矩 T_r 为

$$T_r=(2.5\times0.144)N\cdot m=0.36N\cdot m$$

2）设电磁效率　$\eta_e=0.8$，计算空载转速

$$n_0=\frac{n_N}{\eta_e}=\frac{2100}{0.8}r/min=2630r/min$$

3）计算预期的黏性阻尼系数 D

$$D=\frac{\Delta T}{\Delta\Omega}=\frac{0.36}{(2630-2100)\times0.105}N\cdot m/rad\cdot s^{-1}=0.00647N\cdot m/rad\cdot s^{-1}$$

4）设计定子冲片和转子结构：取槽数 $Z=12$，极数 $2p=8$，$q=1/2$。

定子冲片如图11-7所示。定子外径为8.6cm，内径 $D_a=5.0cm$。计算定子裂比 $K_{sp}=$

5/8.6=0.58。

每槽面积 $A_s=143.5\text{mm}^2$，气隙 $\delta=0.05\text{cm}$。转子采用铁氧体永磁材料，$B_r=0.42\text{T}$，$\mu_r=1.1$；永磁体径向厚度 $h_m=0.85\text{cm}$。

5）计算气隙磁通密度幅值 B_m：由第6章6.3.1节公式得

$$B_m=\frac{B_r K_{leak}}{1+\frac{\mu_r \delta_e}{h_m}}=\frac{0.42\times0.996}{1+1.1\times0.5/8.5}\text{T}=0.393\text{T}$$

其中，漏磁系数

$$K_{leak}=1-\frac{7p/30-0.5}{100}=1-\frac{7\times4/30-0.5}{100}=0.996$$

6）计算定子铁心长度 L：需要几次试算，求得 $L=11\text{mm}$。

试算过程例：设 $L=11\text{mm}$，由图11-8估算绕组元件平均半匝长系数 $K_L=28/11=2.55$，取槽满率 $K_s=0.32$。

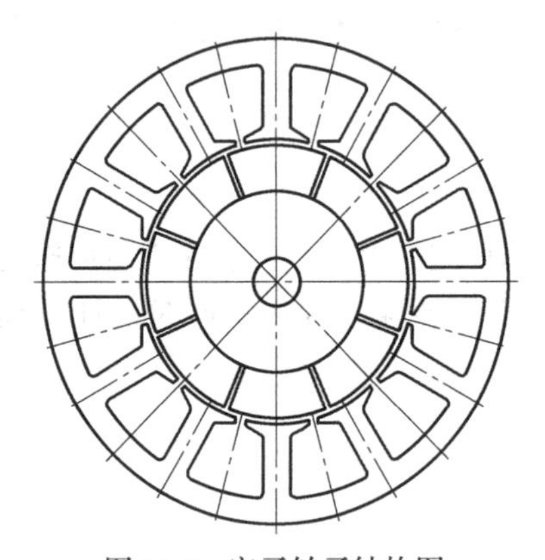

图11-7 定子转子结构图

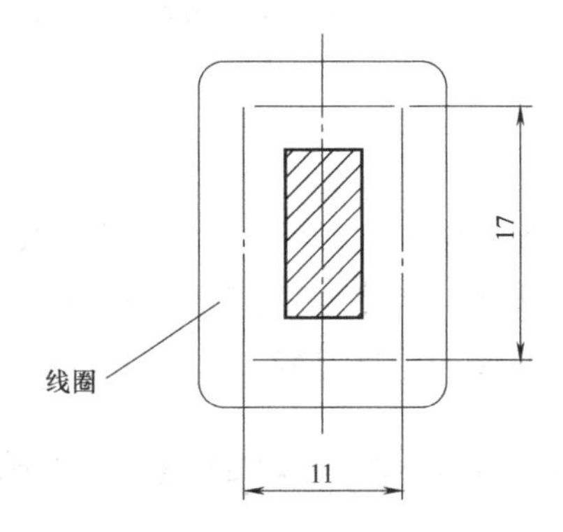

图11-8 线圈平均半匝长度估算

由第6章6.4.2节分析，对于 $q=1/2$ 的磁片表贴式电机，每相反电动势可按平顶波计算，所以有 $K_w=1$，$K_e=2$，$K_r=2$；而两相合成的反电动势按正弦波计算，并假定合成反电动势基波幅值就等于合成反电动势幅值，由第4章表4-3查得

$$K_{eff}^2=0.914$$

由式（4-20），计算系数

$$K_D=\frac{K_{eff}^2 K_w^2 K_e^2}{mK_r}=\frac{0.914\times1\times2^2}{3\times2}=0.609$$

利用黏性阻尼系数 D 计算式（11-4），计算定子铁心长度 L：

$$L=\frac{4D\rho K_L\times10^8}{K_D K_s A_s Z B_m^2 D_a^2}=\frac{4\times0.00647\times2.17\times10^{-4}\times2.55\times10^8}{0.609\times0.32\times143.5\times12\times0.393^2\times5^2}\text{cm}=1.105\text{cm}$$

取定子铁心长度 $L=11\text{mm}$。

7）计算电机反电动势系数：

$$K_E=\frac{U}{n_0\times0.105}=\frac{310}{2630\times0.105}=1.12$$

8）计算绕组数据：由第4章4.1节式（4-16），一相绕组反电动势系数 K_{ep}（V/rad · s^{-1}）表示为

$$K_{ep}=\frac{E_p}{\Omega}=K_w W B_m D_a L\times10^{-4}$$

由式（4-19），电机反电动势系数：

$$K_E=\frac{K_{eff}^2}{K_{av}}K_{eq}=\frac{K_{eff}^2}{K_{av}}K_e K_{ep}$$

对于线反电动势设为正弦波，由表4-3查得

$$\frac{K_{eff}^2}{K_{av}}=0.957$$

计算一相绕组串联匝数：

$$W=\frac{K_E}{\frac{K_{eff}^2}{K_{av}}K_e K_w B_m D_a L\times10^{-4}}=\frac{1.12}{0.957\times2\times1\times0.393\times5\times1.1\times10^{-4}}匝=2700匝$$

每相串联线圈数是 $Z/3=4$，每个线圈匝数 $N=W/4=675$

取漆包线 $d=0.18$，计算并联股数 a：

$$a=\frac{K_s A_s}{2Nd^2}=\frac{0.32\times143.5}{2\times675\times0.18^2}=1.09$$

取 $a=1$。核算槽满率

$$K_s=\frac{2aNd^2}{A_s}=\frac{2\times1\times675\times0.18^2}{143.5}=0.31$$

9）计算绕组电阻：查 $\phi0.18$mm 漆包线电阻率为 0.6718Ω/m，计算两相绕组电阻

$$R=2\times0.6718\times2WK_L L=2\times0.6718\times2\times2700\times2.55\times11\times10^{-3}\Omega=203\Omega$$

10）计算堵转电流

$$I_s=\frac{U}{R}=\frac{310}{203}A=1.527A$$

计算不计电感、2100r/min 时的电流

$$I_r\approx I_s\frac{n_0-n_N}{n_0}=\left(1.527\times\frac{530}{2630}\right)A=0.308A$$

11）不计电感时的平均电磁转矩：

$$T_r=K_E I_r=(1.12\times0.308)N\cdot m=0.345N\cdot m$$

12）计算计及电感、2100r/min 时的平均电磁转矩：

$$T_{av}=(0.345/2.5)N\cdot m=0.138N\cdot m$$

13）与样机实测结果比较：

图11-9给出设计计算与样机实测的转矩-转速特性曲线比较。从图可知，计算的曲线3与实测的曲线1是比较接近的。图中给出在转速为2100r/min线上，A点是计算的不计电感时的平均电磁转矩（0.345N · m），B点是计算的计及电感时平均电磁转矩（0.138N · m），而C点是样机实测的输出转矩（0.128N · m）。它显示计算的B点与实测的C点相当接近。

这里需要指出的是，原理上，电磁转矩与输出转矩不完全相同，还有一个所谓空载损耗转矩的差别。在 11.5.5 节由实测转矩-转速特性计算出该样机的电磁转矩为 0.145N · m。可见，设计计算结果（0.138N · m）与样机实际吻合良好。

由样机实测，在转速 2100r/min 时，输出转矩为 0.128N · m，电流为 0.111A，计算得：

输出功率　　$P_2=(0.128\times2100\times0.105)\mathrm{W}=28.2\mathrm{W}$

输入功率　　$P_1=(310\times0.111)\mathrm{W}=34.4\mathrm{W}$

效率　　$\eta=82\%$

核算：

电流密度　　$$j=\frac{4I_{\mathrm{av}}}{\pi d^2}=\frac{4\times0.111}{\pi\times0.18^2}\mathrm{A/mm^2}=4.36\mathrm{A/mm^2}$$

电负荷　　$$A=\frac{4WI_{\mathrm{av}}}{\pi D_{\mathrm{a}}}=\frac{4\times2700\times0.111}{\pi\times5}\mathrm{A/cm}=76.3\mathrm{A/cm}$$

它们均在合适范围内。

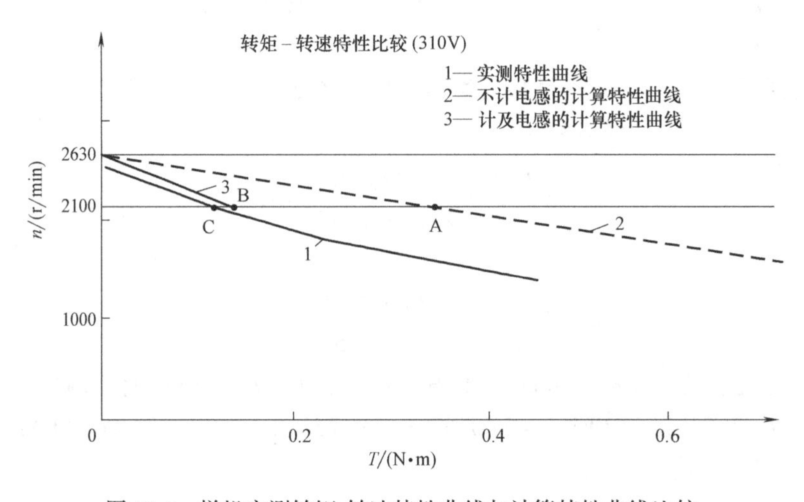

图 11-9　样机实测转矩-转速特性曲线与计算特性曲线比较

11.8　一个无刷直流伺服电机电磁设计实例

本设计实例槽数 $Z=18$，极对数 $p=3$，转子永磁采用表贴式结构，定子绕组为 $q=1$ 的整数槽，星形连接，运行方式为三相六状态。本例设计是采用电磁负荷确定电机主要尺寸方法进行。

1. 主要技术指标

（1）额定电压　　$U_{\mathrm{N}}=220\mathrm{V}$

（2）额定转速　　$n_{\mathrm{N}}=2000\mathrm{r/min}$

（3）额定转矩　　$M=6.5\mathrm{N\cdot m}$

（4）机壳外形尺寸　　115×115

（5）工作方式　　长期连续运行

2. 主要尺寸

无刷直流电机的主要尺寸由下式确定：

$$\frac{D_a^2 l_\delta n_N}{P}=\frac{6\times10^8}{\alpha'_i k_\Phi k_w A_s B_\delta}$$

因为 $P=\dfrac{Mn_N}{60/2\pi}$，由此 $\dfrac{p}{n_N}=\dfrac{M}{60/2\pi}$，得

$$D_a^2 l_\delta=\frac{P}{n_N}\cdot\frac{6\times10^8}{\alpha'_i k_\Phi k_w A_s B_\delta}=\frac{6.5}{60/2\pi}\cdot\frac{6\times10^8}{0.95\times1.11\times1\times123\times6100}\text{cm}^3=516.15\text{cm}^3$$

取 $D_a=6.7\text{cm}$，定子铁心长度 $l_\delta=\dfrac{D_a^2 l_\delta}{D_a^2}=\dfrac{516.15}{6.7^2}\text{cm}=11.49\text{cm}$，

取 $l_\delta=11.5\text{cm}$

式中，P 为额定功率（W）；D_a 为电枢直径（cm）；l_δ 为电枢铁心计算长度（cm）；n_N 为电动机的额定转速（r/min），$n_N=2000\text{r/min}$；α'_i为计算极弧系数，取 $\alpha'_i\approx0.95$。方波驱动电机取0.86~0.97，正旋波驱动电机取0.60~0.80；k_Φ 为磁场波形系数，$k_\Phi\approx1.11$；k_w 为绕组系数，本例 $k_w=1$；A_s 为电负荷（A/cm），小型电机为30~150A/cm，中大型电机为100~800A/cm。

在本设计中 $A_s\approx123\text{A/cm}$。

B_δ 为气隙磁通密度（Gs），一般烧结钕铁硼为0.6~1.1T，粘接钕铁硼为0.45~0.75T，铁氧体为0.3~0.4T，本例中 B_δ 取6100（Gs） = 0.61T。

3. 磁路计算

在确定磁路系统尺寸后，计算磁路系统的空载特性和永磁体的去磁特性曲线。在此基础上，利用曲线相交法估算出工作气隙内的磁通 $\Phi_{\delta0}$ 为设计定子绕组提供必要的条件。本例相数 $m=3$，槽数 $Z=18$，极数 $2p=6$。图11-10为定子冲片示意图，图11-11为表贴式永磁转子示意图。

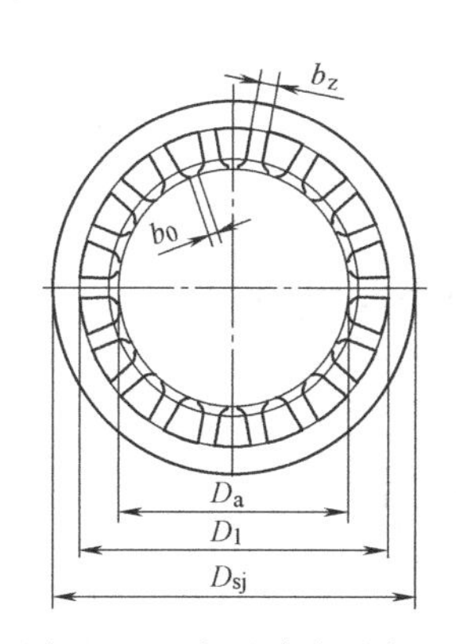

图11-10 定子冲片示意图

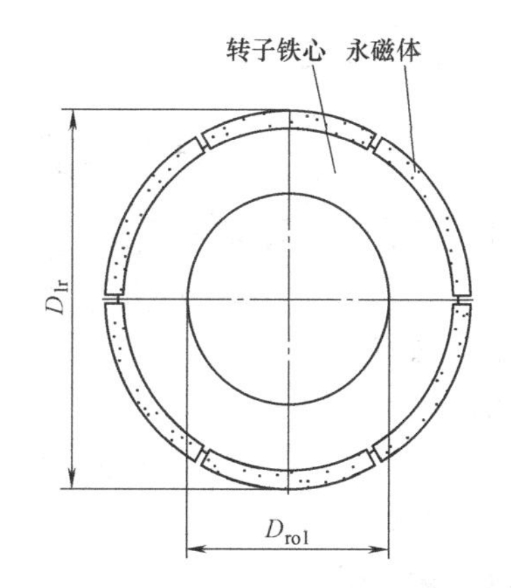

图11-11 表贴式永磁转子示意图

（1）定子冲片内径 $D_a=6.7\text{cm}$

（2）定子冲片外径 $D_{sj}=10.5\text{cm}$

（3）定子铁心长度 $l_a=11.5\text{cm}$

（4）定子槽数　　$Z=18$

（5）极距

$$\tau=\frac{\pi D_a}{2p}=\frac{\pi\times 6.7}{2\times 3}\text{cm}=3.51\text{cm}$$

（6）齿距

$$t_s=\frac{\pi D_a}{Z}=\frac{\pi\times 6.7}{18}\text{cm}=1.17\text{cm}$$

（7）齿宽

$$b_Z=\frac{tB_{\delta 1}}{B_t k_{FE}}=\frac{1.169\times 6100}{15000\times 0.95}\text{cm}=0.50\text{cm}$$

式中，预估气隙磁密 $B_{\delta 1}\approx 6100\text{Gs}$；预估电枢齿部磁密 $B_t\approx 15000\text{Gs}$；$k_{FE}$ 为铁心叠压系数，取 $k_{FE}\approx 0.95$。

（8）槽口宽度　　$b_0=0.3\text{cm}$

（9）齿顶宽

$$t_{s0}=t_s-b_0=(1.17-0.3)\text{cm}=0.87\text{cm}$$

（10）轭部高度

$$h_{Sj}=\frac{\Phi_\delta}{2l_\delta B_j k_{FE}}=\frac{233781}{2\times 11.5\times 14500\times 0.95}\text{cm}=0.74\text{cm}$$

式中，$\Phi_\delta=\alpha_i'\tau l_\delta B_{\delta 1}=(0.95\times 3.508\times 11.5\times 6100)\text{Mx}=233781\text{Mx}$；预估电枢轭部磁密 $B_j\approx 14500\text{Gs}$；$k_{FE}\approx 0.95$；取轭部高 $h_{Sj}=0.75\text{cm}$。

（11）槽底圆直径

$$D_1=D_a-2h_{Sj}=(10.5-2\times 0.75)\text{cm}=9\text{cm}$$

（12）齿高　　$h_{az}=\dfrac{D_1-D_a}{2}=\dfrac{9-6.7}{2}\text{cm}=1.15\text{cm}$

（13）定子轭长

$$L_{sj}=\frac{(D_a-h_{Sj})\pi}{2P}=\frac{(10.5-0.75)\pi}{2\times 3}\text{cm}=5.11\text{cm}$$

（14）定子轭长截面积

$$S_{Sj}=h_{Sj}l_a k_{FE}=(0.75\times 11.5\times 0.95)\text{cm}^2=8.19\text{cm}^2$$

（15）气隙　　$\delta=0.06\text{cm}$

（16）转子外径

$$D_{ir}=D_a-2\delta=(6.7-2\times 0.06)\text{cm}=6.58\text{cm}$$

（17）极对数　　$p=3$

（18）磁钢厚度　　$h_m=0.3\text{cm}$

（19）磁钢宽度

$$t_m=\left(\frac{D_{ir}-h_m}{2p}\right)\pi-3\delta=\left[\left(\frac{6.58-0.3}{2\times 3}\right)\pi-3\times 0.06\right]\text{cm}=3.11\text{cm}$$

（20）磁钢截面积

$$S_{m}=t_{m}l_{a}=(3.11\times11.5)\,\text{cm}^{2}=35.77\text{cm}^{2}$$

（21）铁心有效长度

$$l_{eff}=l_{a}+2\delta=(11.5+2\times0.06)\,\text{cm}=11.62\text{cm}$$

（22）转子轭高度　$h_{Rj}=0.7\text{cm}$

（23）转子轭长

$$L_{rj}=\frac{(D_{ir}-2h_{m}-h_{Rj})\pi}{2p}=\frac{(6.58-2\times0.3-0.7)\pi}{2\times3}\text{cm}=2.77\text{cm}$$

（24）转子轭截面积

$$S_{Rj}=h_{Rj}l_{a}k_{FE}=(0.7\times11.5\times0.95)\,\text{cm}^{2}=7.65\text{cm}^{2}$$

4. 磁路空载特性计算

本设计永磁材料选用烧结钕铁硼永磁材料，性能参数如下：

剩磁 B_r：　$B_r \geqslant 10000\ G_s$

矫顽力 H_C：　$H_C \geqslant 10000\ O_e$

最大磁能积（BH_{max}）：　$BH_{max} \geqslant 27\times10^6\ GO_e$

（1）磁势基值

$$F_{c}=1.6H_{c}h_{m}=1.6\times10000\times0.3=4800$$

（2）磁通基值

$$\Phi=B_{r}S_{m}=(10000\times35.77)\,\text{Mx}=357700\text{Mx}$$

（3）气隙磁通

$$\Phi_{\delta}=\tau l_{eff}k_{FE}B_{\delta}=3.51\times11.62\times0.95\times B_{\delta}=38.75B_{\delta}$$

（4）定子齿磁密

$$B_{z}=\frac{\Phi_{\delta}/(Z/2p)}{b_{z}l_{eff}k_{FE}}=\frac{\Phi_{\delta}/3}{0.5\times11.62\times0.95}=0.06\Phi_{\delta}$$

（5）定子齿部磁势

$$F_{az}=2H_{az}h_{az}=2\times1.15H_{az}=2.3H_{az}$$

式中，H_{az}为电枢齿部的磁场强度（A/cm），根据 B_z 的数值，在磁化曲线表11-5上查得。

（6）定子轭磁密

$$B_{sj}=\frac{\Phi_{\delta}/2}{S_{Sj}}=0.06\Phi_{\delta}$$

（7）定子轭部磁势

$$F_{aj}=L_{sj}H_{sj}=5.11H_{sj}$$

式中，H_{sj}为电枢齿部的磁场强度（A/cm）。根据B_{sj}的数值，在磁化曲线表11-5上查得。L_{sj}为电枢铁心轭部沿磁路方向一对磁极的平均长度，即定子轭长。

（8）转子轭磁密

$$B_{rj}=\frac{\Phi_{\delta}/2}{S_{Rj}}=\frac{\Phi_{\delta}/2}{7.65}=0.065\Phi_{\delta}$$

（9）转子轭部磁势

$$F_{rj}=H_{rj}L_{rj}=2.77L_{rj}$$

式中，H_{rj}为电枢齿部的磁场强度（A/cm）。根据B_{rj}的数值，在磁化曲线表11-5上查得。L_{rj}

为转子铁心轭部沿磁路方向一对磁极的平均长度，即转子轭长。

（10）气隙磁势

$$F_\delta = 1.6 k_\delta \delta B_\delta = 0.12 B_\delta$$

式中，k_δ 为气隙系数，取 $k_\delta = \dfrac{t_s + 10\delta}{t_{s0} + 10\delta} = \dfrac{1.17 + 10 \times 0.06}{0.87 + 10 \times 0.06} = 1.20$。

（11）磁路总磁势

$$F_S = F_\delta + F_{az} + F_{aj} + F_{rj}$$

$$F_S = 1.6 k_\delta \delta B_\delta + 2H_{az} h_{az} + L_{sj} H_{sj} + H_{rj} L_{rj} = 0.12 B_\delta + 2.3 H_{az} + 5.11 H_{sj} + 2.77 H_{rj}$$

（12）空载特性计算（见表 11-4）

表 11-4　空载特性计算表

名　称	单位	计算点			
		1	2	3	4
B_δ	Gs	5000	5500	6000	6500
$\Phi_\delta = 38.75 B_\delta$	Mx	193750	213125	232500	251875
$B_z = 0.06 \Phi_\delta$	Gs	11625	12787.5	13950	15112.5
$B_{Sj} = 0.06 \Phi_\delta$	Gs	11625	12787.5	13950	15112.5
$B_{Rj} = 0.065 \Phi_\delta$	Gs	12593	13853.1	15112.5	16371.9
H_{az}	A/cm	1.7	2.7	5.8	17
H_{sj}	A/cm	1.7	2.7	5.8	17
H_{rj}	A/cm	2.45	4.8	17	47
F_δ	A	600	660	720	780
F_S	A	619.38	693.30	810.07	1036.16
F_S^* (/4800)		0.129	0.144	0.169	0.216
Φ_r^* (σ/357700)		0.623	0.685	0.747	0.810

本例中 σ 为漏磁系数，取 $\sigma = 1.15$。

（13）定子冲片材料 DW310-35 直流磁化曲线（见表 11-5）

表 11-5　DW310-35 直流磁化曲线表

B/Gs \ H/(A/cm) \ B/Gs	0	100	200	300	400	500	600	700	800	900
5000	0.440	0.450	0.460	0.465	0.475	0.480	0.490	0.500	0.510	0.520
6000	0.525	0.530	0.540	0.550	0.560	0.570	0.580	0.600	0.610	0.620
7000	0.625	0.640	0.645	0.660	0.670	0.680	0.690	0.700	0.720	0.730
8000	0.740	0.760	0.77	0.780	0.800	0.810	0.830	0.850	0.870	0.880
9000	0.900	0.920	0.940	0.960	0.980	1.000	1.020	1.040	1.060	1.080
10000	1.100	1.130	1.150	1.170	1.200	1.240	1.260	1.300	1.340	1.360
11000	1.400	1.450	1.500	1.550	1.600	1.640	1.700	1.750	1.800	1.900

（续）

B/Gs H/(A/cm) B/Gs	0	100	200	300	400	500	600	700	800	900
12000	1. 950	2. 000	2. 100	2. 200	2. 250	2. 400	2. 450	2. 550	2. 700	2. 800
13000	2. 900	3. 100	3. 200	3. 400	3. 600	3. 900	4. 200	4. 400	4. 800	5. 200
14000	5. 800	6. 200	6. 800	7. 600	8. 400	9. 400	10. 500	11. 50	12. 600	14. 00
15000	15. 50	17. 00	18. 50	20. 00	22. 00	24. 00	26. 00	28. 00	31. 00	33. 00
16000	35. 00	38. 00	40. 00	43. 00	47. 00	50. 00	54. 00	58. 00	64. 00	68. 00
17000	72. 00	76. 00	80. 00	84. 00	88. 00	94. 00	98. 00			

【作磁铁工作图】

根据上述计算，作磁铁工作图（见图11-12），图中曲线1为永磁体的去磁曲线，曲线2为空载特性曲线，曲线1和曲线2的交点为永磁体的工作点。求得工作点

$$\Phi^* = 0.80 \qquad F^* = 0.200$$

由此可得

$$B_\delta = 6421.54$$

$$B_z = 14930.08$$

$$B_{sj} = 14930.08$$

$$B_{rj} = 16174.25$$

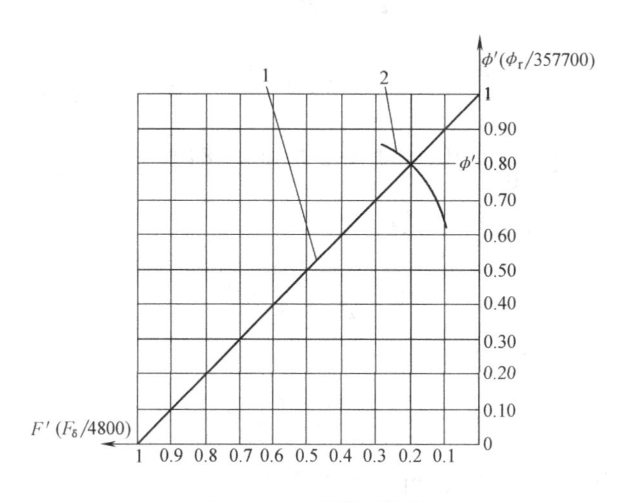

图11-12　磁铁工作图

（14）校核电机额定点气隙磁密 B_δ

预估气隙磁密 $B_{\delta 1} = 6100\text{Gs}$，计算气隙磁密 $B_\delta = 6421.54\text{Gs}$，经计算 $\left|\dfrac{B_\delta - B_{\delta 1}}{B_\delta}\right| \times 100\% = \left|\dfrac{6421.54 - 6100}{6421.54}\right| \times 100\% = 5\%$，完全满足工程上的要求。

（15）校核电机额定点电枢齿磁密 B_z

预估电枢齿磁密 $B_t \approx 15000\text{Gs}$，计算电枢齿磁密 $B_z = 14930.08\text{Gs}$，经计算 $\left|\dfrac{B_t - B_z}{B_t}\right| \times$

$100\% = \left|\dfrac{15000-14930.08}{15000}\right| \times 100\% = 0.46\%$，完全满足工程上的要求。

（16）校核电机额定点电枢轭磁密 B_{sj}

预估电枢轭磁密 $B_j \approx 14500\text{Gs}$，计算电枢轭磁密 $B_{sj} = 14930.08\text{Gs}$，经计算 $\left|\dfrac{B_j - B_{sj}}{B_j}\right| \times 100\% = \left|\dfrac{14500-14930.08}{14500}\right| \times 100\% = 2.97\%$，完全满足工程上的要求。

5. 电路计算

本设计例按反电动势系数（V/rad/s）和转矩系数（N·m/A）相等，$K_E = K_T$ 计算。由 K_E 决定电机绕组的参数。

（1）反电动势系数

$$K_E = \frac{U-\Delta U}{1.2n_N} \times 60/2\pi = \left(\frac{220-2\times1.5}{1.2\times2000} \times 60/2\pi\right)\text{V/rad} = 0.863(\text{V/rad/s})$$

式中，ΔU 为功率晶体管的饱和管压降，取 $\Delta U \approx 1.5\text{V}$。一般电动机设计时，可取空载转速为额定转速的1.2倍，取 $n_0 = (2000\times1.2)\text{r/min} = 2400\text{r/min}$

（2）转矩系数　　$K_T = K_E = 0.863\text{N}\cdot\text{m/A}$

（3）总导体数估算

$$N_a = 2mW_\Phi = 2\times3\times84 = 504$$

式中，$K_T = 0.13\dfrac{pK_w}{\alpha_i\times10^4}W_\Phi \Phi_\delta \times 10^{-3}$，由此 $W_\Phi = \dfrac{K_T\alpha_i}{0.13pK_w\Phi_\delta\times10^{-3}} \times 10^4$ 得 $W_\Phi = \dfrac{0.863\times0.95}{0.13\times3\times1\times6421.54\times38.75\times10^{-3}} \times 10^4 = 84.48$，取 $W_\Phi = 84$ 匝。

（4）每槽导体数 N_s，可按下式计算

$$N_s = \frac{N_a}{Z} = \frac{504}{18} = 28$$

（5）每元件匝数 W_c 由下式求得

$$W_c = \frac{N_S}{2} = \frac{28}{2} = 14$$

（6）每相绕组电阻计算值 $R_{\Phi20℃}$ 可由下式求出

$$R_{\Phi20℃} = \frac{2\rho l_w W_\Phi}{a\pi d_{cu}^2/4} = \frac{2\times0.0175\times10^{-2}\times20.5\times84}{4\times\pi\times0.69^2/4}\Omega = 0.4\Omega$$

式中，l_w 为绕组半匝长，$l_w = l_e + l_a = (0.90+11.5)\text{cm} = 20.5\text{cm}$。$l_e$ 为绕组端部长，取 $l_e = 0.9\text{cm}$。l_a 为定子铁心长度，$l_a = 11.5\text{cm}$。a 为并绕根数，取 $a=4$。d_{cu} 为漆包线直径，取 $d_{cu} = 0.69\text{mm}$，牌号为：聚酯亚胺漆包圆线 QZ-2（GB/T 1193—1984）。ρ 为铜的电阻率，取温度为20℃铜的电阻率 $\rho = 0.0175\times10^{-6}\Omega\cdot\text{m}$。

（7）75℃时的定子每相绕组实际电阻值

$$R_{\Phi75℃} = 1.22R_{\Phi25℃} = (1.22\times0.40)\Omega = 0.49\Omega$$

（8）定子槽面积

$$s_e=\frac{\pi\left(\frac{D_1^2-D_a^2}{4}\right)-h_{az}b_z\times Z}{Z}=\frac{\pi\left(\frac{9^2-6.7^2}{4}\right)-1.15\times0.5\times18}{18}\text{cm}=0.999\text{cm}\approx1\text{cm}^2$$

（9）槽满率

$$k_s=\frac{2aW_cd_{wcu}^2}{s_e}=\frac{2\times4\times14\times0.77^2\times10^{-2}}{1}=0.66$$

式中，d_{wcu}漆包线外径尺寸，查得，$d_{wcu}=0.77$mm。

6. 性能计算

电动机额定点的性能计算结果如下：

（1）额定电流

$$I_N=\frac{M}{K_T}=\frac{6.5}{0.863}\text{A}=7.5\text{A}$$

（2）电负荷

$$A=\frac{2I_NW_cZ}{\pi D_a}=\frac{2\times7.5\times14\times18}{\pi\times6.7}\text{A/cm}=179.67\text{A/cm}$$

（3）电流密度

$$J=\frac{I_N}{a\pi d_{cu}^2/4}=\frac{7.5}{4\times\pi\times0.69^2/4}\text{A/mm}^2=5.01\text{A/mm}^2$$

（4）热负荷

$$AJ=(179.67\times5.01)\text{A}^2/\text{cm}\cdot\text{mm}^2=900.15\text{A}^2/\text{cm}\cdot\text{mm}^2$$

7. 损耗计算

（1）电损耗

1）功率器件损耗

$$P_{\Delta U}=2I_N\Delta U=(2\times7.5\times3)\text{W}=45\text{W}$$

2）定子铜耗

$$P_{cu}=2I_N^2R_{\Phi75℃}=(2\times7.5^2\times0.49)\text{W}=55.13\text{W}$$

（2）定子铁耗

$$P_{Fe}=1.5\times(P_{Fez}+P_{Fej})=[1.5\times(10.84+24.09)]\text{W}=52.39\text{W}$$

式中，P_{Fez}为定子齿部损耗，$P_{Fez}=0.7\times3.3\left(\frac{f}{50}\right)^{1.3}\times\left(\frac{b_z}{10000}\right)^2\times W_{Gz}=0.7\times3.3\times2^{1.3}\times\left(\frac{14930.08}{10000}\right)^2\times 0.859\text{W}=10.84\text{W}$。$f$为额定转速下的频率，$f=\frac{n_Np}{60}=100\text{Hz}$，$W_{Gz}$为定子齿重量，$W_{Gz}=b_zk_{FE}l_ah_{az}\times 7.6\times10^{-3}\times18=(0.5\times0.95\times11.5\times1.15\times7.6\times10^{-3}\times18)\text{kg}=0.859\text{kg}$。$P_{Fej}$为定子轭部损耗，$P_{Fej}=0.7\times 3.3\left(\frac{f}{50}\right)^{1.3}\times(\frac{b_{sj}}{10000}\bigg)^2\times W_{Gj}=(0.7\times3.3\times2^{1.3}\times1.91)\text{W}=24.09\text{W}$。$W_{Gj}$为定子轭部重量，$W_{Gj}=\frac{[D_a^2-D_1^2]\ \pi l_ak_{FE}}{4}\times7.6\times10^{-3}=\left[\frac{(10.5)^2-9^2)\ \pi\times11.5\times0.95}{4}\times7.6\times10^{-3}\right]\text{kg}=1.91\text{kg}$

（3）机械摩擦损耗

$$P_{mah}=P_{zb}+P_{hb}=(1.36+0.53)\text{W}=1.89\text{W}$$

式中，P_{zb}为风摩耗，

$$P_{zb}=2l_{\delta}(D_a-3\delta)^3n_N{}^3\times10^{-14}=(2\times11.5\times6.58^3\times2000^3\times10^{-14})\text{W}=0.53\text{W}$$

P_{hb}为2000r/min时转子摩擦耗，

$$P_{hb}=3\times10^{-6}\times20G_{WR}\times n_N^{1.3}=(3\times10^{-6}\times20\times1.163\times2000^{1.3})\text{W}=1.36\text{W}$$

G_{WR}转子重量，经计算 $G_{WR}=1162.7\text{g}\approx1.163\text{kg}$

（4）总损耗

$$\sum P_C=P_{\Delta U}+P_{cu}+P_{Fe}+P_{mah}=(45+55.13+52.39+1.89)\text{W}=154.41\text{W}$$

（5）输出功率

$$P_2=\frac{Mn_N}{60/2\pi}=\frac{6.5\times2000}{9.55}\text{W}=1361\text{W}$$

（6）效率

$$\eta=\frac{P_2}{\sum P_C+P_2}\times100\%=\frac{1361}{154.41+1361}\times100\%=89.8\%$$

11.9　一个基于Ansoft的无刷直流电机设计实例

本设计实例的定子采用分割式铁心，槽数 $Z=12$，极对数 $p=4$，定子绕组为 $y=1$ 分数槽，星形连接，永磁转子为表贴结构，运行方式为三相六状态。

1. 主要技术指标

（1）额定电压（母线）	$U_N=280\text{VDC}$
（2）额定转速	$n_N=3000\text{r/min}$
（3）额定转矩	$M=1.27\text{N}\cdot\text{m}$
2. 机壳外形尺寸	□60cm×60cm
3. 工作方式	长期连续运行

4. 主要尺寸

本例相数 $m=3$，槽数 $Z=12$，极数 $2p=8$。图11-13为定子冲片示意图，图11-14为表贴式永磁转子示意图。

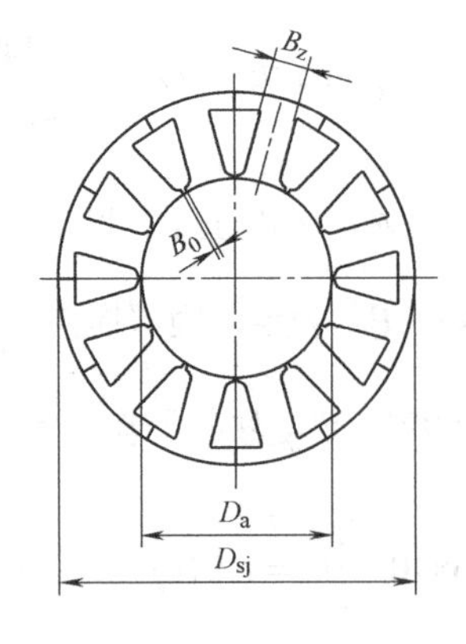

图11-13　定子冲片示意图

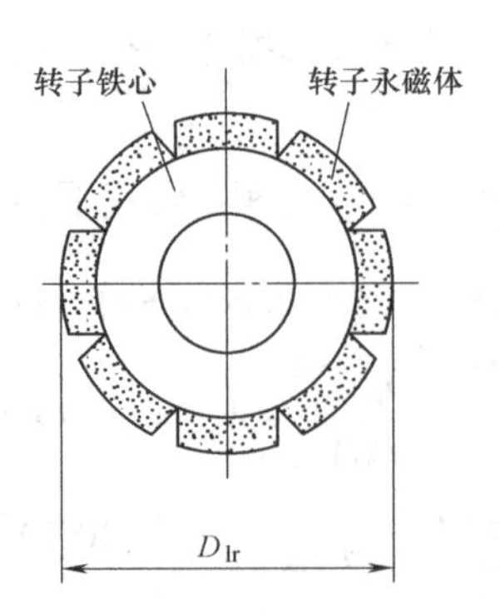

图11-14　表贴式永磁转子示意图

（1）预估电枢铁心长

无刷直流电机的主要尺寸由下式确定：

$$\frac{D_a^2 l_\delta n_N}{P}=\frac{6\times10^8}{\alpha_i' k_\Phi k_w A_s B_\delta}$$

因为 $P=\frac{Mn_N}{60/2\pi}$，由此$\frac{P}{n_N}=\frac{M}{60/2\pi}$，得

$$D_a^2 l_\delta=\frac{P}{n_N}\cdot\frac{6\times10^8}{\alpha_i' k_\Phi k_w A_s B_\delta}=\left(\frac{1.27}{60/2\pi}\cdot\frac{6\times10^8}{0.78\times1.11\times0.866\times226\times9700}\right)\text{cm}^3=48.54\text{cm}^3$$

取 $D_a=3.05\text{cm}$，定子铁心长度 $l_\delta=\frac{D_a^2 l_\delta}{D_a^2}=\frac{48.54}{3.05^2}\text{cm}=5.21\text{cm}$，

取 $l_\delta=5\text{cm}$

式中，P 为额定功率，W；D_a 为电枢直径，cm；l_δ 为电枢铁心计算长度（cm）；n_N 为电动机的额定转速（r/min），$n_N=3000\text{r/min}$；α_i'为计算极弧系数，取 $\alpha_i'\approx0.78$；k_Φ 为磁场波形系数，$k_\Phi\approx1.11$；k_w 为绕组系数，本例 $k_w=0.866$；A_s 为电负荷（A/cm），本例 $A_s\approx226$（A/cm）。

B_δ 为气隙磁通密度（Gs），一般烧结钕铁硼为 0.6~1.1T，粘接钕铁硼为 0.45~0.75T，铁氧体为 0.3~0.4T，本例中 B_δ 取 9700Gs= 0.97T。

（2）预估齿宽

$$b_Z=\frac{t_s B_{\delta1}}{B_t k_{FE}}=\frac{0.80\times9700}{15000\times0.95}\text{cm}=0.545\text{cm}\quad 取\ b_Z=0.55\text{cm}$$

式中，预估气隙磁密 $B_{\delta1}\approx9700\text{Gs}$；预估电枢齿部磁密 $B_t\approx15000\text{Gs}$；k_{FE}为铁心叠压系数，取 $k_{FE}\approx0.95$。t_s 为齿距，$t_s=\frac{\pi D_a}{Z}=\frac{\pi\times3.05}{12}=0.798\text{cm}\approx0.80\text{cm}$

（3）预估轭高

$$h_{Sj}=\frac{\Phi_\delta}{2l_\delta B_j k_{FE}}=\frac{45017.7}{2\times5\times16500\times0.95}\text{cm}=0.287\text{cm}$$

式中，$\Phi_\delta=\alpha_i'\tau l_\delta B_{\delta1}=(0.78\times1.19\times5\times9700)\text{Mx}=45017.7\text{Mx}$；预估电枢轭部磁密 $B_j\approx16500\text{Gs}$；$k_{FE}\approx0.95$；τ 为极距，$\tau=\frac{\pi D_a}{2p}=\frac{\pi\times3.05}{2\times4}\text{cm}=1.19\text{cm}$，取轭部高 $h_{Sj}=0.28\text{cm}$

（4）冲片外径　　$D_{sj}=5.78\text{cm}$

（5）槽口宽度　　$b_0=0.5\text{cm}$

5. 本例采用 ansoft Maxwell 软件设计，选用模块为 Brushless Permanet-magnet DC Motors

6. 主要技术参数输入

（1）额定输出功率	Rated Output Power（kW）	0.4
（2）额定电压（母线）	Rated Voltage（V）	280
（3）极数	Number of Poles	8
（4）额定转速	Rated Speed（r/min）	3000

(5) 风摩损耗	Frictional Loss (W)	10

7. 设计输出

(1) 主要性能参数	GENERAL DATA	
1) 额定输出功率	Rated Output Power (kW)	0.4
2) 额定电压 (母线)	Rated Voltage (V)	280
3) 极数	Number of Poles	8
4) 给定额定转速	Given Rated Speed (r/min)	3000
5) 风摩损耗	Frictional Loss (W)	10
6) 风阻损耗	Windage Loss (W)	8
7) 转子类型 (内)	Rotor Position	Inner
8) 负载类型 (功率)	Type of Load	Constant Power
9) 开关电路类型	Type of Circuit	Y3

驱动类型电路类型，有六种驱动类型（Y3，L3，S3，C2，L4，S4）可供选择，具体如图 11-15～图 11-20 所示。

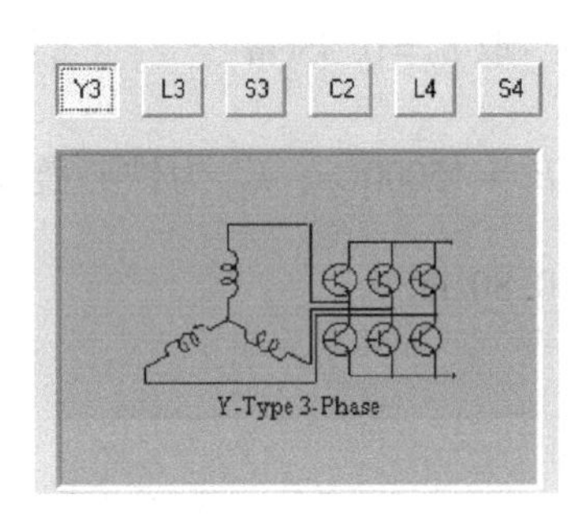

图 11-15 Y3 型

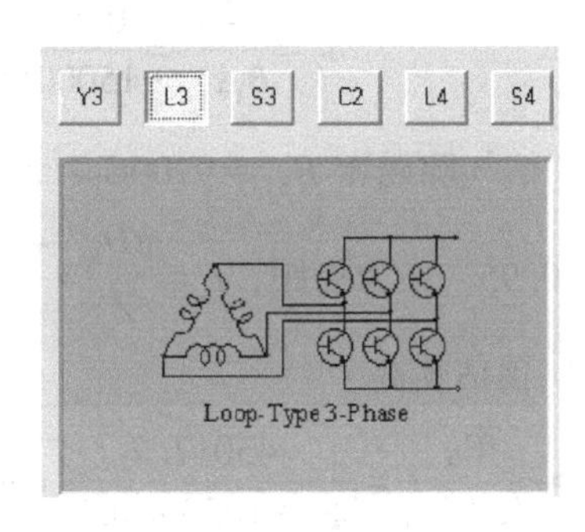

图 11-16 L3 型

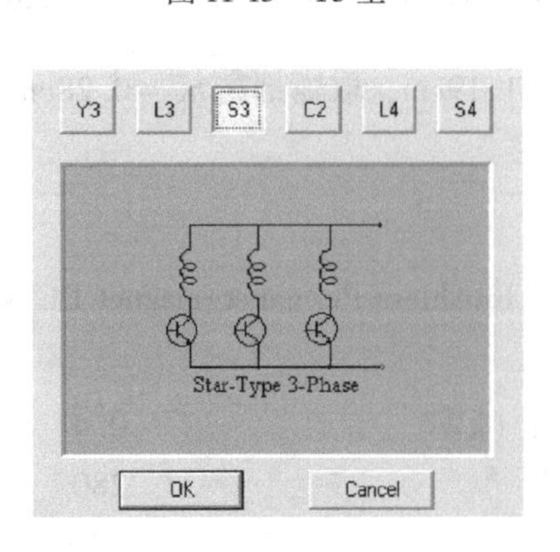

图 11-17 S3 型

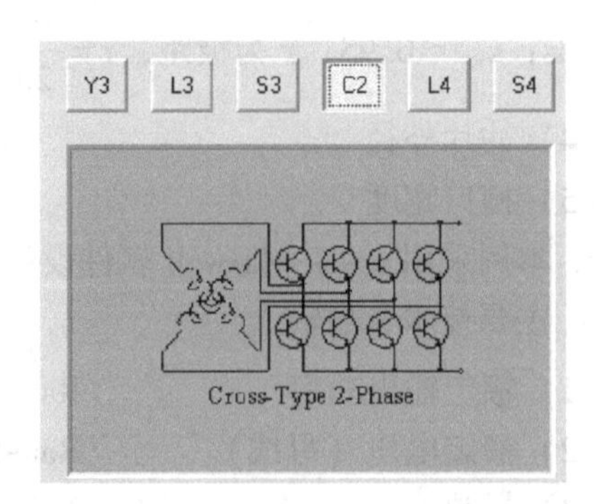

图 11-18 C2 型

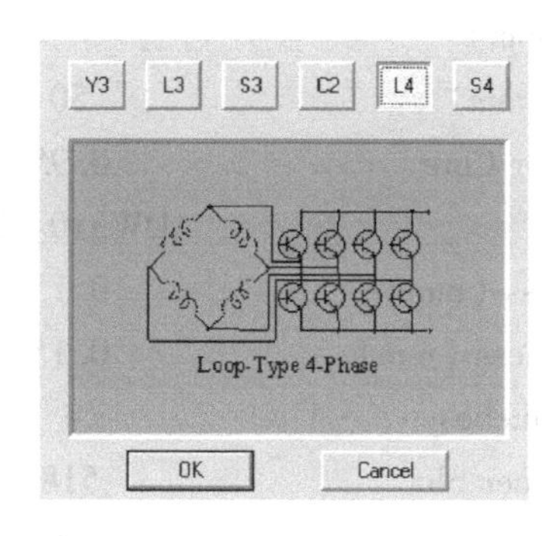

图 11-19　L4 型

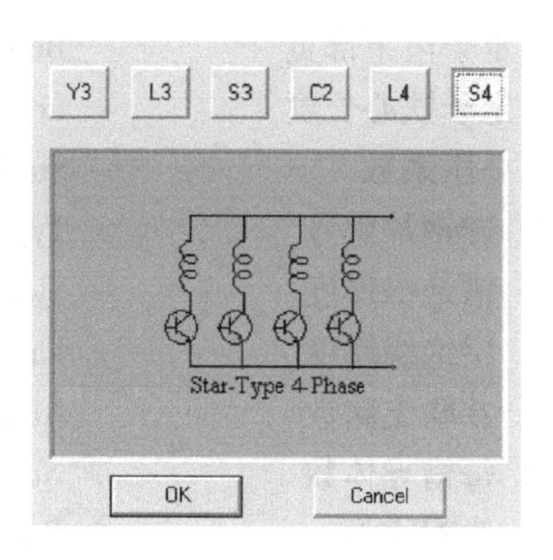

图 11-20　S4 型

10）触发脉冲宽度　　Trigger Pulse Width in Elec. Degrees　　120

11）晶体管电压降　　One-Transistor Voltage Drop（V）　　2

12）二极管电压降　　One-Diode Voltage Drop（V）　　2

13）电机工作温度　　Operating Temperature（C）　　75

（2）定子铁心数据　　STATOR DATA

1）定子槽数　　Number of Stator Slots　　12

2）定子铁心外径　　Outer Diameter of Stator（mm）　　57.8

3）定子铁心内径　　Inner Diameter of Stator（mm）　　30.5

4）定子槽型　　Type of Stator Slot　　3

5）槽型尺寸　　Stator Slot

hs0（mm）　　0.5

hs1（mm）　　0.35

hs2（mm）　　9.1

bs0（mm）　　0.3

bs1（mm）　　2.93355

bs2（mm）　　7.81022

rs（mm）　　0.5

模型类型及尺寸如图 11-21 所示。

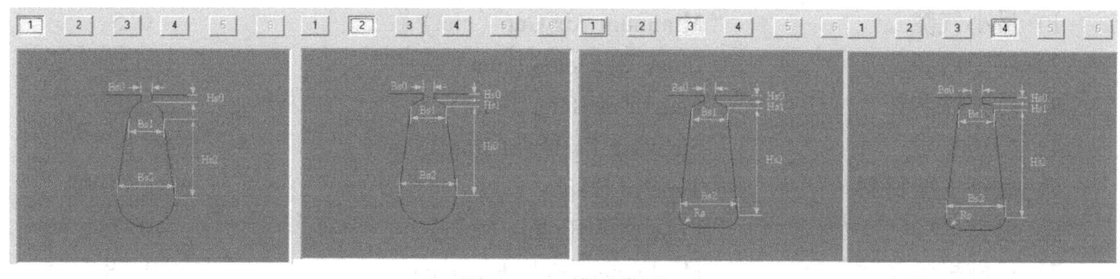

图 11-21　槽型类型

6）定子齿上部宽　　Top Tooth Width（mm）　　5.5

7）定子齿下部宽	Bottom Tooth Width (mm)	5.5
8）定子铁心长度	Length of Stator Core (mm)	50
9）叠压系数	Stacking Factor of Stator Core	0.95
10）硅钢片牌号	Type of Steel	DW310_ 35
11）槽绝缘厚度	Slot Insulation Thickness (mm)	0.15
12）层绝缘厚度	Layer Insulation Thickness (mm)	0.15
13）并联支路数	Number of Parallel Branches	4
14）每槽导体数	Number of Conductors per Slot	518
15）线圈类型	Type of Coils	21

线圈类型如图 11-22 所示。

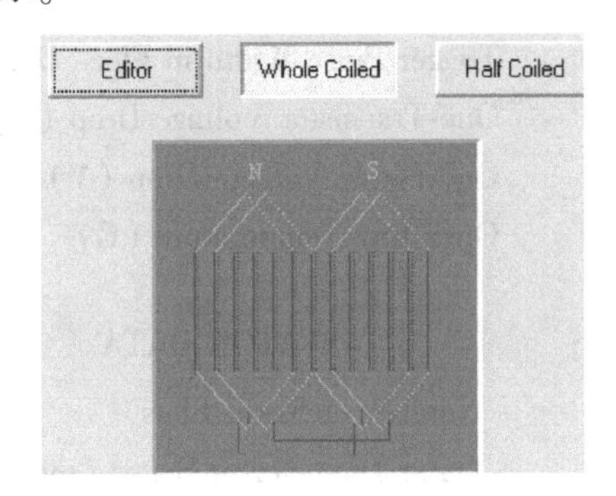

图 11-22　线圈类型

16）线圈平距跨距	Average Coil Pitch	1
17）并绕根数	Number of Wires per Conductor	1
18）漆包线直径	Wire Diameter (mm)	0.23
19）漆包线绝缘厚度	Wire Wrap Thickness (mm)	0.035
20）槽面积	Slot Area (mm^2)	53.3979
21）槽净面积	Net Slot Area (mm^2)	40.0746
22）槽满率	Stator Slot Fill Factor (%)	90.7722
23）线圈平均半匝长	Coil Half-Turn Length (mm)	60.5509

（3）转子数据	ROTOR DATA	
1）最小气隙	Minimum Air Gap (mm)	0.5
2）转子内径	Inner Diameter (mm)	12
3）转子铁芯长	Length of Rotor (mm)	50
4）叠压系数	Stacking Factor of Iron Core	1
5）磁钢支架材料	Type of Steel	steel_ 1008
6）极弧半径	Polar Arc Radius (mm)	14.75
7）机械极弧系数	Mechanical Pole Embrace	0.78
8）永磁体最大厚度	Max. Thickness of Magnet (mm)	3
9）永磁体宽度	Width of Magnet (mm)	8.89537

10）永磁体型号	Type of Magnet	NNF45SH
11）转子类型	Type of Rotor	2

转子类型如图11-23所示。

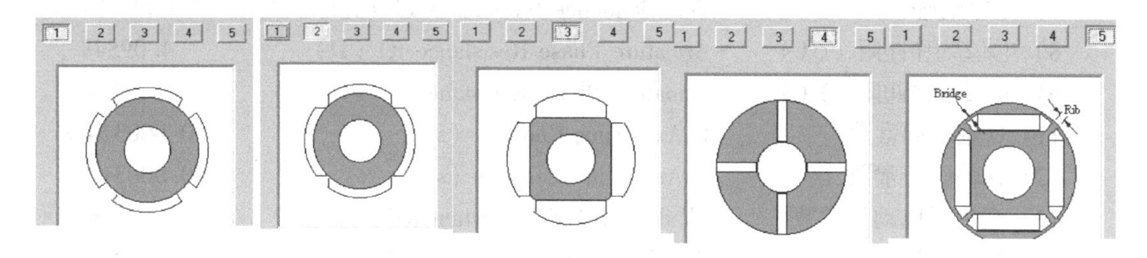

图11-23　转子类型

（4）永磁体数据	PERMANENT MAGNET DATA	
1）剩磁密度	Residual Flux Density（T）	1.32
2）矫顽力	Coercive Force（kA/m）	1050
3）最大磁能积	Maximum Energy Density（kJ/m^3）	346.5
4）相对回复磁导率	Relative Recoil Permeability	1.00043
5）退磁磁通密度	Demagnetized Flux Density（T）	1.03633
6）回复剩磁密度	Recoil Residual Flux Density（T）	1.32
7）回复矫顽力	Recoil Coercive Force（kA/m）	1050

（5）材料消耗	MATERIAL CONSUMPTION	
1）单位体积电枢铜重量	Armature Copper Density（kg/m^3）	8900
2）单位体积永磁体重量	Permanent Magnet Density（kg/m^3）	7800
3）单位体积电枢铁重量	Armature Core Steel Density（kg/m^3）	7650
4）单位体积转子重量	Rotor Core Steel Density（kg/m^3）	7872
5）电枢铜重	Armature Copper Weight（kg）	0.139177
6）永磁体重量	Permanent Magnet Weight（kg）	0.0849337
7）电枢铁重	Armature Core Steel Weight（kg）	0.455127
8）转子铁重	Rotor Core Steel Weight（kg）	0.126203
9）总净重	Total Net Weight（kg）	0.805441
10）电枢铁芯材料消耗	Armature Core Steel Consumption（kg）	1.34327
11）转子铁芯材料消耗	Rotor Core Steel Consumption（kg）	0.126203

（6）稳态参数	STEADY STATE PARAMETERS	
1）定子绕组系数	Stator Winding Factor	0.866025
2）D-轴电枢反应电感	D-Axis Reactive Inductance Lad（H）	0.00128754
3）Q-轴电枢反应电感	Q-Axis Reactive Inductance Laq（H）	0.00128754

4）D-轴同步电感　D-Axis Inductance L1+Lad（H）　0.0146836

5）Q-轴同步电感　Q-Axis Inductance L1+Laq（H）　0.0146836

6）电枢绕组漏电感　Armature Leakage Inductance L1（H）　0.013396

7）零序电感　Zero-Sequence Inductance L0（H）　0.000493449

8）电枢绕组相电阻（75℃）　Armature Phase Resistance R1（Ω）　4.09548

9）电枢绕组相电阻（20℃）　Armature Phase Resistance at 20C（Ω）　3.36886

11）D 轴时间常数　D-Axis Time Constant（s）　0.00031438

12）Q 轴时间常数　Q-Axis Time Constant（s）　0.00031438

13）理想反电动势常数　Ideal Back-EMF Constant KE（Vs/rad）　0.699042

14）额定力矩常数　Rated Torque Constant KT（Nm/A）　0.779939

（7）稳态参数　NO-LOAD MAGNETIC DATA

1）定子齿磁密　Stator-Teeth Flux Density（Tesla）　1.59659

2）定子轭部磁密　Stator-Yoke Flux Density（Tesla）　1.57043

3）转子轭部磁密　Rotor-Yoke Flux Density（Tesla）　0.873525

4）气隙磁密　Air-Gap Flux Density（Tesla）　1.01749

5）永磁体磁密　Magnet Flux Density（Tesla）　1.1293

6）定子齿安匝　Stator-Teeth Ampere Turns（A.T）　31.6669

7）定子轭安匝　Stator-Yoke Ampere Turns（A.T）　6.88034

8）转子轭安匝　Rotor-Yoke Ampere Turns（A.T）　0.909993

9）气隙安匝　Air-Gap Ampere Turns（A.T）　415.748

10）永磁体安匝　Magnet Ampere Turns（A.T）　-455.081

11）起动时电枢反应安匝　Armature Reactive Ampere Turns at Start Operation（A.T）　280.9.4

12）定子轭部磁路长修正系数　Correction Factor for Magnetic Circuit Length of Stator Yoke　0.228025

13）转子轭部磁路长修正系数　Correction Factor for Magnetic Circuit Length of Rotor Yoke　0.806928

14）空载转速　No-Load Speed（r/min）　3719.78

15）齿槽转矩　Cogging Torque（N·m）　0.0132872

（8）满载数据　FULL-LOAD DATA

1）平均输入电流　Average Input Current（A）　1.70278

2）电枢电流有效值　Root-Mean-Square Armature Current（A）　1.54015

3）电枢热负荷　Armature Thermal Load（A^2/mm^3）　231.484

4）电枢线负荷　Specific Electric Loading（A/mm）　24.9783

5）电枢电流密度　Armature Current Density（A/mm^2）　9.26737

6）风摩损耗　Frictional and Windage Loss（W）　18.0724

7）铁心损耗　Iron-Core Loss（W）　21.8384

8）电枢铜损	Armature Copper Loss（W）	29.1441
9）开关管损耗	Transistor Loss（W）	7.08903
10）二极管损耗	Diode Loss（W）	0.596804
11）总损耗	Total Loss（W）	76.7106
12）输出功率	Output Power（W）	400.038
13）输入功率	Input Power（W）	476.779
14）效率	Efficiency（%）	83.9044
15）额定转速	Rated Speed（rpm）	3006.37
16）额定转矩	Rated Torque（N·m）	1.27066
17）堵转转矩	Locked-Rotor Torque（N·m）	23.4031
18）堵转电流	Locked-Rotor Current（A）	33.6401

（9）定子绕组排布　　　　WINDING ARRANGEMENT

定子绕组排布，如图 11-24 所示。

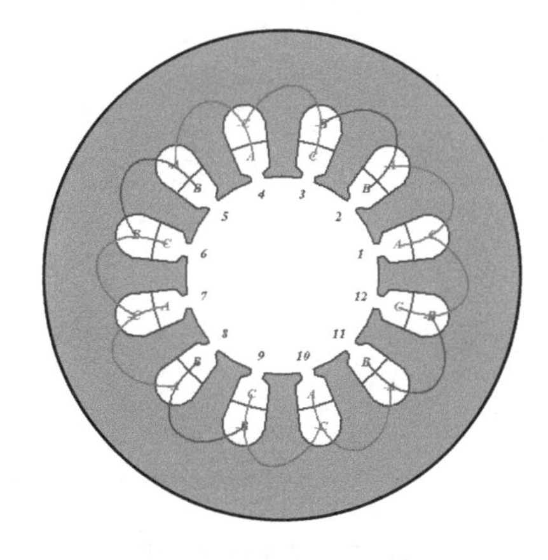

图 11-24　定子绕组排布图

8. 性能曲线

转矩与转速特性曲线如图 11-25 所示，齿槽转矩曲线如图 11-26 所示，速度与效率曲线

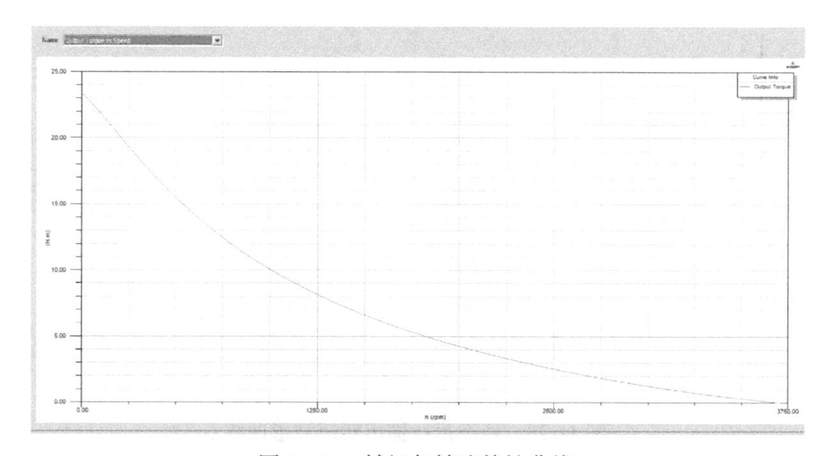

图 11-25　转矩与转速特性曲线

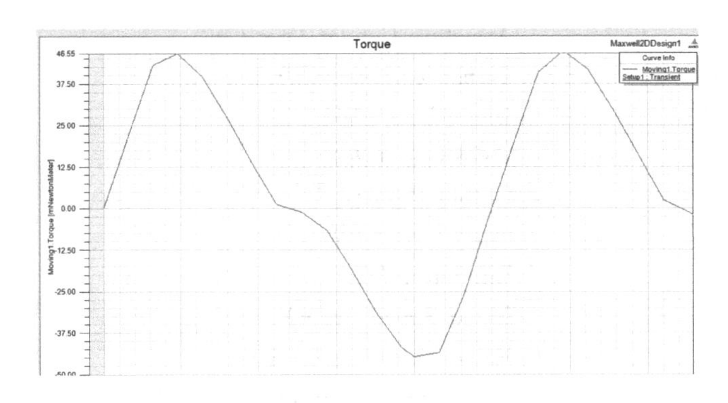

图 11-26　齿槽转矩曲线

如图 11-27 所示，稳态运行输出转矩波形曲线如图 11-28 所示。

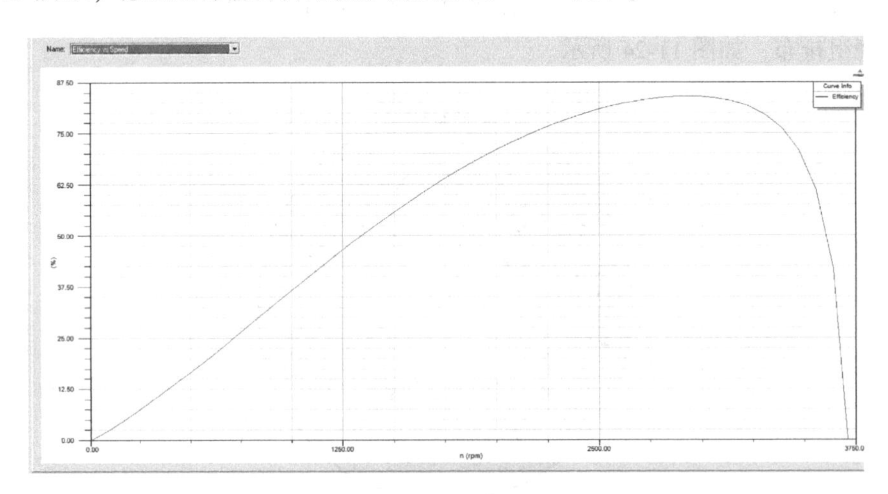

图 11-27　速度与效率曲线

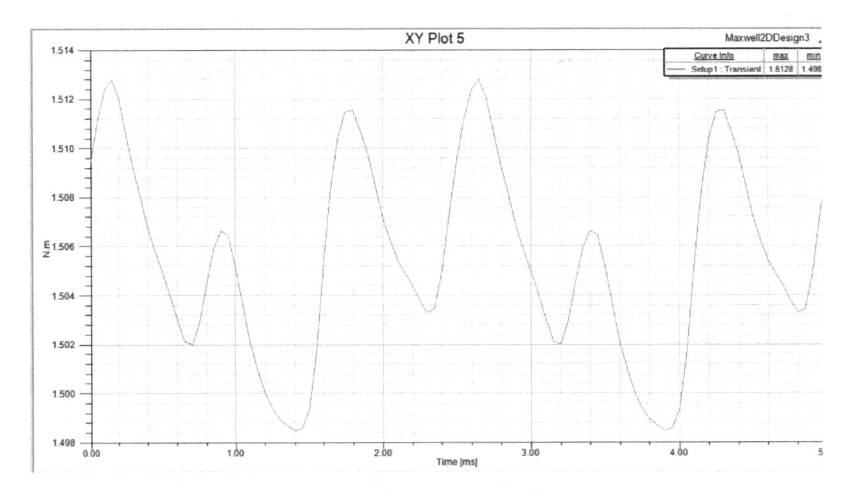

图 11-28　稳态运行输出转矩波形曲线

参考文献

[1] 沈建新，陈永校. 永磁无刷直流电动机定子裂比的分析与优化 [J]. 电机与控制学报，1998 (2).

[2] SAYYAH A. OPTIMIZATION OF PERMANENT MAGNET BRUSHLESS MACHINE FOR BIOMECHANICAL ENERGY HARVESTING APPLICATIONS, THESIS [D]. University of Illinois at Urbana-Champaign, 2010.

[3] 朱耀忠，王自强. 飞行控制用无刷直流电动机的电磁设计 [J]. 北京航空航天大学学报，2000 (3).

[4] Juha Pyrhonen, Tapani Jokinen, Valeria Hrabovcova. Design of Rotating Electrical Machines [M]. John Wiley & Sons Ltd., 2008.

[5] Hanselman D C. Brushless Permanent Magnet Motor Design [M]. 2nd ed. Cranston, RI: The Writers' Collective, 2003.

[6] 张琛. 直流无刷电动机原理及应用 [M]. 2版. 北京：机械工业出版社，2004.

[7] 程小华，陈鸣. 从电磁转矩出发推导电机的主要尺寸基本关系式 [J]. 湖南工程学院学报，2003 (2).

[8] Hendershot J R, Miller T J E. Design of brushless permanent-magnet motors [M]. Oxford University Press, 1996.

[9] Peter Moreton. INDUSTRIAL BRUSHLESS SERVOMOTORS [M]. Newnes Press, 1999.

[10] 李钟明，刘卫国，等. 稀土永磁电机 [M]. 北京：国防工业出版社，1999.

[11] 叶金虎. 现代无刷直流永磁电动机的原理和设计 [M]. 北京：科学出版社，2007.

第 12 章 无刷直流电动机基本控制技术

12.1 无刷直流电动机控制概述

12.1.1 无刷直流电动机电子控制器基本组成

无刷直流电动机基本控制结构框图如图 12-1 所示。无刷直流电动机必须配以电子控制器才能够工作。后者首要功能是实现绕组的电子换相。一般来说，电子换相电路最低限度包括如下三个基本组成部分：

1. 位置传感器电路

从无刷直流电动机工作原理要求相对于定子绕组的转子位置信息是必需的。位置传感器电路为位置传感器提供激励，例如为光电传感器、霍尔传感器提供低压稳压直流电源，为电磁式传感器提供高频交流激励电源等，并将位置传感器的输出信号进行接收、放大、整形处理，得到矩形波信号，送给控制电路。对于无位置传感器控制方式，依然需要从电动机取得某种信息，并由特定的电路和软件计算来获得转子位置信息。

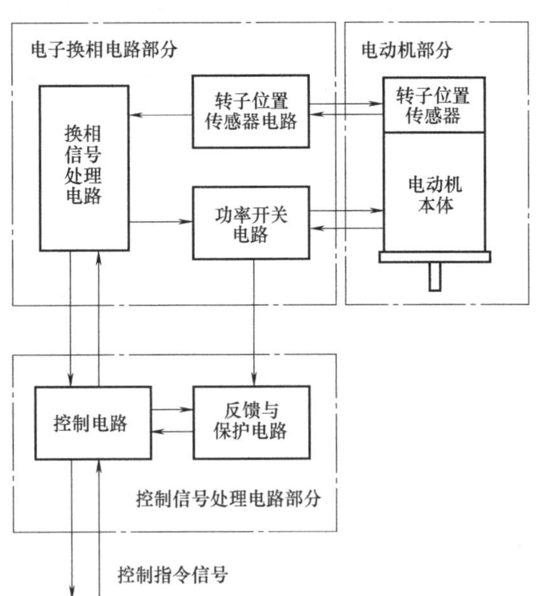

图 12-1 无刷直流电动机基本控制结构框图

2. 换相信号处理电路

此电路对位置传感器信号和控制信号进行逻辑处理和综合运算，得到对各相绕组的导通顺序和合适的导通角度的逻辑信号，提供给功率开关电路。

3. 功率开关电路

功率开关电路包括逆变桥电路、功率开关的栅极（或基极、门极）驱动电路、续流电路和吸收电路等。由功率开关器件（如 GTR、MOSFET、IGBT 或功率模块）组成的桥式逆变电路或非桥式开关电路连接电动机绕组，以接通或断开相绕组，实现各相绕组的正确换相和完成控制指令的要求。功率开关电路绝大多数按开关方式工作。仅在小功率无刷直流电动机的个别例子中，其功率晶体管处于放大工作状态。

此外，大多数情况下，电子控制器还包含对电压、电流、转速、温度等反馈信号采样的电路、保护电路和控制信号处理电路。控制电路的硬件和软件从接口接收外界的起停、正反转、调速指令信号和转速、电流反馈信号，进行逻辑处理和综合运算，得到对各相绕组合适的导通角度的逻辑信号，或合适的占空比的脉宽调制信号，通过功率开关电路实现对电动机运动的控制。此外，许多控制电路还向上位计算机发送一些电动机运行状态的信息。

如果供电来自交流电源，还需要整流和滤波电路，较大功率时常常还附有抗干扰电路。

由于无刷直流电动机配有电子控制电路，对电动机的起停、正反转、调速、制动的控制仅需要低电平的逻辑信号就可以实现。这样，上位计算机很容易与之接口。

12.1.2　无刷直流电动机控制的发展

从无刷直流电机控制器发展过程看，由早期的采用小规模模拟、数字电路与分立元器件的控制器→采用无刷直流电机专用集成控制电路的控制器→单片机微控制器（MCU）→近年基于数字信号处理器（DSP）的控制器。从控制系统角度可分为：模拟控制系统、模拟和数字混合控制系统、全数字控制系统。这些不同层次、不同发展阶段的控制器适应不同性价比要求，并逐步将无刷直流电机控制推向更高水平。

无刷直流电机的控制和驱动专用集成电路（ASIC）和模块的出现，是推动无刷直流电动机成本下降和普及应用的重要因素。国际半导体厂商推出了多种不同规格和用途的无刷直流电机专用集成电路，这些集成电路设置了许多控制功能，如起停控制、正反转控制、制动控制等功能，并且片内具有输出限流、过电流延时关断、欠电压关断、结温过热关断和输出故障指示信号等功能。比较典型的有 MC33035、LM621、LS7260、UDN2936、UCC3626、ECN3021、TDA5142、TDA5145、A8902、ML4425、TB6515AP 等多种无刷直流电机集成控制芯片[1]。这些电路大多为模拟数字混合电路，大大提高了电机控制器的可靠性、抗干扰能力，又缩短了新产品的开发周期，降低了研制费用和控制器成本，因而近年来发展很快。

随着无刷直流电动机应用领域的扩展，现有的专用集成电路未必能满足新品开发要求，为此可考虑自己开发电动机专用的控制芯片。现场可编程门阵列（FPGA）可作为一种可行解决方案。FPGA 是一种高密度可编程逻辑器件，其逻辑功能的实现是通过把设计生成的数据文件配置进芯片内部的存储数据用静态随机存取存储器（SRAM）来完成的，具有可重复编程、可以方便地实现多次修改的功能。简单地打个比方，FPGA 相对 ASIC 好比 EPROM 相对于掩膜生产的 ROM。利用 FPGA 可以在很短的时间内设计出自己专用的集成电路。试制成功后，如要大批量生产，可以按照 FPGA 的设计定做 ASIC 芯片，从而降低成本，又提高产品的竞争力，并能够保护自己的知识产权。

目前无刷直流电动机控制器大多采用单片机来控制。但单片机的处理能力有限，如要采用新的控制策略，由于需要处理的数据量大，实时性和精度要求高，单片机往往不能满足要求。对于快速运动控制系统，特别是高性能的控制需要快速运算和实时处理多种信号。为了进一步提高控制系统的综合性能，近几年国外一些大公司纷纷推出比 MCU 性能更加优越的 DSP（数字信号处理器）单片电机控制器，如 ADI 公司的 ADMC3××系列，TI 公司的

TMS320C24 系列及 Motorola 公司的 DSP56F8××系列等。它们都是由以 DSP 为基础的内核，配以电动机控制所需的外围功能电路，集成在单一芯片内，使控制器的价格大大降低、体积缩小、结构紧凑、使用便捷、可靠性提高。现 DSP 的最大速度可达 20~40MIPS 以上，指令执行时间或完成一次动作的时间快达几十纳秒，它和普通的 MCU 相比，运算及处理能力增强 10~50 倍，能确保系统有更优越的控制性能。

例如，TMS320C24×系列是美国 TI 公司专门为电动机控制设计的专用芯片，在其基础上升级了 TMS320LF240×。TMS320LF2407 是一种具有高速运算能力与面向电动机高效控制的数字信号处理器，集成了针对电动机控制所需要的 CPU、片内 RAM、ROM/Flash（闪速）存储器、SCI（串行通信接口）、事件管理器等功能模块资源。CPU 具有独立的数据总线和地址总线、高速的运算能力，可完成复杂的控制算法与先进的控制策略；SCI 与 PC 上位机进行实时通信，完成程序设计、数据采集及上位监控等功能；事件管理器的通用定时器用于产生电流和速度控制周期；16 位脉宽调制（PWM）通道产生的信号供给驱动 IGBT 模块，通过调整 PWM 的占空比，进行电压自动调节，实现对无刷直流电机的转速和电流的控制；10 位 A/D 转换接口用于测量电动机的定子电流；正交编码器接口（QEP）用于接收光电编码器的反馈信号并计算转速；5 个外部实时中断用于电动机驱动保护和复位；3 个捕捉单元可对电动机转子位置进行检测等，这些资源为实现无刷直流电动机数字化、智能化的研究与应用提供了极大方便，也是目前具有竞争力的数字电动机控制器之一。

在基于 DSP 的无刷直流电动机控制系统中，一片 DSP 就可代替单片机和各种接口，且由于 DSP 芯片的快速运算能力，可以实现更复杂、更智能化的算法；可以通过高速网络接口进行系统升级和扩展；可以实现位置、速度和电流环的全数字化控制。使用 DSP 实现无刷直流电动机控制，不仅比传统的模拟/数字混合控制电路成本低，而且结构简单，方便扩展。基于 TMS320LF2407 数字信号处理芯片、智能功率模块（IPM）的无位置传感器的无刷直流电动机调速系统，采用 PI 控制算法提高了系统的实时性和控制精度，可以实现无刷直流电动机的无级调速。

受控制理论和控制器件的限制，无刷直流电动机一直采用经典 PID 控制，该控制方法可使系统性能满足各种静、动态指标要求，但系统的鲁棒性不尽人意。面对日益复杂的控制对象，为进一步提高无刷直流电动机调速系统的快速响应性、稳定性和鲁棒性，智能控制方法受到更多的关注。智能控制是控制理论发展的高级阶段，一般包括模糊控制、神经网络控制、专家系统等。智能控制系统具有自学习、自适应、自组织等功能，能够解决模型不确定性问题、非线性控制问题以及其他较复杂的问题。无刷直流电动机是一个多变量、非线性、强耦合的控制对象，因此利用智能控制可以取得较满意的控制结果。目前，已有一些较为成熟的智能控制方法应用于直流无刷电动机控制，例如：模糊控制和 PID 控制相结合的 Fuzzy-PID 控制、模糊控制和神经网络相结合的复合控制、隶属度参数经遗传算法优化的模糊控制、单神经元自适应控制等。

12.1.3　开环和闭环控制系统

无刷直流电动机构成的控制系统可分为开环控制系统和闭环控制系统。

开环控制系统是最简单的控制系统，只有转子位置传感器提供转子位置反馈信息，使电动机换相总是与转子位置同步。电动机的转速和电流由电动机的机械特性和所驱动负载的机械特性共同决定。如果电压或负载有变动，电动机的转速也会随之变化，不能控制。

常见的转速电流双闭环控制系统可以获得更好的控制性能，可以实现一定范围内的速度调节或定速稳速控制。其原理框图如图 12-2 所示。它需要有转速反馈和电流反馈信息，所以通常需要设置转速传感器和电流传感器。该系统的工作原理：首先，速度给定值 u_n^* 与速度反馈值 u_n 进行比较，得到的速度差值，经速度调节器进行 PI（比例和积分）调节，输出作为电流环的给定值 u_i^*，与电流反馈值 u_i 进行比较之后，电流差值再经电流调节器进行必要的放大和校正，调节后的信号在 PWM 电路变换成相应的经 PWM 的脉冲宽度，然后综合转子位置信号产生所需的各相 PWM 控制信号。该 PWM 控制信号送至基极（或栅极、门极）驱动电路，驱动三相逆变桥电路，使相应的功率开关器件工作，通过合适的 PWM 占空比去驱动电动机绕组。此外，该系统还利用转子位置反馈信息将电流传感器信号进行采样，形成一个代表电动机转矩的合成电流信号 u_i，并使相反电动势和相电流的相位始终保持一致；另外通过对霍尔位置传感器输出的信号进行处理，得到速度反馈信号 u_n。系统常具有对过电压、欠电压、过电流、过热、超速、和 I^2t（绕组过热）等异常状态的保护。速度指令常为 0~10V 模拟电压，对应于 0 速到全速。新的系统也有采用数字信号作速度指令的。双闭环控制系统使电动机在电压、负载变化或外界扰动情况下，系统自动调整，使其转速能够跟踪重现速度指令的要求。

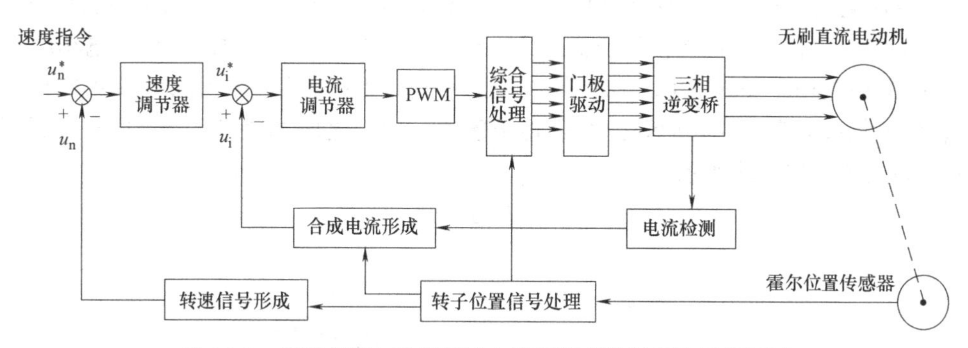

图 12-2　无刷直流电动机转速电流双闭环控制系统原理框图

12.2　起停控制和软起动

无刷直流电动机可以像有刷直流电动机那样以电源的接通或断开来实现起停控制。这种控制方法通常是用有触点开关直接完成。这种方法的缺点是起动电流比较大，电流过大容易引起过热和去磁问题，起动过快还会引起负载机械的冲击，所以只适用于小功率电动机。

更常用的方法是用有触点开关接通控制器电源后，再通过对控制器的控制实现起动和停止，例如：

1）在控制器设置有起停控制口（使能控制），以逻辑电平来控制电动机的起动和停转。如图 12-4 所示的 R 接口，当 $R=1$ 为起动，$R=0$ 为停止。

2）有调速功能的控制器，以转速控制指令电压的高低控制电动机转速，常常取电压为零时电动机停转。有些控制器有 PWM 信号接口，该信号占空比为零时电动机停转。

3）采用通/断位置传感器激励电源的方法。

无刷直流电动机最好采用具有软起动功能的控制器，以降低电动机起动时过大的电流冲击，转速能够平稳上升，减小转速的过冲，并以较短时间到达预定转速。常见的软起动是采用 PWM 方法。软起动驱动器通常使脉宽调制占空比从零开始上升，慢慢增加到较大，直至预定转速。然后，控制系统才转换到正常的位置、速度或转矩（电流）闭环控制。缓慢提升 PWM 占空比相当于缓慢增加施加于电动机的电压，从而使起动电流限制到一个合适的水平。一般来说，50 至几百毫秒的软起动斜坡足以限制电流的冲击。然而，有些大转动惯量电动机起动时软起动斜坡需要更长时间。

12.3　正反转方法和转向控制

有刷永磁直流电动机可以利用改变连接到电枢两端直流电压的极性来实现电动机的正反转。无刷直流电动机控制器不允许反接到直流电源上，它的转向控制是以改变各相绕组的通电相序来实现的。可采用如下几种方法改变电动机转向：

1）控制器设有正反转控制接口，以逻辑电平来控制电动机的正转和反转，这是最常见的方法。

无刷直流电动机正反转工作原理以简单的三相非桥式三拍工作方式为例说明如下。此电动机一个工作周期有三个状态，每个状态为 120°（电角度），正转时的绕组通电相序是 A-B-C，反转时的通电相序是 A-C-B。讨论其中一个状态，例如 A 相通电状态。参见图 12-3 相量图，F_A 为 A 相通电产生的磁动势，Φ 是转子磁通，它们之间的夹角为 θ。所产生的转矩 T 与它们之间的关系如下式所示：

$$T=F_A\Phi\sin\theta$$

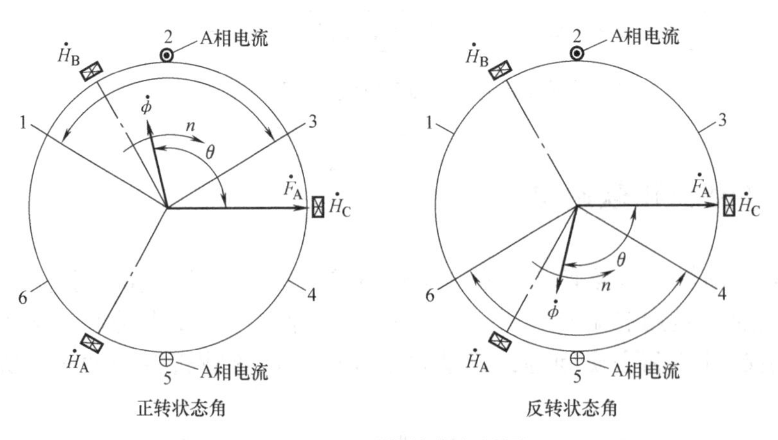

图 12-3　正反转控制相量图

为了方便说明，图中将圆周均分为 6 份，分别标以 1、2、3、4、5、6。同时还标出三个霍尔传感器位置。在逻辑设计正确情况下，正转时，转子磁通相量 $\dot{\Phi}$（可以理解为磁极 N

中线）应处在图中正转状态角 1-2-3 扇形区间内，即 θ 由 150°变化到 30°，它与磁动势 F_A 相互作用产生正转转矩，使电动机正向旋转（这里是顺时针方向）。反转时，转子磁通相量$\dot{\Phi}$处在图中反转状态角 6-5-4 扇形区间内，即 θ 由−150°变化到−30°，它与磁动势 F_A 相互作用产生反转转矩，使电动机反向旋转。该图说明，正转状态角和反转状态角在空间上呈现镜像关系，或者说，对于同一个通电状态（本例是 A 相通电状态），正转时的转子位置区和反转时的转子位置区相差 180°。这个结论对于其他相数、其他工作方式也是正确的。

图 12-4 所示的位置传感器信号处理逻辑电路基于上述原理，正反转控制接口信号是 W。$W=1$ 为正转；$W=0$ 为反转。来自霍尔传感器信号为H_A、H_B、H_C。通常要求设计位置传感器输出信号占空比为 1∶1。另外，R 接口是起停控制端，D 接口为 PWM 控制端。图中的逻辑关系是

$$X=WH_A+\overline{W}\,\overline{H_A}$$

$$Y=WH_B+\overline{W}\,\overline{H_B}$$

$$Z=WH_C+\overline{W}\,\overline{H_C}$$

为了使各相导通角均为 120°，连接 A、B、C 三相功率开关的驱动信号 S_A、S_B、S_C 由下式处理：

$$S_A=X\overline{Y}$$

$$S_B=Y\overline{Z}$$

$$S_C=Z\overline{X}$$

利用上述逻辑关系，图 12-5 给出正反转控制的波形。图中标出 1、2、3、4、5、6 位置。从图中可见，驱动 A 相开关的信号 S_A 正转时在 1-2-3 区间为 1，反转时在 6-5-4 区间为 1；正转时的通电相序是 A-B-C，反转时的通电相序是 A-C-B，符合图 12-3 所示正反转控制相量图的要求。

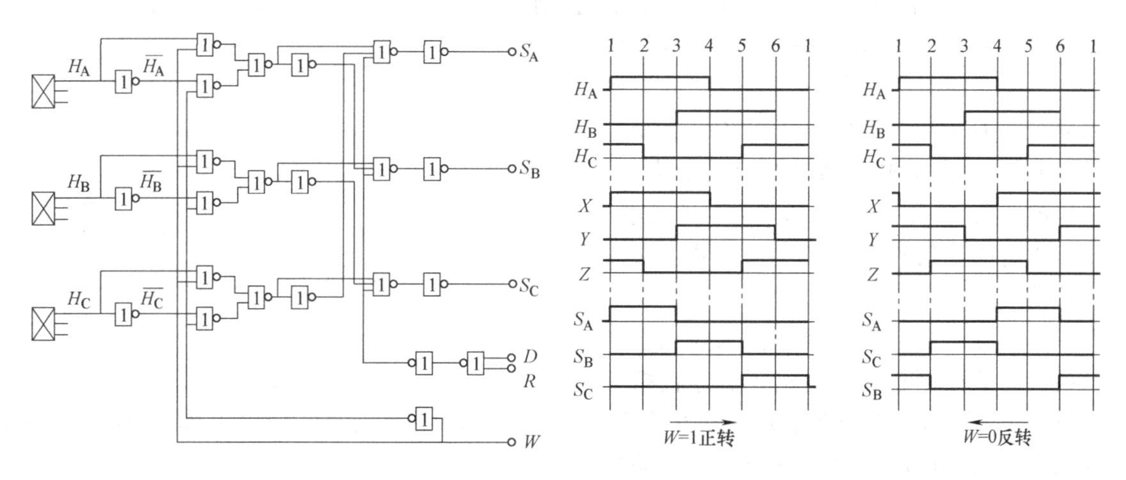

图 12-4　三相非桥式三状态工作方式的位置传感器信号处理逻辑电路

图 12-5　正反转控制的波形

上述正反转控制原理和逻辑处理方法同样也适用于其他换相导通工作方式。条件是位置传感器安放位置正确，而且传感器输出信号占空比为 1 ∶ 1。

2）由上述正反转控制原理分析可知，也可以在三相电动机内设置两套位置传感器，三个位置传感器为正转用，另外三个位置传感器为反转用。它们在空间分布应呈现 180°相位差关系。

3）早年曾经有采用霍尔元件作位置传感器的，在此情况下，将每个霍尔元件的一对电流端互换，或一对电动势端互换来实现正反转。

4）每相绕组两端的连接互换。例如三相星形接法绕组，将原接法三个相绕组的尾为公共点改为它们的头为公共点。适用于控制器没有反转控制功能的情况。

5）控制器没有反转控制功能的情况下，还可以将每个位置传感器输出信号都先做一次逻辑非的变换，再连接到控制器，电动机转向就能改变。

一般情况下，正反转控制应在电动机停止转动后实施。如果电动机还在转动情况下改变正反转控制接口信号实施突然反转，反向制动电流会很大，可能危害电动机和控制器。如果实际有突然反转的需要，应当在控制程序上设置降速过程，等电动机转速降低到某一安全低速后，才实施反转。特别是桥式驱动情况下，如果电动机突然反转，由于功率开关器件存在开关时延，有可能引起同一桥臂上下开关的直通，造成短路事故，损坏功率开关器件和电机绕组。

12.4 制动控制

电机运转中，如果接收到停止指令，驱动器的功率开关器件截止，转速下降过程中电动机处于发电机工作状态。但由于没有形成电回路，绕组没有电流流过，电动机将以较长时间后才能够停止。如果需要电动机快速停止，可采用制动控制。为此需要引入合适的能耗制动回路，使绕组中流过的再生电流产生制动转矩，电机动能转化为电阻上的热损耗，使电动机快速停止。

图 12-6 给出三相非桥式换相电路的制动控制方案。由 3 个二极管 VD、电阻 R 和一个开关 S 组成制动控制电路。在停机信号发出后，三个功率晶体管截止，然后制动控制信号令开关 S 闭合，各相绕组产生制动电流。利用电阻 R 限制制动电流的最大值。这里的开关 S 可以用一个功率晶体管代替。也可以将晶体管接为恒流工作方式，实现恒流能耗制动。

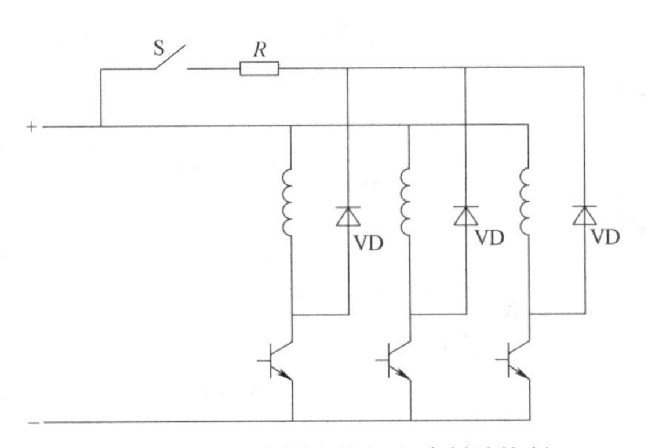

图 12-6 三相非桥式换相电路制动控制

对于桥式功率开关器件，例如三相逆变桥，制动控制也很容易实现。停止指令发出后，上下桥臂六个功率开关器件截止。如果设法同时控制下桥臂三个功率开关器件都导通，相当于三相绕组端头同时接地短接，反电动势产生相当大的短路电流，使电动机快速制动。需要指出注意的是，此短接制动电流值可能接近电动机堵转电流大小，而且如果控制器只在直流母线设置一个电流传感器来完成过电流检测和保护的话，此限流保护对短接制动电流不起作用，因为此短接制动电流并不流过直流母线。为了解决这个问题，可以如上述解决突然反转过电流那样，在停止指令发出后，过一段时间，待电动机降低到某一转速后，才发出制动指令，实现短接制动，以减少电流的冲击。短接制动也可以这样实施：上下桥臂六个功率开关器件截止后，用外接三个有触点开关将三相绕组端头通过三个能耗电阻短接。选择合适的电阻值以限制制动电流。

参考文献［5］提出一种抽头绕组的能耗制动方法。三相星形绕组无刷直流电动机的每个绕组设有一个中间抽头。需要制动时，先关闭逆变桥，外接三个有触点开关将三相绕组抽头直接短接。合适的抽头位置可得到足够能耗制动电流，且在安全范围内。

用电气制动代替机械制动的一个实例：传统洗衣机为保障人身安全设置了机械制动，脱水时，当人把洗衣机上盖掀开，控制器发出制动指令，机械制动功能使洗衣机在数秒内快速停转。机械制动是减速离合器的一个部分。采用直接驱动无刷直流电动机驱动的洗衣机，这个功能由电气制动代替，简化了机械结构。

更为完善和常见的安全制动原理电路如图 12-7 和图 12-8 所示。这里，无刷直流电动机通过固态电路实施动态制动，制动电流流过功率开关器件。制动过程是可控的，在电子控制下，制动电流能够限制在安全范围内，保护电动机和功率开关器件。有两种常见的无刷直流电动机制动方案。

第一个制动电路例子如图 12-7 所示。该电路通常用于小功率电动机的应用，绕组电感高，制动电流的峰值由电流模式 PWM 控制所限制。由于正常的三相逆变桥电路不支持直接制动，对这个电路逆变桥已作修改，加入三个分立的二极管（VD_7 ~ VD_9）与逆变桥三个低侧功率开关器件串联。这三个二极管确保制动电流不会反向流通过低侧功率开关。在峰值电流模式控制的驱动器，另有三个低侧续流二极管（VD_2、VD_4、VD_6）应当如图连接。为了控制平均制动电流，必须添加第二个电流检测电阻 R_{s2}，从图中的+I 和−I 点接至电流调节器。在制动模式时，所有六个功率晶体管开关先是关闭，经很短的死区时间后，三个低侧开关器件重新接通。在整个制动过程中，三个高侧开关器件保持关闭。在这种情况下，电动机与外电源电压完全断开。由绕组的反电动势引起的制动电流流过三相绕组、3 个串联二极管、3 个低侧功率开关器件、电流检测电阻和三个低侧续流二极管形成回路。由于外部电路电阻仅限于低值的电流检测电阻，在能耗制动时，大部分转子动能将转换为电动机绕组电阻的发热。通过 PWM 电流调节控制，使制动时的峰值电流限制在预先设置的安全范围内，电动机将快速停止，同时又保护了功率开关器件和电动机绕组。

第二个制动电路例子（见图 12-8）是一种传统的三相逆变桥，一个制动开关 V_7 控制的动态制动电阻器 R_B 与直流母线电容器并联。这个制动电路可用于 4 个象限工作，支持控制减速和制动。在四象限转矩控制的应用中，内部电流或转矩控制电路的作用可以使电动机在两个转向加速和减速。当制动减速或反转时，电动机反电动势产生的制动电流通过逆变器开关器件的反接二极管流向直流母线电容器，最初的动能转移到直流母线电容器上，使母线电容充电，直流母线电压增高，实现能量回馈。设有一个滞环比较器检测直流母线电压。当此电压超过它的上限阈值，控制动态制动晶体管 V_7 开通，电容器经制动电阻放电，直到其电压低于设定的门槛低值。这个过程不断重复，使转子动能完全消耗，而又保证母线电压在安全范围内。

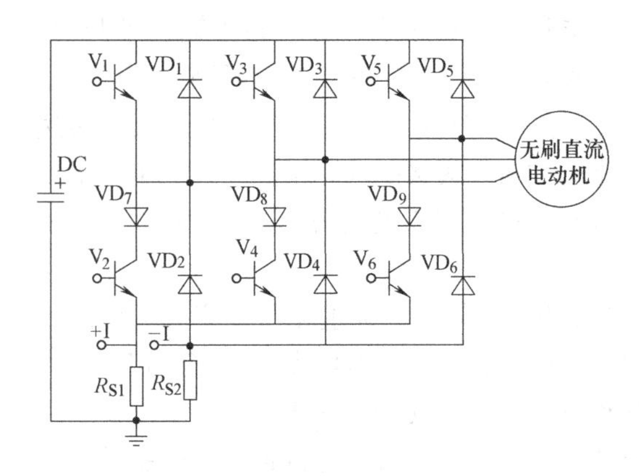

图 12-7　一种三相桥式制动控制电路

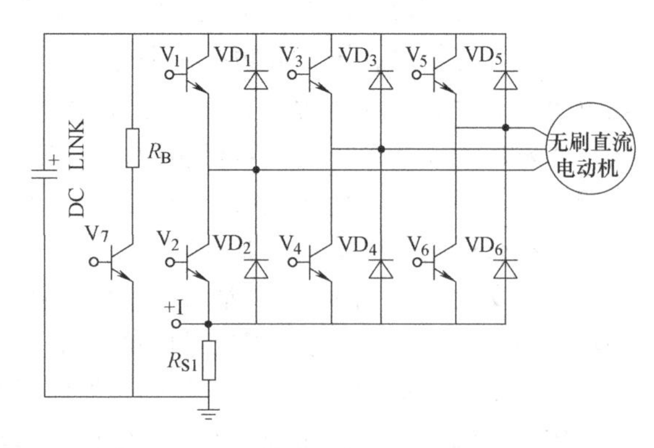

图 12-8　另一种三相桥式制动控制电路

第一个例子属于能耗制动，第二个例子属于再生制动，实现部分能量回馈。

12.5　转速反馈信号的简易检出方法

无刷直流电动机可以同轴安装测速发电机（例如无刷直流测速机）或编码器为速度控制系统分别提供模拟量或数字量转速反馈信息。如果要求调速范围不宽，转速精度要求不高，也可以用下面的简易方法获得转速反馈信号：

1）对于非桥式换相电路，仿照图 12-6 将三个二极管连接到整流滤波电路，利用绕组截止时刻的反电动势信号经滤波后获得直流测速信号。

2）利用位置传感器信号，例如三相电机，见图 12-5 波形图，由信号 x、y、z 利用下面逻辑关系得到每个换相周期 3 个 1∶1 占空比的测速矩形波信号：

$$S=xy+yz+zx$$

再利用 S 信号的前后沿采用微分电路和异或门电路可以获得每个换相周期 6 个测速脉冲信号。三相全桥电路也可同样处理。

3）上面的测速脉冲信号连接一个合适的固定时延的单稳电路，所得新信号的占空比与转速出正比关系。此信号经滤波后可作为模拟量测速信号使用。图 12-2 控制系统采用此方法。

这样获得的模拟量测速信号不能反映电机的转向。

12.6　无刷直流测速发电机

采用永磁交流伺服电动机的伺服系统，按其电流环中电流驱动的不同，区分为矩形波电流驱动和正弦波电流驱动两种模式。随之其伺服系统的电流环和速度环的结构有较大差异。在模拟控制或数字—模拟控制的系统中，矩形波驱动系统的速度环多采用无刷直流测速发电机作为速度反馈元件，而正弦波驱动系统较多采用旋转变压器（resolver）作绝对位置传感器、电流换相控制和速度反馈元件。旋转变压器输出正余弦信号在 RDC（旋转变压器—数字转换器）专用集成电路中转换，为伺服系统位置环、速度环和电流环三环控制提供所必需的信号，其中的速度反馈信号是正比于转速的电压信号。当然，还有一些系统是用增量式光学编码器作反馈元件，常使用F/V转换器，获得模拟量的转速信号。无论是RDC还是F/V转换器，轴速度都首先被量化为数字信息，然后经专门电路进行D/A转换才得到模拟量速度电压信号，因此在甚低速时，其不连续性就会显露出来。

实践表明，对于高调速比达1000∶1以上要求的伺服系统和调速系统，以无刷直流测速发电机作速度反馈元件是一个比较理想的方案。

这里介绍的无刷直流测速机是一种电机与电子电路结合的一体化元件。其电机部分包括一台多相永磁同步发电机和一个转子位置传感器，它们机械上是同轴安装的。多相同步发电机的定子与普通交流电机相似，安放有对称多相绕组，通常是星形接法。永磁转子在气隙中产生多极幅向磁场。与一般多相交流同步发电机不同的地方是由转子结构及绕组设计的特殊考虑，使电机旋转时各相绕组的感应电动势波形呈理想的平顶梯形波，而不是正弦波。而且，其平顶部分要有足够的宽度和尽可能小的纹波。

下面以三相测速发电机为例说明其工作原理。图12-9表示正转时有关信号的波形图。其中三相绕组反电动势波形e_A、e_B、e_C为梯形波，它们的幅值分别为E_A、E_B、E_C，相互相移为120°（电角度），且平顶部分宽度应大于120°。转子位置传感器可以使用光电，或磁编码器（绝对型），或霍尔传感器等不同工作原理的角位置传感器构成。如图12-9的U、V、W表示三路转子位置传感器信号经电路处理后得到的逻辑信号。它们各自的高电平状态为180°，相互相移为120°。由组合逻辑设计不难得到S_1、S_2、S_3、S_4、S_5、S_6六个采样信号，它们分别识别出图中的Ⅰ、Ⅱ、…、Ⅵ的六个时间间隔。换句话说，转子位置传感器作用是将一个周期360°区分出六个区间，在此六个区间内，采样信号对反电动势信号进行六次采样。

图12-10给出这种无刷直流测速机电原理图。在每个周期内，依次控制两个八选一的电子模拟开关（CD4051）对三相反电动势波形进行采样得到：$+E_A$、$+E_A$、$+E_B$、$+E_B$、$+E_C$、$+E_C$。这些信号送至运算放大器。设计上考虑到相绕组的平衡和减少信号纹波分量等因素，同时还依下顺序采样：$-E_B$、$-E_C$、$-E_C$、$-E_A$、$-E_A$、$-E_B$，并且乘以-1后再与上面采样信号叠加。这样利用两个低温漂运放OP07得到六个区间总采样叠加信号为：E_A+E_B，E_A+E_C，E_B+E_C，E_B+E_A，E_C+E_A，E_C+E_B。这些采样信号在运放输出端变换为一正比于转速的直流信号。而且输出电压以正负极性反映被测电机的转向。

此测速机指标：线性度为1%；正反转不对称度为1%；纹波系数（峰值—峰值）为3%，（有效值）1%。

这种无刷直流测速机和有刷直流测速机相比，除了消除由电刷带来的诸多问题之外，还有明显优点是在零速附近不存在有刷电机的不灵敏区问题。

一些交流调速系统采用多相永磁同步测速机，它经桥式整流电路并滤波后得到直流测速信号。这种方案有三个缺点：在较低转速时，整流二极管的压降，使输出特性出现非线性，甚低速时也出现不灵敏区；不能反映转向的变化；滤波环节引起的信号滞后。而无利直流测速发电机不存在这些问题，更适用于各种交流调速系统。

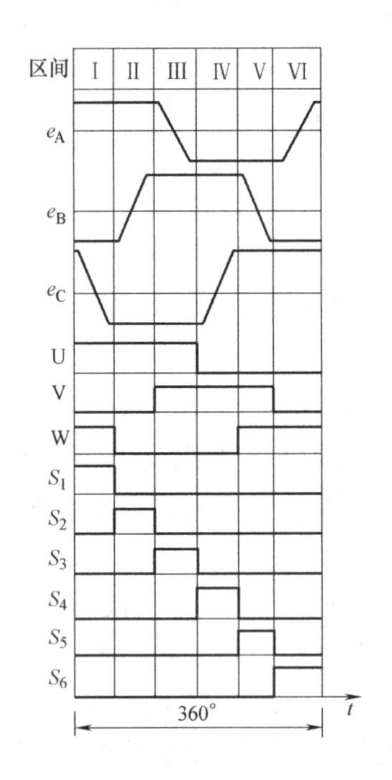

图 12-9　6 个区间信号波形图

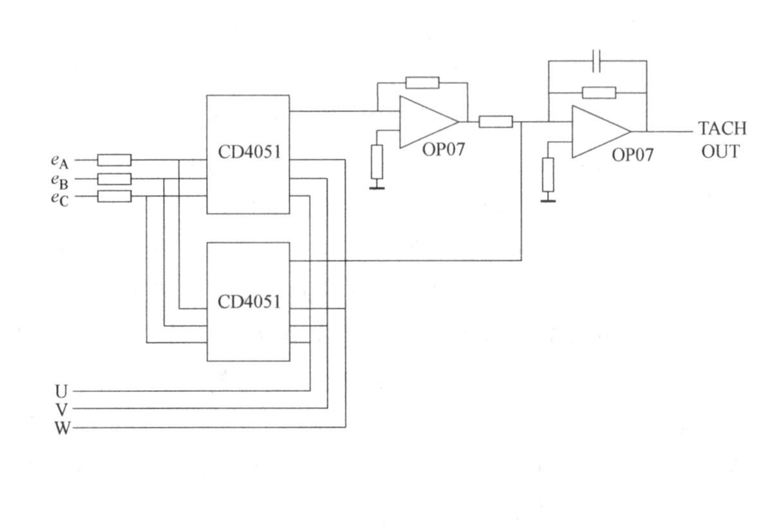

图 12-10　无刷直流测速机电原理图

12.7　几种电压调节方法与 PWM 脉宽调制

对无刷直流电动机的控制通常是采用电压调节进行。可归纳为如下几种方法：

1）如果系统是交流供电需要整流电路获得直流母线电压，采用以晶闸管构成可控整流桥，利用调相方法也可调节直流母线电压 U_{bus}的大小，如图 12-11 所示。这种控制方法适用于对动态性能要求不高的场合。

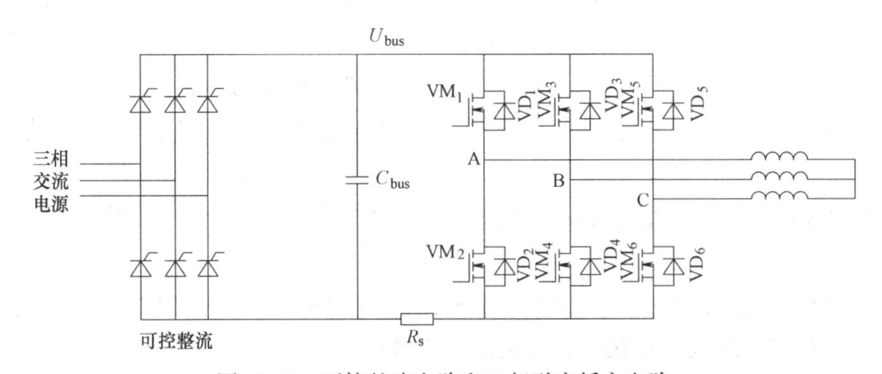

图 12-11　可控整流电路和三相逆变桥主电路

2）如果已是直流电源，最简单的例子是在控制器连接的直流母线上串接一个功率晶体管，用以调节给控制器的直流电压。此功率晶体管可以工作在放大器状态，给控制器的电压可以连续变化。这种控制方式电路比较简单而且有大的带宽。但是在功率晶体管上的损耗大，系统总效率低，只适用于小功率系统。可参见参考文献[1]的TDA5145应用电路一例。

3）另外一种常见方式就是采用脉宽调制（PWM）技术。此时上述串接的功率晶体管工作在开关状态，改变PWM控制占空比等效于改变平均电压调节电动机。在串接的功率晶体管后面可加上一个滤波环节以减少给控制器电压的波动。参见参考文献[1]的TDA5146T应用电路例。

4）实际上，最常见的方法是以脉宽调制直接控制功率桥的开关管。脉宽调制控制常用于速度调节，它以功率开关的占空比变化相当于外施加电压的变化控制电机的转速。它也可用于对绕组电流的控制，实现软起动、限流、特定电流波形等控制。由于无刷直流电动机通常有较高的电感，合适调制频率下电机电流接近于连续，波动较小。调制频率通常在1~30kHz之间选择。

在无刷直流电动机的转矩-转速图有四个象限，脉宽调制控制常见两种方式：两象限方式和四象限方式。两象限方式电机局限于在1和3象限工作，转矩和转速可同为正或同为负，电机可正转和反转运行，但没有制动能力。两象限方式的PWM信号只控制逆变桥的一半桥臂，故称为半桥调制。例如，PWM信号只控制下桥臂开关，当下桥臂开关截止时，续流流过上桥臂的开关管和二极管。参见图12-11的主电路，以A/B相导通状态为例，PWM信号控制开关VM_4，在PWM-ON期间，导通电流流过VM_1—A绕组—B绕组—VM_4。在PWM-OFF期间，VM_4截止，续流电流流过VM_1—A绕组—B绕组—VD_3闭合。半桥调制方式也可以是PWM信号只控制逆变桥的上桥臂。

而四象限工作方式，也能够在2和4象限工作，此时转矩和转速方向相反，产生制动作用。四象限方式的PWM信号同时控制逆变桥的上桥臂和下桥臂开关，所以四象限方式又称为全桥调制方式。续流流过上下桥臂的二极管，它的电流衰减过程要快得多。还是以A/B相导通状态为例，PWM信号控制开关VM_1和VM_4，在PWM-ON期间，导通电流也是流过VM_1—A绕组—B绕组—VM_4。但是在PWM-OFF期间，VM_1和VM_4都截止，续流的路径变为VD_2—A绕组—B绕组—VD_3。这种状况就好像一个反向总线电压施加在A和B相绕组上所以电流很快衰减。四象限方式的电流控制较好，适于于对快速性要求高的伺服控制系统。由于快速衰减电流要流过总线电容C_{bus}，应该选择具有更高电容值和高纹波电流等级的电容器。上桥臂和下桥臂开关同时PWM，为了避免上下桥臂开关直通短路，必须在开关时间上设置一个死区时间，通常为若干微秒。两象限方式则不必设置死区时间。

四象限方式有更高的PWM开关损耗。相对来说，两象限方式有较高效率和较安全。

参考文献［6］分析和比较了不同PWM调制方式下无刷直流电机电磁转矩，推导了无刷电机在单管PWM（半桥调制）和双管PWM（全桥调制）下稳态运行时的相电流和电磁转矩计算公式。单管PWM调制包括PWM_ON、ON_PWM、Hpwm_Lon、Hon_Lpwm四种方式，在忽略绕组电阻条件下，一个PWM周期内平均电流值为

$$I_{a1}=\frac{u_d}{2L}\left(D-\frac{D^2}{2}\right)T-\frac{E}{2L}T+i_{a1}$$

式中，u_d为电源电压；i_{a1}为单管PWM调制稳态时的相电流最小值；T为PWM调制周期；D为PWM的占空比。双管PWM调制下稳态运行时一个PWM周期内平均电流值为

$$I_{a2}=\frac{u_d}{2L}\left(2D-D^2-\frac{1}{2}\right)T-\frac{E}{2L}T+i_{a2}$$

i_{a2}为双管PWM调制稳态时的相电流最小值。分析认为，$i_{a1}>i_{a2}$，比较上述公式得到：$I_{a1}>I_{a2}$。

由于电磁转矩与电流有正比关系，得到分析结论是：在同一台电机同一个占空比D下，单管PWM调制比双管PWM调制下的电流和电磁转矩大。通过一个180W 8极电机实际试验证实上述分析正确。而且，在$D=0.6$时，单管PWM调制的稳态转速2000r/min，而双管PWM调制稳态转速仅约为1500r/min。

在无刷直流电动机调节直流母线电压时，不同电压下的机械特性呈现一组近似平行较硬特性。但采用脉宽调制控制时，由于电流较小的时候，在PWM-OFF期间电流较快衰减到零，但此时PWM-OFF还没有结束，电流表现为不连续。当电流增加到某一个值后电流才能够连续。这样，不同占空比D的机械特性和调节直流母线电压时的机械特性稍有不同，如图12-12所示，机械特性分为两个区域：连续区和断续区。连续区特性呈现一组近似平行较硬的特性，断续区特性随着电流减小向上翘起，呈现一组较软的特性。不同占空比D的电流断续和连续交接点也不同。不难理解，占空比D越小，断续和连续交接点的电流越大。此外，交接点的电流值还和电机电感和PWM调制频率大小有关。电感越大和PWM调制频率越高交接点的电流越小。[4]

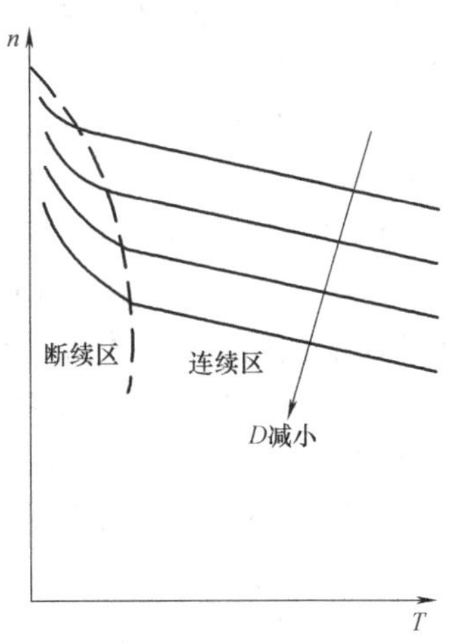

图12-12　不同占空比D的机械特性

PWM调制方式对电机换相转矩波动的影响见第9章9.4节。

5）采用DC/DC变换器技术是另外一种调压方法。例如在电源和逆变桥之间插入buck等直流调压器。参见12.10节有关部分。buck降压变换器主电路由一个功率开关管、功率二极管、电感和电容组成，参见图12-21。它采用PWM控制方式按照要求的电机转速和负载变化调节PWM占空比，将固定的直流电压变换为可控直流电压，供给逆变桥，实现对电机的调节。通过电感和电容构成低通滤波器来获得平直的输出直流电压和电流。这样，逆变器和电机不必工作于PWM方式，降低它们的损耗和发热（PWM损耗和发热转移到DC/DC变换器上）。它还特别适用于采用反电动势过零法无传感器控制，可避免电机PWM脉冲对反电动势信号采样的干扰，降低因滤波器相移带来的不良影响，使无传感器控制可靠运行。参见第13章13.1节。

12.8　保护电路和电流的采样

为了使控制系统安全工作，常常还需要加入各种保护电路，例如过电压、欠电压、过电流、过热保护电路等。

电压保护电路是对直流母线电压的监测，通常是以电阻分压方法取得母线电压的一个分数值，在电压比较器与一个预先设定电压进行比较，以判断母线电压是否正常，用以报警或使系统停止。

过电流保护电路是对直流母线电流的监测，通常最简单的方法之一是在直流母线上串入一个低阻值采样电阻，如图12-11所示的电阻R_s。这种方法成本低，在大多数情况下不需要电隔离，可用于不超过 20A 场合。在其上取得一个代表母线电流的电压值，在电压比较器与一个预先设定电压进行比较，以判断母线电流是否正常。采样电阻应当是无感的，电阻值应当尽可能小，不致影响原电机的特性。但是，在四象限工作方式时，如上所述，在 PWM-ON 期间，导通电流正向流过采样电阻，而在 PWM-OFF 期间，续流是反向流过采样电阻。因此在这种情况下为了限制或调节电流，通常可将采样电阻检测的电压信号连接到一个绝对值放大电路。这样绝对值放大电路的输出能够真实反映流过电机的电流。另一种方法是只在 PWM-ON 期间对正向电流采样并由 A/D 转换器转换为电流的数字量。

如果需要监测各绕组的相电流，需要专门的电流传感器，例如基于霍尔元件原理工作的电流传感器，它和主回路是电隔离的。例如，莱姆（LEM）公司的霍尔电流传感器是一种稳定可靠、方便使用的隔离检测型电流传感器。被测电流的导线穿过该霍尔电流传感器的磁芯，导线电流磁场通过软磁磁心聚集，借助于一个霍尔元件进行检测。该电流传感器是霍尔磁平衡式闭环原理的传感器，基于一次侧与二次侧磁场补偿原理工作。被测原边电流产生的磁通，经传感器中的霍尔元件感应到，霍尔元件信号放大后产生一个电流供给磁心上的二次侧线圈，二次侧线圈在磁心中产生相反的磁通来补偿一次侧产生磁通，达到动态平衡。这样，二次侧线圈中的电流将正比于一次侧电流。二次侧线圈中的电流通过简单电路得到正比于一次侧电流的电压信号，直接反映导线中电流的大小和方向。霍尔电流传感器有正极（+5）、测量端（OUT）及地（0）三个引脚，如图 12-13 所示。该电流传感器只需要单电源 5V 供电，另一优点是温漂小、精度高，而且内置采样电阻，其输出端是电压型输出。例如型号为 LTS25-NP 电流传感器的性能参数如下：一次额定电流有效值：25A；一次侧电流测量范围：0~±80A；供电电压：+5V；输出电压 U_{out}：（2.5±0.625）V；转换率为 1∶2000；总精度：±0.2%；线性度：小于 0.1%；反应时间：小于 500ns。在实际应用中，由于输出信号有高次谐波及其他干扰信号，因此必须要设计滤波器将其抑制掉。采用带有电压跟随的二阶低通滤波器的电流检测电路是一个可行的方法，具体原理图如图 12-14 所示。

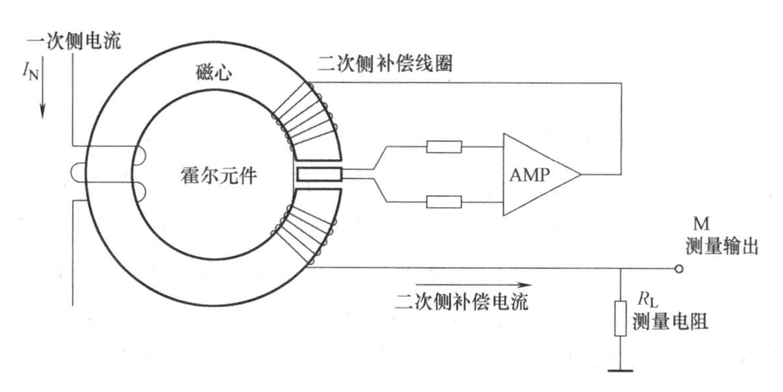

图 12-13　霍尔磁平衡式闭环原理的电流传感器

三相电机一般只需要在两相安放电流传感器，第三相绕组的电流可利用前两相电流计算得到，因为星形接法的三相绕组的电流之和为零。

为了防止功率开关过热，在功率管散热器上安放温度传感器或热保护器进行温度检测和过热报警。

为防止位置传感器因为引线脱落等故障引起位置传感器输出出现全为 1 状态，引起功率

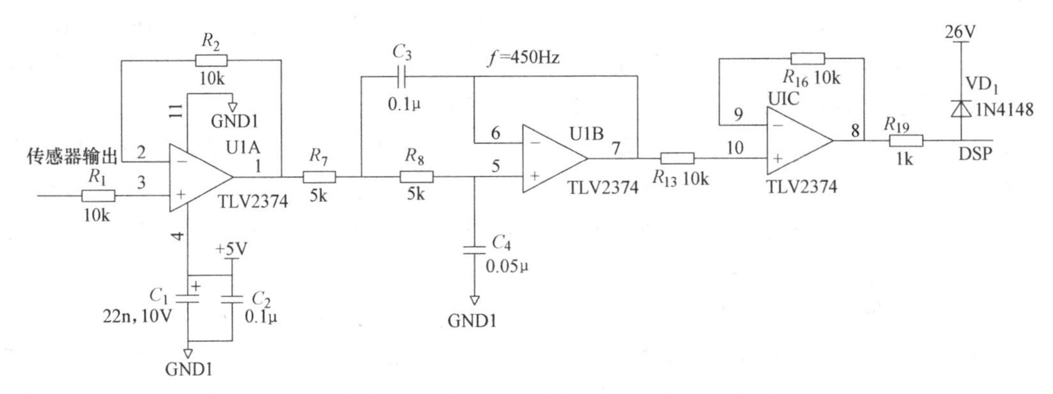

图 12-14　电流检测和二阶低通滤波器电路

级损害，可专门设计针对位置传感器输出逻辑的判别电路，一旦错误的逻辑组合 111 出现，马上关闭功率开关，并报警。

12.9　电流波形与提前关断技术

让我们考察一下无刷电机的电流波形。在理想情况下无刷直流电动机的反电动势为梯形波，当采用方波驱动方式时，电流应为方波电流。实际上，如图 12-16 给出一台无刷电机的相电流示波图，电流波形并非方波，并有较大尖峰。其主要原因是由于绕组反电动势并非理想梯形波，并且由于电感的存在电流变化有一个过渡过程。对实测电流这样的波形解析如下。

以三相 120°导通六状态工作为例，在任一个通电状态角 60°下（例如在 A/B 通电状态），当忽略绕组电感时，两相绕组反电动势 e，电机电流 i 和外加电压 U 有如下简单关系：

$$i=\frac{U-e}{2R}$$

式中，R 为一相电阻。如果反电动势不是平顶波，而是接近正弦波，或者说有尖顶的波形时（相当多的无刷直流电动机是这种情况），由上式，可得到电流波形如图 12-15 细线所示。在 60°导通范围内，电流波形出现前后高而中部低的形状。实际上考虑电感的存在，电流将会如图的粗线所示，前沿电流上升需要时间使前部电流的峰值有所下降，但后部的尖峰依然存在。显然，电流后部尖峰大小程度与反电动势顶部波形有关。如果反电动势是平顶波，而且平顶宽度大于状态角，电流后部尖峰不存在。如果反电动势平顶宽度越小，电流后部尖峰就越大。图中粗线还显示下一个 60°状态角（A/C 通电状态）的电流，得到在 120°范围内流过 A 相绕组的完整电流波形。

实际的电流波形存在尖峰，电流波动又引起转矩波动，产生电机的振动和噪声。过大的电流尖峰还对功率开关器件造成威胁。电流尖峰越大，电机电流平均值和有效值差距越大，绕组损耗增加，效率降低。

电流后部尖峰还和状态角大小有关，状态角越大则电流后部尖峰可能越大。例如，三相无刷直流电动机采用非桥式电路 120°导通三状态工作方式时，状态角增加到 120°。电流后部尖峰将会明显增大。其电流波动和转矩波动比六拍工作方式要大许多。

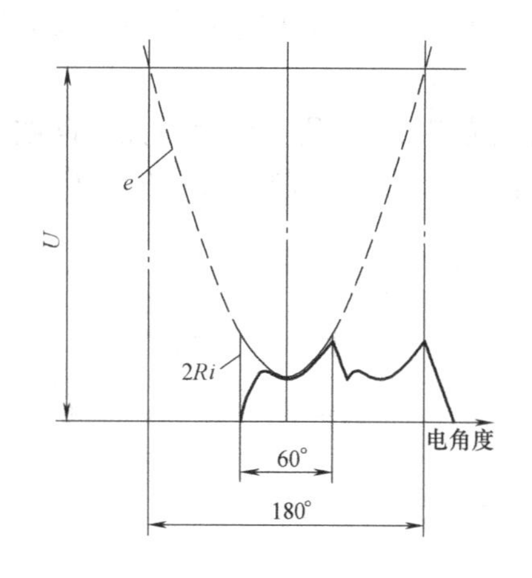

图 12-15　三相无刷电机的电流波形示意图

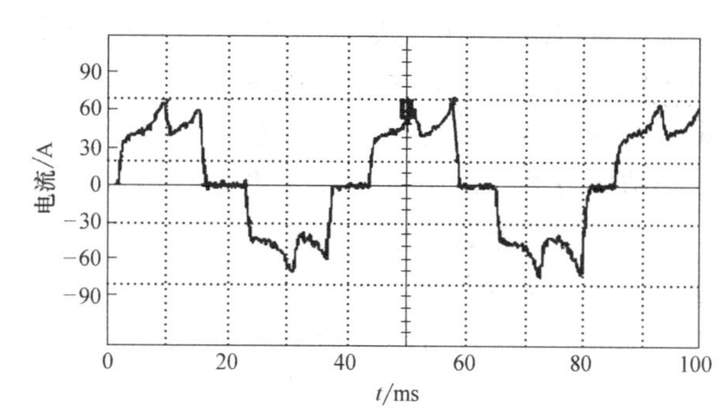

图 12-16　某电机的相电流示波图

再看单相无刷直流电机情况，它只有两个状态，状态角为 180°，在每个状态角接近结束时段相绕组反电动势接近于零，所以此时的相电流出现相当大的尖峰。这是单相无刷直流电机产生电流脉动和转矩波动，振动和噪声的主要原因之一。如果我们采用提前关断控制方式，使每个状态实际的导通角小于 180°，导通提前结束，相电流尖峰将降低。这有利于降低电机的振动和噪声。另一方面，设定子磁动势矢量 F 与转子磁通矢量 Φ 之间的夹角为 θ，电机的瞬时电磁转矩 T_{em}正比 $\sin\theta$：

$$T_{em} \equiv F\Phi\sin\theta$$

在状态角接近结束时段夹角 θ 已经比较小，此时电流产生的转矩的作用已很小，即此时的转矩系数很小。所以提前关断控制对电机的平均转矩影响不大。由于平均电流有所减小，使单位平均电流产生转矩的作用反而增加，从而使电机的效率有所提高。参考文献［16］给出了这样的例子。该例中的电机采取提前 24°关断，即每个状态只导通 156°，结果其 A 计权噪声从原来的 57. 8dB 降低到 45. 2dB，最高效率从 61. 1%提高到 74. 9%。

再来看一个多相电机的例子。五相无刷电机，但按 4 相十拍方式工作时，每相连续导通角度为 144°，大于一般三相电机的 120°。状态角为 72°，大于一般三相电机的 60°。因此在每个状态接近结束时段，绕组反电动势已经大为降低，电流波形向上较快上翘，出现较大的电流尖峰，产生较大噪声。将五相无刷电机采用提前关断控制方式，使电流尖峰有所降低，降低电机的振动和噪声，并改善了电机的效率。

提前关断控制通过控制软件实现，由预计下一个换相点和当时的转速计算出需要的提前时间，决定提前关断时刻。显然，也可采用超前角控制技术，对每个状态角来说，适当的超前换相，在保持原有导通角不变情况下，关断自然提前了。适当的超前换相，还有利于提升电机转矩。

12.10　无刷直流电动机逆变器拓扑结构

无刷直流电动机的逆变器可分为两大类基本拓扑结构：电压源逆变器（VSI）和电流源

逆变器（CSI）。控制器还可按所用固态开关和基于控制策略不同进一步分类。最常见和大量采用的是三相六状态六开关驱动的 VSI 拓扑结构，见 12.11 节。一般比较简单的控制器只需要换相控制和电流控制功能。

当前，在兼顾性能的前提下，尽可能地降低成本已成为 BLDCM 研究的另一热点问题。为了降低驱动器成本可以通过两种方法，即改变电路拓扑结构和改变控制策略。在电子驱动器成本中，固态功率开关、电感和大电解电容器是主要部分，所以电路拓扑结构方面，设法采用较少功率开关数，传感器数和相关的电路使逆变器成本最小化。

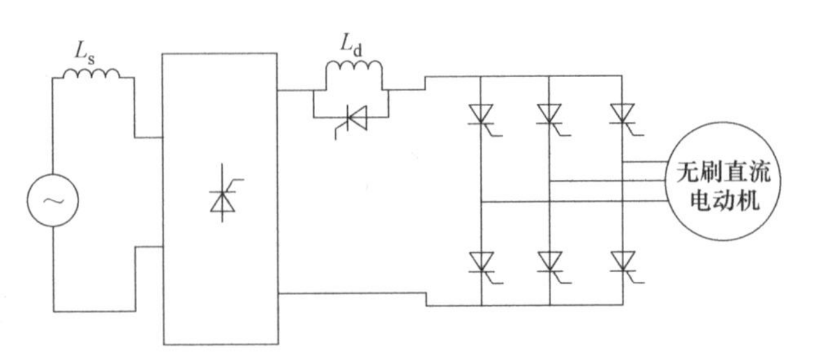

图 12-17　晶闸管负载换流逆变拓扑结构

图 12-17 所示的拓扑结构是一个电流源逆变器（CSI）[7-9]，整个主电路是根据交—直—交负载换流逆变（LCI）原理工作的，它通过单相全控晶闸管电路进行整流，逆变同样是由晶闸管组成三相全桥逆变电路。由于大部分消费产品使用单相电源，驱动器输入级使用单相晶闸管整流有助于进一步降低成本。与传统 PWM 控制的电压源逆变器相比 LCI 的无刷电机驱动控制电路更简单紧凑，损耗更低。电流型逆变器免除大电解电容和采用价格较低半控型器件晶闸管代替全控型器件 IGBT，大大减小系统的成本。在这种电流调制控制系统中，只需要一个电流传感器。因为在电机工作的任意时刻都只有两个开关管导通，而且电流流过任一导通相的数值大小都与 L_d 的电流是相同的。电流大小是通过调节输入全控型整流器来实现的。此外，它具有电流源驱动器拓扑固有的能量再生和因直流连接电感作用具有内部过电流保护功能，它还有可以在四象限模式运行，运行速度范围宽的优点。当驱动器采用数字信号处理器，如 TMS320F240 为控制芯片时，只需很少外部硬件电路，使控制系统结构十分紧凑，成本更低。按图 12-18 系统控制框图进行模拟和实验结果表明，电机在满载下起动都没有出现任何换相失败情况，电机的动、静态运行性能较理想。然而，这种拓扑结构主要缺点是需要一个高容量的大电感 L_d。

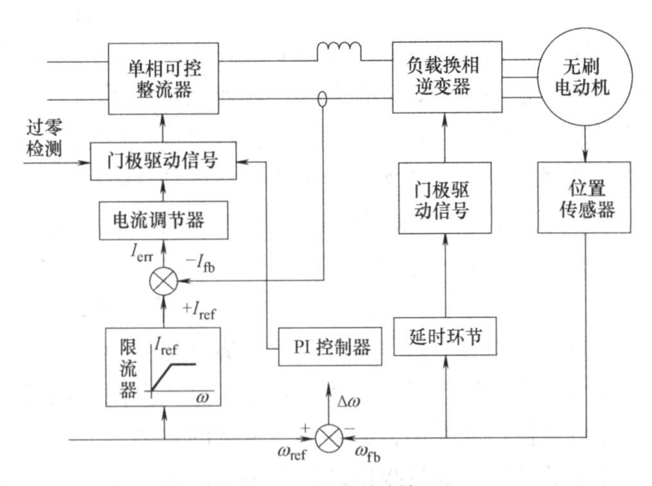

图 12-18　系统控制框图

常规的六开关拓扑结构，平均每相 2 个开关。为了节省成本，已提出每相小于 2 个开关的拓扑结构，例如，一种三相四开关拓扑结构，它采用不同的 PWM 和滞环电流控制方法，可实现六状态运行。详见下一节分析。

经改进的带有功率因数校正功能的拓扑结构如图 12-19 所示，但此时已需要 6 个主开关。这种拓扑结构是单相—三相变流器，它的输入电流是正弦波，功率因数接近于 1。由于交流输入和无刷直流电动机之间通过 DC 链接这种拓扑结构，功率可双向流动实现再生制动。这种拓扑结构的开关控制需要对称的脉宽调制，脉宽调制可采用数字信号处理器（DSP）或现场可编程门阵列（FPGA）生成。

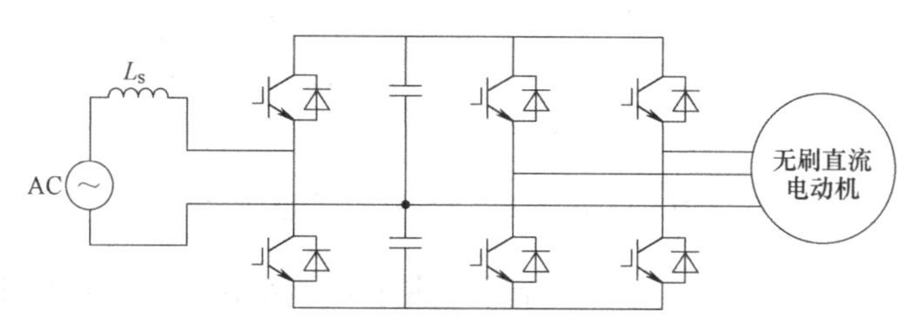

图 12-19　没有输入整流器的三相四开关拓扑结构

另一类拓扑是如图 12-20 所示的 C-dump（电容储能型）转换器拓扑结构，m 相电机只需 m+1 个开关（和并联功率二极管）。例如三相无刷直流电动机只需四个开关（和二极管），其中有三个是连接相绕组，还有一个是与能量恢复电容器连接。由于每相只有一个开关，在它的电流只能是单向的，因此，它类似于半波驱动器。利用一个小电容回收开关截止时绕组释放的能量。为了将电容储存的能量回馈至电源，必须有一个电感元件共同作用。

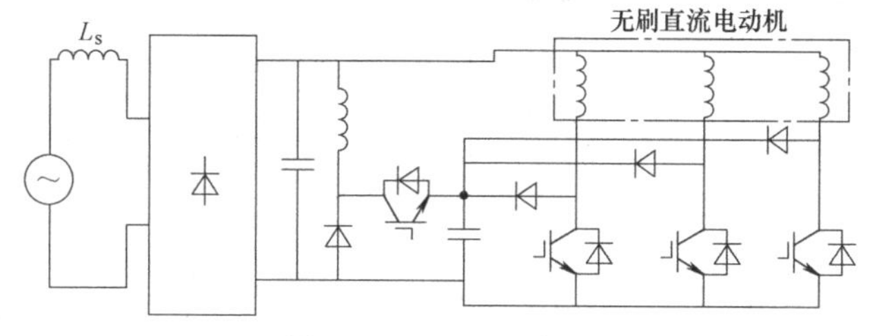

图 12-20　C-dump 拓扑

传统的无刷直流电机调速系统中，变换器多采用桥式拓扑，包括半波和全波电路。半波电路比全波电路使用的功率器件数目少（每相只有一个功率开关），但电机只能在两象限运行，限制了应用场合。全波电路使用较多的功率开关（每相有两个功率开关）解决了四象限运行的问题，但它存在桥臂直通的可能性使之可靠性降低。折中这两种电路，出现了电容储能型（C-dump）变换器。由于只需使用较少的功率开关就能够实现电机的四象限运行，且不存在桥臂直通的可能性，它在可靠性和经济性上有相应的优势，因此是无刷直流电机调速系统另一个较好的选择。

文献［10］对采用 C-dump 拓扑结构变换器的无刷直流电机调速系统进行了系统的研究。分析了正转、反转及电动、制动运行的原理和控制逻辑。实验结果表明，该系统可以方便地四象限运行并具有良好的运行性能。无刷直流电机调速系统中 C-dump 变换器斩波开关可采取三种控制方法：滞环控制、PWM 控制以及滞环结合 PWM 控制。这些控制方式对变换器储能电容电压和电机电流有不同影响。研究表明，C-dump 变换器的斩波开关采用滞环控制与 PWM 控制相结合的方式工作能较好地减小电机电流脉动，进而减小电磁转矩波动，有利于系统稳态性能的提高。

图 12-21 所示采用 buck 降压型 DC/DC 变换器驱动裂相绕组的两相电机拓扑结构，适用于较低电压的应用。另一个是将 buck 降压变换器与 C-dump 变换器优点结合的拓扑结构用于无刷电机控制。这种拓扑结构又称为可变直流转换器拓扑结构（见图 12-22），有可变直流

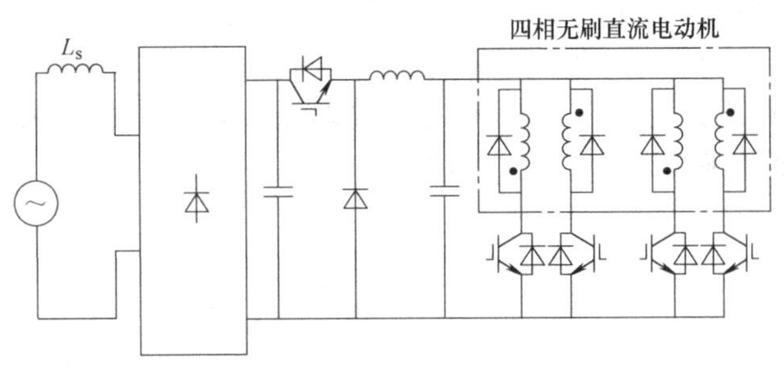

图 12-21　buck 变换器两相裂相绕组拓扑结构

电压，四象限运行和低开关数等优点。还有一些拓扑结构提供功率因数校正（PFC）用于无刷直流电动机控制。

以 SEPIC 变换器为基础的单极性控制拓扑结构（见图 12-23），这些拓扑结构也是无刷直流电动机的低成本控制器。

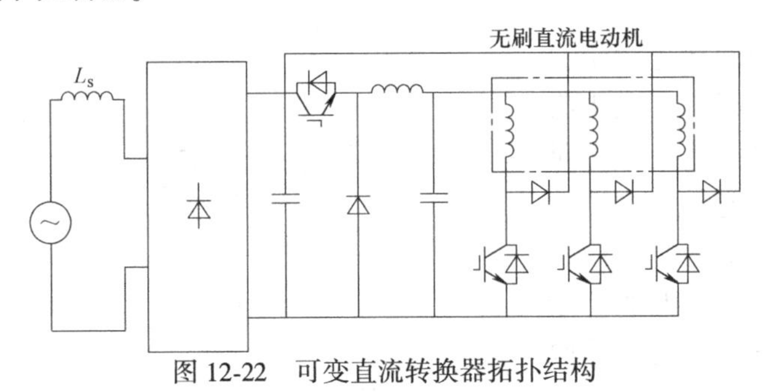

图 12-22　可变直流转换器拓扑结构

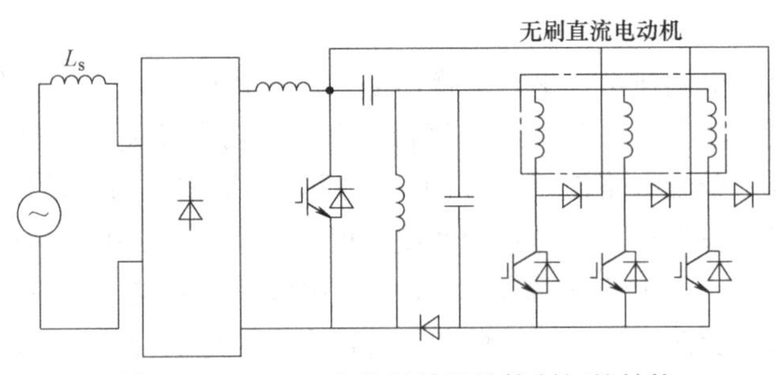

图 12-23　SEPIC 变换器单极性控制拓扑结构

当然，相对于传统的双极性驱动电路，上述无刷直流电动机单极性控制拓扑结构只需较少电子元件和使用简单的电路。从而达到成本最低化，适用于对成本比控制精度更看重的应用场合。

在调速控制系统，采用 PWM 调压的常规六开关三相逆变器的拓扑结构，当转速需要向低速区扩展时，往往因占空比很低，电流不连续引起转矩波动。如果采用 buck 降压型 DC/DC 变换器与常规六开关三相逆变器连接的拓扑结构，以 DC/DC 变换器 PWM 调压代替三相逆变器 PWM，使电机绕组电流在低速区保持连续，电流波动和转矩波动改善，运行平稳。而且逆变器和电机的损耗和温升将减低。

无刷直流电动机定子绕组换相必须与转子即时位置同步，因此，控制器必须得到有关转子的位置信息。这就需要安装专门的转子位置传感器机构，它增大了电机尺寸和增加了成本，而且额外的元件和布线使系统可靠性降低。而且，在某些应用中电机安装位置传感器是不适宜的。因此，出现了多种无位置传感器的控制方案，转子位置信息从电机绕组的电压和电流推断获得。无位置传感器的控制也有助于总体成本的降低，详见第 13 章。

12.11　六开关三相逆变器拓扑结构和栅极驱动

图 12-24 给出了常规六开关三相逆变器的拓扑结构图。现代的中小功率三相逆变器常采用六个功率 MOSFET 单管和六个续流二极管构成，也有采用集成的功率开关的。续流二极管采用快速恢复二极管效果较好。功率 MOSFET 分为 N 沟道和 P 沟道两种。图 12-24 是采用六个 N 沟道功率 MOSFET 逆变桥，上桥臂栅极驱动电压要高于逆变桥直流电源的正电压，需要多路栅极驱动电源。为了简便起见，可采用专门的栅极驱动集成电路，例如图 12-34 所示的采用三片 IR2110 是常用的栅极驱动方案。也可采用一片 IR2130 的栅极驱动。其最大优点是只需要一路驱动用直流电源，对上桥臂 N 沟道的栅极驱动电源由内部自举电路产生。

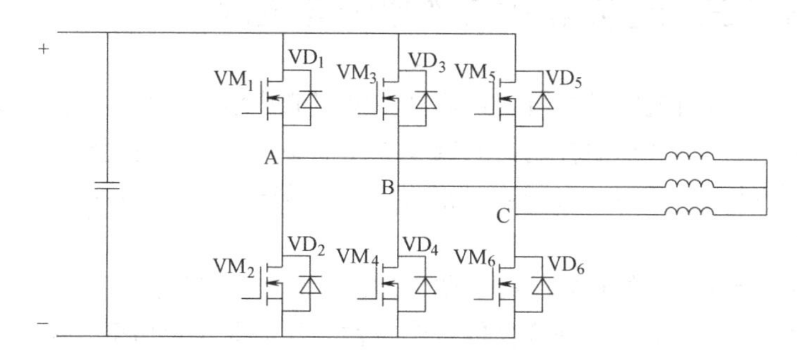

图 12-24　常规六开关三相逆变器的拓扑结构框图

在小功率三相逆变桥，上桥臂可采用三个 P 沟道 MOSFET，这样，栅极驱动可以用分立的晶体管电路构建，无需专门的栅极驱动电源，节省成本，例如参考文献［1］的图 3-132，就是这样电路的一个例子。为了节省成本，有些小功率逆变桥开关管不外接续流二极管，用 MOSFET 内部二极管代替。

大功率的系统则采用六个 IGBT 单管或 IGBT 智能功率模块。它们也有专门的栅极驱动集成电路可选用。[1]

六开关 120°导通三相无刷电机工作时的相电流、反电动势和转子位置信号间的关系如图 12-25 所示。表 12-1 给出了通常情况下六开关逆变器和无刷电机的工作状态。

表 12-1　六开关逆变器的工作状态

状态模式	转子角/(°)	传感器信号	导通相	非导通相	逆变桥开关
1	0~60	101	A-B	C	VM_1、VM_4
2	60~120	100	A-C	B	VM_1、VM_6
3	120~180	110	B-C	A	VM_3、VM_6
4	180~240	010	B-A	C	VM_3、VM_2
5	240~300	011	C-A	B	VM_5、VM_2
6	300~360	001	C-B	A	VM_5、VM_4

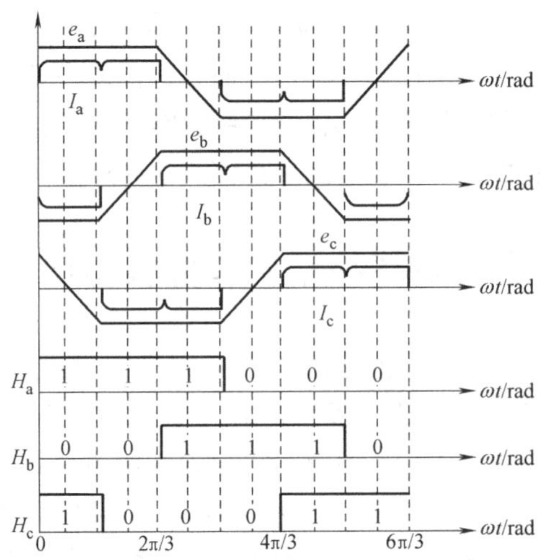

图 12-25　常规六开关反电动势、相电流和转子位置信号波形

12.12　四开关三相逆变器的工作原理与控制

近年来，永磁无刷直流电动机可变速驱动在民用消费领域已获得广泛的应用，以大批量生产实现良好的性价比。低功率控制器的低成本化主要途径在于使用较少的功率器件，简化逆变器主电路拓扑结构。其中，四开关三相拓扑结构是简化电路拓扑结构降低了系统成本较理想的选择[11-15]。

新型四开关三相逆变器的拓扑结构如图 12-26 所示。在四开关三相逆变器用两只串联的电容 C_1 和 C_2 代替了六开关三相逆变器的一个桥臂，仅需要 4 个功率开关器件。四开关三相逆变器工作状态见表 12-2，与常规六开关拓扑结构很相似，也有 6 个工作状态。但是，四开关三相逆变器工作存在几个固有的缺点：

1）四开关三相逆变器和六开关三相逆变器不同，输出电压矢量不是彼此对称的（非对称电压矢量）；

2）非可控相绕组在反电动势作用下续流引起的电流波形畸变；

3）直流母线电容电压存在不平衡问题。

现在比较流行的解决方案是如参考文献［11］提出的空间矢量法。但此法要求实时完成大量电压矢量、电流矢量的坐标变换，势必增加系统软件的复杂度，需要选用高档次的数字处理器芯片才能满足要求。从降低成本的角度看，这不是一种理想的解决方案。参考文献［13-15］提出的直接电流控制策略则巧妙地避开了非对称电压矢量问题，是一种廉价、实用、可靠的解决方法。它采用了电流滞环 PWM 跟踪控制方式直接对各相相电流进行控制。按表 12-2 给出的 6 个工作模式下的直接电流控制方法，理想情况下相电流波形和逆变器功率器件的工作次序如图 12-27 所示。在模式 1 和模式 4 两种特殊工作状态下，可以通过相电流的独立检测、独立控制，来对非工作相的反电动势效应进行补偿，抑制工作相相电流的畸变。使用电机专控制芯片 dsPIC30F3011 作为控制核心进行实验验证，实验结果表明，四开关逆变器结合直接电流控制策略控制流过电动机三相绕组中的电流波形接近六开关的相电流波形，获得和六开关三相 BLDCM 相近的调速效果。如果采用了无位置传感器控制可进一步降低系统成本[14]。四开关三相无刷电机的直接电流控制在保证系统性能指标的前提下，降低了系统成本，有着广阔的应用前景。

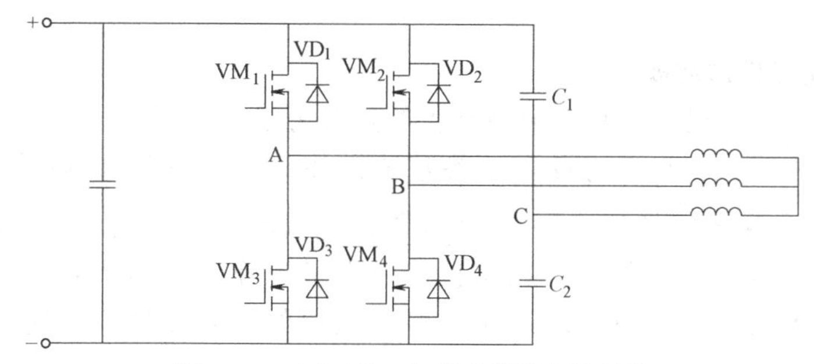

图 12-26　四开关三相逆变器的拓扑结构

表 12-2　四开关三相逆变器工作状态

状态模式	转子角/(°)	传感器信号	导通相	逆变桥开关	续流二极管
1	0~60	101	A-B	VM_1、VM_4	VD_2、VD_3
2	60~120	100	A-C	VM_1	VD_3
3	120~180	110	B-C	VM_2	VD_4
4	180~240	010	B-A	VM_2、VM_3	VD_1、VD_4
5	240~300	011	C-A	VM_3	VD_1
6	300~360	001	C-B	VM_4	VD_2

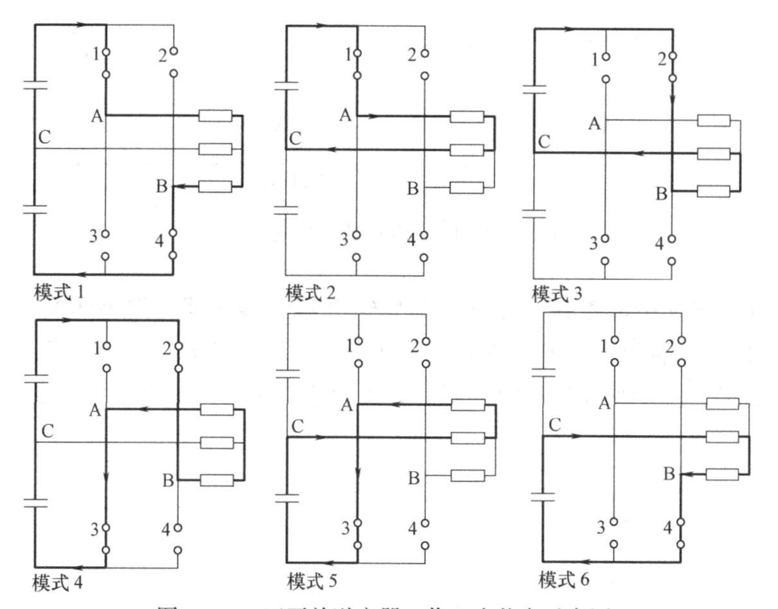

图 12-27　四开关逆变器工作 6 个状态示意图

12.13　以绕组切换方式扩展转速范围

无刷直流电动机机械特性接近于直线，比较适于恒转矩运行。但是有些应用场合，期望电机具有恒功率特性，即软特性：转速范围大，低速时有大转矩，轻载时有高速。采用超前角控制或弱磁控制可以将轻载区转速提升，但提升不多，而且牺牲了效率。

在某些特定场合，期望转速有较大提升时，可采用绕组切换方式来较大幅度扩大电机的转速范围。这种转速换档方法效果类似于机械变速齿轮换档方法，故有人称为电气齿轮。

1. 星形/三角形接法切换

三相无刷电动机，理论上其三个相绕组的连接可以采用星形（Y）或三角形（△）两种接法。分析表明，在只考虑反电动势基波条件下，同一台电机按Y接法和按△接法时的反电动势系数之比是$\sqrt{3}$，而它们的理想空载转速之比为$1/\sqrt{3}=0.577$。由此，只要设法将电机绕组用开关切换，在Y接法时电机工作于低速模式，转矩系数大，同样电流下可得到大的启动转矩；以△接法时电机工作于高速模式，提升电机转速。空载转速提升1.73倍。

如果进一步将每相绕组均分为两段，也通过开关切换，这两段线圈串联（-ser）或并联（-par），如图12-28所示，可以得到四种切换组合，获得更宽的转速范围。理想空载转速比最大达到3.46倍。在图12-30定性地表示出这种方法四种切换组合下的工作区，它考虑了驱动器安全限流。它显示兼顾了在不同工作点时电流在合理范围内[17]。

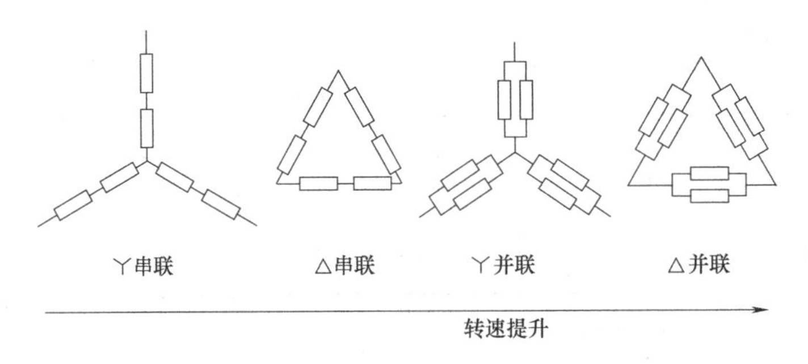

图12-28　四种切换组合的绕组连接

在图12-29给出利用电磁开关元件，例如继电器或接触器，作为切换开关的连接电路图。一共需要14个切换开关，其中串联开关3个，并联开关6个，△切换开关3个，Y切换开关2个。注意开关切换需要一定顺序，必要的切换时延，避免发生短路。

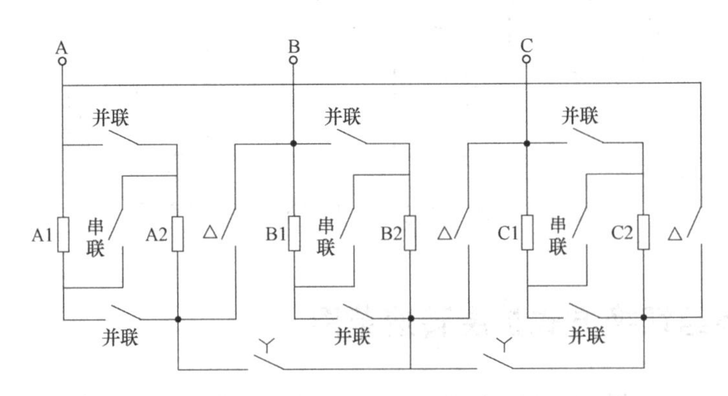

图12-29　实现四种切换组合的切换开关连接图

当此技术用于大功率电机时，切换开关可采用半导体功率开关，例如晶闸管。

另一个问题是无刷直流电动机设计成梯形波反电动势时，梯形波反电动势中含有较大的3次谐波成分，且在三相绕组内相位相同，如果将绕组接成三角形，会产生较大的3次谐波环流，使得电动机出现相当大的附加损耗，负载运行时电流会有很大的畸变，损耗会更大，电动机运行不平稳。满足特定条件设计的电机可以避免3次谐波环流出现，参见第3章3.4节。

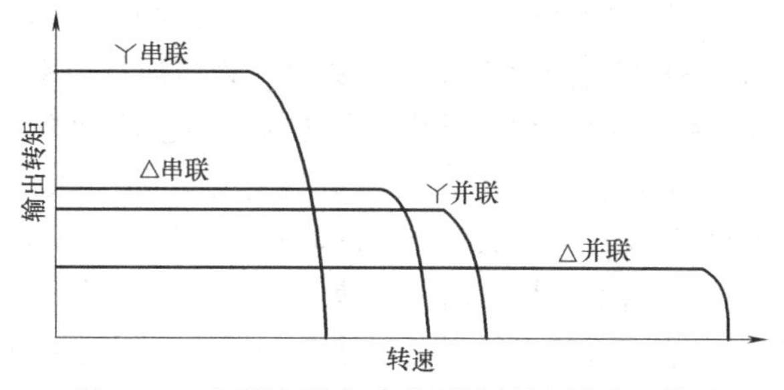

图 12-30　四种切换组合的下的转矩-转速工作区

这种切换方案效果可参见表12-3中的丫串联和丫并联，理想空载转速比达到2。平均每相需要3个切换开关。图12-30给出四种切换组合的下的转矩-转速工作区情况，显示出转速有大范围变化。

表 12-3　四种切换组合比较

接法切换	反电动势系数 K_E 比	理想空载转速比	等效电阻比
丫-串联	1	1	1
△-串联	$1/\sqrt{3}$	$\sqrt{3}$	1/3
丫-并联	1/2	2	1/4
△-并联	$1/2\sqrt{3}$	$2\sqrt{3}$	1/12

2. 每相绕组均分为两段，开关切换两段线圈串联或并联

在参考文献［18］给出以电机绕组切换方法改善轮式机器人的低速爬坡能力和起动加速能力的例子。电动车用无刷电机定子绕组采用星形连接。每相绕组均分为两套绕组。如图12-31所示，A相绕组有A1和A2两套绕组组成，利用开关 K_P 闭合连接为并联，利用开关 K_S 闭合连接为串联。需要高速运行时两套绕组并联。需要低速爬坡、起动加速时电动机两套绕组串联。加速至电动机绕组串联运行的转折转速时改为绕组并联运行继续实施加速到高速。这样在绕组并联运行时，绕组串联匝数少，反电动势低，最大转速高，使电动机能够高

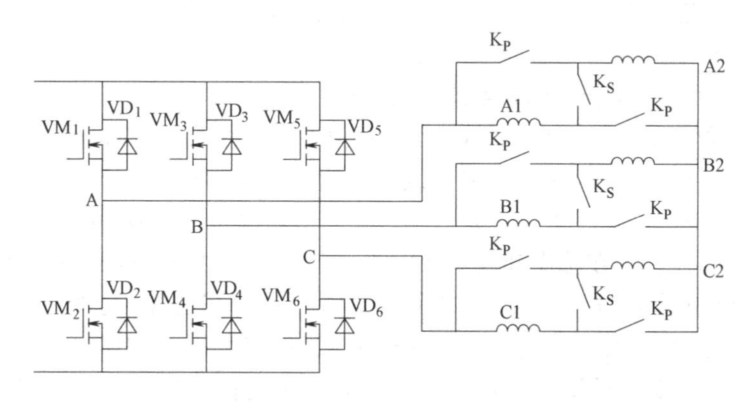

图 12-31　串联或并联绕组切换主电路

速运行。在串联运行时，由于绕组每相串联匝数增大一倍，同样母线电流下电动机的转矩增大一倍，这样能够很好地提高电动车的低速爬坡和起动加速能力。

3. 每相绕组设有若干个抽头用开关切换与功率桥的连接

在参考文献［19］给出这种方案在直接驱动洗衣机无刷电机的例子。

直接驱动洗衣机电机要求在宽速度范围（30~1000r/min）调速。常规的方法是采用PWM调节，新西兰F&P公司和国内一些公司开发的直接驱动洗衣机就采用这种方式。在洗衣机工作时基本上是恒功率调速，即洗涤为低速大力矩，而脱水为高速小力矩。PWM调节可实现宽范围调速，但不足之处在于低速工作时相电流比高速时大许多，效率明显降低，随之电子驱动器开关管功耗加大。另一方面，功率开关管的电流值选择决定于最大电流，因而必须选用较大电流值的功率管。因此，这两个公司的驱动器散热器不得不采用水冷方式。对国内某公司直接驱动洗衣机实验表明，当进水水温超过36℃时，驱动器会自动保护而停机。日本东芝直接驱动洗衣机采用了专利控制方案，在高速区，电机电流相量比反电动势相量超前，实现弱磁控制。

分析了洗衣机工作特点，实际上存在低速区和高速区两个工作区的情况，提出了多档分段控制方案。按照这个方案，我们将电机相绕组设有一个抽头，裂成两个分段绕组，用切换开关进行绕组切换，在高速区和低速区分别部分或全部绕组进入有效工作，如图12-32所示。

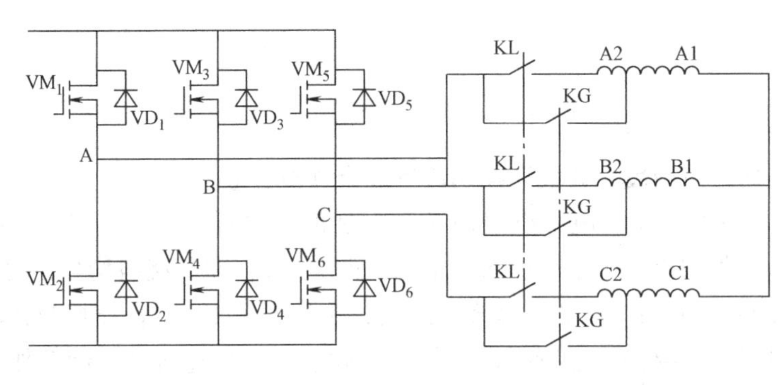

图12-32　抽头绕组切换主电路

这种方法与东芝、新西兰F&P和国内一些控制方案相比有如下好处：

1）高速区和低速区工作下都有较高效率；

2）高速区和低速区工作下的相电流差别较小。

因此，在开关管选择上有利于降低成本。而且控制电路的过电流和限流保护简化，可设置同一个限流值即可。实际结果，可调速度范围为20~1000r/min，分为两个速度段：高速段是200~1000r/min，用作脱水或抖开衣物工作；低速段是60~180r/min，用于洗涤工作，20~40r/min是喷淋工作。在洗涤和脱水额定工作状态，按200W输出功率点考核时，均有较高效率：低速额定点67.6%；高速额定点80.7%（按照东芝株式会社在中国申请发明专利CN1170791A提供图表数据，高速区效率≤50%；低速额定点54%）。而且在高低速额定点的绕组电流（也是功率开关管电流）平均值均在1A左右，差别很小。这样一来，两段转速下可使用同一个限流值，给控制器设计带来方便。

12.14　几种无刷直流电机实用控制电路例

下面介绍几个有霍尔位置传感器的三相无刷直流电机实用控制电路例子。

12.14.1　基于UCC3626的速度控制电路

UCC3626是TI（德州仪器）公司生产的三相无刷直流电机控制器集成电路，它可为无刷直流电机提供两象限或四象限控制所需的控制功能。它将转子位置输入信号解码，输出六个控制信号以驱动外部的功率开关器件。UCC3626内含一个精密的三角波振荡器和比较器，可提供电压控制或电流控制模式下的PWM控制，其外部时钟经由SYNCH输入，该振荡器可方便地与一个外部时钟进行同步。电流采样电阻信号在片中的差动电流传感放大器和绝对值电路为电动机的控制获得一个电流信号，提供逐周的限流保护。三个霍尔位置传感器产生的位置信号，经上拉电阻和RC低通滤波后，可连接到HALLA、HALLB、HALLC输入端。测速信号TACH_OUT来自内部精确的单稳态电路，它由HALLA、HALLB、HALLC三个霍尔位置信号的上升沿或下降沿触发，单稳时间可由连接到R_TACH和C_TACH脚的电容R和电容C决定。TACH_OUT速度信号是一个变占空比的输出信号，可直接用于数字速度控制，或经滤波后提供一个模拟速度反馈信号，用于上位微控制器的数字闭环速度控制。COAST则可用于控制电机的起动和停止，BRAKE输入端可使电机进入制动模式，DIR_IN和DIR_OUT为转向控制端。

UCC3626设有一个QUAD选择端，以用于选择输出功率桥两象限或四象限斩波控制。当QUAD为0时，为两象限控制，只对逆变桥低侧功率开关进行PWM控制；而当QUAD为1时，为四象限控制，此时高侧开关和低侧开关同时进行PWM控制。图12-33给出了两象限和四象限控制时的主要信号波形。

UCC3626比较完善的内部硬件资源，可适用于不同容量等级和控制要求的无刷直流电机控制，大大简化控制电路的硬件设计。

基于UCC3626和IR2110的175V/2A两象限速度控制电路如图12-34所示。该电路通过三片IR2110驱动六个N型功率MOSFET。U_{MOT}是给功率级的直流电源电压，功率桥的结构和电流采样电阻接法适用于有制动控制的要求。控制器的速度指令取自电位器R_{30}，而R_{11}和C_9可对TACH_OUT速度反馈信号进行滤波和缓冲，放大器U5A以电容C_8和电阻R_{10}作为校正元件可提供速度控制回路的补偿，其输出可控制PWM，调节电机转速。

关于MOSFET/IGBT开关器件的栅极驱动专用集成电路可参见参考文献［1］的第7章。

12.14.2　高压450V三相无刷直流电动机驱动电路

为适应较大功率无刷直流电动机在直接使用220V交流市电民用家电的应用，一些半导体公司研制了高压三相无刷直流电动机驱动器集成电路。这里介绍日本的HITACHI（见表12-4）和TOSHIBA的500V驱动器集成电路。这些驱动器大多采用各自不同的模块封装形式，常用于空调风机等家用电器，只需要少量外围电子元件方便地安装在无刷电机端盖内。

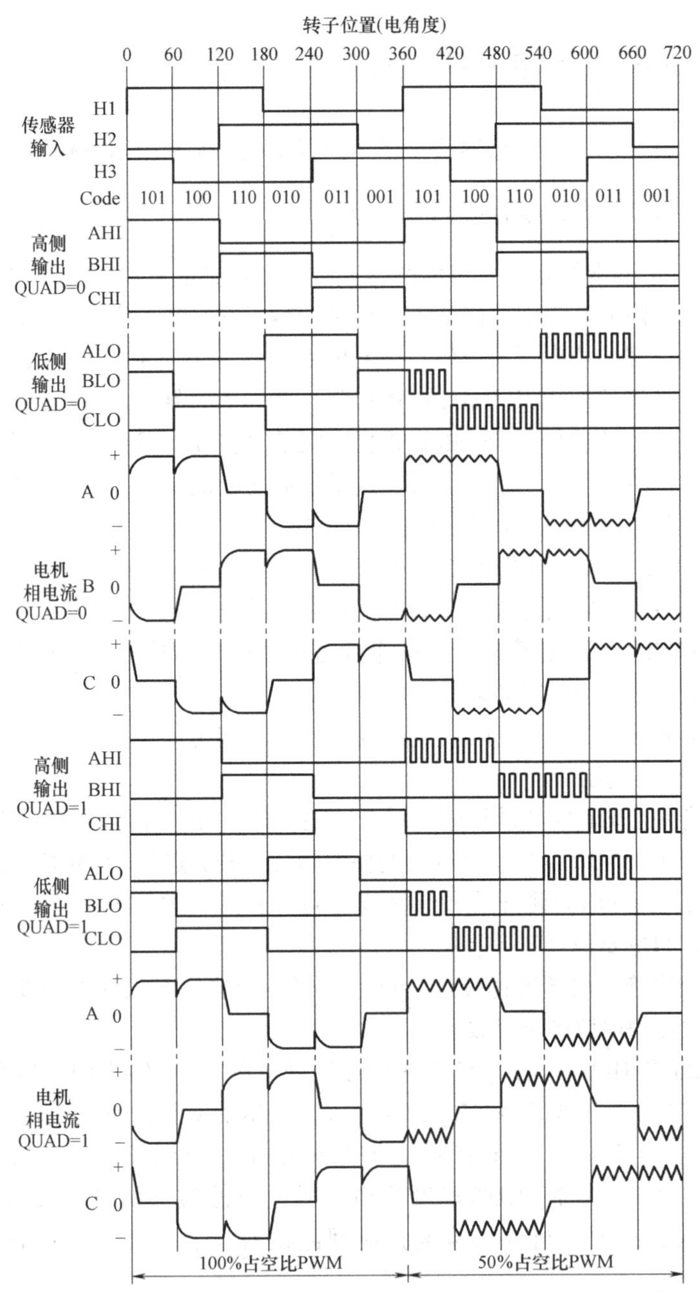

图 12-33　两象限和四象限斩波控制下高侧低侧驱动信号和电流波形

表 12-4　HITACHI 高压无刷直流电动机驱动 IC

型号	系列	电源 U_{cc}/V	电机电源 VSM/V	峰值电流/A	平均电流/A	封装	适用电动机最大功率
ECN30206	VSP 输入	15	500	1.5	0.7	SP-23T	60W
ECN30207	VSP 输入	15	500	2	1	SP-23T	80W
ECN30603	6 输入控制	15	500	1.5	1.5	SP-23T	60W
ECN30604	6 输入控制	15	500	2	2	SP-23T	80W
ECN30671	6 输入控制	15	500	3	3	SP-23T	150W

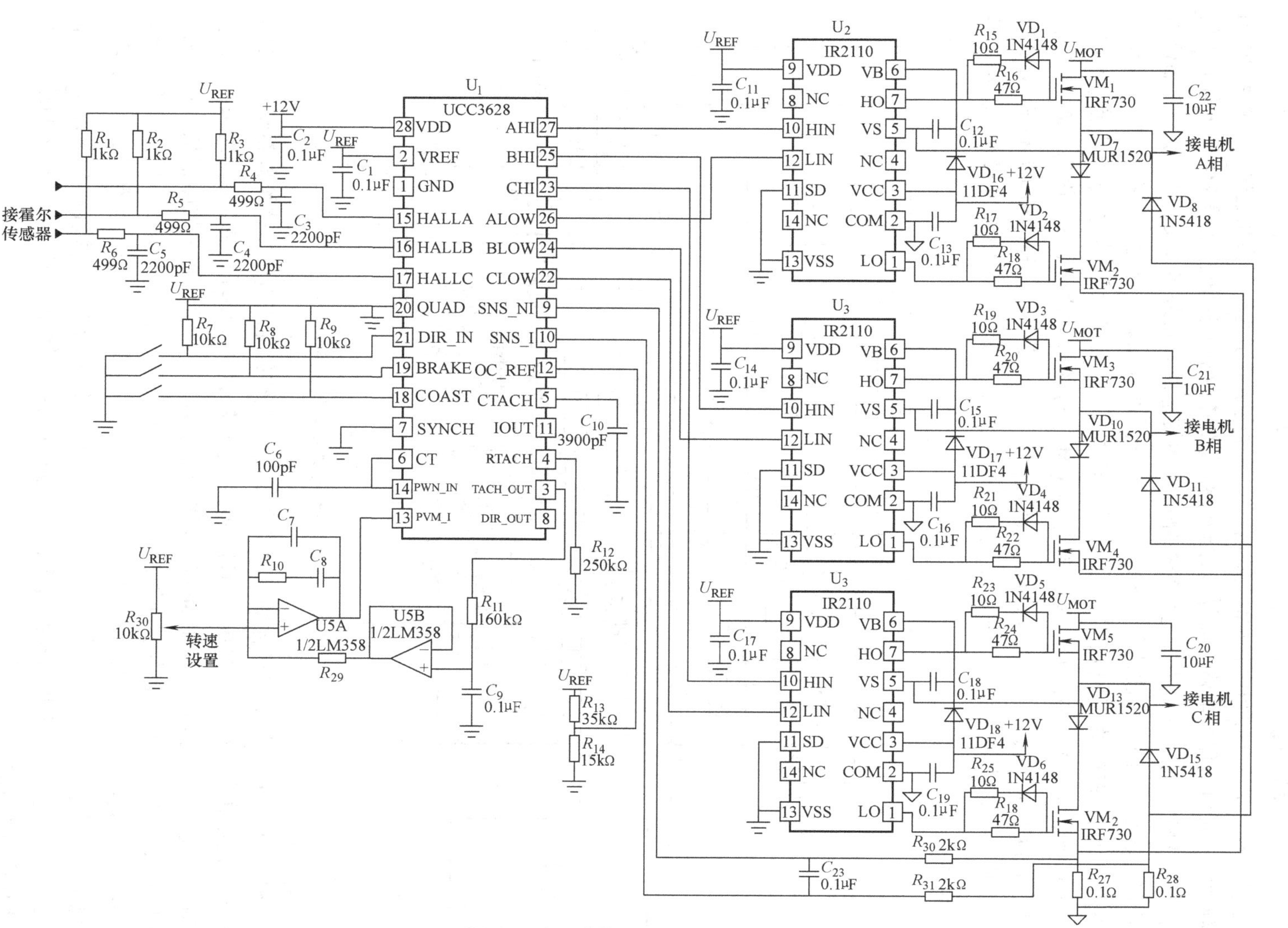

图 12-34　基于 UCC3626 和 IR2110 的 175V/2A 两象限速度控制电路

HITACHI（日立）的ECN30206是一个三相直流无刷电动机速度控制的功率集成电路，它的三相逆变桥驱动级包含6个500V的IGBT、续流二极管和上桥臂充电泵，适用于供电电源是直接来自AC200~230V市电整流的情况。芯片内集成了完整的换相逻辑，下桥臂PWM控制功能，过电流保护电路。向外接控制电路或微控制器发送转速信号FG和转向DM信号，接收VSP端输入一个模拟电压来控制电机的转速。来自外接微处理器的VSP端模拟信号和来自CR端的三角波信号（SAW）在比较器进行比较，产生PWM信号。PWM信号的占空比与VSP端模拟信号大小有关。模拟信号从三角波信号的最小点VSAWL（2.1V）到最大点VSAWH（5.4V）变化，PWM信号的占空比由0%变化到100%。它需要两个直流电源，U_s：15~450V，U_{cc}：15V。有三种封装方式。ECN30207和ECN30206几乎有相同的特性，只是它们的电流能力不同。图12-35是ECN30206内部方框图和典型应用电路。

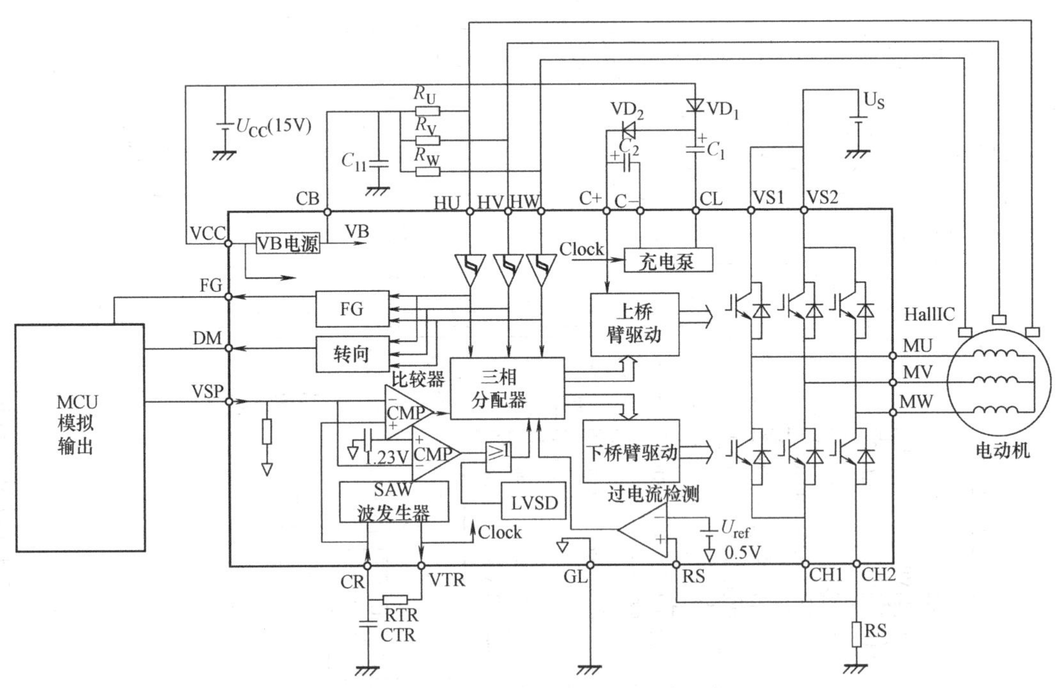

图12-35 ECN30206内部方框图和典型应用

利用ECN30206与微控制器MCU可以构成一个完整的无刷电机转速控制系统。例如采用Atmega8L单片机对ECN30206功率驱动电路进行转速PID闭环控制，并定时采集电流信号对电流进行过电流保护及采用Max7219串行显示转速、电流、相关故障信息，通过光电隔离对永磁无刷直流电机诸如转向等控制及接收外部信息，通过RS-485总线接口与外部其他系统交换信息，对各种信息进行分析处理，协调各部分的工作。系统初始化之后对无刷直流电机转子转速进行计算，计算结果与设定值进行比较，将比较差值送PID控制器控制PWM的占空比来控制专用驱动控制器ECN30206的VSP引脚电压输入，从而控制转速，达到闭环控制的目的。

TOSHIBA（东芝）近年将其较大尺寸HZIP23封装（见图12-36）的高压三相无刷直流电动机驱动器TPD410x系列升级为采用较小DIP26封装的TPD412x系列。26引脚的DIP封装如图12-39所示，一侧是高电压和大电流引脚而另一侧是控制引脚，同时还保证了高电压引脚之间有足够的间距，以方便电路板设计。此外，最大厚度仅3.6mm的缩小封装更适用于高度有限制的电机内部安装使用。

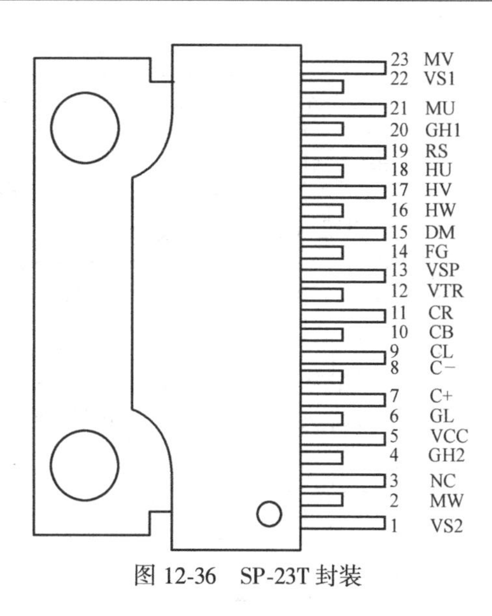

图12-36　SP-23T封装

TPD412x系列集成电路是为驱动一个无刷直流电动机提供所需的高压、逻辑、保护和诊断完整功能的三相桥功率集成电路。芯片内集成的IGBT可提供500V和电流1A的输出级，适用于单相AC 240V以下交流电网工作的家用或工业用无刷电机。只需来自上位微控制器的逻辑输入，即可实现对电动机的控制和驱动。使用TPD412x将明显地减少无刷直流电动机驱动器开发的时间，节省电路板空间和减少外围元件数量。

表12-5所列产品中，TPD4121K和TPD4122K适用于采用霍尔传感器的方波驱动无刷电机，例如一般的空调风机、空气清新机、泵类产品的使用。TPD4122K内集成了PWM电路，三相译码逻辑，高侧和低侧驱动，IGBT输出和快速恢复二极管（FRD）。此外，集成电路还提供过电流，过热和欠电压的保护。含集成自举二极管的自举系统提供高侧驱动，简化了对外部电源硬件的需要。利用一片TPD4122K和少量外围元件可独立构成一个完整的三相无刷直流电动机PWM转速控制器。参见图12-37。

表12-5　TOSHIBA TPD412x系列三相无刷直流电动机驱动器集成电路

型号	最大工作电压输出电流	特　征						
		PWM电路	输入方式	电平转换驱动器	过电流保护	过热关断	欠电压关断	适用电机的最大额定功率/W
TPD4121K	250V/1A	Y	3个霍尔	Y	Y	Y	Y	40
TPD4122K	500V/1A	Y	3个霍尔	Y	Y	Y	Y	40
TPD4123K	500V/1A	—	6个输入	Y	Y	Y	Y	40
TPD4123AK	500V/1A	—	6个输入	Y	—	Y	Y	40
TPD4124K	500V/2A	—	6个输入	Y	Y	Y	Y	80
TPD4124AK	500V/2A	—	6个输入	Y	—	Y	Y	80
TPD4125K	500V/3A	—	6个输入	Y	Y	Y	Y	120
TPD4125AK	500V/3A	—	6个输入	Y	Y	Y	Y	120
TPD4134K	500V/2A	—	6个输入	Y	Y	Y	Y	80
TPD4134AK	500V/2A	—	6个输入	Y	—	Y	Y	80
TPD4135K	500V/3A	—	6个输入	Y	Y	Y	Y	120
TPD4135AK	500V/3A	—	6个输入	Y	—	Y	Y	120

TPD4135K与TPD4102K主要不同是没有霍尔传感器接口及其译码电路，PWM电路也取消了，参见图12-38，它采用6个接口输入方式，直接与外接的微控制器或DSP接口，实

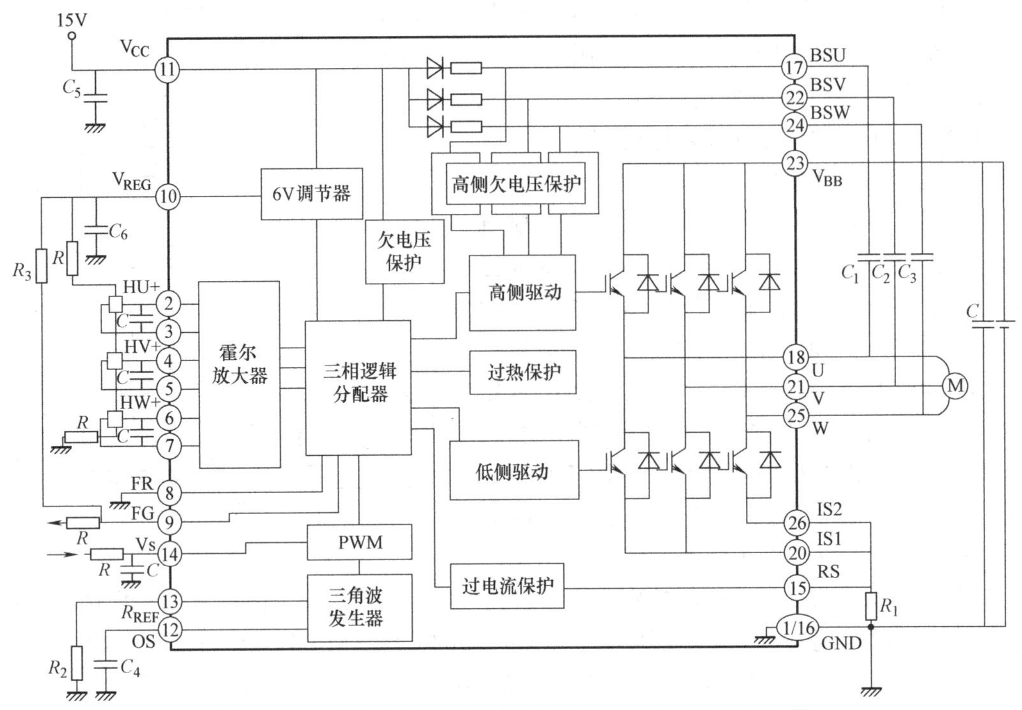

图 12-37　适用于方波驱动无刷电机的 TPD4122K 应用电路

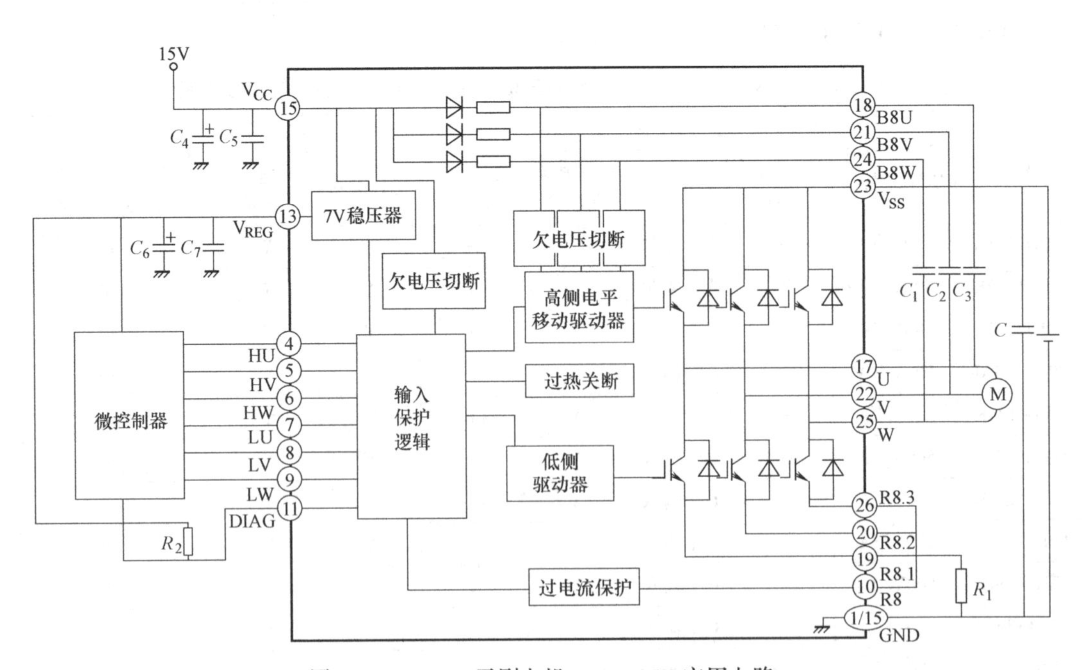

图 12-38　120W 无刷电机 TPD4135K 应用电路

际上就是只提供高压功率逆变器部分。这些驱动器集成电路适用于与无刷电机简易正弦波驱动控制集成电路相结合，在例如要求低噪声的空调风机、冰箱压缩机等无刷电机产品中使用。参见第 14 章 14.3 节和 14.4 节。

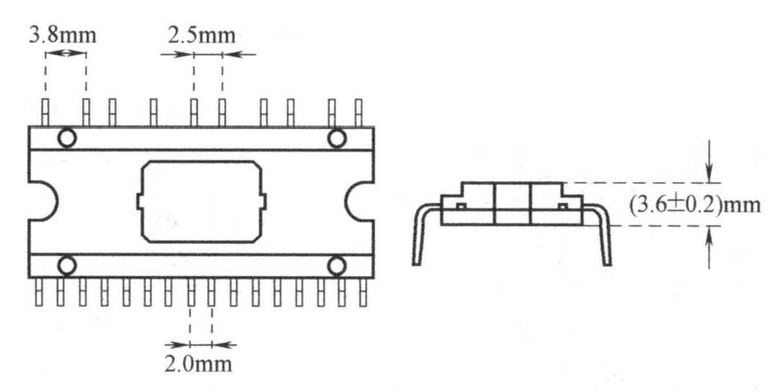

图 12-39 DIP26 封装

12.14.3 微控制器 MCU 与 L6235 组合的驱动控制电路

意法（ST Microelectronics）公司的 L6235 是一个有较大输出功率的三相无刷直流电动机驱动器。这个单片驱动器集成了驱动一个采用霍尔传感器三相 BLDC 所需的全部电路，其中包括三相 DMOS 电桥、固定间歇（off）时间 PWM 电流控制器和霍尔传感器信号解码逻辑。控制输入与 CMOS/TTL 逻辑和微处理器信号兼容，它具有使能、PWM 控制、正反向控制、制动控制，以及过电流、过热、欠电压、防止交叉导通保护功能。使用电源电压范围：8~52V，峰值输出电流：5.6A，连续输出电流（有效值）：2.8A。

它的三相逆变桥由六个 DMOS 晶体管组成。在 25℃时典型通态电阻 R_{ds}（on）（典型值）0.3Ω。每个 DMOS 晶体管都内置有一个快速续流二极管。交叉传导保护是利用上下桥臂上的两个功率 MOSFET 设置有死区时间（典型值 1μs，由一个内部定时电路设定）实现的。利用三相 BLDC 电机检测转子位置的霍尔传感器发来的信号，由解码逻辑提供正确的三相桥功率开关的驱动信号。该芯片的特色是对于 60°、120°、240°或 360°间隔的霍尔传感器配置，这个创新的复合逻辑电路能够自动辨别转子的位置，获得正确的解码。不必像其他常见的三相 BLDC 控制芯片那样对不同传感器配置需要在指定专门引脚进行选择。

L6235 设有一个测速（TACHO）输出，利用它可构成一个简单而有效的速度控制，如图 12-40 所示。来自霍尔传感器 H1 引脚的脉冲转换成一个定时关断的方波脉冲，脉冲宽度由 RCpulse 引脚上的 R 和 C 决定。这个脉冲在 TACHO 脚输出，可用低通滤波器过滤获得与电机转速成正比的电压信号。这个转速电压在外接的误差放大器中与参考电压 U_{REF} 比较，误差放大器经 PI 调节后输出送至芯片的 VREF 引脚，完成速度闭环调节。这种设计只需很少的外部元件即可实现一个低成本的转速控制回路，如图 12-40 所示。

下面给出由一个微控制器 MCU（或 DSP）与 L6235 组合构成三相无刷直流电动机驱动的应用电路例子，如图 12-41 所示。被控电机主要数据：工作电压：24V，最大限流：1.5A，绕组电阻：2Ω，绕组电感：800H，工作转速：10000r/min（f=167Hz），对应的反电动势：10V。

如果参考电压设为 0.5V，限流为 1.5A 需要采样电阻 R_5 取 0.33Ω。这里使用了三个 1Ω/0.25W（1%）电阻并联得到。充电泵使用推荐的元件：1N4148 二极管，陶瓷电容器和一个 100Ω 电阻减少 EMI。连接到 RCpulse 引脚是 R_3 = 24kΩ，C_4 = 470pF，获得 t_{OFF} = 7.8μs。EN（使能）脚和 DIAG 脚接 C_1 = 5.6nF 电容，该引脚经过一个 R_1 = 100kΩ 电阻接到 MCU。另外利用 FWD/REV（正反转）脚、BRAKE（制动）脚、TACHO（测速）脚连接到 MCU。

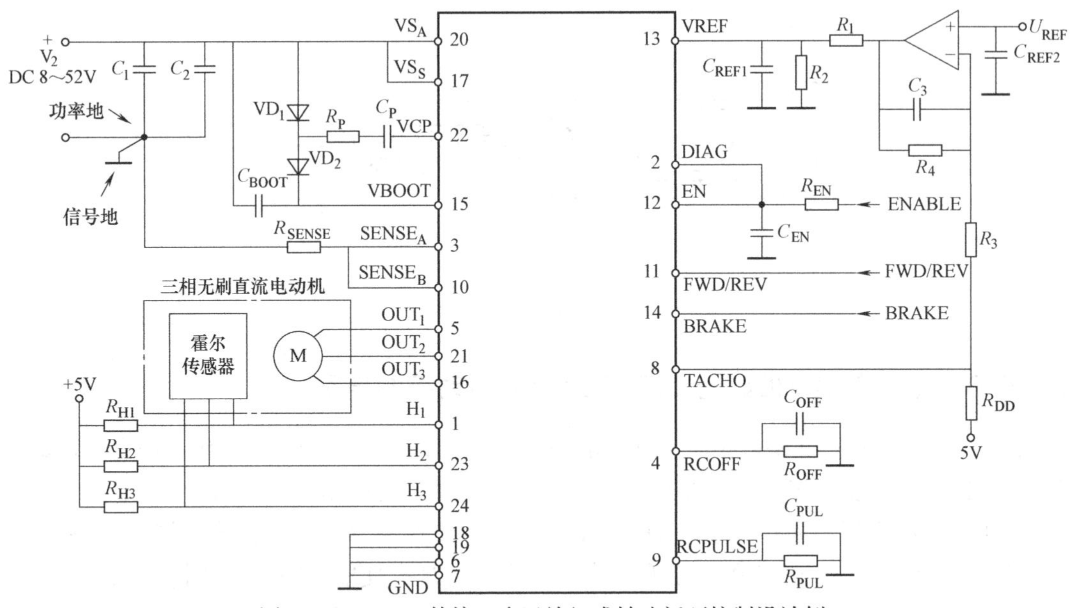

图 12-40　L6235 外接一个运放组成转速闭环控制设计例

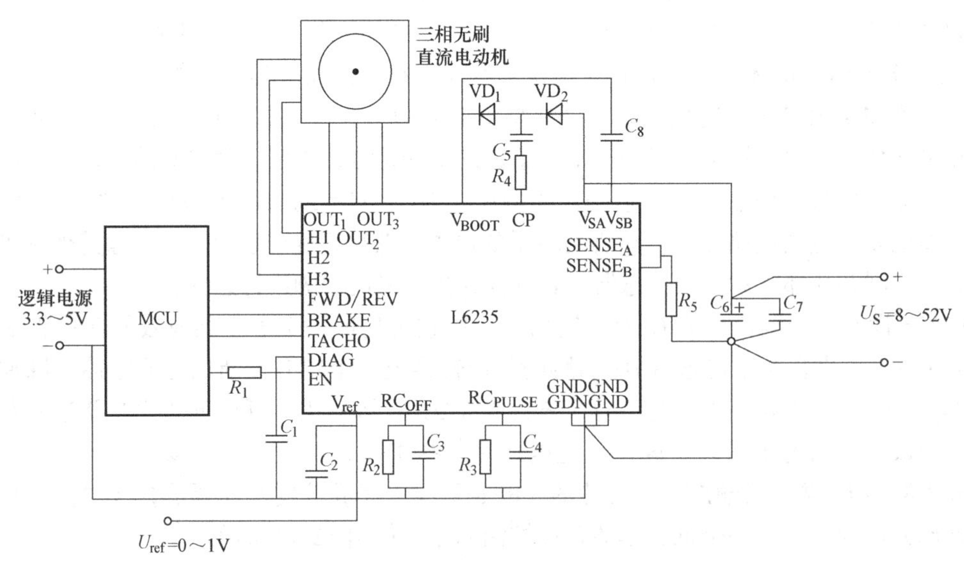

图 12-41　一个微控制器 MCU 与 L6235 组合应用电路示例

参 考 文 献

[1]　谭建成. 新编电机控制专用集成电路与应用［M］. 北京：机械出版社，2005.

[2]　刘刚，等. 永磁无刷直流电动机控制技术与应用［M］. 北京：机械工业出版社，2009.

[3]　夏长亮. 无刷直流电机控制系统［M］. 北京：科学出版社，2009.

[4]　罗玲，等. 无刷直流电动机的开环调速机械特性研究［J］. 微特电机，2009（1）.

[5]　李新华，等. 高压无刷直流电动机的一种能耗制动方法［C］. 第十二届中国小电机技术研讨会论文集，2007.

[6] 李自成，等. 不同 PWM 调制方式下无刷直流电机电磁转矩的计算 [J]. 微电机，2010 (3):
[7] Toliyat H A, Sultana N. Brushless permanent magnet (BPM) motor drive system using load-commutated inverter [J]. IEEE Transactions on Power Electronics, 1999, 14 (5).
[8] Khopkar R, Madani S M, Hajiaghajani M, et al. A low-cost BLDC motor drive using buck-boostconverter for residential and commercial applications [C]. *IEEE International Electric Machines and Drives Conf.*, 2003, 2: 1251-1257.
[9] 曹彦，张晓锋，等. 基于 DSP 实现负载换流无刷直流电机驱动系统 [J]. 电力电子技术，2005 (2).
[10] 魏佳. 基于 C-dump 变换器的无刷直流电机调速系统研究 [J]. 南京航空航天大学学报，2000 (1).
[11] Blaabjerg F, Neacsu D O, Pedersen J K. Adaptive SVM to compensate dc-link voltage ripple for four-switch three-phase voltage-source inverter [J]. IEEE Trans. Power Electron., 1999, 14 (s): 743-752.
[12] Lee B K, Kim T H. On the feasibility of four-switch three-phase BLDC motor drives for low cost commercial applications: topology and control [J]. IEEE Transactions on Power Electronics, 2003, 18 (1): 164-172.
[13] 符强，林辉，等. 四开关三相无刷直流电机的直接电流控制 [J]. 中国电机工程学报，2006 (4).
[14] Cheng-Tsung Lin, Chung-Wen Hung. Position Sensorless Control for Four-Switch Three-Phase Brushless DC Motor Drives [J]. IEEE TRANSACTIONS ON POWER ELECTRONICS, 2008, 23 (1).
[15] 焦斌. 新型四开关管直流无刷电动机系统的驱动电路 [J]. 中小型电机，2004 (4).
[16] 孙立志，等. 高磁负荷单相无刷直流电机的转矩波动抑制 [J]. 中国电机工程学报，2006 (7).
[17] Nipp E. Surface-mounted permanent magnet motors with switched stator windings [C]. Proceedings of the Nordic Research Symposium on Energy Efficient Electric Motors and Drives, 1996.
[18] 王成元，等. 轮式机器人用直接驱动电机的设计 [J]. 沈阳工业大学学报，2008 (4).
[19] 谭建成. 直接驱动无刷直流电动机的研究. 微特电机，2001 (6).
[20] 谭建成，等. CN00238078.1 多档分段变速控制电动机 [S].
[21] 谭建成. 电机控制专用集成电路 [M]. 北京：机械出版社，1997.

第 13 章 无刷直流电动机无位置传感器控制

如前所述，无刷直流电机的工作原理必须有转子磁场位置的信息，以控制逆变器功率器件的开/关实现绕组的换相。例如，三相六状态运行的无刷电机在内部安放三个转子位置传感器确定六个换相点时刻。传统的无刷直流电机转子位置信息是采用机电式或电子式传感器直接检测，如霍尔传感器、光电传感器等，详见第 7 章。然而，在实际应用中发现，在电机内部安放转子位置传感器有以下问题：

1）在某些高温、低温、高振动、潮湿、污浊空气和高干扰等恶劣的工作环境下由于位置传感器的存在使系统的可靠性降低。

2）位置传感器电气连接线多，不便于安装，而且易引入电磁干扰。

3）传感器的安装精度直接影响电机运行性能。特别是在多极电机安装精度难以保证。

4）位置传感器占用电机结构空间，限制了电机的小型化。

因此，无刷直流电机的无位置传感器技术近年日益受到人们的关注，无位置传感器控制技术已成为无刷直流电机控制技术的一个发展方向。无位置传感器控制方式尽管会导致转子位置检测的精确度有所降低，但它使系统能够在恶劣的工作的环境中可靠运行，同时使电机结构变得更简单，安装更方便，成本降低。无传感器技术对提高系统的可靠性和对环境的适应性，对进一步扩展无刷直流电机的应用领域与生产规模，具有重要意义。尤其在小型无刷直流电机、轻载起动条件下，无位置传感器控制成为理想选择。

例如，在空调压缩机中，由于压缩机是密封的，如果采用霍尔位置传感器，需要 5 条信号线。连线过多会降低压缩机运行的可靠性。并且在空调压缩机中，要承受制冷剂的强腐蚀性和高温工作环境，常规的位置传感器很难正常工作。

无刷直流电机无位置传感器技术的核心内容是研究各种间接的转子位置检测方法替代直接安放转子位置传感器来提供转子磁场位置信息。实际上，无位置传感器技术是从控制的硬件和软件两方面着手，以增加控制的复杂性换取电机结构复杂性的降低。

近 20 多年来，永磁无刷直流电机的无位置传感器控制一直是国内外较为热门的研究课题，提出了诸多位置检测电路和方法，主要包括反电动势过零点检测方法、反电动势积分及参考电压比较法、反电动势积分及锁相环法、续流二极管法、反电动势三次谐波检测法、电感测量法、$G(\theta)$ 函数法、扩展卡尔曼滤波法、状态观测器法等，简要介绍如下。

13.1 反电动势检测法

永磁无刷直流电动机的绕组反电动势含有转子位置信息，因此常被用于无传感器控制。应用于无传感器控制的反电动势包括电机的相反电动势和三次谐波电动势，后者在另外一节介绍。而相反电动势的应用方法包括：反电动势过零法、反电动势积分及参考电压比较法、反电动势积分及锁相环法、续流二极管法等。

13.1.1　反电动势过零法

三相六状态120°通电方式运行的无刷电机在任意时刻总是两相通电工作，另一相绕组是浮地不导通的。这时候非导通绕组的端电压（从绕组端部到直流地之间）或相电压（从绕组端部到三相绕组中心点之间）就反映出该相绕组的感应电动势。在实际应用场合，由于电机绕组中心点往往是不引出的，所以，通常将非通电绕组的端电压用于无传感器控制时，称为端电压法。无刷电机气隙磁场包含永磁转子和电枢反应产生的磁场，只是永磁转子产生的磁场和它感应的反电动势才是我们需要的，而电枢反应会引起气隙磁场的畸变和过零点的移动，参见第8章电枢反应分析。严格来说，反电动势检测法适用于电枢反应电动势比较小的电机，例如表贴式转子的情况。在有些无刷直流电机中电枢反应比较强，使得非导通相的感应电动势包含较大的电枢反应电动势成分，这样从端电压中提取反电动势过零点就存在较大的误差。这种端电压法容易实现，但往往带有很多噪声干扰信号，需用低通滤波器滤除。续流二极管导通引起的电压脉冲可能覆盖反电动势信号。尤其是在高速重载或者绕组电气时间常数很大情况下，续流二极管导通角度很大，可能使得反电动势无法检测。另外就是存在PWM干扰信号。

在7.5.2对霍尔传感器正确位置分析时指出，如果以相反电动势过零点定义为0°，为了获得尽可能大的电机转矩输出，同一相的反电动势和电流应当同相位。所以，正确换相点应当在延后30°处。也就是说，在相反电动势过零点后30°时刻，应当就是该相换相点出现时刻。由于每隔60°应当出现一个换相点，检测到反电动势的过零点以后，延时（$30+60K$）°电角度（$K=0$，1，2…）就是相应的换相时刻。为了电路设计方便，取$K=1$，也就是取相反电动势过零点滞后90°电角作为一个换相点。在每一相检测电路将相电压深度滤波，它不仅起到滤波作用，而且将输入的反电动势信号滞后一个90°电角度，从而得到电机换相的时刻。

一个反电动势检测电路的例子如图13-1所示。现以U相为例说明该检测电路的工作原

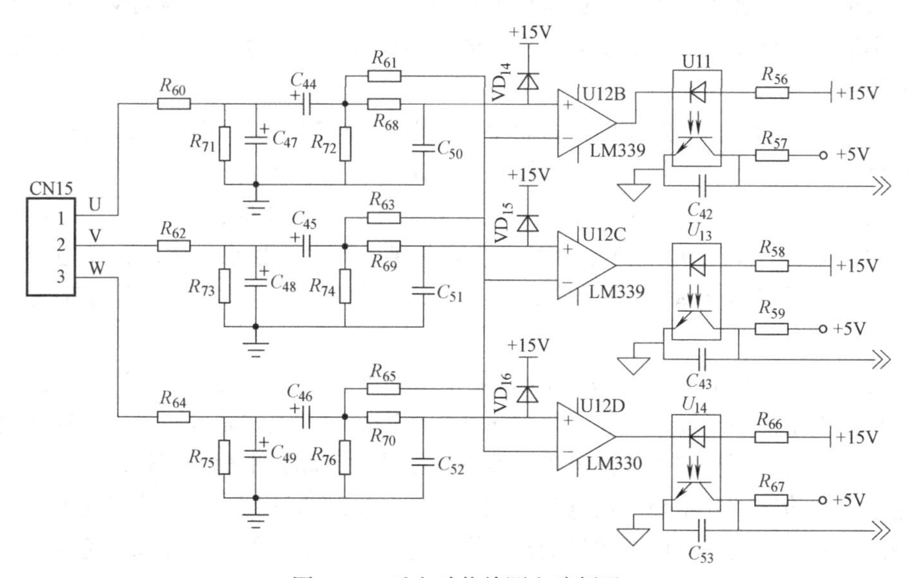

图13-1　反电动势检测电路例子

理：首先，U 相端电压经 R_{60}和 R_{71}进行降压，然后经一阶低通滤波器深度滤波，使其产生近 90°的滞后相移。再经过 C_{44}隔直处理，以消除三相电压不对称所引起的过零点漂移。后再经过一次滤波处理，主要是消除高频信号的干扰，基本不产生相位滞后。其输出一路接到比较器 U12B 的同相输入端，另一路经 R_{61}与其他两相耦合，产生电机的中性点电位作为参考电位，接到三个比较器的反相输入端。比较器的翻转点滞后反电动势过零点约 90°电角度，即比较器的翻转点对应着电机的换相时刻。电路由 R_{60}、R_{71}、C_{47}构成一阶低通滤波器，该滤波器滞后相角极限值为 90°电角度，因此 C_{47}选择较大电容值。滞后角度和滞后时间随着电机转速增加而增大，所以电机转速较高时，滞后相角接近 90°。例如，电路参数采用 $R_{60}=180\text{k}\Omega$，$R_{71}=50\text{k}\Omega$，$C_{47}=2.2\mu\text{F}$ 时，当转速达到 500r/min，相移为 85.77°，滞后的相角接近 90°。低转速时滞后的相角偏离 90°较大，为了不影响电机的出力并获得好的特性需要对相位进行校正。可行方法是在控制器中实时对此滞后时间进行计算，对换相时间进行校正[3]。

在众多检测转子位置的方法中，反电动势检测法是目前最为成熟、应用最广泛的方法，该方法简单可靠、容易实现。这种方法也存在一些缺点：

1）低速或转子静止时不适用。这是所有反电动势法的共同缺点。

2）电压比较器对被检测信号中的毛刺、噪声非常敏感，所以，当存在 PWM 时，有时会产生不正确的换相信号。

3）滤波器的实际延时角度是随电机转速而变的，通常是小于 90°，转速越高越接近 90°。所以低速时是超前换相，高速时反而接近正常换相；这种情况与实际对电机的需要正好相反，人们往往希望高速时超前换相，以提升高速范围。

4）当某相逆变器的功率器件关断时，由于电感的作用续流二极管导通，在绕组端电压形成一个脉冲。这个脉冲覆盖了相电动势部分信号。所以，如果续流二极管的导通角超过 30°，就会把反电动势的过零点掩盖住，最终导致无传感器控制无法工作。

反电动势检测法的起动方法：

无刷直流电机在转子静止或低速时反电动势为零或很小，无法用检测反电动势来判断转子位置，不能正常起动。因此需要采用特殊的起动技术。通常采用三段式起动技术，即转子定位、升速运行和状态切换三个阶段。

首先控制程序选择预定两相绕组强制导通并以 PWM 控制绕组电流，经过一个短时间后使转子转到一个预定的位置附近。这个过程称为定位。这个预定的位置应当使电机定子磁动势轴线与转子直轴的夹角应小于 180°电角度，转子才能按期望的方向旋转。仿真研究表明：只要该夹角在 60°~180°电角度范围内对后续的升速过程影响很小。然后，按他控式同步电动机的运行状态从静止起动和开始升速。直至转速足够大，再切换至无刷直流电机运行方式。

在升速阶段，通过 PWM 控制逐渐提高给电机的外施电压，使电机转速逐渐提高。由控制器产生预先设定的转子转速理想变化规律称为加速曲线。通常是经由试验获得优化的加速曲线，以升频升压开环控制方式使电机转速不失步地软起动，平稳达到较高转速。

当连续多次检测到开路相的反电动势过零点后，系统从他控式运行模式切换到无刷直流电机自控式模式。连续多次检测的目的是为了防止干扰等引起的误检测和转速未达到预定转速，保证能够平稳切换，顺利完成起动过程。

当电机负载惯量不同或带不同负载起动时，加速曲线需要调整，否则可能造成起动失败，因此三段式起动技术常用于电机空载起动。在重载条件下，该起动过程往往难以顺利实现。

13.1.2 反电动势积分及参考电压比较法

反电动势积分及参考电压比较法是在相电动势过零点处开始对反电动势进行积分，然后将积分结果与参考电压 U_{ref}进行比较，以此确定换相时刻。具体原理是：假定相电动势的波形系数用函数$f(\theta)$ 表示，θ是转子位置，取电动势过零点时 $\theta=0$，则积分结果可表示为

$$U_i = \int_0^{\tau_0} \omega f(\theta)\,\mathrm{d}t = \int_0^{\omega\tau_0} f(\theta)\,\mathrm{d}\theta = \int_0^{\theta_0} f(\theta)\,\mathrm{d}\theta$$

所以，积分结果与反电动势波形有关，但与电机速度无关。假定需要在 θ_0 位置换相，那么只要将 U_{ref}设定为$\int^{\theta_0} f(\theta)\,\mathrm{d}\theta$ 即可。

这种方法的优点是可以实现必要的超前换相，但超前角必须在 30°以内。它也存在一些缺点：

1）如果反电动势过零点不能正确检测到，那么该技术就无法工作。

2）采用电压比较器来比较积分结果和参考电压，而比较器对毛刺、干扰很敏感；由于比较器的输出是触发一个环形分配器，因此一旦干扰信号造成一次误触发，随后的触发顺序就都是错误的且不可恢复，这样电机就因错误的换相相位而无法工作。

3）对同一系列的电机，或同一电机在不同的温升条件下，其反电动势波形函数$f(\theta)$都会有所变化。因此，如果采用固定的参考电压，则实际的换相角会有所变化，造成电机运行性能的离散性。

13.1.3 反电动势积分及锁相环法

反电动势积分及锁相环法首先也是对反电动势积分，但不是将积分结果和参考电压比较，而是采用锁相环技术。其基本原理是：积分器对非导通相的相电动势积分，积分时间对应 60°电角度。在通常的换流条件下，积分是从反电动势过零点前 30°开始，到过零点后 30°为止，因此积分结果应为 0。如果电路中一个压控振荡器的输入电压保持不变，则其输出频率也不变，系统将继续保持正常的换相顺序。但是在动态情况下，如果电机换相已经超前，那么反电动势的积分结果是负值，这会降低压控振荡器的输入电压和输出频率，并进一步降低电机的换流频率，减缓换相时序，直到重新恢复正常换相为止。反之，若换相滞后，则积分结果为正值，就会提高电机的换相频率，加快换相时序。由此，控制器、逆变器及电机整个系统构成了一个锁相环，确保了正常的换相时序。Microlinear 公司的 ML4425、ML4428、ML4435 无传感器控制专用芯片采用此方法原理工作。这种技术的优点在于：

1）毛刺、干扰可以被积分器及压控振荡器前的 RC 网络有效滤除。

2）环形分配器直接由压控振荡器的输出信号触发，而压控振荡器本身有很好的抗干扰性，其输出信号不含干扰，因此不会出现误触发。

3）不需要参考电压，因此不受电机参数离散性的影响。

其缺点是：实际电机绕组的端电压中还存在一个由续流二极管导通引起的脉冲信号，它是有可能掩盖反电动势信号，从而使积分结果永不为0，导致控制失败。

13.1.4 续流二极管法

续流二极管法是通过检测反并联于逆变桥功率开关管上的续流二极管的导通与关断状态来确定断开相反电动势过零点的位置。这种方法在一定程度上能够拓宽电机的调速范围，尤其是能拓宽电机调速的下限。因为续流二极管的导通压降很小，在有些应用场合，电机的最低转速甚至能小于100r/min。

但这种方法的缺点是：

1）要求逆变器必须工作在上下功率器件轮流处于PWM斩波的方式，例如pwm-on调制方式（参见第9章9.4节），必须从众多的二极管导通状态中识别出在反电动势过零点附近发生的那次导通状态。

2）该方法是建立在忽略逆变器可关断器件及二极管的导通压降的前提下的，实际这些压降会造成位置检测误差。

3）在没有PWM时这种控制方法无法工作。

4）实现难度大，必须防止无效的二极管续流导通信号和因毛刺干扰而产生的误导通信号。

此外，这种方法的转子位置误差也比较大，反电动势系数、绕组电感量不是常数，反电动势波形不是标准的梯形波等因素都会造成转子位置误差，这就需要一定的补偿措施。相对来说技术也不很成熟，这种方法在国内应用并不多。

13.2 3次谐波反电动势检测法

3次谐波检测法适用于Y接法、三相六状态工作的无刷电机。其基本思想是相绕组反电动势波除了基波分量外，主要还包括3次谐波。在一个基波周期内三次谐波共有6个过零点。如果取得反电动势3次谐波信号，再将它移相90°（相当于基波的30°），就可以获得预期的换相点，并且无论在任何转速及负载情况下，这个相位差保持不变。3次谐波反电动势6个过零点实际上和基波反电动势过零点重合，所以取得3次谐波反电动势过零点后，可以仿照上节有关方法实现电机的换相。

现有文献中3次谐波反电动势的提取方法有两种：

（1）3次谐波电动势可以从Y连接的电阻网络的中心点n到电机绕组中心点s之间的电压提取，即电压u_{sn}。无论续流二极管的导通角有多大，或者是否存在PWM，u_{sn}都能很好地反映出3次谐波电动势。这个方法的缺点是：

1）它仅适用于绕组电感不随转子位置变化、三相参数对称、电枢反应微弱、磁场的三次谐波分量和3次谐波绕组系数都比较大的电机。在实际应用中，这些前提或多或少得不到满足，影响检测的准确程度。所提取的3次谐波电动势信号往往也带有一些干扰。但是这些干扰可以用简单的低通滤波器来削弱。

2）绕组中心点必须从电机引出，这在一定程度上限制了3次谐波方法的应用。

图13-2给出一台无刷电机相反电动势、线反电动势和3次谐波反电动势（CH4）实测

示波图。图中它们的幅度比例尺不同。这里3次谐波反电动势是从电阻网络的中心点到电机绕组中心点之间的电压提取的。由图可以看出，3次谐波反电动势过零点与预期的换相点之间的相位关系。

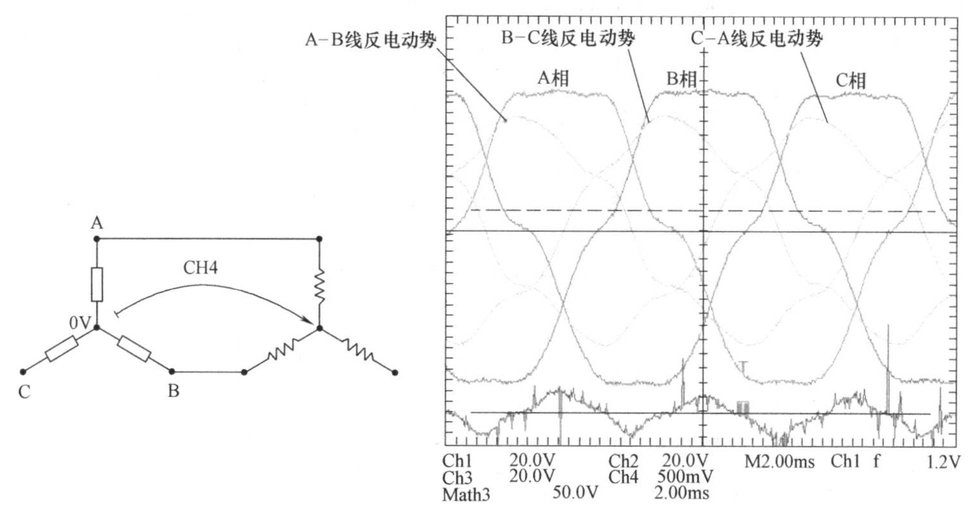

图13-2 一台无刷电机相反电动势、线反电动势和3次谐波反电动势实测示波图

（2）为了避免使用绕组中心点，Moreira在参考文献［4］提出在星型接法绕组并联一个星型电阻网络，通过电阻网络中性点n与直流电源的中心点h之间的电压u_{hn}来提取三次谐波电动势，省去了电机绕组中心点的引出线。这种位置检测方法与利用反电动势过零点检测方法进行了对比试验，采用后者获得的调速范围为300~8000r/min；而反电动势3次谐波积分法获得了更宽的调速范围，为100~8000r/min。它也需要采用开环起动方式，但性能要比反电动势过零点检测法优越。与反电动势过零点检测法相比，3次谐波积分法同电机速度、负载情况无关，受逆变器引起的干扰影响小，对滤波器要求低，移相误差小，有更宽的调速范围；低速时依然可以检测到3次谐波信号，所以起动和低速性能要好一些，在更宽的调速范围内能获得更大的单位电流出力和更高的电机效率。

但是参考文献［5］证明了u_{hn}并非3次谐波电动势，包含的实际上是相电动势的基波分量，但幅值只有端电压法的一半，而且该波形过零点后90°的附近正好被续流二极管导通的电压脉冲所覆盖。因此认为，用u_{hn}的方法并无可取之处。关于这个问题，参考文献［6］给出了详细分析，指出了相关文献误区，简介如下：

如图13-3所示的电路结构若电机处在三相六状态下对称运行，当开关V_1和V_2导通时电路简化成图13-4。由相电压方程可以推导得到：

$$u_{sn}=\frac{1}{3}(e_a+e_b+e_c)$$

设想电动势中只有基波和3次谐波，上式的对称三相基波反电动势之和为零，对称三相的3次谐波反电动势是同相位，故得到

$$u_{sn}=E_3\sin3\omega t$$

上式说明u_{sn}正是3次谐波反电动势信号。

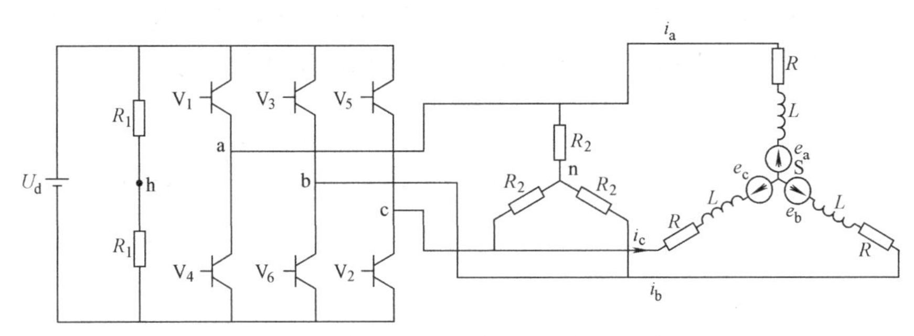

图 13-3 提取三次谐波反电动势的电路

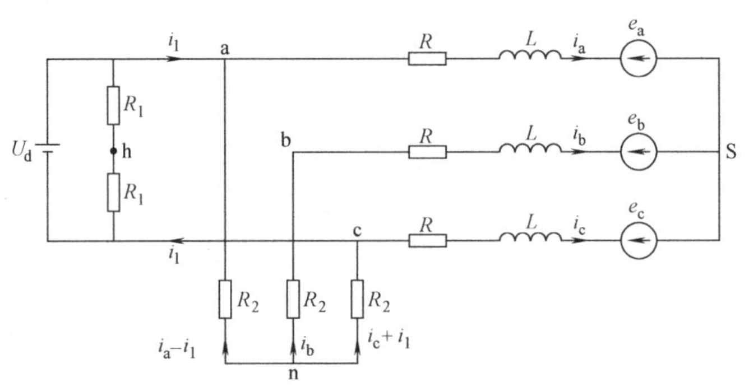

图 13-4 V_1 和 V_2 导通时的简化电路

再分析 u_{hn}，为分析方便，略去绕组电感，推导得到 u_{hn} 的表达式如下式所示，显然 u_{hn} 与 3 次谐波反电动势无关，而与基波反电动势有关：

$$u_{hn}=\frac{-R_2}{R_2+R}\frac{E_1\sin\left(\omega t-\dfrac{2\pi}{3}\right)}{2}$$

式中，E_1 和 E_3 分别为相绕组反电动势的基波和 3 次谐波幅值。

用一台相绕组反电动势 3 次谐波很小的无刷电机进行验证。实测的三相六状态下的 u_{hn} 波形如图 13-5 所示，它看似 3 次谐波，其实与 3 次谐波电动势无关。该电机在某试验转速下，测得基波电动势幅值为 $E_1=52\text{V}$；3 次谐波电动势幅值为 $E_3=0$。当电机在三相六状态下对称运行时，其 u_{hn} 波形幅值点的电压值 $u_{hnm}=12\sim13\text{V}$。

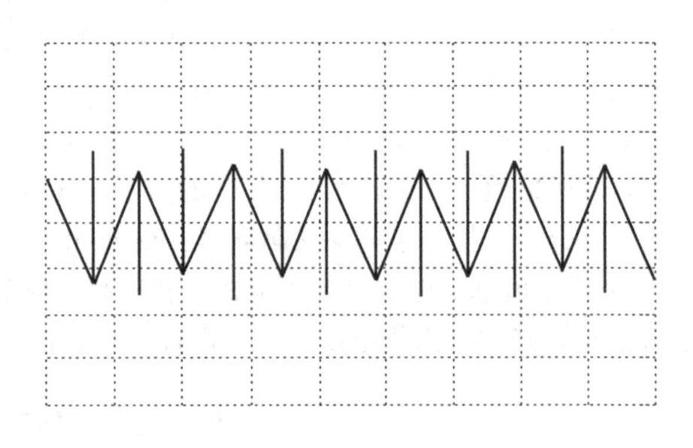

图 13-5 u_{hn} 的实测波形

若按上式计算，

$$u_{hnm}=\frac{R_2}{R_2+R}\frac{E_1\sin\dfrac{\pi}{6}}{2}=\frac{2000\times52\times0.5}{(2000+5.3)\times2}\text{V}=13\text{V}$$

从而验证了上面的分析。无刷电机只要是三相六状态运行，就存在类似的波形，与是否存在

3 次谐波反电动势无关。分析表明，它其实是由截取反电动势的局部拼接而成的。因此参考文献［6］建议采用这样的 u_{hn} 波形信号作为检测转子位置方法时不宜称为“3 次谐波检测法”，应正名为“基波电动势换相法”或“电动势换相法”。

利用检测到的 u_{hn} 电压，经低通滤波滤除高频成分，在 u_{hn} 过零点将其移相 30°作为换相信号，电机就可以运行。其缺点是：在电机转速低于一定值时，检测到的 u_{hn} 信号严重变形，引起后续电路无法正常识别，导致不能估计转子位置。因此本方法在低速时仍无法正确估计转子位置，需要额外的起动程序。另外，电机在大动态运行时也有可能出现位置检测失败，造成电机失步。

参考文献［10］提出了一种用 3 次谐波检测转子位置的新方法，文中将反映三次谐波相位信息的方波输入 DSP 的 I/O 口，利用 DSP 强大的数据处理功能，用软件实现数字锁相功能和对换相时刻的准确估计，去除了传统的硬件积分方法，实验表明该方法能够准确快速地估计转子位置，动静态特性很好，但是当电机的转速低于某个值时，检测到的三次谐波严重畸变，不能准确估计转子的位置，所以在低速时仍需要额外的启动程序。

13.3 定子电感法

电感法有两种形式：一种用于凸极式永磁无刷电机，另一种是用于内置式转子结构的永磁无刷电机。第一种电感法通过在起动过程中对电机绕组施加探测电压来判断其电感的变化。在凸极式永磁无刷电机，绕组自感可表示成绕组轴线与转子直轴间夹角的偶次余弦函数，通过检测绕组自感的变化，就可判断出转子轴线的大致位置；再根据铁心饱和程度的变化趋势确定其极性，从而最终得到正确的位置信号。这种方法难度较大，且只能应用于凸极式永磁无刷直流电机，所以目前较少应用。

第二种方法才是真正意义上的电感法。在内置式（IPM）无刷电机，电机绕组电感和转子位置之间有一定的对应关系，电感测量法就是基于这种关系，通过检测绕组电感的变化来判断转子位置。当绕组采用星形接法其中两相绕组的电感量相等时，反电动势正处于过零点，此时绕组中性点电位与直流电源中点电压相等，由此获得反电动势过零点。参考文献［11］利用电感法对空调压缩机进行了实验，结果表明该方法的调速范围可以达到 500～7500r/min，所以该方法改善了反电动势方法的低速性能。但是这种方法需要对绕组电感进行不间断的实时检测，实现难度较大。

13.4 $G(\theta)$ 函数法

$G(\theta)$ 函数法又称为速度无关位置函数法，是从一个全新的概念提出的转子位置检测方法。在转子转速接零到高速时它都能够对转子位置进行检测，给出换相时刻[12]。

具体原理简介如下：

为了便于说明，对电机作如下假设：

1）电机运行于额定条件，因而可以忽略绕组电流的磁饱和现象；

2）因为漏感很小，可以忽略不计；

3）忽略铁损耗。

由三相无刷电机电压方程可以推导得出 A 和 B 相之间线电压的表达式：

$$U_{ab}=R(i_a-i_b)+L\frac{d(i_a-i_b)}{dt}+K_e\omega\frac{d(f_{abr}(\theta))}{d\theta}$$

其中，$f_{abr}(\theta)$ 是 A 和 B 相的位置关联磁链函数。
定义一个新的位置函数：

$$H(\theta)_{ab}=\frac{df_{abr}(\theta)}{d\theta}$$

该 H 位置函数表示为

$$H(\theta)_{ab}=\frac{1}{\omega K_e}\left[(U_a-U_b)-R(i_a-i_b)-L\left(\frac{di_a}{dt}-\frac{di_b}{dt}\right)\right]$$

为消除式中与速度相关的量 ω 以得到与速度无关的位置函数 $G(\theta)$ 函数表达式，可用两个线电压 H 位置函数表达式相除即可得到：

$$G(\theta)_{ab/ca}=\frac{u_{ab}-R_si_{ab}-L_s\dfrac{di_{ab}}{dt}}{u_{ca}-R_si_{ca}-L_s\dfrac{di_{ac}}{dt}}$$

该信号在每个换向点具有高灵敏性，且与转速无关。图 13-6 给出无刷电机在应用速度无关位置函数法时的 H 函数、G 函数和换相信号图形。图中 6 个模式对应于无刷电机一个换相周期的 6 个状态。

由图 13-6 可以看出，$G(\theta)$ 函数的峰值点就是对应换相时刻。$G(\theta)$ 函数与速度无关，且包含连续的位置信号。由于电机以任何速度运行时该函数的表达形式都是一样的，所以在电机的暂态和稳态都能得到一个精确的换相脉冲。在利用 DSP 对电机控制过程中，通过对 $G(\theta)$ 设置门槛值确定换相时刻。门槛值由相电流上升时间与期望超前角度决定。

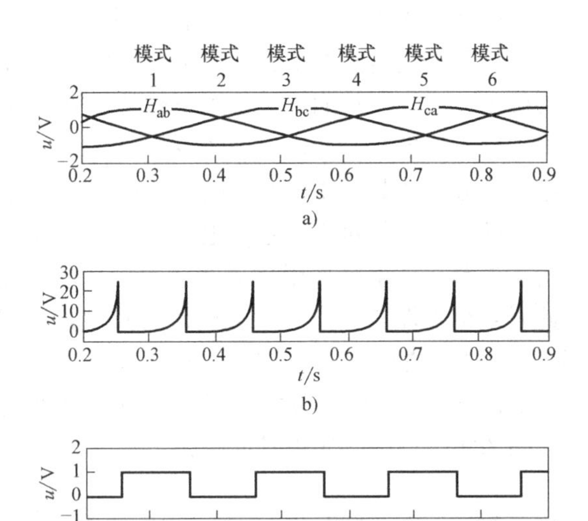

图 13-6　无刷电机的 H 函数、G 函数和换相信号图形
a）H 函数　b）G 函数　c）换相信号

13.5　扩展卡尔曼滤波法

扩展卡尔曼滤波（EKF）法通过建立电机的数学模型，周期性地检测外加电压、不导通

相反电动势和负载电流等变量，利用特定算法得到电机转子的位置以及速度的估计值；通过比较估计值与设定值的差值后经 PID 调节，达到控制电机的目的。参考文献［13］研究通过端电压检测，在得到反电动势的基础上，用卡尔曼算法在线递推出转子位置，从而确定定子绕组换流时刻。文中给出了无刷直流电机卡尔曼递推公式和以美国德州仪器公司 TMS320F240 为核心设计的软硬件框图。它可以在线实时估计出转子的位置及速度，取得令人满意的效果。参考文献［14］介绍利用美国 ANALOG DEVICES 公司的 ADSP330 DSP 电机控制器来实现的扩展卡尔曼滤波无刷直流电动机无位置传感器的控制方法，该算法只需要一个 4 电阻分压网络，并由此可以得到电机的位置、速度和转矩的信息。该算法的优越性能远远超过经典反电动势过零无传感器方法。该算法需要大约 500DSP 指令和在大约 13μs 执行时间。利用 DSP 的快速计算能力实现了卡尔曼滤波的算法，保证了位置检测的快速和准确性，使系统控制效率和鲁棒性大大提高，同时降低了噪声。所提出无传感器控制算法可应用在家用电器，汽车和工业控制。

13.6　状态观测器法

状态观测器法即转子位置计算法。其原理是将电机的三相电压、电流作坐标变换，在派克方程的基础上估算出电机转子位置。将电机在 a-b-c 坐标系下的三相实测相电流和相电压转换至代表转子假想位置的 α-β 坐标系下，两个坐标系的角度差为 $\Delta\theta$；再根据该坐标系下的电流由派克方程计算出三相电压值，比较这一电压和前面经转换所得电压的差值，就可以得到函数关系 $\Delta U=f(\Delta\theta)$。经推导发现：当 $\Delta\theta$ 趋于 0 时，$\Delta U\propto\Delta\theta$，故可采用一状态观测器来观测 ΔU，从而获得 $\Delta\theta$，即转子位置信号。

这种方法一般只适用于感应电动势为正弦波的无刷直流电动机，且计算繁琐，对微机性能要求较高。尽管这种方法早就提出，但应用并不广泛。近年来由于高性能 DSP 的应用和推广，该方法才有了更多的应用场合。特别是随着 TMS320LF2407 专用电机控制用 DSP 芯片的推出，使这种方法能够更容易地得以实现。

13.7　利用微控制器和数字信号处理器的无传感器控制

无刷直流电动机无位置传感器控制器的核心是控制芯片，它决定了控制器的性能与成本。为迎合开发无刷直流电机无传感器控制的需求，国际知名半导体公司先后开发了多种适用于无传感器控制的专用控制芯片。例如 Unitrode 的 UC3646，Microlinear 的 ML4423、ML4425、ML4428，Silicon Systems 的 32M595，Allegro Micro Systems 的 A8902CLBA，PHILIPS 的 TDA5142T、TDA5145、TDA5156 和日本东芝等公司的模拟-数字混合专用集成电路。它们采用反电动势检测方法和开环起动方法实现无刷直流电动机无位置传感器的控制。这些芯片内部集成了反电动势检测电路、起动及换向逻辑电路和多种保护电路，保证了无刷直流电动机无传感器的较低成本的控制，适用于对控制性能要求不高的场合，现在这些芯片在国内外已经得到广泛应用[17,18]。

TOSHOBA（东芝）公司开发多款适用于三相无刷电机无传感器控制器、驱动器[18]。其中最新一款 TB6588FG 无传感器驱动器。封装 HSOP36，电源电压 10～42V，输出电流

1.5A。利用模拟电压输入以PWM方式控制电机转速。有0、7.5、15或30°四个超前角设置供选择。并采用相电流重叠导通功能降低电机的噪声，可用于家电洗衣机等无刷电机的驱动控制。参见图13-7原理图。

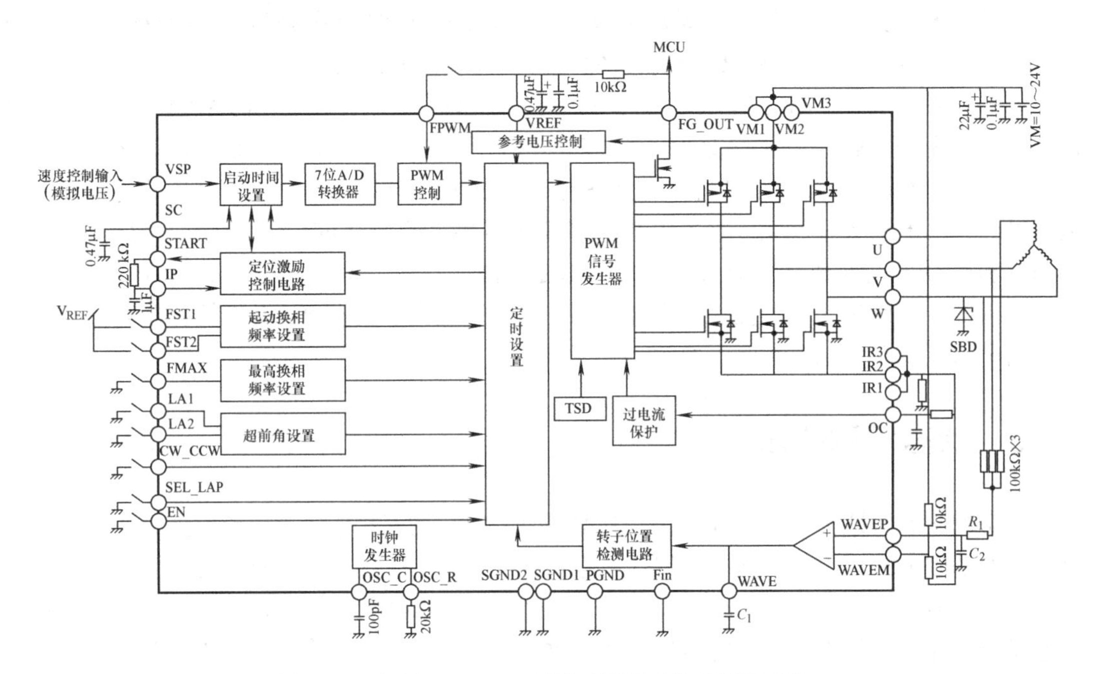

图13-7 东芝TB6588FG无传感器驱动器应用原理图

近年，出现了STMicroelectronics的ST7系列等微控制器，以及Texas Instruments的TMS320系列、Motorola的DSP568xx系列、Freescale的MC56F801x系列数字信号处理器（DSP）等专用控制芯片。这些专用控制芯片的出现大大促进了无传感器控制的应用。

13.7.1 利用ST7MC微控制器的反电动势过零法无传感器控制的例子

ST7MC是意法（ST）公司推出的8位电机控制专用微控制器芯片，适用于无刷直流电机无传感器控制。它具有高灵敏度的反电动势过零检测，高去噪能力，即使在电机高速运行时也能实现正确检测。反电动势可直接取自断开相绕组的端电压，不需经滤波电路，因此没有相移问题。参考文献［15］介绍一种基于ST7MC单片机的两相导通三相六状态星型接法无位置传感器无刷直流电机控制方案。该方案通过检测三相定子绕组反电动势过零点，来确定转子位置，决定换相时刻。

无刷直流电动机起动时，先由程序控制给电机的两相定子绕组通电，经过一段时间转子处于预定的初始位置。然后按照电机预定转向的换相顺序由程序控制给相应绕组馈电，使电机起动，该期间同时进行反电动势的过零检测，但换相不受反电动势检测信号的控制。电机按预先规定的次序进行换相且时间间隔由软件延时控制，该时间间隔逐渐变短，程序控制PWM波占空比不变，采取变频恒压的方式起动。等待连续检测到两次反电动势过零信号即令程序跳出开环换相过程，进入由反电动势检测信号控制电机换相的自控式运行状态，完成电机的起动过程。电机三段式起动过程的相电流、换相、反电动势过零信号如

图 13-8 所示。

反电动势取样电路：反电动势信号直接取自逆变器的 3 个输出端，电动机端电压通过限流电阻分别送入 ST7MC 的 MCRA、MCRB、MCRC 三个引脚，它们与由寄存器定义的电压基准值或者外部参考电压值比较，本系统中用寄存器定义的 0.2V 作为反电动势过零点的基准值。检测到反电动势过零点后需要延时 30°才是换相点，这个延时如果由硬件来完成不仅会增加系统控制电路的复杂性，而且电路本身会带来相移误差，需要对相移修正。这里采取完全由软件程序计算的方法来实现相角延时以得到换相点：由于相邻两个过零点相差 60°，所以把前一个和此次过零的间隔时间除以 2 计算得到 30°的延时时间。

本方案采用软件滤波的方法消除换相点附近的干扰。当换相发生后，程序控制从换相时刻起的一段时间内不计算反电动势值，也就是在干扰期间跳过反电动势过零检测程序段，以避开干扰影响。由于干扰持续的时间很短，因此放弃检测的这段时间也不宜过长，视具体系统而定。本文根据电机参数选择检测时间在 200～500ns 之间，实验证明采用上述软件滤波算法可以很好地消除干扰。

采用上述控制方案进行实验研究，实验对象为电动自行车、电动摩托车用无刷直流电机，电机参数为：极对数 3，输入直流电压 48V，功率 700W，最大转速 3000r/min。结果表明该系统能使电机顺利平稳起动，并很好地实现了电机自动换相、平稳运行，从图 13-8 中平稳的波形可以看出，其控制效果明显优于纯硬件设计的控制系统。

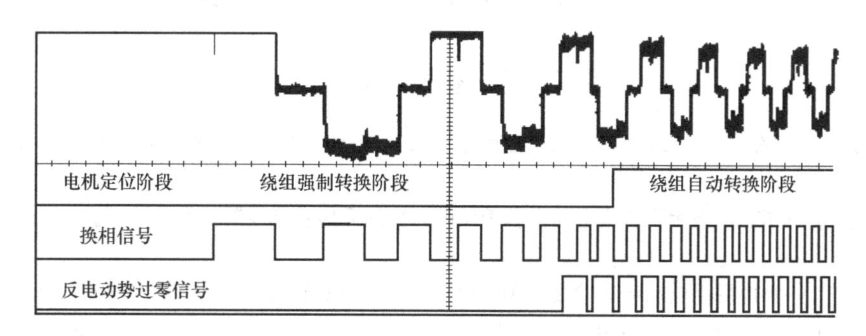

图 13-8　电机三段式起动过程的相电流、换相信号、反电动势过零信号图

13.7.2　利用 MC56F8013 微控制器的反电动势过零法无传感器控制的例子

飞思卡尔（Freescale）公司的 MC56F801x 系列在单个芯片上结合了 DSP 的计算功能和 MCU 的控制功能，非常适合电机的数字控制。这种混合型控制器提供了多种专用外设，如脉宽调制（PWM）模块（组）、数模转换器（ADC）、定时器、通信外设（SCI、SPI 和 I2C）以及内置闪存和 RAM。

图 13-9 显示了利用 MC56F8013 的既可用于实现 PMSM 矢量控制，也可用于实现 BLDC 电机的无位置传感器控制的方框图。它包含了采用成本最低、最可靠的反电动势过零点法实现无传感器控制，以及电流和速度的闭环控制。它利用电阻网络采集的三相反电动势信号发送到 ADC2、3、4 输入端，利用电阻分压取得直流母线电压 U_{dc} 中点电位发送到 ADC1，计算得到反电动势过零点的信息用于确定转子的位置，并确定开通哪个功率晶体管以实现正确

的换相，获得最大的电机转矩。

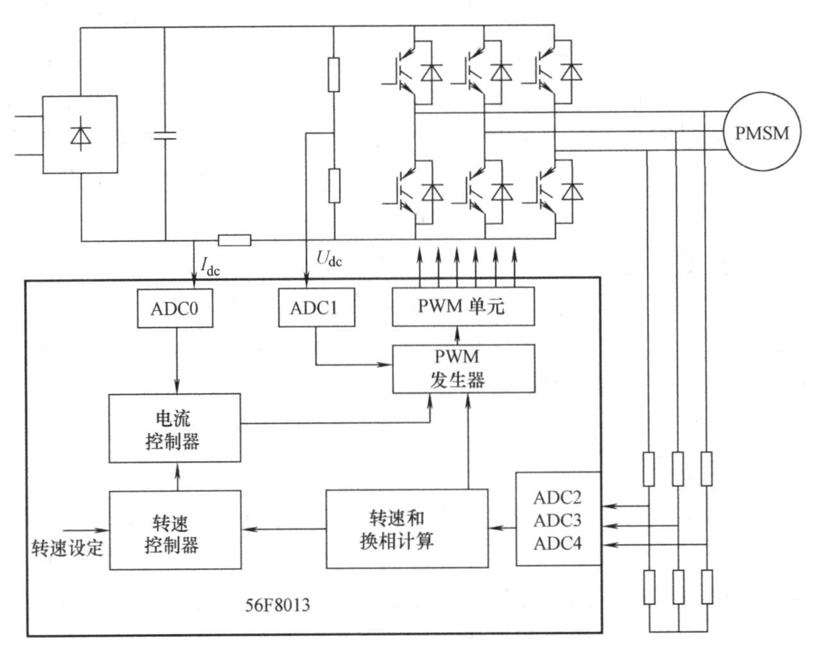

图 13-9 MC 56F8013 的 PMSM/BLDC 电机控制方案通用方框图

参 考 文 献

[1] 沈建新，杜晓春，等. 无传感器无刷直流电机三段式起动技术的深入分析 [J]. 微特电机，1998 (5).

[2] 沈建新，陈永校. 永磁无刷直流电动机基于反电动势的无传感器控制技术综述 [J]. 微特电机，2006 (7).

[3] 杨明，等. 一种应用反电动势法检测 BLDCM 位置的检测电路 [J]. 电气传动，2004 (1).

[4] Morelra J C. Indirect Sensing for Rotor Flux Position of Permanent Magnet AC Motors Operating over a Wide Speed Range [J]. IEEE Tran. Ind. App，1996，32 (6).

[5] Shen JX，Zhu ZQ，Howe D. Sensorless Flux—Weakening Control of Permanent Magnet Brushless Machines Using Third—Harmonic Back—EMF [C]. Record of the 2003 IEEE International Electric Machines an d Drives Conference，2003：1229-1235.

[6] 陆永平，杨贵杰. 对“三次谐波检测法”的错误的辨正 [J]. 微电机，2006 (3).

[7] 陈剑，陆云波，鱼振民. 无刷直流电机驱动控制的三次谐波检测法 [J]. 微电机 . 2002，35 (5).

[8] 董富红，纪志成，等. 直流无刷电机定子三次谐波反电动势的过零检测及其相应修正 [J]. 中小型电机，2003 (4).

[9] 胡文华，余平岗. 无刷直流电机三次谐波位置检测法 [J]. 华东交通大学学报，2003 (4).

[10] 韦鲲，任军军，张钟超. 直流无刷电机系统基于三次谐波的检测转子位置的研究 [J]. 中小型电机，2005 (1).

[11] YEO H G，HONG C S，YOO J Y，et a1. Sensodess drive for interior permanent magnet brushless DC motor. IEEE International Electric Machine and Drives Conference Record [C]. 1997 TD1/3. 1—TD1/3. 3.

[12] KIM TaeHyung，EHANI M. Sensorless control of the BLDC motors from near-zero to high speeds [J]. IEEE Trans on Power Electronics，2004，19 (6)：1635-1645.

[13]　金小俊，等. Kalman 法预估无刷直流电机转子位置和速度 [J]. 微特电机，2002 (2).
[14]　Paul Kettle, Aengus Murray, Finbarr Moynihan. Sensorless Control of a Brushless DC motor using an Extended Kalman estimator [C]. PCIM'98 INTELLIGANT MOTION, 1998, 385~392.
[15]　杨红伟，李波. 一种无传感器 BLDCM 数字化控制系统设计 [J]. 电气传动，2008 (5).
[16]　周艳青，尹华杰，等. 无位置传感器无刷直流电机位置检测技术 [J]. 电机与控制应用，2007 (7).
[17]　谭建成. 电机控制专用集成电路 [M]. 北京：机械出版社，1997.
[18]　谭建成. 新编电机控制专用集成电路与应用 [M]. 北京：机械出版社，2005.

第 14 章 无刷直流电动机低成本正弦波驱动控制

14.1 低成本正弦波驱动控制的需求

如在第 2 章所述，无刷直流电动机按驱动控制方式不同，可分为方波驱动和正弦波驱动。就其控制电路和位置传感器而言，方波驱动相对简单、成本较低而得到广泛应用，是目前绝大多数无刷直流电动机的驱动方式；正弦波驱动的控制电路要比方波驱动复杂，位置传感器需要使用价格较贵的旋转变压器或光电编码器等高分辨率位置传感器，生产成本较高，但其性能优异，过去主要用于军用、工业用较高要求的伺服系统中。但是，正弦波驱动毕竟在性能方面具有明显优势，近年出现的新一代正弦波驱动技术，不需要高分辨率位置传感器，使它们在计算机外围设备、办公自动化设备、甚至家用电器的小功率无刷直流电动机驱动控制中开始得到应用。

正弦波驱动是借助位置传感器提供的连续转子位置信息，以强制绕组流过正弦波相电流为特征的电子换相方法。正弦波驱动的永磁电动机产生的转矩为常数，与转子位置角度无关。正弦波驱动，即使在低速下，将会有恒定的转矩产生。当在电动机中的相电流强制为正弦波曲线的时候，转子在任何位置下，由定子建立的磁场矢量与转子磁场矢量之间夹角总是维持在 90°。这个 90°角度正是在给定电流下，能产生最大转矩、并且损耗最小的角度。因此，正弦波驱动的优势是能够得到低转矩纹波，平滑的运动，小的可闻噪声，并且有较高的效率。此外，正弦波驱动容易利用超前角技术实现弱磁控制，拓宽调速范围，也是方波驱动难以实现的。

近年，随着家用电器对效能指标要求的提高，家用电器中的低效率交流异步电动机逐步被永磁无刷直流电动机所取代，以无刷直流电机为主的变频技术应用逐渐增多。无刷直流电动机在家用电器一般应用场合，常常采用方波驱动，方波驱动的控制器电路较简单，成本较低，但电机转矩波动和噪声较大。现在某些家用电器已提出降低无刷直流电动机噪声的要求。如改为采用正弦波驱动，则可望大大降低噪声。因白色家电对电机变频控制有兼顾性能和成本两方面的要求，因此，开展无刷直流电动机低成本正弦波驱动控制技术的开发和实用化研究，即如何在保证电动机运行性能的前提下，简化电路结构和降低系统成本，对于推广无刷直流电动机的应用范围是很有意义的。早在十几年前，日本东芝推出银河系列 AW-B70VP、AW-B80VP 直接驱动变频洗衣机，它的 VM-DD1/VM-DD2 无刷直流电动机是多极扁平式外转子结构。该产品采用其专利技术，使用开关式霍尔集成电路作位置传感器，实现简易正弦波驱动和超前角控制技术，从而获得宽调速范围和低噪声良好效果，兼顾了低速洗涤和高速脱水的要求。这是家电产品使用简易正弦波驱动方法较早的成功事例。据日本松下电器电机开发研究所一份资料介绍，空调用风机无刷电机原先按 120°方波驱动，换相时会发生振动、噪声，所以空调用风机必须采取防振措施。现在，空调风机采用了新开发的高效无刷电动机，并采用低成本正弦波驱动实现了低振动、低噪声，免去了电动机的防振结构使得总体成本下降，比以往的方波驱动噪声降低5~10dB。并采用了超前角控制使输入功率减小，效率提高。而且可以在高速区域运转，速度控制范围明显扩大。由于自动进行超前角控制，与固定超前角相比不但可以提高效率百分之五，还不需要根据负载进行调整，使用更加简便。采用低成本正弦波驱动静音高效的无刷直流电动机有可能迅速向其他家电产品普及。

从正弦波驱动原理看，如第2章所述，正弦波驱动要求绕组的反电动势和电流都是正弦波，而且此正弦波必须与转子位置相关。如在6.4.1节分析，对于大多数的整数槽绕组和分数槽绕组电机其线电动势波形的谐波将被明显削弱，更接近于正弦波。只要气隙磁场和绕组合理设计，要获得正弦波反电动势的条件是不难达到的。而正弦波电流由控制器利用转子转角位置信息产生，使绕组相电流与转子转角有确定的正弦函数关系。为此正弦波驱动要求有高分辨率转子位置传感器以产生转子位置的连续信息。所以，低成本正弦波驱动的关键是要解决如何能够以低成本的方法获得高分辨率转子位置信息这个问题。

简易位置传感器或无传感器正弦波换相控制技术的出现，特别是支持这种控制技术的新一代无刷直流电动机正弦波控制芯片的问世，大大促进无刷直流电动机控制正弦化趋向的形成。

目前，低成本的简易正弦波驱动可以归纳为如下几种方法，提供不同技术层次和成本水平的方案。

14.2　利用线性霍尔元件作转子位置传感器的正弦波驱动

在无刷直流电动机的气隙磁场设计为正弦波分布的磁场，用三个线性霍尔传感器按120°空间放置在气隙磁场中时，它们的输出电压交流分量是三相正弦波信号，控制器以此信号转换为三相正弦波电流信号。

这种方法的缺点是，线性霍尔传感器的电动势系数随环境温度变化时，会对电路的控制增益产生一定的影响，采用温度补偿电路进行补偿可以改善。

另一方法是以交流激励的线性霍尔元件替代旋转变压器获得正弦电流换相控制信号。在常规正弦波驱动使用多极旋转变压器作为位置传感器时，旋转变压器一次侧是一固定频率f的交流激励电压，二次侧两相输出电压是被频率f调制的，它们的幅值分别与转子转角呈现正弦和余弦关系。如果在电动机正弦分布磁场的气隙中，安放两个线性霍尔元件，它们之间的位置相差90°电角度，在线性霍尔元件的电流输入端施加交流激励电压，当电动机旋转时，两霍尔元件产生的交流调制电压信号就类似于旋转变压器二次侧两相输出的信号。然后，仿照旋转变压器方法，将输出的两个电压经放大后送到轴角变换器（例如AD2S82），轴角变换器输出表示转角信号，再将其信号送由EPROM构成的译码器，可获得三相正弦波电流控制信号。

这种方法理论上可行，但实际上很少采用。下面介绍的利用开关型霍尔集成电路的数字控制方案得到普遍认可和实际应用。

14.3　利用开关型霍尔集成电路作转子位置传感器的正弦波驱动

14.3.1　基于低分辨率转子位置信息的高分辨率转子位置识别新思路

正弦波驱动器是一个数字型驱动器，内含数字处理器。此数字处理器需要位置反馈的信息，使正弦波相电流的变化与转子位置一一对应。数字处理器利用这个正弦波相电流和参考数值比较产生电动机所需的转矩。

正弦波驱动器要求电动机安装一个高分辨率位置反馈装置，能提供接近正弦波函数的位置信息。解算器（旋转变压器）或光电编码器是最普遍使用的位置反馈装置。这些位置传感器价格高，尺寸大，安装要求高，是妨碍正弦波驱动在小功率电动机应用的主要原因之一。

近年，这个问题得到突破性进展，提出了高分辨率转子位置识别新思路。这种转子位置识别新思路是：基于较低分辨率无刷直流电动机转子位置信息，利用数字控制技术，产生出较高分辨率转子位置信息。

其核心原理简述如下：利用开关式霍尔集成电路等简易的位置传感器，当电动机转动后，在一个电气周期内取得有限个点的位置信息。在时序图中，此位置信息为一脉冲串，其脉冲间隔时间对应于转子位置点和点之间的角度。然后利用锁相倍频技术等转换技术，由此脉冲串，可以得到 N 倍频的更高频的脉冲串，即对原脉冲间隔时间进行了 N 细分，而且它们之间是同步的。从而，相应地将转子位置分辨率提高了 N 倍。

也可采用无刷直流电动机无传感器控制技术，例如，利用电感法、反电动势法等方法先得到较低分辨率转子位置信息，然后以数字方法产生出较高分辨率转子位置信息。

这里还有一个电机起动的问题。通常，先利用霍尔位置传感器按方波驱动方式起动，到达一定转速后，切换到按正弦波驱动。或像一般的无传感器控制方法那样，用开环升频方式起动。

基于上述原理，无刷直流电动机只要安装普通的开关式霍尔传感器，甚至无位置传感器，就能实现正弦波驱动。使用普通单片机和一些硬件电路即可完成这个任务。

图 14-1 给出这种正弦波驱动转速控制系统原理框图，它采用三个开关式霍尔传感器工作。为能够确定电机转向，至少需要安放两个霍尔传感器。图中略去电流环部分。

结合图 14-1 解说这种低成本正弦波驱动的基本工作原理：

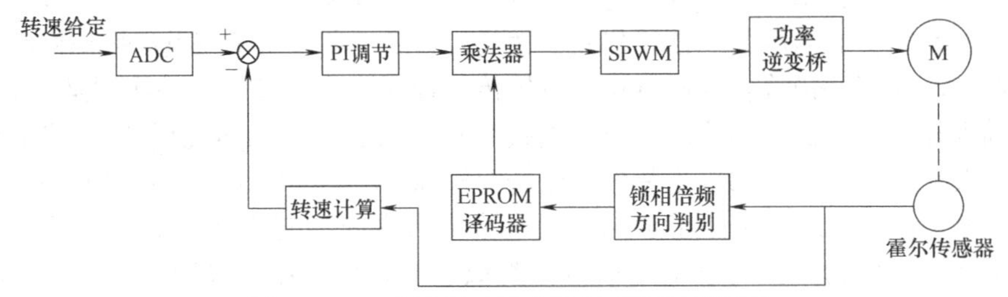

图 14-1　正弦波驱动转速控制系统原理框图

1. 三相正弦波信号的生成

电机安放有三个霍尔位置传感器，它将一个换相周期划分为 6 个状态，每一个状态 60°电角度。当电机运转时，利用三相霍尔位置传感器信号测出换相周期和每个状态的时间，确定了转子的绝对位置。通常利用锁相倍频方法，由霍尔位置传感器信号得到细分的转子位置，即由低分辨率转子位置获得高分辨率转子位置信息。然后，利用高分辨率转子位置数字信号作为 EPROM 的地址，采用查表译码与实时计算相结合的方法生成三相正弦波信号。并利用霍尔位置传感器信号计算出电机转速和确定电机转向。

2. SPWM 波的产生

在速度环，给定转速指令值与计算的转速比较得到转速误差值，在乘法器中三相正弦波信号乘以该误差值调节三相正弦波信号的幅值，控制 SPWM 发生器，再利用换相逻辑得到六路按照正弦规律变化的脉宽调制波 SPWM 来控制逆变器的 6 个开关管工作，实现电机的正弦波驱动。为了确保电机能够平稳运行，需要先将此转速误差信号经过 PI 调节后产生一个输出控制量，用于调节正弦波幅值，达到速度闭环控制时补偿转速误差的目的。它决定了电机应该升速还是减速。当误差值>0，正弦波幅值增大，SPWM 波占空比增大，电机加速；当误差值<0，正弦波幅值减小，SPWM 波占空比减小，电机减速。

3. 电机的起动

以无刷直流电动机方波驱动方式起动电机，与此同时，单片机不断检测电机转速（为了避免发生积分饱和，此时并不进行 PI 调节，SPWM 信号无输出）。当检测到转速误差≤给定转速误差时，利用逻辑处理单元封锁方波信号的输出，开启 SPWM 输出通道，切换到正弦波驱动方式。从而使得电机能顺利起动，并解决了转子位置初始化的问题。

这种低成本正弦波驱动方法在不需要高分辨率转子位置传感器的情况下实现，这种方法突破了正弦波驱动的价格局限，仍可有效地解决 BLDCM 方波驱动的转矩波动和噪声问题。因而适用于一些对要求低价格，控制精度要求又不十分高的无刷直流电动机驱动场合。扩展性能优异的正弦波驱动方式的应用空间。

许多 8 位或 16 位微控制器（MCU），数字信号处理器（DSP）可用于低成本正弦波驱动。下面介绍两家国外半导体公司的低成本正弦波驱动专用芯片，可供选择使用。

14.3.2　Atmel 公司的 ATtiny261/461/861 系列正弦波微控制器

美国 Atmel 半导体公司的 ATtiny261/461/861 系列是一种低成本正弦波微控制器，其特点：

1）利用三个霍尔传感器控制。

2）三相正弦波控制，每个换相周期内细分为 192 步，幅值分辨率 10bit。

3）输入模拟电压作速度参考，正弦波幅值受到速度控制。

4）以方波换相方式安全起动，自动切换到正弦波控制。

5）硬件产生死区时间，防止上下桥臂直通。

6）数字输入控制转向。

7）停机和反转安全程序，可选择制动或滑行停止。

8）超前角可调运行。

常规的产生三相正弦波信号方法是储存一个正弦波表并使用查找此表来生成对称的三相绕组端电压 U、V、W 正弦波。然而，对于无刷直流电动机驱动可设计更有效的方式来产生正弦波驱动波形。参考文献［3］介绍了该系列微控制器产生三相正弦波信号更有效的方法——以非对称相电压产生对称线电压正弦波方法。实际上，我们没有必要为每个绕组端电压（对地）产生正弦信号，只需要保证三个线电压是正弦变化（它们之间分别有 120°相移）就可以。表 14-1 和表 14-2 显示了这种新的方法如何以特定的端电压 U、V、W 波形产生正弦波线电压。图 14-2、图 14-3 表示了特定的端电压波形和三个霍尔传感器信号波形之间的相位关系，图中同时也给出按同样思路产生方波线电压时的特定的端电压波形（以虚线表示）。在一个换相周期有 6 个状态 $S_1 \sim S_6$，分为 3 个区间，每个区间内的端电压 U、V、W 有不同表达式，它们只是正弦函数的一个部分或为零。为了便于理解，在图 14-4 以相量图表示正转时三个区间由表 14-1 设定的端电压 U、V、W 是如何产生三相对称的正弦波线电压的。图中以点画线表示端电压，以粗线表示线电压。

这种办法有两个好处。首先，产生的最高线电压比常规的相电压正弦波法高，使电压的利用率提高约15%，可产生更高的转矩和速度。其次，每一个端电压输出有1/3的时间为零，从而减少功率级的开关损耗。

表14-1　正转时的端电压和线电压

区间	U	V	W	U-V	V-W	W-U
S_1-S_2	$\sin\theta$	0	$-\sin(\theta-120)$	$\sin\theta$	$\sin(\theta-120)$	$\sin(\theta-240)$
S_3-S_4	$-\sin(\theta-240)$	$\sin(\theta-120)$	0	$\sin\theta$	$\sin(\theta-120)$	$\sin(\theta-240)$
S_5-S_6	0	$-\sin\theta$	$\sin(\theta-240)$	$\sin\theta$	$\sin(\theta-120)$	$\sin(\theta-240)$

表14-2　反转时的端电压和线电压

区间	U	V	W	U-V	V-W	W-U
S_1-S_2	$\sin\theta$	$-\sin(\theta-120)$	0	$-\sin(\theta-240)$	$-\sin(\theta-120)$	$-\sin\theta$
S_3-S_4	$-\sin(\theta-240)$	0	$\sin(\theta-120)$	$-\sin(\theta-240)$	$-\sin(\theta-120)$	$-\sin\theta$
S_5-S_6	0	$\sin(\theta-240)$	$-\sin\theta$	$-\sin(\theta-240)$	$-\sin(\theta-120)$	$-\sin\theta$

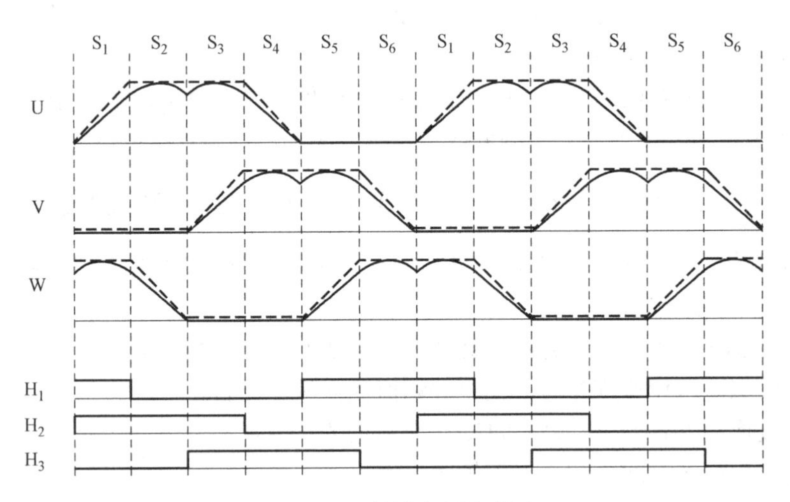

图14-2　正转端电压波形图

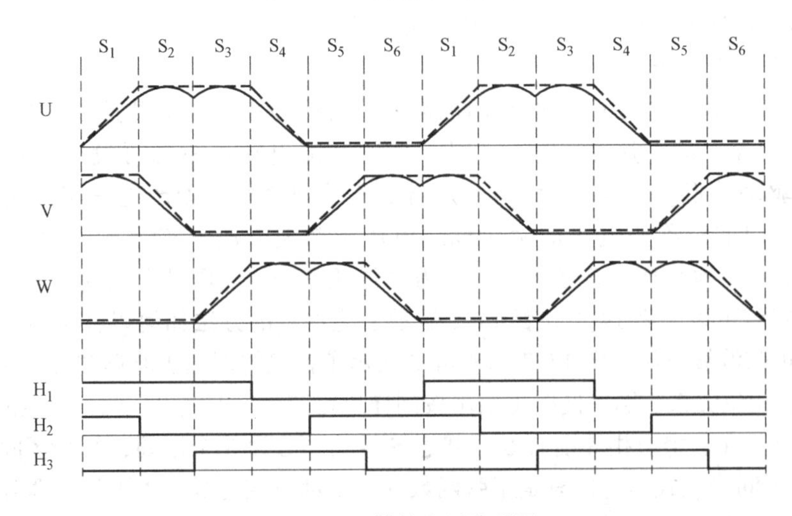

图14-3　反转端电压波形图

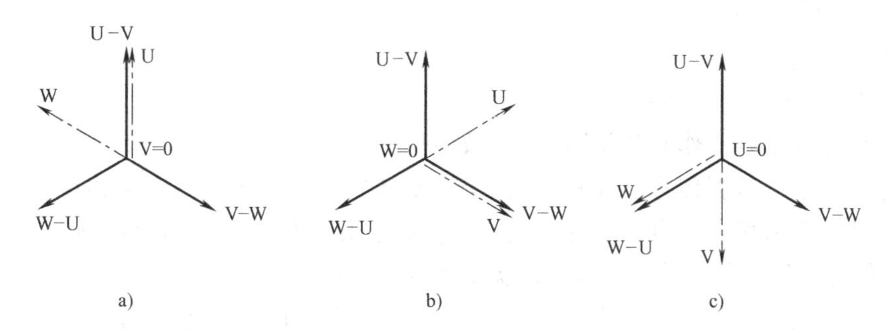

图 14-4　正转时三个区间端电压与线电压相量图

a) S_1-S_2 区间　b) S_3-S_4 区间　c) S_5-S_6 区间

14.3.3　东芝公司正弦波控制器和驱动器专用芯片

日本东芝半导体十几年前开始开发低成本正弦波控制器和驱动器专用芯片，其系列产品见表 14-3。这些专用芯片主要适应一些家用电器低噪声、低振动要求，可使用于空调的室外和室内风机、厨房风扇、按摩器、热水器、洗碗机泵等无刷直流电动机的控制驱动。其中有两种芯片是驱动器，只需一个芯片和少量外围元件即可方便地直接驱动无刷电机。

表 14-3　东芝半导体的正弦波控制器驱动器系列

型号	最高电压 / V	最大输出电流/ mA	主要功能	封装	摘要
TB6539FG TB6539NG	18	20	3 霍尔传感器/正弦控制器	NDIP24 SSOP30	正弦波 PWM 控制器
TB6551FG	12	2	3 霍尔传感器/正弦控制器	SSOP24	TB6539 的低成本简化版
TB6556FG	12	2	3 霍尔传感器/正弦控制器	SSOP24	正弦波 PWM 控制器、TB6551 加自动超前角度控制
TB6571FG	30	20	3 霍尔传感器/正弦控制器	QFP52	TB6556 相同功能，加栅极驱动，高速信号发生器，速度控制环路
TB6582FG	18	2	无传感器/正弦控制器	QFP52	无传感器正弦波控制器
TB6585FG	45	1800	3 霍尔传感器/正弦波驱动器	HSOP36	正弦波单芯片驱动器
TB6581HG	500	1000	3 霍尔传感器/正弦波驱动器	HZIP25	正弦波单芯片驱动器

这些 TOSHIBA 的三相无刷直流电动机正弦波控制专用芯片，使用三个霍尔位置传感器，按方波方式启动后，产生三相正弦波 PWM 电压信号。外接功率驱动级，可实现无刷直流电动机正弦波方式驱动，使无刷直流电动机运行低振动低噪声。

特点

1）正弦波 PWM 控制；

2）内建的三角波发生器；

3）内建的超前角设置功能（0°~ 58°内 32 等份）；

4）内建的死区时间设置功能；

5）支持自举电路；

6）过电流保护；

7）内建的参考电压调整器。

这些专用芯片主要工作原理相同，简介如下：

专用芯片主要由位置传感器检测、正弦波 PWM 发生、死区时间产生和保护等几部分电路组成。芯片的输入信号来自三个开关型霍尔传感器和上位机 MCU 指令，输出则是六个正弦波 PWM 信号，用于外接功率级以驱动无刷直流电动机。

起动时，电动机基于霍尔位置传感信号以方波方式（120°导通）起动。当位置信号达到 5Hz 或更高后，转子位置已与芯片内部位置信号同步，正弦调制波产生。然后，调制波和三角波比较产生正弦波 PWM 信号，电动机切换为按正弦波 PWM（180°导通）方式驱动。这里的调制波波形与上节所述的端电压波形相同。

调制波信号是利用霍尔位置信号由在内部产生的。然后，调制波与三角波相比较，产生正弦波 PWM 输出信号 U、V、W、X、Y、Z。同时，电压指令信号 Ve 控制调制波的调制比。它来自上位 MCU。在方波（120°导通）方式驱动时，电压指令信号 Ve 控制输出信号 U、V、W 的占空比。参见图 14-5。

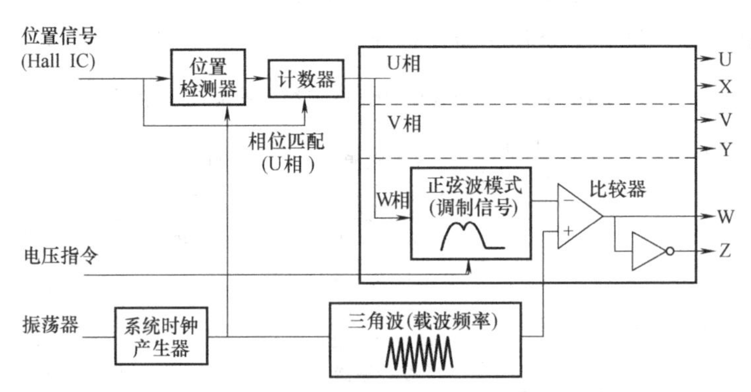

图 14-5 正弦波 PWM 信号的产生

从三个霍尔信号获得对应于电角度 60°的时间 T 在计数器计数。此被计数的时间 T 用作为调制波的下一个 60°相角的数据。调制波在 60°相角内有 32 个数据。一个数据的时间宽度 t 是先前的调制波 60°相角的时间宽度的 1/32。调制波按这个时间宽度 t 一步步向前移动，生成 60°相角内整个调制波。

图 14-6 给出三个霍尔信号 HU、HV、HW 和调制波 SU、SV、SW 的关系。由图可见，HU 上升边缘作为每个电气周期（360°）的起点，调制波（1）′的数据是以从 HU 上升边缘到 HW 下降边缘时间（1）的 1/32 时间宽度一步步向前移动产生。调制波（2）′的数据是以从 HW 下降边缘到 HV 上升边缘时间（2）的 1/32 时间宽度一步步向前移动产生。如此类推。

如果调制波的第 32 个数据末了，下一个位置信号的边缘还未出现，则此第 32 个数据维持直至下一个位置信号的边缘出现为止。

相位匹配：调制波在每个电气周期（360°）重置（Reset）一次，使之与位置信号起点（HU 上升边缘）同步。因此，如果速度有变化，或位置信号不准时，调制波在每次重置时将出现不连续。

在图14-7正弦波驱动PWM波形图，给出调制波信号与三角波比较产生的正弦波PWM信号、输出的相电压和线电压PWM的波形图。三相线电压呈现出完整的正弦波PWM的波形。

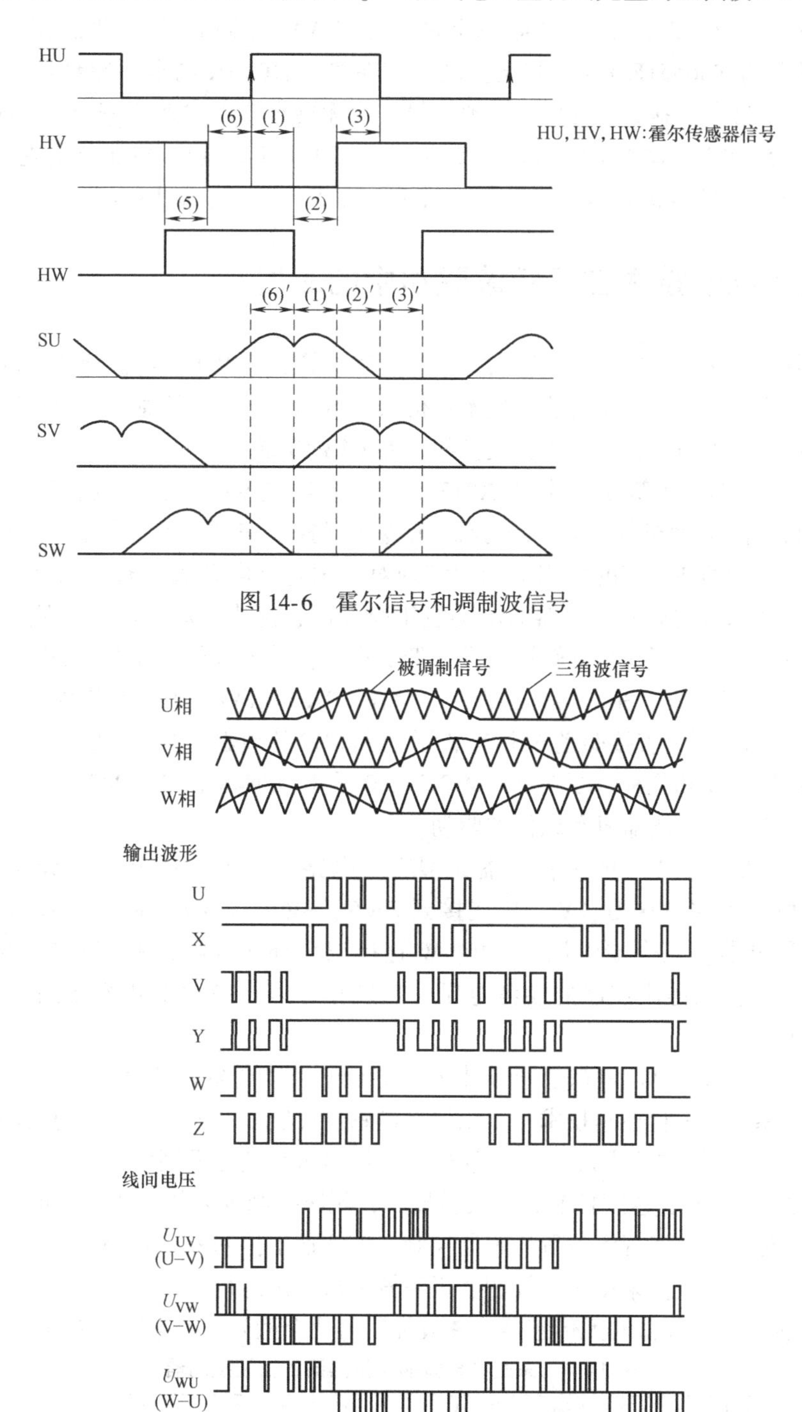

图14-6　霍尔信号和调制波信号

图14-7　正弦波驱动的PWM波形图

正弦波控制可以采用超前角控制。在这些专用芯片，超前角能在0~58°范围内进行设置。内部 5 位 A/D 转换将 0~58°均分为 32 份，利用来自 LA 引脚的模拟输入电压（0~5V）进行超前角的设置：0V 对应于 0°，5V 对应于 58°。

TB6581HG 和 TB6585FG 一样是一个高电压 PWM 无刷直流电动机正弦波驱动器。TB6581HG 芯片将 TB6551F/FG 正弦波控制器和在 TPD4103AK 高电压驱动器集成在一个封装内。它利用来自微控制器速度控制模拟信号实现无刷直流电机速度调节。TB6585FG 的工作电压范围 4.5~42V，输出电流 1.8A（最大），1.2A（典型值），输出导通电阻 0.7Ω（典型值）。TB6581HG 的电机电源工作电压范围 50~400V，输出电流 1A（最大）。

14.4 无传感器技术在正弦波驱动中的应用

无传感器技术完全去掉位置传感器，借助于软件算法获得正弦电流换相控制信号。例如采用反电动势法，电感法等无传感器技术获得低分辨率转子位置信息，然后以数字方法产生较高分辨率转子位置信息，实现正弦波换相，参见第 13 章。

美国 Melexis 2009 年新推出的 MLX81200 属于高集成度的三相无刷直流电动机微控制器，支持无刷直流电动机的方波和正弦波无传感器控制应用。它采用的 TruSense 技术和 SineDrive 技术，能够在很广的应用范围内实现对无刷直流电动机的有传感器或无传感器控制。SineDrive 技术通过对无传感器的电动机正弦控制，优化电动机的电流波形，改善电机的效率和转矩波动，从而获得低转矩波动和低噪声，低传导和辐射干扰。MLX81200 的其他特性包括 16 位微控制器、30KB Flash 程序存储器、2KB SRAM、128 字节数据 EEPROM、稳压器、*RC* 振荡器、用于直接驱动 6 个 N-沟道功率 FET 的预驱动器、分路电流感应、独立模拟看门狗、高压 I/O 和几种诊断功能。MLX81200 采用 QFN48 和 TQFP48 封装。外接功率逆变桥后可用于各种泵、压缩机和风机的驱动。

图 14-8 是 MLX81200 的无传感器典型应用电路。为了利用反电动势检测的无传感器技术，电机三个端电压 U、V、W 连接到 SW5、SW6、SW7，它们进入内部的反电动势比较器和积分器。三个端电压 U、V、W 连接三个外接电阻，并同时把这些电阻连接到芯片的接口 T，获得比较器的参考电压。速度指令以占空比形式连接到接口 SW4，用以控制电机转速。

图 14-9 的 TC7600FNG 是东芝半导体公司适用于空调等家电设备领域的控制芯片新产品，借助无传感器和矢量控制技术，不用位置传感器可实现低成本正弦波电流驱动。推荐使用在家用电器如空调室内外风机、泵、换气扇、压缩机和其他无刷电动机。芯片包括矢量控制，速度反馈 FG 信号，速度控制，正反转控制，死区控制等功能。用简单的 3 个分流电阻提取电机转子位置信息实现无位置传感器控制。芯片输出控制外接功率驱动电路（IPD）驱动三相无刷直流电动机。采用矢量控制实现高效率低噪声运行。

表 14-4 为东芝半导体的无传感器正弦波控制器两个型号的参数特性对比。

表 14-4 东芝半导体的无传感器正弦波控制器

型号	最高电压 /V	最大输出电流/mA	主要功能	封装	摘要
TB6582FG	18	2	无传感器/正弦控制器	QFP52	无传感器正弦波控制器
TC7600FNG	6	2	无传感器/正弦控制器	SSOP30	无传感器正弦波控制器

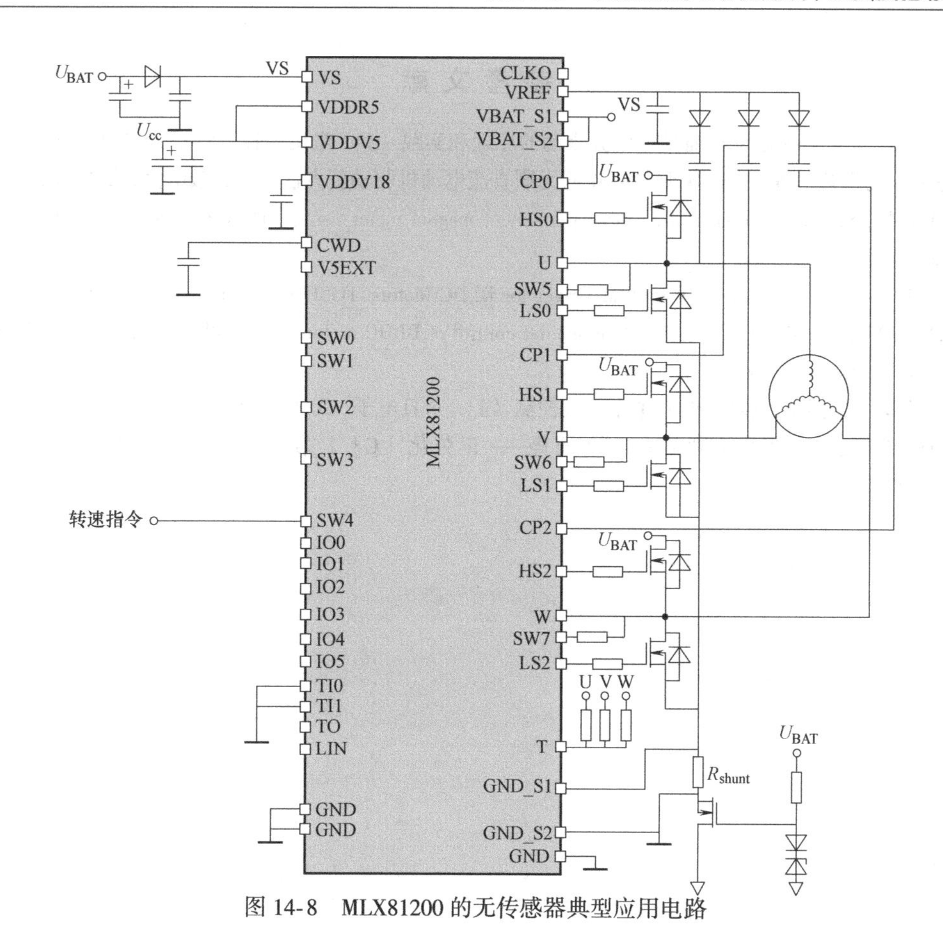

图 14-8　MLX81200 的无传感器典型应用电路

图 14-9　TC7600FNG 无传感器正弦波控制原理图

参 考 文 献

[1] 杜坤梅. 无刷直流电动机简易正弦波驱动的原理和实践［J］. 电机与控制学报，2002（01）.

[2] 李颖，马瑞卿，等. 一种基于 SPWM 的无刷直流电动机驱动新方法［J］. 微电机，2010（1）.

[3] AVR449：Sinusoidal driving of 3-phase permanent magnet motor using ATtiny261/461/861，Atmel Corporation.

[4] TB6585FG. 3-Phase Sine-Wave PWM Driver for BLDC Motors. TOSHIBA datasheet，2008.

[5] AN2372 Application note. Low cost sinusoidal control of BLDC motors with Hall sensors using ST7FMC，ST-Microelectronics，2006.

[6] 陈朝辉. 无刷直流风扇电机 180°正弦波控制［J］. 今日电子，2009（10）.

[7] 谭建成. 无刷直流电动机控制的新趋势——正弦化［C］，第七届中国小电机技术研讨会论文集，2002.

第 15 章 单相无刷直流电动机与控制

15.1 单相无刷直流电动机的工作原理与结构

单相无刷直流电机结构简单，成本低，主要用于小型风机和泵的驱动。常见的小型无刷风机由一个单相外转子永磁无刷直流电机和风叶两个部分组成。电机部分由单相绕组的定子、永磁转子、位置传感器和控制电路四部分组成。

1. 单相无刷直流电机的工作原理

单相无刷直流电机只需要一个转子位置传感器，它检测转子磁钢极性输出信号去控制驱动电路。位置传感器将一个换相周期（360°电角度）分为相等的两个状态。电机的单相绕组按导通方式不同分为单绕组工作方式，或裂相为双绕组工作方式。前者采用 H 桥式供电的全波工作方式，需要四个功率开关。在一个换相周期内，对于单绕组工作方式是前一半时间正向导通，后一半时间反向导通。而双绕组工作方式是前一半时间一个绕组导通，后一半时间另外一个绕组导通，两个绕组交替工作。它们工作于半波工作方式，采用非桥式电路，只需要两个功率开关。定子线圈的电流与永磁转子之间相互作用产生电磁转矩，使电机旋转。

单相电机在一定供电电压下运行时，电流产生的电磁转矩 T 与定子电流产生的磁动势 F、转子磁通 Φ、它们之间的夹角 θ 有关，可表示为

$$T \propto F\Phi\sin\theta$$

图 15-1 是单相无刷直流电机简化模型，它表示在半个换相周期内，定子磁动势 F 与转子磁通 Φ 之间相位关系变化，夹角 θ 由 180°变化到 0°，转子反时针方向旋转。显然，当夹角 $\theta=90°$ 时，电磁转矩 T 有最大值；而夹角 $\theta=180°$ 或 0°时，电磁转矩 $T=0$。这里引出了两个问题：如果电机转子最初位置处于转矩为零这两个点开始通电，电机不可能起动。故称这两个位置为“死点”。实际上，在 180°或 0°附近的小范围内，由于起动转矩很小，电机自身存在摩擦阻力，即使是空载情况下也是难以起动。另一个问题是单相无刷直流电机转矩波动大。因此，克服死点顺利起动和改善转矩波动是单相无刷直流电机两个关键问题。为确保顺利起动，无刷电机的定转子设计，使电机通电前处于自由状态时，定子与转子的磁轴线相互偏离，避开“死点”位置。

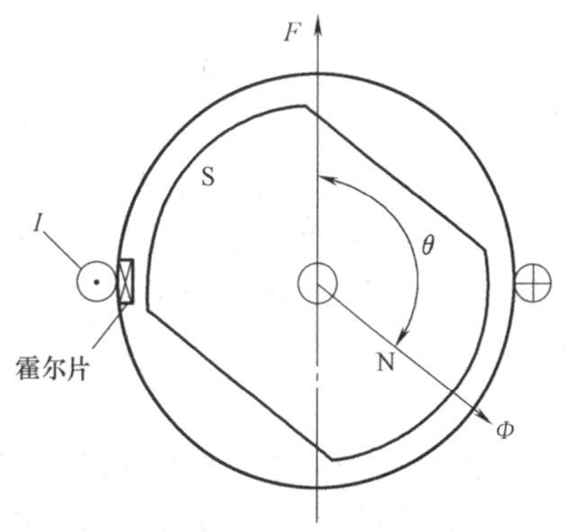

图 15-1　单相无刷直流电机简化模型

2. 单相无刷直流电机结构

单相无刷直流电机的结构多种多样，常见的可分为内转子和外转子结构，径向气隙结构和轴向气隙结构，有齿槽和无齿槽结构。还有许多专利的结构形式。

径向气隙结构的定子冲片齿数与转子磁极数相等，通常采用不均匀气隙。每个定子齿上绕有线圈。大多数小型无刷风机采取外转子式，如图 15-2 所示是 4 齿 4 极的例子。此时定子绕线较为方便，可以采用机绕。但它只适合于单转向应用场合。有一种一对极的采用所谓 U 形定子铁心的结构，如图 15-10 所示，绕组是一个矩形集中线圈，制作方便成本低廉。

另一种径向气隙结构，定子冲片除了与转子磁极数相等的大齿外，每两个大齿之间附加一个小齿。每个大齿绕有线圈。大齿下气隙虽均匀，但由于附加齿的存在，使磁阻最低的点偏离了定子磁极中心线，以解决起动问题。它适用于需要正、反两个转向的风机。如图 15-3 所示。

图 15-2 一个 4 齿 4 极的径向气隙结构单相无刷直流电机

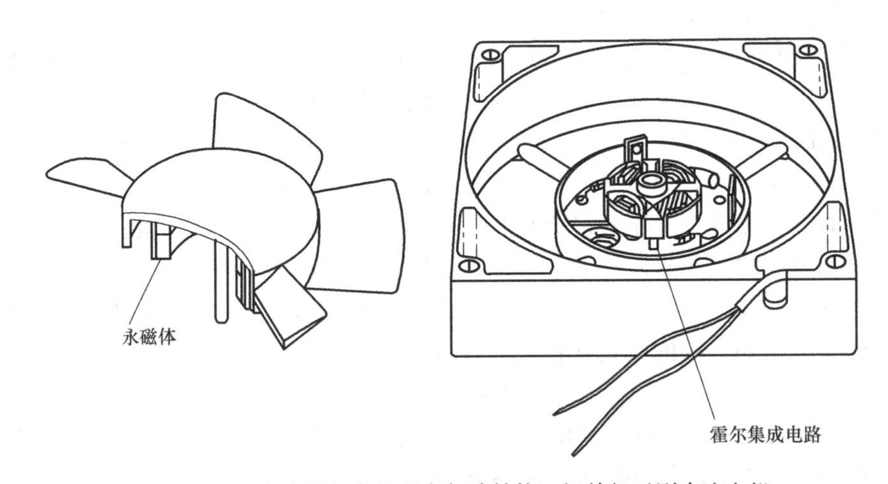

图 15-3 一个有附加齿的径向气隙结构 4 极单相无刷直流电机

定子采用爪极式结构，绕组是一个圆柱形线圈，因外形扁平，常称为“饼式”结构，制作方便成本低廉。如图 15-4 是一个基于爪极结构原理的单相无刷电动机，定子左右星型钢盘由硅钢片制成，各有六个齿，永磁转子有 12 个磁极。定子左右星型钢盘相互转过 30°，在一个极距内，面对转子磁极的极性相反，这样建立封闭的横向磁通路径。合适的定子齿极形状可解决起动问题，并降低齿槽转矩。

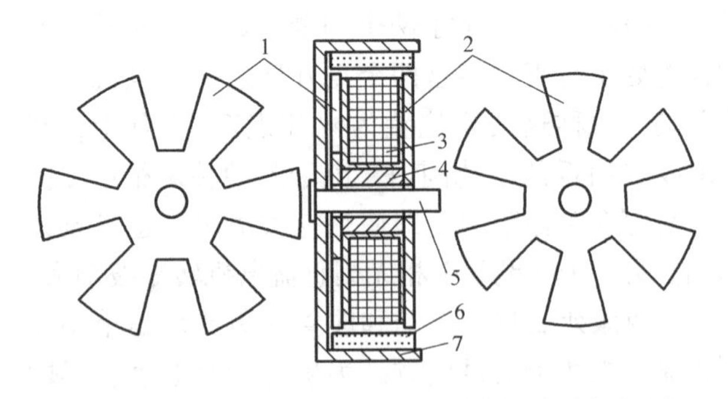

图 15-4 一个基于爪极结构原理的单相无刷直流电机
1—定子左星型钢盘 2—定子右星型钢盘 3—定子绕组 4—钢套 5—轴 6—径向磁化磁环 7—钢转子外壳

此外还有轴向气隙和无槽结构的单相无刷直流电机，如图 15-5 所示。

主要用于微型电机。

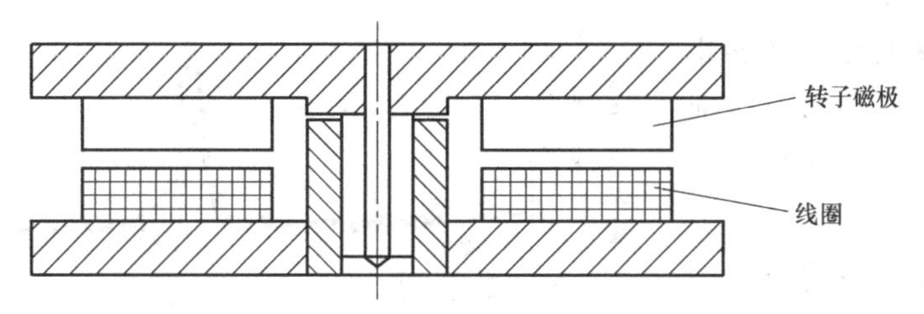

图 15-5　轴向气隙无槽结构的单相无刷直流电机

15.2　四种不对称气隙结构的转矩分析比较

径向气隙结构的单相永磁无刷直流电动机一般设计为转子极数和定子齿数相等。如前所述，一个齿下如果采用均匀气隙，存在一个称为死点的稳定平衡位置，单相励磁产生的起动转矩为零。常见的解决方法之一是采用不对称气隙，以取得不对称磁阻转矩，它与永磁转矩合成产生定向起动转矩和按确定方向旋转。常见有四种不对称气隙结构：渐变气隙，阶梯气隙，不对称齿和附加凹槽。如图 15-6 所示。

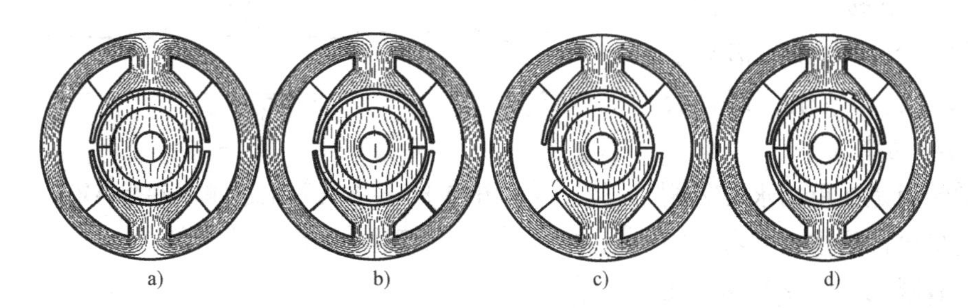

图 15-6　单相永磁无刷直流电动机的四种不对称气隙结构

a）渐变气隙　b）阶梯气隙　c）不对称齿　d）附加凹槽

参考文献［4］利用有限元法对以上四种不对称气隙结构单相永磁无刷直流电动机的转矩波动进行分析。其模型是有 2 极转子，表面安装的磁体。

图 15-7 为磁体径向磁化渐变气隙结构的分析结果。图中给出小气隙为 1mm，大气隙分别为 1、1.5、1.75、2 情况下的磁阻转矩波形。在均匀气隙情况下，由于定子槽口的存在，一个极距内，产生的磁阻转矩波形表现为有一个正峰及同等幅度的一个负峰。当大小气隙不等时，磁阻转矩波形的正峰明显大于负峰。而且，随着大小气隙差异增大，正峰与负峰之间差异也增加。这是由于磁阻转矩的主要原因是磁极边缘与齿尖相互作用产生的。当气隙差异增加，产生负磁阻转矩一边齿尖的效果降低。图 15-8 给出典型的磁阻转矩、电磁转矩波形和合成转矩波形。这里，负磁阻转矩很小，在原来死点附近的总合成转矩都是正转矩，保证电机能够正常起动，并且可以看到合成转矩的波动也较小。

阶梯气隙结构的气隙分为两段，一段小气隙，一段大气隙。它的分析结果如图 15-9 所示，在一个极距内，磁阻转矩波形可能会出现一个正峰和一个负峰，它们的幅值接近。由于大气隙相当于一个宽的开口槽，所以增加了一个小的负峰。如图 15-9 所示，表现出高的转矩波动。如果设计不妥善，合成转矩还有可能出现零转矩甚至负转矩。

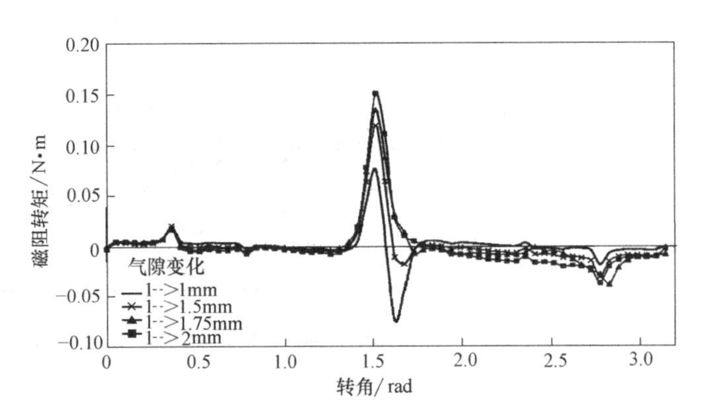

图 15-7　径向磁化渐变气隙的磁阻转矩波形

不对称齿电机的情况与阶梯气隙结构相似，虽然在一个极间距内，它只有一个正峰和一个负峰，气隙不对称程度增大，出现高的转矩波动。

附加凹槽结构是在均匀气隙情况下每个齿顶表面开了一个凹槽。由于附加凹槽作用，在一个极间距出现两个负峰和两个正峰磁阻转矩。再次，正峰和负峰磁阻转矩几乎相等。在这种情况下，附加凹槽只能提供有限的起动转矩，而且合成转矩的波动增大。

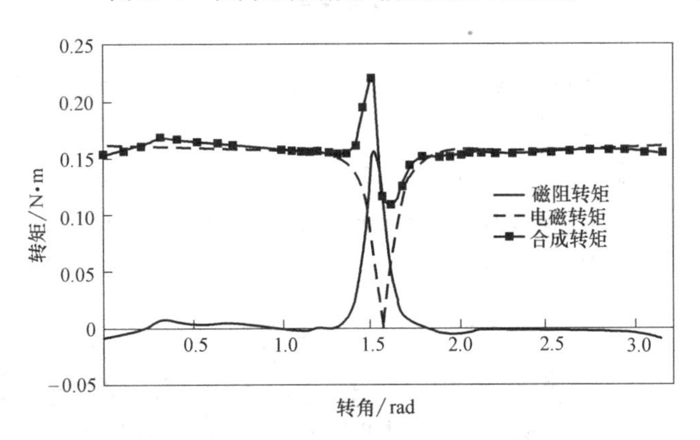

图 15-8　径向磁化渐变气隙的磁阻转矩、电磁转矩和合成转矩波形

起动转矩是在单相永磁无刷直流电动机设计最重要的考虑因素之一。有限元法研究表明，无论转子磁铁是径向磁化或平行磁化，四种方法通常都可以得到需要的定向起动转矩，但是，渐变气隙是最合适的选择，因为它的合成转矩波动低、较平滑、工作较平稳。实际上，当代单相无刷风机大多数都采用渐变气隙结构。

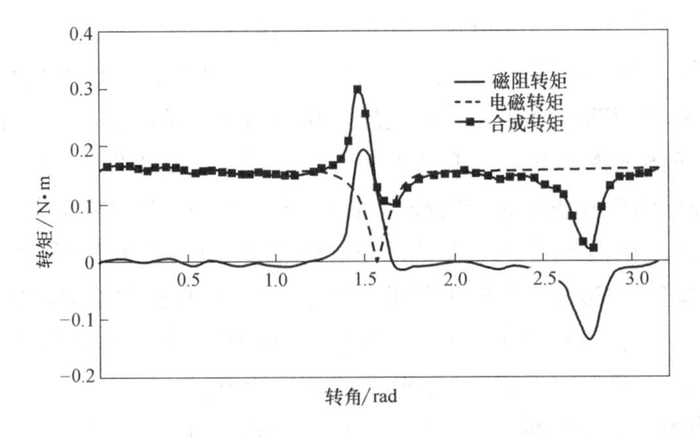

图 15-9　径向磁化阶梯气隙的磁阻转矩、电磁转矩和合成转矩波形

15.3　单相无刷直流电动机的超前换相与滞后换相分析

单相无刷直流电动机利用一个霍尔传感器实现电子换相。移动霍尔传感器，可以实现超前换相或滞后换相。在图 15-10 表示一个 U 形铁心的两极双绕组单相无刷电动机，主要数据见表 15-1。它有 U 形的定子铁心，圆柱形铁氧体转子，在铁心齿表面开了凹槽以解决死点问题。在铁心安放有绝缘骨架以便绕制线圈，图中表示双线圈结构，也可以是单线圈的。电机设计转向为反时针。霍尔传感器放置在两个铁心齿之间的中央位置上，作为原始位置。参考文献［5］研究这样结构的单相无刷直流电动机，有限元分析移动霍尔传感器偏离原始位置，比较超前换相或滞后换相时电机性能的变化。

表 15-1　U 形电机主要数据

输入电压/V	12	转子外径/mm	25.5
额定转速/(r/min)	2000	转子永磁	铁氧体
定子铁心内径/mm	26	线圈匝数	570+570
定子铁心高/mm	12	转向	CCW

在图 15-11 分别给出在相同直流电压下滞后换相与超前换相的电流波形图。它与图 15-12 超前换相（细线）和滞后换相（粗线）的输入电流仿真结果基本相同。在滞后换相时，电流波形有一个中间下凹形状。而在超前换相则相反，电流波形有一个上凸形状。这意味着，滞后换相的平均电流比超前换相低，并且滞后换相的转速（2200r/min）也低于超前换相（2790r/min）。因此，超前换相的效率比滞后换相高，滞后换相的转矩波动大于超前换相。

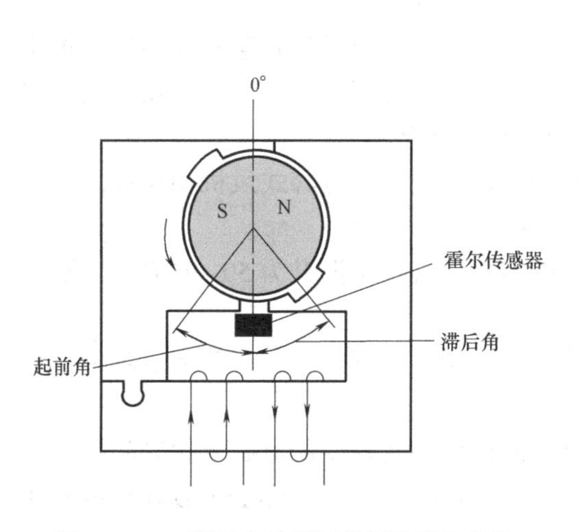

图 15-10　U 形铁心的两极单相无刷电动机

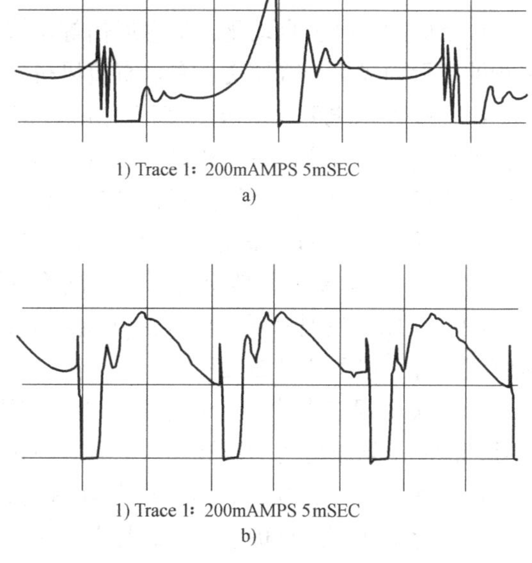

图 15-11　滞后换相与超前换相的电流波形图

a）滞后（n=2200r/min）

b）超前（n=2790r/min）

表 15-2 给出在某恒定速度条件下传感器几个不同位置时电机的振幅和输入电流测量值。它显示滞后角和超前角变化对单相电机振动和电机性能的影响。试验结果与上述电流波形模拟分析结果是一致的。仿真研究在不同超前角时的电机转矩，它们的平均转矩均高于传感器安置原始位置。当霍尔开关放置在约超前 5°的位置时电机的性能最佳。

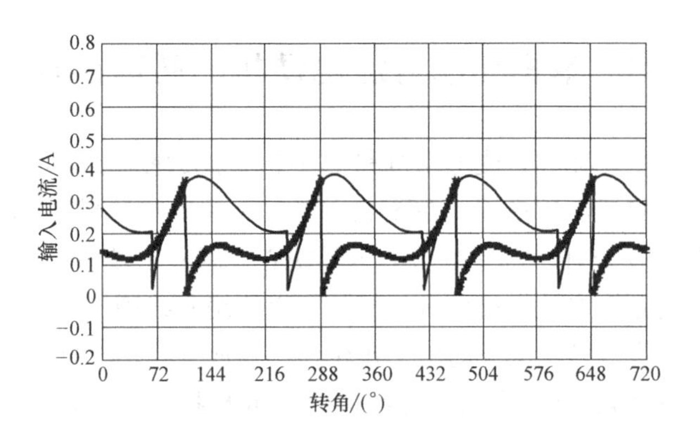

图 15-12　超前换相（细线）和滞后换相（粗线）的输入电流仿真结果

这个研究分析表明，适当的超前换相是有利的。这个结论对其他结构的单相无刷直流电机也是有意义的。

表 15-2　霍尔传感器不同位置的振幅和输入电流试验测量结果

传感器位置/(°)	振幅/(Ms^{-2})	输入电压/V	输入电流/A
−27.8	0.411	14.9	0.35
−19.6	0.163	11.1	0.17
−12.8	0.186	10.6	0.14
+5.94	0.183	9.8	0.15
+28.47	0.320	8.6	0.18
+53.3	0.308	8.5	0.27

15.4　单相无刷直流风机特性和基本换相电路

广泛应用在办公自动化、信息通信等领域起冷却作用的小型永磁无刷直流风机基本上是单相的。无刷风机与普通交、有刷直流风机相比有以下明显优点：

（1）受交流电源频率限制交流风机转速范围有限。无刷直流风机转速范围很广，转速可依据需要进行调节。最高转速可达 10000r/min，从而可获得较宽的气流特性范围，以适应不同应用场合使用。调速特性好，易与计算机、电子仪器配合使用。

（2）无刷风机的效率较高、功耗小。与传统的交流罩极式、电容式风机相比较，其效率提高到 30%~40%。一般交流罩极风机效率仅 10%左右。

（3）无刷风机温升低。传统的交流罩极式、电容式风机绕组温升为 50~75℃，无刷风机绕组温升一般不超过 20℃。

（4）无刷风机常使用的电源电压 48V 以下，属安全电压，安全可靠。其绕组对耐压绝缘处理的要求均较传统的罩极式、电容式风机低。

（5）无刷风机工作时，由于没有有刷直流风机的换向火花产生的电磁干扰等问题，适合于需要电磁兼容的整机系统。而且无刷风机寿命长，可靠性高，在一般正常使用环境温度下，无刷风机的使用寿命可达 5 年以上。

（6）现代无刷风机控制已采用集成化和智能化技术，满足各种使用场合的需求。

目前无刷风机规格齐全，安装尺寸方面完全能与交流风机兼容，并已有更小型化的产品可供选择。标准电压 12~48V 等，转速为 2000~10000r/min，轴承结构有含油与滚珠两种，风量为 0.003~7m^3/min。

各国生产的无刷风机品种繁多，规格齐全，电压从 5~220V，外形尺寸从 16X6~160X50，可谓应有尽有，它的应用已经遍及各行各业。例如：计算机及辅助设备系统中，如计算机主机、打印机、UPS 电源、CPU 的冷却；航天、航空控制系统；医疗电子设备，如婴儿箱的空调、人工呼吸及各种电子设备的冷却；通信系统，如地面卫星接收装置、程控交换机等；交通运输系统中空调或冷却通风用：办公室自动化设备，如复印机、吸尘器等；自动卫生浴室、洁具系统中；防火、防爆场合，如煤矿等；游戏广告系统，如游动气膜、卡通玩具；随身小空调，如空调帽、空调服装等。

办公自动化设备对无刷风机的外型安装尺寸更趋小型化。目前使用在薄型笔记本电脑中冷却中央处理器的无刷风机，其尺寸为 20mm×20mm×10mm，额定电压为 5V，电流为 0.1A，转速为 8000r/min，风量为 0.09m^3/min，噪声为 25dB。

1. 无刷直流风机的特性

由于一个直流风机的速度和风量与电源电压成正比关系，一个风机产品可通过改变电源电压以满足所需要风量的要求。图15-13描述了一台特定风机在不同的直流电源电压下其静压与空气流量关系的特性图。如果在 24V 的工作能提供风量不足，可改用 28V 或更高的电压以产生更大风量。另一情况，如果 24V 工作时的风量过多，可将电源电压降低以得到所需较低的风量。

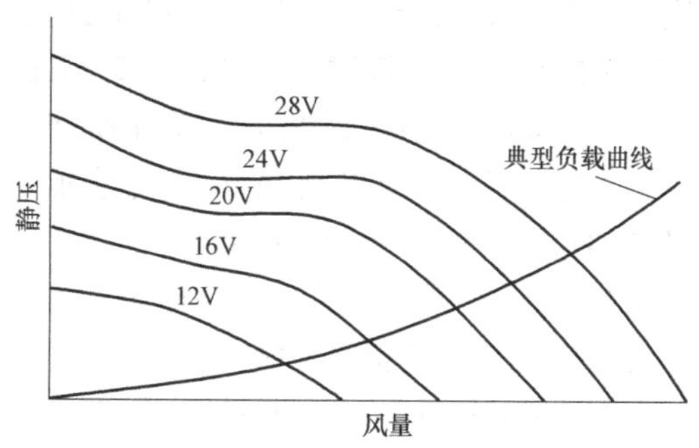

图 15-13　不同电源电压下的静压与风量的典型关系

2. 单相无刷直流风机的基本换相电路

最简单和低成本的换相电路是采用分立元件的。电路需要一个单输出锁存型霍尔集成电路与两个晶体管（或 MOSFET）。该三端式霍尔集成电路内部通常包括一个霍尔磁感应元件，霍尔电压放大器、比较器、抑制噪声的施密特触发器，集电极开路输出。一个典型的双绕组无刷风机的电路如图 15-14 所示。该传感器检测到永磁转子磁场的极性提供转子位置信息，触发外接晶体管的开通和关闭，让双绕组轮流导通工作。直流无刷风机的连续旋转速度取决于所施加的直流电压和电机的反电动势系数。

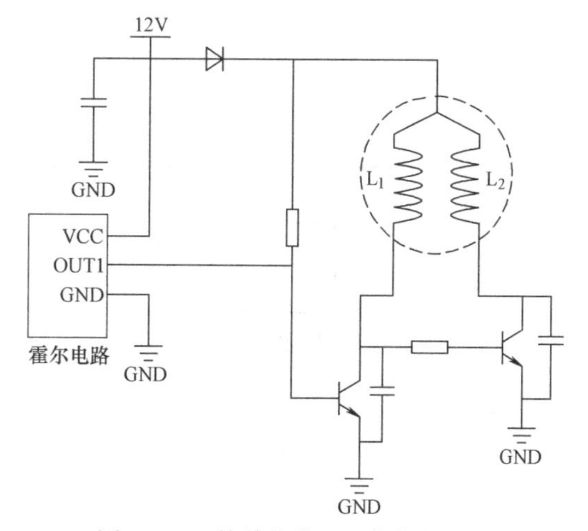

图 15-14　简单的分立元件换相电路

现代无刷风机基本上采用单片的内置有霍尔传感器的驱动集成电路。这种类型集成电路不仅包含霍尔传感器有关电路，而且还包括单相无刷直流风机线圈的驱动电路和一些辅助电路，如堵转关机和自动重起动等功能电路。

国内外有许多半导体公司生产无刷直流

风机专用集成电路可供选择。参考文献［6］中的3.7节提供了无刷风机专用集成电路较详细的资料，可供参考。有些电路需外接霍尔传感器，有些电路已内含霍尔传感器，只要一个芯片安装到风机里即可工作。现在的无刷直流风机基本上是按单相设计的，大多是双绕组的，也有单绕组的，所以有半波和全波驱动的专用集成电路与之相适应。这些专用集成电路的驱动电流能力在200~400mA范围，需要更大驱动电流时则需外接功率开关管。需要指出，有些半导体公司将双绕组单相无刷直流风机称为两相无刷直流风机，这是不确切的，请读者选择电路时注意。下面分别介绍两种用于单绕组和双绕组无刷直流风机集成电路的例子。

Melexis公司的US72和US73（见图15-15）是驱动单绕组单相无刷直流风机单片集成电路，它的功率MOSFET桥式驱动输出向单相无刷电动机绕组提供双向的电流，提高电动机绕组利用率，使电动机更小，效率更高。US72/73内包含霍尔传感器，动态偏置校正，功率输出等部分，对电源和驱动输出提供开关瞬态保护。当转子出现堵转或转速低于60r/min时，芯片会自动断开输出，1.5s后，再重新起动。FG/RD是漏极开路输出的转速信号（US72）或报警信号（US73）。

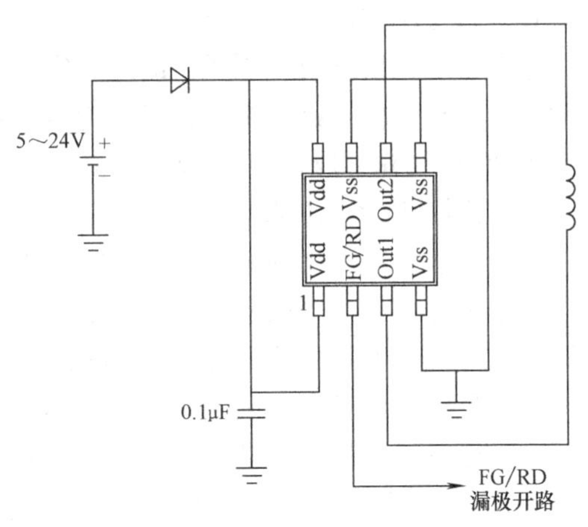

图15-15 US72/US73应用电路

由Melexis公司生产的US79KUA是一个先进的CMOS风机控制集成电路，适用于驱动5V和12V的双绕组单相无刷直流风机。此单片集成电路内已包含有一个霍尔传感器。这个风扇驱动器集成电路是独特的，它无需外接感温元件；集成电路只有3个引脚，大大减少了电动机驱动系统的元件数；它没有连接电源的引脚，因为它可从电动机的线圈得到，同时

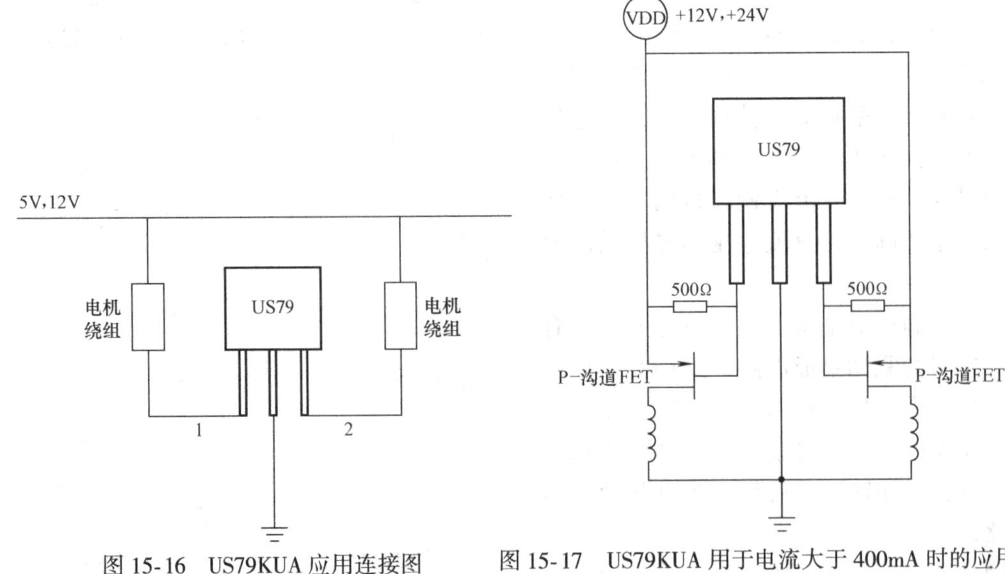

图15-16 US79KUA应用连接图

图15-17 US79KUA用于电流大于400mA时的应用电路

也提供了防静电、过电压和电压反向的保护。US79KUA 包含了无刷直流风机全部控制功能，如图 15-16 所示，无须外接分立元件，所以也无须专门的控制电路板。如果电机工作电流较大，可采用图 15-17 方法，外接功率开关管扩充电流驱动能力。

US79KUA 具有堵转保护功能。当集成电路发现电动机堵转情况 1s 后，将会关闭电动机 5s 时间。然后，集成电路将会重新开启电动机 1s。这个程序将反复继续，直到堵转情况改变。这一特性避免电动机和电路的过热。US79 的保护功能还包括：超温保护，防静电保护，电压浪涌保护，带有对开关大电流引起无线电干扰 RFI 的滤波器电路。US79KUA 具有专门的电源电压反接保护功能，不必像常见风机控制集成电路那样外接保护二极管。

15.5　无刷直流风机在计算机等电子设备中使用的若干问题

现代电子设备，特别是消费电子产品的趋势是功能的增强和产品的小型化。因此，大量的电子元件硬塞进非常窄小的空间。一个明显的例子就是笔记本电脑。薄而轻的笔记本电脑已经大大压缩，但他们的处理能力还要维持或增加。这种趋势的其他例子包括投影机和机顶盒。这些系统都具有一个共同问题是工作时散发大量的热量。在笔记本电脑，高速中央处理器的发热，在投影机，大部分的热量是由光源产生的。这种热需要有效并安静地散去。使用冷却风机仍是防止电子设备过热最常见和有效的方法。

但是风机是噪声来源，它也增加了系统能耗，特别是如果电能是由电池提供时，风机效率显得突出。风机还是一个机械部件，在系统中也需要从可靠性角度考虑。

1. 风机引起的电流波动

无刷直流风机的电流不是恒定的直流。电机运行时，由于绕组换相，电流存在明显的波动。无刷直流风机工作电流包含许多纹波，纹波电流大小与电机的设计、电子开关电路、工作电压和电流等因素有关。取决于电机设计水平，具体风机的电流波形和纹波电流大小会有所不同。无刷直流风机电流波动例子见图 15-18。当直流电源还连接有其他外围设备时，应当考虑无刷风机电机的类型和电流特性以及电机数量的影响。当多个风机在同一电源总线工作，多风机产生总的纹波电流可以变得十分复杂。这种复杂的纹波电流对系统可能造成干扰。此时甚至需要安放总线隔离滤波器。

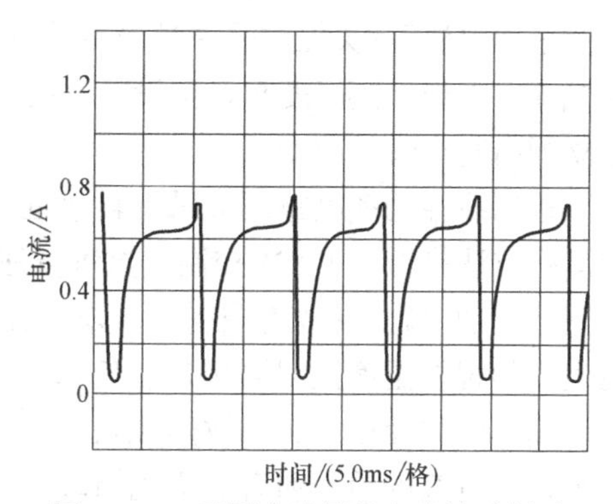

图 15-18　无刷直流风机电流波动例子

2. 风机起动电流峰值

无刷直流风机在电脑和其他电子设备中的应用越来越普及，设备设计人员因而面对更多新的问题。其中之一就是要解决风机起动和关闭时的电源过载问题。在一般情况下，降温风机的电流大约是在 0.5~1.5A 左右。然而，风机起动和关闭时的电流却会高出这个数字的 4~6倍。如果在系统中只有一台风机的话，过载电流还可能在电源的控制能力之内，这种情况不会对电源有太大影响。但是如果一个系统同时安装了 3 台风机，系统设计人员就必须认真考虑起动电流的问题了。

为了使设计人员能将电源电流保持在合理的限制范围内，人们为风机生产厂商制定了很多设计标准。有许多著名厂商，如 Intel，惠普和思科公司都对风扇起动和关闭时各个阶段的最大消耗电流做出了规范。OEM 厂商目前把起动/关闭风扇时的最大电流规范为 2A。为解决这一问题，在近几年来，风扇转速脉宽调制（PWM）控制日益成为降温风扇的标准性能之一，并逐步与风机的内部控制系统融为一体，以适应上述的电流控制要求。

无刷直流风机在起动时，起动电流峰值通常是由电机绕组电路电阻的和电源电压决定的。然而，许多无刷直流风扇为了抑制电磁干扰（EMI）加有额外的滤波电容。当接通电源时，此电容充电可能带来一个非常高的瞬间电流尖峰。如果去掉这个电容，起动电流峰值会明显降低，可能降低到 1/4。

3. 采用 PWM 技术的限流与速度调节

无刷直流风机使用时必须考虑电源的限流。许多电源设置有电流限制或过电流关断保护功能。按照电机峰值起动电流和最大纹波电流确定电源限流。根据无刷直流风机的大小和设计不同的，选择限制的起动电流峰值与运行电流的比值变化范围可能相当大，例如，4∶1 或 5∶1。

有些无刷直流电动机自身带有电流限制功能，通常是采用脉冲宽度调制（PWM）技术。典型的电流限制，峰值电流比取 2.5 或以下。有电流限制的无刷直流风机也同时限制了电机的起动转矩，这将延长风机达到全速所需的时间。

采用速度控制使风机运行速度范围扩展，噪声和功率消耗降低，其可靠性和寿命提高。在个人电脑和其他电子设备冷却风机采用转速控制集成电路日渐增加。

无刷风机几种速度控制方法：

采用恒温开/关控制是一种简单的方法。通常由用户设置预定温度，当温度低于预设值风机开启工作，当温度超过预设值风机停止。开/关控制的缺点是当风机开启和关闭时，它会立即引起声音的改变。

采用线性功率电路调节风机转速也是一种方法，但功耗较大。目前电脑用风机控制转速的流行方法是低频 PWM 控制。这种方法避免了线性控制低效率问题。图 15-19 显示了一个典型的驱动电路，PWM 控制信号来自 ADT7460 风机控制器的输出。ADT7460 是美国 ADI 公司生产的智能温度控制器芯片。例如，奔腾 Pentium 4 计算机采用 ADT7460 实现散热控制。该计算机中共使用了 3 台散热风机。其中，风机 1 专门给 CPU 散热，风机 2 和风机 3 分别安装在主机箱的前面和后面给机箱散热。第一路远程温度传感器，用来测量环境温度。奔腾 Pentium 4 处理器中的温度传感器就作为第二路远程温度传感器。ADT7460 通过 SMBus 总线接 Intel 公司生产的电源管理芯片。

低频 PWM 的缺点是存在低频开关噪声。为了解决这个低频噪声问题，ADI 公司最新设计的风机控制器 PWM 频率增加到 22.5kHz，这是听觉范围以外的频率。但高频脉宽调制控制电路只能与 4 线风机使用。图 15-20 描述了高频率 PWM 所使用的电路。

目前面市的器件包括可以在低频（几百 Hz）和高频（高达 25kHz）都能运行的风机控制器。例如 ADI 公司 dBCool 系列中的 3 款芯片：ADT7466、ADT7467 和 ADT7468。ADT7466 具有一个片上传感器和一个远程传感器，可以处理最多达两个三线风扇和两个模块电压，或者电热调节器输出。ADT7467 控制和监视多达四个风扇和三个电压，ADT7468 可以监视多达 4 个风扇和 5 个电源电压。

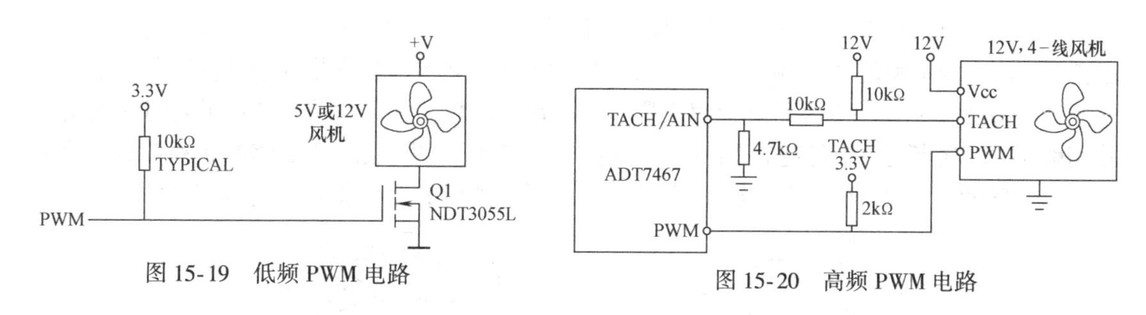

图 15-19 低频 PWM 电路

图 15-20 高频 PWM 电路

表 15-3 为几种风机速度控制对比。

表 15-3 几种风机速度控制比较

控制方法	优　点	缺　点
开/关	廉价	噪声大，能耗高
线性	最安静的	线性功率放大电路价高，损耗大，低效率
低频 PWM	高效，宽调速范围	有低频开关噪声
高频 PWM	高效，良好的音响效果，几乎为线性良好，廉价的外部电路，宽调速范围	必须使用 4 线风机

新的高性能 PWM 风机驱动技术还包括软起动功能，它监测电机电流，限制电机起动或堵转时的电流。过去普通的无刷风机在全电压起动时，在最初几百毫秒内的起动电流可能超过正常稳态电流 4~5 倍。如果是多台风机同时起动，情况就很糟糕。另外，万一在风机叶片落下异物等原因，阻碍了转子转动。为防止过电流，大多数风机包含一个自动重新起动功能，风机出现堵转时，风机先行关闭，并过 3s 后尝试重新起动风机。再次出现 4~5 倍的短暂的电流。如果采用 PWM 驱动，风机软起动电路可以控制起动时的浪涌电流和堵转时的大电流，从而减少了能耗。

利用 PWM 控制时，风机转速按需要调整，一般处于较低转速，风机噪声将较低。此外，PWM 调制频率取 25kHz 以上，PWM 调制信号引起的声音是听不见的。

采用有 PWM 调制驱动芯片，如 Zetex 的 ZXMB1004，以 H 桥型驱动单相无刷直流电动机。它使用的是单绕组电机，与双绕组电机相比，由于电机绕组在任何时候都在工作，它的效率提高 10%~15%。

15.6 用于光盘驱动器主轴中的单相无刷直流电动机

单相无刷直流电机常见用于小型冷却风扇、水泵、鼓风机等场合。近年对单相无刷直流电机提高性能和驱动电路的研究，已可满足 DVD 和 HDD 主轴电机应用中使用的要求，为单相无刷直流电机开拓了新的应用领域。采用合理的齿形得以降低齿槽转矩，引入自动相位调节提高了单相的动态特性。有文献报道，最高速度和效率可从 6500r/min 的 22% 提高至 12000r/min 的 38%。单相无刷直流电机已被证实能够成功用于光盘和硬盘驱动。

现代 DVD 光盘驱动器的主轴电机通常采用三相直流无刷电机，一种典型的外转子径向气隙设计三相无刷直流主轴电机连同它的控制板如图 15-21a 所示。一种新型单相无刷直流主轴电机已开发用于 DVD 光盘驱动器。这种新型电机结构如图 15-21b 所示。这种单相主轴电机结构简单，定子只有一个线圈，具有成本低、易于制造的优势。

虽然这种电机有生产易和成本低的优势，但单相无刷直流电机存在的转矩波动大和死点问题需要解决。为了满足 DVD 驱动器需求的，以 DVD 驱动器技术要求指标来改善这种单相电动机主轴的特性。对 DVD 跟踪性能有很大影响的是齿槽转矩，这是由转子和定子之间的磁耦合作用引起的。死点是一个稳定的平衡位置，电机停止在该位置不能产生足够的起动转矩，无法重新起动电机。下面介绍参考文献［7］提出的降低齿槽转矩，消除死点，提高效率方法。

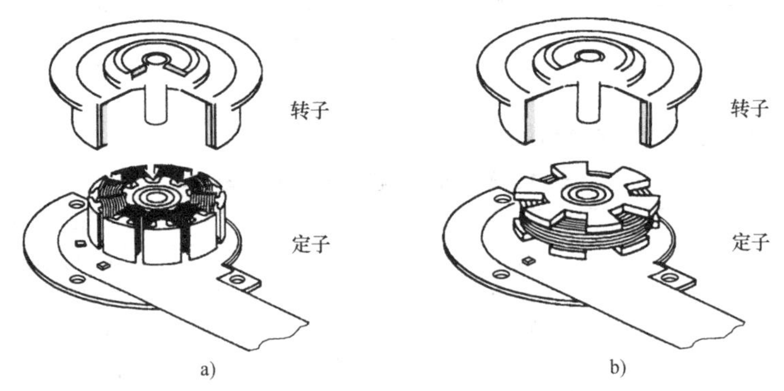

图 15-21　用于光盘驱动器的三相和单相无刷主轴电机

a）三相　b）单相

如图 15-21b 所示，单相无刷主轴电机转子设计为 12 极。定子磁路有上下冲片和中间的导磁圆管组成，它们形成的空间安放一个环形线圈，参见图 15-4。线圈由 H 桥电路驱动。

上下冲片各有 6 个齿。定子冲片外圆的半径是 LR = 9.75mm（见图 15-22）。设计齿顶部分取较小的曲率半径，使齿顶中央气隙小，两侧逐步增大，有利于降低齿槽转矩。计算和测量结果表明，当曲率半径 R 由 5.5mm 增加时至 5.9mm 时，齿槽转矩是由 19.5gcm 下降到 10.5gcm。同时，电机的转矩系数有所提高。

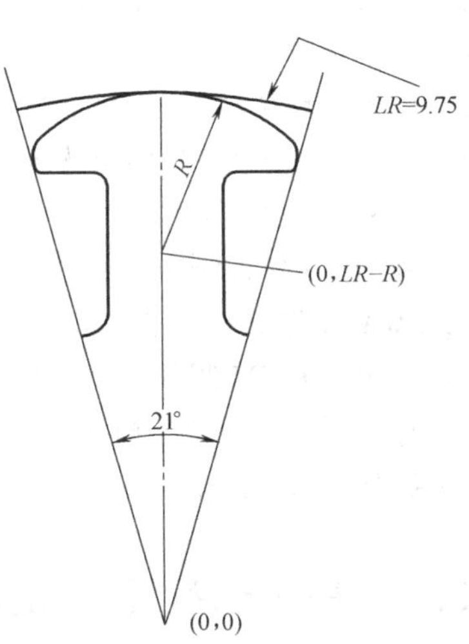

图 15-22　齿顶形状和尺寸

对齿顶角大小进行了分析。电机有 12 极，平均一个极的角度为 30°。利用有限元方法分别计算了齿顶角从 12°到 45°时电机的反电动势系数 K_e 变化，反电动势最大值发生在齿顶角为 21°。这是因为，如果齿顶角过小时，进入齿身的磁通份额减少；如果齿顶角过大时，转子极间经齿顶两侧漏磁增加，进入齿身的磁通也会减少。齿顶角为 21°时有最大的齿身的磁通，从而可产生更大的转矩。

当霍尔芯片安置在对称位置（距离齿顶中央 15°）时，电机不能够起动，这是死点位置。电机的转矩值取决线圈流过的电流和磁通，以及它们之间的相位角。将霍尔芯片位置向与转向相反方向偏移的方法可以增加起动转矩，并消除死点。试验表明，如果霍尔芯片位置偏移 1~3°时，死点现象会完全消除，见表 15-4。

表 15-4　一种 DVD 主轴用单相无刷电机设计参数和性能

结构	单相无刷直流电动机	霍尔元件偏移	1~3°
电机厚度	6.5mm	齿槽转矩(峰-峰值)	10.5gcm
齿顶角	21°	转速	6000r/min
齿顶曲率半径	R5.9mm	死点	无

参考文献

[1] 孙立志，等. 高磁负荷单相无刷直流电机的转矩波动抑制 [J]. 中国电机工程学报，2006，26 (13).

[2] 奚耀山. 小型无刷风机及其应用 [J]. 世界产品与技术，2000 (7).

[3] 张文勇，邬显光. 小型永磁直流无刷轴流风机概况 [J]. 微特电机，2001 (5).

[4] Bentouati S, Zhu Z Q. Influence of Design Parameters on the Starting Torque of a Single-Phase PM Brushless DC Motor [J]. IEEE TRANSACTIONS ON MAGNETICS, 2000, 36 (5).

[5] Joong-ki Chung, Yeon-Sun Choi. Vibration Reduction of 2-Phase Brushless DC Motor with the Adjustment of Switching Time [J]. Journal of Applied Sciences, 2005, 5 (5): 806-809.

[6] 谭建成. 新编电机控制专用集成电路与应用 [M]. 北京. 机械工业出版社，2005.

[7] Huang D R, Ying T F. A single-phase spindle motor design for DVD application [J]. J. Mater. Sci. Technol, 2000, 16 (2).

[8] Spindle motor for optical disc drives. United States Patent 5923110, 1997.

附录

附录 A　作者已发表的相关文献

- 无刷直流电动机及其速度控制　《控制微电机》　1975（3）（联名发表）
- 无刷直流电动机各种绕组工作方式特性的分析比较　《控制微电机》　1976（2-3）
- 无刷直流电动机的一般公式及主要参数　微特电机学术报告会论文集　1979.7
- 数字锁相环稳速控制　《控制微电机》　1979（3）
- 无刷直流电动机绕组利用率及最佳导通角的分析　《控制微电机》　1980（3）
- 无刷直流电动机主要尺寸的决定　《控制微电机》　1981（4）
- 机电时间常数测定方法的分析与改进　《控制微电机》　1982（2）
- 用一个 IC 的无刷直流电机稳速线路　《微特电机》　1982（2）
- 电子换向高速无刷直流电动机及其特性非线性的分析　《控制微电机》　1983（3）
- 一种新型直流测速机——电子换向无刷直流测速发电机　中国电子学会电子元件学会第四届学术年会论文集　1983;《电工技术杂志》　1984（9）（联名发表）
- 关于微电机与机械电子一体化　《电工技术杂志》　1986（4）
- 多层直流印刷绕组连接规律及约束条件的分析　《微电机》　1987（2）
- 交流伺服用控制电机的进展　第一届中国交流电机调速传动学术会议　1989.8
- 稀土永磁材料与微电机的发展　《电工技术杂志》　1990（3）
- 永磁交流伺服技术及其发展（1，2，3，4）　《微电机》　连载 1990（3，4），1991（1，2）
- 运动控制技术及其进展　《电机电器技术》　1992（4）
- 运动控制专用集成电路及应用（1-10）　《微电机》　连载 1992（3）~1994（4）
- 变速驱动技术在家用电器的应用动向　全国微特电机及控制技术报告会　1993
- 关于电动车电驱动技术的发展与建议　《电机电器技术》　1993（2）
- 交流伺服系统中的无刷直流测速机　《广州自动化》　1994（3）
- 21 世纪控制电机可期望的电动车市场　《微电机》　1995（1）
- 智能功率集成电路及其在电机控制中的应用（1，2）　《电机电器技术》　1997（1，2）
- 电动汽车及其电驱动技术（1，2）　《电机电器技术》　1998（1，2）
- 电子变速控制技术推动家电产品变革　《家用电器科技》　1999（5）
- 无刷直流电动机分数槽绕组参数的研究　第四届中国小电机技术研讨会论文集　1999
- 直接驱动无刷直流电动机的研究　第六届中国小电机技术研讨会论文集　2001;

《微特电机》 2001（6）

● 变频家电用永磁无刷直流电动机的新结构新工艺 《家电科技》 2002（12）

● 无刷直流电动机控制的新趋势——正弦化 第七届中国小电机技术研讨会论文集 2002

● 无刷直流电动机无传感器控制集成电路 《电机电器技术》 2003（2）

● ST7214lK 在无刷直流电机无传感器控制系统中的应用 《国外电子元器件》 2003（5）

● 数控系统伺服电机控制技术发展动向 《机电工程技术》 2003（5）

● 机床数控系统伺服电机和控制技术发展动向 第九届中国小电机技术研讨会论文集 2004

● 电机控制集成电路的发展 全国无刷电机与控制学术研讨会 2003； 《微电机》 2004（5）

● 无刷直流电动机发展综述 中国电工技术学会电气技术发展综述会议 2004；第五届微特电机专业委员会换届选举暨学术交流会论文集

● TB6539N/F 三相正弦波 PWM 无刷直流电动机控制器芯片 《国外电子元器件》 2005（6）

● 基于霍尔传感器的 PWM 无刷直流电动机控制 第十届中国小电机技术研讨会论文集 2005

● 采用 TB9060FN 的无刷直流电机无传感器控制系统 《电机与控制应用》 2006（2）

● 无刷直流电动机技术发展动向 《电气技术》 2006（7）

● 遥控电动航模飞机用无刷直流电动机的发展 第十一届中国小电机技术研讨会论文集 2006

● 电动模型飞机无刷电机及其控制的发展趋势 《航空模型》 2007（3）

● 基于 ATmega8 的航模用无刷直流电机电子速度控制器开发 第十二届中国小电机技术研讨会论文集 2007

● 三相无刷直流电动机分数槽集中绕组槽极数组合规律研究 《微电机》 2007（12），2008（1）

● 无刷直流电动机分数槽集中绕组槽极数组合选择与应用 《微电机》 2008（2，3）

● 降低永磁无刷直流电动机齿槽转矩的设计措施 《微电机》 2008（4，5）

● 多极分数槽集中绕组无刷电机霍尔传感器位置确定方法分析 《微电机》 2008（6）

● 三相无刷直流电动机绕组丫接法和△接法分析与选用 《微电机》 2008（7）

● 一种六相无刷直流电机绕组结构分析 第十三届中国小电机技术研讨会论文集 2008

● 永磁无刷直流电机电枢反应综述与分析 《微电机》 2009（11）

● 无刷直流电机电枢反应去磁效应的分析 第十四届中国小电机技术研讨会论文集 2009

● 无刷直流电动机换相分析和电流转矩解析表达式 《微电机》 2010（5）

● 考虑绕组电感的无刷直流电动机稳态特性和参数的分析与计算 《微电机》 2010（8）

● 计及绕组电感的无刷直流电动机机械特性解析计算公式与验证 第十五届中国小电机技术研讨会论文集 2010

多相无刷直流电动机的绕组连接拓扑结构的分析 第十六届中国小电机技术研讨会论文集 2011 年，《微电机》2012（8）

无刷直流电动机多相封闭形绕组的相数选择分析　第十七届中国小电机技术研讨会论文集 2012

多相永磁电机封闭形绕组无环流的条件的分析　《微电机》2013（4）

多相无刷直流电动机绕组拓扑结构的探讨　第十八届中国小电机技术研讨会论文集《微电机》2013（10）

适用于各类无刷直流电机确定霍尔传感器位置的通用方法　第十九届中国小电机技术研讨会论文集《微电机》2014（8）

附录B　几种霍尔集成电路数据表

介绍几种可用于永磁无刷直流电机的霍尔集成电路（见表B-1、表B-2）

表B-1　Allegro MicroSystems的锁存型霍尔集成电路

公司	型号	电源电压 输出电流	最大动作值，返回值/mT	最小回差/mT	工作温度范围	封装	备注
Allegro	A1202	3.8~24V 25mA	7.5	3	L	UA	代替UGx3133
	A1203		9.5	3	E,L	LH,UA	代替UGx3132
	A1210	3.8~24V 25mA	15	5	E,L	LH,UA	代替UGN3177
	A1211		18	8	L	LH,UA	代替UGN3175
	A1212		17.5	10	L	LH,UA	代替A3187
	A1213		20	16	L	LH,UA	代替A3188，3189
	A1214		30	18	L	LH,UA	代替A3185
	A1220	3~24V 25mA	4	1	E,L	LH,UA	反向保护 输出短路保护
	A1221		9	3			
	A1222		15	14			
	A1223		18	20			

以上是新一代采用BiCMOS技术的霍尔集成电路，代替老的双极技术产品。

表B-2　几种其他公司的开关型或锁存型霍尔集成电路

公司	型号	电源电压 输出电流	最大动作值/返回值/mT	最小回差/mT	工作温度范围	封装	备注
Honeywell	SS40A	4.5~24V 20mA	17	5	K	UA	双极 开关型
	SS41	4.5~24V 10mA	25	3	L		
	SS461A	3.8~30V 20mA	11	5	L	UA	双极 锁存型
	SS466A		18.5	14			
Melexis	US1881	3.5~20V 50mA	9.5	6	K,L	UA SOT-23	CMOS技术 锁存型 斩波稳压
	US2881	3.5~27V 50mA	4.5	3	K,L	UA SOT-23	
	US2882		6	3			
Infineon	TLE4935	3.8~24V 100mA	20	20	L	UA	双极 锁存型
	TLE4935-2		25	24			
Diodes	AH1751	3.5~20V 50mA	7		K	UA SOT-23	双极 锁存型

注：1. 工作温度范围代号：E-40~85℃，K-40~125℃，L-40~150℃。
2. 封装方式：
UA，3-引脚，（TO-92，SIP）1-电源，2-地，3-输出
LH，3-引脚，（表贴SOT-23）1-电源，2-输出，3-地

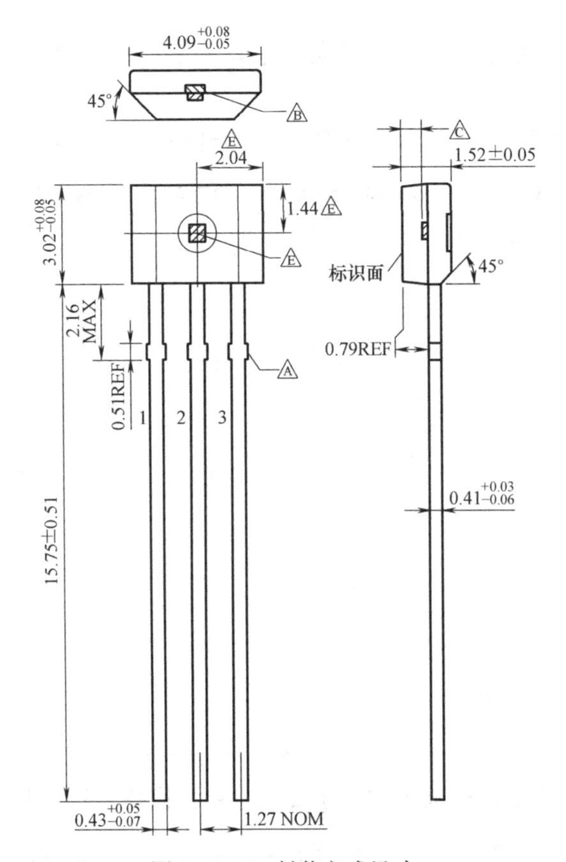

图 B-1　UA 封装方式尺寸

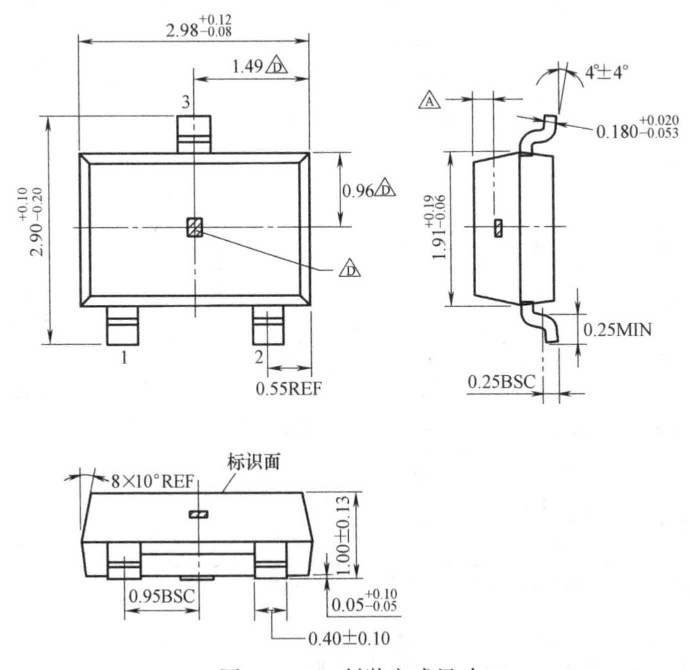

图 B-2　LH 封装方式尺寸

附录C　分数槽集中绕组系数表

1. 双层绕组

Z/(2p)	2	4	6	8	10	12	14	16	18	20	22	24	26	28	30	32	34
3	0.866	0.866	$q<1/4$														
6	$q>1/2$	0.866		0.866	$q<1/4$												
9		$q>1/2$	0.866	0.945	0.945	0.866	$q<1/4$										
12			$q>1/2$	0.866	0.933		0.933	0.866	$q<1/4$								
15				$q>1/2$	0.866		0.951	0.951		0.866	$q<1/4$						
18					$q>1/2$	0.866	0.902	0.945		0.945	0.902	0.866	$q<1/4$				
21						$q>1/2$	0.866	0.89		0.953	0.953		0.89	0.866	$q<1/4$		
24							$q>1/2$	0.866		0.933	0.949		0.949	0.933		0.866	$q<1/4$
27								$q>1/2$	0.866	0.877	0.915	0.945	0.954	0.954	0.945	0.915	0.877
30									$q>1/2$	0.866	0.874		0.936	0.951		0.951	0.936
33										$q>1/2$	0.866		0.903	0.928		0.954	0.954
36											$q>1/2$	0.866	0.867	0.902	0.933	0.945	0.953
39												$q>1/2$	0.866	0.863		0.917	0.936
42													$q>1/2$	0.866		0.89	0.913
45														$q>1/2$	0.866	0.858	0.886
48															$q>1/2$	0.866	0.857
51																$q>1/2$	0.866
54																	$q>1/2$

Z/(2p)	36	38	40	42	44	46	48	50	52	54	56	58	60	62	64	66	68
27	0.866	$q<1/4$															
30		0.874	0.866	$q<1/4$													
33		0.928	0.903		0.866	$q<1/4$											
36		0.953	0.945	0.933	0.902	0.867	0.866	$q<1/4$									
39		0.954	0.954		0.936	0.917		0.863	0.866	$q<1/4$							
42		0.945	0.953		0.953	0.945		0.913	0.89		0.866	$q<1/4$					
45		0.927	0.945	0.951	0.955	0.955	0.951	0.945	0.927		0.886	0.858	0.866	$q<1/4$			
48		0.905	0.933		0.949	0.954		0.954	0.949		0.933	0.905		0.857	0.866	$q<1/4$	
51		0.88	0.901		0.933	0.944		0.955	0.955		0.944	0.933		0.901	0.88		0.866
54	0.866	0.854	0.877	0.902	0.915	0.93	0.945	0.949	0.954		0.954	0.949	0.945	0.93	0.915	0.902	0.877
57	$q>1/2$	0.866	0.852		0.894	0.912		0.937	0.946		0.955	0.955		0.946	0.937		0.912
60		$q>1/2$	0.866		0.874	0.892		0.933	0.936		0.951	0.954		0.954	0.951		0.936
63			$q>1/2$	0.866	0.85	0.871	0.89	0.905	0.919		0.945	0.948	0.953	0.955	0.955	0.953	0.948
66				$q>1/2$	0.866	0.849		0.887	0.903		0.928	0.938		0.951	0.954		0.954
69					$q>1/2$	0.866		0.867	0.884		0.913	0.925		0.943	0.949		0.955
72						$q>1/2$	0.866	0.847	0.867		0.902	0.911	0.933	0.933	0.945	0.949	0.953
75							$q>1/2$	0.866	0.846		0.88	0.895		0.92	0.93		0.945
78								$q>1/2$	0.866		0.863	0.879		0.906	0.917		0.936
81									$q>1/2$	0.866	0.845	0.862	0.877	0.891	0.904	0.915	0.925
84										$q>1/2$	0.866	0.844		0.875	0.89		0.913
87											$q>1/2$	0.866		0.859	0.874		0.899
90												$q>1/2$	0.866	0.843	0.858	0.874	0.886
93													$q>1/2$	0.866	0.843		0.871
96														$q>1/2$	0.866		0.857
99															$q>1/2$	0.866	0.842
102																$q>1/2$	0.866
105																	$q>1/2$

2. 单层绕组

$Z/(2p)$	2	4	6	8	10	12	14	16	18	20	22	24	26	28	30	32	34
6	$q>1/2$	0.866		0.866	$q<1/4$												
12			$q>1/2$	0.866	0.966		0.966	0.866	$q<1/4$								
18					$q>1/2$	0.866	0.902	0.945		0.945	0.902	0.866	$q<1/4$				
24							$q>1/2$	0.866		0.966	0.958		0.958	0.966		0.866	$q<1/4$
30									$q>1/2$	0.866	0.874		0.936	0.951		0.951	0.936
36											$q>1/2$	0.866	0.87	0.902	0.966	0.945	0.956
42													$q>1/2$	0.866		0.89	0.913
48															$q>1/2$	0.866	0.859
54																	$q>1/2$

$Z/(2p)$	36	38	40	42	44	46	48	50	52	54	56	58	60	62	64	66	68
24		$q<1/4$															
30		0.874	0.866	$q<1/4$													
36		0.956	0.945	0.966	0.902	0.87	0.866	$q<1/4$									
42		0.945	0.953		0.953	0.945		0.913	0.89		0.866	$q<1/4$					
48		0.907	0.966		0.958	0.956		0.956	0.958		0.966	0.907		0.859	0.866	$q<1/4$	
54	0.866	0.854	0.877	0.902	0.915	0.93	0.945	0.949	0.954		0.954	0.949	0.945	0.93	0.915	0.902	0.877
60		$q>1/2$	0.866		0.874	0.893		0.966	0.936		0.951	0.955		0.955	0.951		0.936
66				$q>1/2$	0.866	0.849		0.887	0.903		0.928	0.938		0.951	0.954		0.954
72						$q>1/2$	0.866	0.848	0.87		0.902	0.912	0.966	0.933	0.945	0.958	0.956
78								$q>1/2$	0.866		0.863	0.879		0.906	0.917		0.936
84										$q>1/2$	0.866	0.845		0.876	0.89		0.913
90												$q>1/2$	0.866	0.843	0.858	0.874	0.886
96														$q>1/2$	0.866		0.859
102																$q>1/2$	0.866
108																	$q>1/2$

附录 D 平均电流比 K_A 平均电磁转矩比 K_τ 和 K_T/K_E 比的函数表

平均电流比 K_A 函数表

x \ K_u	0.6	0.7	0.8	0.9	1
0.01	0.0112	0.0122	0.0132	0.0140	0.0148
0.02	0.0222	0.0242	0.0260	0.0277	0.0292
0.05	0.0541	0.0587	0.062813	0.0665	0.0699
0.1	0.1039	0.1117	0.11871802	0.1252	0.1311
0.2	0.1917	0.2032	0.2138	0.2236	0.2327
0.5	0.3828	0.3969	0.4102	0.4230	0.4353
1	0.5654	0.5777	0.5897	0.6013	0.6127
2	0.7353	0.7436	0.7519	0.7600	0.7681
5	0.8854	0.8891	0.8929	0.8966	0.9003
10	0.9425	0.9444	0.9462	0.9481	0.9500
20	0.9712	0.9722	0.9731	0.9741	0.9750
50	0.9885	0.9889	0.9892	0.9896	0.9900
100	0.9942	0.9944	0.9946	0.9948	0.9950

平均电磁转矩比 K_τ 函数表

x \ K_u	0.6	0.7	0.8	0.9	1
0.01	0.0166	0.0165	0.0160	0.0155	0.0148
0.02	0.0328	0.0324	0.0316	0.0305	0.0292
0.05	0.0786	0.0776	0.0756	0.0730	0.0699
0.1	0.1468	0.1447	0.1411	0.1364	0.1311
0.2	0.2590	0.2547	0.2486	0.2412	0.2327
0.5	0.4745	0.4666	0.4573	0.4468	0.4353
1	0.6521	0.6434	0.6339	0.6236	0.6127
2	0.798	0.7909	0.7836	0.7761	0.7681
5	0.9147	0.9112	0.9076	0.9040	0.9003
10	0.9574	0.9556	0.9537	0.9519	0.9500
20	0.9787	0.9778	0.9769	0.9759	0.9750
50	0.9915	0.9911	0.9907	0.9904	0.9900
100	0.9958	0.9956	0.995	0.9952	0.9950

K_T/K_E 比函数表

x \ K_u	0.6	0.7	0.8	0.9	1
0.01	1.4897	1.3463	1.2183	1.1035	1
0.02	1.4799	1.3398	1.2145	1.1019	1
0.05	1.4525	1.3218	1.2039	1.0971	1
0.1	1.4130	1.2955	1.1882	1.0901	1
0.2	1.3511	1.2535	1.1629	1.0786	1
0.5	1.2398	1.1759	1.1147	1.0561	1
1	1.1534	1.1137	1.0750	1.0371	1
2	1.0851	1.0636	1.0422	1.0211	1
5	1.0332	1.0248	1.0165	1.0083	1
10	1.0158	1.0119	1.0079	1.0039	1
20	1.0077	1.0058	1.0038	1.0019	1
50	1.0030	1.0023	1.0015	1.0008	1
100	1.0015	1.0011	1.0008	1.0004	1

附录E　GB/T 21418—2008永磁无刷电动机系统通用技术条件

1　范围

本标准规定了永磁无刷电动机系统及构成系统的永磁无刷电动机、永磁无刷电动机驱动器的术语和定义，运行条件，基本要求，试验方法和验收标准等。

本标准适用于永磁无刷电动机系统（以下简称系统）及构成系统的永磁无刷电动机（以下简称电动机）、永磁无刷电动机驱动器（以下简称驱动器）。

2　规范性引用文件

下列文件中的条款通过本标准的引用而成为本标准的条款。凡是注日期的引用文件，其随后所有的修改单（不包括勘误的内容）或修订版均不适用于本标准，然而，鼓励根据本标准达成协议的各方研究是否可使用这些文件的最新版本。凡是不注日期的引用文件，其最新版本适用于本标准。

GB/T 191　包装储运图示标志（GB/T 191—2000，eqv ISO 780：1997）

GB 755—2000　旋转电机　定额和性能（IEC 60034-1：1996，IDT）

GB/T 2423.1　电工电子产品环境试验　第2部分：试验方法　试验A：低温（GB/T 2423.1—2001，IEC 60068-2-1：1990，IDT）

GB/T 2423.2　电工电子产品环境试验　第2部分：试验方法　试验B：高温（GB/T 2423.2—2001，IEC 60068-2-2：1974，IDT）

GB/T 2423.3　电工电子产品基本环境试验规程　试验Ca：恒定湿热试验方法（GB/T 2423.3—2006，eqv IEC 60068-2-78：2001）

GB/T 2423.5　电工电子产品环境试验　第二部分：试验方法　试验Ea和导则：冲击（GB/T 2423.5—1995，idt IEC 60068-2-27：1987）

GB/T 2423.10　电工电子产品环境试验　第二部分：试验方法　试验Fc和导则：振动（正弦）（GB/T 2423.10—1995，idt IEC 60068-2-6：1982）

GB/T 2828.1—2003　计数抽样检验程序　第1部分：按接收质量限（AQL）检索的逐批检验抽样计划（ISO 2859-1：1999，IDT）

GB/T 2900.26　电工术语　控制电机

GB/T 2900.56　电工术语　自动控制

GB/T 4772.1　旋转电机尺寸和输出功率等级　第1部分：机座号56~400和凸缘号55~1080（GB/T 4772.1—1999，idt IEC 72-1：1991）

GB 4824—2004　工业、科学和医疗（ISM）射频设备电磁骚扰特性　限值和测量方法

GB/T 7345—1994　控制微电机基本技术要求

GB/T 7346　控制电机基本外形结构型式

GB/T 10069.1　旋转电机噪声测定方法及限值　噪声工程测定方法

GB/T 17626.2—2006　电磁兼容　试验和测量技术　静电放电抗扰度试验（IEC 61000-4-2：2001，IDT）

GB/T 17626.3—2006　电磁兼容　试验和测量技术　射频电磁场辐射抗扰度试验（IEC 61000-4-3：2002，IDT）

GB/T 17626.4—1998　电磁兼容　试验和测量技术　电快速瞬变脉冲群抗扰度试验（IEC 61000-4-4：1995，IDT）

GB/T 17626.5—1999　电磁兼容　试验和测量技术　浪涌（冲击）抗扰度试验（idt IEC 61000-4-5：1995）

GB 18211—2000　微电机安全通用要求

GJB/Z 299B—1998　电子设备可靠性预测手册

3　术语和定义

下列术语和定义适用于本标准。

3.1　永磁无刷电动机系统　permanent magnet brushless motor system

以永磁无刷电动机作为执行元件，根据位置、速度、转矩等反馈信息构成的控制系统。

系统包括永磁无刷电动机、传感和驱动器等三部分（参见附录A图A.1）。

系统有4种基本运行方式：开环运行、转矩控制、速度控制和位置控制（参见附录A图A.2~图A.5）。

3.2　驱动器　driver

接受控制指令，可实现对电动机的转矩/速度/转子位置控制的电气装置。

驱动器按其控制电路和软件的实现方式可分为模拟量控制、数字模拟混合控制和全数字化控制；按其驱动方式可分为方波驱动和正弦波驱动。

3.3　永磁无刷电动机　permanent magnet brushless motor

依赖于转子位置信息，通过电子电路进行换相或电流控制的永磁电动机。

永磁无刷电动机有正弦波和方波两种形式，驱动电流为方波的电动机通常称为永磁无刷直流电动机，驱动电流为正弦波的电动机通常称为永磁交流伺服电动机。按电动机传感类型可分为有传感器电动机和无传感器电动机。

3.4　传感　sensor/sensing

用于检测永磁无刷电动机位置、速度、电流的传感器或技术。传感器包括接近开关、光电编码器、旋转变压器、霍尔元件、电流传感器件等。

3.5　额定功率　rated power

在规定条件下，系统/电动机/驱动器的最大连续输出功率。

3.6　峰值转矩　peak torque

在规定条件下，电动机所能输出的最大转矩。在峰值转矩下短时工作不会引起电机损坏或性能不可恢复。

3.7　峰值电流　peak current

在规定条件下，电动机输出峰值转矩时的线电流值。该电流在电动机方波运行时为峰值，正弦波运行时为有效值。

3.8　最大连续转矩（额定转矩）　maximum continuous torque（rated torque）

在规定条件下，电动机所能输出的最大转矩，在该转矩下连续运行，电动机绕组温度和驱动器功率器件温度不会超过最高允许温度，电动机或驱动器不会损坏。

3.9 电动机最大连续电流（额定电流） **maximum continuous current of motor**（rated current）

在规定条件下，电动机输出最大连续转矩（额定转矩）时的线电流值。该电流在电动机方波运行时为峰值，正弦波运行时为有效值。

3.10 静阻转矩 static friction torque

电动机不通电时，使转子在任意位置开始转动需克服的阻转矩。

3.11 电动机热阻 thermal resistance of motor

电动机绕组和机壳之间对热流的阻抗。

3.12 空载转速 no-load speed

在规定条件下，电动机空载状态时的稳态转速。

3.13 最高允许工作转速 maximum permit speed

在保证电气绝缘介电强度和机械强度条件下，电动机最大设计转速。

3.14 额定转速 rated speed

电动机输出最大连续转矩、以额定功率运行时的转速。

3.15 转矩常数 torque constant

在规定条件下，电动机通入单位电流时所产生的平均电磁转矩。

3.16 反电动势常数 back EMF constant

在规定条件下，电动机绕组开路时，单位转速在电枢绕组中所产生的线感应电动势值。

3.17 定子电阻 resistance

在20℃下电动机每相绕组的直流电阻。

3.18 定子电感 inductance

电动机静止时的定子绕组两端的电感。

3.19 连续工作区 continuous duty zone

图1中处于“最大连续转矩”、“最高允许工作转速”和“额定转速”以内的工作区域（图中无阴影区域），它是由电动机的发热、受离心力影响的机械强度、换相或驱动器的极限工作条件限制的范围。在此区域内运行，电动机和驱动器都不会超过其最高允许温度。

注1：额定功率 P_N(W)、额定转速 n_N(r/min) 与最大连续转矩 T_N(N·m) 的关系为

$$P_N = \frac{T_{max} n_N}{60/2\pi}$$

2：对于带油封、制动器等其他附件的电动机，应降额使用。

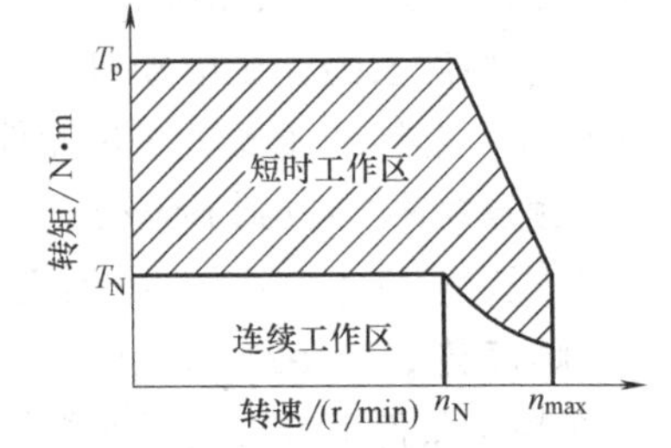

图1 工作区示意图

T_p—峰值转矩 n_{max}—最高允许工作转速 n_N—额定转速 T_N—最大连续转矩

3.20 短时工作区 intermittent duty zone

图1中，处于峰值转矩以下，最大连续转矩以上的区域（图1中阴影区域）。在该区域短时工作，电动机电流虽大于最大连续电流，但电动机绕组在一定时间内不会被损坏。

短时过流持续时间是由绕组的热时间常数决定的。

3.21 **系统效率** system efficiency

电动机输出功率与驱动器输入有功功率之比。

3.22 **驱动器效率** driver efficiency

驱动器输出有功功率与驱动器输入有功功率之比。

3.23 **电动机效率** motor efficiency

电动机输出功率与电动机输入有功功率之比。

3.24 **热时间常数** thermal time constant

在恒定功耗和规定条件下，电动机绕组温升达到稳定值的63.2%所需的时间。

3.25 **输入额定电压** rated input voltage

在规定条件下，施加在驱动器的电源端子处的电压有效值。

3.26 **额定频率** rated frequency

输入交流电压的频率。

3.27 **输入额定电流** rated input current

在规定条件下，驱动器输出额定电流时，其输入电流的有效值。

3.28 **连续输出电流额定值** rated continuous output current

在规定的条件下，驱动器能够连续输出而不会超过规定限值的最大电流有效值。

3.29 **过载能力** over load capability

在规定的条件下，能够在规定时间内输出而不会超过规定限值的最大电流有效值。

3.30 **电磁兼容性** electromagnetic compatibility，EMC

系统/驱动器/电动机在规定的电磁环境中能正常工作且不对该环境中任何事物构成不能承受的电磁骚扰的能力。

3.31 **闭环控制** closed loop control

为了将反馈变量调整到参比变量，系统将反馈变量与参比变量相比较，并利用两变量之差设定操纵变量的控制。按被控量的不同分为位置控制、速度控制、转矩控制三种。

3.32 **转速波动** speed ripple

电动机稳态运行时，瞬态转速的最大值为 n_{max}，最小值为 n_{min}，则转速波动为：

$$\text{转速波动}=\frac{n_{max}-n_{min}}{n_{max}+n_{min}}\times 100\% \quad\cdots\cdots(1)$$

3.33 **转矩波动** torque ripple

电动机稳态运行时，对电动机施加恒定负载，连续测量输出转矩，瞬态转矩的最大值为 T_{max}，最小值为 T_{min}，则转矩波动为：

$$\text{转矩波动}=\frac{T_{max}-T_{min}}{T_{max}+T_{min}}\times 100\% \quad\cdots\cdots(2)$$

3.34 **正反转速差** speed difference between positive and negative

对于速度闭环的系统，不改变速度指令的量值，仅改变电动机的转动方向，空载条件下，测量出电动机的正反转速平均值 n_{cw} 和 n_{ccw}，按照下式计算正反转速差：

$$\text{正反转速差}=\frac{|n_{cw}-n_{ccw}|}{n_{cw}+n_{ccw}}\times 100\% \quad\cdots\cdots(3)$$

3.35　转速调整率　speed regulated ratio

系统在额定转速、空载条件下，仅电源电压变化，或仅环境温度变化，或仅负载变化，电动机的平均转速变化值与额定转速的百分比分别叫做电压变化的转速调整率、温度变化的转速调整率、负载变化的转速调整率。

3.36　调速比　speed ratio

系统满足规定的转速调整率和规定的转矩波动（或转速波动）时的最低空载转速 n_{min} 和额定转速 n_N 之比叫做调速比 D。

$$D=\frac{n_{min}}{n_N} \qquad (4)$$

3.37　超调量　overshoot

对于阶跃响应，为偏离输出变量最终稳态值的最大瞬时偏差，通常以最终稳态值与初始稳态值之差的百分数表示。参见图2。

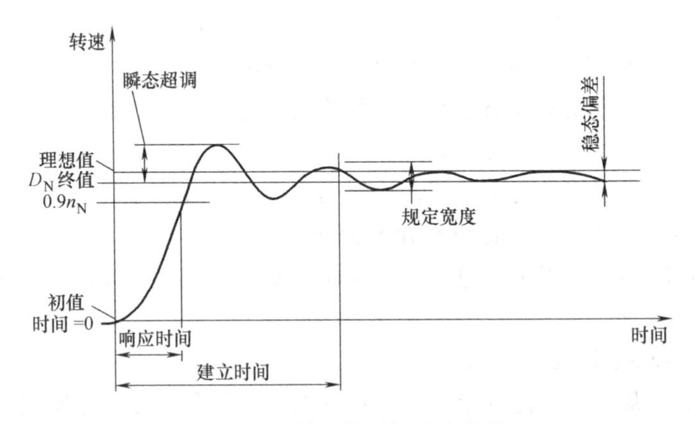

图2　阶跃输入的时间响应曲线

3.38　阶跃输入的转速响应时间　response time following a step change of reference input

系统输入由零到对应 n_N 的正阶跃信号，从阶跃信号开始至转速第一次达到 $0.9n_N$ 的时间（图2）；系统输入由对应 n_N 到零的负阶跃信号，从阶跃信号开始至转速第一次达到 $0.1n_N$ 的时间。上述正、负阶跃过程中规定的时间称阶跃输入的转速响应时间。

3.39　转矩变化的时间响应　response following a torque variation

系统正常运行时，对电动机突然施加转矩负载或突然卸去转矩负载，电动机转速随时间的变化叫做系统对转矩变化的时间响应（图3）。

3.40　建立时间　settling time

从一个输入变量发生阶跃变化的瞬间起，至输出变量偏离其最终稳态值与初始稳态值之差不超过±5%的瞬间止的持续时间间隔。

系统中转速发生阶跃变化的建立时间叫转速建立时间（图2）。

系统中转矩发生阶跃变化的建立时间叫转矩变化的转速建立时间（恢复时间）（图3）。

3.41　频带宽度　hand width

系统输入量为正弦波，随着正弦波信号的频率逐渐升高，对应的输出量的相位滞后逐渐

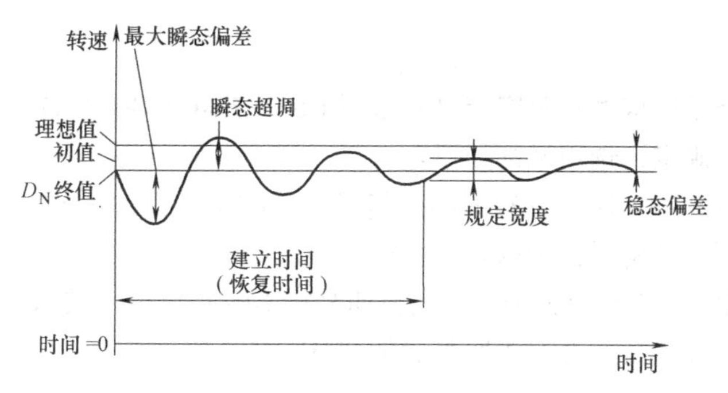

图3　突加负载的时间响应曲线（输入不变）

增大同时幅值逐渐减小，相位滞后增大至90°时或者幅值减小至低频段幅值$1/\sqrt{2}$时的频率叫做系统的频带宽度。

3.42　静态刚度　static stiffness

在位置控制方式下，系统处于空载零速工作状态，对电动机轴端正转方向或反转方向施加连续转矩T_0，测量出转角的偏移量$\Delta\theta$，则静态刚度K_s为：

$$K_s=\frac{T_0}{\Delta\theta} \qquad (5)$$

若转角采用分为单位，则静态刚度的单位为N·m/(′)。

4　运行条件

4.1　电气运行条件

除另有规定外，输入额定电压和额定频率优选值如表1。

表1

频率/Hz	电压/V
直流	1.5,3,5,6,9,12,24,27,36,40,48,60,110,220,270,310,400,480,500,610,700
单相50,60,400	12,24,36,115,220
三相50,60,400	36,60,200,220,380

4.2　使用环境条件

除另有规定外，系统的环境使用条件应符合下列规定：

——环境温度（分两级）：(1) 商用级：0℃~+40℃；(2) 工业级：-20℃~+55℃；

——相对湿度：5%~85%，无凝露；

——大气压强：86kPa~106kPa；

——污染等级2（一般情况下，只有非导电性污染。但是也要考虑到偶然由于凝露造成的暂时的导电性）。

4.3　试验环境条件

本标准中的各项检查和试验，如无其他规定，均应在下列气候条件下进行：

——环境温度：15℃~35℃；

——相对湿度：10%~75%；

——大气压强：86kPa~106kPa。

5　机座号

电动机的基本外形结构型式及安装尺寸参照 GB/T 7346、GB/T 4772.1 选用或由电动机的产品专用技术条件规定，选用规则如下：

a）当电动机机座外径不大于 320mm，其机座号按 GB/T 7346 要求，用电动机外径表示，当电动机为非圆柱结构时，为内切圆直径；

b）当电动机机座外径大于 320mm，其机座号按 GB/T 4772.1 要求，建议采用底脚安装方式，用电动机中心高表示，并在机座号后加“M”。

6　基本要求和试验方法

6.1　轴伸径向圆跳动

电动机轴伸长度一半处的径向圆跳动应符合表 2 的规定。

表 2　（单位：mm）

轴 伸 直 径	轴伸径向圆跳动最大允许差值
≤3	0.020
3~6	0.025
6~10	0.030
10~18	0.035
18~30	0.040
30~50	0.050
>50	0.060

6.2　凸缘止口对电动机轴线的径向圆跳动

电动机凸缘止口对电动机轴线的径向圆跳动应符合表 3 的规定。

表 3　（单位：mm）

凸 缘 直 径	凸缘止口对电动机轴线的径向圆跳动最大允许差值
≤20	0.040
20~50	0.060
50~100	0.080
100~240	0.100
>240	0.125

6.3　凸缘安装端面对电动机轴线的端面跳动

电动机凸缘安装面对电动机轴线的端面跳动应符合表 4 的规定。

表 4　（单位：mm）

凸 缘 外 径	凸缘安装面对电动机轴线的端面跳动最大允许差值
≤20	0.040
20~50	0.060
50~100	0.080
100~240	0.100
>240	0.125

6.4　转子的转动惯量

电动机转子的转动惯量应符合产品专用技术条件规定。

电动机转子的转动惯量可计算或参照 GB/T 7345—1994 中 5. 11 规定的方法和其他等效方法测量。

6. 5　保护接地电路有效性试验

驱动器如设保护接地端子，应接触良好。驱动器的外壳和其他裸露导电部分必须与保护接地端子保证有良好的导电性，它们之间的电阻不应超过 0. 1Ω。

可采用毫欧表或其他方法测量。并检查保护接地端子连续是否接触良好。

6. 6　介电性能

6. 6. 1　耐电压

电动机的定子绕组与机壳之间、驱动器的检查试验点对保护接地端（外壳的裸露部分）之间应能够承受表 5 规定的试验电压，应无击穿、飞弧、闪络现象。漏电流不大于表 5 规定。

注：1. 不应重复进行本项试验。如用户提出要求，允许在安装之后开始运行之前再进行一次额外试验，其试验电压值应不超过上述规定的 80%。

2. 驱动器内置式电动机的耐电压试验由产品专用技术条件规定。

3. 对于电路接地的驱动器，无法进行耐电压强度试验时，其考核办法由产品专用技术条件规定。

4. 驱动器的检查试验点应该考虑两种情况：

a）主电路和控制电路公用同一个参考地。检查测试点为主电路的电源输入端。试验时将电源输入端子短接。

b）主电路和控制电路不公用同一个参考地。检查测试点包括主电路的电源输入端和控制信号端。试验时将电源输入端子、控制信号端子分别短接。

表 5

<table>
<tr><th>输入额定电压/V</th><th>电源功率/kVA（最小值）</th><th>电源频率/Hz</th><th>试验电压/V（有效值）</th><th>电压持续时间/s</th><th>漏电流/mA</th></tr>
<tr><td>≤24</td><td rowspan="5">0. 5</td><td rowspan="5">50</td><td>300</td><td rowspan="5">60</td><td rowspan="2">5</td></tr>
<tr><td>>24~36</td><td>500</td></tr>
<tr><td>>36~115</td><td>1000</td><td rowspan="2">10</td></tr>
<tr><td>>115~250</td><td>1500</td></tr>
<tr><td>>250</td><td>$1000+2U_s$</td><td>20</td></tr>
</table>

注：当对批量生产的 5kW 及以下电动机进行常规试验时，1min 试验可用约 5s 的试验代替；试验电压不变；也可用 1s 试验来代替，但试验电压值为规定值的 120%。电动机机座外径大于 320mm，按产品专用技术条件规定。

对驱动器试验，应切断电源后进行。驱动器内的电源开关和接触器置于接通状态。对于不能承受试验电压的元件（如浪涌抑制器、半导体元件、电容器等）应将其断开或旁路。对于安装在电路和裸露部件之间的抗扰性电容器不应断开。

试验电压的有效值不应超过规定值的±5%。开始施加时的试验电压不应超过规定值的 50%。然后在几秒钟内将试验电压平稳增加到规定的最大值并保持 1min。

6. 6. 2　绝缘电阻

在正常试验条件及产品专用技术条件规定的极限低温条件下，电动机定子绕组与机壳之间、驱动器的检查试验点对保护接地端（外壳的裸露部分）之间的绝缘电阻应不低于 50MΩ，在极限高温条件下绝缘电阻应不低于 10MΩ，经受恒定湿热试验后绝缘电阻应不低于 1MΩ。

驱动器内置式电动机的绝缘电阻试验由产品专用技术条件规定。

绝缘电阻检查选用兆欧表的电压值应符合表6规定。

表6　（单位：V）

耐电压值	兆欧表的电压值
300	250
500,1000	500
≥1500	1000

6.7　反电动势常数

反电动势常数应符合产品专用技术条件的规定。

将被试电动机拖动至转速 n(r/min)。测量该电动机的线感应电动势 U(V) 幅值。

用下式计算反电动势常数 K_e(V/(rad/s))：

$$K_e = \frac{30U}{\pi n} \quad (6)$$

6.8　定子电感

电动机定子绕组电感应符合产品专用技术条件的规定。

电动机定子绕组的电感随着转子的位置和磁路饱和程度的变化而变化。测量也受电流变化率的影响。因此，当给出一个电感指标时，应明确测量条件。

转子在三个不同位置时，用电感电桥测量定子相绕组在频率1000Hz下的电感，取三次平均值。

6.9　定子电阻

电动机定子电阻应符合产品专用技术条件的规定。

用直流电桥测量电动机定子绕组的直流相电阻，必要时应换算为20℃时的等效电阻，见GB 755—2000中7.6.2.2。

6.10　静阻转矩

电动机静阻转矩应符合产品专用技术条件的规定。

电动机不通电，采用拉砝码或其他方法在转轴上施加转矩，测量电动机转轴开始转动而又不会连续转动的转矩值即为电机的静阻转矩，每方向各测三次，取其最大值。

6.11　空载转速

电动机在空载状态下稳态运行，电动机的空载转速应符合产品专用技术条件规定。

6.12　额定数据

电动机输出最大连续转矩时，电动机最大连续电流、额定转速应符合产品专用技术条件的规定。

6.13　通电操作试验

6.13.1　系统功能试验

系统的控制功能，保护和监控功能应符合产品专用技术条件的规定。

系统应具备故障保护和状态监控功能，保护功能可以包括（但不限于）下列诸项：过电流保护、过载保护、过热保护、电源过/欠压保护、泵升电压保护、超速保护、电源缺相保护和传感器故障保护等。

试验时系统在额定电源电压下运行，通过外部模拟装置或其他方法检验系统的各种功能（控制、保护等功能）是否符合要求。

6.13.2 高温连续运行试验

驱动器在规定的电源条件和最高环境温度下连续运行，并且系统的各种动作、功能应正确无误。

试验时应使系统在规定的最高工作环境温度和规定的转速范围内空载连续运行，通过外部模拟装置或其他方法使系统经历正反转、起停及 $n_{min} \sim n_N$ 等各种动作。在整个试验过程中系统工作应正常，连续运行的时间应符合专用技术条件的规定，但对连续工作制的系统应不得小于24h。

7 特殊试验

7.1 概述

下列试验可作为用户要求的特殊试验项目或型式试验项目。若需做下列试验项目时，制造商应提供具体参数，如果单独测试电动机，应使用双方共同认可的驱动器，反之亦然。

7.2 效率

使电动机额定运行至稳定工作温度，测量系统/驱动器/电动机在额定状态下的输入功率与输出功率，输出功率对输入功率之比值即为效率。效率应符合产品专用技术条件的规定。

7.3 峰值数据

系统/电动机在稳定工作温度状态下，在规定时间内应能承受施加的峰值转矩，而不出现损坏或变形，不发生冒烟、臭味、转速突变、停转等异常情况。

峰值转矩值（过载倍数）及过载时间应符合产品专用技术条件规定，试验后系统/电动机应能正常工作。

7.4 绕组温升

电动机温升一般是通过绕组电阻的变化进行测量。电动机安装面应尽可能远离热传导表面和通风装置以及其他附加的降温装置。按适当的工作循环运行，直到电动机达到稳定工作温度。

按GB 755—2000中7.6.2的要求来确定温升。电动机的绕组温升应符合产品专用技术条件规定。

7.5 热阻和热时间常数

热阻和热时间常数应符合产品专用技术条件的规定。

热阻和热时间常数可采用附录B或其他等效方法进行测量。

7.6 正反转速差

对于速度控制方式的系统，电动机在额定转速时的正反转速差应符合产品专用技术条件的规定。

试验在电动机空载条件下进行，系统输入额定正反转速指令（改变方向但不改变量值），测量电动机的正反转速平均转速 n_{CCW} 和 n_{CW}，按式（3）计算正反转速差。

7.7 转速波动

空载条件下，电动机在额定转速时的转速波动应符合产品专用技术条件的规定。

系统在额定转速、空载条件下运行，测量出电动机最大瞬态转速和最低瞬态转速，并按式（1）计算转速波动。

7.8　转矩波动

电动机转矩波动应符合产品专用技术条件的规定。对于速度闭环的系统，电动机在最低转速下的转矩波动推荐按下列值规定：3%；5%；7%；10%；15%。

转矩波动在系统的最低转速 $D \cdot n_N$ 下测试，对电动机施加最大连续转矩，测量并记录电动机在一转中的输出转矩，找到最大转矩和最小转矩，按式（2）计算系统的转矩波动。

7.9　转速调整率

7.9.1　要求

驱动器在规定的最低温度和最高温度下，测出电动机随温度变化的转速调整率；在供电电源由85%变化到110%，测出随电压变化的转速调整率；在负载由空载变化到额定负载，测出随负载变化的转速调整率，应符合产品专用技术条件的规定。

7.9.2　温度变化的转速调整率

系统在空载条件下放置于人工气候箱中，在20℃温度下将电动机转速调至额定转速 n_N，然后将温度调至最低工作温度，热平衡后测出电动机转速 n_1；再将温度调至最高工作温度，达到热平衡后测量此时电动机的转速 n_2，用（7）式计算温度变化的转速调整率（取大值）：

$$\text{温度变化的转速变化率} = \frac{|n_i - n_N|}{n_N} \times 100\% \qquad i = 1,2 \quad \cdots\cdots (7)$$

7.9.3　电压变化的转速调整率

系统在空载条件下，调节系统的输入电源电压，在额定输入电压时将电动机转速调至额定转速 n_N，将系统的输入电压调到额定值的110%，记录此时的转速 n_1，然后将输入电压调到额定值的85%，再测出电动机转速 n_2。用（8）式计算电压变化的转速调整率（取大值）：

$$\text{电压变化的转速变化率} = \frac{|n_i - n_N|}{n_N} \times 100\% \qquad i = 1,2 \quad \cdots\cdots (8)$$

7.9.4　负载变化的转速调整率

系统在空载条件下，将电动机转速调至额定转速 n_N，然后再加载至额定负载，记录此时的转速 n_1。用（9）式计算负载变化的转速调整率：

$$\text{负载变化的转速变化率} = \frac{|n_i - n_N|}{n_N} \times 100\% \quad \cdots\cdots (9)$$

7.10　转矩变化的时间响应

系统在稳态运行条件下，突然施加负载转矩和突然卸去负载转矩，电动机转速的最大瞬态偏差和建立（恢复）时间应符合产品专用技术条件的规定。

使电动机空载运行在0.5倍额定转速下，系统由空载突然施加0.5倍最大连续转矩（负载施加用相同的电动机对拖），待系统稳定后再突然卸去该转矩负载，记录转矩变化的时间响应曲线；读出最大的瞬态偏差和建立时间（恢复时间），以读取的最大瞬态偏差的两倍作为瞬态偏差的测试结果。

也可采用其他加载设备，若加载设备的转动惯量和电气时间常数对测试结果的影响不大于5%，则读取的数值可以直接作为测试结果。

7.11　转速变化的时间响应

电动机在空载零速条件下，系统（驱动器）输入速度（转速）阶跃信号，转速变化的时间响应过程中的响应时间、超调量和建立时间，应符合产品专用技术条件的规定。

试验方法如下：

使电动机处于空载零速状态下，输入对应额定转速 n_N 的阶跃信号，记录正阶跃输入的时间响应曲线，读出响应时间、建立时间和瞬态超调并计算出超调量。在稳定的 n_N 转速下，输入信号阶跃到零，记录负阶跃输入的时间响应曲线，读出响应时间、建立时间和瞬态超调并计算超调量。

改变电动机转向重复上述试验，测量四次取平均值。

7.12 频带宽度

速度闭环系统的频带宽度应符合产品专用技术条件的规定。

试验方法如下：系统输入正弦波转速指令，其幅值为额定转速指令值的0.01倍，频率由1Hz逐渐升高，记录电动机对应的转速曲线。随着指令信号频率的提高，电动机转速的波形曲线对指令正弦波曲线的相位滞后逐渐增大，而幅值逐渐减小。相位滞后增大至90°相移的频带宽度作为90°相移的频带宽度；幅值减小至$1/\sqrt{2}$时的频率作为系统-3dB 频带宽度。

7.13 静态刚度

位置控制方式下，系统的静态刚度应符合产品专用技术条件的规定。

试验方法如下：

在位置控制方式下，系统处于空载零速状态，用满足精度要求的轴角传感器检测出电动机轴角位置，选定这时的电动机轴角位置为参考零位。用砝码法、测力扳手或杠杆弹簧称等方法对电动机施加正反向转矩，转矩值达到连续工作区规定的最大转矩 T_0 后，测量电动机轴角位置对参考零位的偏移量 $\Delta\theta$。至少应任取三点，正向和反向共测量六次，$\Delta\theta$ 取最大值。按式（5）计算系统的静态刚度。

7.14 低温

当产品专用技术条件有要求时，系统/驱动器/电动机应能承受产品专用技术条件规定的极限低温试验。试验后其性能指标应符合产品专用技术条件的规定。

试验时，按 GB/T 2423.1 中试验方法 Ad 进行低温试验，试验持续时间为2h，或符合产品专用技术条件的规定。

7.15 高温

当产品专用技术条件有要求时，系统/驱动器/电动机应能承受产品专用技术条件规定的极限高温试验。试验后其性能指标应符合产品专用技术条件的规定。

试验时，按 GB/T 2423.2 中试验方法 Bd 进行高温试验，试验持续时间为2h，或符合产品专用技术条件的规定。

7.16 振动

当产品专用技术条件有要求时，电动机或驱动器应能承受表7规定振动条件的初始振动响应及耐久试验。试验后电动机或驱动器不应出现零部件松动或损坏，性能应符合产品专用技术条件的规定。

表7

<table>
<tr><th colspan="2"></th><th>振动频率/Hz</th><th>幅值①</th><th>扫频次数</th><th>每一轴线危险频率上振动时间/min</th></tr>
<tr><td rowspan="3">电动机</td><td>120 机座以下</td><td rowspan="4">10~150</td><td>0.35mm 或 50m/s²</td><td rowspan="4">10</td><td rowspan="3">30</td></tr>
<tr><td>120~320 机座</td><td>0.175mm 或 25m/s²</td></tr>
<tr><td>>320 机座</td><td>产品专用技术条件规定</td></tr>
<tr><td colspan="2">驱动器</td><td>0.035mm 或 5m/s²</td><td>10</td></tr>
</table>

① 指交越频率以下的位移幅值和交越频率以上的加速度幅值。交越频率在57~62Hz之间。

产品牢固地固定在试验支架上，支架固定在试验台面上，按 GB/T 2423.10 中的扫频试验法进行振动响应及耐久试验。在三个垂直的方向进行。

试验期间的监测项目和方法、机械负载大小及是否通电试验等，应在产品专用技术条件中规定。

7.17　冲击

当产品专用技术条件有要求时，电动机或驱动器应能承受表 8 规定的冲击试验。试验后电动机或驱动器不应出现零部件松动或损坏，性能应符合产品专用技术条件的规定。

表 8

		峰值加速度/(m/s^2)	脉冲持续时间/ms	波形	每一轴线冲击次数
电动机	120 机座以下	150	11	半正弦	3
	120~320 机座	50	30		
	>320 机座	产品专用技术条件规定			
驱动器		15	11	半正弦	3

产品牢固地固定在试验支架上，按 GB/T 2423.5 的规定进行冲击试验。在三个相互垂直轴线的 6 个方向进行。

试验期间的监测项目、是否通电试验等，应在产品专用技术条件中规定。

7.18　恒定湿热

电动机/驱动器应能承受温度+40℃±2℃，相对湿度 $(93^{+3}_{-2})\%$，历时 4d 的恒定湿热试验。试验后立即测量绝缘电阻，应不小于 1MΩ。电动机/驱动器应无明显的外表质量变坏及影响正常工作的锈蚀现象。在正常大气条件下恢复 12h 后通电，系统应能正常工作。

按 GB/T 2423.3 规定的方法进行试验。

7.19　寿命

电动机的寿命应不低于 2000h 或符合产品专用技术条件规定。试验期内能应连续正常工作，试验结束后，在电动机恢复到冷态时检查空载转速，其变化与试验开始时比较不应超过 10%。

7.20　噪声

电动机的声功率级噪声应符合产品专用技术条件规定。

噪声的测试按 GB/T 10069.1 规定进行。

7.21　电磁兼容性（EMC）

7.21.1　导则

本试验要充分考虑系统的 EMC 环境，建议由用户和制造厂共同协商制定每项试验的试验等级，以免付出不必要的代价。

电动机应符合 GB 755—2000 中第 12 章或产品专用技术条件的规定。

驱动器试验方法和验收准则应符合下列规定。

7.21.2　低频干扰

电压波动：-15%~+10%输入额定电压。

频率波动：±2%额定频率。直流电源供电的驱动器不进行本项试验。

在上述干扰下，系统在额定转速下，带额定负载运行，试验时驱动器应能正常运行，电动机的输出转矩不应降低。

7.21.3 高频干扰

高频干扰试验要求和试验方法应符合表9的规定

表9

项　目	试验要求	试验方法
浪涌冲击(1.2/50μs~8/20μs)	试验点为驱动器的供电电源端口	GB/T 17626.5—1999
电快速瞬变脉冲群	试验点为驱动器的供电电源端口和控制信号端口	GB/T 17626.4—1998
静电放电	试验点为驱动器的保护接地端,优先选用接触放电法测试	GB/T 17626.2—2006
射频电磁场辐射	GB/T 17626.3—2006	GB/T 17626.3—2006

试验时系统在额定转速下空载运行，工作特性未有明显的变化，在规定的允差内正常工作。

7.21.4 发射

电网终端扰动电压的极限值应符合表10的规定。

表10

频带/MHz	准峰值/dB(μV)	平均值/dB(μV)
0.15≤f<0.50	79	66
0.50≤f<5.0	73	60
5.0≤f<30	73	60

电磁辐射干扰的极限值应符合表11的规定。

试验时系统在额定电压、额定转速下空载运行，试验方法按GB 4824—2004的规定进行。

表11

频带/MHz	电场强度分量/dB(μV/m)	测量距离/m
30≤f<230	30	30
230≤f<1000	37	

7.22 可靠性

驱动器的可靠性指标用平均无故障时间（MTBF）衡量，具体数值应在专用技术条件中规定。

在输入额定电压、输出额定功率和25℃的环境温度下，根据GJB/Z 299B—1998，使用元器件计数可靠性预计法预测平均无故障时间。

7.23 质量

系统/驱动器/电动机质量应符合产品专用技术条件要求。

用感量不低于1%的衡器称取。

8 铭牌和其他信息

8.1 铭牌

8.1.1 电动机铭牌

电动机铭牌至少应包括下列信息：

a）制造厂名或商标；

b）电动机型号和名称。

8.1.2　驱动器铭牌

驱动器的铭牌上应标出下列各项（至少应包括 a）、b）项）：

a）制造厂名称或商标。

b）驱动器的标志（型号、系列号、制造年份）。

c）输入额定值：

1）电压；

2）频率；

3）相数。

d）输出额定值：

4）最大额定输出电压；

5）额定连续电流；

6）过载能力。

8.1.3　铭牌要求

铭牌应符合 GB 18211—2000 中 4.1、4.5 的规定。

按 GB 18211—2000 中 4.5 规定的方法进行检验。

8.2　制造商应提供的电动机信息

制造商应根据用户要求提供下列参数值及允差。这些参数值可在使用说明书、铭牌和合格证中提供，并能在试验中得到验证。如果参数值受驱动器或负载的影响，则对驱动器或负载应有具体描述。这些参数如下：

a）额定功率；

b）定子电感；

c）定子电阻（20℃）；

d）反电动势常数；

e）转子的转动惯量；

f）绝缘等级；

g）极数；

h）相数；

i）温升；

j）额定电压，V；

k）额定电流，A；

l）额定转速（或空载转速），r/min；

m）额定转矩，Nm；

n）最大转矩，Nm；

o）工作制；

p）制造厂出品年月、编号；

q）质量。

8.3　制造商应提供的驱动器信息

随驱动器应提供的信息：

a）规定由用户调整的校准元件、器件和部件所需的信息；

b）适当选择输入和输出保护和接地所需信息；

c）使用说明书，包括使用驱动器所需要的所有信息；

d）EMC 信息。

8.4 引出线标记和端子编号

对于带引出线的电动机或系统，引出线（或带记号套的导线）颜色应给出。电动机带接线盒或接线端子，应给出端子编号，驱动器的接线端子应有标记，标记应符合 GB 18211—2000 中 4.5 的规定。

接地标志：

电动机或系统设有接地装置时，该接地装置的附近应设有指示接地的标志，此标志在电动机使用期内不会脱落，并且标志不应放在螺钉、可拆卸的垫圈或用作连接导线的可能拆卸的零部件上。接地线端应标以符号“⊥”，对于接地软线，必须为绿、黄双色绝缘线，其他导线不得采用此色标。

8.5 安全和警告标志

制造厂应提供安全和警告标志。

安全和警告标志的全部内容在使用说明书中应加以复述。

9 安全性要求

电动机应符合 GB 755—2000 中第 13 章和 GB 18211—2000 的要求。

10 检验规则

10.1 检验分类

检验分为出厂检验和型式检验。

10.2 出厂检验项目及规则

出厂检验项目及基本顺序按表 12 进行。

出厂检验可以抽样或逐台进行。抽样按 GB/T 2828.1—2003 中检验一次抽样方案进行，检验水平Ⅱ，接收质量限（AQL 值）为 1.0 或 2.5，由使用方和制造方协商选定。

出厂检验中，系统/驱动器/电动机若有一项或一项以上不合格，则该系统/驱动器/电动机为不合格品。

若批出厂检验合格，则除抽验中的不合格品外，使用方应整批接收；若批出厂检验不合格，则整批拒收，由制造厂消除缺陷并剔除不合格品后，再次提次验收。

10.3 型式检验项目及规则

10.3.1 检验规则

有下列情况之一时，一般应进行型式检验：

a）新产品试制定型完成时；

b）由于设计或工艺上的变更足以引起性能和参数变化时，允许根据上述变更可能产生的影响进行有关项目试验；

c）当出厂检验结果与以前进行的型式检验结果发生较大偏差时；

d）定期抽试，每两年至少进行一次。

10.3.2 样机数量

从能代表相应生产阶段的产品中抽取6台，其中4台作为试验样机，2台作为存放对比用。

注：特殊情况下样机抽取应符合专用技术条件规定。

10.3.3 检验结果的评定

10.3.3.1 不合格

只要有一台样机的任一项检验不符合要求，并且不属于10.3.3.2和10.3.3.4的情况，则型式检验不合格。

10.3.3.2 偶然失效

当鉴定部门确定某一项不合格项目属于孤立性质时，允许用新的同等数量的样机代替，并补做已经做过的项目。然后继续试验，若再有一台样机的任何一个项目不合格，则型式检验不合格。

10.3.3.3 性能降低

样机经环境试验后，允许性能发生不影响使用性的降低，具体降低的程度及合格判据由产品专用技术条件规定。

10.3.3.4 性能严重降低

样机在环境试验时或环境试验后，发生影响使用性的性能严重降低时，鉴定部门可以采取两种方式：

a）判定型式检验不合格；

b）当一台样机出现失效时，允许用新的两台样机代替，并补做已经做过的项目，然后补足10.3.2规定的数量继续下面的试验，若再有一台样机的任何一个项目不合格，则判定型式检验不合格。

10.3.3.5 同类产品的型式检验

当某一类两个及两个以上型号的产品同时提交鉴定时，每种型号均应抽取10.3.2规定的样机数量，所有样机通过出厂检验后，再从中选取具有代表性的不同型号的样机进行其余项目的试验，合格判据按10.3.3规定，任一台样机的任一项目不合格，则其所代表的该型号的产品型式检验不合格。本检验不允许样机替换。

若型式检验合格，则认为同时提交的所有型号的产品均合格。

10.3.3.6 型式检验项目和基本顺序

型式检验项目、基本顺序及样机编号应符合表12的规定。

表12

序号	试验项目		基本要求、试验方法和验收标准				试验分类	
			章条号	电动机	驱动器	系统	出厂检验	型式检验样机编号
1	轴伸径向圆跳动		6.1	√	×	√	√	1,2,3,4
2	凸缘止口对电动机轴线的径向圆跳动		6.2	√	×	√	√	1,2,3,4
3	凸缘安装面对电动机轴线的端面跳动		6.3	√	×	√	√	1,2,3,4
4	转子的转动惯量		6.4	√	×	√		1,2
5	保护接地电路有效性试验		6.5	×	√	√	√	1,2,3,4
6	介电性能	耐电压	6.6.1	√	√	√	√	1,2,3,4
7		绝缘电阻	6.6.2	√	√	√	√	1,2,3,4
8	反电动势常数		6.7	√	×	√	√	1,2,3,4

（续）

序号	试验项目		基本要求、试验方法和验收标准				试验分类	
			章条号	电动机	驱动器	系统	出厂检验	型式检验样机编号
9	定子电感		6.8	√	×	√	√	1,2,3,4
10	定子电阻		6.9	√	×	√	—	1,2,3,4
11	静阻转矩		6.10	√	×	√	√	1,2,3,4
12	空载转速		6.11	√①	√②	√	√	1,2,3,4
13	额定数据	最大连续转矩	6.12	√①	√②	√	√	1,2,3,4
14		最大连续电流						
15		额定转速						
16	通电试验	系统功能试验	6.13.1	√①	√②	√	√	1,2,3,4
17		高温连续运行试验	6.13.2					
18	效率		7.2	√①	√②	√	—	1,2,3,4
19	峰值数据	峰值转矩	7.3	√①	√②	√	√	1,2,3,4
20		峰值电流						
21	绕组温升		7.4	√①	×	√	—	1,2,3,4
22	热阻和热时间常数		7.5	√	×	√	—	1,2,3,4
23	正反转速差		7.6	√	√②	√	√	1,2,3,4
24	转速波动		7.7	√	√②	√	—	1,2,3,4
25	转矩波动		7.8	×	√②	√	—	1,2,3,4
26	转速调整率	温度变化	7.9.2	×	√②	√	√	1,2,3,4
27		电压变化	7.9.3					
28		负载变化	7.9.4					
29	转矩变化的时间响应		7.10	×	√②	√	—	1,2,3,4
30	转速变化的时间响应		7.11	×	√②	√	—	1,2,3,4
31	频带宽度		7.12	×	√②	√	—	1,2,3,4
32	静态刚度		7.13	×	√②	√	—	1,2,3,4
33	低温		7.14	√	√	√	—	1,2
34	高温		7.15	√	√	√	—	1,2
35	振动		7.16	√	√	√	—	3,4
36	冲击		7.17	√	√	√	—	3,4
37	恒定湿热		7.18	√	√	√	—	1,2
38	寿命		7.19	√	×	√	—	1,2
39	噪声		7.20	√	—	√	—	3,4
40	电磁兼容性（EMC）	低频干扰	7.21.2	√	√	√	—	1,2,3,4
41		高频干扰	7.21.3					
42		发射	7.21.4					
43	可靠性		7.22	√	√	√	—	1,2,3,4
44	质量		7.23	√	√	√	—	1,2

注：“√”表示进行该项目经验，“—”表示不进行该项经验，“×”表示该项不适用。
① 需配标准驱动器进行该项检验；
② 需配标准电动机进行该项检验。

11 包装和贮存

电动机在包装前轴伸应采用防锈保护措施。

系统（电动机、驱动器）包装必须牢固可靠，包装箱应按 GB/T 191 的规定标识。

包装箱或包装盒在运输过程中应小心轻放，避免碰撞和敲击，严禁与酸碱等腐蚀性物质放在一起。

贮存在环境温度为-10℃~35℃，相对湿度不大于85%，清洁、通风良好的库房内，空气中不得含有腐蚀性气体。

GB/T 21418—2008　附录 A
（资料性附录）
系统方框图

A.1　系统组成方框图（见图 A.1）

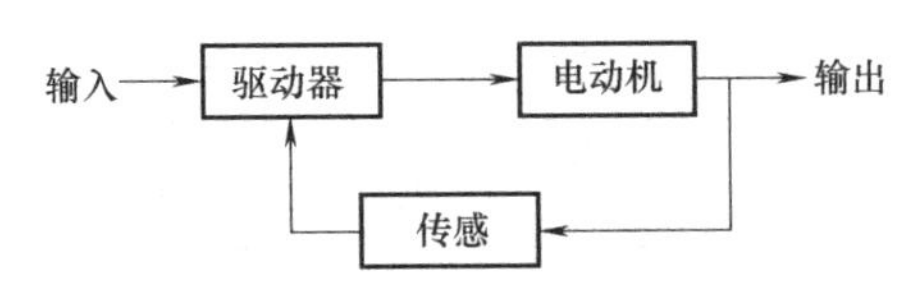

图 A.1　永磁无刷电动机系统方框图

A.2　控制原理方框图（见图 A.2～图 A.5）

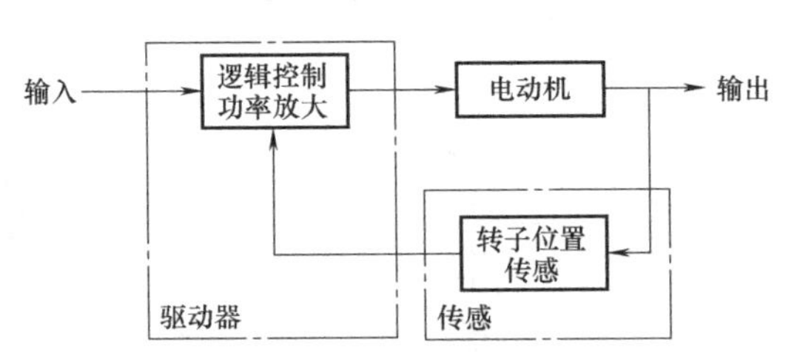

图 A.2　开环运行方框图

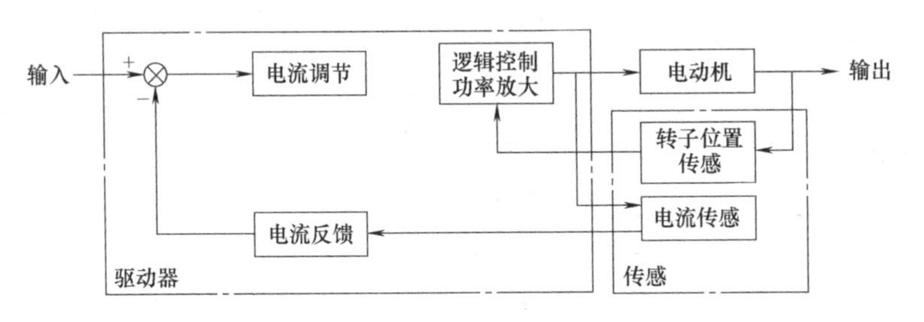

图 A.3　转矩控制系统方框图

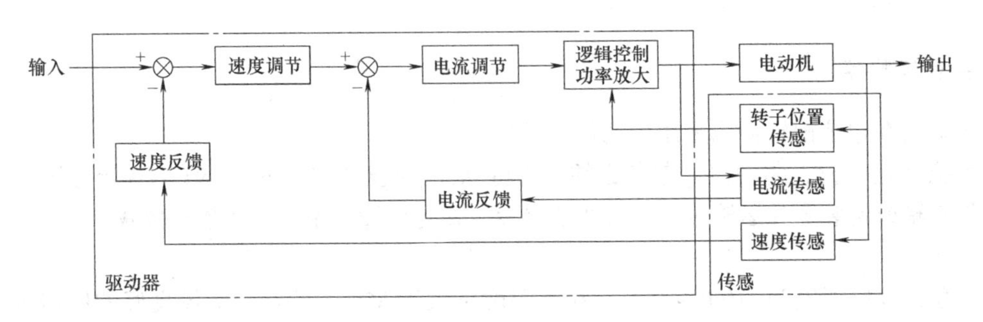

图 A.4　速度控制系统方框图

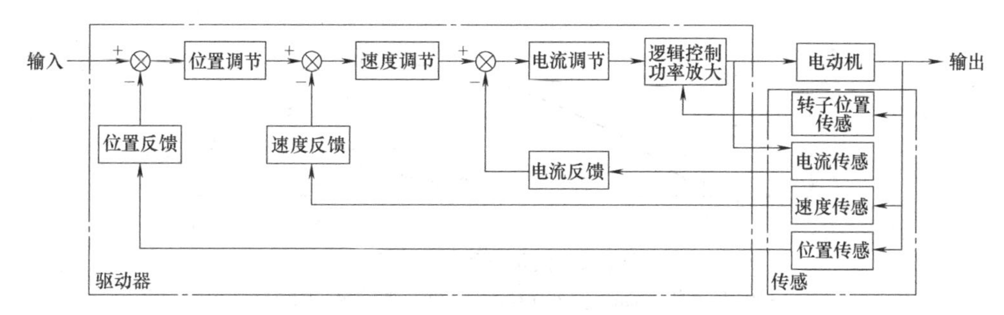

图 A.5　位置控制系统方框图

GB/T 21418—2008　附录 B
（资料性附录）
热阻和热时间常数的试验方法

B.1　概述

电动机的热模型可包含几种热时间常数。但为了便于分析，通常用一种热时间常数来计算，如图 B.1 所示。

B.1.1　试验条件

为方便电动机自身均匀散热，应允许在低速（低于 5r/min）下运行，散热板与其他接触部分作隔热处理。

试验在恒温条件下进行。若是风冷电动机，试验应在规定的冷却条件下进行。

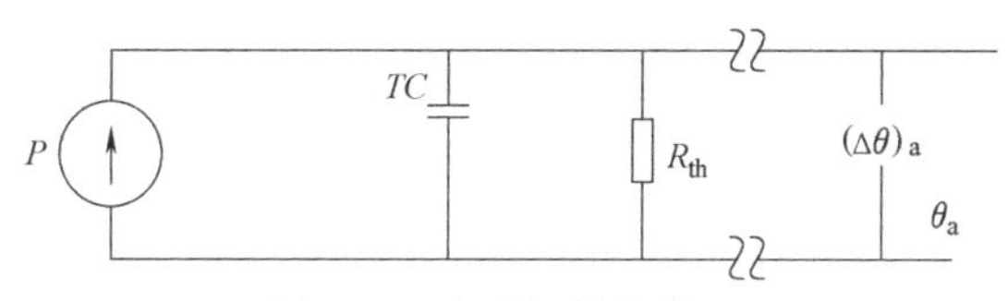

图 B.1　电动机的热模型

P—功率损耗（W）　TC—热容（J/K）　R_{th}—热阻（K/W）

$(\Delta\theta)_a$—在环境温度下的温升（K）　θ_a—环境温度

B.1.2　试验程序

试验依照以下步骤进行：

a）用不大于最大连续电流值的电流驱动电动机并使电动机达到热平衡状态；

b）确定温升 $(\Delta\theta)_a$；

c）用 $(\Delta\theta)_a$ 乘以 0.368，结果加上环境温度 θ_a；

d）将电源断开，记录电动机的温度下降到按 c）步骤计算出的温度值所需的时间 t；

e）用 $P=I^2R$ 计算功率损耗，式中 I 为电流值，R 为温度在 θ_f 时的绕组电阻；

热时间常数 τ_{th}是在 d）步骤中记录的时间 t，则热阻 $R_{th}=(\Delta\theta)_a/P$，试验过程中相关参数的确定可参见图 B.2。

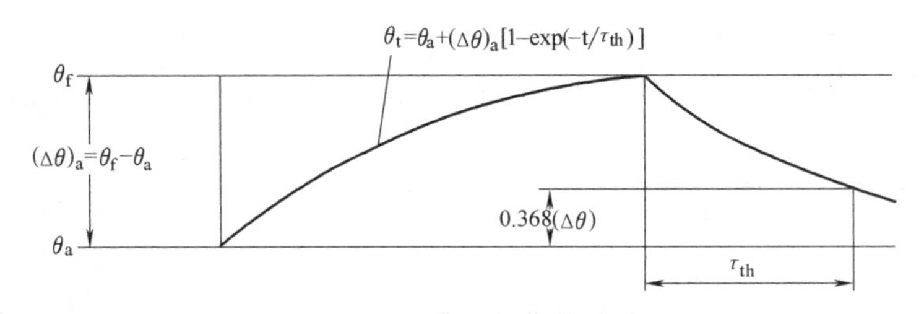

图 B.2　测量过程参数说明

τ_{th}—热时间常数（min）[$(TC)\times(R_{th})$]　θ_f—热稳定时的温度（℃）

θ_a—环境温度（℃）　θ_t—在 t 时刻的温度（℃）